高等学校计算机科学与技术教材

Protel DXP实用教程

（修订本）

赵志刚　吴海彬　编著

清华大学出版社
北京交通大学出版社
·北京·

内 容 简 介

Protel DXP 2004 SP2 是 Altium 公司最新推出的一款基于 Windows 操作系统、功能强大、可以选择中文版操作界面的电子设计自动化（EDA）软件。本书采取理论与实例相结合的方法，按照由浅入深的原则介绍该软件，内容翔实，通俗易懂。

本书共 10 章，内容基于 Protel 中文版操作界面，主要包括原理图设计和印制电路板（PCB）设计两大部分。系统介绍了这两部分内容所涉及的各种编辑器的界面、各种功能模块及具体操作步骤等基础知识，并且从绘制简单的原理图入手，逐步介绍使用高级功能完善原理图、绘制简单的 PCB 图到完善 PCB 图，直到生成各种报告及图纸的打印输出等，给出了很多设计技巧与心得。通过本书的学习，读者可以迅速入门，最终能够熟练地运用该软件设计出高质量的电路原理图和 PCB 图。

本书条理清晰，实例丰富，图文并茂，不仅适合作为高等院校电子类、计算机类、自动化类及机电类专业的 EDA 相关课程的教材，也是相关工程技术人员和电子爱好者很好的参考书。

图书在版编目(CIP)数据

Protel DXP 实用教程/赵志刚，吴海彬编著. —修订本. —北京：清华大学出版社；北京交通大学出版社，2007.8(2016.6 重印)
(高等学校计算机科学与技术教材)
ISBN 978－7－81082－389－0

Ⅰ. P…　Ⅱ. ①赵…　②吴…　Ⅲ. 印刷电路－计算机辅助设计－应用软件，Protel DXP－高等学校－教材　Ⅳ. TN410.2

中国版本图书馆 CIP 数据核字（2007）第 071123 号

责任编辑：谭文芳
出版发行：清 华 大 学 出 版 社　邮编：100084　电话：010－62776969　http://www.tup.com.cn
　　　　　北京交通大学出版社　邮编：100044　电话：010－51686414　http://press.bjtu.edu.cn
印 刷 者：北京泽宇印刷有限公司
经　　销：全国新华书店
开　　本：185×260　印张：21.5　字数：550 千字
版　　次：2004 年 11 月第 1 版　2007 年 8 月第 1 次修订　2016 年 6 月第 8 次印刷
书　　号：ISBN 978－7－81082－389－0/TP・142
印　　数：19 001～19 500 册　定价：33.00 元

本书如有质量问题，请向北京交通大学出版社质监组反映。对您的意见和批评，我们表示欢迎和感谢。
投诉电话：010－51686043，51686008；传真：010－62225406；E-mail：press@bjtu.edu.cn。

修订本前言

《Protel DXP 实用教程》自 2004 年出版以来，受到了广大电子设计者的好评，也得到了高等院校广大师生的肯定。为了使 Protel 软件课程教学能够跟上新的发展形势，使广大电子设计者尽早熟悉最新 Protel 软件，作者对原书进行了全面审阅，并在此基础上针对最新 Protel DXP 2004 SP2 版本对原书进行了彻底修订。最新版本 Protel 2004 SP2 是 Altium 公司最新一代板级电路软件设计系统，也是第一版可以选择中文界面的设计软件，非常适合于国内电子设计工程师的使用。它采用优化的设计界面，通过把电路原理图设计、PCB 图设计、原理图库设计、PCB 图库设计、电路仿真、信号完整性分析等功能有机融合在一起，为用户的开发设计提供全面系统的解决方案。

本书通过实例，深入浅出地介绍了 Protel 2004 SP2 软件中有关原理图和 PCB 图设计的各种相关功能，对于初学者和有一定设计经验的用户来说都具有较好的参考价值。修订后，本书共分 10 章：第 1 章和第 2 章主要介绍 Protel DXP 2004 SP2 的总体情况、系统要求和安装过程，以及软件的启动方法、界面的主要功能等；第 3 章到第 5 章系统讲述电路原理图设计；第 6 章介绍原理图库的设计；第 7 章到第 9 章系统讲述 PCB 印制版设计；第 10 章讲述 PCB 封装图库的设计。其中第 1 章至第 6 章为原理图设计部分，由赵志刚编写；第 7 章至第 10 章为印制电路板设计部分，由吴海彬编写。本书结合作者多年的教学和科研实践，不仅实例丰富，而且给出了很多的心得与体会。

在本书的编写过程中，研究生叶锦华、陈天炎、林宜、高洪张、何祖恩和李文锦等为本书的录入做了大量工作，在此表示感谢。同时何素梅女士、吕慧显女士、吴泽曦小姐、赵奕雯小姐在本书的写作过程中给予了很大的支持，在此一并致谢。北京交通大学出版社的谭文芳编辑对本书的修订给予了大力支持，提出了许多宝贵的意见，使本书的写作能够顺利完成，在此表示深深的谢意！

本书虽经过作者再三斟酌，但由于时间仓促以及水平所限，书中可能会存在错误和不妥之处，恳请广大读者批评指正。对本书的任何意见和建议，请告诉我们：wuhb@fzu.edu.cn，zhaolhx@163.com。

编　者

2007 年 6 月

目　　录

第 1 章　Protel DXP 2004 SP2 概述 …… 1
1.1　Protel 的发展历史 …… 1
1.2　DXP 2004 SP2 的新功能 …… 2
1.3　DXP 2004 SP2 的安装 …… 5
1.3.1　DXP 2004 SP2 的运行环境 …… 5
1.3.2　DXP 2004 SP2 的安装和卸载 …… 6
本章小结 …… 9
习题 …… 9
第 2 章　DXP 2004 SP2 的基本操作 …… 10
2.1　DXP 2004 SP2 的启动 …… 10
2.2　DXP 2004 SP2 中英文界面的切换 …… 10
2.3　DXP 2004 SP2 的主工作界面 …… 11
2.3.1　菜单栏 …… 11
2.3.2　工具栏 …… 17
2.3.3　主工作窗口 …… 18
2.3.4　工作面板 …… 18
2.3.5　状态栏 …… 21
2.3.6　导航栏 …… 21
2.4　DXP 2004 SP2 的文件管理系统 …… 22
2.4.1　文件组织结构和文件类型 …… 22
2.4.2　文件的操作 …… 25
本章小结 …… 26
习题 …… 26
第 3 章　原理图设计入门 …… 27
3.1　电路原理图的设计过程 …… 27
3.2　DXP 2004 SP2 原理图设计环境 …… 28
3.2.1　鼠标和键盘基本操作 …… 28
3.2.2　电路原理图编辑环境 …… 28
3.2.3　绘图区的放大和缩小 …… 34
3.3　设置图纸大小及版式 …… 35
3.3.1　设置图纸大小 …… 35
3.3.2　设置图纸方向 …… 36
3.3.3　设置图纸的标题栏 …… 37

3.3.4 设置图纸的颜色…… 37
3.4 设置系统字体…… 38
3.5 设置工作环境…… 39
3.6 填写图纸设计信息…… 42
本章小结 …… 42
习题 …… 44
第4章 原理图设计进阶 …… 45
4.1 新建项目和电路原理图…… 45
4.2 设置电路原理图选项…… 47
4.3 装入元件库…… 47
4.4 在原理图上放置元件…… 52
4.5 元件布局调整…… 58
4.5.1 单个元件的移动…… 60
4.5.2 多个元件的移动…… 60
4.5.3 元件的旋转…… 62
4.5.4 元件的删除…… 62
4.6 连接线路和放置电气节点…… 62
4.6.1 连接线路…… 62
4.6.2 放置电气节点…… 70
4.7 放置电源和接地元件…… 71
本章小结 …… 73
习题 …… 74
第5章 原理图设计提高 …… 75
5.1 元件的通用编辑…… 75
5.1.1 选取操作元件…… 75
5.1.2 解除操作元件的选取状态…… 77
5.1.3 元件的复制、剪切和粘贴 …… 78
5.1.4 元件的排列和对齐…… 82
5.2 实用工具栏的使用…… 86
5.2.1 实用工具栏简介…… 86
5.2.2 绘制直线…… 87
5.2.3 绘制多边形…… 88
5.2.4 绘制椭圆弧和圆弧…… 89
5.2.5 绘制贝赛尔曲线…… 91
5.2.6 绘制直角矩形…… 92
5.2.7 绘制圆边矩形…… 93
5.2.8 绘制椭圆…… 93
5.2.9 绘制扇形饼图…… 94
5.2.10 放置文本字符串 …… 95

5.2.11 放置文本框 …… 96
5.2.12 插入图片 …… 98
5.3 层次原理图的设计 …… 99
5.3.1 层次原理图的设计方法 …… 99
5.3.2 自上而下的层次原理图设计 …… 100
5.3.3 自下而上的层次原理图设计 …… 106
5.3.4 层次原理图之间的切换 …… 108
5.4 项目编译及查错 …… 110
5.4.1 项目编译设置 …… 110
5.4.2 执行项目编译 …… 112
5.5 生成报表及原理图输出 …… 114
5.5.1 生成网络表 …… 114
5.5.2 生成其他报表 …… 115
5.5.3 原理图打印输出 …… 118
本章小结 …… 120
习题 …… 121
第 6 章 原理图元件库管理 …… 122
6.1 元件库的管理 …… 122
6.1.1 元件库的显示 …… 122
6.1.2 元件的查找 …… 122
6.1.3 元件库的添加 …… 123
6.2 绘制自己的元件库 …… 125
6.2.1 创建原理图符号库 …… 125
6.2.2 绘制 LM358 的原理图库符号实例 …… 126
6.3 复制库元件 …… 128
本章小结 …… 130
习题 …… 130
第 7 章 PCB 设计基础 …… 131
7.1 PCB 制板的相关术语和概念 …… 131
7.1.1 层 …… 131
7.1.2 焊盘 …… 131
7.1.3 导孔 …… 132
7.1.4 铜膜导线与飞线 …… 132
7.1.5 各类膜 …… 133
7.2 元件与封装 …… 133
7.2.1 封装的概念 …… 133
7.2.2 常见的元件封装 …… 134
7.3 PCB 的结构 …… 136
7.4 PCB 的生产工艺 …… 136

7.5 认识 PCB 编辑器 …… 137
7.5.1 DXP 2004 SP2 PCB 编辑器界面 …… 137
7.5.2 DXP 2004 SP2 PCB 编辑器的面板 …… 137
7.5.3 DXP 2004 SP2 PCB 环境参数设置 …… 145
7.5.4 DXP 2004 SP2 PCB 文件的生成 …… 157
7.6 DXP 2004 SP2 PCB 编辑器界面管理 …… 165
7.6.1 窗口的移动、放大和缩小 …… 166
7.6.2 指定区域放大 …… 167
7.6.3 指定对象放大 …… 168
7.6.4 显示整张图纸 …… 168
7.6.5 显示整个文件 …… 168
7.6.6 显示整个 PCB 板 …… 169
7.6.7 画面更新 …… 170
7.6.8 界面的定制 …… 170
7.6.9 窗口管理 …… 172
7.7 PCB 编辑器的编辑功能 …… 174
7.7.1 对象的选择和取消选择 …… 174
7.7.2 对象的删除 …… 178
7.7.3 对象的复制和剪切 …… 178
7.7.4 对象的粘贴 …… 178
7.7.5 对象的移动和旋(翻)转 …… 181
7.7.6 对象的排列 …… 183
7.7.7 跳转功能 …… 185
7.7.8 对象属性的全局编辑 …… 186
7.8 对象的放置和编辑 …… 188
7.8.1 导线的放置与编辑 …… 189
7.8.2 直线的放置与编辑 …… 192
7.8.3 元件封装的放置与属性设置 …… 192
7.8.4 焊盘的放置与属性设置 …… 195
7.8.5 过孔的放置与属性设置 …… 197
7.8.6 文字的放置与属性设置 …… 198
7.8.7 坐标值的放置与属性设置 …… 200
7.8.8 尺寸标注的放置与属性设置 …… 201
7.8.9 圆和圆弧的放置与属性设置 …… 203
7.8.10 矩形填充的放置与编辑 …… 205
7.8.11 铜区域的放置与编辑 …… 206
本章小结 …… 208
习题 …… 208
第 8 章 DXP 2004 SP2 PCB 设计 …… 209

8.1 PCB设计流程 …… 209
8.2 PCB设计的基本原则 …… 210
8.2.1 PCB布局 …… 210
8.2.2 PCB布线 …… 211
8.2.3 PCB抗干扰技术 …… 212
8.3 PCB制板的准备 …… 212
8.3.1 PCB工作层面的设置与管理 …… 213
8.3.2 PCB物理边界设定 …… 219
8.3.3 PCB页面模板调用 …… 222
8.3.4 PCB电气边界设定 …… 224
8.3.5 环境参数设置 …… 225
8.4 双面PCB图设计 …… 226
8.4.1 准备原理图 …… 226
8.4.2 修改元器件的封装 …… 227
8.4.3 PCB和原理图的双向更新 …… 229
8.4.4 PCB元件布局 …… 233
8.4.5 PCB 3D效果图 …… 237
8.4.6 PCB密度分析 …… 238
8.4.7 网络表的管理与优化 …… 239
8.4.8 PCB设计规则设置 …… 244
8.4.9 PCB布线 …… 262
8.4.10 PCB的优化 …… 273
8.4.11 PCB距离测量 …… 279
8.4.12 PCB的设计规则检查 …… 280
8.5 单面PCB图设计 …… 284
8.6 多层PCB图设计 …… 284
本章小结 …… 287
习题 …… 287
第9章 PCB设计输出 …… 289
9.1 PCB报表生成 …… 289
9.1.1 PCB板信息报表 …… 289
9.1.2 PCB板元器件报表 …… 291
9.1.3 精简元器件报表 …… 291
9.1.4 网络表状态信息报表 …… 291
9.2 PCB图打印输出 …… 293
9.3 PCB制造和装配文件的输出 …… 298
9.3.1 PCB制造文件输出 …… 298
9.3.2 PCB装配文件输出 …… 306
9.4 PCB交付制造 …… 308

本章小结…… 308
习题…… 309
第 10 章　PCB 元件封装库的管理 …… 310
10.1　元件封装介绍…… 310
10.1.1　封装的概念…… 310
10.1.2　常见元件的封装…… 311
10.1.3　封装的选择…… 314
10.2　创建元件封装…… 315
10.2.1　相关知识…… 315
10.2.2　创建元件封装…… 319
10.3　创建元件封装库…… 326
10.4　创建集成库…… 329
10.4.1　创建集成库…… 329
10.4.2　修改集成库…… 333
本章小结…… 333
习题…… 334

第 1 章　Protel DXP 2004 SP2 概述

1.1　Protel 的发展历史

在日新月异的当今社会，随着电子工业和计算机技术的飞速发展，新型的大规模和超大规模集成电路的不断出现，使得电路板的设计变得越来越复杂和精确，而传统的手工设计已远远不能满足现在的设计需要。

自 20 世纪 70 年代以来，计算机和机械加工技术不断融合，计算机辅助设计（Computer Aided Design，CAD）逐渐运用到现代工业中。计算机辅助设计的主要优点表现在设计速度快、准确性高，从而能够极大地提高工程设计人员的效率，劳动强度也被大幅度地减轻了。目前几乎所有的工业领域都有相应的 CAD 软件可以使用，并且不断朝着计算机辅助制造（Computer Aided Manufacturing，CAM）的方向发展。在硬件电路设计和制造领域，电路板 CAD 的基本含义就是使用计算机来完成电路的全部设计过程。

目前，电路板 CAD 软件的种类繁多，早期的有 TANGO、SmartWork、EE System、PCAD、OrCAD 和 Protel 等。其中，Protel 具有操作简单、方便、易学、设计自动化程度高及设计的优化程度高等优点，逐渐脱颖而出成为市场上比较流行的电路板 CAD 主流设计软件之一。

Protel Protel Technology 公司在 20 世纪 80 年代末推出的电子设计自动化（Electronic Design Automation，EDA）软件，在电子行业的 CAD 软件中，Protel 当之无愧地排在众多 EDA 软件的前面，是电子设计者的首选软件。随着计算机在国内的逐渐发展普及，EDA 软件在电子行业的应用也越来越广泛。Protel 在国内被接受、使用较早，在国内的普及率也是最高，越来越多高校的电子专业还专门开设了 Protel 课程。同样，几乎所有的电子公司都要用到它。早期的 Protel 主要作为印刷线路板自动布线工具使用，运行在 DOS 环境，对硬件的要求很低，在无硬盘 286 机的 1 MB 内存即可运行，但早期的功能也比较少，只有电路原理图绘制与印制板设计功能，且自动布线的布通率也较低。

随着 Microsoft 公司在 20 世纪 80 年代末至 90 年代初开发了第一代视窗系统——Windows 操作系统，并以其强大的方便和适用性占领了几乎整个计算机行业。许多软件公司都陆续开发了与 Windows 系统兼容的应用软件。同样，Protel Technology 公司也全面转向 Windows 操作系统平台的软件开发，大致可以分为以下三个阶段。

1. 初期 Protel Windows 版本

1991 年，Protel Technology 公司推出了世界上第一个基于 Windows 操作平台的 PCB（Print Circuit Board，印刷电路板）软件包——Protel for Windows 1.0，此后又推出了 Protel for Windows 1.5 版本，这些软件的可视化功能给用户带来了极大的方便，相对于以往基于 DOS 版本要记忆烦琐的指令来说，在 Windows 版本下设计人员除了可以免掉这些指令外，还可以实现资源的共享。1994 年，Protel Technology 公司又取得了重大的突破，首创了 EDA 客户－服务器（Client/Sever）框架的体系结构，方便地实现了各种 EDA 软件的无缝连接。从此，Protel 成为了新一代电气原理图工业标准。

2. 中期 Protel Windows 版本

20 世纪 90 年代中期，Protel Technology 公司推出了基于 Windows 95 的 Protel 3.x 版本。该版本是一个 16 位和 32 位的混合软件，同时能够方便地实现 EDA 软件的无缝连接，但是它在自动布线方面没有太大的改进。

3. 近期 Protel Windows 版本

1998 年，Protel Technology 公司推出了真正 32 位的 EDA 软件——Protel 98，它包括 Advance SCH98（电路原理图设计）、PCB98（印刷电路板设计）、Route98（自动布线器）、PLD98（可编程逻辑器设计）和 SIM98（电路图模拟/仿真）5 个核心设计模块。

1999 年推出的 Protel 99 及后来的 Protel 99 SE 让 Protel 用户耳目一新，Protel 99 SE 是个庞大的 EDA 软件，其中增加了很多全新的功能，是个完整的多方位电子设计系统。Protel 99 SE 包含了电路原理图绘制、模拟电路与数字电路混合信号仿真、多层 PCB 设计（包含印刷电路板自动布线）、可编程逻辑器件设计、图表生成、支持宏操作等功能，并具有客户－服务器体系结构，同时还兼容一些其他设计软件的文件格式，如 OrCAD、PSPICE、Excel 等，其多层 PCB 自动布线基本可达到 100% 的布通率。直到目前为止，仍有相当的用户在使用。

2000 年 8 月份，Protel Technology 公司改名为 Altium 公司。2002 年下半年 Altium 公司推出了基于 Windows 2000/XP 环境下的桌面 EDA 开发工具——Protel DXP。Protel DXP 从研发到推出耗时两年多，提供了一套完全集成化的设计环境，设计人员可以容易地完成从设计概念到最终电路板设计的全过程。Protel DXP 整合了电路原理图设计、PCB 布局设计、电路仿真测试、FPGA 设计和信号完整性分析等众多功能，同时它还具有强大的管理功能、良好的设计平台、可自行定义的操作环境等优点，成为电子行业最为流行的电路设计软件。

4. 最新 Protel Windows 版本

2004 年 Alitum 公司推出了 Protel DXP 2004，并在 2005 年发布了 Service Pack 2（SP2）升级包，其突出特点是，通过设置可以选择中文版界面，这为习惯使用中文的电子设计工程师提供了极大的方便。本书基于 Alitum 公司最新的 Protel 版本——Protel DXP 2004 SP2 而撰写。

1.2 DXP 2004 SP2 的新功能

Altium 公司所发布的完整板级设计系统 Protel DXP 2004 SP2，包括了 150 多项新增特性和增强性能，该升级包秉承着更加贴近工程设计人员的理念，使得工程设计人员更加有效的提高设计效率。

Protel DXP 2004 SP2 的更新几乎涉及 Protel 2004 平台的所有方面，从项目管理到原理图保存、元件库的创建和管理、PCB 设计、CAM 文件的生成、FPGA 的设计和 DXP 系统设置。以下主要从项目管理、编辑特性、PCB 设计、原理图方面、元件和库，以及设计环境几个方面说明在 SP2 中的更新和增强。

1. 项目管理方面的更新和增强

(1) 项目文件可以包含任何类型的文件（新增）

在 SP2 中，允许用户追加任何类型的文件到项目中。

(2) 使用新的存储管理器管理项目（新增）

新的存储管理器增强了项目文件管理，提供文件控制，通过使用备份管理系统允许用户对比和检索旧版本。此功能不仅可以检测电气特色差异，更能透过新的图形化比较器引擎方便地进行定位，并且突出显示不同版本原理图和 PCB 档案之间的实体变化。

(3) 文件履历管理(新增)

通过新的存储管理器和内部履历管理系统，允许用户追踪文件的变化而不需要使用外部版本控制系统。

(4) PCB 和原理图文件比较器(新增)

SP2 中包含了一个强大的设计比较引擎，该功能可支持原理图文件和 PCB 文件的比较。同样地，该功能可以用来比较任意两种文件，如网络列表、原理图纸或网络列表和 PCB 文件的比较。

(5) 升级的版本控制支持(增强)

在很多企业里，版本控制正在成为一种理想的电子文件管理方法。版本控制系统不仅提供安全、可控的存储和检索企业的重要文件，还可支持检索旧版本的文件。

除了上述 5 项更新之外，在 SP2 中还增强了对平面设计的支持，新增了 Protel 99 SE 输入导向器，以及可以通过 Ctrl + Alt + O 快捷键快速弹出打开项目中文件的对话框等功能。

2. 编辑特性的更新和增强

(1) Inspector(检查器)的更新(新增)

在 SP2 中，用户可以在检查器面板中对多种对象改变其属性值。在原理图和 PCB 编辑器里通过检查器内的超文本链接可简单地在一组元件和它们的注解或标识符对象之间双向移动。

(2) 查询系统(增强)

拥有一个强大的基于查询的对象筛选系统，这个筛选系统配合过滤器面板而变得更容易使用。

(3) 列表视图编辑(增强)

在 DXP 2004 SP2 中，列表视图包含有新的显式模式。用户可以看到在列表面板的上端有四个超文本链接选项。这些增强功能使得到表面板更加强大，从而极大地方便了设计过程。

3. PCB 方面的更新和增强

(1) PCB 拼版能力(新增)

在 DXP 2004 SP2 中，通过应用新的内嵌电路板阵列(Embedded Board Array)特色支援 PCB 编辑器内的 PCB 预先定制。这一特色使设计者能够构造一块包含单板的多个拷贝或各种不同板阵列的面板，因而简化了制作板的准备过程。

(2) 实心覆铜模式(新增)

可以有效地降低数据库的数据量，从而极大地减小文件的大小，以及文件的读取和保存时间。

(3) 区域图元(新增)

区域图元已被追加到 PCB 设计环境里，以允许在 PCB 信号中创建多边形区。

(4) 网络分析器速度的提高(增强)

网络分析器引擎的速度在 SP2 中被极大地提高了，从而改善了系统的全面响应，特别是对包含大量节点的大型网络。

(5) 多重剪贴板支持(新增)

允许用户在 PCB 编辑器用剪贴板面板进行多重复制和粘贴。剪贴板的多重缓存能力允许用户对每个缓存的图形预览。

(6) 复制到 Windows 剪贴板(新增)

PCB 编辑器已经更新为支持用 WMF 格式从 PCB 文件复制内容到 Windows 剪贴板。

(7) 追加的自动布线模式(新增)

在 DXP 2004 SP2 中,Situs 拓扑编辑自动布线系统增加了新的命令,允许用户在被选的文件、网络类和元件类之间选择性地连接路由。

(8) “围绕”电路板布置元件(新增)

在 SP2 中,PCB 板外部排列命令能够快速地把所有的元件定位在板的边缘,以准备布置元件。

(9) PCB 对象的排列工具(新增)

PCB 对象的排列工具已被加强到适用于全部设计对象,而在以往版本 PCB 编辑器里的排列工具只面向元件。

4. 原理图方面的更新和增强

(1) 单击鼠标右键时弹出上下文关联菜单(新增)

在 SP2 中,原理图编辑器支持上下文相关弹出式菜单,在 PCB 编辑器中该功能现在同样也得到更新。该功能使得在编辑图纸过程中更加的方便和直观。

(2) 图形化的编译器屏蔽(新增)

在 DXP 2004 SP2 中,原理图编辑器已经增加了一个新的特性,可以使用户更有效地屏蔽对原理图区域的编译处理。

(3) 可定义元件和网络分类(新增)

原理图设计中支持手工定义元件和网络分类。

(4) 自动类生成控制(增强)

在 DXP 2004 SP2 中,增强了自动的类生成系统,以提供更加强大的控制能力,包括控制怎样生成类等。

(5) 图纸入口和图纸符号的编辑(增强)

在 DXP 2004 SP2 中,图纸符号和图表入口处理因为增加了很多新特性和功能,极大地提高了效率。包括将被选择的一组图纸入口从一处移动到另一处,复制和粘贴一组图纸入口,根据内容自动改变图纸符号的尺寸等。

(6) 在原理图纸内直接粘贴文本和图形(新增)

可以直接从 Windows 剪贴板粘贴图元文件、图像文件和文本文件到原理图内。同时,用户还可以将文本文件和图像文件作为文本框或嵌入式的图形对象拖放到原理图表中。

(7) 元件注释(增强)

注释的速度被提高了,注释工具被更新以提供更多、更全面的选择项来处理复杂的多重元件。

(8) 网格的定义(新增)

原理图网格测量系统已被改善,使得用户可以设定自己的网格,以及定义公制或英制单位来测量。

(9) 模板更新的控制(新增)

用来设置和更新模板的命令现在升级包中同样可以控制参数的变化和更新。

5. 元件和库的创建以及管理方面的更新和增强

(1) 库查找工具(增强)

增强了基于参数的查找功能。该功能允许在查找时可以进行其他的任务。

(2) 从项目中生成集成库(新增)

用户可以从项目中生成一个集成库。

(3) 直接编辑元件(新增)

用户可以直接在元件库面板中编辑元件。用户只需在元件列表中选取元件,单击鼠标右键即可弹出菜单选取编辑选项。

6. 设计环境的更新和增强

(1) 系统优先设定集中化(新增)

系统优先设定的各个方面都被集中在一个单一的对话框中实现,包括 DXP 系统、原理图、FPGA、版本控制、嵌入式系统、PCB、文本编辑器等。

(2) 关联文件类型(新增)

文件类型的关联可以控制,用户可以通过关联文件类型的对话框来设置。

(3) 更加灵巧的面板拼接(增强)

在 DXP 2004 SP2 中,强化了面板拼接功能,当在一面板框架内加入一组面板时,面板可以更加智能化地改变尺寸。

(4) 语言环境(新增)

Protel DXP 2004 SP2(以后均简称 DXP 2004 SP2)的平台已经被更新能支持中文(简体)、日语、德语和法语。所有的菜单项目和大多数的对话框均可关联用户计算机的操作系统的语言。这成为该版软件最大的亮点,受到用户的广泛欢迎。

此外,全屏模式也被追加到原理图和 PCB 编辑器中,用户只需通过 Alt + F5 键即可让编辑器处于全屏模式;在编辑器和外部应用之间可以实现复制和粘贴功能,如在 Word 中,可以直接粘贴原理图编辑器内复制的内容。

除了上述几个方面的更新外,还有脚本系统的改善、支持 VBScript 和 JScipt,以及运行脚本文件不需要打开脚本项目,嵌入式软件工具也得到很大的更新和增强。

1.3 DXP 2004 SP2 的安装

1.3.1 DXP 2004 SP2 的运行环境

DXP 2004 SP2 是一套基于 Windows 2000/XP 环境的桌面 EDA 软件。其用户界面、电路设计功能和项目管理功能等相对于以前的版本均有了很大改进,因此运行 DXP 2004 SP2 对计算机的硬件和软件要求都比较高。

1. 推荐的最低配置

操作系统:Windows 2000 Professional。

CPU:Pentium,主频 500 MHz 以上。

内存空间:128 MB。

硬盘空间:620 MB。

显示器分辨率:1024 × 768 像素。

显示卡:支持 16 位,8 MB 显存。

2. 推荐的典型配置

操作系统:Windows XP(支持 Professional 和 Home Editions)。

CPU：Pentium 4，主频 1.2 GHz 以上。

内存空间：256 MB。

硬盘空间：20 GB。

显示器分辨率：1280×1024 像素。

显示卡：支持 32 位，32 MB 显存。

1.3.2 DXP 2004 SP2 的安装与卸载

1. DXP 2004 SP2 的安装

DXP 2004 SP2 的具体安装步骤如下。

① 在 Windows 操作系统下，用户将 DXP 2004 SP2 安装光盘放入光驱，打开光盘，如图1-1所示。

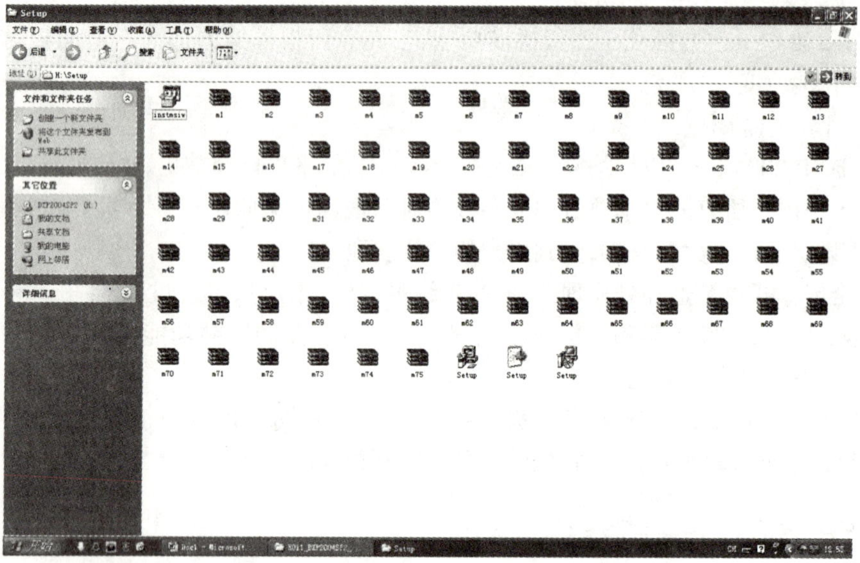

图 1-1 光盘内容

② 双击安装文件 Setup，这时将出现如图 1-2 所示的安装向导窗口。

③ 单击【Next】按钮，进入如图 1-3 的授权许可窗口。

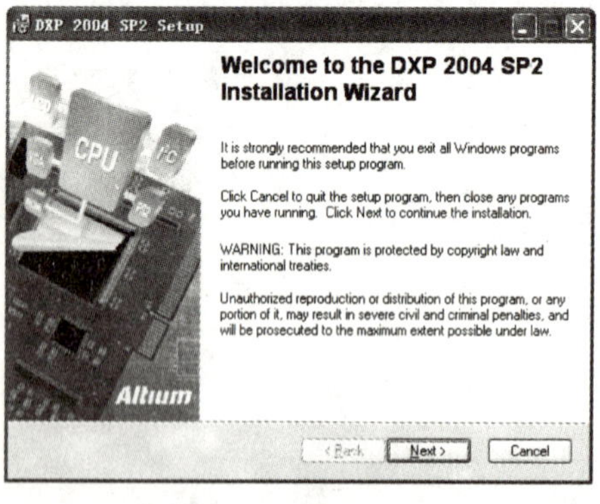

图 1-2 安装向导窗口

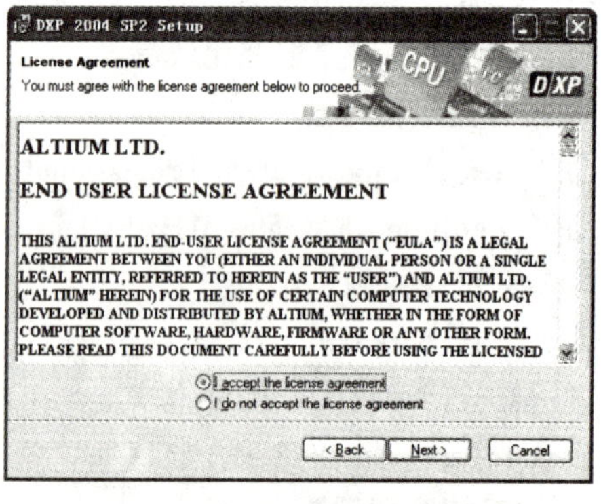

图 1-3 授权许可窗口

④ 选择【I accept the license agreement】,单击【Next】按钮,进入如图 1-4 所示的安装窗口。

⑤ 在【Full Name】文本框中输入用户名字,在【Organization】文本框中填写公司的名称,单击【Next】按钮,进入如图 1-5 所示的窗口。

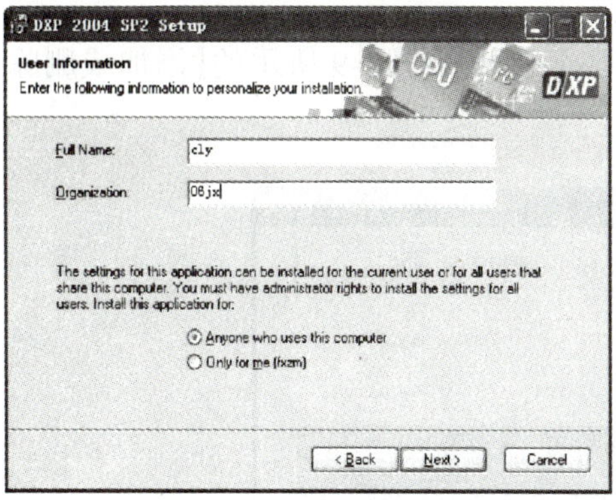

图 1-4　输入用户信息

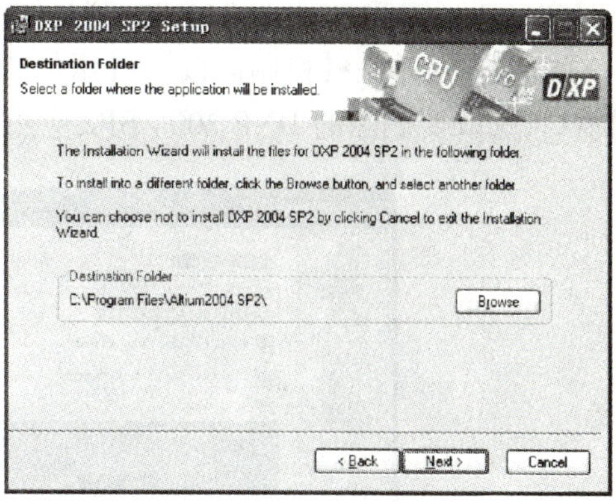

图 1-5　选择安装路径

⑥ 选择要安装的路径,系统默认路径为“C: \ Program Files \ Altium 2004 SP2 \ ”,也可以通过【Browse】按钮来选取其他的路径,单击【Next】按钮,进入如图 1-6 所示的窗口。

⑦ 出现系统提示要安装 DXP 2004 SP2 的软件,单击【Next】按钮,进入如图 1-7 所示的窗口。

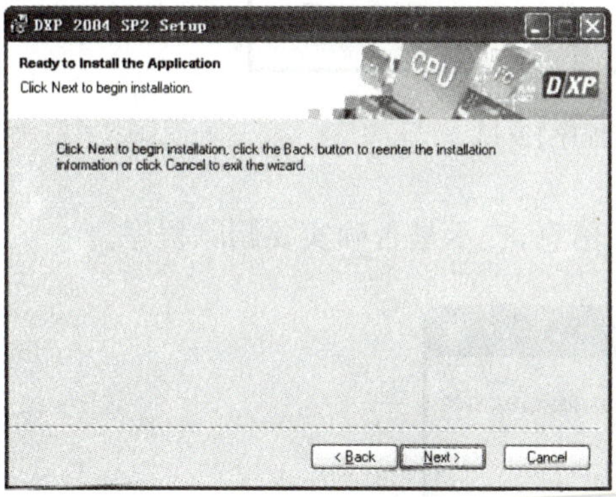

图 1-6　提示安装的画面

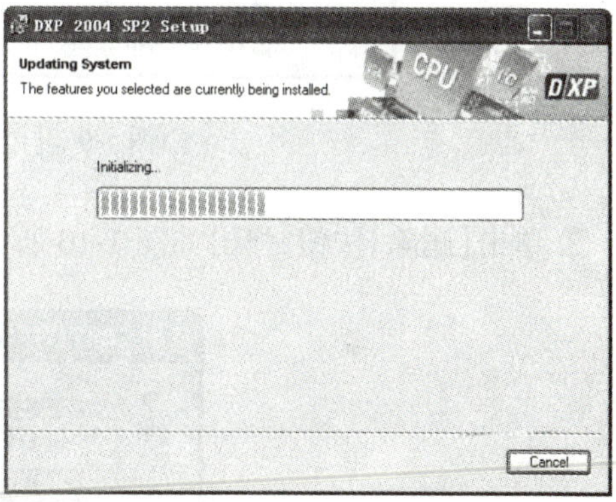

图 1-7　复制文件过程

⑧ 出现安装进度的画面,几分钟之后安装完成,弹出如图 1-8 所示的窗口。

图 1-8　安装完成的画面

⑨ 单击【Finish】按钮,完成 DXP 2004 SP2 的安装。

2. DXP 2004 SP2 的卸载

DXP 2004 SP2 的卸载与其他应用程序的卸载是完全一样的。用户只需打开【添加或删除程序】窗口即可卸载 DXP 2004 SP2,其具体步骤如下。

① 单击【开始】→【控制面板】→【添加或删除程序】,弹出如图 1-9 所示的【添加或删除程序】窗口,选取要删除的 DXP 2004 SP2 应用软件。

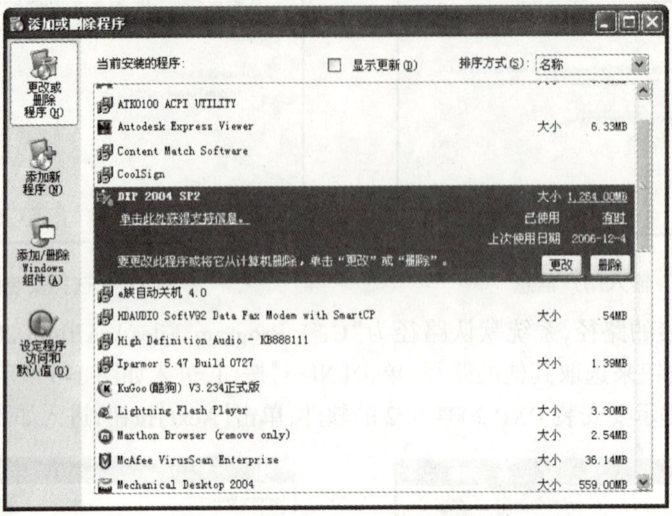

图 1-9 【添加或删除程序】窗口

② 单击【删除】按钮,弹出如图 1-10 所示的提示信息,提示是否确实要删除程序。

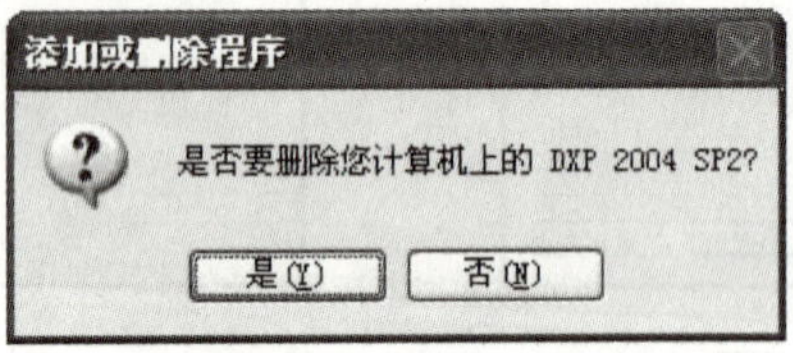

图 1-10 确认是否要删除程序

③ 单击【是】按钮进入如图 1-11 所示的对话框,系统开始卸载 DXP 2004 SP2。

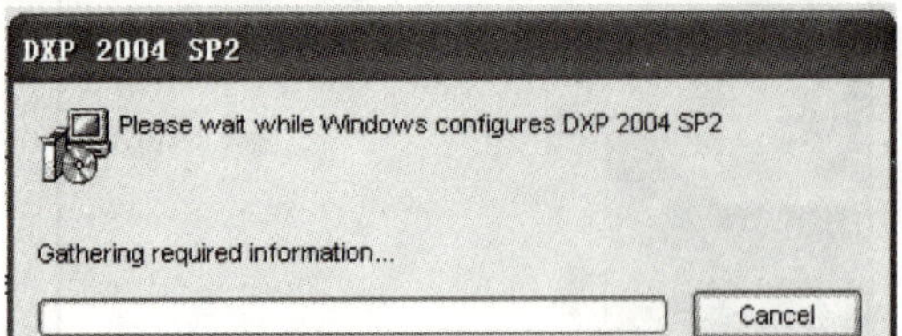

图 1-11 卸载进度画面

本章小结

Protel 软件是深受广大电子设计者喜爱的 EDA 软件，具有很多优点。本章主要简要介绍了 Protel 软件的发展历史、版本升级的过程，列举了 DXP 2004 SP2 版软件相对以前版本新增的主要功能。有助于初学者对电子设计软件有个全局的基本认识。

本章还简要介绍了 DXP 2004 SP2 版软件的安装和卸载过程及对计算机的要求等。

习题

1. 简述 Protel 软件版本的发展历程。
2. 简述 DXP 2004 SP2 相对以前的版本，新增了哪些功能？
3. 练习 DXP 2004 SP2 的安装和卸载过程。

第 2 章　DXP 2004 SP2 的基本操作

2.1　DXP 2004 SP2 的启动

启动 DXP 2004 SP2 的方法与其他应用程序类似，既可以双击桌面快捷方式，也可以在【开始】菜单中找到启动图标。

DXP 2004 SP2 安装完成之后，就会在系统桌面出现如图 2-1 所示的快捷启动图标，此时直接双击即可启动程序。通常，这种方法是最简单也是用户最常采用的一种启动方式。

也可以在系统的桌面任务栏上单击【开始】→【所有程序】→【Altium SP2】→【DXP 2004 SP2】，如图 2-2 所示，即可启动 DXP 2004 SP2。

图 2-1　桌面图标启动

图 2-2　从【开始】菜单启动 DXP 2004 SP2

启动 DXP 2004 SP2 后，将会出现如图 2-3 所示的主界面。

2.2　DXP 2004 SP2 中英文界面的切换

DXP 2004 SP2 初次启动后为英文界面，值得指出的是，该版软件通过改变设置可以切换为中文界面，这为习惯使用中文的用户提供了极大的方便，具体切换步骤如下。

① 启动 DXP 2004 SP2，进入主界面之后，单击【DXP】→【Preferences】，如图 2-4 所示。

② 在弹出的【Preferences】对话框的【Localization】选项中，选择【Use localized resources】，如

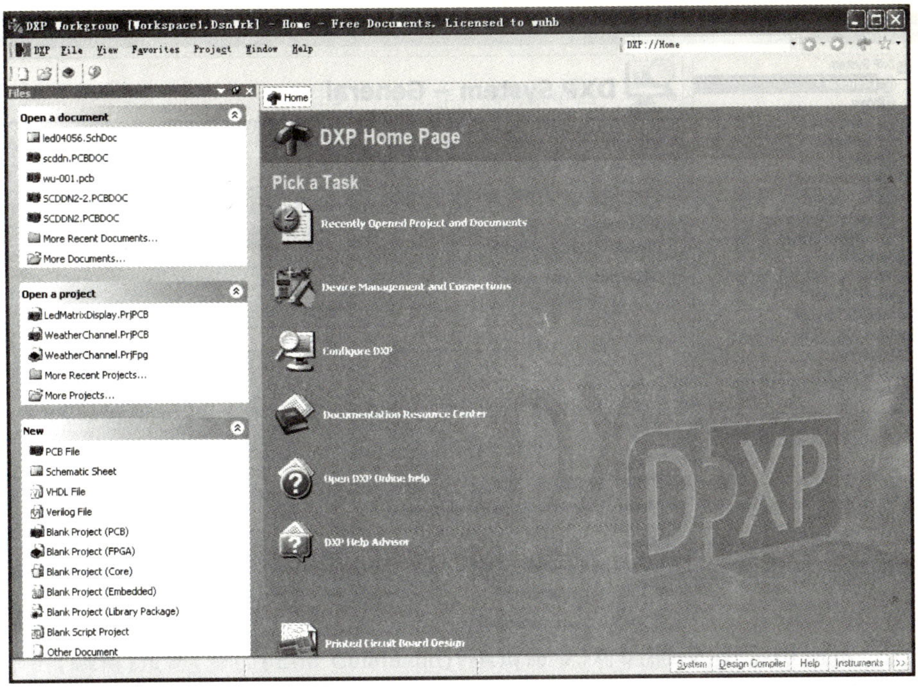

图 2-3　DXP 2004 SP2 启动后的初始主界面

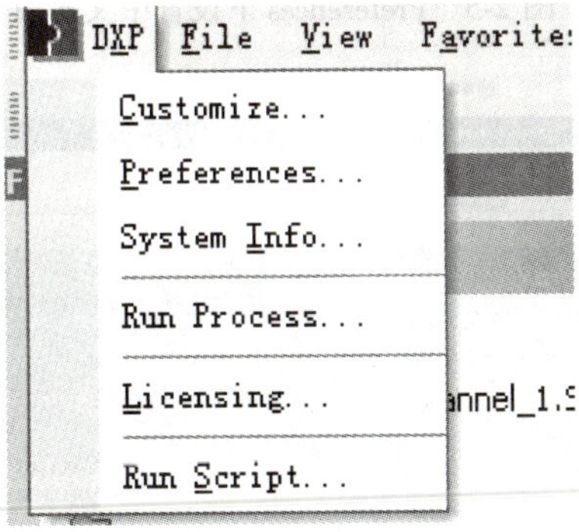

图 2-4　DXP 选项

图 2-5 所示，单击【OK】按钮返回主界面。

③ 关闭应用程序并重新启动 DXP 2004 SP2，系统的界面就变成了中文界面。以后各章的讲解均是基于中文环境。

2.3　DXP 2004 SP2 的主工作界面

DXP 2004 SP2 的主工作界面如图 2-6 所示，主要是由菜单栏、工具栏、工作窗口、工作面板、状态栏和导航栏 6 部分组成。下面将对 DXP 2004 SP2 主工作界面的各个部分进行介绍。

2.3.1　菜单栏

类似于以往的 DXP 版本，DXP 2004 SP2 集成开发环境的菜单栏集成了 Protel DXP 的所

(2)【优先设定】菜单项

该菜单项用于设置系统参数。选择该菜单项后打开【优先设定】对话框如图 2-12 所示。

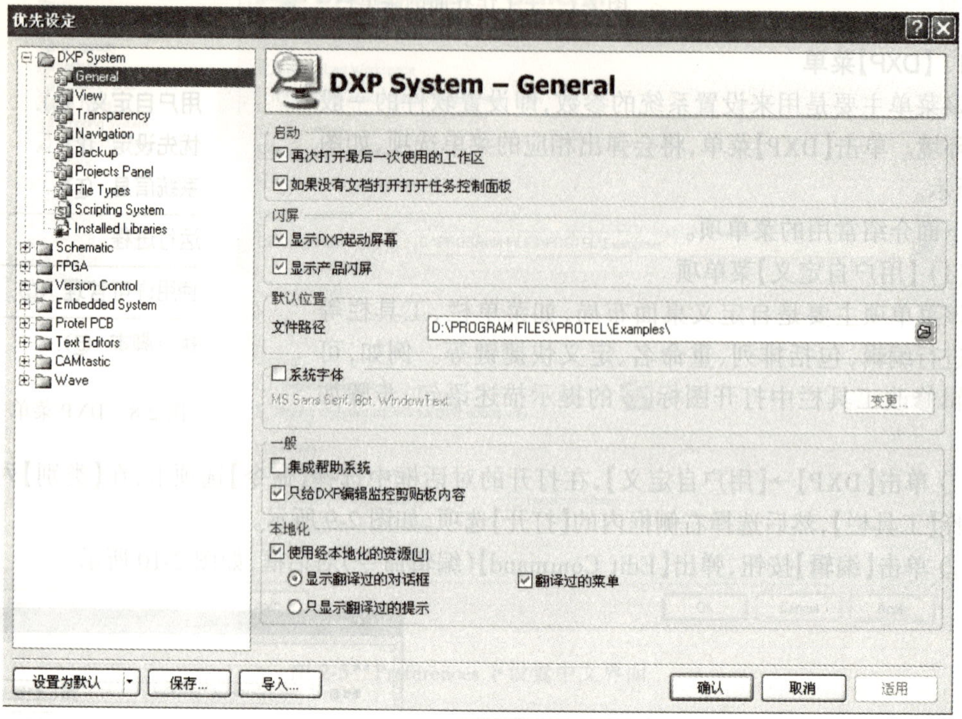

图 2-12 【优先设定】对话框

可以看到在左侧有 9 个选项(其左侧带有 + 号),其中第一个选项【DXP System】用于设置系统参数,单击其左侧的 + 号,出现 9 个子项。其中:

- 【General】:用于设置开机主画面,在【启动】设置区中,可以设置是否在每次启动 Protel 时自动装载上次保存下的最后一个项目;在【闪屏】设置区中,可以选择是否在启动 Protel 时出现产品的标志屏幕。
- 【View】:主要用于面板的设置,如图 2-13 所示。

如图 2-13 所示,在【桌面】设置区中,可以设置在关闭 Protel 时是否自动保存桌面设置,用户可以个性化面板和工具栏的可见性,以及各应用窗口的尺寸和位置。在【弹出面板】和【收藏面板】区域,用户还可以设置弹出面板时的延迟时间和隐藏面板时的延迟时间。通过对复选框【使用动画】选取或取消可以设置面板在弹出或隐藏时是否使用动画。拖动右边的滑块则可以设置动画的速度。

【Transparency】:选中【透明浮动视窗】复选框,当一个交互式处理被调用时自动使所有编辑区上的浮动工具栏和窗口呈现透明状态。当然,还可以设置其透明度。

【Navigation】:用于导航器的高亮设置。

【Backup】:用于设置是否允许系统自动保存文件以及自动保存的时间间隔。

【Projects panel】:用于设置项目组面板。

【File Types】:用于选择系统支持的文件类型。

【Scripting System】:用于显示系统已安装的脚本项目。

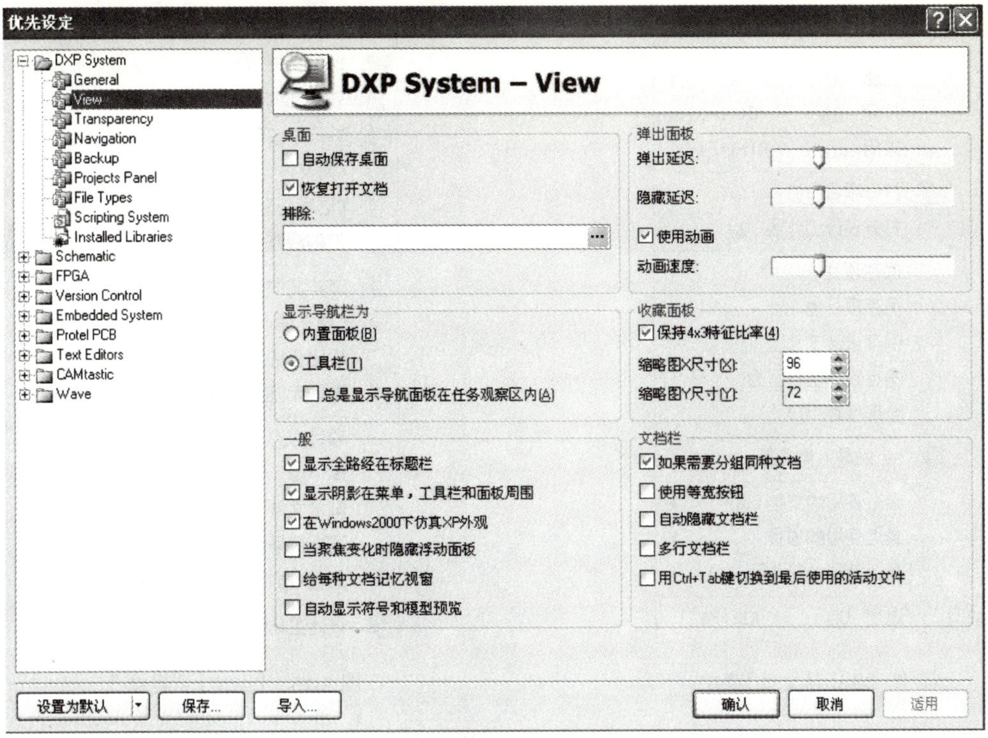

图 2-13　View 对话框

【Installed Libraries】:用于显示系统已安装的元件库和安装新的元件库。

第二个选项【Schematic】主要是对原理图编辑器的参数设置,类似地,【FPGA】、【Version Control】、【Embedded System】、【Protel PCB】、【Text Editors】等选项分别用于设置 FPGA、版本控制、嵌入式系统、PCB 板、文本编辑器等。这在以后的相关章节中会提到。

2.【文件】菜单

【文件】菜单如图 2-14 所示。

- 【创建】:用于新建文件、项目等,如图 2-15 所示。
- 【打开】:用于打开文件、项目等。
- 【关闭】:用于关闭文件、项目等。
- 【打开项目】:用于打开已存在的项目。
- 【打开设计工作区】:用于打开已存在的项目工作区。
- 【保存项目】:用于保存当前的项目。
- 【另存项目为】:用于把当前项目另存为一个新的项目,相当于文件的复制,执行此命令后当前项目变为复制后的新项目。
- 【保存设计工作区】:用于保存当前的设计工作区。
- 【另存设计工作区为】:用于当前的设计工作区另存为一个新的设计工作区。
- 【全部保存】:用于保存工作区打开的所有文件。
- 【99 SE 导入向导器】:用于打开 99 SE 导入向导器。
- 【最近使用的文件】:用于显示最近打开过的文件。
- 【最近使用的项目】:用于显示最近打开过的项目。

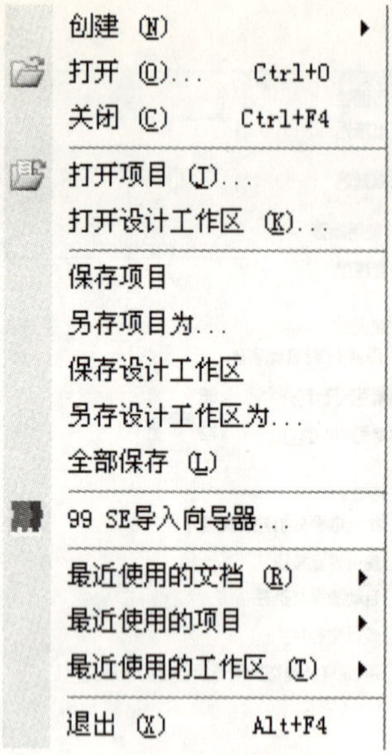

图 2-14 【文件】菜单

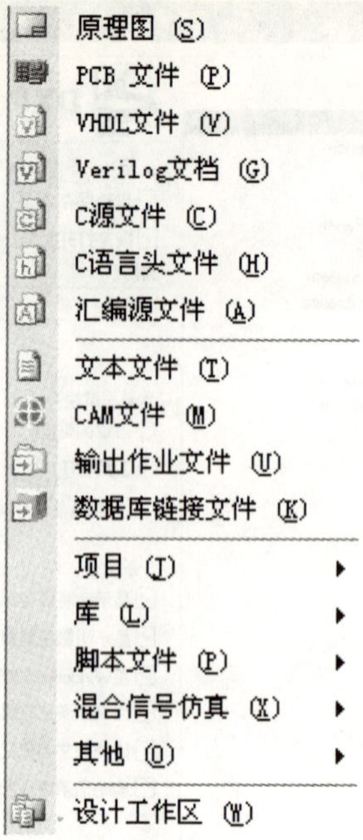

图 2-15 【创建】子菜单

- 【最近使用的工作区】:用于显示最近使用过的工作区。
- 【退出】:用于退出 Protel。

3.【查看】菜单

【查看】菜单如图 2-16 所示。

- 【工具栏】:用于设置是否显示工具栏和导航等,如图 2-17 所示。
- 【工作区面板】:用于个性化显示在主画面两侧的面板,可以是帮助、导航、元件库面板等,系统默认为文件面板。
- 【桌面布局】:用于设置启动 Protel 时的初始界面布局,如图 2-18 所示,可以为默认或启动时的布局,同时,也可以保存和载入自定义初始界面布局。

图 2-16 【查看】菜单

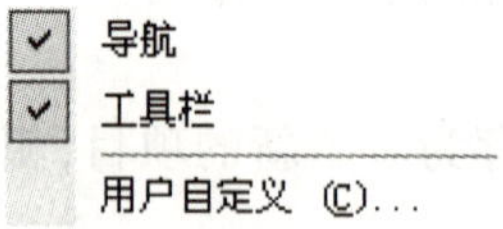

图 2-17 【工具栏】子菜单

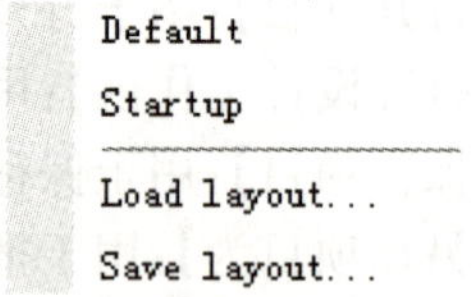

图 2-18 初始界面布局子菜单

- 【器件视图】:用于查看当前物理器件的连接和处理流程。
- 【主页】:用于单击之后在主工作窗口弹出 DXP 主页,可以方便地创建新的任务,工作区部分将详述主页下的各个图标的含义。
- 【状态栏】:用于设置是否显示状态栏。
- 【显示命令行】:用于设置是否在状态栏下面显示命令行。

4.【收藏】菜单

【收藏】菜单如图 2-19 所示。

- 【Add to Favorites】:用于添加文件到收藏夹中,例如,可以把 DXP 主页添加到收藏夹中。
- 【Organize Favorites】:用于整理收藏夹,可以删除和编辑收藏夹中的项目。

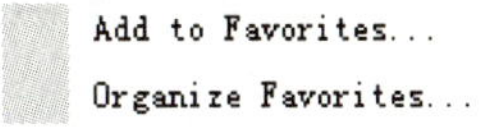

图 2-19　【收藏】菜单

5.【项目管理】菜单

【项目菜单】用于对项目文件的一些操作,如显示不同点、追加和删除项目等,如图 2-20 所示,这部分内容将在文件管理部分详述。

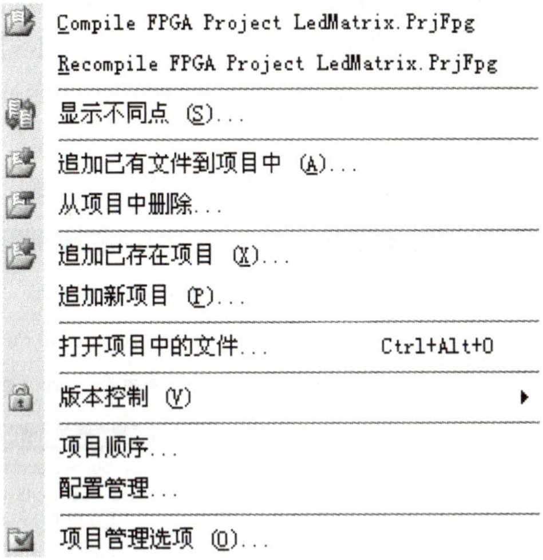

图 2-20　【项目管理】菜单

6.【视窗】菜单

【视窗】菜单主要用于调整多窗口显示情况下的合理布局和显示方式,如水平排列视窗和垂直排列窗口以及快速关闭所有的窗口,如图 2-21 所示。

7.【帮助】菜单

【帮助】菜单中含有 Protel 的各种操作使用说明,还有各种帮助信息。如图 2-22 所示,帮助信息的具体内容为英文格式。

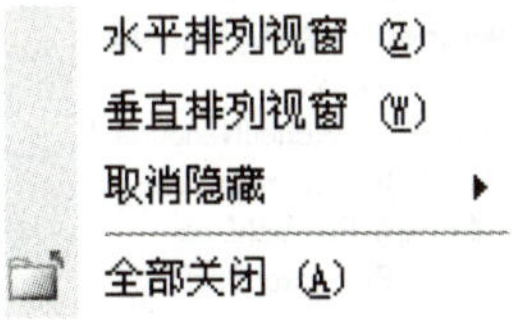

图 2-21　【视窗】菜单

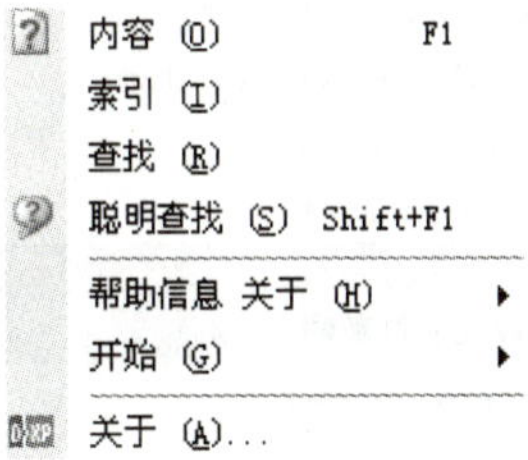

图 2-22　【帮助】菜单

2.3.2　工具栏

主工作界面下的工具栏如图 2-23 所示。

图 2-23　工具栏

其按钮从左至右依次为新建任意文件、打开文件、器件视图、顾问式帮助。

2.3.3 主工作窗口

在主工作窗口下显示 DXP 主页，主页下是任务选择区(Pick a task)，提供打开新的项目或进入系统管理功能界面，单击各图标可以进一步选择具体的任务，DXP 主页可以通过【查看】→【主页】打开。

2.3.4 工作面板

在 Protel DXP 集成操作环境下，工作面板包括【Files】(文件)、【Projects】(项目)、【Navigator】(导航器)、【Help】(帮助)、收藏、剪贴板、元件库，其中【Files】、【Projects】、【Navigator】、【Help】四个面板通常位于工作窗口的左侧，收藏、剪贴板和元件库通常位于右侧。

1.【Files】面板和【Projects】面板

【Files】面板和【Projects】面板在启动时默认出现在界面的左侧，如图 2-24 所示。

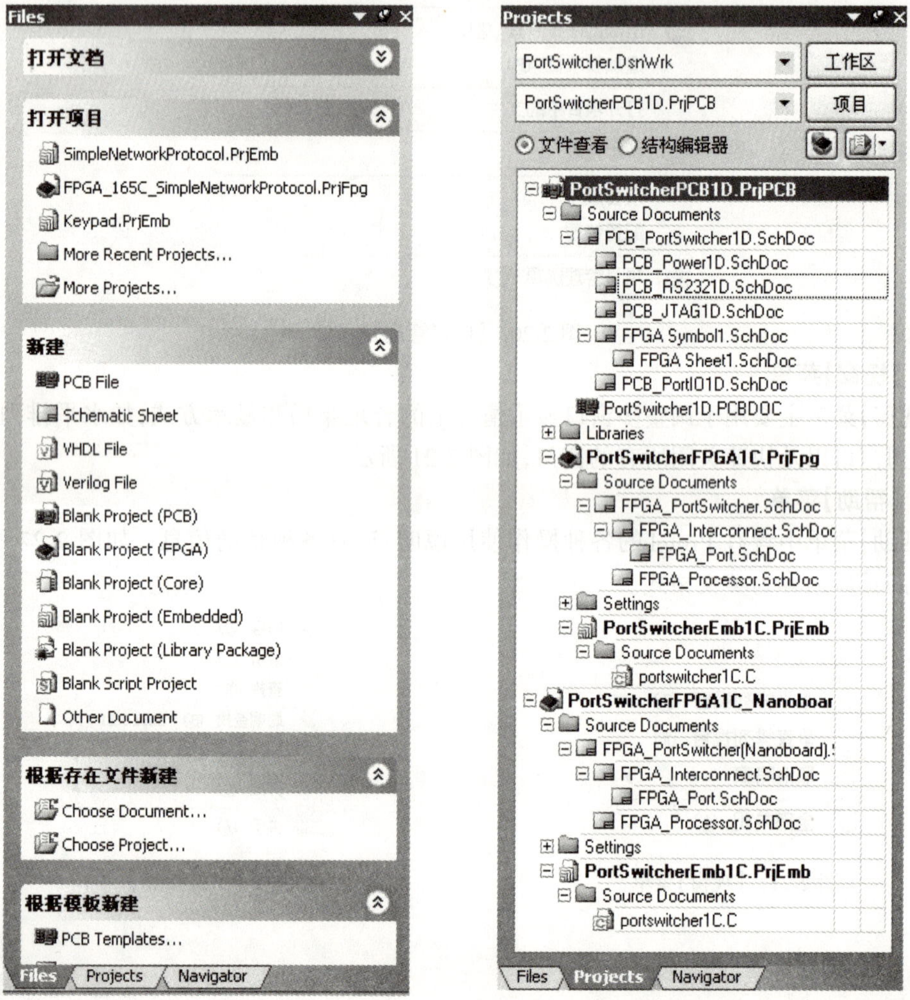

图 2-24 【Files】面板和【Projects】面板

用户也可以通过下面两种方法打开。

① 单击【查看】→【工作面板】→【System】,选择所要打开的面板即可。

② 单击工作窗口左下角的【System】标签,即可弹出如图 2-25 所示的快捷菜单,选择要打开的面板即可。

图 2-25　【System】快捷菜单

如图 2-24 所示的【Files】面板,它主要由【打开文档】、【打开项目】、【新建】、【根据存在文件新建】、【根据模板新建】等操作区组成。

- 【打开文档】:显示最近操作的文件,单击即可打开。
- 【打开项目】:显示最近操作的项目,单击即可打开。
- 【新建】:该操作区的功能与菜单栏中【文件】菜单的【创建】选项一致,单击不同的选项即可创建相应的文件。
- 【根据存在文件新建】:单击不同的选项可分别根据现有的文件创建新的文档和新项目。
- 【根据模板新建】:用户通过单击不同选项可根据原理图模板或 PCB 模板来创建新文档,亦可根据现有项目创建新项目。

【Projects】面板主要是完成一个或多个项目文件的管理,如图 2-26 所示为【Projects】面板的主要功能。

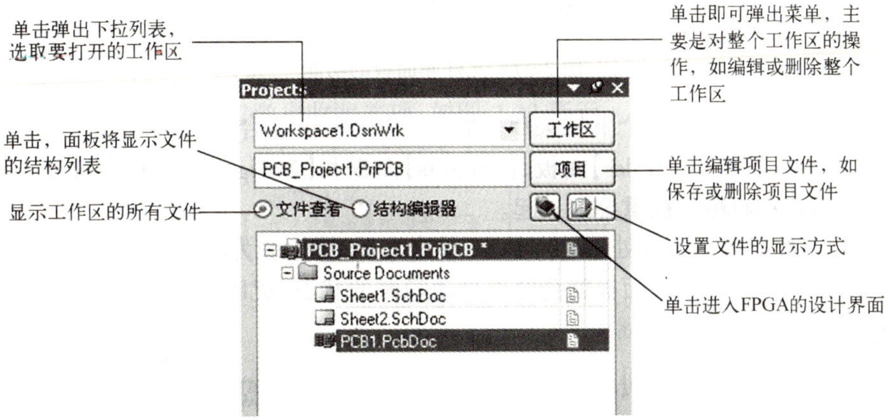

图 2-26　【Projects】面板的功能

2. 元件库面板

DXP 2004 SP2 中包含了丰富的库元件。能否有效地利用库元件加快设计过程,对于一个工程设计人员就显得极为重要。

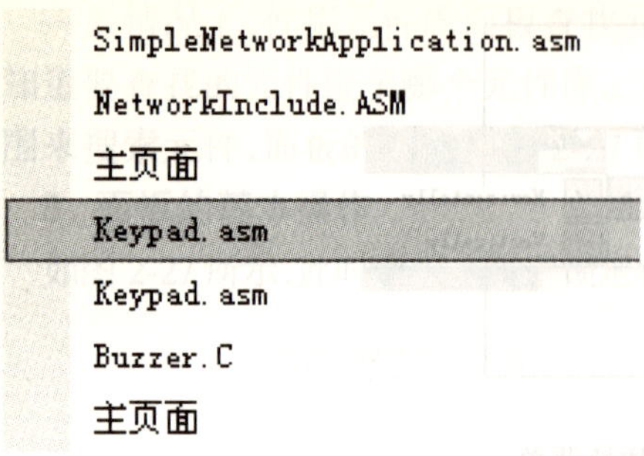

图 2-32 历史记录

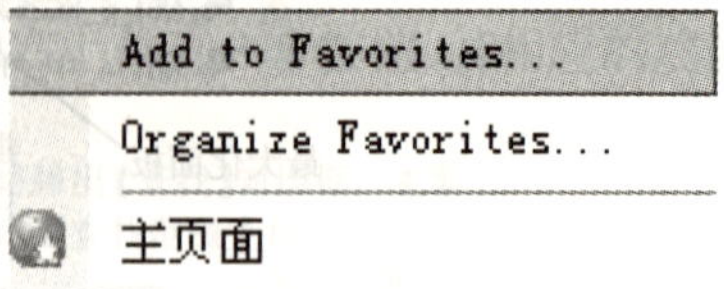

图 2-33 收藏选项

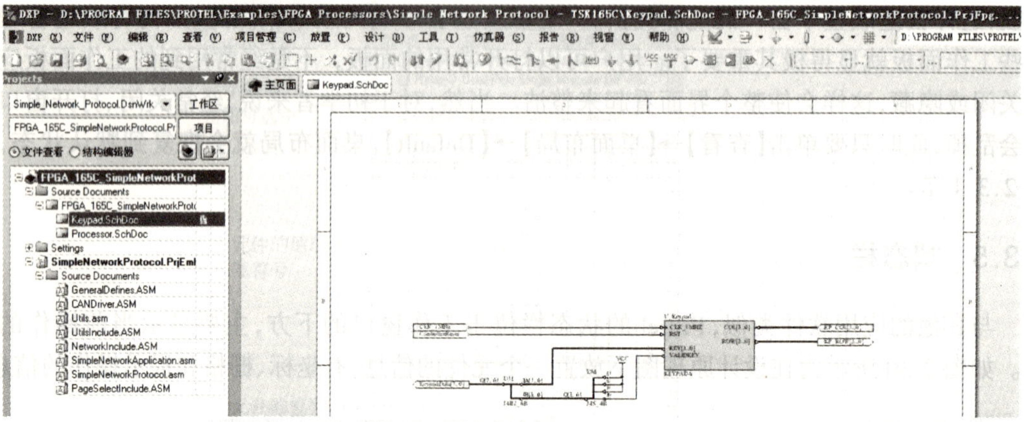

图 2-34 设计原理图时的主窗口排列布局

2.4 DXP 2004 SP2 的文件管理系统

DXP 2004 SP2 是一套真正的 32 位集成设计系统，全面支持 PCB 项目设计和 FPGA 项目等的设计。众所周知，在进行一个 PCB 设计时往往需要生成很多文件，如原理图文件、PCB 文件、各种报表文件及库文件等，因此如何有效地管理这些数量庞大的文件就越发显得重要。DXP 2004 SP2 为不同设计系统之间提供了接口，其功能强大的项目级文件管理系统允许各个功能模块在一起交互工作，用户只需通过简单的操作就可以有效地管理好各种文件。

2.4.1 文件组织结构和文件类型

(1) 设计工作区

为了能更加有效地管理好文件，DXP 2004 SP2 提出了设计工作区（ * .PrjGrp）的管理方式。用户可以把自己设计的项目分类规划到一个设计工作区中，一个设计工作区可以有多个项目文件，如 PCB 项目文件（ * .PrjPCB）和 FPGA 项目文件（ * .PrjFpg）等，如图 2-35 所示，设计工作区名称为 Workspace.DsnWrk，两个项目文件分别为 PCB _ Project1.PrjPCB 和 FPGA _ Project1.PrjFpg。

需要指出的是，设计工作区文件只是建立有关的设计项目文件的链接关系，并没有包含项目文件本身。

图 2-35　Projects 面板

(2) 项目文件

DXP 2004 SP2 类似以往的 DXP 版本,支持在一个项目文件中包括设计生成的所有文件。如一个 PCB 项目文件一般包含有原理图文件、PCB 文件、输出报表等,如图 2-36 所示,PCB 项目文件下分别有一个原理图文件和 PCB 文件。

(3) 各类设计文件和编辑器

用户在设计一个 PCB 或 PLD 文件时,首先要建立一个设计工作区,然后在设计工作区下建立相应的项目文件,而项目文件下必然是大量的设计文件,再创建不同的设计文件即可进入不同的编辑器。在所有的设计文件中,原理图文件是最基本的文件。

常用的编辑器有:原理图编辑器(＊.SchDoc)、PCB 编辑器(＊.PcbDoc)、原理图库文件编辑器(＊.SchLib)、PCB 库文件编辑器(＊.PcbLib)、VHDL 编辑器(＊.Vhd)、文本编辑器(＊.TxT)和 CAM 编辑器(＊.Cam)。

(4) 自由文件

新建项目文件后,该文件就会被自动激活并设置为当前的项目文件。若此时用户新建原理图或 PCB 等设计文件,则新建的文件会自动添加到当前激活的项目文件中。反之,如果在创建新的设计文件之前并没有项目文件,则此时所建立的设计文件以自由文件的方式存在,保存之后将不属于任何项目,如图 2-37 所示。

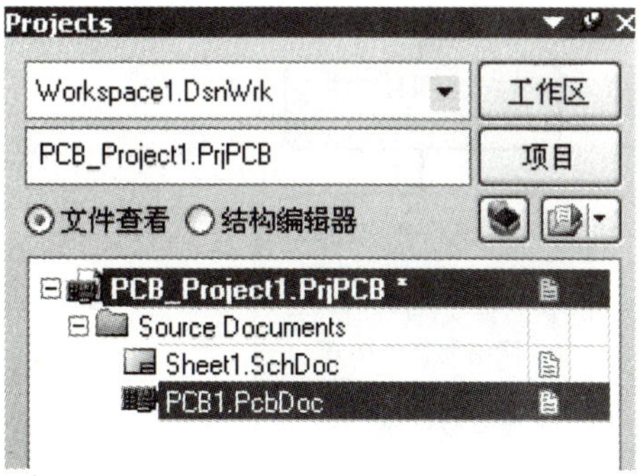

图 2-36　有创建项目文件

图 2-37　没创建项目文件

(5) 文件组织结构和文件类型

由前述可知,DXP 2004 SP2 支持多种文件格式。具体可以通过单击【DXP】→【优先设定】→【DXP System】→【File Types】即可弹出如图 2-38 所示的对话框,可以看到支持的文件类型。图 2-39 所示为 DXP 2004 SP2 的文件组织结构。

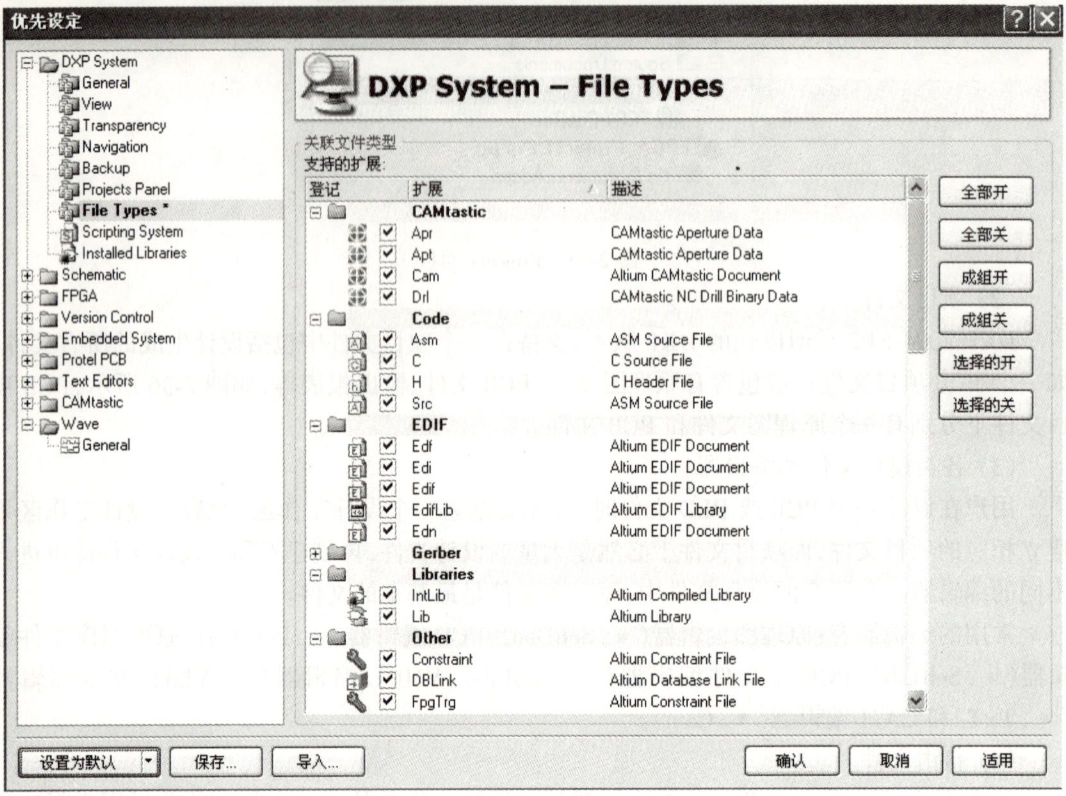

图 2-38 查看支持的文件类型

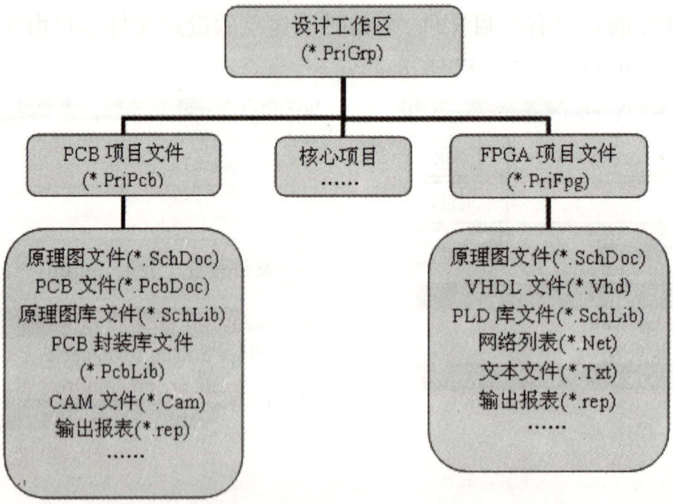

图 2-39 DXP 2004 SP2 的文件组织结构

2.4.2　文件的操作

在 DXP 2004 SP2 中新建一个文件通常有三种方法，现以 PCB 项目为例具体说明项目文件的操作。

1. 新建一个 PCB 项目

可以按照如下方法新建一个 PCB 项目。

① 单击菜单命令【文件】→【创建】→【项目】→【PCB 项目】。

② 在【Files】面板中直接单击【新建】区域的【Blank Projects(PCB)】。

③ 在主页下单击【Printed Circuit Board Design】选项，即可进入到 PCB 项目和 PCB 文件的创建窗口，选择【New Blank PCB Projects】。

这里需要指出的是，在创建一个项目之前通常要先创建一个设计工作区，以便更好地管理好所有文件，这在 2.4.1 节中已经提到过。

2. 项目文件的保存和关闭

在创建一个新的 PCB 项目时其默认名称为 PCB _ Project * . PrjPCB(* 表示数字)。保存项目时，只要选取要保存的项目，然后用鼠标右键或左键单击【项目】按钮即可弹出快捷菜单，选取【保存项目】即可，如图 2-40 所示。系统会自动保存项目文件和该项目文件下所有的文件，在未对文件命名情况下，保存时系统会弹出【Save As】对话框，这与一般的应用软件无异。

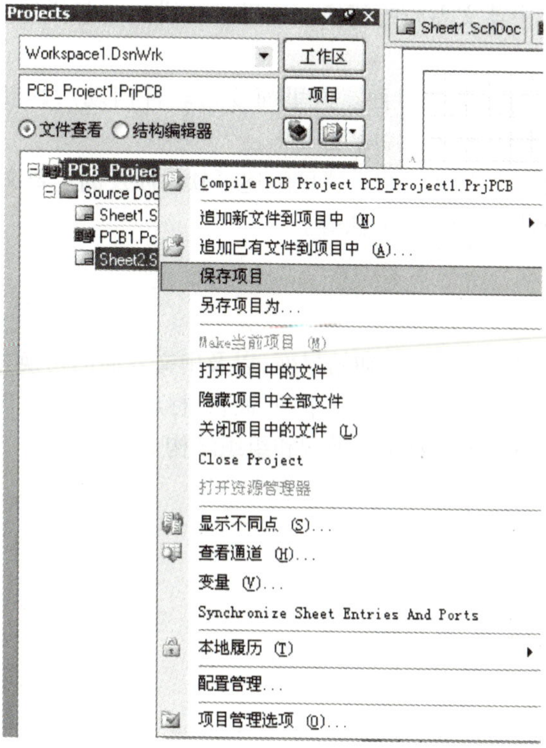

图 2-40　项目文件的右键快捷菜单

关闭项目文件时，可选择快捷菜单的【Close Project】选项。如果此时某些文件被修改了而未保存，系统就会弹出如图 2-41 所示的对话框，提示是否要保存修改的文件，选择【保存】或

【不保存】后，单击【确定】按钮即可。

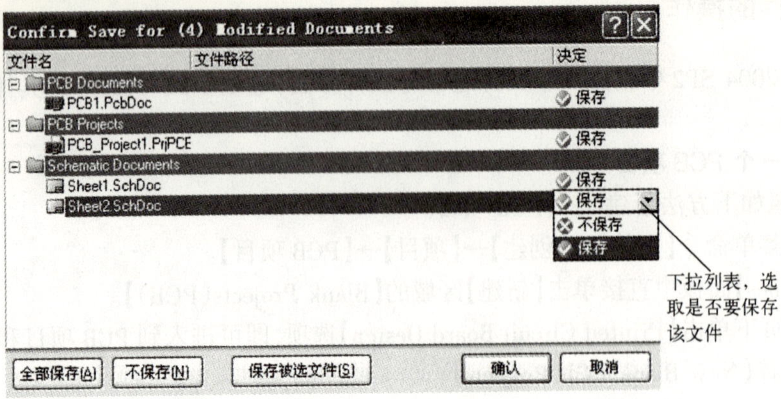

图 2-41　选择是否保存

本章小结

本章不涉及具体的原理图和 PCB 图设计，而是针对 DXP 2004 SP2 软件启动及启动后的界面进行介绍。具体内容如下。

(1) DXP 2004 SP2 的启动。介绍了启动 DXP 2004 SP2 的常用方法。

(2) DXP 2004 SP2 中英文界面的切换。这里主要讲述了怎样通过设置改变软件的中英文界面。

(3) DXP 2004 SP2 的主工作界面。这里简要对软件启动后的初始界面的各功能模块作了介绍，包括菜单、工具栏、状态栏等。

(4) DXP 2004 SP2 文件管理系统。这里阐述了软件涉及的主要文件类型、文件的组织和管理，以及文件和项目的打开与关闭方法等。

习题

1. 熟悉 DXP 2004 SP2 启动后的初始界面，以及中文界面的切换方法。
2. 熟悉 DXP 2004 SP2 软件界面的菜单项、面板、标题栏、工具栏等的主要功能。
3. 简述 DXP 2004 SP2 的主要文件类型和组织结构。

第 3 章　原理图设计入门

在整个电路的设计过程当中,电路原理图的设计是关键。本章主要介绍 DXP 2004 SP2 原理图设计基础知识及相关的图形操作命令,为以后的章节作好准备。对以前未接触过Protel 软件的读者来说,学好这一章就显得非常重要。而对于那些使用过其他版本 Protel(如 Protel 98、Protel 99 SE、Protel DXP)的读者来说,通过这一章可以以最快的速度熟悉 DXP 2004 SP2 的框架结构、菜单界面、基本操作等,从以前版本的 Protel 轻松过渡到这一版本。常言道:好的开始是成功的一半,希望读者在学习本章的同时用心琢磨,勤于实践,这对以后章节的学习以及掌握 DXP 2004 SP2 软件的使用方法都是十分必要的。

3.1　电路原理图的设计过程

电路原理图是整个电路设计的基础,它决定了电路板设计后续工作的进展。一般来说,电路原理图的设计工作包括:设置电路图图纸大小、设置绘图环境、调入元件库、在图纸上放置元件、进行布局和布线、最后保存并打印输出。电路原理图的设计过程一般可以按照图 3-1 所示的流程来进行。

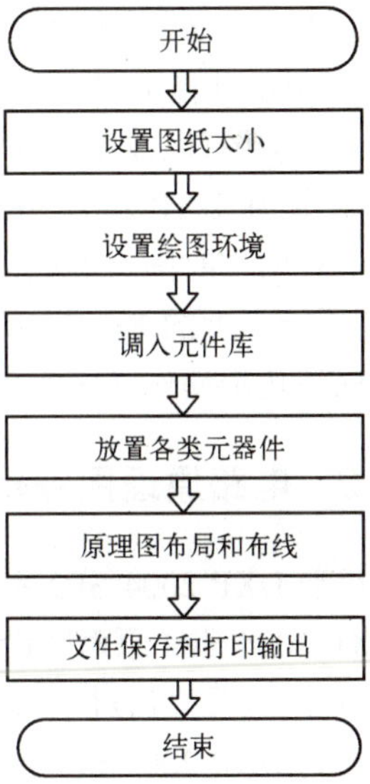

图 3-1　电路原理图设计的一般流程

(1) 设置图纸大小

使用 DXP 2004 SP2 进行原理图设计时,首先要进行整体构思,设计好图纸大小。图纸大小是根据电路图的规模和复杂程度而定的,设置合适的图纸大小是设计好原理图的第一步。

(2) 设置 DXP 2004 SP2 绘图环境

设置绘图环境,包括设置图纸栅格大小和类型、光标类型,等等,大多数参数也可以使用系统默认值。

(3) 调入元件库

调入相关元件所在的元件库,以备后用。DXP 2004 SP2 中可管理数以千计的原理图符号,原理图编辑器同时也提供了强大的库搜索功能,使得元件查找更加快捷方便。

(4) 放置各类元器件

用户根据电路图的需要,将元器件从元件库里取出放置到图纸上,并对放置元件的序号、元件封装进行定义和设定等工作。

(5) 原理图布局和布线

利用 DXP 2004 SP2 提供的各种工具,将图纸上的元件进行合理布局,然后用具有电气意义的导线、符号连接起来,构成一个完整的原理图,接着将初步绘制好的电路图作进一步的调整和修改,使得原理图更加美观。

(6) 文件保存和打印输出

最后的步骤是文件保存及打印输出。这个过程实际上是对所设计的图形文件输出的管理过程,是一个设置打印参数和打印输出的过程。

至此,电路原理图设计工作结束。

3.2 DXP 2004 SP2 原理图设计环境

在开始介绍 DXP 2004 SP2 原理图设计环境之前,先介绍一下在 DXP 2004 SP2 中鼠标和键盘的基本操作。

3.2.1 鼠标和键盘基本操作

在 DXP 2004 SP2 中,鼠标光标位于不同位置和操作阶段,其左键和右键的功能通常也不一样。下面介绍 DXP 2004 SP2 中常用的鼠标操作。

① 单击:单击鼠标左键可以选择图件、执行工具按钮命令、打开某个下拉菜单及切换选项等;单击鼠标右键通常用来打开与某个内容相对应的快捷菜单(或称右键菜单,下同)。

② 双击:双击鼠标左键可以打开某个图件的属性设置对话框、工具栏的设置对话框等。

③ 单击并拖动:将鼠标移至某个图件上,单击鼠标左键,然后拖动鼠标到新的位置松开,可用来移动图件、改变图件的大小及框选图件等。

此外,在 DXP 2004 SP2 中,利用键盘上的一些特殊键有时可以更快速地完成某项操作,大大节省操作时间。例如,使用键盘上的四个方向箭头可以完成上移、下移、左移和右移等操作,利用键盘上的 End 键可以快速刷新屏幕,还可以利用 DXP 2004 SP2 中定义的一些快捷键将鼠标的几步操作一次实现。

3.2.2 电路原理图编辑环境

启动 DXP 2004 SP2 系统以后,可以通过单击【文件】→【创建】→【原理图】菜单命令来启动 DXP 2004 SP2 原理图设计环境,同时系统自动生成新的原理图文档“Sheet1.SCHDOC”。

另外,也可以通过单击【文件】→【打开】菜单命令打开一个已经建立的原理图文档,同样可以进入到 DXP 2004 SP2 原理图设计环境。这里通过打开已建立的电路原理图文件“MyFirst-Sheet.SCHDOC”来进入如图 3-2 所示的原理图编辑环境。

1. 标题栏

Windows 环境下的应用软件,都是以窗口的形式出现的,窗口最上方的蓝色显示条是该窗口的标题栏,显示该软件标志,DXP 2004 SP2 的标志是 DXP(Design Explorer 的缩写)。

2. 菜单栏

DXP 2004 SP2 设计系统对于不同类型的文档进行操作时,主菜单会相应地发生变化。当进入原理图编辑环境以后就出现如图 3-3 所示的主菜单,利用主菜单可以完成对原理图的各种编辑操作。

这里首先简要介绍一下各菜单项的功能。

(1)【DXP】菜单

在主菜单栏单击最左边的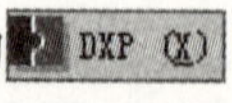

图标,出现【DXP】系统菜单,如图 3-4 所示。【DXP】菜

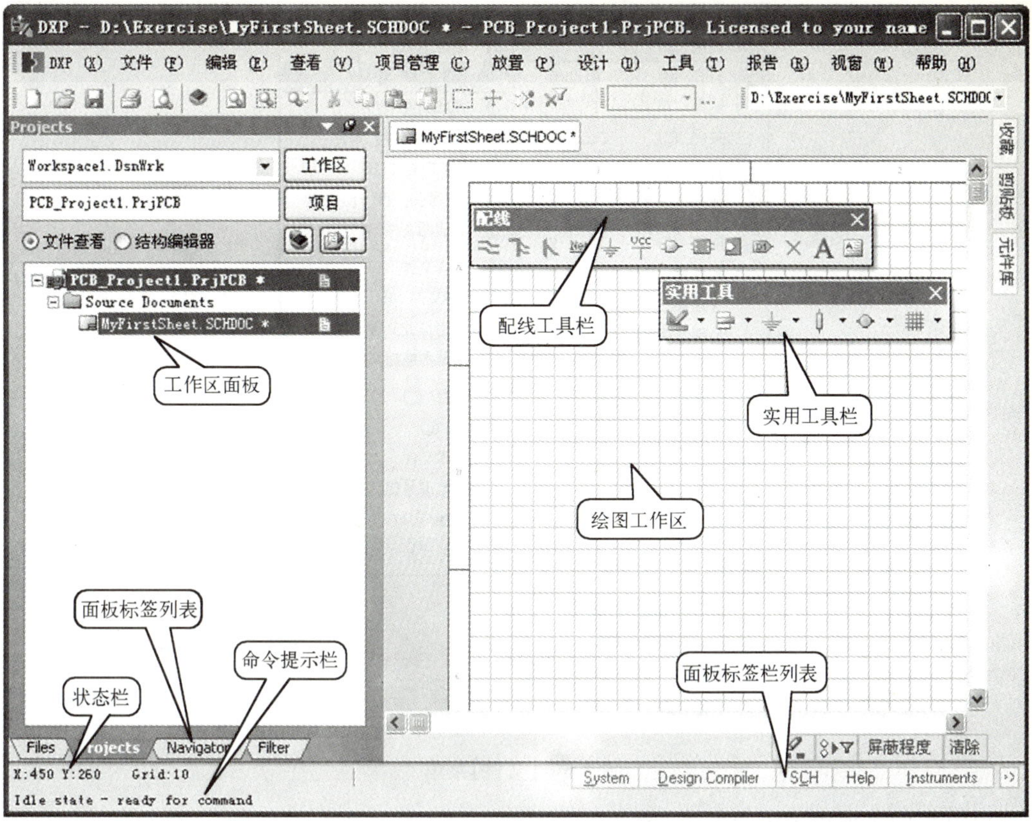

图 3-2　DXP 2004 SP2 的原理图编辑环境

图 3-3　DXP 2004 SP2 原理图编辑环境主菜单

单中的各项命令供用户管理系统程序、定义环境、设置密码等。

(2)【文件】菜单

【文件】菜单主要是用于工程和文件的新建、打开、保存及关闭等常规文件操作。其选项如图 3-5 所示。

【文件】菜单中的常用命令及其功能如下。

【创建】:用于新建一个文件。如原理图文件、PCB 文件、VHDL 文件等。

【打开】:用于打开一个 DXP 2004 SP2 系统可以识别的已有文件。

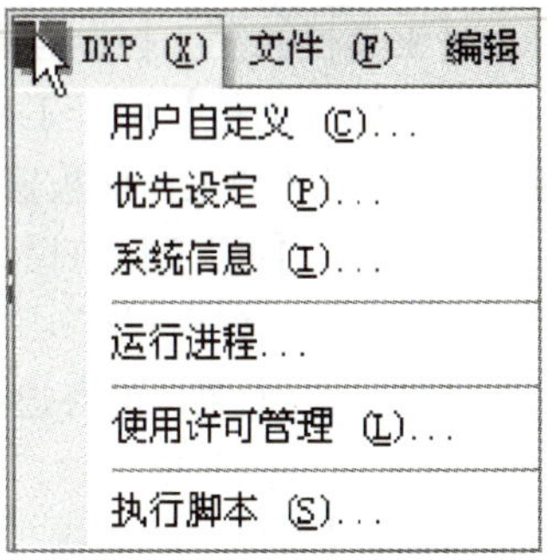

图 3-4　【DXP】系统菜单

【输入】:可以用来导入其他 EDA 软件设计的原理图。

【打开项目】:用于打开已有的工程文件。

【打开设计工作区】:用于打开已有的工程组。

【最近使用过的文件】:可以直接选择最近打开过的文档。

【最近使用过的项目】:可以直接选择最近打开过的工程。

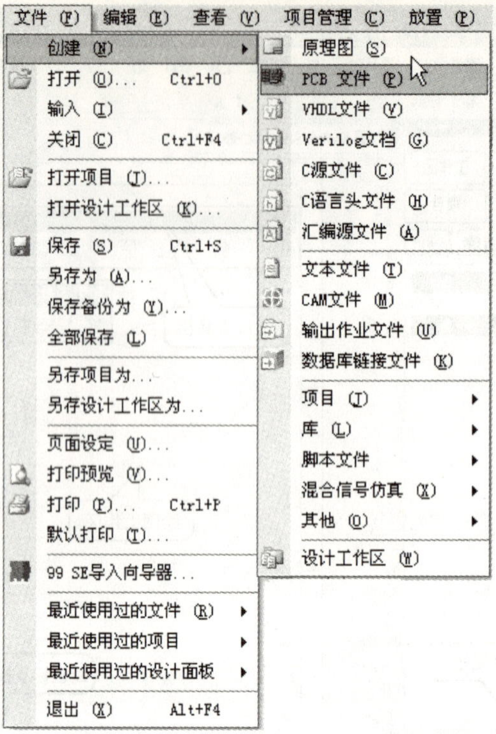

图 3-5 【文件】菜单

【退出】:用于退出 DXP 2004 SP2。

(3)【编辑】菜单

【编辑】菜单主要提供一些与电路原理图编辑相关的操作,如 Undo、裁剪、复制、粘贴等操作,如图 3-6 所示。

(4)【查看】菜单

【查看】菜单主要用来设置编辑环境的外观,如图 3-7 所示。其常用选项功能如下。

【工具栏】:用于控制各种工具栏的显示与隐藏。【工具栏】子菜单如图 3-8 所示。

【工作区面板】:用于工作窗口面板的显示控制,该选项内部包含若干子项,选中相应子项则会显示相应的工作面板窗口。【工作区面板】子菜单如图 3-9 所示。

【状态栏】:用于状态栏的显示控制。

(5)【项目管理】菜单

【项目管理】菜单的各选项主要用于整个设计工程的编译、分析和版本控制,如图 3-10 所示。

(6)【放置】菜单

【放置】菜单中的各选项主要用来放置各种电气符号,选项如图 3-11 所示。

(7)【设计】菜单

【设计】菜单中的各选项主要用来进行包括元件库操作、层次原理图操作及原理图仿真等操作,如图 3-12 所示。

(8)【工具】菜单

【工具】菜单包括用于查找元件、自动编号等操作的工具项目。熟练运用这些工具将可以大大提高绘图工作效率。【工具】菜单的选项如图 3-13 所示。

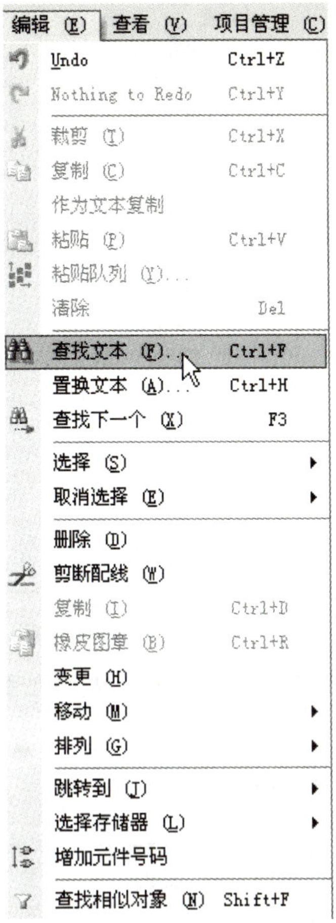

图 3-6 【编辑】菜单

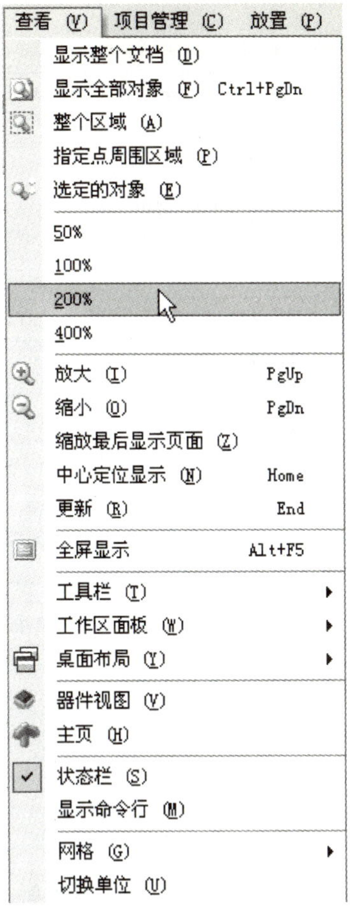

图 3-7 【查看】菜单

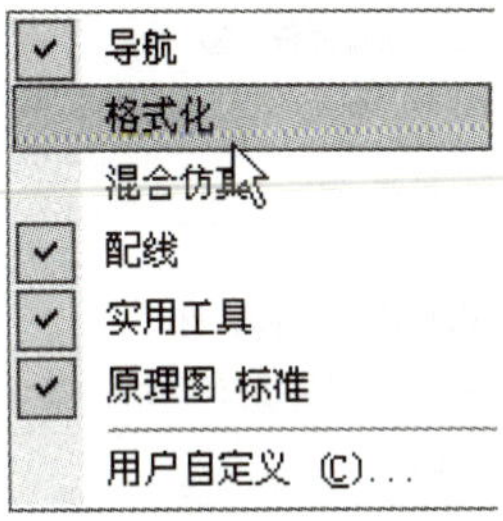

图 3-8 【工具栏】子菜单

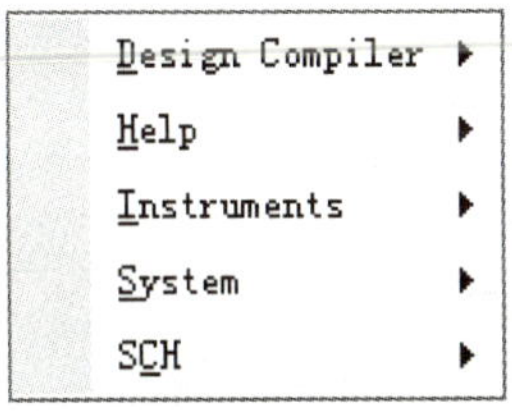

图 3-9 【工作区面板】子菜单

(9)【报告】菜单

【报告】菜单主要用于提供一些报表生成操作,如图 3-14 所示。

【报告】菜单的常用选项功能如下。

【Bill of Materials】:生成元件清单,给设计者提供材料信息。

【Component Cross Reference】:生成元件交叉参考表,列出项目中元件的编号、名称和所在的文件等。

【Report Project Hierarchy】:生成项目文件层次报表。

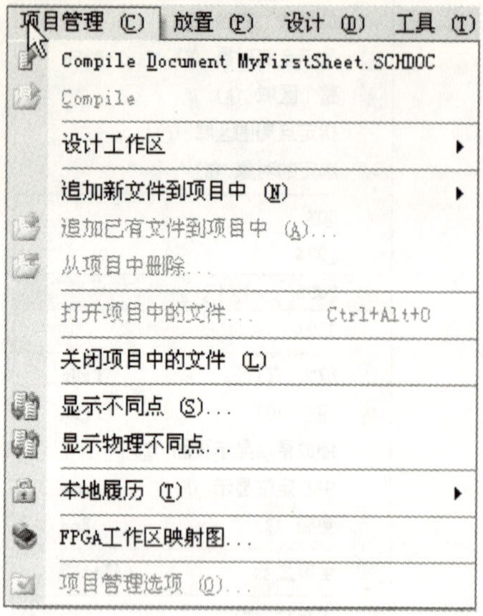

图 3-10 【项目管理】菜单

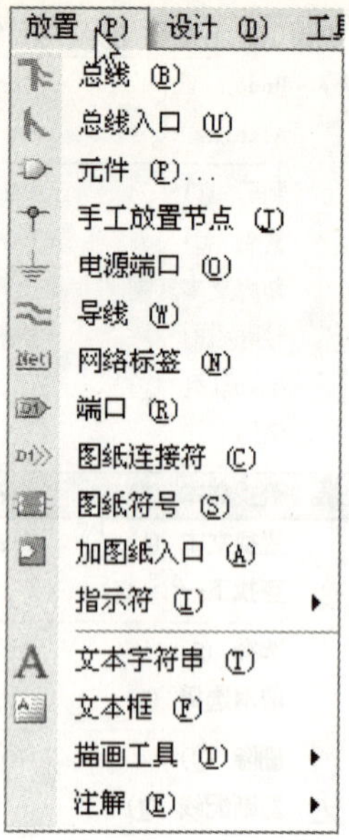

图 3-11 【放置】菜单

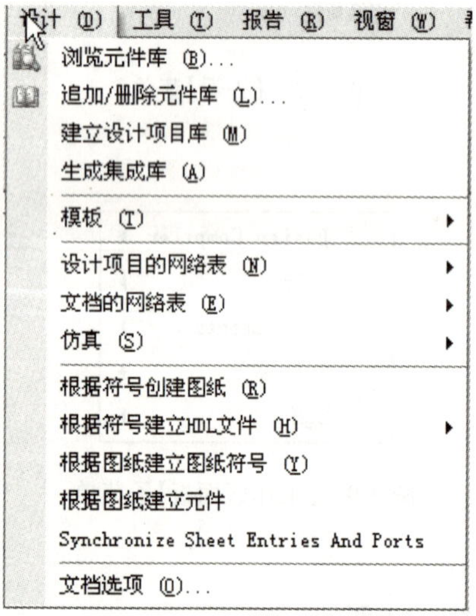

图 3-12 【设计】菜单

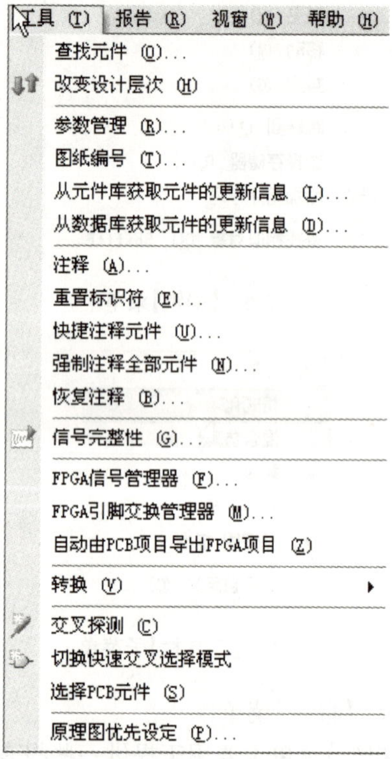

图 3-13 【工具】菜单

(10)【视窗】菜单

【视窗】菜单主要用于窗口大小和位置的管理,如图 3-15 所示。

(11)【帮助】菜单

【帮助】菜单用于打开帮助文件。

图 3-14　【报告】菜单

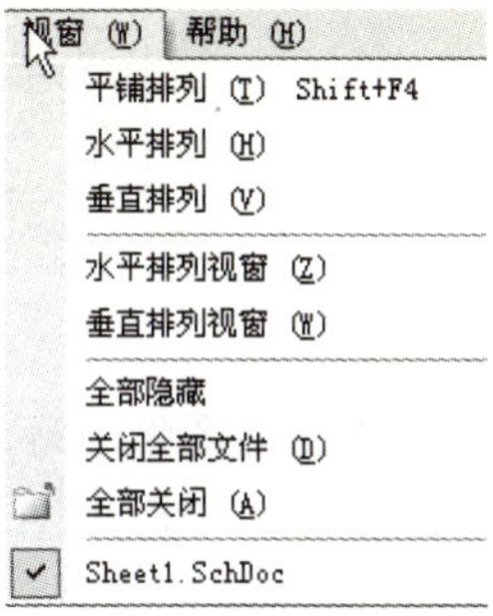

图 3-15　【视窗】菜单

3. 工具栏

DXP 2004 SP2 原理图设计环境以工具栏的形式提供了许多编辑工具供设计人员使用，为设计工作带来极大的方便。下面将主要介绍以下这些工具栏的打开和关闭过程。

(1) 标准工具栏的打开和关闭

DXP 2004 SP2 原理图设计环境的标准工具栏为设计人员提供了一些常用的文件操作快捷方式，如打印、缩放、复制、粘贴等，并且以按钮图标的形式表示出来，如图 3-16 所示。如果将鼠标放置并停留在某个按钮图标上，则该图标按钮所要完成的功能就会在图标下方提示出来，便于用户操作使用。

图 3-16　标准工具栏

打开或者关闭标准工具栏可以通过选择【查看】→【工具栏】→【原理图标准】菜单命令来完成。连续两次执行该命令将分别执行打开和关闭两个相反的操作，如同电气开关一样。

(2) 配线工具栏的打开和关闭

配线工具栏主要用于放置原理图中的元器件、电源、地址、端口、图纸符号、未用管脚标志等，同时完成连线操作。

通过执行【查看】→【工具栏】→【配线】菜单命令可以打开或者关闭该工具栏，该工具栏打开后如图 3-17 所示。

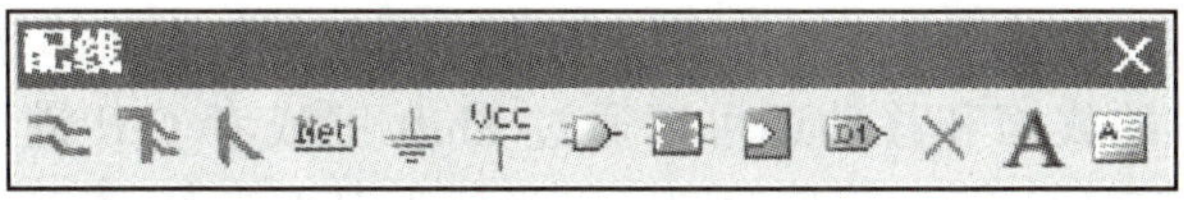

图 3-17　配线工具栏

(3) 实用工具栏的打开和关闭

在原理图编辑环境中，与配线工具栏相对应，还有一个实用工具栏，用于在原理图中绘制各种标注信息，使电路原理图更清晰，数据更完整，可读性更强。该实用工具栏中的大部分图元不具有电气连接特性，所以系统在作设计规则检查(Design Rule Check, DRC)及转换成网络表时，它们不会产生任何影响，也不会附加在网络表数据中。

通过执行【查看】→【工具栏】→【实用工具】菜单命令可以打开或者关闭该工具栏，该工具栏打开后如图 3-18 所示。

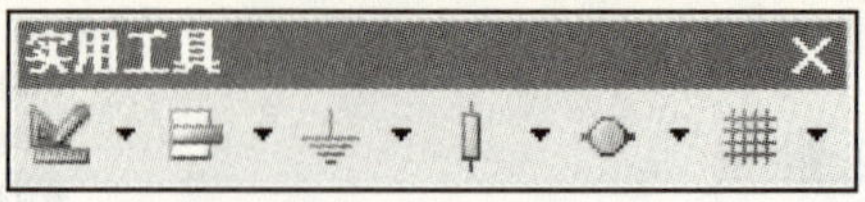

图 3-18 实用工具栏

4. 绘图区

DXP 2004 SP2 原理图编辑环境中的绘图区就是进行原理图设计的工作平台。在此窗口内,设计人员可以新建一个原理图,也可以对现有的原理图进行编辑和修改。

5. 状态栏

如图 3-2 所示,DXP 2004 SP2 原理图编辑环境中的状态栏位于编辑环境的左下角,该状态栏主要用于显示系统当前所处的状态,包括光标的坐标、栅格尺寸等信息。

6. 命令提示栏

如图 3-2 所示,DXP 2004 SP2 原理图编辑环境中的命令提示栏位于状态栏的下方,其主要作用是用来显示当前操作下的可用命令。

3.2.3 绘图区的放大和缩小

由于电路设计人员在绘制原理图的过程中,经常需要查看整张原理图的全貌或者是原理图的某个局部模块,所以就需要经常改变显示状态,使绘图区放大或者缩小,以满足设计人员的工作需要。下面分别介绍在命令状态下和闲置状态下对绘图区进行放大和缩小的方法。

1. 在命令状态下绘图区的放大和缩小命令

如果当前系统正处于绘图命令下,设计人员则无法把鼠标移到绘图区外去执行一般的命令。因此,设计人员如果想要在此时对绘图区进行放大或者缩小操作,就必须通过键盘来实现绘图区的放大和缩小操作,具体的操作如下。

① 放大:按 Page Up 键,将使绘图区以光标为中心放大电路原理图显示。

② 缩小:按 Page Down 键,将使绘图区以光标为中心缩小电路原理图显示。

③ 更新:按 End 键,系统将会对绘图区中的图形进行更新。此操作可以清除画面上存在的杂点或者校正变形的线条,使用非常方便。

④ 移动:按↑键,可以上移当前查看的图纸位置,查看图纸的上面部分;按↓键,可以下移当前查看的图纸位置,查看图纸的下面部分;按←键,可以左移当前查看的图纸位置,查看图纸的左面部分;按→键,可以右移当前查看的图纸位置,查看图纸的右面部分。

另外,电路原理图的放缩和移动还可以通过 Shift 键或者 Ctrl 键配合鼠标滚轮实现。Ctrl + 鼠标滚轮向前(或向后)滚动:将使绘图区以光标为中心放大(或缩小)电路原理图显示。鼠标滚轮向前(或向后)滚动:可以上移(或下移)当前查看的图纸位置。Shift + 鼠标滚轮向前(或向后)滚动:可以左移(或右移)当前查看的图纸位置。设计人员如果能灵活地使用这些快捷操作方法,可以极大地加快设计工作。

2. 闲置状态下绘图区的放大和缩小命令

如果当前系统未执行任何绘图命令而处于闲置状态,则可以通过使用菜单或者工具栏中的按钮来执行放大和缩小操作。

① 放大:执行【查看】→【放大】菜单命令,如图 3-19 所示,将会使绘图区以放大状态显示。

② 缩小:执行【查看】→【缩小】菜单命令,将会使绘图区以缩小状态显示。

③ 用不同的比例显示：如图 3-19 所示，【查看】菜单提供了 50%、100%、200%和 400%四种显示模式供设计人员选择。

④ 显示整个文件：通过执行【查看】→【显示整个文档】菜单命令可以显示整张原理图的内容，包括图纸边框、标题栏等，从而使设计人员可以查看整张电路图。

⑤ 更新画面：通过执行【查看】→【更新】菜单命令，系统将会对绘图区中的图形进行更新。此操作可以清除画面上存在的杂点或者校正变形的线条。

⑥ 利用【查看】→【整个区域】菜单命令放大显示用户设定的区域。这种方式是通过确定用户选定区域中对角线上两个角的位置，来确定需要进行放大的区域。具体操作时，首先需要执行【查看】→【整个区域】菜单命令；其次移动十字光标到目标的左上角位置，然后拖动鼠标，将光标移动到目标的右下侧适当位置，再单击鼠标左键加以确认，即可放大所框选的区域。

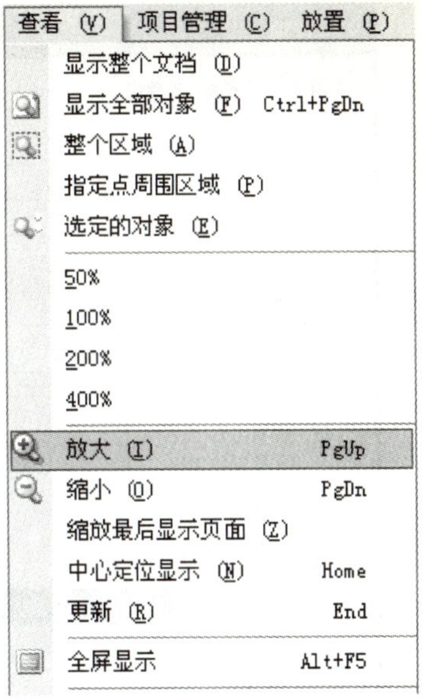

图 3-19 【查看】菜单

⑦ 利用【查看】→【指定点周围区域】同样也可用来放大选中的区域，但区域的选择与上一命令不同。执行该命令后，在要放大的区域单击鼠标，以该点为中心拉开一个矩形区域，再次单击确定半径后，该区域将被放大显示。

⑧ 利用【查看】→【选定的对象】可放大显示选中的对象。执行该命令后，对选中的多个对象，将以合适的宽度放大显示。

3.3 设置图纸大小及版式

3.3.1 设置图纸大小

选择大小合适的图纸来绘制电路原理图，可以使显示和打印都相当清晰，而且也比较节省磁盘的存储空间。图纸大小的设置包括两种方式。

1. 选择标准图纸

在这种方式中，单击【设计】→【文档选项】菜单命令，打开如图 3-20 所示的【文档选项】对话框。这里有 3 个标签：【图纸选项】标签、【参数】标签和【单位】标签。选择【图纸选项】标签，打开【图纸选项】选项卡，在【标准风格】栏选择标准的图纸尺寸来设置图纸大小。

如图 3-21 所示，单击【标准风格】栏右侧的 ˅ 按钮，可以在弹出的下拉列表中选择 DXP 2004 SP2 原理图设计系统支持的标准图纸类型，如 A0 ~ A4，Orcad A ~ E 等。最后单击【确认】按钮关闭文档选项，完成标准图纸设置。

2. 自定义图纸

如果需要根据实际自定义图纸尺寸，那就在【自定义风格】栏中设置各个选项。首先，必须选中【使用自定义风格】复选框，以激活自定义图纸功能。如图 3-22 所示。其中的选项功能如下。

【自定义宽度】：用于设定自定义图纸的宽度。

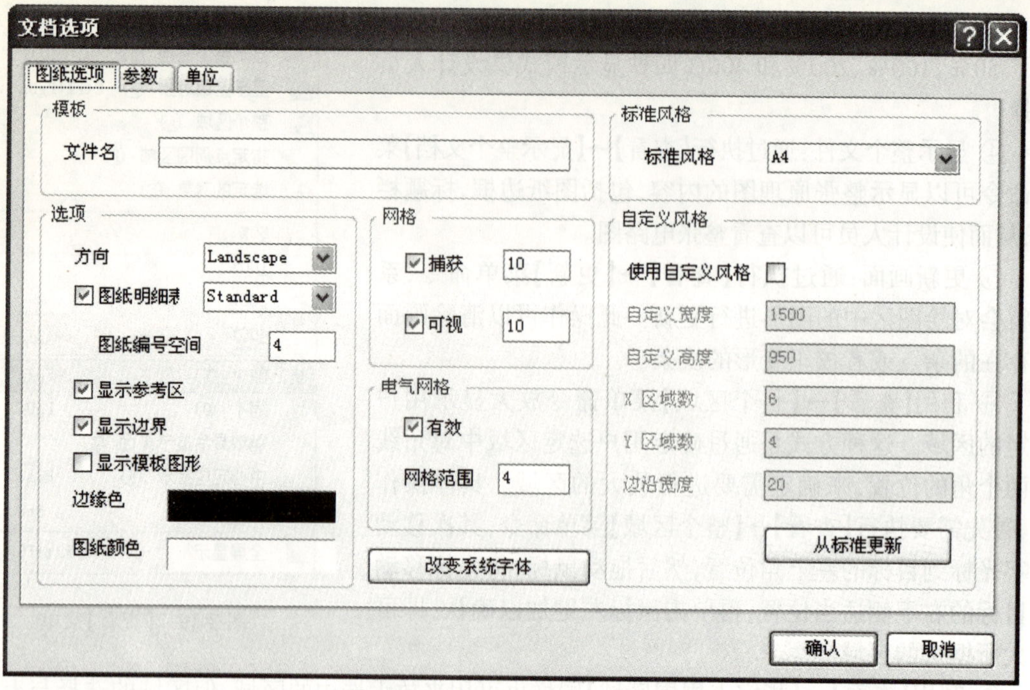

图 3-20　【文档选项】对话框

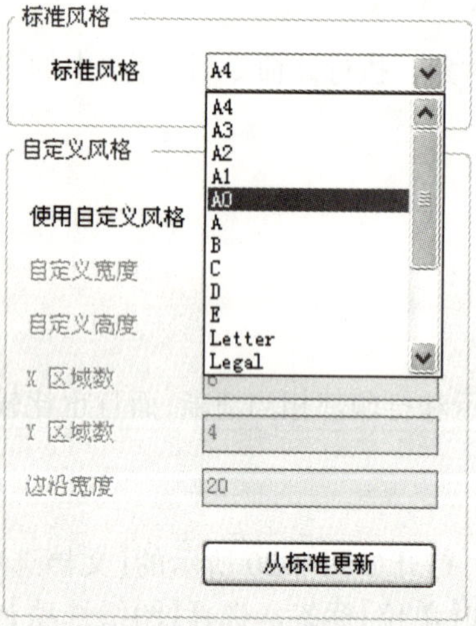

图 3-21　标准图纸的设置

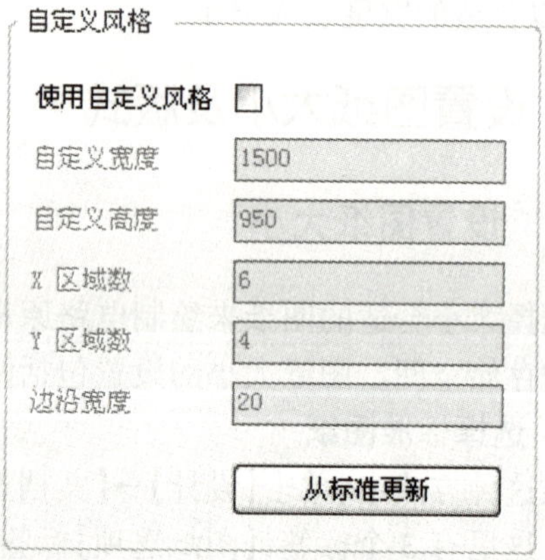

图 3-22　标准图纸的设置

【自定义高度】:用于设定自定义图纸的高度。

【X 区域数】:用于设定自定义图纸水平方向的分区数。

【Y 区域数】:用于设定自定义图纸垂直方向的分区数。

【边沿宽度】:用于设定图纸边框的宽度。

3.3.2　设置图纸方向

设计人员可以设置图纸为横向或者纵向,如图3-23所示。具体设置时,通过单击【设计】→

【文档选项】菜单命令打开【文档选项】对话框，选择【图纸选项】标签打开【图纸选项】选项卡，在【选项】区域的【方向】下拉列表框中设置图纸的方向为横向(默认项)或者纵向。

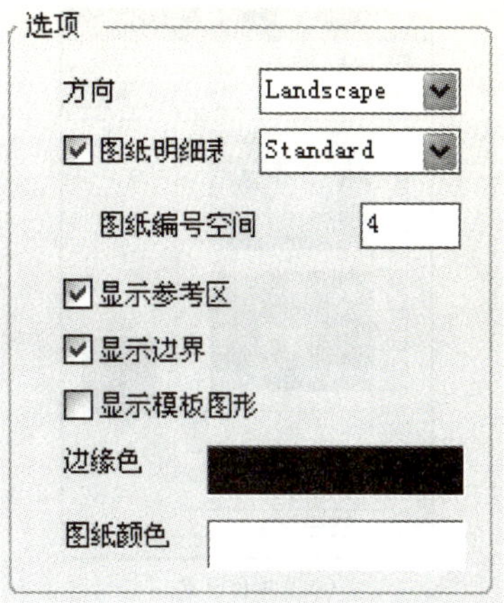

图 3-23　设置图纸摆放的方向

3.3.3　设置图纸的标题栏

DXP 2004 SP2 提供了两种预先定义好的标题栏，分别是：标准形式(Standard)，如图 3-24(a)所示；美国国家标准协会(ANSI)形式，如图 3-24(b)所示。具体设置方法是在【图纸选项】选项卡中，先选中【图纸明细表】复选框，然后在【图纸明细表】的下拉列表框选择图纸的标题栏形式。

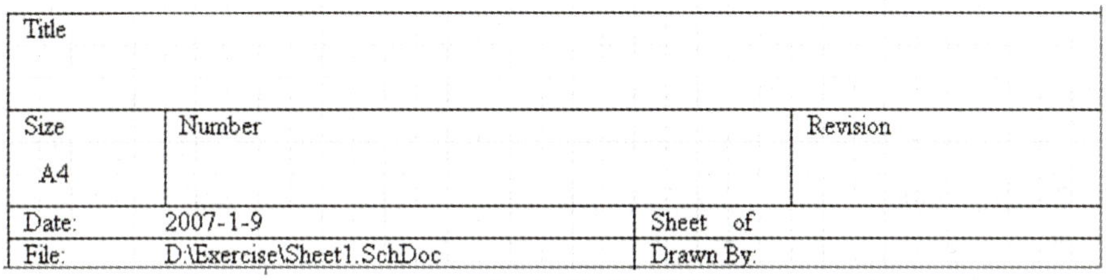

(a) Standard格式的标题栏

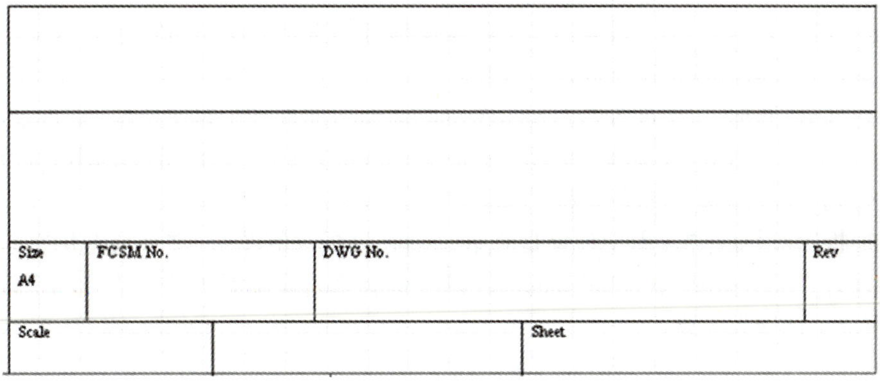

(b) ANSI格式的标题栏

图 3-24　标题栏的类型

3.3.4　设置图纸的颜色

图纸的颜色设置包括图纸的边框颜色和图纸底色的设置。

在【文档选项】对话框中，【选项】区域的【边缘色】输入框用来设置图纸边框的颜色，系统默认的颜色为黑色。如果想改变图纸边框颜色，可以在【边缘色】输入框右边的颜色框中单击一下，弹出如图 3-25 所示的【选择颜色】对话框，可以从【基本】、【标准】及【自定义】这 3 个选项卡提供的颜色中选中喜欢的颜色，单击【确认】按钮即可将图纸边框的颜色设置为新颜色。

其中【基本】选项卡中提供了 239 种在原理图中可用的标准颜色，并定位于当前所使用的颜色。设计人员可以直接选择标准的颜色来使用。如果设计人员希望自己定义颜色的话，可

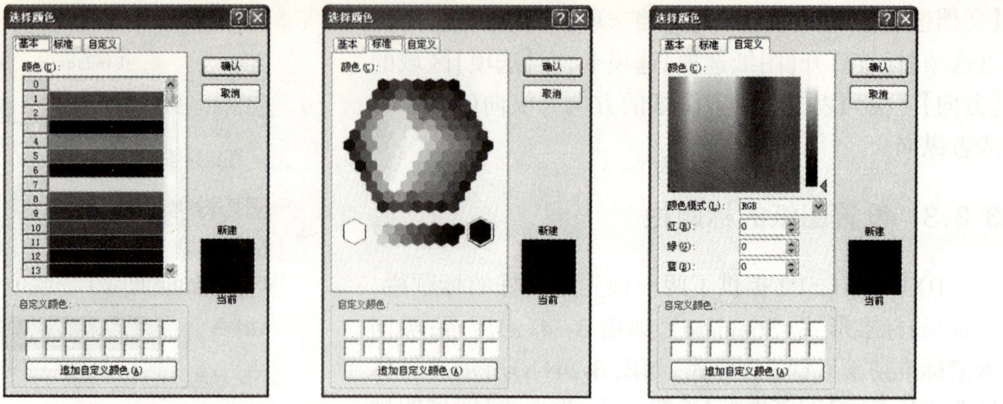

(a) 基本色设置 (b) 标准色设置 (c) 自定义色设置

图 3-25 【选择颜色】对话框

以选择【自定义】选项卡,在该选项卡中通过设置颜色模式(RGB 模式和 HSL 模式)、红、绿、蓝等项调出自己满意的色调后,单击【确认】按钮,就可将该新颜色输入到【边缘色】输入框右边的颜色框中,最后单击【确认】按钮,即可将自己调制的新颜色应用于图纸的边框了。

【选项】区域的【图纸颜色】输入框负责设置图纸的底色,系统默认的颜色为白色。如果设计人员想要变更图纸的底色,可在【图纸颜色】输入框右边的颜色框中单击,即可打开【选择颜色】对话框,然后就可以选择喜欢的颜色作为图纸底色了。

【选项】区域的其他选项功能如下。

【显示参考区】复选框:用于设置边框中的参考坐标。选中该项可以显示有分度的图纸边框;否则不显示。一般默认情况下均选中该项。

【显示边界】复选框:用于设置是否显示图纸的边框。如果选中该复选框,则表示显示,否则为不显示。当显示图纸的边框时,可能的绘图工作区将会变小,如果希望使图纸拥有最大的可用工作区,则可以考虑将图纸的边框隐藏。

【显示模板图形】复选框:用于设置是否显示画在模板内的图形、文字及专用字串等。通常,只有当设计人员希望显示自己定义的标题区块或者是公司图标等信息才会选中该项。系统在默认情况下此项为不选。

3.4 设置系统字体

在 DXP 2004 SP2 电路原理图中经常需要插入一些汉字或者英文,系统可以为这些插入的字或者单词设置字体。如果在插入文字时不单独进行字体设置,则插入的文字将使用系统默认的字体。可以通过使用字体设置模块来实现系统字体的设置操作。

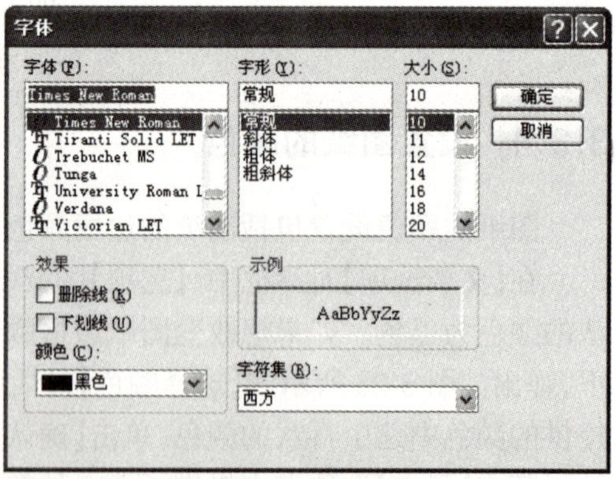

图 3-26 【字体】对话框

如果想要设置系统字体可以执行【设计】→【文档选项】菜单命令,此时系统将会弹出【文档选项】对话框,打开【图纸选项】选项卡。单击【改变系统字体】按钮,弹出【字体】对话框,如图 3-26

所示。此时,就可以设置系统字体了。

在【字体】对话框可以进行字体、字形、大小、颜色和字符集的设定。在【效果】栏中可以选中或取消【删除线】和【下划线】复选框。同时可以在【示例】中看到设置效果,设置完成后,可以单击【确认】按钮退出,如果不满意可以单击【取消】按钮退出。

如果在文本框中插入汉字,必须在【字体】下拉列表框中选择一种中文字体,同时在【字符集】下拉列表中选择【CHINESE _ GB2312】选项,如图 3-27 所示。这样在以后的打印输出或者转换成 Word 文档时就不会出现乱码,这一点要特别注意。

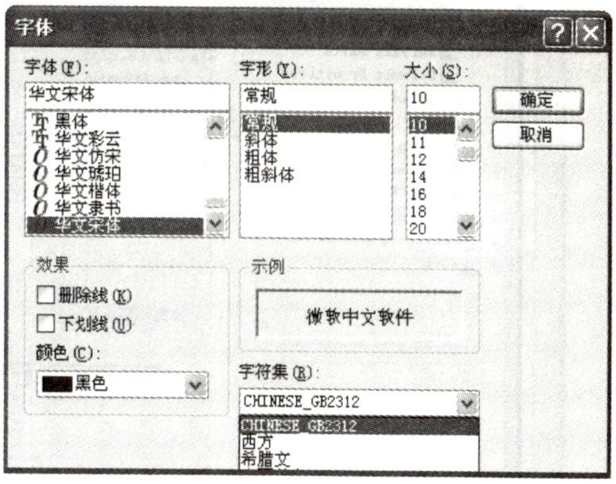

图 3-27　设置中文字体

3.5　设置工作环境

在开始设计原理图之前,为了方便操作、提高工作效率,可以先根据个人习惯或者爱好来设置原理图编辑环境,具体包括以下几个方面。

1. 网格设置

DXP 2004 SP2 中提供了两种不同形状的网格,分别是如图 3-28 所示的点状网格电路图和如图 3-29 所示的线状网格电路图。

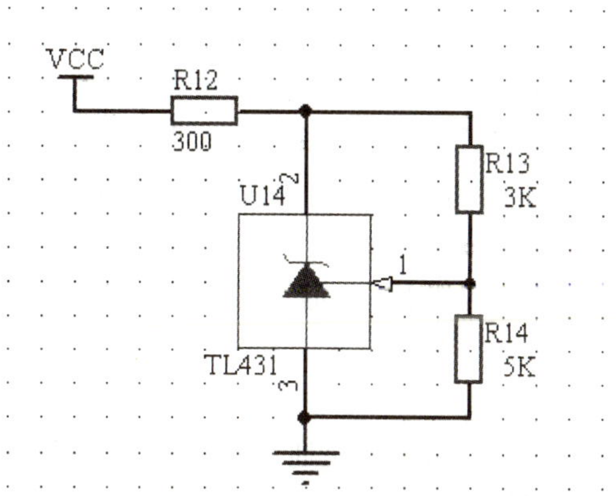

图 3-28　点状网格电路图

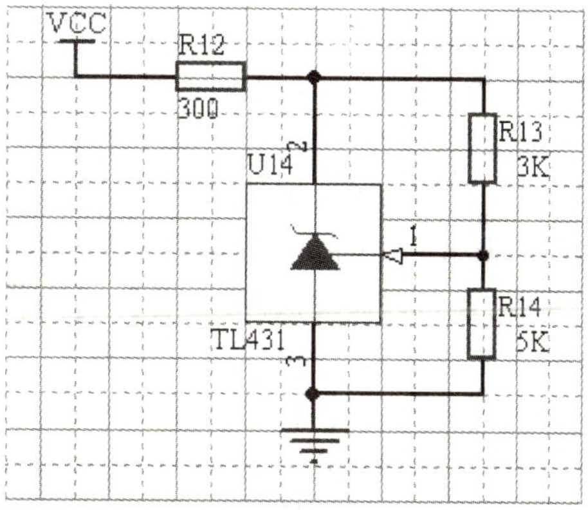

图 3-29　线状网格电路图

可以根据自己的习惯选择其中一种网格在原理图设计中使用。具体的网格设置步骤如下。

① 单击 DXP (X) 菜单命令,选择【优先设定】;或者执行【工具】→【原理图优先设定】,打开【优先设定】对话框。可以根据设计需要完成与电路原理图有关的全部参数的设置操作。

② 在弹出的【优先设定】对话框中,单击【Schematic】→【Grids】,就可以显示【原理图优先设定】设置页面中的内容,如图 3-30 所示。

③ 这里可以在【可视网格】下拉列表中选择所需的网格种类。即前面介绍的点状网格(Dot Grid)和线状网格(Line Grid)。

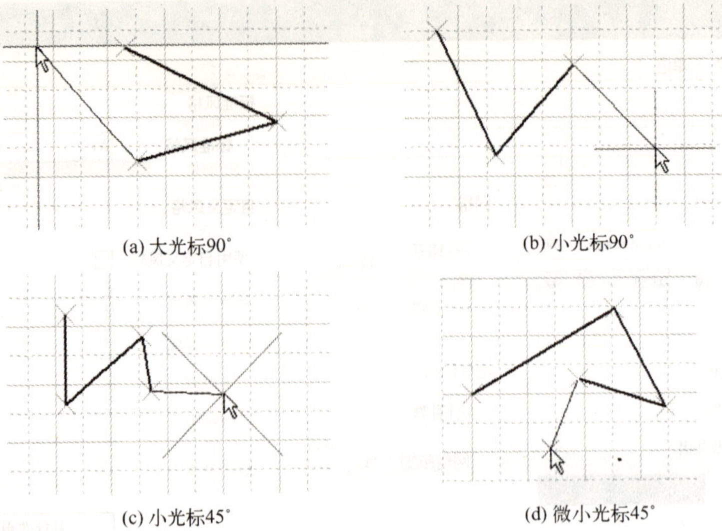

图 3-33 光标类型

这四种光标类型具体功能说明如下。

【Large Cursor 90】:将光标设置为由水平线和垂直线组成的 90°大光标。

【Small Cursor 90】:将光标设置为由水平线和垂直线组成的 90°小光标。

【Small Cursor 45】:将光标设置为 45°相交线组成的小光标。

【Tiny Cursor 45】: 将光标设置为 45°相交线组成的微小光标。

3.6 填写图纸设计信息

在原理图文档上放置一些信息是十分必要的,如文档的设计日期、设计者姓名、图纸名称、图纸号等。要填写图纸的这些设计信息,可以在【文档选项】对话框中,选择【参数】选项卡,如图 3-34 所示。可通过对相应选项的【数值】字段进行操作来填写设计公司名称、单位地址、图纸的编号和图纸的总数、文件的标题名称,以及版本号或者日期等。

【参数】选项卡中具体选项内容介绍如下。

【名称】的参数:Approved By(批准)、Author(设计)、Checked By(校对)、Company Name(公司)、Current Time(当前时间)、Date(日期)、Document Full Path And Name(文件完整路径及文件名)、Document Name(文件名)、Document Number(文件号)、Drawn By(制图)、Engineer(工程师)、Image Path(图标路径)、Modified Date(更改日期)、Organization(机构)、Revision(修订)、Rule(规则信息)、Sheet Number(页数)、Sheet Total(总页数)、Time(时间)及 Title(标题)。

【数值】:可自定义,其中标准 Rule 中的未定义标准(Undefined Rule)为系统默认值。

【类型】:类型有 STRING(字符串)、BOOLEAN(布尔逻辑型)、INTEGER(整型)和 FLOAT(浮点型)。对字段值和字段类型的设置,如图 3-35 所示。

本章小结

本章主要介绍了 DXP 2004 SP2 原理图设计的一些基础知识。主要包括以下内容。

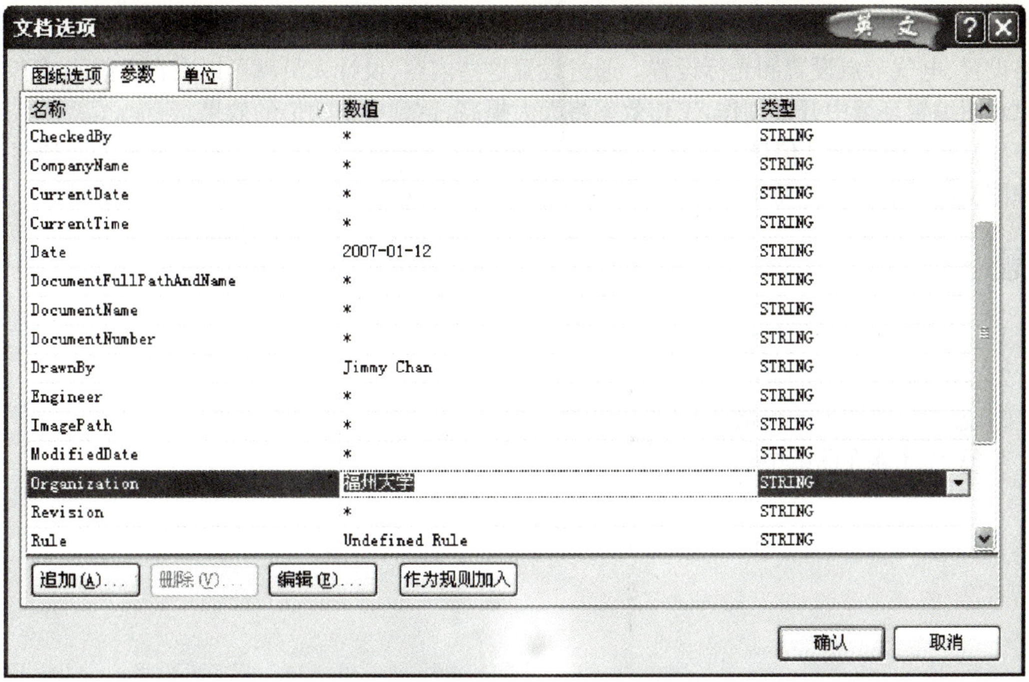

图 3-34　设置文档组织属性的【参数】选项卡

图 3-35　【文档选项】对话框中字段数值和字段类型的设置

(1) 电路原理图的设计步骤。电路原理图的设计包括设置电路图图纸的大小及版面、设计工作环境、放置元件、布线、检查和线路调整、报表输出、保存与打印等步骤。掌握电路原理图设计的一般方法与步骤,对以后具体的设计工作有很大的指导作用。

(2) 电路原理图编辑环境。此处主要介绍鼠标与键盘的基本操作、原理图编辑界面各功能模块,以及各主要菜单的功能,绘图区的放大、缩小等。

(3) 设置图纸的大小及版式。选择合适的图纸设计原理图是非常重要的一步,对于原理图的质量有较大影响。此处分别介绍了设置图纸大小、图纸方向、图纸的标题栏和图纸的颜色等几方面的内容。

(4) 设置系统字体。设计人员在原理图设计过程中经常需要插入一些汉字或者英文,设计人员可以按照此处介绍的方法为这些插入的字或者单词设置字体,也可以使用系统默认的字体。

(5) 设置工作环境。设计人员可以按照这里介绍的方法设置原理图编辑环境，主要包括：网格设置、电气节点设置和光标设置。通过设置这些内容，设计人员就可以在自己熟悉或喜欢的原理图编辑环境中开展创作，工作效率将大大提高，达到事半功倍的效果。

(6) 填写图纸设计信息。电路原理图的文档属性对于电路设计也是非常重要的。通过在原理图文档上放置一些特殊信息，如设计机构名称等，可以为整个项目的管理带来方便。

习题

1. 简述原理图的设计过程，熟悉原理图编辑环境。
2. 怎样更改图纸的大小？
3. 怎样设置图纸的栅格、改变图纸的颜色？
4. 怎样才能在图纸中输入汉字？

第 4 章　原理图设计进阶

前几章主要讲述了一些使用 DXP 2004 SP2 进行电路原理图设计的入门知识，也是设计人员应该牢固掌握的基础知识。在掌握这些基础知识之后，就可以开始真正的电路原理图设计及绘制工作了。本章将以如图 4-1 所示的模拟信号数据采集电路原理图为例，详细介绍电路原理图的基本绘制过程，为以后进行电路图的高级设计打好基础。

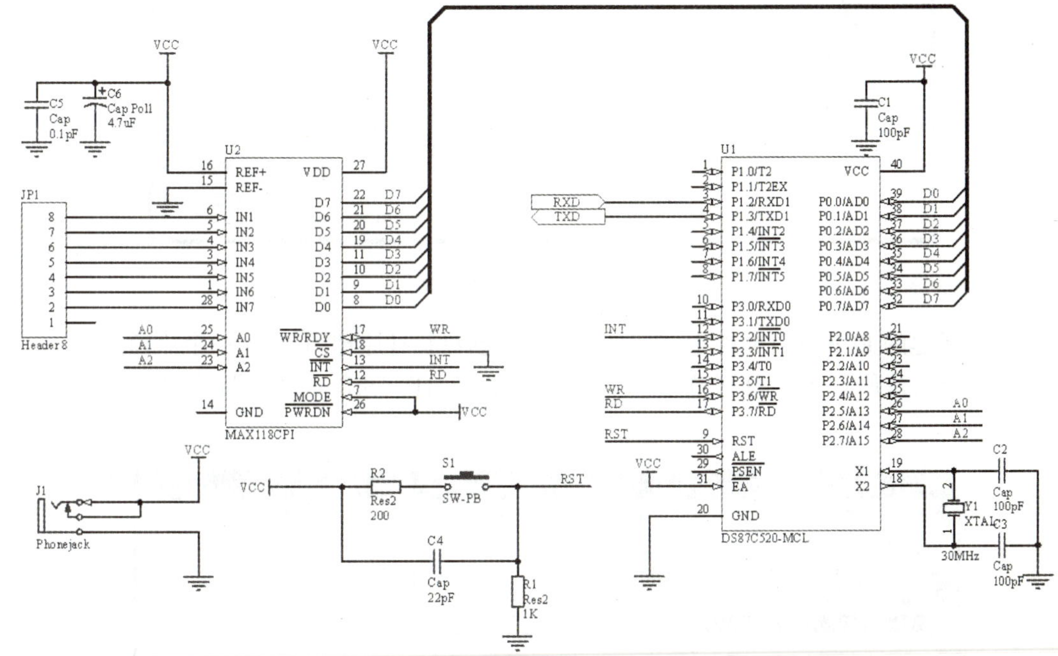

图 4-1　电路原理图设计绘制实例

4.1　新建项目和电路原理图

新建项目文件和原理图文件的操作步骤如下。

① 单击【开始】→【所有程序】→【Altium SP2】→【DXP 2004 SP2】程序，即可启动 DXP 2004 SP2。

② 为了方便管理，首先需要建立一个专用于该项目的专用文件夹，在项目进行中所产生的与项目相关的所有文件都保存在此文件夹中。在这里“D：\ Exercise”中创建一个名为“示例”的专用文件夹，用于存放新建的项目。

③ 单击【文件】→【创建】→【项目】→【PCB 项目】，新建一个项目文件。

④ 单击【文件】→【保存项目】命令，将新建成的项目文件保存在相应的文件夹中，并命名为“Data Collection System”，其默认扩展名为 . PrjPCB，单击【保存】按钮，即可保存新建的项目

文件,如图 4-2 所示。

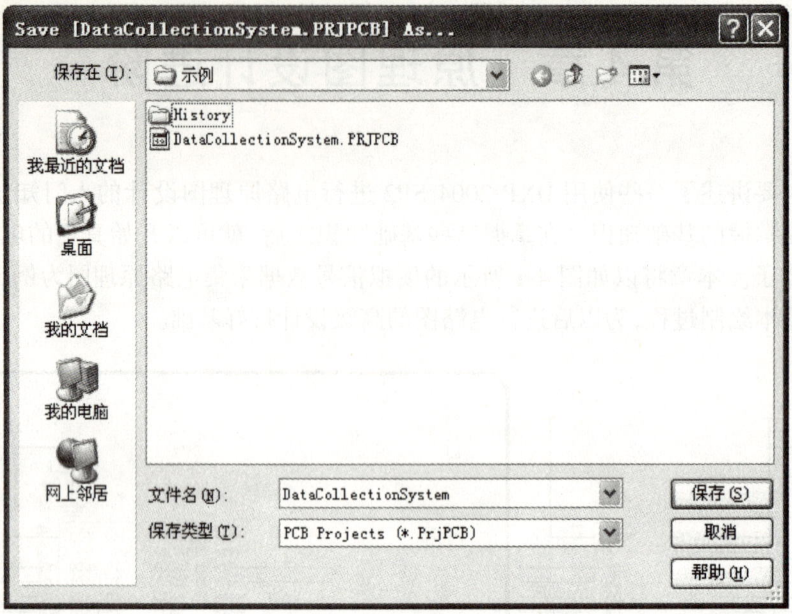

图 4-2 保存新建的项目文件

⑤ 在新建的 PCB 项目文件中,单击【文件】→【创建】→【原理图】新建一个原理图文件。

⑥ 执行新建原理图文件操作后,进入默认的 sheet1. SchDoc 原理图编辑界面如图 4-3 所示。

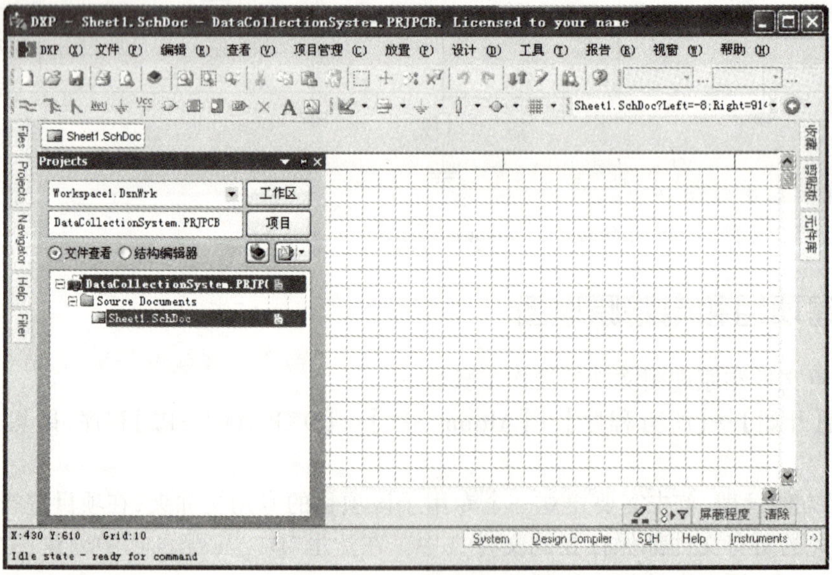

图 4-3 原理图编辑界面

⑦ 执行【文件】→【保存】菜单命令,此时系统将弹出如图 4-4 所示的保存电路原理图对话框,在【文件名】文本框中输入文件的名称,这里文件名为“ADsystem”,其默认扩展名为

SchDoc,并保存在“示例”专用文件夹中。

图 4-4　保存电路原理图对话框

至此,新建项目和原理图文件的操作已经全部完成。接下来,可以进行绘图工作的各项操作。

4.2　设置电路原理图选项

在 4.1 节中建立了 PCB 工程和电路原理图文件,在正式绘制电路图之前首先需要设置正确的电路原理图选项,具体步骤如下。

① 执行【设计】→【文档选项】菜单命令,打开【文档选项】对话框。本实例中唯一需要修改的是将图纸大小设置为标准 A4 格式,其余各项均取系统默认值。在【图纸选项】选项卡中,单击【标准风格】输入框旁的按钮,系统将会弹出一个图纸样式的下拉列表。

② 单击选择 A4 样式。

③ 单击【确认】按钮关闭对话框,更新图纸大小。

④ 为了使文件全部显示在可视窗口,执行【查看】→【显示整个文档】菜单命令。

在 DXP 2004 SP2 原理图编辑环境中,也可以通过按菜单热键(在菜单名中带下划线的字母)的方式来激活任何菜单。在 DXP 2004 SP2 中每个菜单项都有激活该项的热键。例如,如果要执行【查看】→【显示整个文档】菜单命令,则可以通过按快捷键 V→D(即先按字母“V”再按下字母“D”)这种方式来进行。

4.3　装入元件库

DXP 2004 SP2 系统支持数万种元件,这些元件分别按生产厂商和类别被保存在不同的原理图库文件中。由于绘制电路原理图就是一个不断放置元件和连线的过程,因此在绘制原理图之前,应该知道 DXP 2004 SP2 需要从哪些元件库中选用元件。也就是说,在向电路原理图中放置元件之前,应该首先将该元件所在的元件库载入内存,也就是加载元件库。但是如果一次加载过多的元件库,将会占用较多的系统资源,也将会降低应用程序的执行效率。所以,最好的做法就是先载入常用的元件库,其他特殊的元件库在需要用到时再加载。如果不需要某个元件库,也可以卸载元件库。

1. 直接加载元件库

如果已经知道所需元件所在的元件库,可以直接加载元件库。具体的步骤如下。

① 单击工作区右侧的【元件库】选项卡,系统将会显示【元件库】面板,具体内容如图 4-5 所示。DXP 2004 SP2 原理图编辑系统已经默认装入两个库文件,一个是常用电气元件杂项库(Miscellaneous Devices. IntLib),另一个是常用连接件杂项库(Miscellaneous Cormectors. IntLib)。

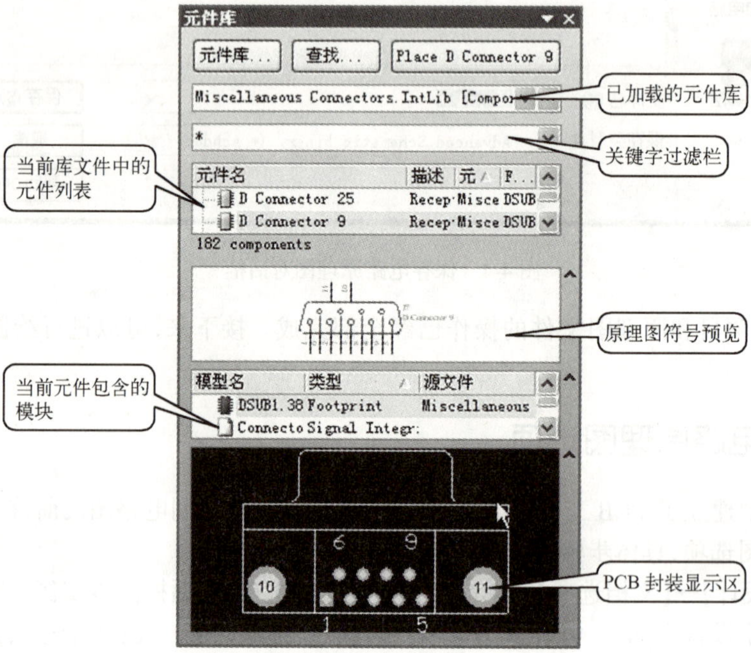

图 4-5 【元件库】面板

② 单击【元件库】面板中的【元件库】按钮,系统会弹出如图 4-6 所示的【可用元件库】对话框。在该对话框中可以添加或者删除有关元件库。列表中显示的是系统中已经安装的元件库名称和路径。

③ 单击【安装】按钮,系统将显示如图 4-7 所示 Windows 系统用于打开文件的典型的【打开】对话框。

④ 在【查找范围】框中指定库文件所在的文件夹,系统默认的文件夹为“C: \ Program Files \ Altium 2004 SP2 \ Library \ ”。若安装时改变了安装路径,则系统默认的文件夹作相应变动。

⑤ 找到所需元件的生产厂商库文件。例如,本实例中使用的单片机芯片 DS87C520-MCL 是美信(Maxim)/达拉斯(Dallas)公司生产的 8 位微控制器,于是,首先找到“Dallas Semicon-

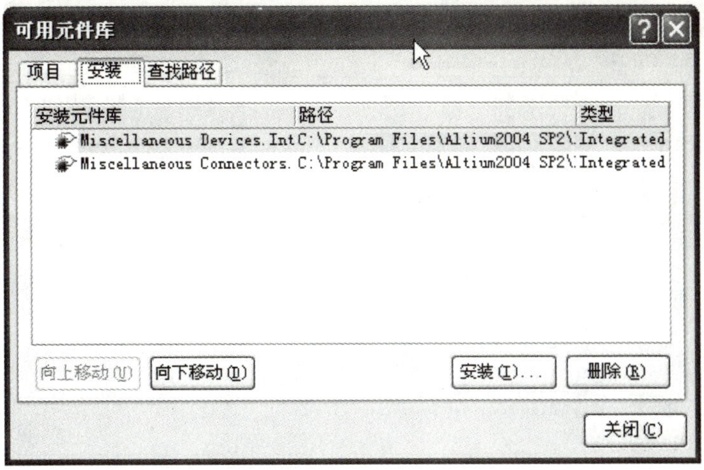

图 4-6　【可用元件库】对话框

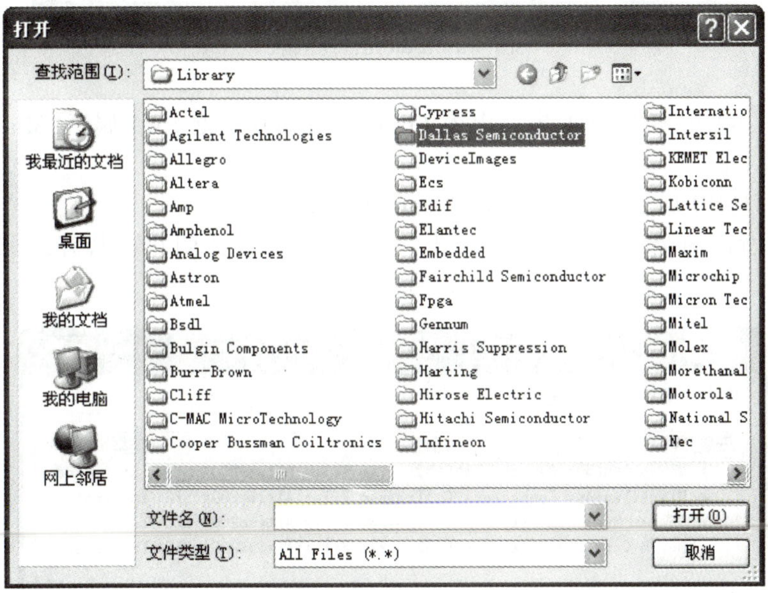

图 4-7　【打开】对话框

ductor"文件夹。随后在显示的关于 Dallas 公司生产的元件列表中找到所需要的元件所在的二级库文件"Dallas Microcotroller-8Bit.IntLib",选择后该文件名将出现在【文件名】输入框中,如图 4-8 所示。

⑥ 单击【打开】按钮,所选中的库文件出现在【可用元件库】对话框的【安装】选项卡中,成为当前活动的库文件。重复步骤③~⑥,可以完成多个库文件的加载。本例中需要加载的元件所在的库文件分别如下。

- 美信(Maxim)单 +5V 供电的 8 位 8 通道的高速 A/D 转换芯片 MAX118CPI 所在的库文件为:"Maxim"文件夹中的"Maxim Converter Analog to Digital.IntLib"库文件。
- 单片机 DS87C520-MCL 所在的库文件为:"Dallas Semiconductor"文件夹中的"Dallas Microcontroller 8-Bit.IntLib"库文件。

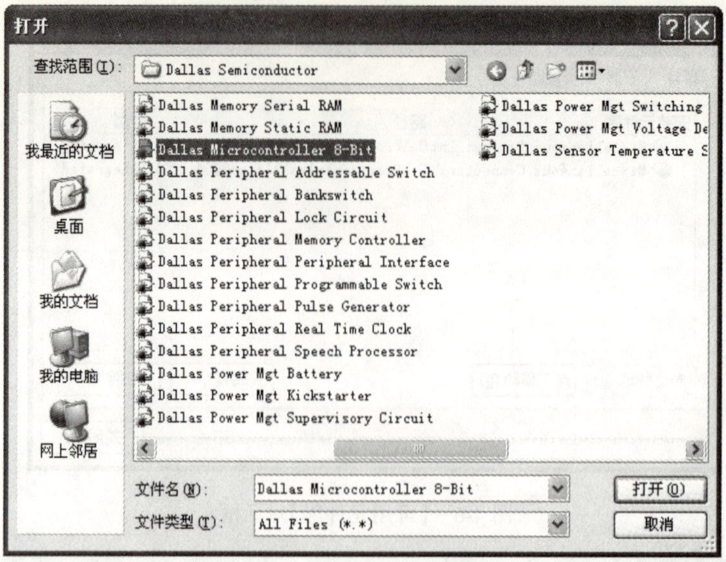

图 4-8　二级元件库列表

☆电阻 R1、R2,电容 C1、C2,电解电容 C6,晶振 Y1,复位键 SW1 属于"Miscellaneous Devices. IntLib"。

☆接插件 J1、JP1 属于"Miscellaneous Connectors. IntLib"。

⑦ 添加了所需的全部库文件后,如图 4-9 所示,单击【关闭】按钮,并返回到【元件库】面板。

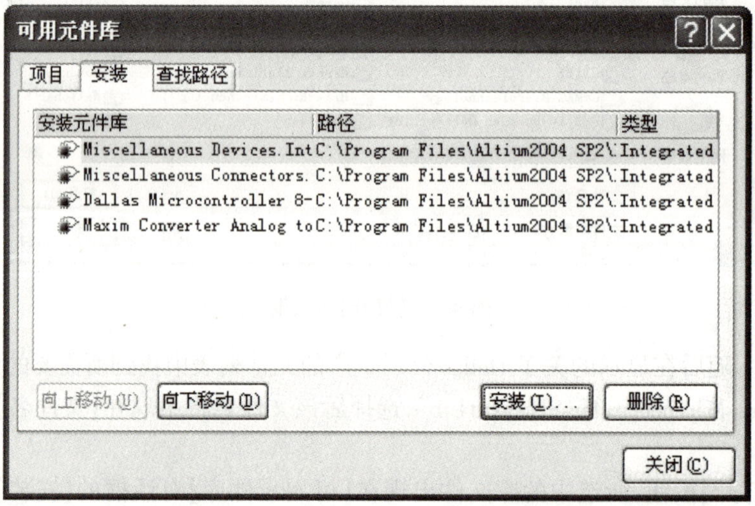

图 4-9　添加库文件后的【可用元件库】对话框

如果某个库文件不再需要,可以将之删除以节省系统资源,提高效率。删除库文件,可以通过打开如图 4-9 所示的【可用元件库】对话框,从中选择想要删除的库文件,然后单击【删除】按钮,即可完成删除操作。重复该过程可以连续删除多个库文件。(注意:该库文件删除功能不是把库文件从硬盘删除,而是从编辑环境中卸载,因此读者尽管放心操作。)

元件库文件的加载或者卸载操作还可以通过菜单命令进行。通过执行【设计】→【追加或删除元件库】菜单命令，打开可用库文件对话框，其余步骤同上。

2. 查找并加载元件库

由于 DXP 2004 SP2 系统提供了数万种元件，设计人员很难全部掌握。如果不知道所需元件所在的库文件，可以使用 DXP 2004 SP2 电路原理图编辑系统所提供的库文件搜索功能来查找并添加所需库文件。这里以图 4-1 所用到的 A/D 转换芯片"MAX118CPI"为例来说明如何查找所需要的元件，并加载该文件所在的库文件。具体步骤如下。

① 单击【元件库】面板中的【查找】按钮或者执行菜单命令【工具】→【查找元件】，打开如图 4-10 所示的【元件库查找】对话框。

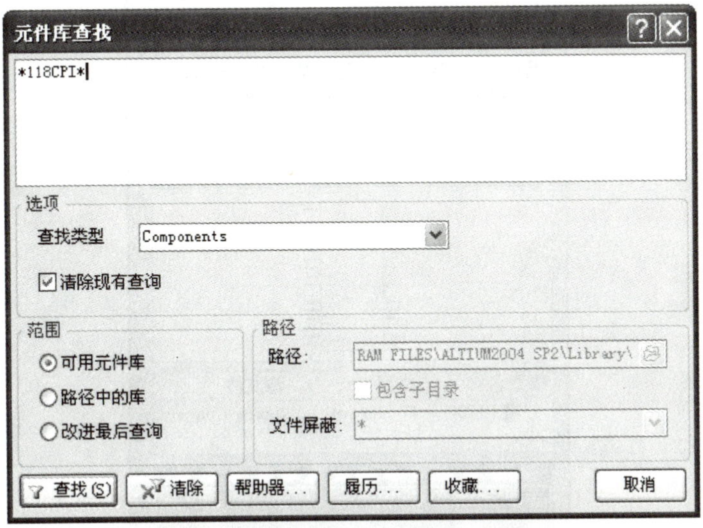

图 4-10　【元件库查找】对话框

具体选项内容如下。

- 【选项】区域：用来选择查找类型。共有三种：【Components】(元件)、【Protel Footprints】(PCB 封装)、【3D Models】(3D 模型)。
- 【范围】区域：用来设置查找的范围。选中【可用元件库】单选框，系统会在已经加载的元件库中查找；选中【路径中的库】单选框时，则按照设置的路径进行查找。
- 【路径】区域：用来设置查找元件的路径，只有在选中【路径中的库】单选框时才有效。单击【路径】文本框右侧的按钮，系统会弹出浏览文件夹，供用户设置搜索路径。若选中【包含子目录】复选框，则包含在指定目录中的子目录也会被搜索。【文件屏蔽】文本框则用来设定查找元件的文件匹配域，"*"表示匹配任何字符串。
- 【元件库查找】文本栏：用来输入需要查找的元器件名称或部分名称。在查找元器件之前，选中【清除现有查询】复选框，单击【清除】按钮，则该文本栏内原有的查询内容被清除。输入当前查询内容后，必要时可以单击【帮助器】按钮进入系统提供的【Query Helper】(帮助器)对话框。单击【履历】按钮则会打开表达式管理器，里面存放了所有的查询记录，对于需要保存的内容，单击【加入收藏】，可放在收藏内，便于下次查询时直接使用。

② 在【元件库查找】对话框中设置查找类型为【Components】，查找范围为【可用元件库】，

此时路径选项为灰色不可用状态。

③ 在【元件库查找】文本栏内输入“＊118CPI＊”，其中“＊”为通配符，如图 4-10 所示。

④ 设置完成后，单击对话框中的【查找】按钮，系统将会按指定的条件进行查找，在查找过程中，元件库面板上的元件库按钮处于不可使用状态；若需要停止查找，则单击【stop】按钮即可。查找“＊118CPI＊”后的【元件库】面板如图 4-11 所示，可以看到，符合查询条件的元器件共有 1 个，它们的元件名、描述、所在的库文件及封装形式在面板上一一列出，供用户浏览使用。

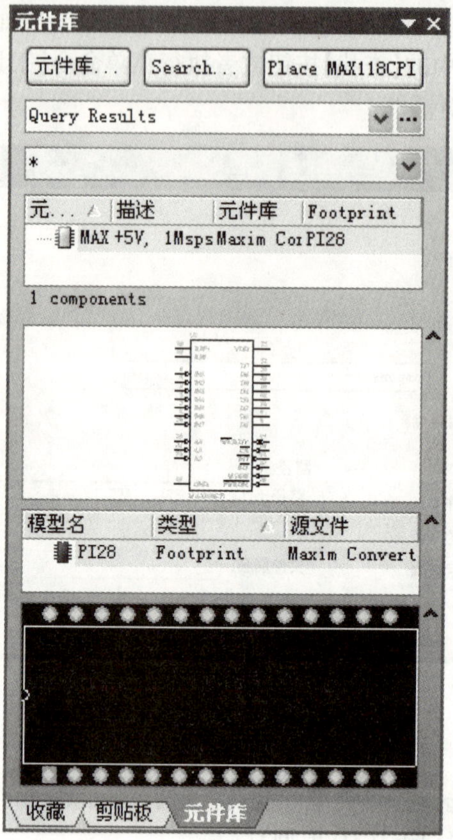

图 4-11　查找到元件的结果显示

最后，所有添加的库文件都将显示在【元件库】面板的顶部。通过单击如图 4-5 所示的【已加载元件库】列表右侧的 按钮，弹出已加载库元件下拉列表，可以从中选择所需的库文件，然后可以在当前库文件元件列表域中选择需要的元件。如果该库文件所含元件太多，可以在关键字过滤栏输入一个条件快速地指向库文件中符合条件的元件。

4.4　在原理图上放置元件

绘制电路原理图首先要进行元件的放置。在 4.3 节中，原理图绘制所需要的元件库已经加载到系统中了，现在就可以从相应的元件库中取出需要的元件后放置到图纸上了。

1. 取用 A/D 转换芯片 MAX118CPI

取用 A/D 转换芯片 MAX118CPI 的步骤如下。

① 单击工作区右侧的【元件库】标签，显示【库文件】面板。

② 由于 A/D 转换芯片“MAX118CPI”存在于库文件“Maxim Converter Analog to Digital.IntLib”中，所以需要单击已加载的元件库列表框右侧的下拉按钮，然后在弹出的下拉列表中选中库文件“Maxim Converter Analog to Digital.IntLib”，将该库文件设置为当前库。

③ 在关键字过滤栏中输入“＊118CPI”作为关键字，快速地定位所需要的元件。注意：在这里的关键字输入不需要区分大小写，而且 DXP 2004 SP2 支持名称中包含：“－”，“/”等字符。

④ 在当前库文件的元件列表栏中单击选中 A/D 转换芯片“MAX118CPI”，此时元件库面板上方的【Place】按钮将自动变成【Place MAX118CPI】按钮。单击【Place MAX118CPI】按钮或者直接双击元件“MAX118CPI”，此时光标将会变成十字状，并且在光标上以虚影的形式“粘附”着元件 MAX118CPI 的轮廓，如图 4-12 所示。这表明当前已处于元件放置状态。光标移动，元件将随之移动。

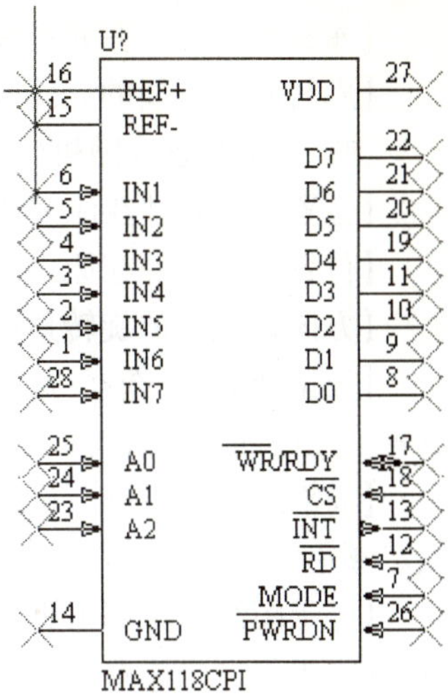

图 4-12　处于放置状态下的元件

⑤ 在将元件放置到原理图上之前，可以对元件的属性进行编辑。具体方法是：在元件处于浮动状态时按 Tab 键，则系统将打开如图 4-13 所示的【元件属性】对话框，可以对元件的属性进行设置。

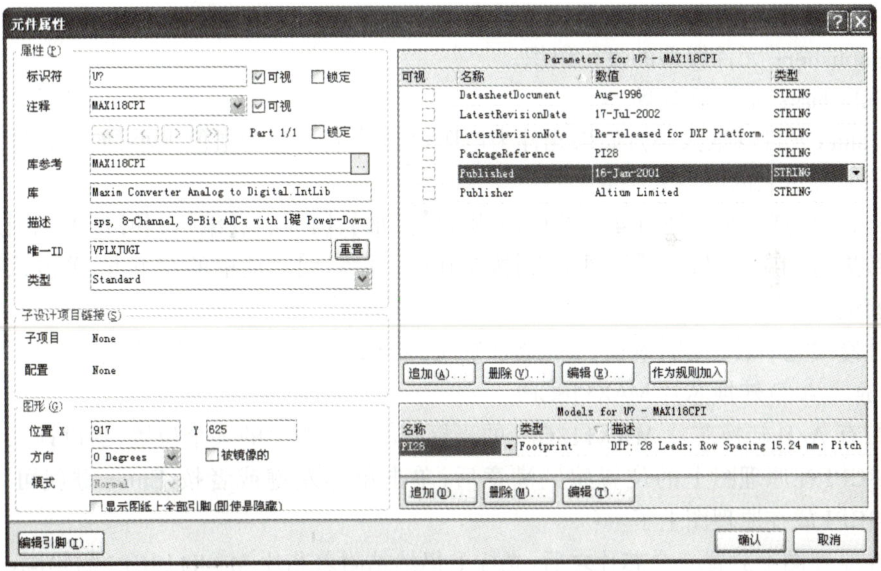

图 4-13　A/D 转换芯片“MAX118CPI”属性对话框

【元件属性】对话框的主要属性如下。

【标识符】：为原理图中元件的唯一标志，默认为“U?”，此处输入“U2”。元件右侧【可视】复选框默认状态为选中，此时输入的元件标识将会在原理图中显示；如果取消，则元件标识不会出现在原理图中。

【注释】：用于补充说明元件的有关信息，如果元件右侧的【可视】复选框为选中状态，则元件注释将显示在原理图中；否则不显示。

【库参考】:元件在元件库中的型号,该标志也是唯一的。此项不能修改。

【库】:元件所属的元件库名称。

【唯一 ID】:系统随机生成的该元件的唯一编号,一般不作修改。

【位置 X】:元件在原理图中的 X 坐标。

【位置 Y】:元件在原理图中的 Y 坐标。

【方向】:元件的旋转角度,有 0°、90°、180°和 270°等 4 种选择。

【被镜像的】复选框:选择该元件在原理图中是否以镜像形式放置。元件的镜像放置如图 4-14 所示。

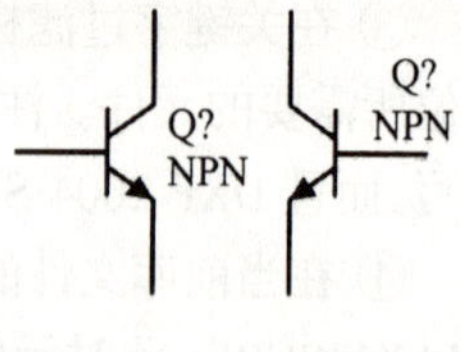

图 4-14 元件的镜像放置

【局部颜色】复选框:设置是否锁定该元件的颜色。选中表示锁定颜色。

【显示图纸上全部引脚】复选框:用于选择是否显示隐藏的引脚,选中表示显示隐藏的引脚。

【锁定引脚】复选框:选中表示锁定引脚,默认为选中。

在【Parameters list for U? -MAX118CPI】(参数列表区)选项组中一般包括以下选项。

- DatasheetDocument:说明文档。
- LatestRevision Date:最新修订日期。
- LatestRevisionNote:最新修订文本。
- PackageReference:元件模型的参考封装。
- Published: 元件模型的发行日期。
- Publisher: 元件模型的发行组织。
- SubClass: 元件子类型。
- Value(元件参数大小):如果元件为电阻则该值表示它的阻值大小,如果元件为电容则该项表示它的电容大小等。

此外,在该选项组中还有 4 个按钮,分别是【追加】、【删除】、【编辑】和【作为规则加入】,可以对参数进行相应的操作。【编辑引脚】按钮在【元件属性】对话框的左下方,单击该按钮可以进行引脚的设置。

属性修改完毕后,单击【确认】按钮确认修改,关闭【元件属性】对话框,并返回元件放置状态。

2. 放置 A/D 转换芯片 MAX118CPI

将粘有 A/D 转换芯片 MAX118CPI 的光标移动到图纸上的某个位置,当设计人员对芯片 MAX118CPI 在原理图上的位置感到满意后,单击鼠标左键或者按 Enter 键就可以将芯片 MAX118CPI 放在原理图上了。

当在原理图上放置一个芯片之后,光标上仍然粘附着芯片 MAX118CPI 的轮廓,这表明当前系统还处于元件放置状态,但是元件的标识已经自动变为“U3”了,如图 4-15 所示。通过该功能可以实现在原理图上连续放置多个相同型号的元件。

本例中只包含一个 A/D 转换芯片 MAX118CPI,当放置完成后,可以通过单击鼠标右键或者按 Esc 键退出元件放置状态。此时光标将重新变为箭头形状。

3. 放置电阻

放置电阻的操作步骤如下。

① 电阻属于“Miscellaneous Devices .IntLib”库中的元件。因此,首先在【库文件】面板中

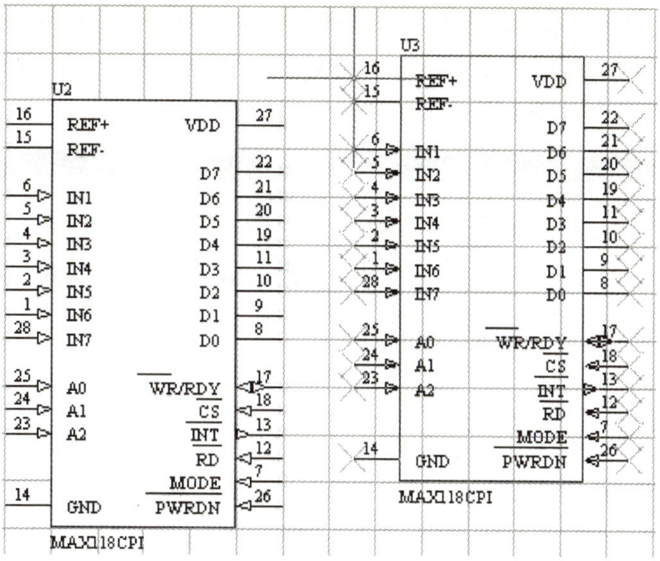

图 4-15　可连续放置多个相同的文件

选中“Miscellaneous Devices .IntLib”库作为当前库。

② 在关键字过滤栏中输入“Res”作为关键字，快速地定位所需要的元件。如图 4-16 所示，电阻被快速地定位出来。

③ 在元件列表中选中电阻 Res2，单击【Place Res2】按钮或者直接双击元件名“Res2”，此时光标将会变成十字状，光标上以虚影的形式“粘附”着元件 Res2 的轮廓，元件处于放置状态，如图 4-17 所示。

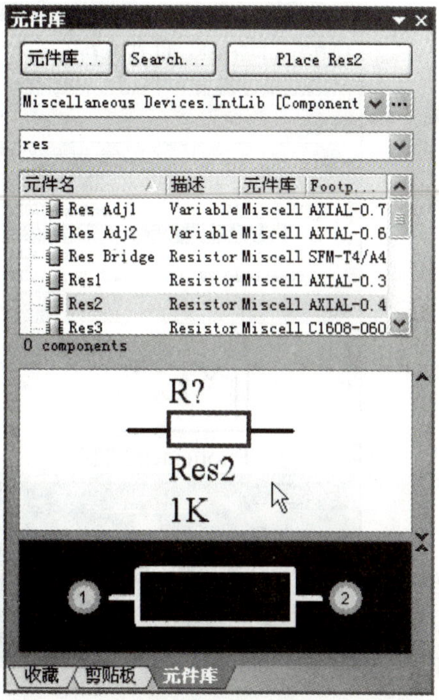

图 4-16　取用电阻

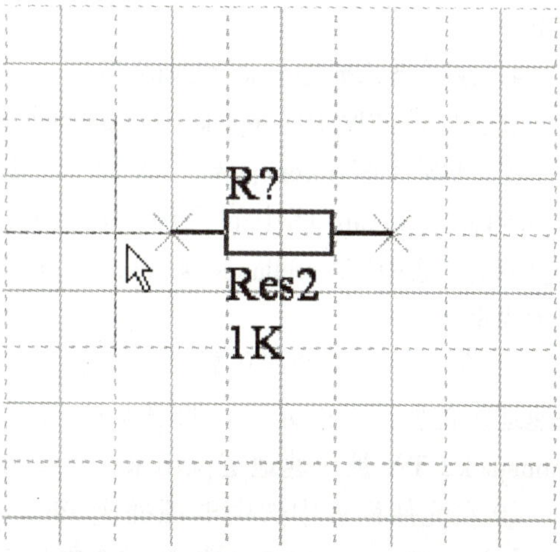

图 4-17　处于放置状态下的电阻 Res2

④ 此时按 Tab 键,显示如图 4-18 所示的【元件属性】对话框,在【标识符】文本框中键入"R1"作为第一个电阻的标识;确认【Footprint】文本框中的元件的 PCB 封装模型为"AXIAL-0.4"(0.4 表示电阻两个引脚之间的距离为 400 mil,大约为 10 mm)。

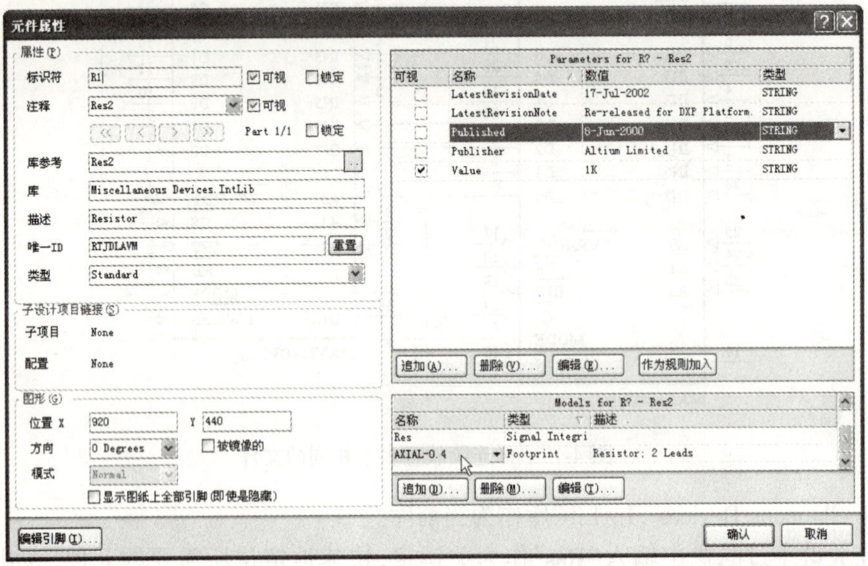

图 4-18 在【元件属性】对话框中设置电阻参数

⑤ 单击【确认】按钮返回元件放置状态。当将电阻 Res2 移动到图纸上的合适位置时,单击鼠标左键或者按 Enter 键放置元件。

⑥ 本例中剩下的一个电阻的标识为 R2,阻值为 200,参照电阻 R1 属性修改过程打开图 4-18 所示的【元件属性】对话框。将【数值】参数设为 200,【标识符】设为 R2,其他参数保持不变。单击【确认】按钮关闭对话框。放置过程和电阻 R1 相似。

⑦ 所有标准电阻放置完毕后,单击鼠标右键或者按 Esc 键退出元件放置状态。

4. 放置电源插座 Phonejack2 TN

放置电源插座 Phonejack2 TN 的操作步骤如下。

① 电源插座 Phonejack2 TN 属于"Miscellaneous Connectors .IntLib"库中的元件,因此,首先在【库文件】面板中选中"Miscellaneous Connectors .IntLib"库作为当前库。

② 在关键字过滤栏中输入"Phone"作为关键字,快速地定位所需要的元件。如图 4-19 所示,电源插座 Phonejack2 TN 被快速地定位出来。

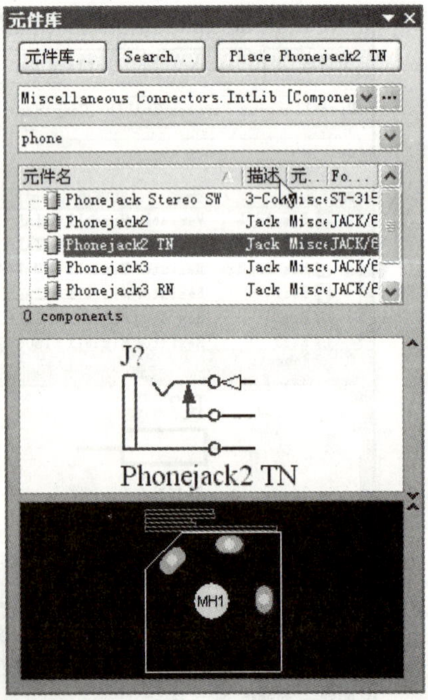

图 4-19 取用电源插座 Phonejack

③ 在元件列表中选中电源插座 Phonejack2 TN,单击【Place Phonejack2 TN】按钮或者直接双击元件名

"Phonejack2 TN"，此时光标将会变成十字状，光标上以虚影的形式"粘附"着元件 Phonejack2 TN 的轮廓，元件处于放置状态，如图 4-20 所示。

④ 此时按 Tab 键，显示如图 4-21 所示的电源插座 Phonejack2 TN 的【元件属性】对话框，在【标识符】文本框中键入"J1"作为电源插座 Phonejack2 TN 的标识；在【注释】文本框中输入描述信息"Phonejack"，同时选中【注释】文本框右侧的【可视】复选框；确认【Footprint】文本框中的元件的 PCB 封装模型为"JACK/6-V3A"。

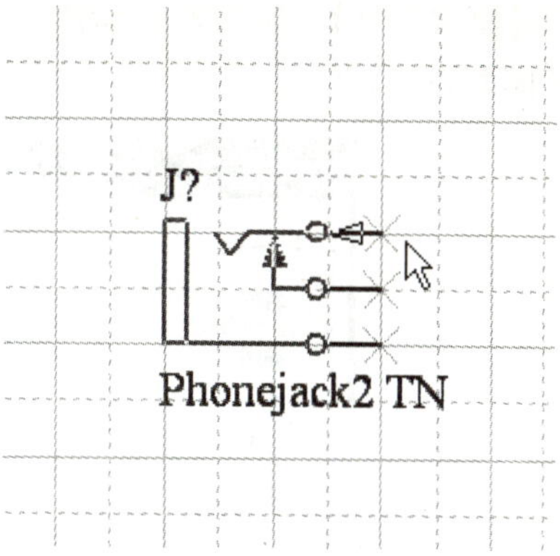

图 4-20　处于放置状态下的电源插座 Phonejack

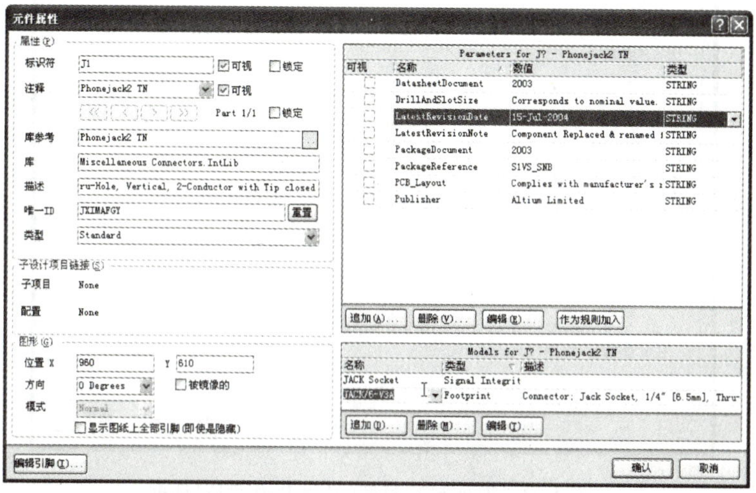

图 4-21　在【元件属性】对话框中设置电源插座 Phonejack 参数

⑤ 单击【确认】按钮返回元件放置状态。当将电源插座 Phonejack2 TN 移动到图纸上的合适位置时，单击鼠标左键或者按 Enter 键放置元件。

⑥ 放置完毕后，单击鼠标右键或者按 Esc 键退出元件放置状态。

如果不想采用当前的封装结构（从图 4-19 最下面可以看到），可以添加其他封装模型，添加方法是，单击【追加】按钮，弹出如图 4-22 所示的【加新的模型】对话框。

图 4-22　模型类型选择的【加新的模型】对话框

在【模型类型】下拉列表中选择"Footprint"，然后单击【确认】按钮，弹出如图 4-23 所示的【PCB 模型】对话框。

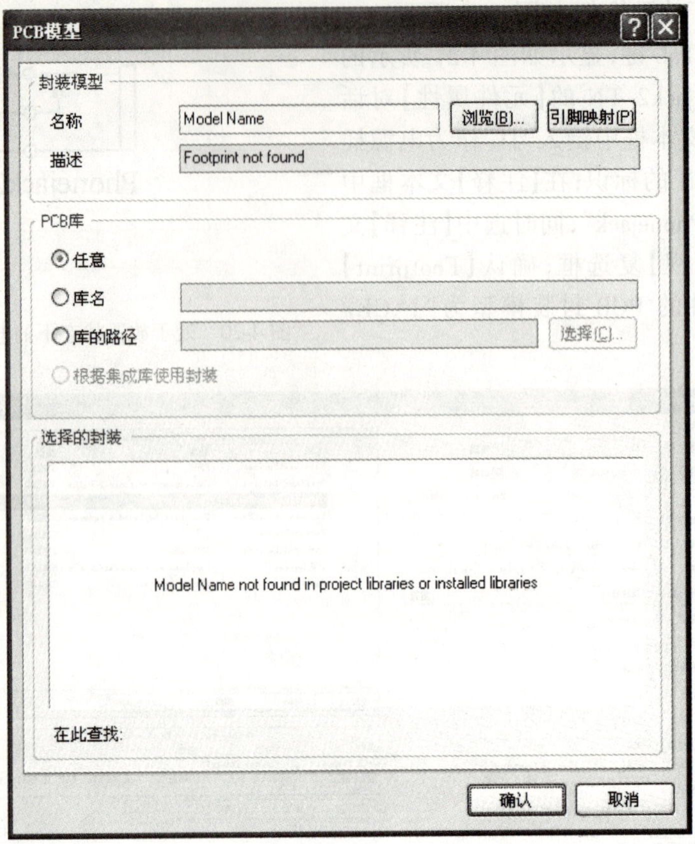

图 4-23　追加封装模型的【PCB 模型】对话框

在【PCB 模型】中，可以为该元件选择任意已存在的封装模型。具体方法是，单击【名称】文本框右侧的【浏览】按钮，弹出如图 4-24 所示的【库浏览】对话框。在【库】下拉列表中选择"miscellaneous connectors.intlib"，假设在此把该元件封装改为"HDR1X3"，则可以直接选择并单击【确认】按钮返回，这时【PCB 模型】对话框如图 4-25 所示。

更改后的封装图显示在【PCB 模型】中，单击【确认】按钮返回到【元件属性】对话框，这时再单击【封装模型】下拉列表，可以看到里面已经增加了刚刚添加的"HDR1X3"封装。

按照同样的方法，可以放置本章实例中其他各元件，并根据需要决定是否更改封装模型。所有元件都添加后，结果如图 4-26 所示。

4.5　元件布局调整

当元件放置工作完成以后，就需要进行元件布局调整。所谓元件布局调整，就是利用各种命令将元件移动到工作平面上所需要的位置，并将其旋转成需要的方向。这样可以使各个元件在工作平面上所处的位置更加合理，元件之间的间隔更合适，为将来连接元件提供充足的空间。（注意：原理图布局主要目的是为了方便连线和读图，不影响 PCB 制板。）

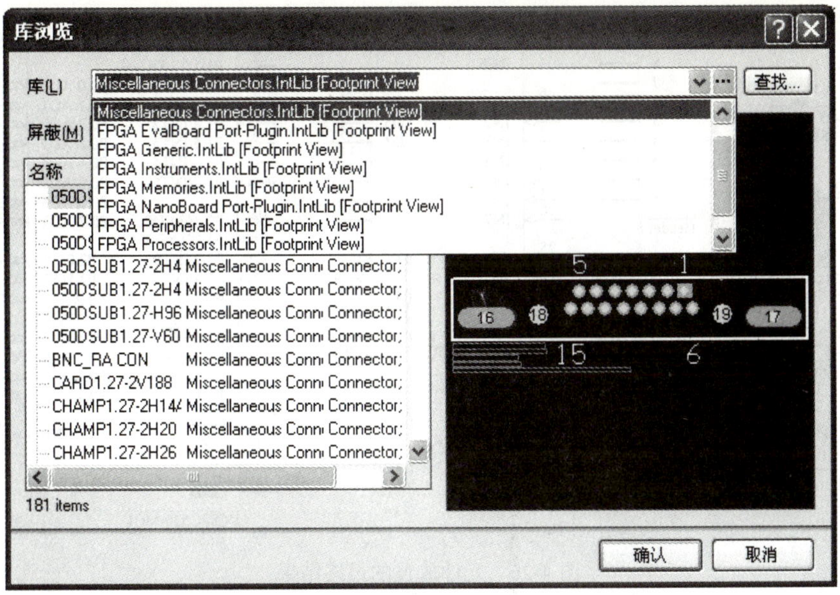

图 4-24　在【库浏览】对话框中选择库文件

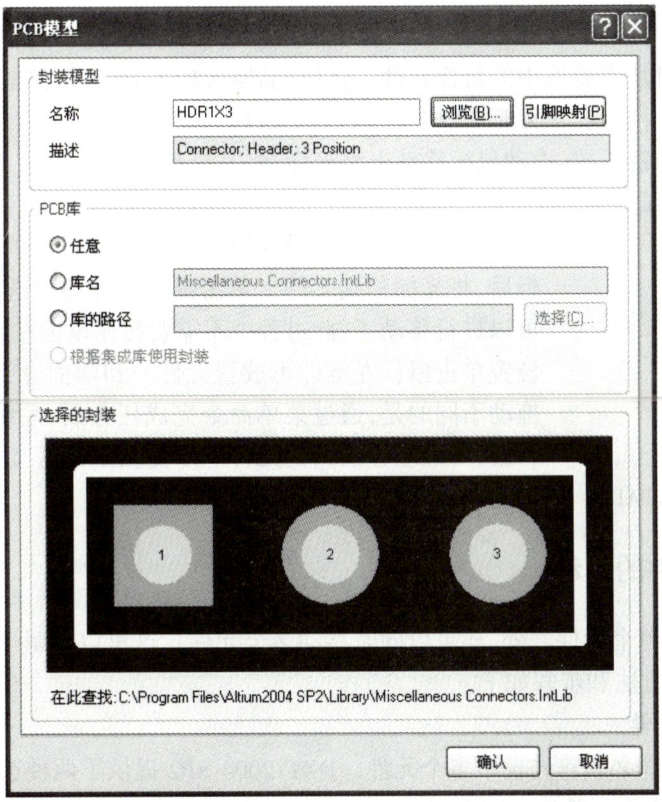

图 4-25　重新选择元件封装的【PCB 模型】对话框

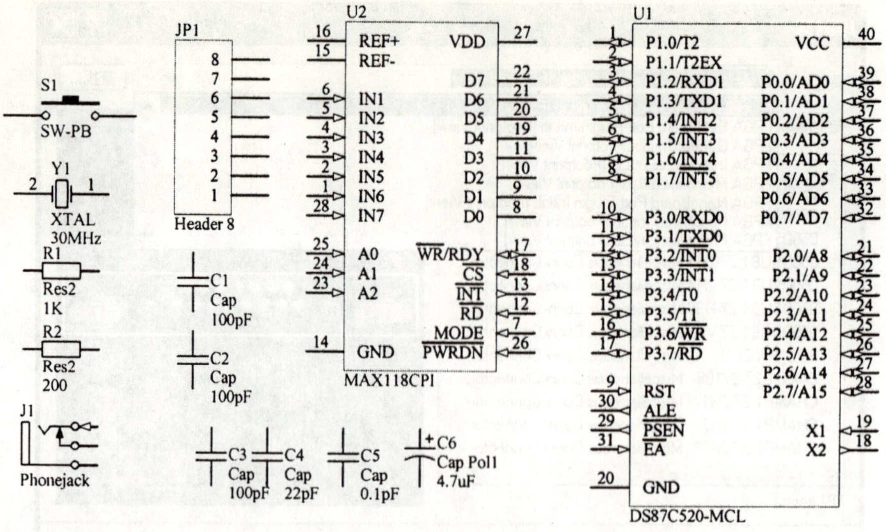

图 4-26 元件放置的最终结果

4.5.1 单个元件的移动

这里以图 4-26 中晶振 XTAL 移动到图 4-1 所示位置为例,介绍移动单个元件的具体操作步骤。

① 将鼠标对准所需要选中的目标元件,这里是晶振 XTAL,然后按住鼠标左键,在所选中的对象上将出现十字光标,表示已经选中了该目标元件。

② 按住鼠标左键不放,拖动鼠标移动十字光标,将其拖到需要的位置,如图 4-27 所示,松开鼠标左键即可完成任务。

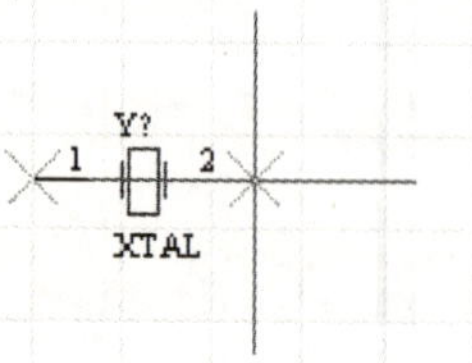

图 4-27 移动晶振 XTAL

同样,执行【编辑】→【移动】→【移动】菜单命令,出现十字光标后,将光标移到元件上单击鼠标左键即可选中该元件,然后就可以进行移动了(此过程中不需要按住鼠标左键不放),在合适的位置单击鼠标左键即可放置元件。和前面介绍的通过鼠标直接拖动不同的是,通过菜单命令完成任务后,系统仍处于元件移动状态,可继续移动其他元件。不需要继续移动元件时,单击鼠标右键或按 Esc 键可以解除该状态。

4.5.2 多个元件的移动

除了可以移动单个元件之外,还可以同时移动多个元件。这里以电阻 R1、R2 和电容 C1、C2 为例,具体操作方法和步骤如下。

1. 选中多个元件

要移动多个元件必须首先选中多个元件。DXP 2004 SP2 提供了两种选择方法。

(1) 逐次选中多个元件

执行【编辑】→【选择】→【切换选择】菜单命令。出现十字光标后,将光标移动到目标元件,单击鼠标左键即可选中该元件,被选中的元件周围将会出现虚线框。通过同样的方法可以选中其他的目标元件。最后,单击鼠标右键可以退出元件选择状态。如图 4-28 所示即为选中了电阻 R1、R2 和电容 C1、C2 以后的情况。

逐次选中多个元件还可以通过鼠标与 Shift 键(注意,不是 Ctrl 键)配合使用来实现。首先单击第一个元件,然后在按住 Shift 键的同时,逐个单击选中其他待选取的元件。

(2) 同时选中多个元件

当需要选择的多个目标元件处于同一个区域时,可以先将鼠标光标移动到该区域的左上角,按住鼠标左键,然后将光标拖动到目标区域的右下角,将需要移动的目标元件全部框起来,然后松开鼠标左键,如果被框起来的元件都变成黄色,就表明这些元件都被选中。另外,使用工具条中的 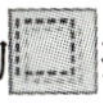 按钮也可以完成同时选中多个目标元件的任务。同选中的多个元件如图 4-29 所示。

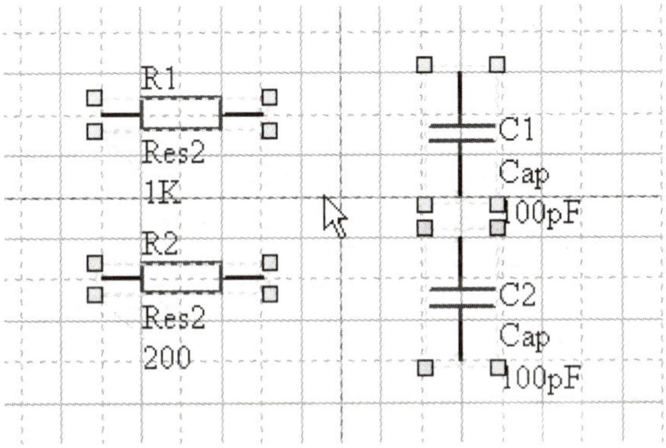

图 4-28　逐个选中多个元件

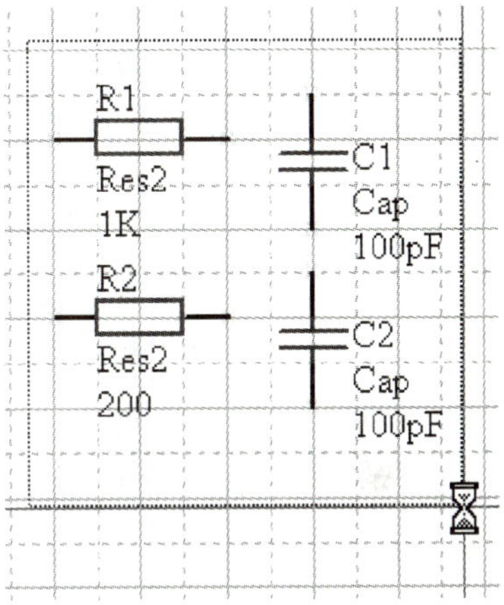

图 4-29　同时选中多个元件

2. 移动被选中的多个目标元件

用鼠标左键单击被选中的元件组中的任意一个元件不放,待十字光标出现后,按住鼠标左键不放,拖动鼠标移动十字光标,将其拖到需要的位置,松开鼠标左键即可完成任务。元件移动后的效果如图 4-30 所示。

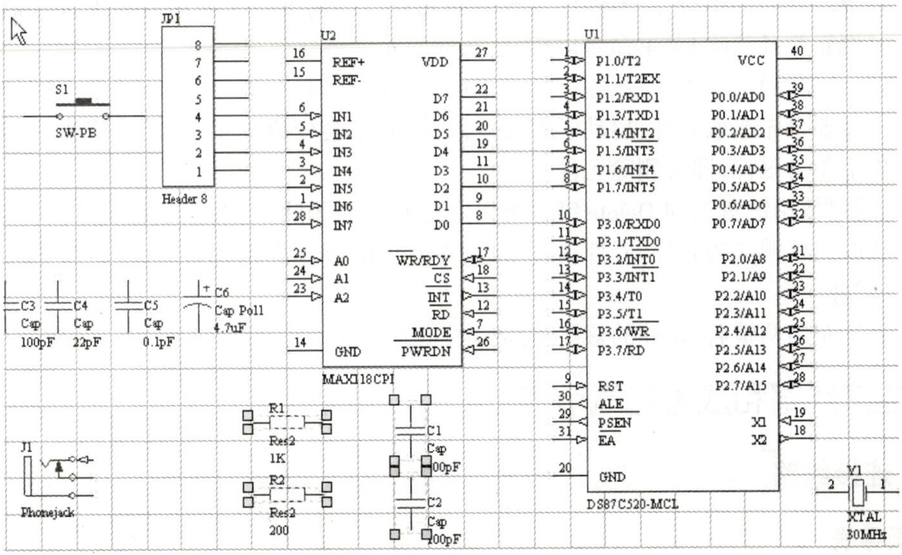

图 4-30　多个元件移动后的效果

另外,执行【编辑】→【移动】→【移动选定的对象】菜单命令也可以实现元件的移动操作。

4.5.3 元件的旋转

在画电路原理图时,为了给布线工作提供方便,有时需要对元件进行旋转操作。元件的旋转,实际上就是改变元件的放置方向,DXP 2004 SP2 提供了很方便的旋转操作。当需要旋转某个元件时,首先用鼠标选中该元件,按住鼠标左键,然后再使用以下功能键就可以完成旋转操作。

- Space 键:使元件逆时针旋转 90°。每按一次,元件旋转 90°。
- X 键:使元件左右对调,也就是以十字光标为中心做水平对调。
- Y 键:使元件上下对调,也就是以十字光标为中心做垂直对调。

这里以图 4-30 中标准电容 C3 和 C4 为例,按上面的方法将它们旋转 90°,结果如图 4-31 所示。将图 4-30 中的电源插座 J1 按上面介绍的方法水平翻转,结果如图 4-32 所示。

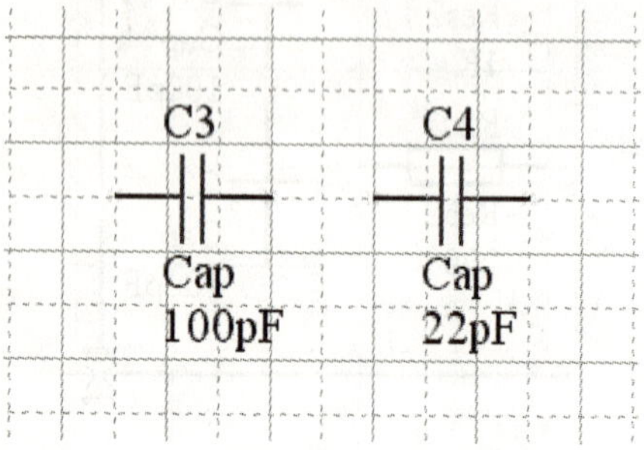

图 4-31 电容旋转 90°后的结果

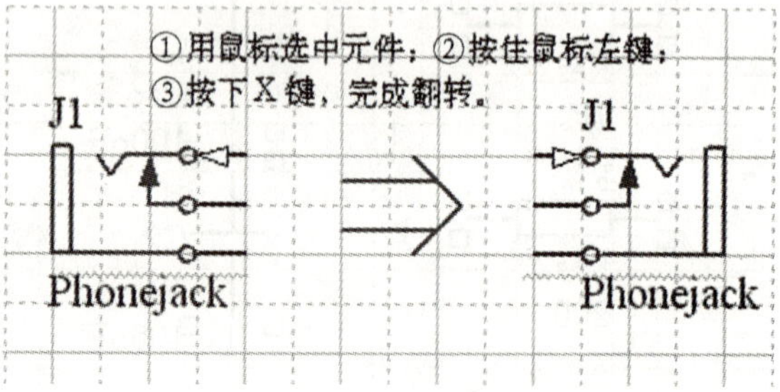

图 4-32 电源插座水平翻转后的结果

4.5.4 元件的删除

当原理图中的某个元件不需要或者是出现故障时,可对其删除。删除元件可以通过执行【编辑】→【清除】和【编辑】→【删除】菜单命令来实现。这两个菜单命令的具体功能如下。

【编辑】→【清除】菜单命令:删除已经选取的元件。启动该命令之前需要先选取欲删除的元件,启动【编辑】→【清除】菜单命令以后,已选取的元件将立刻被删除。

【编辑】→【删除】菜单命令:删除元件。本命令和【编辑】→【清除】菜单命令不同的是启动命令之前不需要事先选取元件,启动了本命令以后,光标会变成十字状,此时将光标移动到要删除的元件上单击鼠标,即可删除元件。

另外,通过使用键盘上的 Delete 键也可以实现元件的删除操作,但是在删除元件之前,需要先单击选取想要删除的元件,元件被选中后,在元件的周围会出现虚框,此时按 Delete 键即可实现元件删除。

经过上述布局调整后,元件的最终布局如图 4-33 所示。

4.6 连接线路和放置电气节点

4.6.1 连接线路

1. 画导线

当电路中需要的所有电路元件都放置完毕以后,根据电路设计的具体要求,可以着手将各

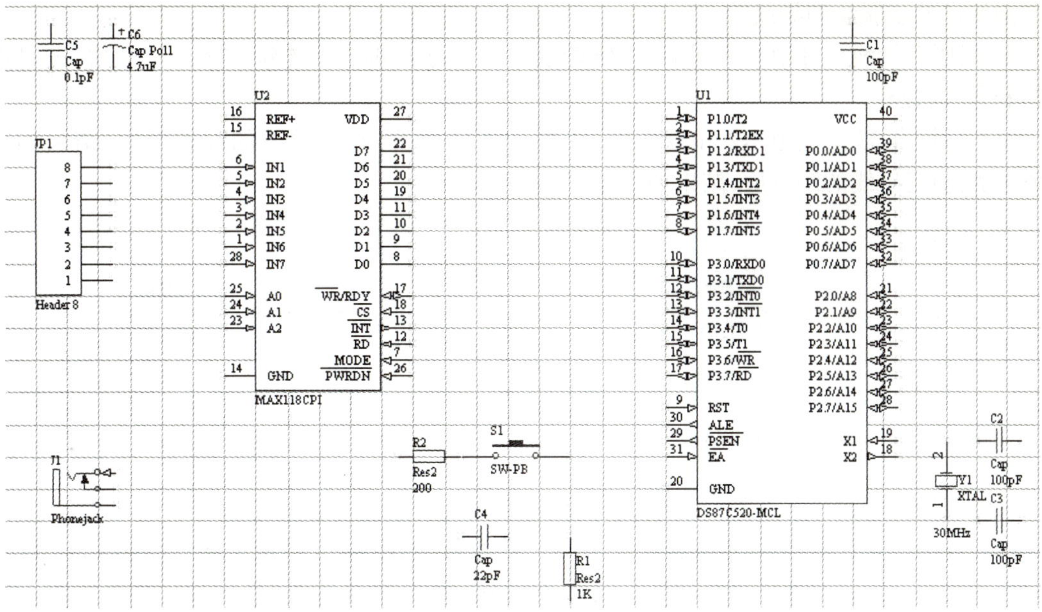

图 4-33　元件调整后的最终布局

个元件连接起来。这里所说的连接,指的是具有电气意义的连接,即电气连接,具体的连接步骤如下。

① 执行【放置】→【导线】菜单命令,如图 4-34 所示(快捷键 P→W);或者单击配线工具栏上的绘制导线按钮,进入连线模式,如图 4-35 所示,此时光标将变为十字形状。

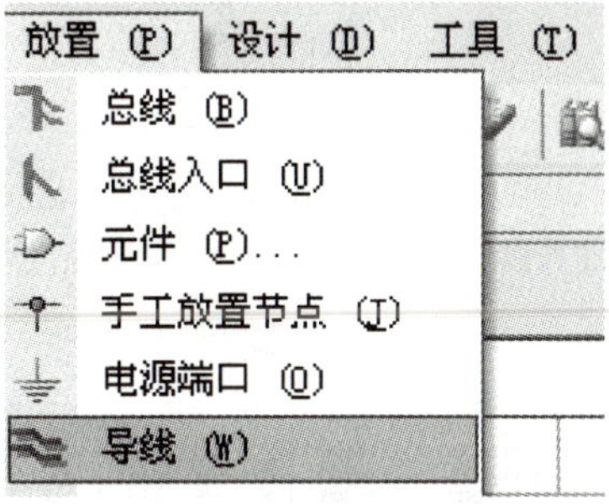

图 4-34　【放置】菜单命令

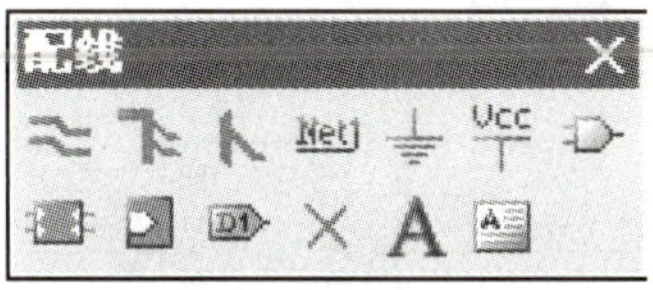

图 4-35　【配线】工具栏

② 将鼠标光标移动到导线的起始点(一般为欲连接元件的引脚),此时在鼠标光标旁边将会出现米字形标志,这就是当前系统自动寻找到的电气节点。此时导线将以此为起始点。单击鼠标左键确定该点为起始点。

③ 确定了导线的起始点后,移动鼠标将会看到一根导线从所确定的起始点处延伸出来。

④ 当鼠标光标移动到导线的折点处或者到达了导线的终点,单击鼠标左键或者按 Enter 键确定导线的第二个端点。此时在起始点和第二个端点之间的导线就绘制好了,以该点作为新的起始点,继续移动光标可以绘制第二根导线。

⑤ 如果不需要绘制连续导线,则在完成前一根导线的绘制工作以后,单击鼠标右键或者按 Esc 键,完成当前导线的绘制。然后移动鼠标光标至另一根导线的起始点处单击鼠标左键,

按前面所述的步骤绘制导线。

⑥ 当所有导线全部绘制完成后,连续两次单击鼠标右键或者连续按 Esc 键两次,即可退出绘制导线状态。

这里以图 4-33 中电阻 R2 和复位键 S1 之间连线为例,确定导线的起始点后,结果如图 4-36所示;确定导线的终点后,结果如图 4-37 所示。

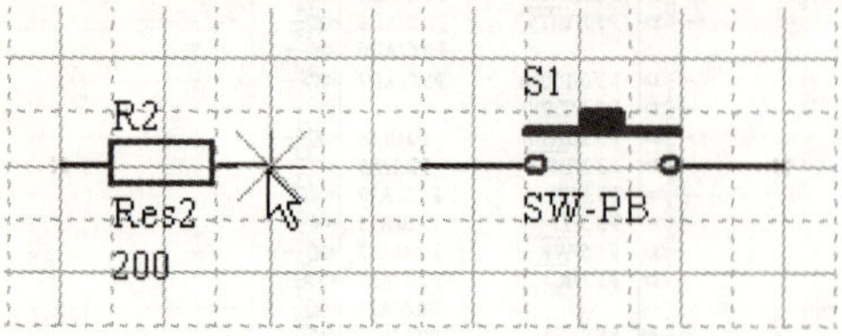

图 4-36 确定导线的起始点

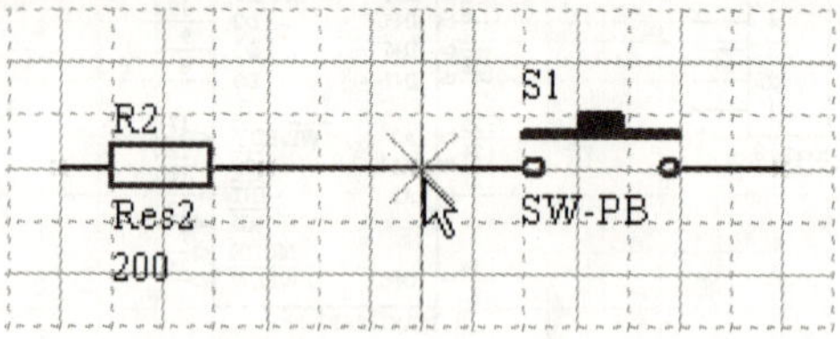

图 4-37 确定导线的终点

在绘制导线时,可以通过按空格键来切换折线的走向。还可以通过按 Shift + 空格键来切换选择导线的拐弯模式,共有三种:直角、45°角、任意角,如图 4-38 所示。导线绘制完毕,单击鼠标右键或按 Esc 键即可退出绘制导线的命令状态。所有导线均绘制完毕后,结果如图 4-39 所示。

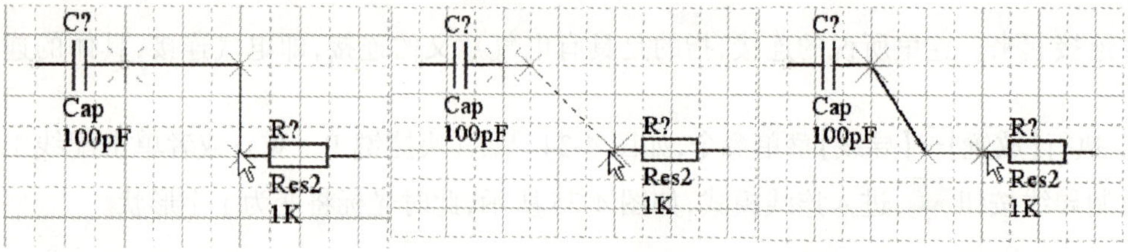

(a) 直角拐弯 (b) 45˚角拐弯 (c) 任意角拐弯

图 4-38 导线的拐弯模式

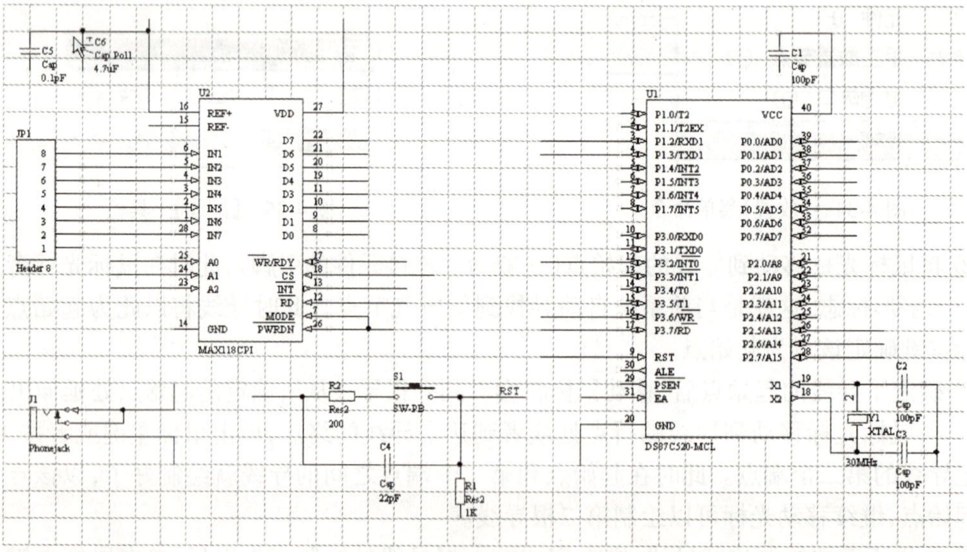

图 4-39 导线绘制完毕后的结果

2. 网络和网络标签

在原理图绘制过程中，元器件之间的电气连接除了使用导线外，还可以通过设置网络标签的方法来实现。

网络标签具有实际电气连接意义，具有相同网络标签的导线或元件引脚不管在图上是否连接在一起，其电气关系都是连接在一起的。特别是在连接的线路较远或者线路过于复杂而使走线困难时，使用网络标签代替实际走线可以大大简化原理图。

例如，图 4-39 中单片机 DS87C520 - MCL 的低 8 位地址/数据总线（P0.0 ~ P0.7）和 A/D 转换芯片 MAX118CPI 的数据总线连接在一起就可以采用网络标签。下面介绍在这两个元件上放置网络标签的方法和步骤。

① 执行【放置】→【网络标签】菜单命令或者直接单击配线工具栏中的网络标签按钮（快捷键 P→N）。此时，一个虚线框将悬浮在光标上。

② 在开始放置网络标签以前应该先对网络标签的属性进行编辑（注意，在放置网络标签时，最好先按 Tab 键编辑网络标签，特别是对于连续放置多个有一定顺序的网络标签时，会减少很多编辑工作，因为编辑第一个网络标签时，若有数字编号，如 DB0，则连续放置网络标签时，会自动加 1 网络标签编号，而不需要重新编辑输入，即接着自动为 DB1、DB2，等等）。按 Tab 键，系统会显示如图 4-40 所示的【网络标签】对话框。

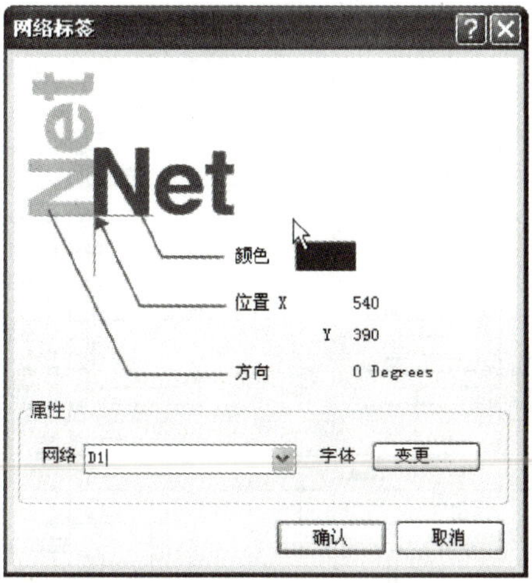

图 4-40　【网络标签】对话框

③ 在【属性】区域的【网络】输入框中输入“D0”，然后单击【确认】按钮关闭【网络标签】对话框。

④ 然后移动粘有网络标签的鼠标光标到单片机 U1 的 P0.0 引脚上方，此时在光标上会显示一个红色的米字形标记，如图 4-41 所示，表示该点可以放置网络标签。单击鼠标左键放置网络标签。

⑤ 放置完第一个网络标签以后，光标仍然处于网络标签放置状态，接着可以连续放置其他网络标签。完成全部网络标签的放置工作后，结果如图 4-42 所示。

在放置网络标签时，按空格键可以改变网络标签的放置方向，网络标签只能放在导线的上方，导线的右方或者导线引脚的末端。

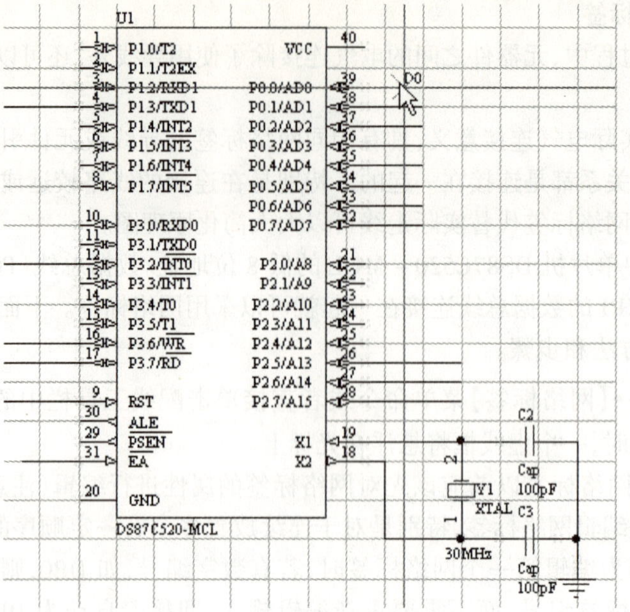

图 4-41 放置【网络标签】

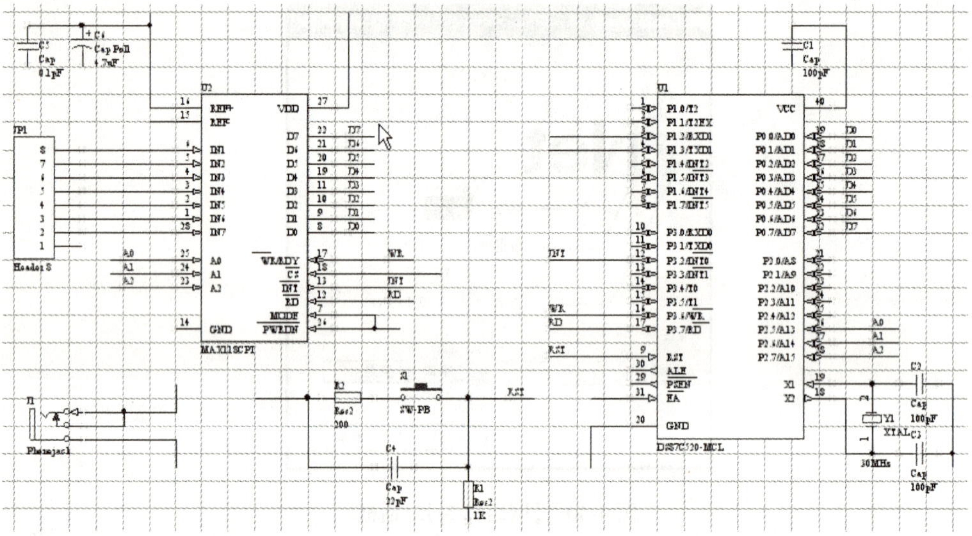

图 4-42 全部网络标签放置完毕后的结果

3. 画总线和总线入口

总线通常包括一组具有相同性质的并行信号线,如数据总线、地址总线、控制总线等。原理图编辑环境下的总线本身并没有任何电气连接意义,采用总线主要是为了使读者可以看清楚不同元件间的电气连接关系。完成网络标签的放置工作后,具有相同网络标签的导线之间已经具备了实际的电气连接关系。通过将总线和网络标签结合起来既可以直观地描述元件之间的电气连接关系,又可以减少原理图中的导线数量,使得图形清晰美观。

这里采用画总线和总线入口的方法将图 4-42 中所示的 A/D 转换芯片 U2 的数据线(D0 ~ D7)和单片机 U1 的数据线(D0 ~ D7)连接起来。具体的操作步骤包括画总线和总线入口两个部分。

(1) 绘制总线的具体步骤

① 执行【放置】→【总线】菜单命令(快捷键 P→B),或者直接单击配线工具栏中的绘制总线按钮,进入总线绘制模式,此时光标将变为十字形状。

② 总线的具体绘制方法和绘制导线类似。首先,在适当的位置单击鼠标左键确定总线起点,然后移动鼠标开始绘制总线,在每一个转折点处单击鼠标左键确认这一段总线,当到达总线结尾处时单击鼠标左键确认总线终点。

③ 绘制完总线后,单击鼠标右键或者按 Esc 键退出总线绘制状态。

④ 如果需要对所绘制的总线进行修改,可以双击总线,系统会弹出如图 4-43 所示的【总线】对话框。在这里可以对总线的宽度和总线的颜色进行修改。

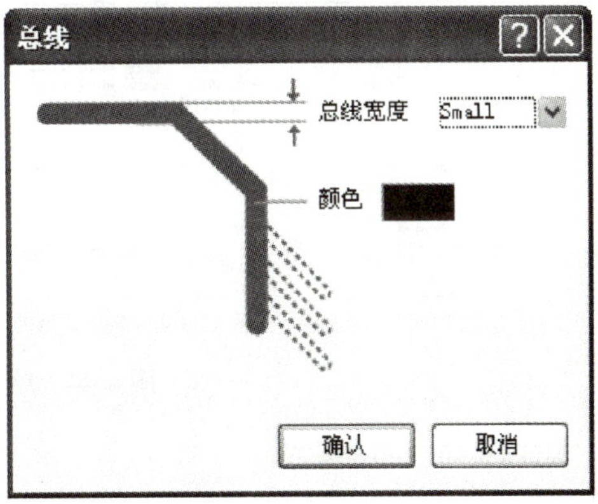

图 4-43　【总线】对话框

总线入口是单一导线与总线之间的连接线。使用总线入口把总线和具有电气特性的导线连接起来,可以使电路原理图看上去更加美观,更具专业水准。与总线一样,总线入口本身无任何电气连接意义,而且它的存在并不是必需的,即便不通过总线入口,直接把导线与总线连接起来也是正确的。

(2) 绘制总线入口的具体步骤

① 执行【放置】→【总线入口】菜单命令(快捷键 P→U),或者直接单击配线工具栏中的绘制总线入口按钮进入总线入口绘制模式,此时光标将变为十字形状。

② 将光标移动到所要放置总线入口的位置,此时光标上将出现红色的星形标记,表示该点可以放置总线入口(注意总线入口的方向,可以按空格键改变方向),单击鼠标即可完成一个总线入口的放置。

③ 放置完一个总线入口后,光标仍然处于总线入口放置状态,此时可以按照前面的方法连续放置多个总线入口。

④ 当所有的总线入口放置完毕以后,单击鼠标右键或者按 Esc 键即可退出画总线入口状态,光标重新变为箭头。

图 4-42 中所需要全部总线和总线入口绘制完成后,结果如图 4-44 所示。

4. 输入输出端口

在设计电路图时,表示两点之间电气连接关系的方法有三种。前面介绍了两种:直接用导线连接两点和使用网络标签。现在来介绍第三种方法:使用输入输出端口的方法。这里将在图 4-44 中单片机 U1 的串行接口(3 和 4 引脚)上放置输入输出端口。使用输入输出端口的具体操作步骤如下。

① 执行【放置】→【端口】菜单命令(快捷键 P→R),或者直接单击配线工具栏中的绘制输入输出端口按钮进入输入输出端口绘制模式,此时光标将变为十字形状,并在其上粘附一

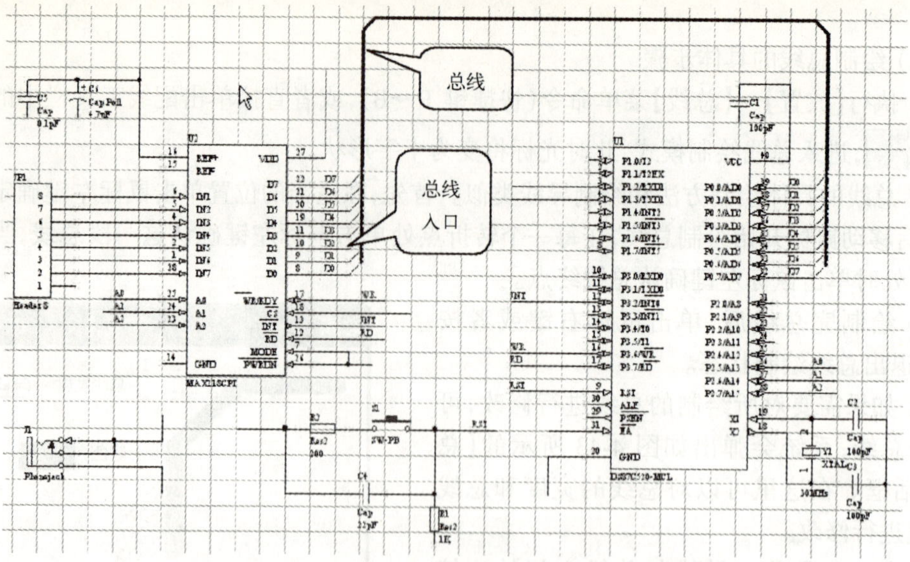

图 4-44 绘制总线和总线入口后的结果

个输入输出端口图形，如图 4-45 所示。

② 在输入输出端口状态下按 Tab 键，系统会弹出如图4-46所示的输入输出【端口属性】设置对话框。

该对话框中各选项的含义如下。

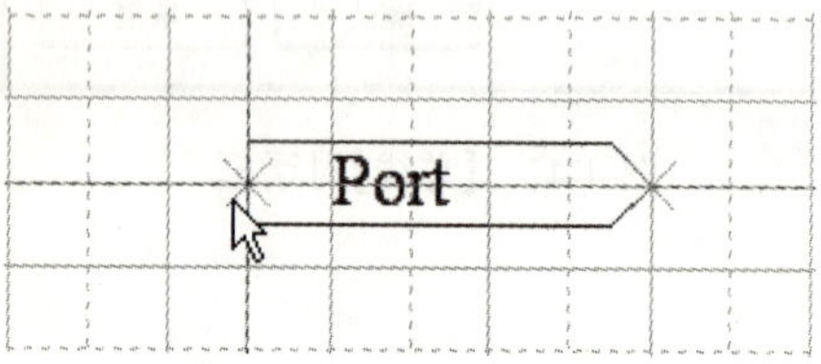

图 4-45 放置输入输出端口

【排列】：端口名称在端口符号中的位置，有三种选择：“Left”（左对齐）、“Right”（右对齐）、“Center”（居中），此处设置为“Center”（居中）。

【文本色】：端口名称颜色。单击右边的色块，可以进行文本颜色设置。

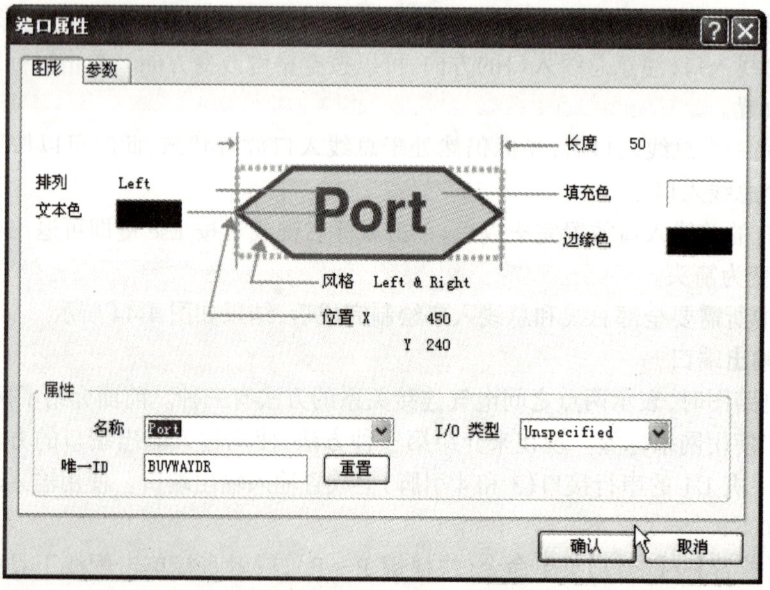

图 4-46 【端口属性】对话框

【长度】:设置输入输出端口的长度。

【填充色】:设置输入输出端口的填充颜色。

【边缘色】:设置输入输出端口边框线的颜色。

【风格】:设置输入输出端口在原理图中的外形,实际上也是输入输出端口的箭头方向。DXP 2004 SP2 中提供了 8 种选择,如图 4-47 所示。这里所选择的类型只是一种图形表示,与信号的实际传输方向有关。但为了方便读图,建议在设置类型时尽量与输入输出类型(信号的传输方向)保持一致。而且 DXP 2004 SP2 原理图中默认的输入输出端口方向是朝右的,如果要改变端口方向,仅调整端口风格是不够的,须先用导线将端口连接起来,然后修改风格才能看到改变后的端口方向。

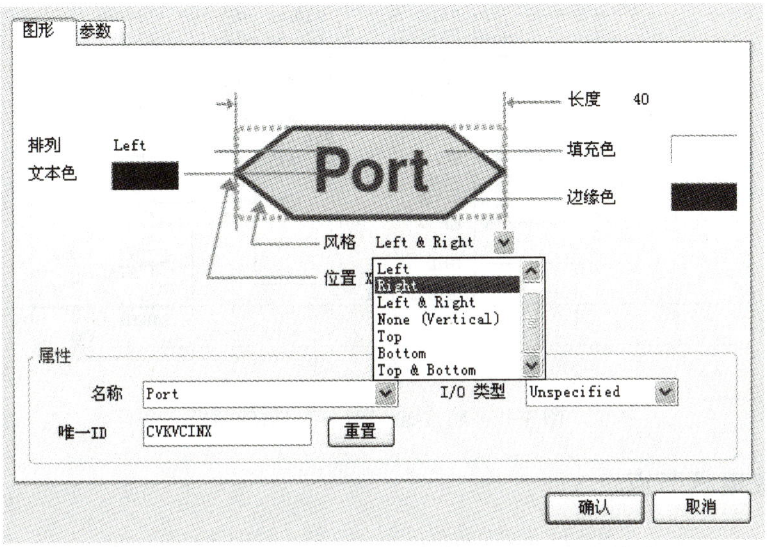

图 4-47　设置输入输出端口在原理图中的外形

【位置 X、Y】:设置输入输出端口在原理图上的 X 轴和 Y 轴坐标。

【名称】:设置输入输出端口的名称。相同名称的输入输出端口在电气关系上是连接在一起的。

【I/O 类型】:设置输入输出端口的输入输出类型。单击输入框右侧的下拉按钮会弹出下拉列表,如图 4-48 所示,可以从中选择类型。本选项所设定的输入输出类型应该与信号的传输方向一致。

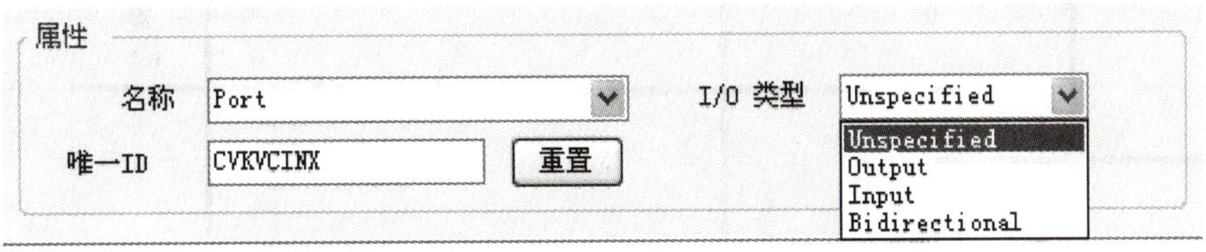

图 4-48　设置输入输出端口的 I/O 类型

③ 当属性设置完毕以后,可以将光标移动到需要放置输入输出端口的元件引脚末端或者导线上,此时光标上会出现一个星形标记,表示可以在此处放置端口,单击鼠标左键即可定位输入输出端口的一端,移动鼠标使端口的大小合适,然后再次单击鼠标左键,即可完成一个输

入输出端口的放置。

④ 所有的输入输出端口放置完毕后。单击鼠标右键即可退出端口放置状态。放置输入输出端口后的结果如图 4-49 所示。

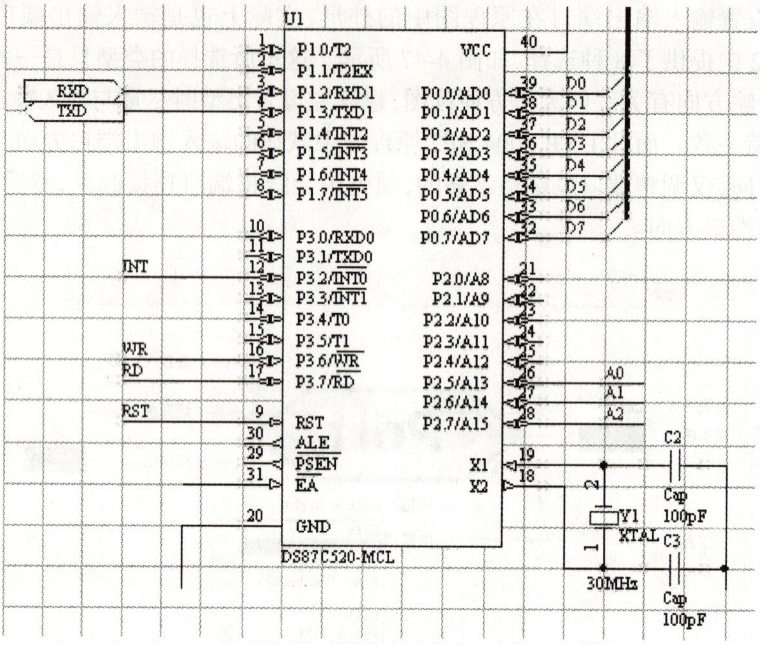

图 4-49　放置输入输出端口后的结果

4.6.2 放置电气节点

DXP 2004 SP2 电气原理图中有两种类型的交叉节点：T 形交叉点和十字交叉点，如图 4-50所示。默认状态下，系统会自动在 T 形交叉点处放置电气节点。十字交叉点上的电气节点必须由设计人员手工放置。

放置电气节点的具体步骤如下。

① 执行【放置】→【手工放置节点】菜单命令(快捷键 P→J)，此时光标将变为十字形状，并粘附着电气节点，如图 4-51 所示。

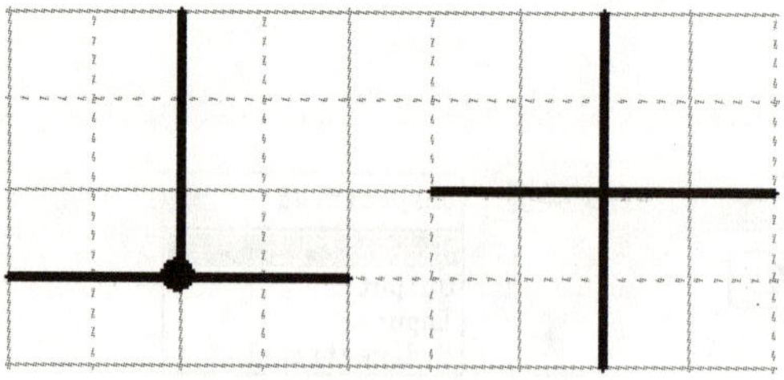

图 4-50　交叉连接类型

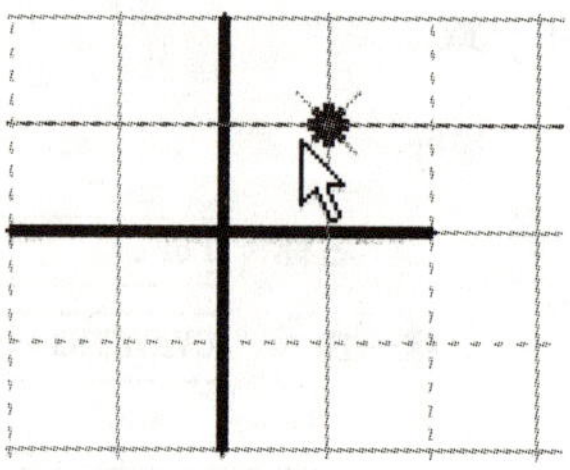

图 4-51　放置电气节点

② 在放置电气节点状态下，按 Tab 键，打开【节点】对话框，如图 4-52 所示。也可以通过双击已放置的电气节点打开【节点】对话框。

在【节点】对话框中，可以进行下面的属性修改。

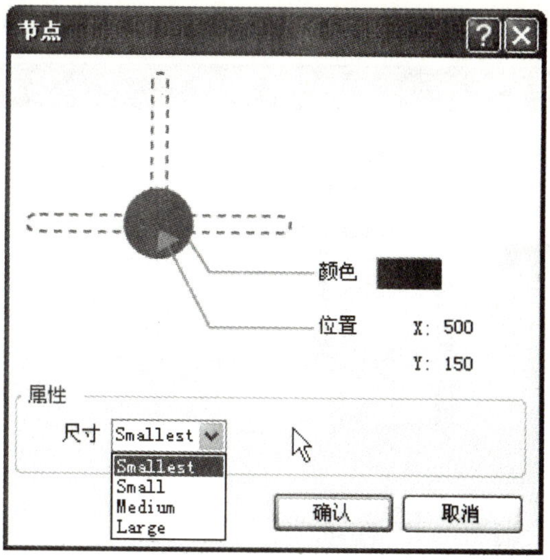

图 4-52 【节点】对话框

- 【颜色】:单击右边的色块,可以选择设置节点的颜色。系统默认是棕色。
- 【位置 X、Y】:节点在原理图上的 X 轴和 Y 轴坐标。
- 【尺寸】:可以选择节点大小为最小"Smallest"、小"Small"、中等"Medium"或者大"Large",系统默认为"Smallest"。

③ 用鼠标将光标移动到欲放置电气节点的交叉点处,单击鼠标左键即可完成电气节点放置。

④ 当电气节点放置完毕,单击鼠标左键或者按 Esc 键即可退出节点放置状态。

4.7 放置电源和接地元件

电源和接地符号是电路原理图中必不可少的组成部分。在 DXP 2004 SP2 中提供了多种电源和接地符号供用户选择,每种形状都有相应的网络标签作为标识。可以通过【配线工具栏】上的电源和地端口按钮来使用,或者通过选择【实用工具】栏上的电源端子来放置相应的电源和接地端口,如图 4-53 所示。用户还可以通过执行【放置】→【电源端口】菜单命令(快捷键 P→O)放置电源和接地元件。

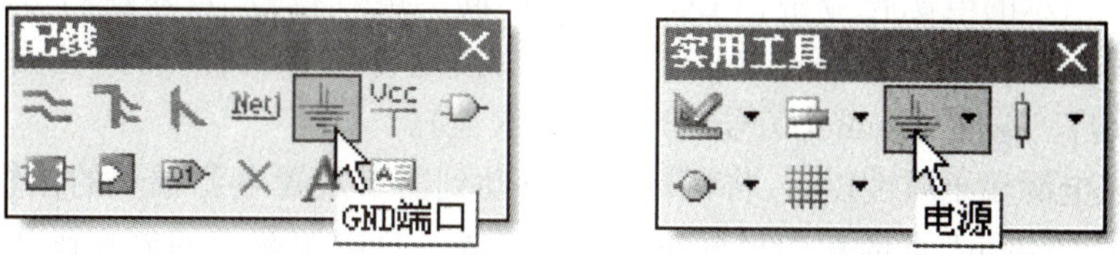

图 4-53 【配线】和【实用工具】工具栏上的电源端子

放置电源端子的具体步骤如下。

① 执行【放置】→【电源端口】菜单命令(快捷键 P→O),或者单击利用上述工具栏上的放置电源图标按钮进入电源端子放置模式,此时光标将变为十字形状,并粘附着电源端子。如图4-54所示。

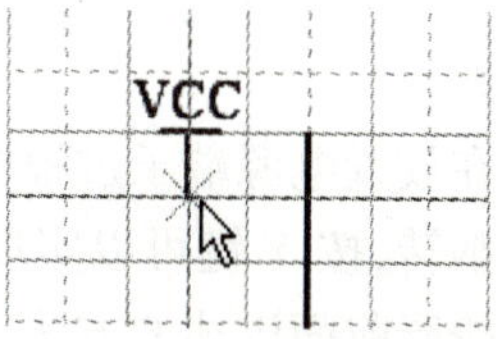

图 4-54 放置【电源端口】

② 在放置电源端子状态下按 Tab 键，即可打开【电源端口】对话框，如图 4-55 所示。

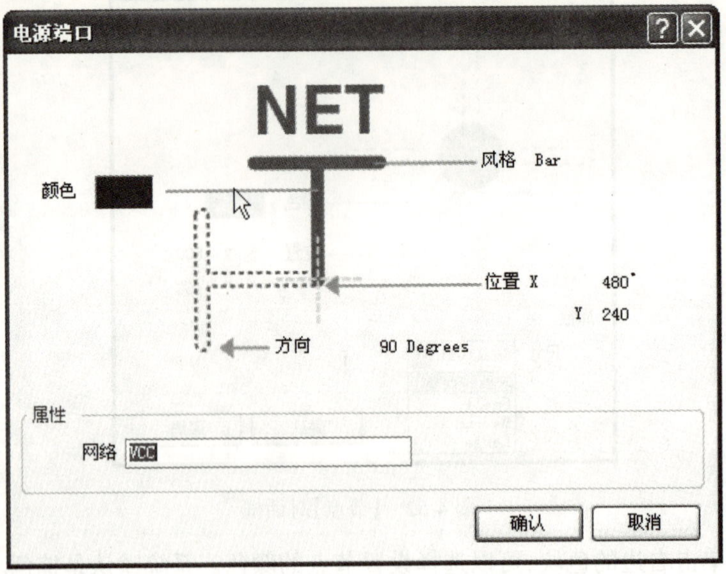

图 4-55 【电源端口】对话框

在【电源端口】对话框中可以对电源端子的属性进行修改。其中选项的含义如下。

- 【颜色】：设置电源端子的颜色。
- 【网络】：设置电源端子的网络标签名称。此处字母的大小写将有不同的含义。在同一张电路图中，如果有多个电源和多个地(模拟地、数字地、电源地、大地等)就保证它们的网络标签各不相同，否则会产生混淆，引起严重的电路错误。
- 【风格】：设置电源端子的风格形式。将鼠标移动到【风格】选项右边时，出现 按钮，单击该按钮，系统将弹出 7 种不同选项，如图 4-56 所示。

图 4-56 常用电源端子符号

在图 4-56 所示的电源符号中，VCC 有四种不同的电气符号，自左往右分别是 Circle(环形)、Arrow(箭头形)、Bar(条形)、Wave(波浪形)；接地符号有三种，自左往右分别是 Power Ground(电源地)、Signal Ground(信号地)、Earth(大地)。

③ 修改完电源端子属性以后，将鼠标光标移动到需要放置电源端子的位置，光标处会出现一个红色的星形标记，此时单击鼠标左键即可完成一个电源端子的放置操作。此时系统仍然处于电源端子放置状态，可以继续在其他位置放置端子。

④ 当所有的电源端子放置完成以后，单击鼠标右键或者按 Esc 键，即可退出电源端子放置状态。

在放置电源端子过程中按空格键可以改变电源端子的方向，按 X 键可以实现电源端子的左右翻转，按 Y 键可以实现电源端子的上下翻转。

按照前面讲述的方法，可以顺利完成本章的模拟信号数据采集电路的设计。最后的设计结果如图 4-57 所示。

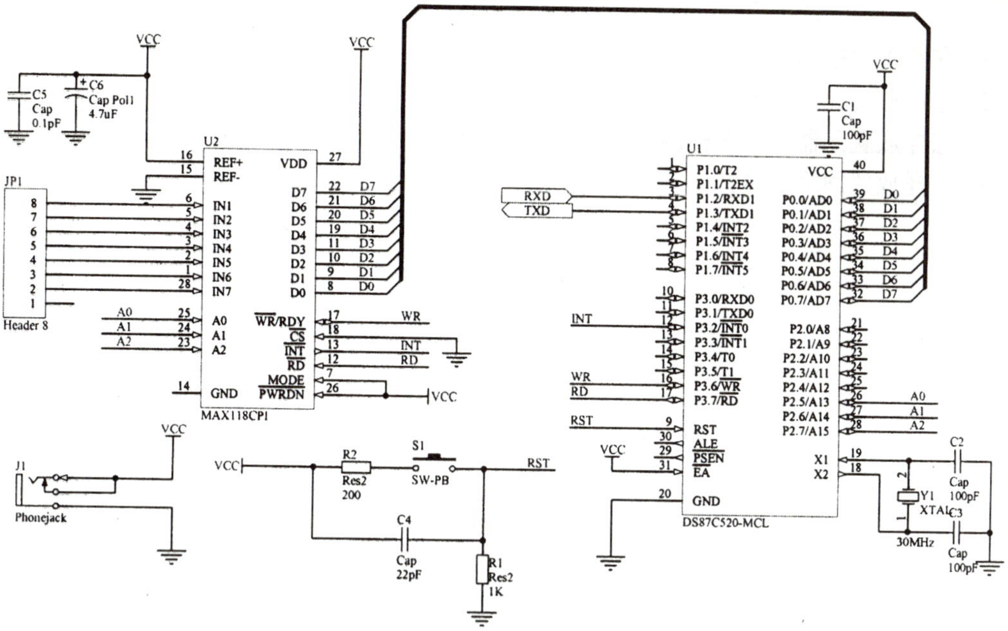

图 4-57　模拟信号数据采集电路

本章小结

本章介绍电路原理图的设计方法，并且通过一个单片机最小系统的应用实例——模拟信号数据采集电路设计——演示了电路原理图的绘制过程。

(1) 新建工程和电路原理图。简单回顾了新建一个工程和电路原理图的方法。

(2) 设置电路原理图选项。设计人员可以根据个人的习惯和一些具体的要求，设置原理图图纸的大小、方向、标题栏的外观参数、原理图的设计信息以及绘图网格、光标形状等，使设计人员可以提高工作效率。

(3) 加载元件库。设计人员在具体设计之前需要将用到的元件所在的元件库加载到系统中，并且在需要选用该元件时将该元件库选为当前元件库，这样可以从元件库中找到所需要的元件，直接加载。

(4) 在原理图上放置元件。具体绘制原理图的第一项工作是要先将需要的元件放置到原理图图纸上。本章中详细介绍了如何在图纸上放置元件、修改元件属性的具体步骤。

(5) 元件布局调整。本章具体介绍了删除元件、单个或多个元件的移动和旋转等操作的具体步骤。

(6) 放置电气节点和连接线路。通过绘制具有电气意义的导线、添加网络标签的方法。将放置在图纸上的相关元件连接起来。本章详细介绍了绘制导线、使用网络标签、绘制总线和总线入口、制作输入输出端口和放置电气节点等操作。

(7) 放置电源和接地元件。本章详细介绍了电源端子的类型及其放置的方法。

习题

1. 在原理图中怎样加载元件库?
2. 怎样移动元件? 怎样旋转和翻转元件?
3. 怎样放置元器件? 怎样画导线? 怎样画总线?
4. 怎样放置网络标号?

第 5 章　原理图设计提高

前面几章介绍了使用 DXP 2004 SP2 原理图设计系统绘制一般的电路原理图的基本方法。但对于实际中的大规模电路系统来说,其相应的电路原理图是比较复杂的,对于这样的原理图,不管是绘制还是编辑,仅仅靠前面所学的知识是不够的。因此本章中将进一步介绍一些原理图绘制的技巧。

另外,针对复杂的电路原理图,还将学习另外一种电路原理图设计方法——层次原理图设计。

5.1　元件的通用编辑

在电路原理图的绘制过程中,经常需要多次使用同一个元件,如果每次都要从元件库中调用的话,会感觉很烦琐,影响工作效率。另外,放置好的元件通常也需要进行调整使原理图更加清晰,可读性更强。这些都可以通过元件的通用编辑操作来完成。所谓元件通用编辑操作主要包括元件的选取、复制、剪切、移动、排列与对齐等,下面将分别加以介绍。

5.1.1　选取操作元件

要进行元件的复制、剪切或者删除等操作时,必须首先确定需要操作的元件。因此,选取元件是原理图编辑过程中最基本的操作之一。在 DXP 2004 SP2 系统中,选取元件的操作有如下几种方法。

1. 选取单个元件

单个元件的选取非常简单,首先将光标移动到需要选取的元件上,然后单击鼠标左键即可,这时元件的周围将会出现绿色的虚线框,如图 5-1 所示。单击 C6 后,C6 处于选中状态。

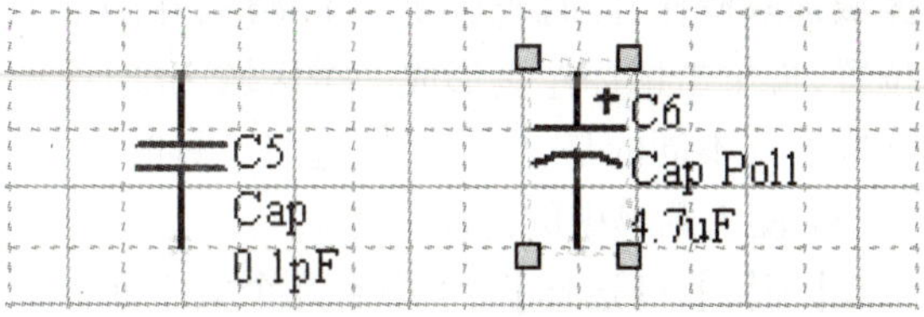

图 5-1　单击鼠标选中单个元件

2. 选取多个元件

如果想要对多个元件进行操作,需要先选中要操作的多个元件,具体有如下几种方法。

(1) 鼠标单击选取

要选取多个元件,首先按下 Shift 键不放,然后用鼠标分别单击需要选取的元件即可。

(2) 鼠标拖动选取

在要选择的元件所在区域的左上角处按下鼠标左键,拖动鼠标直接在图纸上拖出一个矩形框,当需要的元件全部在框内时,松开左键。这时框内的元件将全部被选中。按照元件的分布可以具体分为下面两种情况。

① 当多个元件集中分布时,只需要按照上面的方法拖出一个矩形框即可。如图 5-2 所示。

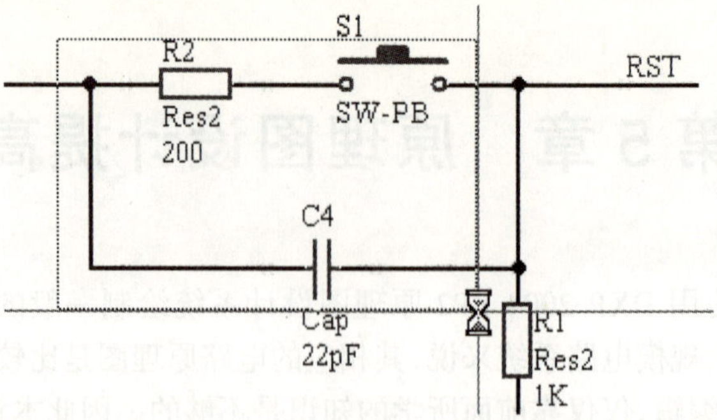

图 5-2 集中分布元件的拖动选取

② 当多个需要选取的元件分布比较离散时，可按下【Shift】键不放，然后采用和上面相同的方法分别用矩形框将多个对象元件选中，如图 5-3 所示。

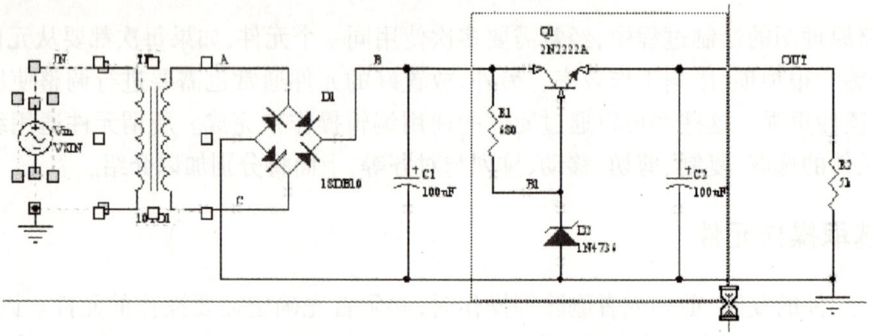

图 5-3 离散分布元件的拖动选取

(3) 使用标准工具栏上的选取工具

标准工具栏上区域选取按钮的功能是选中所划定区域内的所有元件。单击按钮启动区域选取操作，此时光标变为十字形，在图纸上合适位置单击鼠标左键，然后移动光标到另一位置，再单击鼠标左键形成一个区域，此时区域内的所有对象将全部被选中。这里与拖动鼠标选取方式不同的是，使用区域选取工具时不需要一直按住鼠标。

(4) 使用菜单中的选取命令

在【编辑】→【选择】菜单中有几个关于元件选取的命令，如图 5-4 所示。

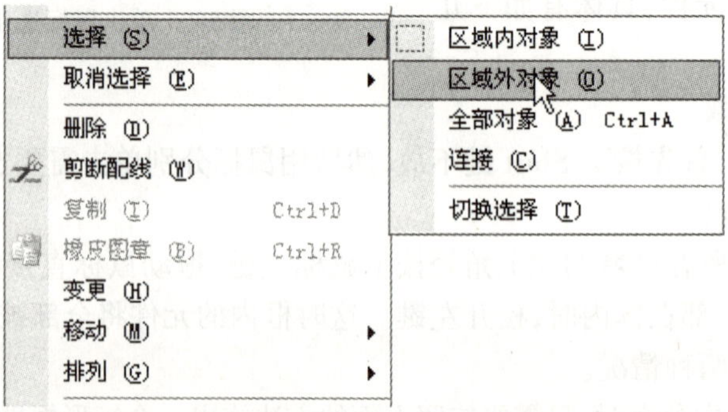

图 5-4 【编辑】→【选择】下的选取命令

各选取命令功能如下。

【区域内对象】命令：用于选取区域内的元件，该命令与标准工具栏上的区域选取按钮的功能完全一致。划定区域的过程中，在确定第一个顶点以后和确定另外一个顶点之前，可以松开鼠标左键。此命令也可以通过按快捷键 E→S→I 来实现。

【区域外对象】命令：用于选取划定区域之外的元件，与【区域内对象】命令刚好相反。快捷键为 E→S→O。

【全部对象】命令：用于选取当前电路原理图上的所有元件。快捷键 Ctrl + A。

【连接】命令：用于选取指定的连接。启动本命令后，单击需要选取的某个连接的导线、节点、输入输出端口或者网络标签，则该导线及与该导线有连接关系的所有导线、电气节点、输入输出端口及网络标签等(元件引脚除外)均被选中。快捷键为 E→S→C。

【切换选择】命令：用于切换当前元件的选取状态。启动该命令后，光标将变成十字形状，此时用鼠标单击某个元件，则该元件的选取状态将会切换。也就是说，如果该元件在单击前处于选中状态，则单击后该元件的选中状态将被取消；如果该元件在单击之前没有被选中，则此次操作将选中该元件。快捷键为 E→S→T。

5.1.2　解除操作元件的选取状态

当被选取的元件执行完移动、复制、粘贴等操作，或者当错误地选取了某个元件之后，需要使用解除命令取消元件的选取状态。

1. 解除单个元件的选取状态

解除单个元件的选取状态最简单的方法是将鼠标光标移动到该元件上，如图 5-5 所示，当光标变成十字状时单击鼠标左键，此时该元件的选取状态将会被取消，而其他正处于选取状态的元件仍将处于选取状态。

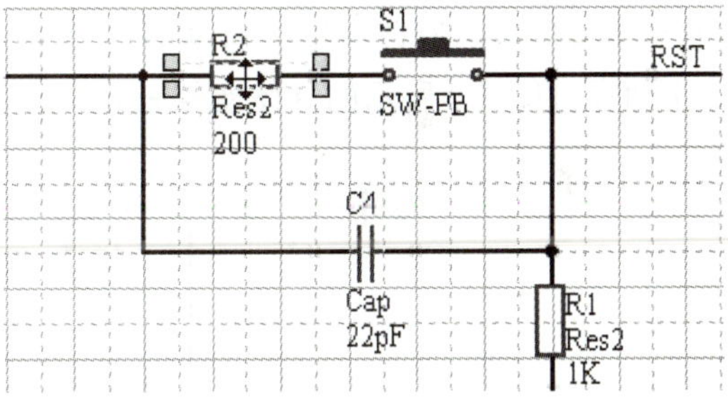

图 5-5　使用鼠标取消单个元件的选取状态

2. 解除多个元件的选取状态

(1) 鼠标单击解除

当原理图上所有选中状态的元件一部分需要取消时，可以按照上面使用鼠标解除单个元件选取状态的方法重复操作即可完成。

当原理图上所有处于选中状态的元件全部需要取消时，只需要使用鼠标在原理图上的非选中区域的任意位置上单击左键即可。

(2) 使用标准工具栏上的解除命令

标准工具栏上的解除选取按钮的功能是解除所有处于选取状态的元件的选取状态。单击该按钮后，原理图上所有带有高亮度标记的被选取元件将全部被取消选取状态，高亮度标记消失。

(3) 使用菜单中的解除选取命令

在【编辑】→【取消选择】菜单下有几个关于取消元件选取状态的命令，如图 5-6 所示。

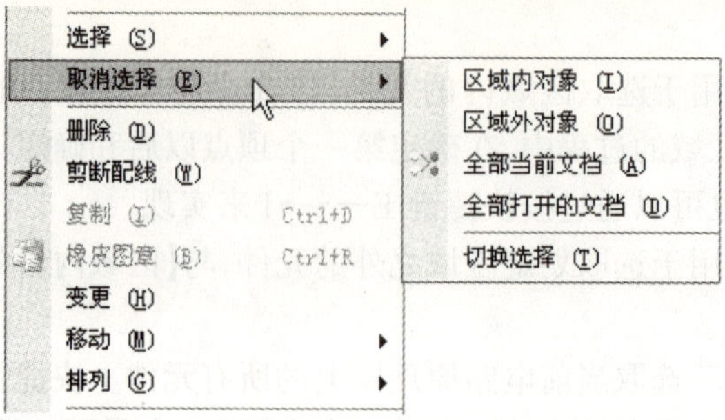

图 5-6 【编辑】→【取消选择】下解除选取命令

各选取命令功能如下。

【区域内对象】命令:用于解除某一选定区域内所有元件的选取状态。快捷键为 E→E→I。

【区域外对象】命令:用于解除选定区域以外所有元件的选取状态,与【区域内对象】命令正好相反。快捷键为 E→E→O。

【全部当前文档】命令:用于解除当前操作文档内的所有元件的选取状态,该命令与标准工具栏上的按钮功能完全一致。快捷键为 E→E→A。

【全部打开的文档】命令:用于解除当前所有处于打开状态的文档内所有元件的选取状态。

【切换选择】命令:该命令的使用与 5.1.1 节中的【切换选择】命令相同。

5.1.3 元件的复制、剪切和粘贴

DXP 2004 SP2 系统中使用了 Windows 操作系统的共享粘贴板,便于设计人员方便地在不同的应用程序之间复制、剪切和粘贴元件。例如,可以在 DXP 2004 SP2 中绘制电路原理图,然后将绘制好的原理图复制到 Word 文档中,编辑报告或者论文。

下面通过图 5-7 所示的具体实例来介绍元件的复制、剪切和粘贴操作。

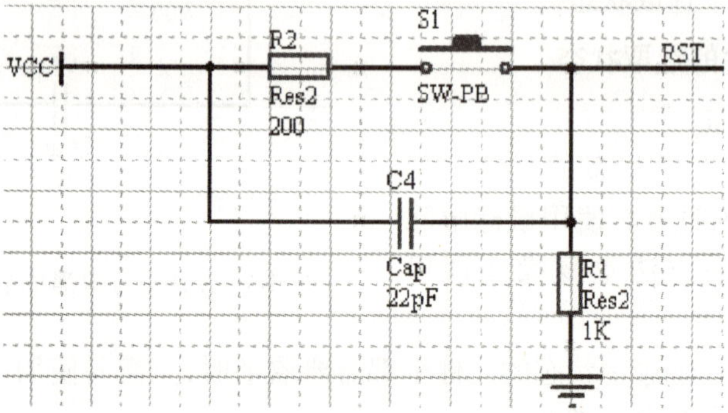

图 5-7 示例电路

1. 元件的复制和粘贴

元件的复制就是将选取的元件复制到剪贴板中,同时原理图上还保留被选取对象。在 DXP 2004 SP2 系统中元件的复制、粘贴操作的具体步骤如下。

① 采用 5.1.1 节中所介绍的方法选取需要复制的一个或者多个元件。这里选定了多个元件,如图 5-8 所示。

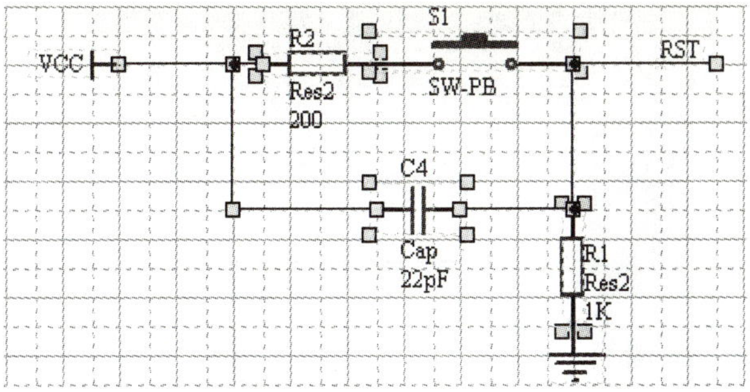

图 5-8 选定需要复制的元件

② 复制选定的元件

在 DXP 2004 SP2 系统中可以启动复制命令的方法有下面几种。

↘ 执行【编辑】→【复制】菜单命令。

↘ 执行快捷键 Ctrl + C。

↘ 执行快捷键 E→C。

↘ 直接单击标准工具栏上的按钮。

③ 执行复制命令后,鼠标光标将会变成十字形状(这一步与 DXP 系统菜单的【优先设定】有关),将光标移动到用户所确定的图形中的参考点上,单击鼠标左键或者按 Enter 键。

④ 确定参考点后,就可以粘贴元件组了。粘贴元件就是将剪贴板上的内容作为副本放入当前文档中。在 DXP 2004 SP2 系统中可以通过如下几种方法来启动粘贴命令。

↘ 执行【编辑】→【粘贴】菜单命令。

↘ 执行快捷键 E→P。

↘ 执行快捷键 Ctrl + V。

↘ 直接单击标准工具栏上的按钮。

⑤ 执行上述命令后,鼠标光标上将会粘附着欲粘贴的元件组虚影,将光标移动到合适的位置后,单击鼠标左键或者按 Enter 键即可将剪贴板中的元件组粘贴在当前位置上,如图 5-9 所示。也可以粘贴到字处理软件 Word 中,如图 5-10 所示。

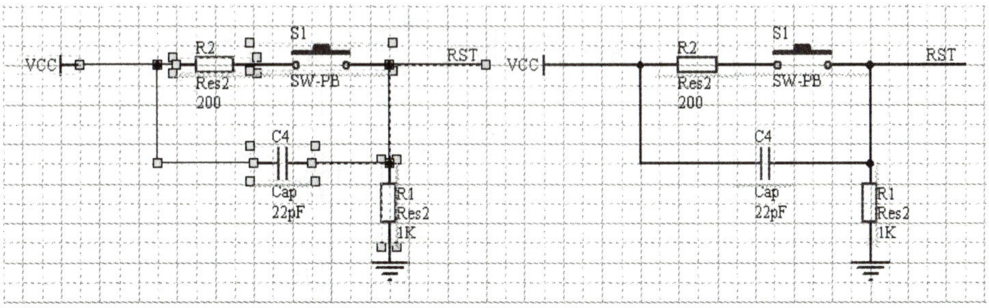

图 5-9 粘贴的元件

⑥ 执行完上述步骤以后,粘贴的元件组中的元件序号、网络标签和原来的元件完全相同,因此必须对其进行修改。具体的修改可以通过双击欲修改的元件,在弹出的【元件属性】对话框中修改相应的属性来完成。

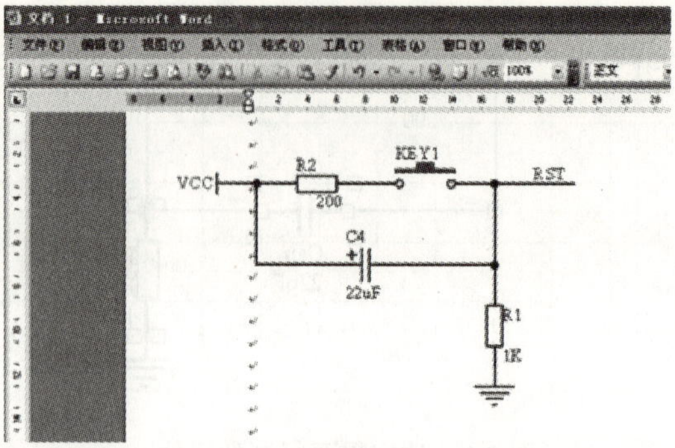

图 5-10 粘贴到 Word 软件中

2. 元件的剪切和粘贴

剪切元件就是将选取的元件直接移入到剪贴板中，同时将被选取元件从原理图上删除。在 DXP 2004 SP2 系统中可以通过如下 4 种方法来启动剪切命令。

- 执行【编辑】→【裁剪】菜单命令。
- 执行快捷键 Ctrl + X。
- 执行快捷键 E→T。
- 直接单击标准工具栏上的剪切按钮。

启动剪切命令后，鼠标光标将变成十字形状，将十字光标指向已选取的元件，单击鼠标左键或者按 Enter 键，即可将元件复制到剪贴板中，同时所剪切的元件将会在原理图上消失。剪切后，就可以按照以上介绍的复制、粘贴中的粘贴操作来完成粘贴。

3. 元件的对列式粘贴

对于仅需要复制粘贴一次的操作，可以按照上面介绍过的方法方便地进行。但是对于比较复杂的元件组，如果需要多次重复粘贴，则上面的方法就显得非常麻烦。DXP 2004 SP2 系统中提供了对列式粘贴功能，可按一定排列格式将被复制元件组一次性重复粘贴形成多个拷贝。具体操作如下。

① 在电路原理图上选中需要复制的元件，如图 5-11 所示。

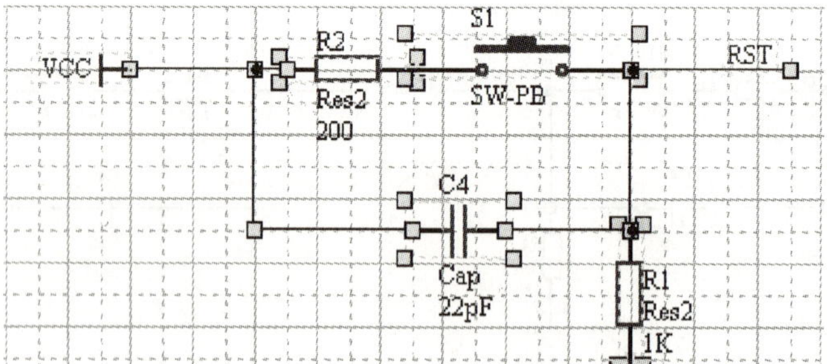

图 5-11 选定的需要多次粘贴的元件组

② 执行复制命令。单击复制按钮或剪切按钮光标变为十字形。将光标移动到已选对象上选取一个参考点，单击鼠标左键将被选对象放到剪贴板。

③ 执行对列式粘贴。在 DXP 2004 SP2 系统中，执行对列式粘贴的方法有如下几种。

➢ 直接单击实用工具栏上的按钮。

➢ 执行【编辑】→【粘贴对列】菜单命令。

➢ 执行快捷键 E→Y。

执行对列式粘贴命令后，系统将弹出如图 5-12 所示的【设置粘贴队列】对话框。

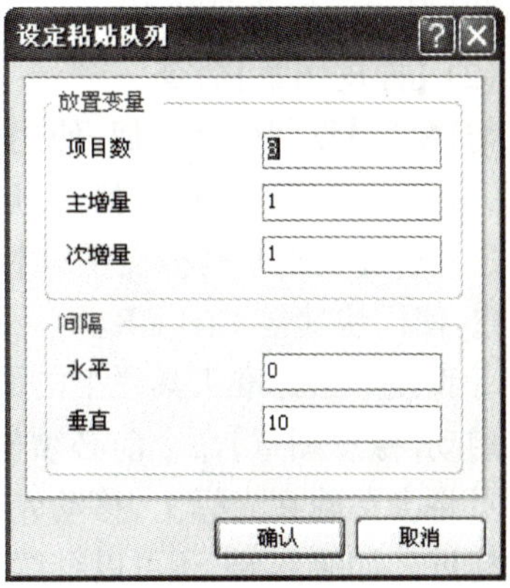

图 5-12 【设置粘贴队列】对话框

对话框中各选项的功能如下。

【项目数】：在此可输入复制次数，即要重复粘贴的元件组的复制次数。系统默认是 8，这里设置为 3。

【主增量】：当元件标识、网络标签或者文本字符串等的末尾为整型数字时，则在该文本框输入的数字将作为两个拷贝之间的数字递增量，输入的数字可以是正数（递增），也可以是负数（递减）。系统默认是 1。

【次增量】：在原理图库文件编辑环境下，当被复制的为元件引脚时，则在该文本框输入的数字将作为引脚号的递增量。系统默认是 1。

【水平】：设置参考点之间的水平间距。用来设定两个拷贝之间在水平方向的偏移量，若为正数，则向右偏移，否则向左偏移。系统默认是 1。

【垂直】：设置参考点之间的垂直间距。用来设定两个拷贝之间在垂直方向的偏移量，若为正数，则向上偏移，否则向下偏移。系统默认是 10。

④ 设置完后，单击【确认】按钮，光标变为十字形，移动光标到合适位置，单击鼠标左键完成。对图 5-11 中选定的元件组进行对列式粘贴后，结果如图 5-13 所示。

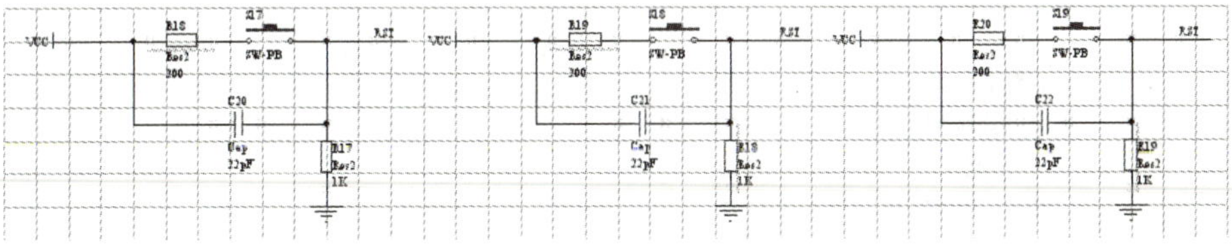

图 5-13 元件组对列式粘贴结果

4. 元件复制新方法

在 DXP 2004 SP2 系统中新增了如下两种元件复制方式。

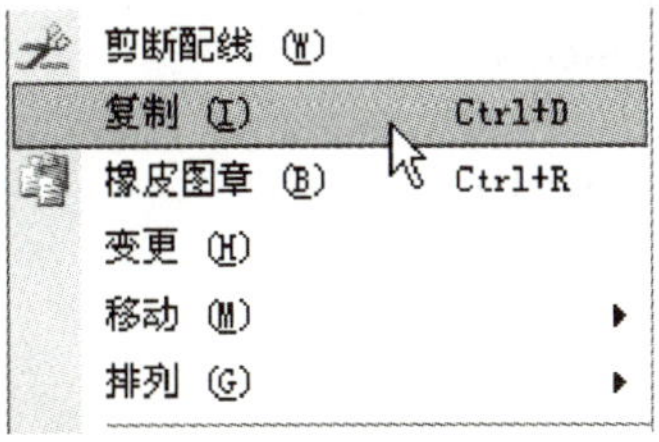

图 5-14 元件复制的另一种方式

（1）【复制】命令

使用【复制命令】复制命令（注意，在图 3-6 的【编辑】菜单中，有两个复制命令，分别为【复制(C)】和【复制(I)】，前者与其他 Windows 应用软件中的复制命令功能一样，后者为 DXP 2004 SP2 特有功能），可以不需要将被选对象剪切或者复制后再进行粘贴，而是可以直接创建拷贝。具体的方法如下。

① 执行【编辑】→【复制】菜单命令，如图 5-14 所示。

② 执行快捷键 Ctrl + D。

执行【复制】复制命令之前必须先选中想要复制的元件,然后执行命令。【复制】命令一旦启动,系统就会立即在被选取元件的右下方创建一个该元件的拷贝。当元件的拷贝创建完毕以后,系统将自动解除先前被选取的元件的选取状态,并且将刚刚创建的拷贝切换到选取状态,同时将元件放到剪贴板。

(2)【橡皮图章】命令

与【复制】复制命令类似,使用【橡皮图章】命令复制元件时,不需要将被选元件进行剪切或复制,可以直接创建元件的拷贝,启动该命令的方法有以下 3 种。

① 执行【编辑】→【橡皮图章】菜单命令。

② 使用快捷键 Ctrl + R。

③直接单击标准工具栏上的图标。

启动【橡皮图章】命令前必须先选中需要复制的元件。启动【橡皮图章】命令后,被选元件的拷贝将会粘附在光标上,移动光标到合适位置后单击鼠标左键,立即在光标位置放置一个元件的拷贝。如果需要,还可以继续在其他位置放置拷贝,或者直接按鼠标右键退出当前状态。

一旦使用【橡皮图章】复制命令,系统会自动将拷贝放到剪贴板上。与【复制】命令不同的是,使用【橡皮图章】命令所放置的拷贝处于非选中状态。

5.1.4 元件的排列与对齐

在绘制电路原理图的过程当中,当将需要的元件全部放置在图纸上以后,还需要将这些元件进行排列和对齐。只有当元件在图纸上排列整齐后,才可以连接导线,这样做可以减少原理图绘制过程后期的调整工作。DXP 2004 SP2 系统提供了一系列用于元件排列与对齐的工具,便于元件的布局。在启动排列与对齐命令之前,首先要选择需要排列与对齐的元件。元件的排列与对齐命令集中在【编辑】→【排列】菜单中,如图 5-15 所示。

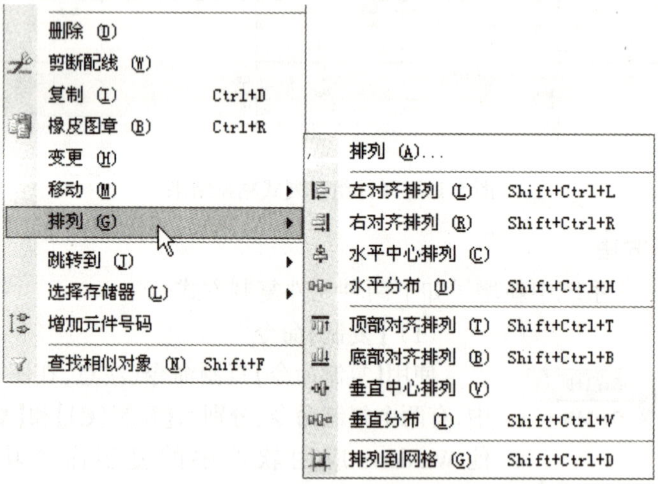

图 5-15 【编辑】→【排列】菜单

下面以图 5-16 中的 4 个元件为例介绍用于元件的排列和对齐的各个命令。

1. 元件的纵向左对齐

选中需要纵向左对齐的元件，如图 5-17 所示。

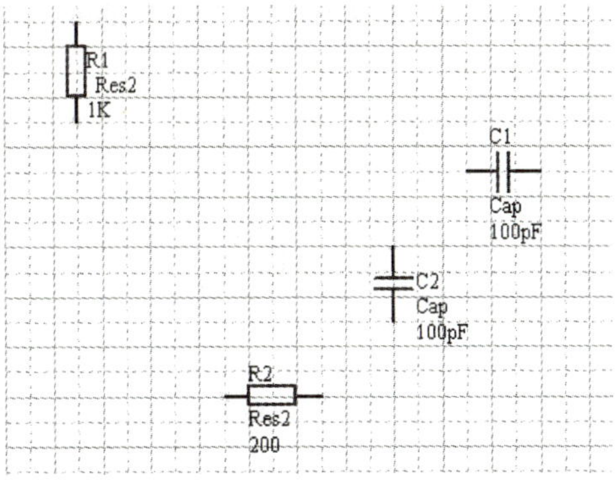

图 5-16　元件排列之前的状况

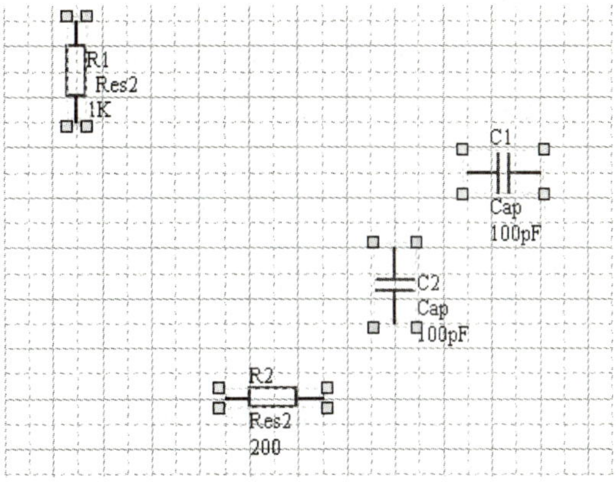

图 5-17　选中需要纵向对齐的元件

执行【编辑】→【排列】→【左对齐排列】菜单命令。执行命令之后，所选元件图形符号的最左端将位于一条纵向直线上，如图 5-18 所示。

2. 元件的纵向右对齐

选中需要进行纵向右对齐的元件之后，执行【编辑】→【排列】→【右对齐排列】菜单命令。所选元件图形符号的最右端将位于一条纵向直线上，如图 5-19 所示。

3. 元件的纵向中心对齐

选中需要进行纵向中心对齐的元件之后，执行【编辑】→【排列】→【水平中心排列】菜单命令。所选元件图形符号的中心将位于一条纵向直线上，如图 5-20 所示。

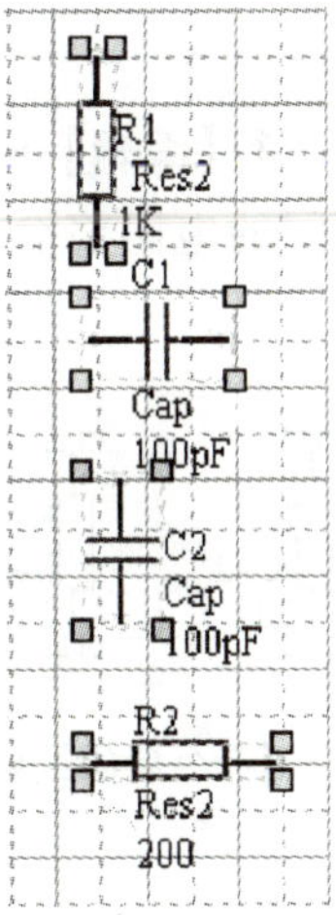

图 5-18　纵向左对齐

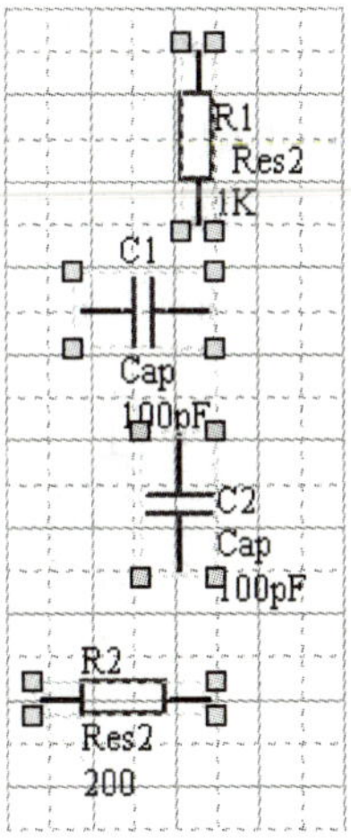

图 5-19　纵向右对齐

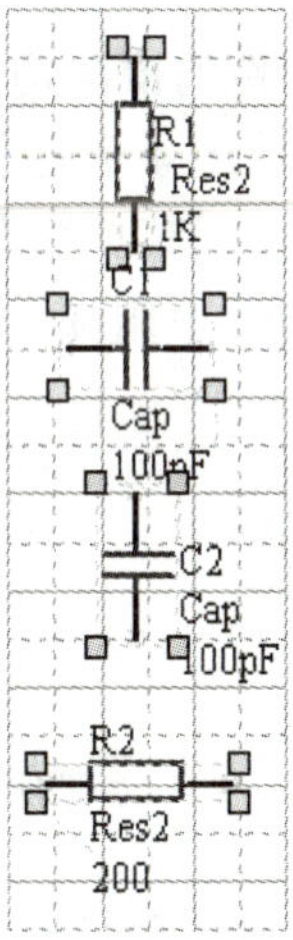

图 5-20　纵向中心对齐

4. 元件的顶端横向对齐

选中需要进行顶端横向对齐的元件之后，执行【编辑】→【排列】→【顶部对齐排列】菜单命令,以欲排列的最上面的元件为基准,将各个元件的最顶端排列在一条水平直线上。排列后如图 5-21 所示。

5. 元件的底端横向对齐

执行【编辑】→【排列】→【底部对齐排列】菜单命令,以欲排列的最下面的元件为基准,将各个元件的最底端排列在一条水平直线上。排列后如图 5-22 所示。

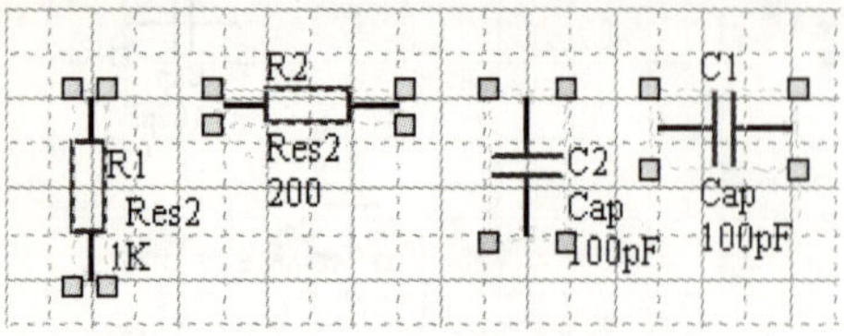

图 5-21　元件顶端横向对齐后的结果

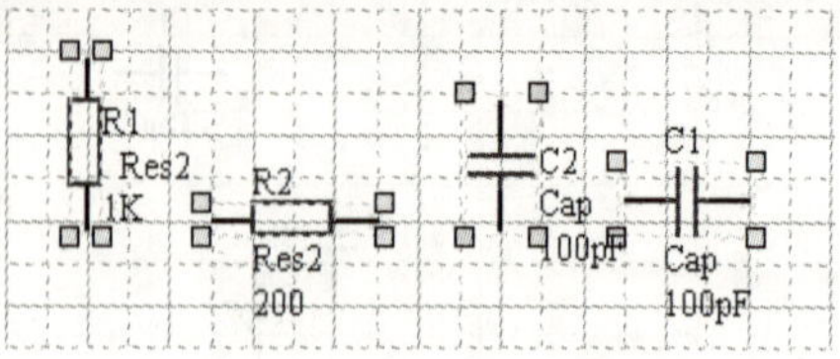

图 5-22　元件底端横向对齐后的结果

6. 元件的中心横向对齐

执行【编辑】→【排列】→【垂直中心排列】菜单命令，以欲排列的最上面和最下面元件的中间位置为基准，将各个元件的图形符号的中心排列在一条水平直线上。排列后如图 5-23 所示。

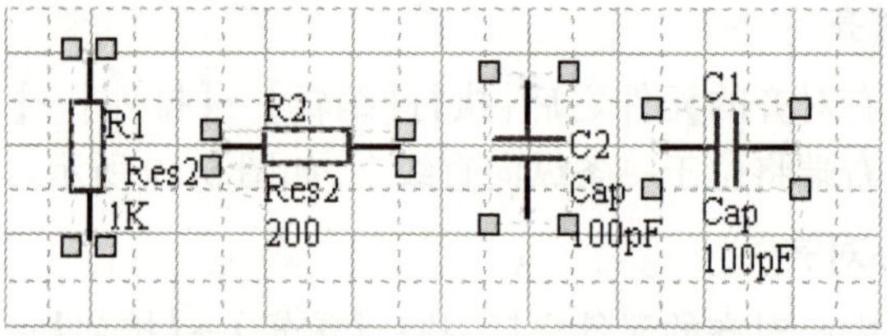

图 5-23　元件的中心横向对齐后的结果

7. 元件的横向均匀分布

首先选中 4 个处于非均匀分布状态的电阻,如图 5-24 所示。然后,执行【编辑】→【排列】→【水平分布】菜单命令,处于最左和最右两端位置的电阻位置不变,中间的电阻将会横向移动,使所有的电阻横向均匀分布,结果如图 5-25 所示。

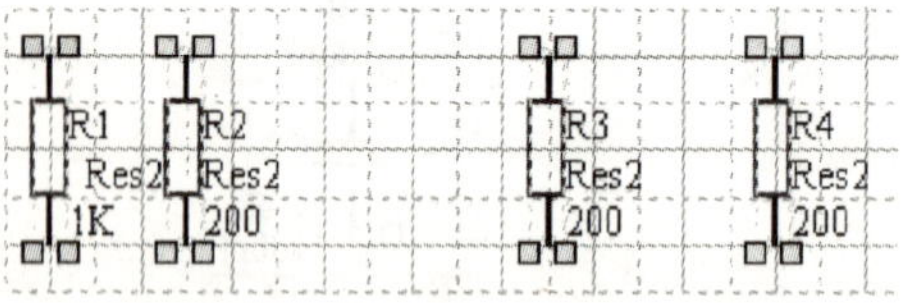

图 5-24　水平非均匀分布的电阻

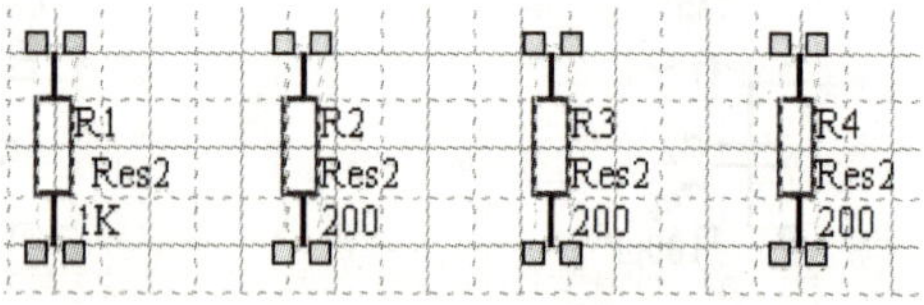

图 5-25　执行【水平分布】命令后的结果

8. 元件的纵向均匀分布

首先选中 4 个处于非均匀分布状态的电阻,如图 5-26 所示。然后执行【编辑】→【排列】→【垂直分布】菜单命令,处于最上面和最下面位置的电阻位置不变,中间的电阻将会纵向移动,使所有的电阻纵向均匀分布,结果如图 5-27 所示。

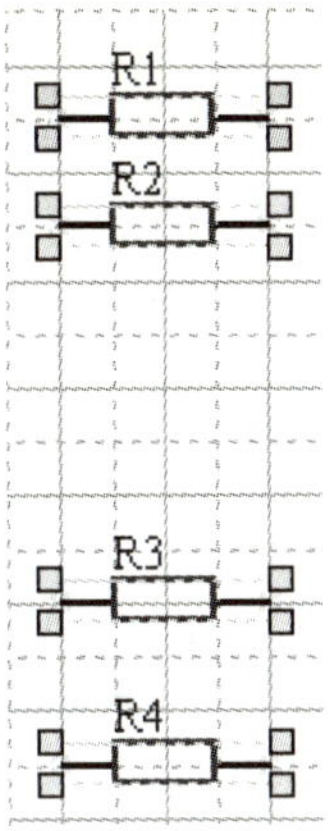

图 5-26　纵向非均匀分布的电阻

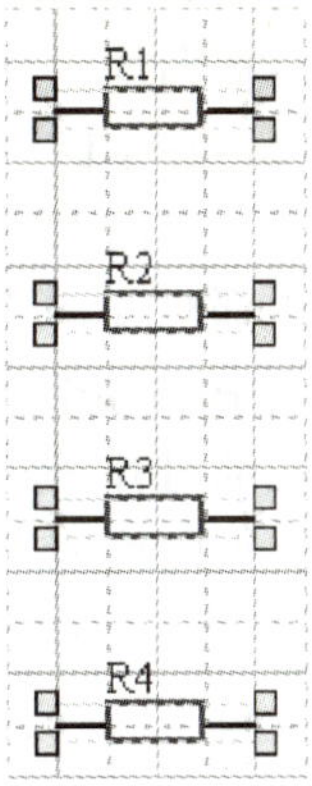

图 5-27　执行【垂直分布】后的结果

9. 同时执行水平和垂直两个方向的排列

如果希望能够同时对元件进行水平和垂直两个方向的排列控制，可以利用 DXP 2004 SP2 系统提供的【排列】复合对齐命令来完成。具体的步骤如下。

① 图 5-28 所示为待排列的元件，从中选取需要进行双向排列的元件，选取方法同上。

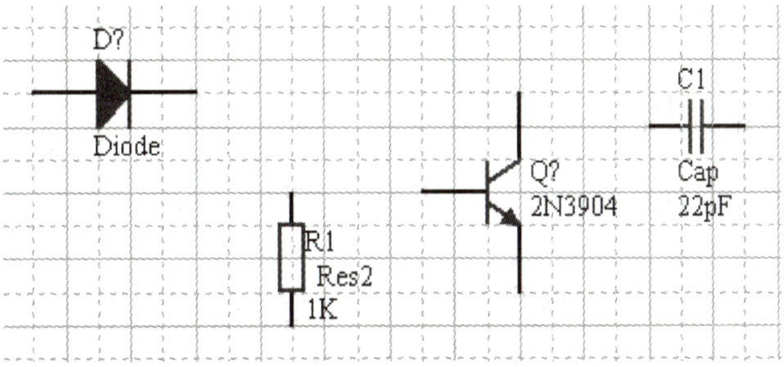

图 5-28　待排列的元件

② 执行【编辑】→【排列】→【排列】菜单命令，或者按快捷键 E→G→A。系统会弹出如图 5-29 所示的【排列对象】对话框，用于设置水平和垂直两个方向的排列方式。

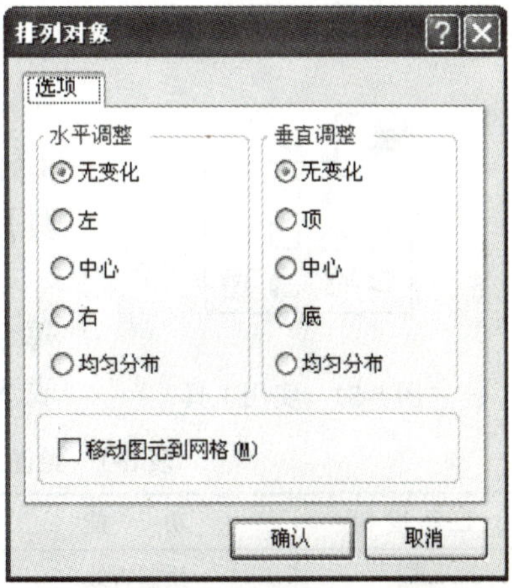

图 5-29　【排列对象】对话框

【排列对象】对话框中各个选项的含义如下。

【移动图元到网格】复选项：用于选择对齐时是否将所选元件移动到点格上，便于线路的连接。当选中该复选框时，在执行上述元件自动排列时，元件将始终位于栅格上。

【水平调整】区域：在本区域内可设置元件的水平对齐选项。

- 【无变化】：水平方向上保持原状。
- 【左】：横向左对齐，等同于【左对齐排列】命令。
- 【中心】：横向中心对齐，等同于【水平中心对齐排列】命令。

⪢【右】:横向右对齐,等同于【右对齐排列】命令。
⪢【均匀分布】:横向均匀分布。
【垂直调整】区域:在本区域内可以设置元件的垂直对齐选项。
⪢【无变化】:垂直方向上保持原状,即不进行排列。
⪢【顶】:纵向顶部对齐,等同于【顶部对齐排列】命令。
⪢【中心】:纵向中心对齐,等同于【垂直中心排列】命令。
⪢【底】:纵向底部对齐,等同于【底部对齐排列】命令。
⪢【均匀分布】:纵向均匀分布。

在图 5-29 所示的对话框中选中【水平调整】区域的【均匀分布】项和【垂直调整】区域的【中心】项,设置完成后,单击【确认】按钮确定。最后的排列结果如图 5-30 所示。

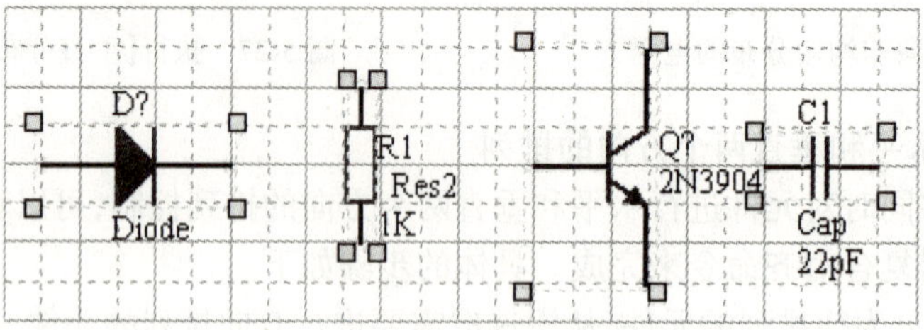

图 5-30 完成双向排列后的结果

5.2 实用工具栏的使用

DXP 2004 SP2 原理图设计环境中,除配线工具栏外,还有一个实用工具栏,用于在原理图中绘制各种标注信息,使电路原理图更清晰、数据更完整、可读性更强。该实用工具栏中的各种图元,包括画直线、画多边形、画椭圆弧、画贝塞尔曲线、放置文本字符串、放置文本框、画矩形、画圆边矩形、画椭圆、画扇型饼图、插入图片和队列式粘贴等工具,但它们均不具有电气连接特性,所以系统在进行电气规则检查及转换成网络表时,它们不会产生任何影响,也不会附加在网络表数据中。

5.2.1 实用工具栏简介

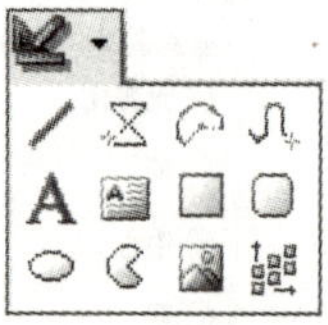

图 5-31 实用工具

单击实用工具图标,其下的各种绘图工具按钮如图 5-31 所示。这些工具按钮与执行菜单命令【放置】→【描画工具】后弹出的菜单中的各项命令具有对应的关系。

实用工具栏上每个工具按钮都有特定的绘图功能,并且每个工具按钮都有一个对应的菜单命令,具体的对应关系如表 5-1 所示。

表 5-1 绘图工具按钮、功能与菜单命令的对应关系

工具按钮	功 能	菜单命令	快捷键
	绘制直线	【放置】→【描画工具】→【直线】	P→D→L
	绘制多边形	【放置】→【描画工具】→【多边形】	P→D→Y

续表

工具按钮	功　能	菜单命令	快捷键
	绘制椭圆弧	【放置】→【描画工具】→【椭圆弧】	P→D→I
	绘制贝塞尔曲线	【放置】→【描画工具】→【贝塞尔曲线】	P→D→B
	添加文字标注	【放置】→【文本字符串】	P→T
	添加文本框	【放置】→【文本框】	P→F
	绘制矩形	【放置】→【描画工具】→【矩形】	P→D→R
	绘制圆边矩形	【放置】→【描画工具】→【圆边矩形】	P→D→O
	绘制椭圆	【放置】→【描画工具】→【椭圆】	P→D→E
	绘制饼图	【放置】→【描画工具】→【饼图】	P→D→C
	粘贴图片	【放置】→【描画工具】→【图形】	P→D→G
	队列式粘贴	【编辑】→【粘贴队列】	E→Y

下面详细介绍几种主要的绘图工具的使用方法。

5.2.2　绘制直线

这里所说的绘制直线是属于非电气属性的一般直线，和第 4 章中具有电气属性的导线是不同的。绘制直线及由直线所组成的表格、箭头等图形都是用来对原理图进行补充说明的，由于直线本身没有电气含义，因此它不会对电路的电气连接造成影响。

绘制直线的具体步骤如下。

① 执行绘制直线命令。执行方式有如下 3 种。

- 执行【放置】→【描画工具】→【直线】菜单命令。
- 直接单击实用工具中的绘制直线按钮。
- 执行快捷键 P→D→L。

② 启动画直线命令后，光标变为十字形，系统进入绘制直线状态。按 Tab 键，此时系统将会弹出如图 5-32 所示的【折线】对话框，可以在该对话框中修改直线的属性。

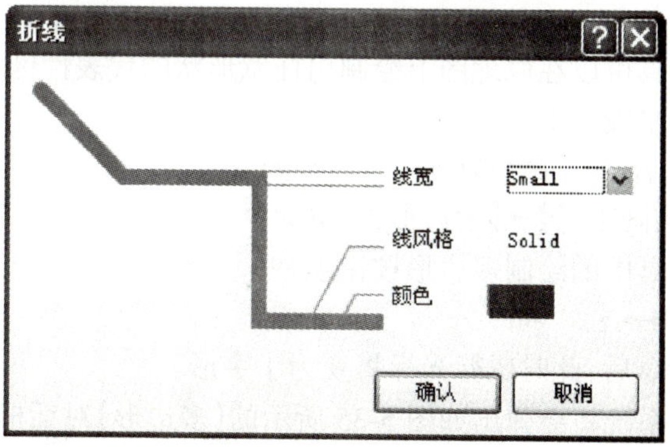

图 5-32　【折线】对话框

对话框中的各选项含义如下。

【线宽】:设置折线宽度,有 4 个选项:“Smallest”、“Small”、“Medium”、“Large”,系统默认为“Small”。

【线风格】:设置线型,可单击右边的蓝字,然后从下拉列表中选择“Solid”(实线)、“Dashed”(虚线)及“Dotted”(点线)三种类型之一。系统默认是“Solid”。

【颜色】:设置直线的颜色属性。单击右边的颜色框,系统将会弹出【颜色】设置对话框,可以选择将绘制的直线的颜色。

③ 设置完毕,单击【确认】按钮回到绘制直线状态。

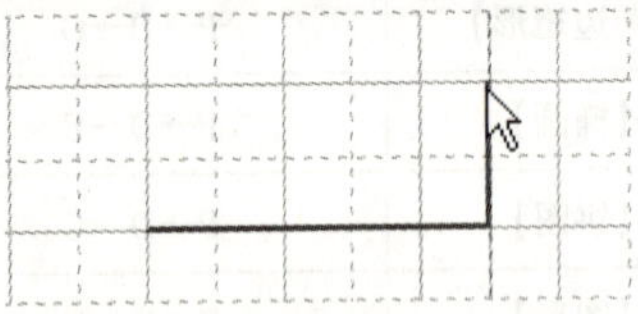

图 5-33　确定直线起点后的绘制状态

④ 将光标移动到适当位置,单击鼠标左键或者按 Enter 键确定直线的起点,再移动鼠标光标,会发现一条线段随着光标移动,如图 5-33 所示。

另外,DXP 2004 SP2 系统在绘制直线时提供了水平垂直方式、45°倾斜方式和随意倾斜方式三种方式,如图 5-34 所示。用户在绘制直线过程中可以通过按 Shift + 空格键在三种方式之间切换。

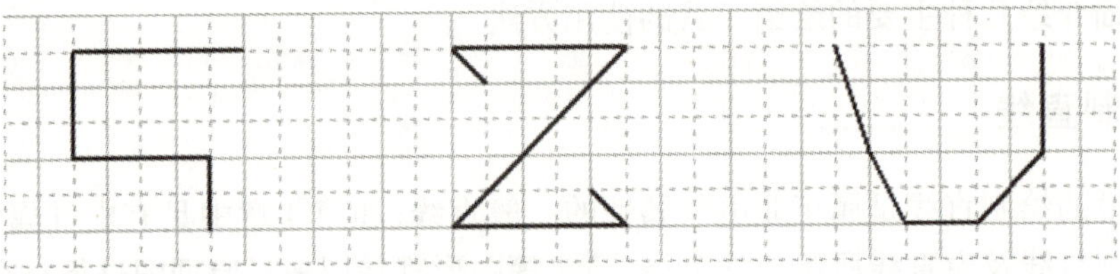

(a) 水平垂直方式　　(b) 45°倾斜方式　　(c) 随意倾斜方式

图 5-34　直线的三种绘制方式

⑤ 当光标到达合适位置后,单击鼠标左键或按 Enter 键确定直线的终点。如果需要,可以连续在合适位置单击鼠标左键,以便形成一定的几何形状,或直接单击鼠标右键结束该连续折线的绘制。此时,系统并未退出绘制直线状态,鼠标光标仍然为十字形,若继续绘制直线,则重复执行上述步骤,若结束绘制,则再次单击鼠标右键即可。

5.2.3　绘制多边形

使用绘制多边形工具可以在原理图上绘制出任意形状的代表性区块。

绘制多边形的具体步骤如下。

① 执行绘制多边形命令。有 3 种执行该命令的方式。

- 执行【放置】→【描画工具】→【多边形】菜单命令。
- 直接单击实用工具中的绘制多边形按钮。
- 执行快捷键 P→D→Y。

启动绘制多边形命令后,此时鼠标光标将变为十字形。

② 按 Tab 键,此时系统将会弹出如图 5-35 所示的【多边形】对话框,可以在对话框内修改多边形的属性。

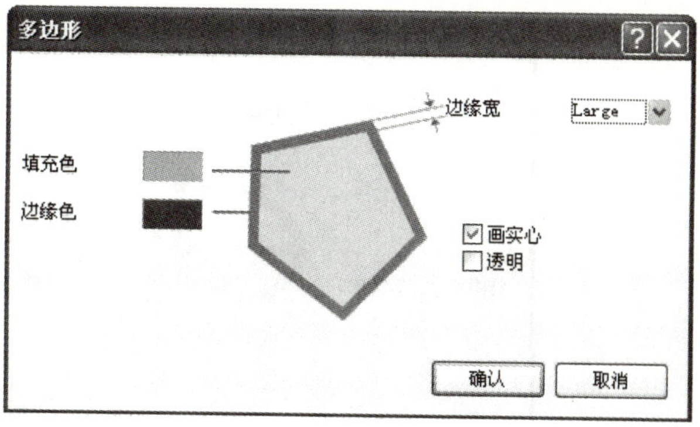

图 5-35　【多边形】对话框

对话框中各个选项的含义如下。

【边缘宽】:设置边框线的宽度。有 4 个选项:“Smallest”、“Small”、“Medium”、“Large”,系统默认为“Large”。

【边缘色】:设置边框线的颜色属性。

【填充色】:用来设置多边形的填充色。单击右边的颜色框,系统将会弹出【颜色】设置对话框,可以选择将绘制的多边形的填充色。

【画实心】:选择是否填充。如果选择本项,则多边形将会用【填充色】项所指定的颜色填充。

【透明】:用来设置所绘制的多边形是否透明,若选中该复选框,则多边形下的栅格可以显示出来。

多边形的所有属性设置完毕后,单击【确认】按钮返回到绘制多边形状态。

③ 移动鼠标光标到合适位置后,单击鼠标左键或者按 Enter 键确定多边形的第一个顶点;然后移动光标到另外一个位置,单击鼠标左键或者按 Enter 键确定多边形的下一个顶点,……,确定最后一个顶点后单击鼠标右键或者按 Esc 键,所绘制的多边形会自动闭合。如果需要,接下来可以继续绘制下一个多边形,或直接单击鼠标右键退出画多边形状态。图 5-36 是一个多边形的实例。

图 5-36　绘制多边形

5.2.4　绘制椭圆弧或圆弧

使用绘制椭圆弧工具可以完成椭圆弧或圆弧的绘制,因为圆弧实际上是椭圆弧的一种特殊形式。

绘制椭圆弧或圆弧的具体步骤如下。

① 执行绘制椭圆弧命令,有如下 3 种方式。

- 执行【放置】→【描画工具】→【椭圆弧】菜单命令。
- 直接单击实用工具中的绘制椭圆弧按钮。
- 执行快捷键 P→D→I。

启动绘制椭圆弧命令后,鼠标光标将变为十字形并粘附一个椭圆弧,如图 5-37 所示。

② 按下 Tab 键,此时系统将会弹出如图 5-38 所示的【椭圆弧】对话框,可以在对话框内修改椭圆弧的属性。

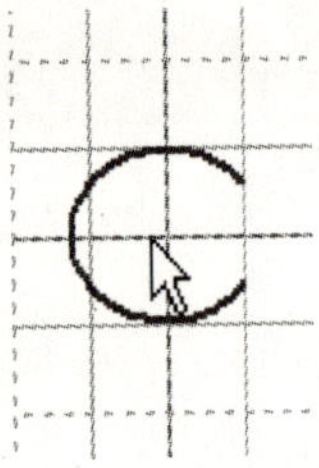

图 5-37 绘制椭圆弧状态

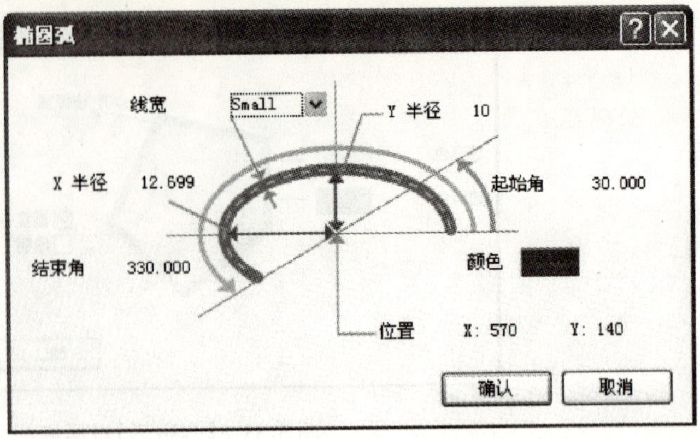

图 5-38 【椭圆弧】对话框

对话框中各个选项的含义如下。

【位置 X、Y】:设置椭圆弧中心在原理图上的 X 轴和 Y 轴坐标。

【X 半径】:设置横轴(X 轴)半径。

【Y 半径】:设置纵轴(Y 轴)半径。

【起始角】:设置椭圆弧的起始角度。

【结束角】:设置椭圆弧的终止角度。

【颜色】:设置椭圆弧的颜色属性。单击右边的色块,可以选择设置。

【线宽】:设置椭圆弧的线宽。有 4 个选项:"Smallest"、"Small"、"Medium"、"Large",系统默认为"Small"。

③ 设置完椭圆弧的所有属性后,单击【确认】按钮返回绘制椭圆弧状态。

④ 移动绘制椭圆弧的鼠标到适当位置,单击鼠标左键确定椭圆弧的圆点位置;此时连续单击鼠标左键 5 次(注意不要移动鼠标)或者连续按 Enter 键 5 次,系统将会自动按照设计人员在【椭圆弧】对话框中所设置的椭圆弧的属性确定各个关键点,绘制出符合要求的椭圆弧。如图 5-39 所示,分别绘制出了符合要求的椭圆弧和圆弧。如果需要,接下来可以继续绘制下一个椭圆弧,或直接单击鼠标右键退出画椭圆弧状态。

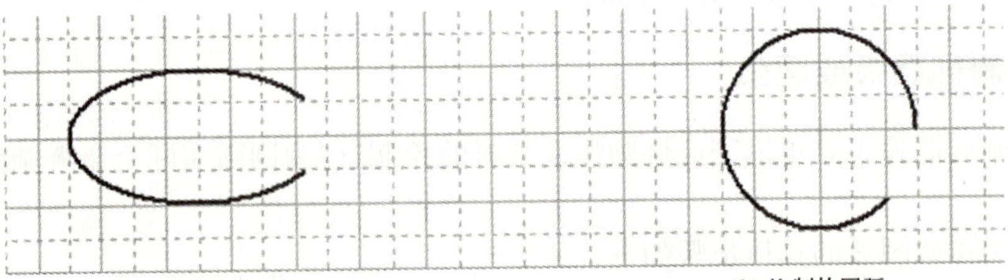

(a) 绘制的椭圆弧 (b) 绘制的圆弧

图 5-39 利用【椭圆弧】对话框绘制椭圆弧

如果不事先在【椭圆弧】对话框中设置椭圆弧的各个关键点,也可以直接在原理图上手工确定各个关键点。具体方法为:执行绘制椭圆弧命令后,光标变为十字形;移动光标到合适的位置,单击鼠标确定椭圆弧的中心(步骤 1);拖动鼠标沿 X 轴方向移动,第 2 次单击鼠标确定椭圆弧的横轴半径(步骤 2):之后沿 Y 轴拖动鼠标,第 3 次单击鼠标确定椭圆弧的纵轴半径

(步骤 3);这时,光标会自动移到椭圆弧的起始角处,移动光标可以改变椭圆弧的起始角度,第 4 次单击鼠标确定椭圆弧的起始角度(步骤 4);光标自动移到椭圆弧的终止角处,第 5 次单击鼠标确定椭圆弧的终止角度(步骤 5),完成了手动椭圆弧的绘制,如图 5-40 所示。

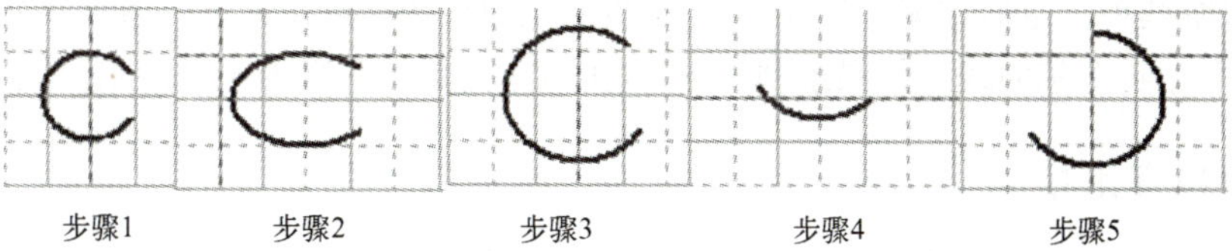

图 5-40　椭圆弧的手工绘制

5.2.5　绘制贝塞尔曲线

贝塞尔曲线是常用的一种曲线模型,它是由三条直线确定的曲线,利用 DXP 2004 SP2 提供的贝塞尔曲线可以拟合正弦波、锯齿波、抛物线等曲线。

绘制贝塞尔曲线的具体步骤如下。

① 执行绘制贝塞尔曲线命令,有如下 3 种执行方式。

➴ 执行【放置】→【描画工具】→【贝塞尔曲线】菜单命令。

➴ 直接单击实用工具中的绘制直线按钮。

➴ 执行快捷键 P→D→B。

启动绘制贝塞尔曲线命令,此时鼠标光标将变为十字形。

② 按 Tab 键,此时系统将会弹出如图 5-41 所示的【贝塞尔曲线】对话框,可以修改贝塞尔曲线的属性。

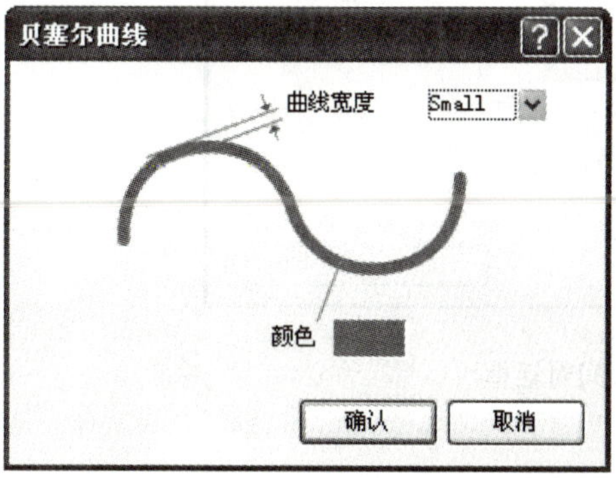

图 5-41　【贝塞尔曲线】对话框

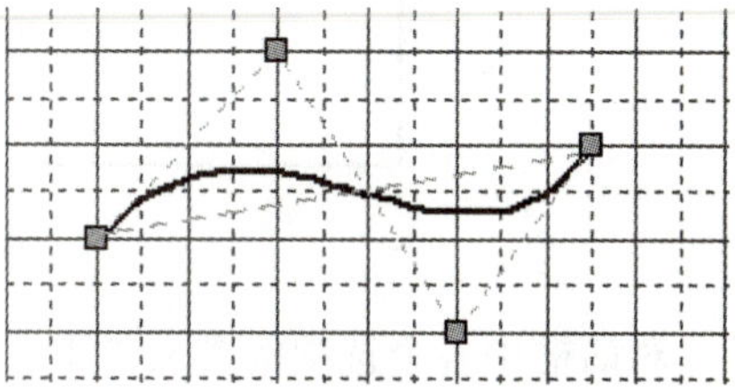

图 5-42　绘制的贝塞尔曲线

对话框中各个选项的含义如下。

【颜色】:设置贝塞尔曲线的颜色属性。单击右边的色块,可以选择设置。

【曲线宽度】:选择贝塞尔曲线的线宽。有 4 个选项:"Smallest"、"Small"、"Medium"、"Large",系统默认为"Small"。

② 设置完贝塞尔曲线的所有属性后,单击【确认】按钮返回到绘制贝塞尔曲线状态。依次在 4 个不同的位置单击鼠标左键,便可以绘制一条贝塞尔曲线。如图 5-42 所示,在这 4 个点

之间会有 3 条虚线,可以看见所绘制的贝塞尔曲线随着 3 条虚线的转折光滑过渡。利用这一特点,可以绘制出各种弯曲程度的曲线(如果认为已绘制的曲线还需要调整,则可以用鼠标光标直接拖动直线的顶点)。

③ 如果继续单击鼠标左键,将会以上一条贝塞尔曲线的终点作为下一条贝塞尔曲线的起点开始绘制下一条贝塞尔曲线。如果绘制完毕,则可以单击鼠标右键退出贝塞尔曲线绘制状态。

5.2.6 绘制直角矩形

DXP 2004 SP2 系统提供了两种绘制矩形的工具:绘制直角矩形工具和绘制圆边矩形工具。利用圆边矩形工具也可以绘制直角矩形,这里只介绍使用直角矩形工具来绘制直角矩形。

绘制直角矩形的具体步骤如下。

① 执行绘制直角矩形命令,共有如下 3 种执行方式。

➢ 执行【放置】→【描画工具】→【直角矩形】菜单命令。

➢ 直接单击实用工具中的绘制直角矩形按钮。

➢ 执行快捷键 P→D→R。

启动绘制直角矩形命令,此时鼠标光标变为十字形。

② 按 Tab 键,此时系统将会弹出如图 5-43 所示的【矩形】对话框,可以修改直角矩形的属性。

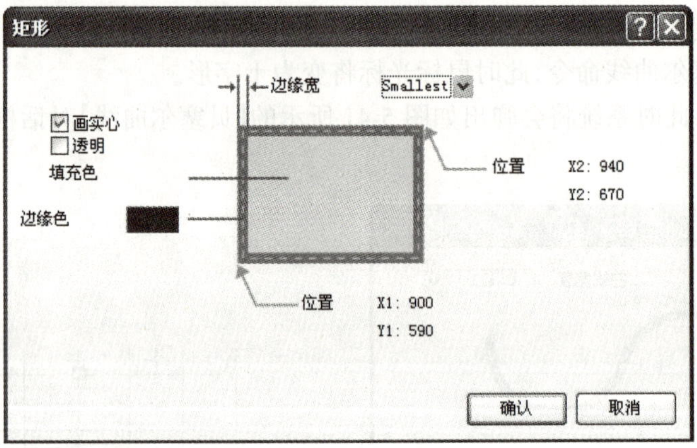

图 5-43 【矩形】对话框

对话框中各个选项的含义如下。

【边缘宽】:设置矩形边框线的宽度。有 4 个选项:"Smallest"、"Small"、"Medium"、"Large",系统默认为"Smallest"。

【边缘色】:设置边框线的颜色属性。

【画实心】:用来设置矩形内部是否填充。若选中该复选框,则为一个实心直角矩形。

【透明】:用来设置所绘制的矩形是否透明,若选中该复选框,则矩形下的栅格可以显示出来。

【填充色】:设置矩形内部的填充色。

【位置 X1】和【位置 Y1】:设置矩形的第一个顶点的位置。

【位置 X2】和【位置 Y2】:设置与矩形的第一个顶点对角的另一个顶点的位置。

③ 设置完直角矩形的所有属性后,单击【确认】按钮返回到绘制直角矩形状态。

④ 移动鼠标光标到合适位置,单击鼠标左键确定矩形的第一顶点;向左上角或右下角移动并单击鼠标左键,确定与第一个顶点相对角的另一个顶点并完成当前矩形的绘制。如果需要,可继续绘制下一个矩形。如果已经完成矩形绘制,可直接单击鼠标右键退出绘制矩形状态。

5.2.7　绘制圆边矩形

圆边矩形与直角矩形二者的区别在于矩形的四个拐角是否由椭圆弧线所构成,除此之外,它们的绘制方式与属性设置非常类似。绘制圆边矩形的具体步骤如下。

① 执行绘制圆边矩形命令。共有如下 3 种执行方式。

➭ 执行【放置】→【描画工具】→【圆边矩形】菜单命令。

➭ 直接单击实用工具中的绘制直角矩形按钮▢。

➭ 执行快捷键 P→D→O。

② 按 Tab 键,此时系统将会弹出如图 5-44 所示的【圆边矩形】对话框,可以修改圆边矩形的属性。

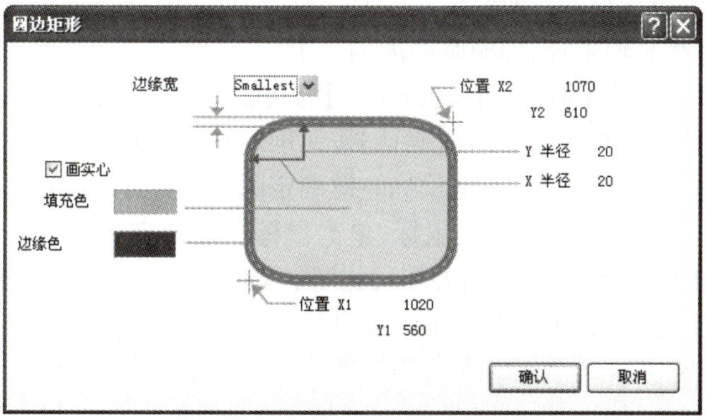

图 5-44　【圆边矩形】对话框

在圆边矩形属性中,【X 半径】和【Y 半径】选项用来设置圆边弧的半径,其余选项同直角矩形。

5.2.8　绘制椭圆

使用画椭圆工具可以绘制椭圆,也可以绘制圆。

绘制椭圆或圆的具体步骤如下。

① 执行绘制椭圆命令。共有如下 3 种执行方式。

➭ 执行【放置】→【描画工具】→【椭圆】菜单命令。

➭ 直接单击实用工具中的绘制椭圆按钮▢。

➭ 执行快捷键 P→D→E。

启动绘制椭圆命令,此时鼠标光标变为十字形。并粘附一个椭圆模型,如图 5-45 所示。

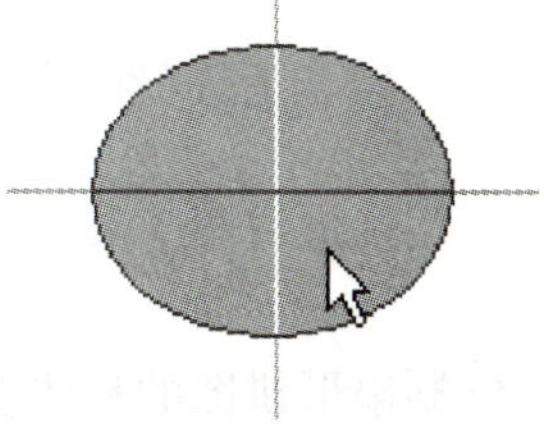

图 5-45　绘制椭圆状态

② 按 Tab 键,此时系统将会弹出如图 5-46 所示的【椭圆】对话框,可以修改椭圆的属性。

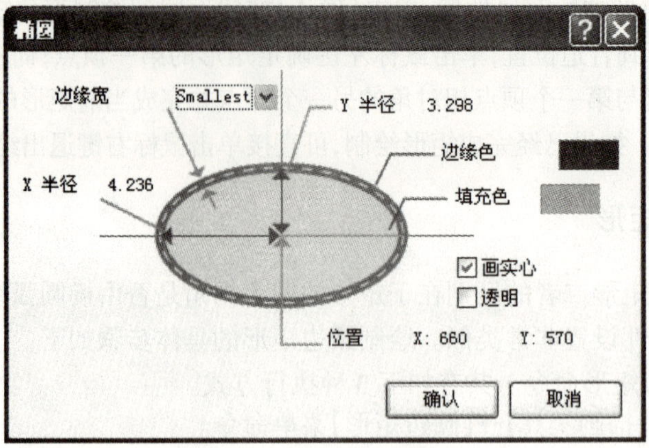

图 5-46 【椭圆】对话框

对话框中各个选项的含义如下。

- 【位置 X】及【位置 Y】:设置椭圆圆心位置。
- 【X 半径】:设置 X 轴半径,即椭圆宽度的一半。
- 【Y 半径】:设置 Y 轴半径,即椭圆高度的一半。
- 【边缘宽】、【边缘色】、【填充色】及【画实心】的功能与矩形及圆边矩形的相同。

③ 设置完椭圆所有属性以后,单击【确认】按钮确定并返回到画椭圆状态。

④ 移动鼠标光标到合适位置,单击鼠标左键确定圆心位置;向左或向右移动光标,单击鼠标左键确定 X 轴半径;向上或向下移动鼠标,单击鼠标左键确定 Y 轴半径并完成当前椭圆的绘制(若 X 轴半径和 Y 轴半径相等,则为圆),如图 5-47 和图 5-48 所示,分别绘制出了符合要求椭圆和圆。如果需要,可继续画下一个。如果绘制完毕,可直接单击鼠标右键退出画椭圆状态。

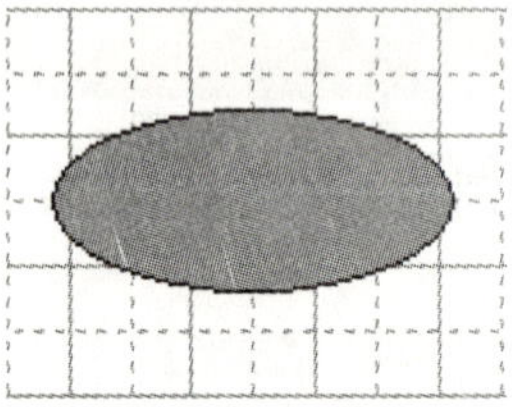

图 5-47　绘制的椭圆

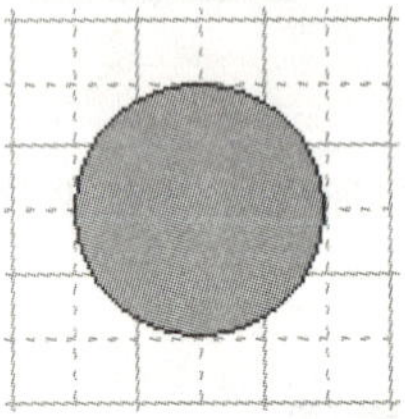

图 5-48　绘制的圆

5.2.9　绘制扇形饼图

使用扇形饼图工具可以绘制出任意角度的扇形饼图,并且可以将绘制的饼图设置为填充或镂空。

绘制扇形饼图的具体步骤如下。

① 执行绘制饼图命令。共有如下 3 种执行方式。

- 执行【放置】→【描画工具】→【饼图】菜单命令。

➢ 直接单击实用工具中的绘制饼图按钮。

➢ 执行快捷键 P→D→C。

启动绘制扇形饼图命令后，光标变成十字形并粘附一个饼图模型，如图 5-49 所示。

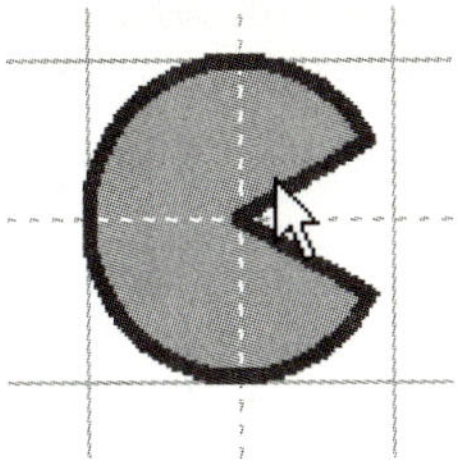

图 5-49　绘制饼图状态

② 按下 Tab 键，此时系统将会弹出如图 5-50 所示的【饼图】对话框，可以在对话框内修改扇形饼图的属性。

在【饼图】对话框中，【边缘宽】、【边缘色】、【填充色】及【画实心】的功能同直角矩形及圆边矩形；【起始角】、【结束角】、【位置 X】及【位置 Y】的功能同椭圆弧；【半径】用来设置扇形饼图的半径。

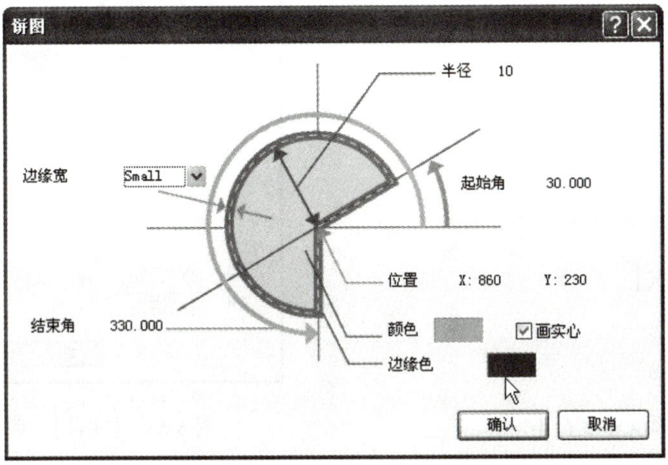

图 5-50　扇形【饼图】属性对话框

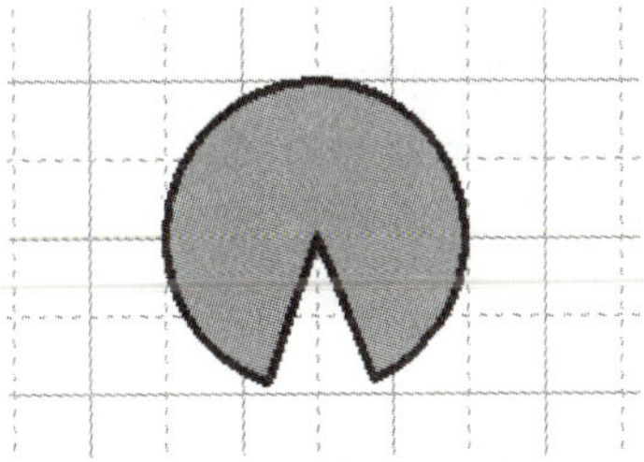

图 5-51　绘制的扇形饼图

③ 设置完扇形饼图的所有属性后，单击【确认】按钮确定并返回到绘制饼图状态。

④ 移动鼠标光标到图纸上的合适位置，单击鼠标左键确定饼图的圆心；移动光标调整饼图半径，单击鼠标左键确认，光标自动移到饼图的缺口位置；移动光标调整饼图的起始点，单击鼠标左键确认，光标自动移动到饼图缺口的另一边；移动光标调整饼图的终点，单击鼠标左键确认并完成当前饼图的绘制，如图 5-51 所示。如果需要，可继续绘制下一个饼图，或直接单击鼠标右键退出画扇形饼图状态。

5.2.10　放置文本字符串

在进行原理图设计时，有时仅仅使用图形符号难以完全表达设计意图，这时就需要对要说明的项目进行文字注释，这样做同时也可以方便相关人员读图和交流。下面以在图中添加说明设计单位的文本字符串为例，具体说明放置文本字符串的方法。

放置文本字符串的具体步骤如下。

① 执行放置文本字符串命令。共有如下 3 种执行方式。

➢ 执行【放置】→【文本字符串】菜单命令。

↳ 直接单击实用工具中的放置文本字符串按钮A。

↳ 执行快捷键 P→T。

启动放置文本字符串命令。此时光标变成十字形并粘附一个文本字符串，如图 5-52 所示。

② 按 Tab 键即可打开【注释】对话框，如图 5-53 所示。

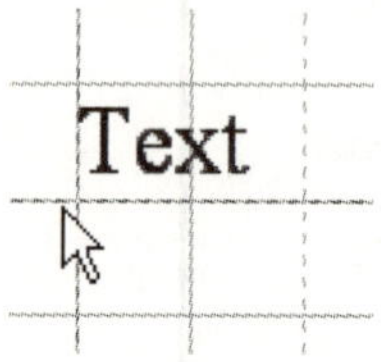

图 5-52 放置文本字符串

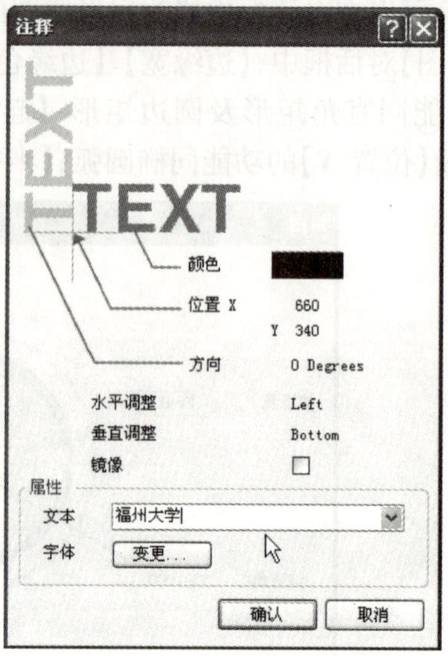

图 5-53 【注释】对话框

对话框中各个选项的含义如下。

【颜色】：设置文字字符串的颜色。

【位置 X】和【位置 Y】：设置文本字符串在原理图上的 X 轴和 Y 轴坐标。

【方向】：设定文本字符串在原理图上的放置方向，有 4 个选项："0 Degrees"、"90 Degrees"、"180 Degrees"、"270 Degrees"。

【文本】：设置文本字符串的内容。

【字体】：设置文字的字体。单击【变更】按钮，可以改变字体设置。

③ 设置完注释的所有属性后，单击【确认】按钮返回文本字符串放置状态。

④ 此时鼠标光标上带着新修改的文本字符串内容的虚影出现在工作区，当光标移动到合适位置后，单击鼠标左键即可在当前位置上放置文本字符串。

5.2.11 放置文本框

对于需要添加内容较多的说明文字时，常常需要添加文本框。文本框与文本字符串的区别是：文本字符串为简单的单行文本，文本框可以包含多行文本，理论上无字符数限制。使用文本框可以在图纸上放置有关说明。

放置文本框的具体步骤如下。

① 执行放置文本框命令。共有如下 3 种执行方式。

↳ 执行【放置】→【文本框】菜单命令。

↘ 直接单击实用工具中的放置文本框按钮。

↘ 执行快捷键 P→F。

启动放置文本命令后，光标变为十字形。

② 按 Tab 键即可打开【文本框】对话框，如图 5-54 所示。

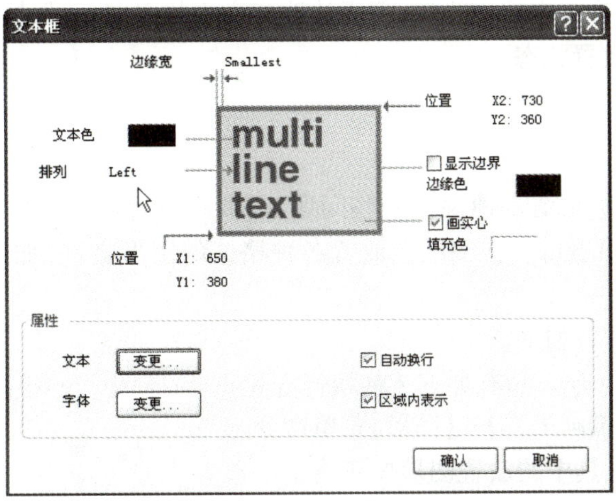

图 5-54　【文本框】对话框

对话框中各个选项的含义如下。

【显示边界】:设置是否显示边框线，如选中该项，文本框将显示边框。

【边缘宽】:设置边框线的宽度，只有选择【显示边界】时，该项才有意义。默认值为“Smallest”。

【边缘色】:设置边框线的颜色属性，只有选择【显示边界】时，该项才有意义。

【画实心】:设置选择是否要填充色。

【填充色】:设置填充色。只有选择【画实心】时，该项才有意义。

【位置 X1】、【位置 Y1】和【位置 X2】、【位置 Y2】:设置文本框的两个相对顶点的位置，实际上也就确定了文本框的尺寸。

【排列】:设置文本框的对齐方式，文本框包含“Left”(左对齐),“Right”(右对齐)和“Center”(居中)三种对齐方式。

【自动换行】:用来选择是否允许自动换行。选中该项后，当文字超出文本框边界时，文字自动换行显示。

【区域内表示】:用来选择是否自动裁剪多余的文本。有时输入的文本过长，无法在有效的文本框范围内容纳，若勾选该系统会自动隐含有效范围以外的多余文本。否则，多余的文本会在文本框有效范围以外全部显示出来。

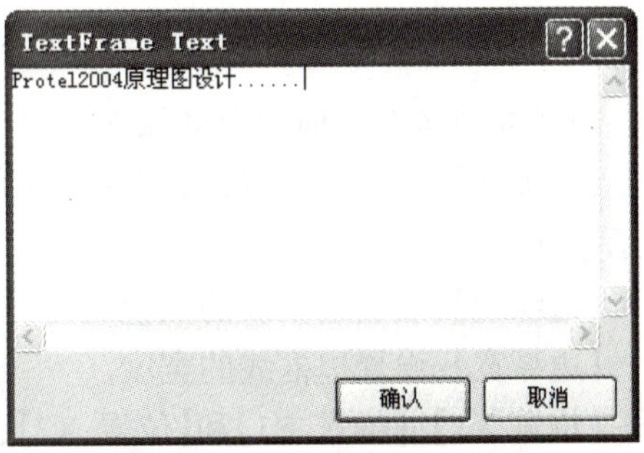

图 5-55　【Text Frame Text】窗口

【文本】:单击【文本】右边的【变更】按钮，则弹出如图 5-55 所示【TextFrame Text】对话框。在该对话框内可改变文本内容。

【字体】:单击【字体】右边的【变更】按钮可改变

文本的字体、字号、字形及颜色。

③ 文本框全部属性设置完毕以后，单击【确认】按钮确定，返回文本框放置状态。

④ 移动鼠标光标到合适位置，单击鼠标左键确定文本框的一个顶点，移动光标到另一位置，单击鼠标左键确定文本框大小，并完成当前文本框的放置。如果需要可继续放置下一个文本框（可以按空格键改变文本框的方向，但无法改变文本的方向）。如果文本框放置完毕，单击鼠标右键退出文本框放置状态。

5.2.12 插入图片

某些时候，为了能够更清楚地说明一些问题，需要在原理图上添加一些图片。使用 DXP 2004 SP2 的原理图编辑器可以在图纸上放置各种格式的图形文件，如设计者制作的徽章、公司的广告等。

插入图片的具体步骤如下。

① 执行插入图片命令。共有如下 3 种执行方式。

➘ 执行【放置】→【描画工具】→【图形】菜单命令。

➘ 直接单击实用工具中的放置图形按钮。

➘ 执行快捷键 P→D→G。

启动插入图片命令，鼠标光标变为十字形。

② 按 Tab 键即可打开【图形】对话框，如图 5-56 所示。

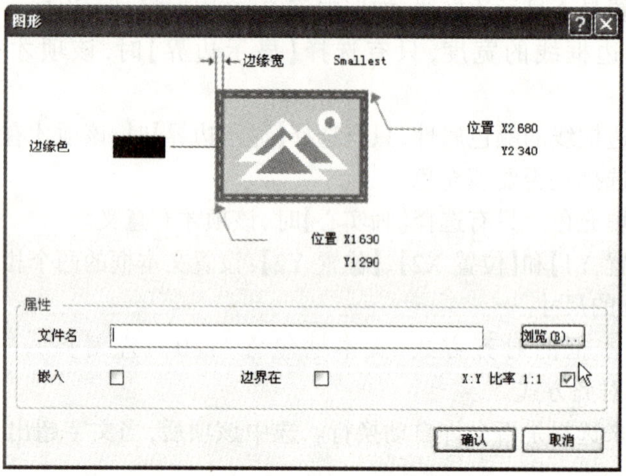

图 5-56 【图形】对话框

对话框中各个选项的含义如下。

【边界在】复选框：设置是否在插入的图片周围显示边框线。如果选中该项，则图片周围将显示边框线。

【边缘色】：设置边框线的颜色属性。

【边缘宽】：设置边框线的宽度。

【位置 X1】、【位置 Y1】和【位置 X2】、【位置 Y2】：设置图片相对的两个顶点位置。

【X:Y 比率 1:1】复选框：设置是否保持所插入图片的纵横比。如果选中该项，无论是纵向或是横向宽展图片(单击图片选中,拖动任意一个绿色可控手柄),图片将自动按 1:1 的格式变化。否则,按任一方向展宽图片时,图片将不再保持 1:1 比例。

【嵌入】:设置是否采用嵌入方式。如果选中该项,图片将被嵌入到原理图文档,与原理图文档形成一体,可方便文档的拷入或拷出。如果未选中该项,则图片将以链接的形式在原理图文档中出现,要拷入或拷出原理图文档时,必须同时将图片文件一同拷入或拷出,否则图片将丢失。

【文件名】:可用来改变图像文件,单击【浏览】按钮重新选择图像文件。

③ 移动光标到合适位置,单击鼠标左键确定图片的一个顶点;移动光标到另一位置,单击鼠标左键确定图片区域,并显示【打开】对话框。DXP 2004 SP2 系统支持"*.bmp","*.dib","*.rle","*.jpg","*.tif","*.wmf","*.pcx","*.dcx","*.tga"等格式的图像文件。通过浏览找到所需要的图像文件并打开后完成图片插入,结果如图 5-57 所示。

图 5-57 放置好的图片

5.3 层次原理图的设计

前面介绍了一般电路原理图的基本设计方法,将整个系统的电路绘制在一张原理图纸上。这种方法适用于规模小,系统复杂度相对简单的电路设计。而对于设计大规模电路系统来说,一般不可能一次完成,也不可能将它绘制在一张图纸上,更不可能由一个设计人员单独完成。于是,人们采用了与软件工程中的模块化相类似的思想,将整个原理图划分为多个功能模块,由各个工作组的设计人员来分别设计各个功能模块。这样,由于网络的广泛使用,整个项目设计可以多层并行设计,使得项目设计进程大大加快。

5.3.1 层次原理图的设计方法

将一个大的、复杂的问题划分为若干个容易解决的子问题,然后"分而治之"逐个加以解决,这种结构化的设计方法是工程实践中经常使用的手段。层次原理图的设计方法正是这种思想的体现,是一种模块化的设计思想。用户首先对整个电路进行功能划分,然后设计一个系统总图,总图主要由功能模块图组成,以展示各功能单元之间的系统关系,最后分别绘制各个功能电路图。

对应于电路原理图的模块化设计,DXP 2004 SP2 中提供了层次原理图的设计方法,这种方法可以将一个庞大的电路系统作为一个整体项目来设计,而根据系统功能所划分出的若干个电路模块,则分别作为设计文件添加到该项目中,这样就把一个复杂的大型电路原理图设计变成了多个简单的小型电路设计,层次清晰,而且设计方便。

在层次原理图设计中存在的关键问题是如何做到层次间信号的正确传递。在 DXP 2004 SP2 系统中,层次间信号的正确传递主要依靠放置图纸符号、子图入口和图纸入口来实现。

图纸符号、子图入口和图纸入口之间有密切的关系,如图 5-58 所给出的绘制层次原理图实例所示。

在图 5-58 中,层次原理图实例是由图纸符号、图纸入口及连线组成。一个图纸符号代表了一张子原理图,图纸入口代表子原理图中与其他子原理图相连接的接口。

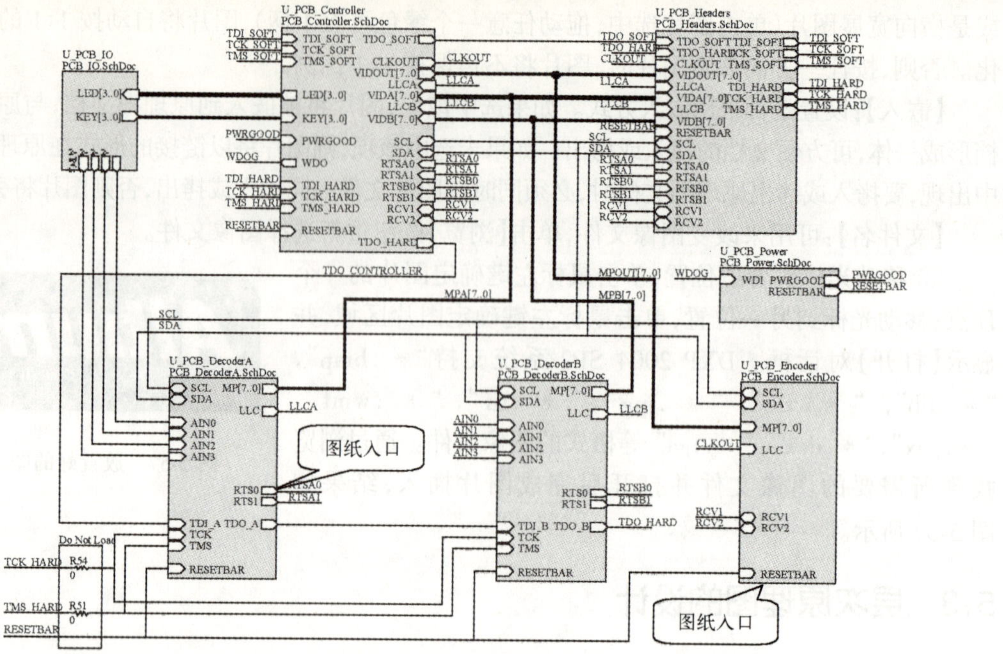

图 5-58　绘制层次原理图实例

电路原理图中的图纸符号是与该图纸符号相对应的原理图(称该图为子图)一一对应的,并且图纸符号的内部也必须有子图入口。同时,在与图纸符号相对应的子图中必须有输入输出端口与图纸符号中的子图入口对应,两者必须同名。在同一项目的所有电路图中,同名的输入输出端口(包括子图入口)之间,在电气上是相互连接的。

DXP 2004 SP2 系统提供了两种设计层次原理图的方法。一种是自上而下的层次电路设计,另一种是自下而上的层次电路设计。

5.3.2　自上而下的层次原理图设计

所谓自上而下的设计,就是由图纸符号产生原理图,也就是说在设计时先产生包含图纸符号(代表子原理图)的父图,如图 5-58 所示。然后再由父图中的各个图纸符号创建与之对应的子原理图。其流程图如图 5-59 所示。

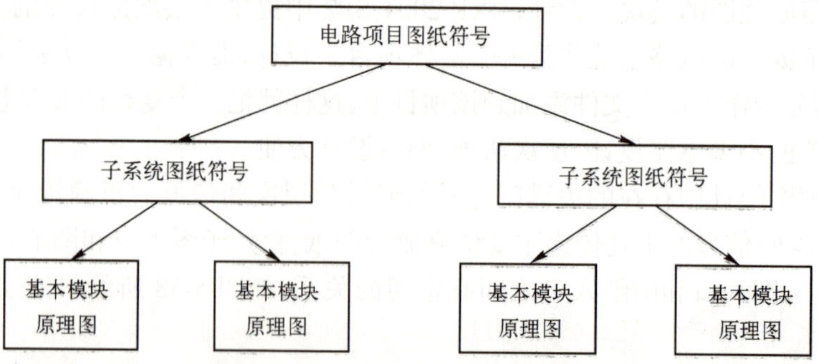

图 5-59　自上而下层次原理图的设计流程

下面以图 5-58 所示的系统为例，说明如何按照自上而下的设计方法，具体创建一个层次原理图。（对于该图，读者可以参考 DXP 2004 SP2 安装目录“Examples \ Reference Designs \ VideoMultiplexer \ PCB_VideoMux. PrjPCB”项目中的原理图文件“PCB_Top. SchDoc”。）

1. 在 DXP 2004 SP2 中创建一个 PCB 项目

所有的层次电路原理图都必须用 PCB 项目来组织，因此设计一个层次原理图的首要的任务是创建一个 PCB 项目，具体操作步骤如下。

① 执行【文件】→【创建】→【设计工作区】菜单命令，创建一个工作区，执行【文件】→【保存设计工作区】菜单命令，将刚创建的工作区文档保存在“C: \ Program Files \ Altium2004 SP2 \ Examples \ 层次原理图实例”目录下，并命名为“层次原理图工作区 .PrjPCB”。

② 执行【文件】→【创建】→【项目】→【PCB 项目】菜单命令，创建一个 PCB 项目。执行【文件】→【保存项目】菜单命令，将刚创建的 PCB 项目保存在“C: \ Program Files \ Altium2004 SP2 \ Examples \ 层次原理图实例”目录下，并命名为“PCB_VideoMux. PrjPCB”。

2. 创建父图

父图实际上就是层次原理图中的主图，所有的子图都以图纸符号的形式出现在父图当中，并且以某种形式互相连接。在 DXP 2004 SP2 中创建父图的具体步骤如下。

① 执行【文件】→【创建】→【原理图】菜单命令，创建一张原理图，执行【文件】→【保存】菜单命令，将刚刚创建的原理图保存在“C: \ Program Files \ Altium2004 SP2 \ Examples \ 层次原理图实例”目录下，并命名为“PCB_Top. SchDoc”。

② 执行【放置】→【图纸符号】菜单命令，或者单击配线工具栏中的按钮，开始绘制图纸。此时原理图上的鼠标光标变成十字形状，同时在光标的右下角粘附着一个图纸虚影，如图 5-60 所示。

③ 按 Tab 键即可打开【图纸符号】对话框，如图 5-61 所示。

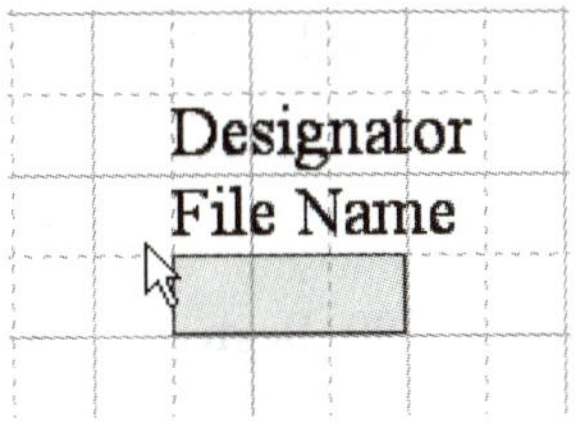

图 5-60　放置图纸符号

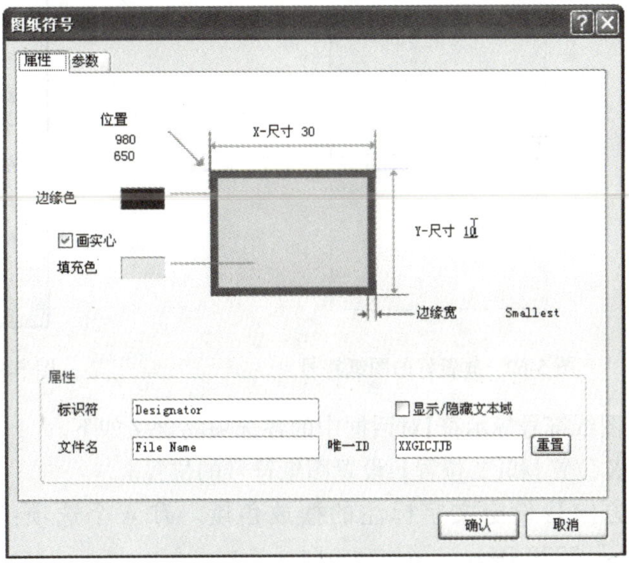

图 5-61　【图纸符号】对话框

对话框中的各选项的含义如下。

【位置】：设置图纸符号在原理图上的 X 轴和 Y 轴坐标。

【X-尺寸】、【Y-尺寸】:设置图纸符号的宽度和高度,可以输入设置。这里设置宽为 150、高为 220。

【标识符】:用来输入相应图纸符号的名称,其作用与普通电路原理图中的元件标识符相似,是层次电路图中用来标识图纸符号的唯一标志,不同的图纸符号应该有不同的标识符,不能相同。这里输入“U_PCB_Controller”。

【文件名】:用来输入该图纸符号所代表的下层子原理图的文件名。这里输入为“PCB_Controller.SchDoc”。

【唯一 ID】:系统的标识码,用户不需修改。

【边缘色】、【边缘宽】、【画实心】、【填充色】等的设置可参照之前介绍的绘制直角矩形及圆边矩形时的属性设置。

④ 属性设置完毕后,单击【确认】按钮返回到图纸符号放置状态。

⑤ 当光标移动到原理图上合适位置后,单击鼠标左键,确定图纸符号的左上顶点,然后向右下方移动光标,在适当位置单击鼠标左键即可确定图纸符号的另一个顶点,完成图纸符号的放置。如图 5-62 所示。

⑥ 继续移动光标,此时鼠标光标上粘附着和刚刚放置的图纸符号一样大小的虚影,移动到合适位置,继续绘制图纸符号。

⑦ 如果希望调整图纸符号上文字标注的内容、位置、字体、大小和颜色的话,可以将光标移动到文字标注处然后双击鼠标左键,这时系统将会弹出如图 5-63 所示的【图纸符号标示符】对话框。

图 5-62 放置好的图纸符号

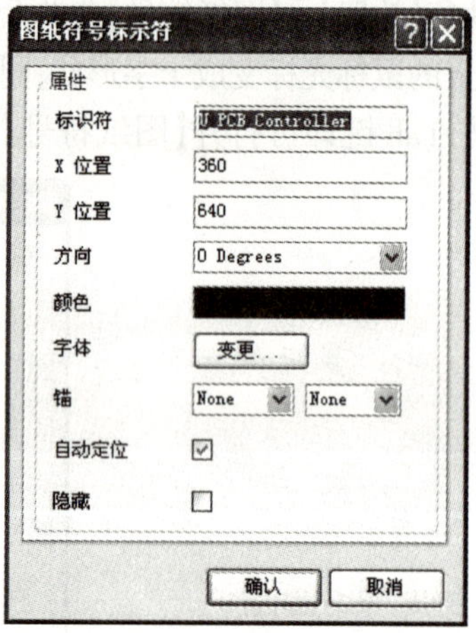

图 5-63 【图纸符号标示符】对话框

【图纸符号标示符】对话框中的各选项的含义如下。

【X 位置】和【Y 位置】:设置图纸符号的位置。

【方向】:设定文字标注的摆放角度。有 4 个选项:“0 Degrees”、“90 Degrees”、“180 Degrees”、“270 Degrees”。

【颜色】:设置文字的颜色。

【字体】:设置标注文字的字体。

【隐藏】:设置是否显示文字标注。如果选中该项,则文字标注不显示。

⑧ 继续按照同样的方法完成其他图纸符号的绘制,如图 5-64 所示。

图 5-64　放置完图纸符号的结果

⑨ 执行【放置】→【放图纸入口】菜单命令或者单击配线工具栏中的按钮，开始绘制图纸入口。此时原理图上的鼠标光标变成十字形状。

⑩ 将光标移动到想要放置图纸入口的图纸符号的适当位置，然后单击鼠标左键，如图 5-65 所示，这时鼠标光标上将粘附着一个图纸入口的形状，随着鼠标光标的不断移动，图纸入口也沿着图纸符号边缘移动。

⑪ 按 Tab 键，系统将会弹出如图 5-66 所示的【图纸入口】对话框。

图 5-65　放置的图纸入口

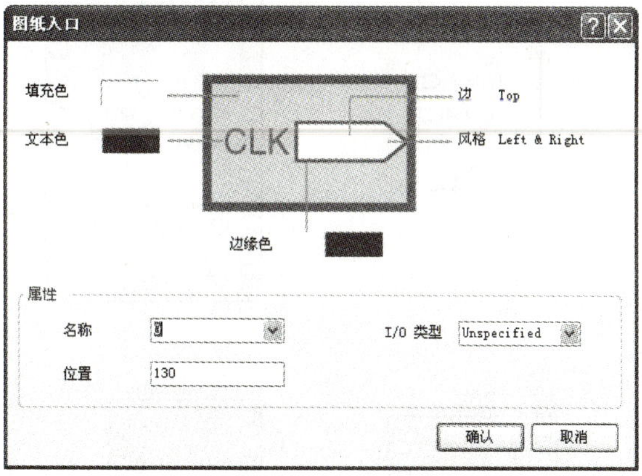

图 5-66　【图纸入口】对话框

【图纸入口】对话框中各选项的含义如下。

【填充色】：用来设置图纸入口内部的填充颜色。

【文本色】：用来设置图纸入口标注文本的颜色。

【边缘色】：用来设置图纸入口边框的颜色。

【边】:用来设置图纸入口在图纸符号内的位置。有 4 个选项:“Right”(图纸符号的右侧)、“Left”(图纸符号的左侧)、“Top”(图纸符号的顶端)、“Bottom”(图纸符号的底端)。这里设置为“Right”。

【风格】:用来设置图纸入口的外形风格。有 8 个选项:“None(Horizontal)”(水平无方向)、“Left”(箭头向左)、“Right”(箭头向右)、“Left&Right”(水平双向)、“None(Vertical)”(垂直无方向)、“Top”(箭头向上)、“Bottom”(箭头向下)、“Top&Bottom(垂直双向)”。这里设置为“Right”。

【名称】:用来输入图纸入口的名称,该名称应该与子原理图中相应的端口名称相同。这里输入为“TDO_SOFT”。

【I/O 类型】:设置图纸入口的输入输出类型,表示信号的流向。有 4 种类型:“Unspecified”(未定义端口)、“Output”(输出端口)、“Input”(输入端口)、“Bidirectional”(双向端口)。这里设置为“Output”。

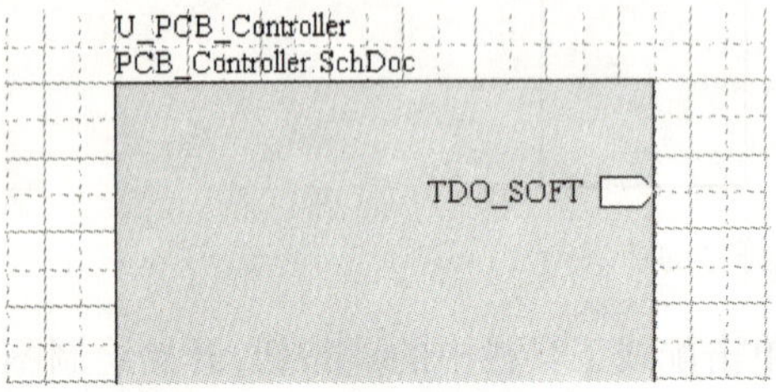

图 5-67 放置好的图纸入口

所有属性设置完毕,单击【确认】按钮,返回到图纸入口放置状态。

⑫ 移动鼠标光标,当光标移动到图纸符号上合适的位置后,单击鼠标左键,即可完成图纸入口的放置操作。如图 5-67 所示。此时系统仍处于图纸入口放置状态,可以连续在同一个图纸符号内放置多个图纸入口。当所有的图纸入口放置完毕后,单击鼠标右键或者按 Esc 键退出图纸入口放置状态。

⑬ 按照上面的方法放置所有图纸符号内需要的图纸入口,结果如图 5-68 所示。

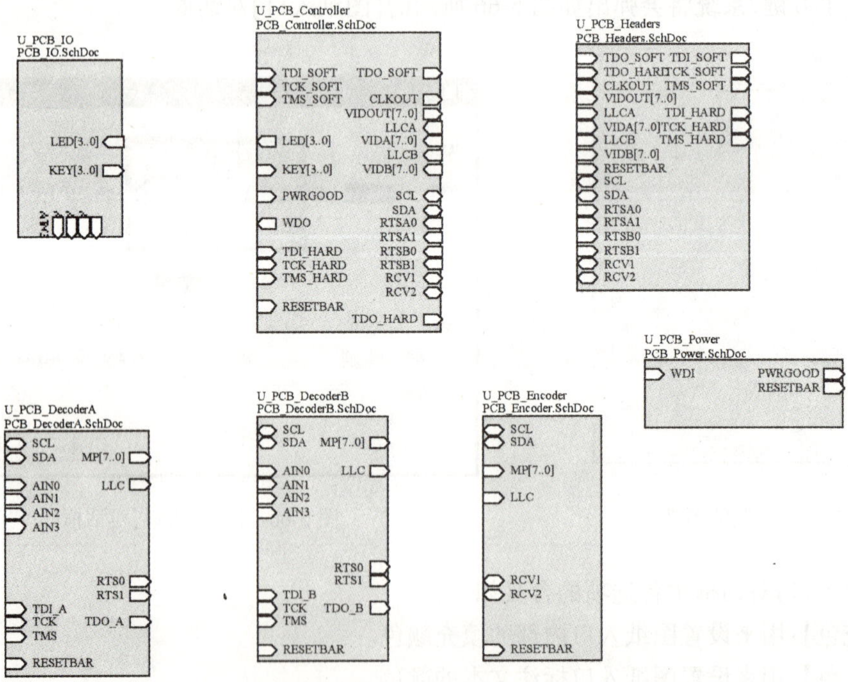

图 5-68 图纸入口放置完毕后的结果

⑭ 调整布局,绘制导线,将具有电气连接关系的图纸符号用导线或者总线连接起来,完成导线连接,结果如图 5-69 所示。

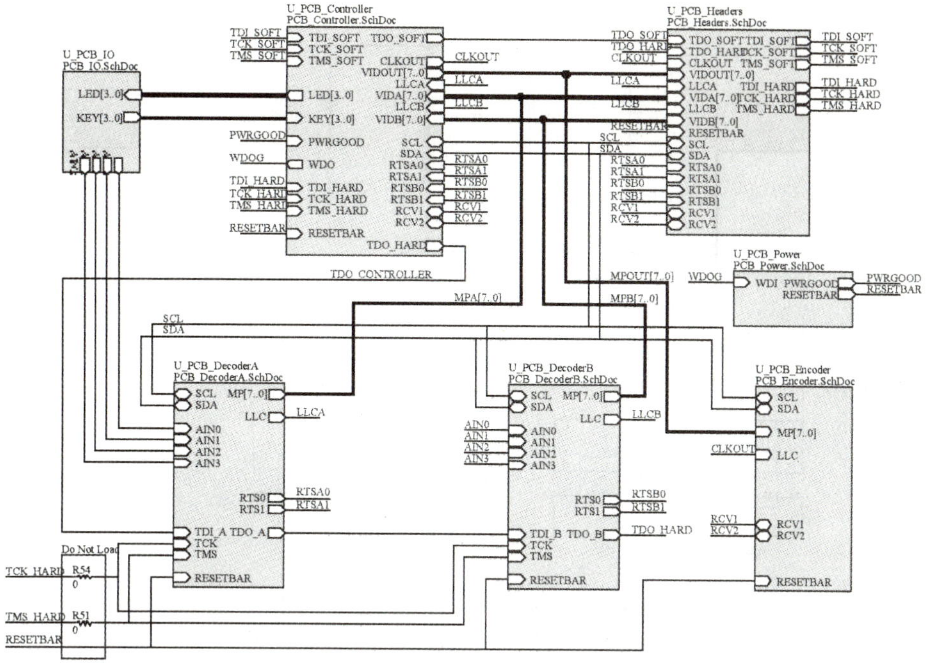

图 5-69　最终获得的层次原理图父图

至此,父图已编辑完成,接下来可以开始创建各子原理图。

3. 由图纸符号创建层次原理图子图

创建层次原理子图的具体步骤如下。

① 执行【设计】→【根据符号创建图纸】命令,光标变为十字形,将光标指向图纸符号"U_PCB_IO",单击鼠标左键,系统将弹出如图 5-70 所示的转换输入输出方向的【Confirm】(确认)提示对话框,单击【No】按钮,保持子图入口的原始类型不变,否则信号方向将取反。系统自动由"U_PCB_IO"图纸符号创建一个名称为"PCB_IO.SchDoc"的原理图文件。这个新的原理图文件中已经自动布好了与图纸符号相对应的输入输出端口,这些端口和相应的图纸符号端口具有相同的名称和输入输出方向,如图 5-71 所示。

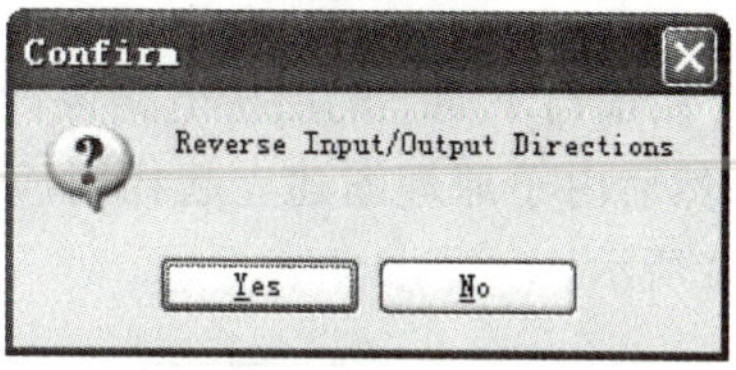

图 5-70　【Confirm】对话框

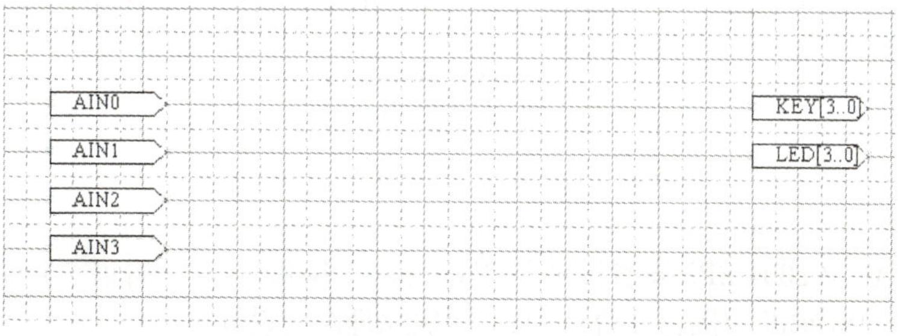

图 5-71　由图纸符号直接创建的层次原理图子图

② 调整输入输出端口的布局,在系统自动生成的层次原理图子图中添加相应的元件,并完成导线的连接。子图完成后的结果如图 5-72 所示。

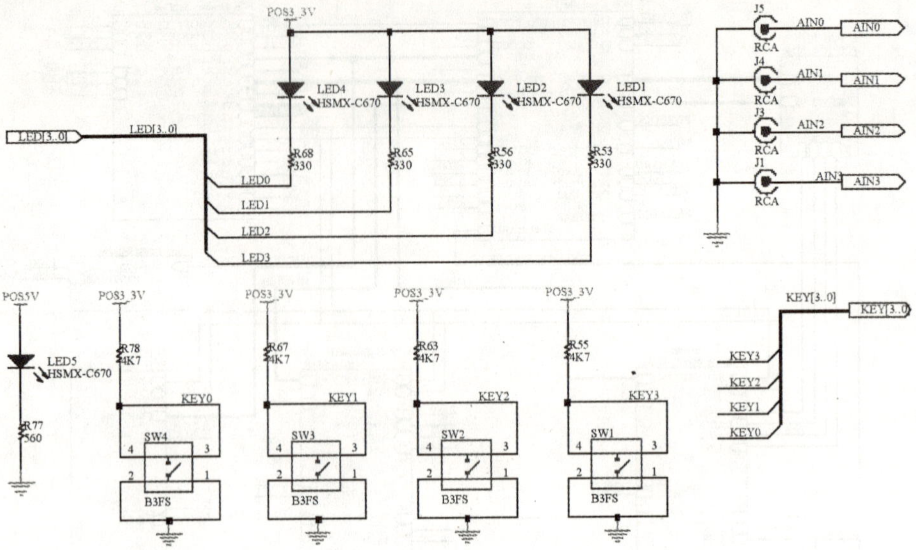

图 5-72　绘制完成后的层次原理图子图

③ 执行【文件】→【保存】菜单命令,将编辑完成的"PCB_IO.SchDoc"文档保存在"C:\Program Files\Altium2004 SP2\Examples\层次原理图实例"目录下。

④ 采用与上面相同的方法绘制层次原理图父图中所有的图纸符号所代表的层次原理图子图,整个层次原理图绘制工作就完成了。

5.3.3　自下而上的层次原理图设计

所谓自下而上的层次电路设计方法,就是先根据各个电路模块的功能,依次绘制出子原理图,然后由子原理图建立起相对应的图纸符号,最后完成顶层原理图的绘制。其流程图如图 5-73 所示。

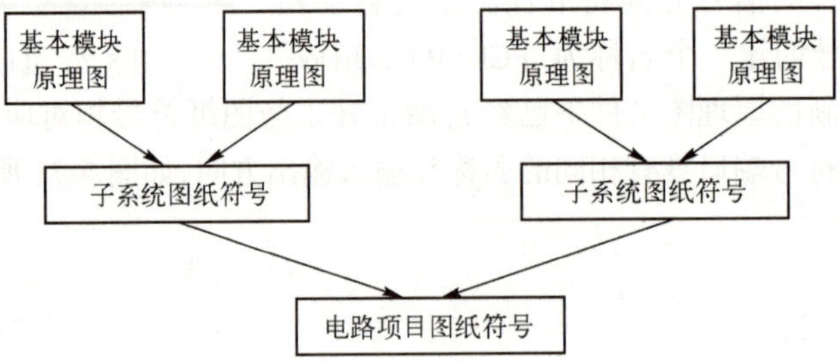

图 5-73　自下而上层次原理图的设计流程

下面就以 DXP 2004 SP2 安装目录下"Examples\Reference Designs\VideoMultiplexer\PCB_VideoMux.PrjPCB"为例,介绍自下而上层次原理图的设计方法。

1. 在 DXP 2004 SP2 中创建一个 PCB 项目

每个层次电路原理图都必须用 PCB 项目来组织，因此设计一个层次原理图的首要任务是创建一个 PCB 项目，创建的具体方法请参考前面章节的相关部分。

2. 创建层次原理图子图

创建层次原理图子图的具体步骤如下。

① 执行【文件】→【创建】→【原理图】菜单命令，创建一张原理图，执行【文件】→【保存】菜单命令，将刚刚创建的原理图保存在“C: \ Program Files \ Altium2004 SP2 \ Examples \ 层次原理图实例 2”目录下，并命名为“PCB_IO.SchDoc”。

② 根据图 5-72 所示放置元件和输入输出端口，调整布局，并正确连接导线。执行【文件】→【保存】菜单命令，保存编辑完成的原理图文档。

③ 采用与上面相同的方法将层次原理图子图全部绘制完毕。即绘制好层次原理图“PCB_Controller.SchDoc”、“PCB_DecoderA.SchDoc”、“PCB_DecoderB.SchDoc”、“PCB_Encoder.SchDoc”、“PCB_Headers.SchDoc”、“PCB_IO.SchDoc”、“PCB_Power.SchDoc”。

至此，所有的层次原理图子图已创建完毕，下面将根据各层次原理图子图，在父图中生成对应的图纸符号。

3. 创建父图

① 执行【文件】→【创建】→【原理图】菜单命令，创建一张原理图，执行【文件】→【保存】菜单命令，将刚刚创建的原理图保存在“C: \ Program Files \ Altium2004 SP2 \ Examples \ 层次原理图实例 2”目录下，并命名为“PCB_Top.SchDoc”。

② 执行【设计】→【根据图纸建立图纸符号】菜单命令，显示如图 5-74 所示的【Choose Document to Place】(选择层次原理图子图文件)对话框。

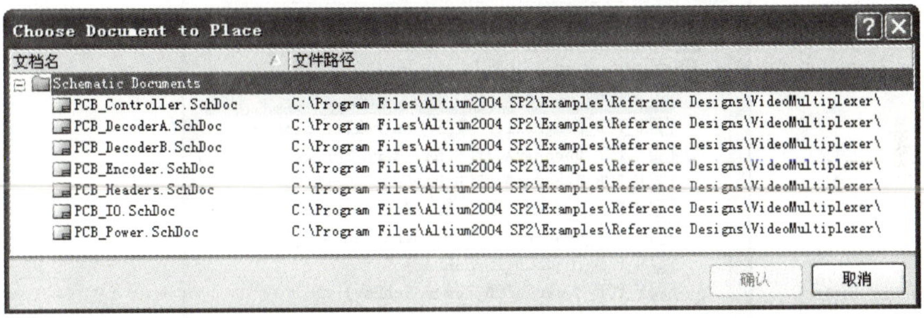

图 5-74　【Choose Document to Place】对话框

③ 在选择层次原理图子图对话框内自动列出属于当前设计项目的所有原理图文档。从中选择“PCB_IO.SchDoc”，然后单击【确认】按钮，显示与图 5-70 一样的确认对话框。单击【No】按钮，表示不进行信号方向取反，此时光标将变为十字光标，并粘附一个图纸符号，如图 5-75 所示。

④ 将光标移动到合适位置后，单击鼠标左键将图纸符号放置在原理图上，如图 5-76 所示。单击选中该图纸符号，然后拖动可控手柄调整子图纸符号的尺寸。当然，也可以在系统处于图纸符号放置状态下时按 Tab 键，然后在弹出的图纸符号对话框内修改图纸符号的尺寸及其他属性。

⑤ 从图 5-76 中可以看出，DXP 2004 SP2 系统已经自动地将原理图子图中的输入输出端

口转换为图纸符号中的图纸入口,这为进一步设计原理图父图带来了方便。默认的图纸符号名与层次原理图子图的主文件名相同。

⑥ 调整图纸符号内子图入口的布局,以便于连线。

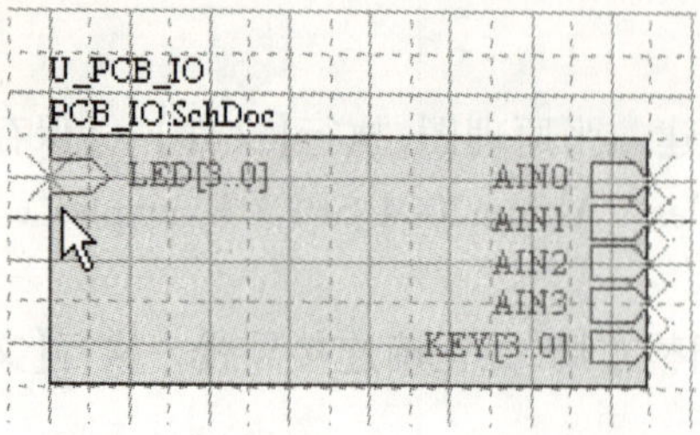

图 5-75 由原理图子图创建的图纸符号

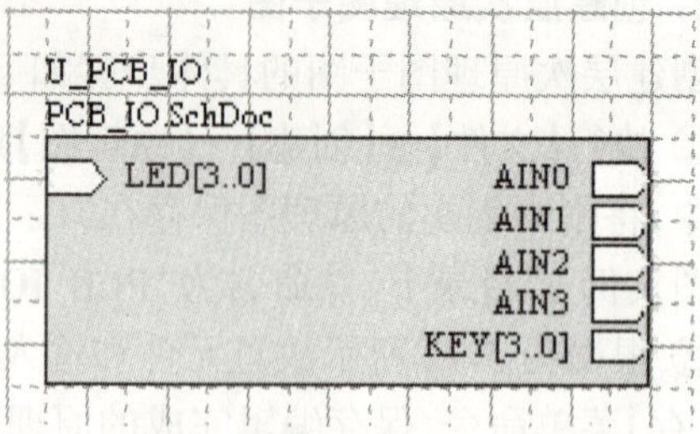

图 5-76 放置好的图纸符号

⑦ 重复步骤②至⑥,分别产生与其他原理图子图相对应的图纸符号,并调整子图符号布局,然后将图纸符号之间有电气连接关系的端口用导线或者总线连接起来,这样就会得到如图 5-58 所示的层次原理图的父图。

至此,自下而上的层次原理图的设计过程结束。

打开【Projects】面板,选中项目“PCB_VideoMux.PrjPCB”,执行【项目管理】→【Compile PCB Project PCB_VideoMux.PrjPCB】,完成对该项目的编译。单击工作区左边的【Navigator】面板标签,显示导航面板,从上面可以看到各原理图之间的层次关系,如图 5-77 所示。

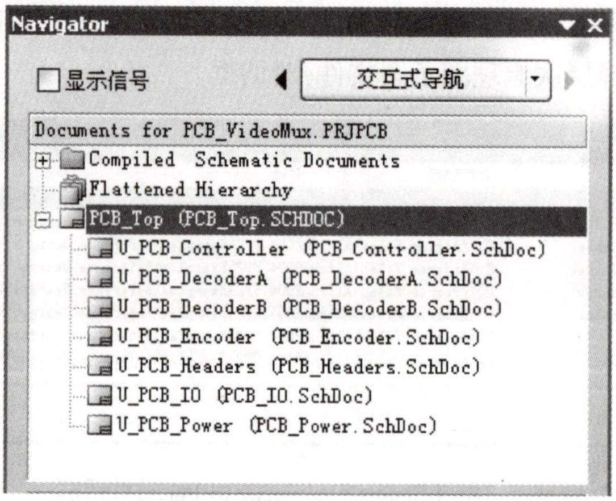

图 5-77 导航器面板上显示的层次关系

5.3.4 层次原理图之间的切换

在进行较大规模的电路设计时,往往涉及多张层次原理图子图。有时需要在同时读入或编辑具有层次关系的多张原理图之间进行切换。DXP 2004 SP2 中,层次原理图之间的切换是非常方便的,可以根据需要由父图切换到子图,或者由子图切换到父图。

1. 由父图切换到子图

这里仍以图 5-58 中所示的层次原理图为例,假设想从父图“PCB_Top.SchDoc”文档切换到原理图子图“PCB_IO.SchDoc”。以便对“PCB_IO.SchDoc”文档进行编辑。具体的操作步骤如下。

① 单击【PCB_Top.SchDoc】文档标签，如果该文档还未打开，请打开该文档。

② 执行【工具】→【改变设计层次】菜单命令，或者直接单击标准工具栏上的层次按钮。此时鼠标光标将变为十字形。

③ 移动光标指向父图中“U_PCB_IO”的图纸符号的中央位置，如图 5-78 所示，单击鼠标左键即可切换到下级的原理图子图“PCB_IO.SchDoc”，并以最大显示模式显示在原理图编辑器环境下。单击鼠标右键退出切换状态。

④ 如果执行操作前原理图子图“PCB_IO.SchDoc”没有打开的话，则此时系统将自动打开该原理图子图。

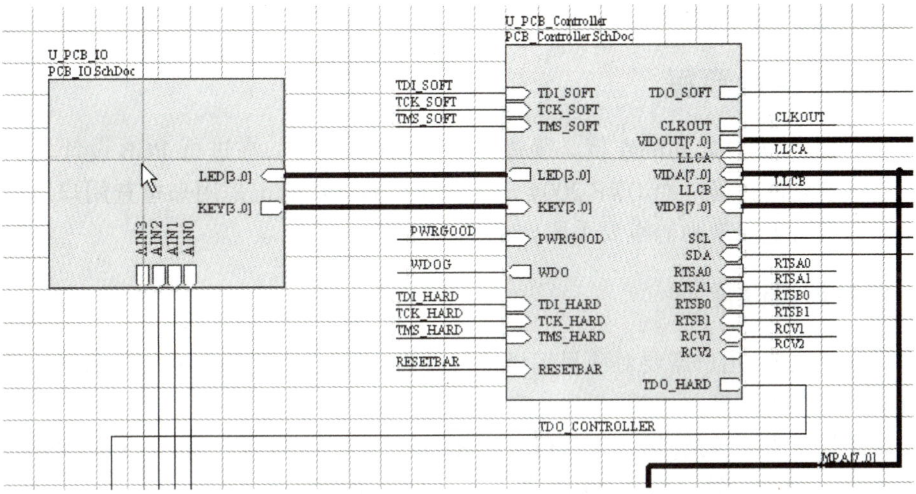

图 5-78　准备切换到原理图子图“PCB_IO.SchDoc”

2. 由原理图子图切换到父图

从原理图子图“PCB_IO.SchDoc”切换到父图“PCB_Top.SchDoc”的具体操作步骤如下。

① 保证当前正在编辑的是原理图子图“PCB_IO.SchDoc”。如果不是，需要将当前的工作窗口切换到原理图子图“PCB_IO.SchDoc”。

② 执行【工具】→【改变设计层次】菜单命令，或者直接单击标准工具栏上的层次按钮。此时鼠标光标将变为十字形。

③ 移动鼠标光标指向原理图子图中的一个输入输出端口，如图 5-79 所示单击左键即可切换到父图，并以高亮的最大显示模式显示被单击的输入输出端口所对应的子图入口，如图 5-80 所示。

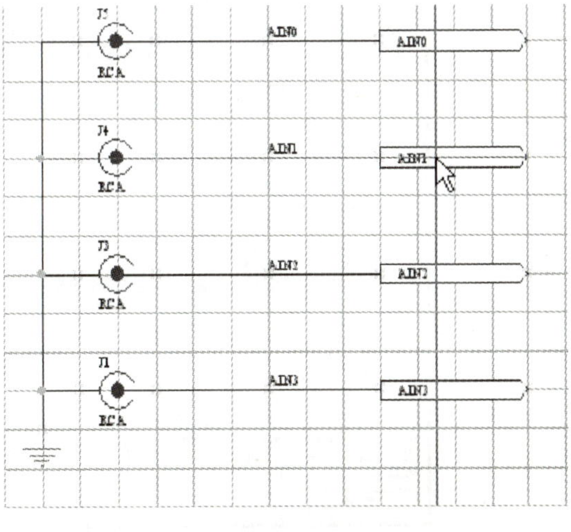

图 5-79　单击原理图子图的输入输出端口

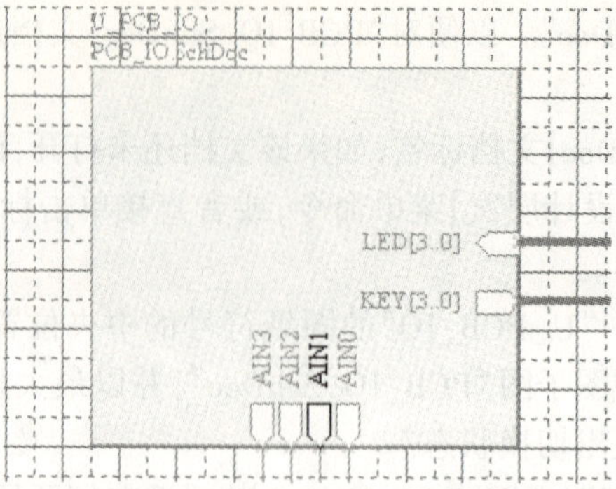

图 5-80　切换到父图时高亮度显示被单击的子图入口

④ 单击鼠标右键即可退出切换状态。

5.4　项目编译及查错

电路原理图中，元件之间的连接必须遵循一定的电气规则，在进行 PCB 设计之前需要确保原理图电气规则的正确。而 DXP 2004 SP2 的项目编译功能正是用来检查用户所设计的电路原理图是否符合电气规则的重要手段。

5.4.1　项目编译设置

在编译项目之前，用户需要对项目编译进行设置，以确定在编译时系统所需做的工作和编译后系统的各种报告类型。

项目编译设置主要包括：错误报告(Error Reporting)、连接矩阵(Connection Matrix)、比较器(Comparator)，这些设置都必须在项目管理选项对话框中完成。

打开任意一个 PCB 项目，例如第 4 章制作的项目“DataCollectionSystem．PRJPCB”，执行菜单命令【项目管理】→【项目管理选项】，即可打开项目管理选项对话框，如图 5-81 所示。

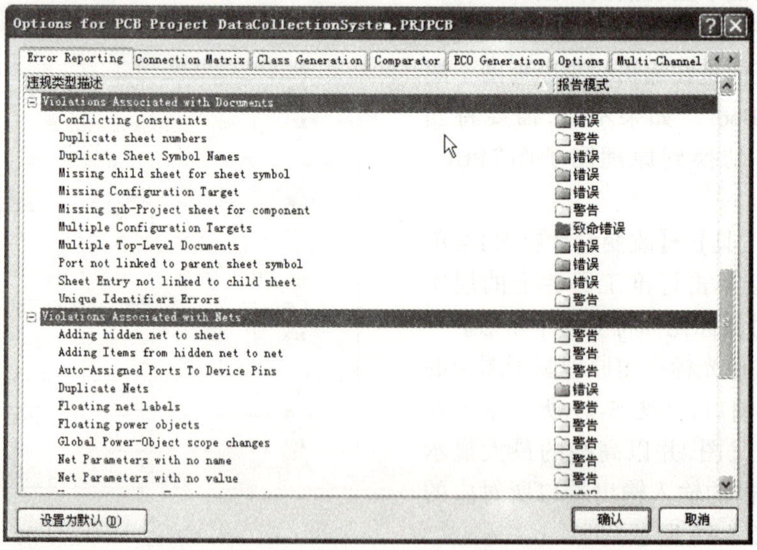

图 5-81　项目管理选项对话框

该对话框中主要选项卡功能如下。

【Error Reporting】(错误报告)选项卡:用于设置各种违规类型的报告模式。违规类型共有 6 大类;对于每一项具体的违规类型,相应的有 4 种错误报告模式:无报告、警告、错误、致命错误,如图 5-82 所示;依次表明了违反规则的严重程度,并采用不同的颜色,便于用户区分。

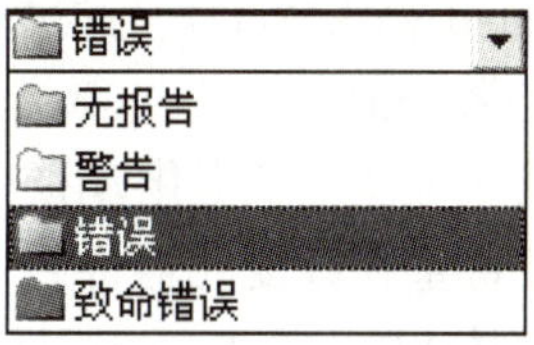

图 5-82　错误报告模式选择

【Connection Matrix】(连接矩阵)选项卡:如图 5-83 所示,连接矩阵中显示了各种引脚、端口、图纸入口之间的连接状态,以及相应的错误类型严格性设置。系统在进行电气规则检查的时候,将根据该连接矩阵设置的错误等级生成 ERC 报告。

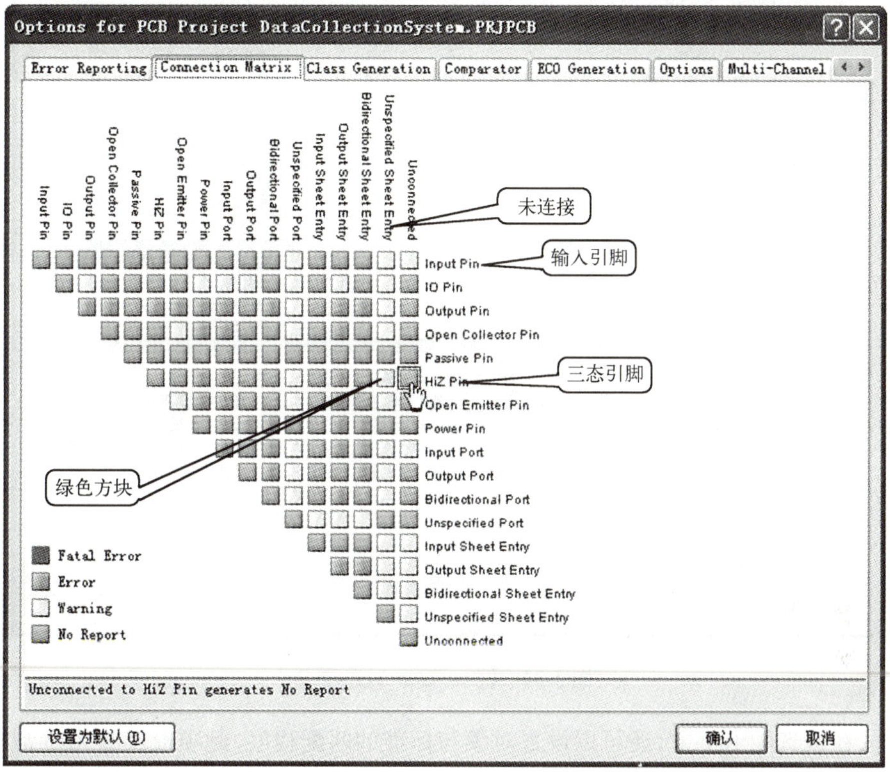

图 5-83　【Connection Matrix】选项卡

例如:如图 5-83 所示,在矩阵行中,找到"Unconnected"(未连接),在矩阵列中,找到"HiZPin"(三态引脚),两者的交叉点处显示了一个绿色方块,表示当一个三态引脚被发现未连接时,系统将不给出任何错误报告。又如:在"Unconnected"(未连接)与"Input Pin"(输入引脚)的交叉点处,显示的则是一黄色方块,表示当输入引脚无连接时,系统将给出警告信息报告。当鼠标光标移到矩阵上时,鼠标光标将变成小手形状,连续单击鼠标左键,该点处的颜色就会呈现绿、黄、橙、红四种颜色交替变化,他们依次表示不报告、警告、错误、严重错误。

于是,设计人员只须通过对交叉点颜色的设定就可完成错误等级的设置。

【Comparator】(比较器)选项卡:用于设置比较器的参数,如图 5-84 所示。共有 4 大类,包括与元件有关的变化(Differences Associated with Components)、与网络有关的变化(Differences

Associated with Nets)、与参数有关的变化(Differences Associated with Parameters)及与对象有关的变化(Differences Associated with Physical)。在每一类中,又列出了若干具体选项,如果在项目编译时发生了变化,用户可以选择设置是忽略这种变化还是显示这种变化。例如:如果设计人员希望在改变元器件封装后,系统在编译时给予一定的信息,可以在如图 5-85 的对话框中,找到【Different Footprint】(元器件封装变化)这一栏,单击右侧下拉列表,在弹出的列表中选择【Find Differences】(找出不同),或者可以选择【Ignore Differences】(忽略改变)。

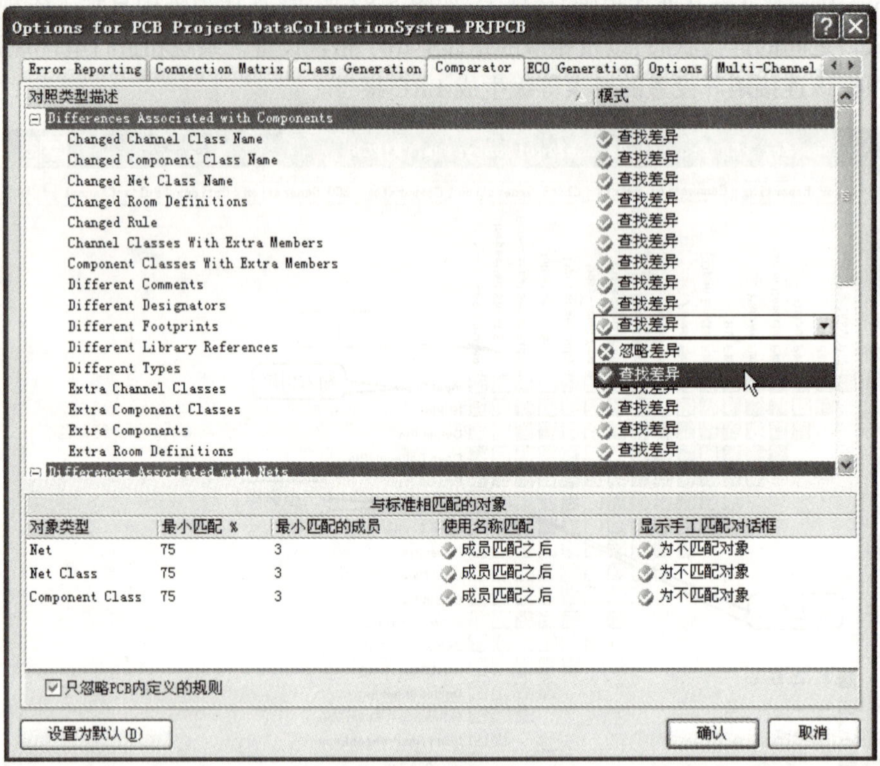

图 5-84 【Comparator】选项卡

另外,在该选项卡下方,还可以设置对象与标准的匹配程度,此项设置将用做判别差异是否产生的依据。

5.4.2 执行项目编译

在上述的各项设置完成后,就可以对项目进行编译了,以检查并修改各种电气错误。

下面,以图 4-1 为例,说明项目编译的具体过程。为了让用户更清楚地了解项目编译的重要作用,编译之前,故意设置了一个错误,即把 A/D 转换芯片 U2 的第 6 个引脚输入与接插件 JP1 的第 8 脚之间的连线断开,如图 5-85 所示。

① 执行菜单命令【项目管理】→【Complile PCB Project DataCollectionSystem. PRJPCB】,则系统开始项目进行编译。

② 编译完成后,系统弹出如图 5-86 所示的【Messages】。【Messages】对话框上列出了项目原理图中的所有出错信息(共 21 个)和相应的错误等级。

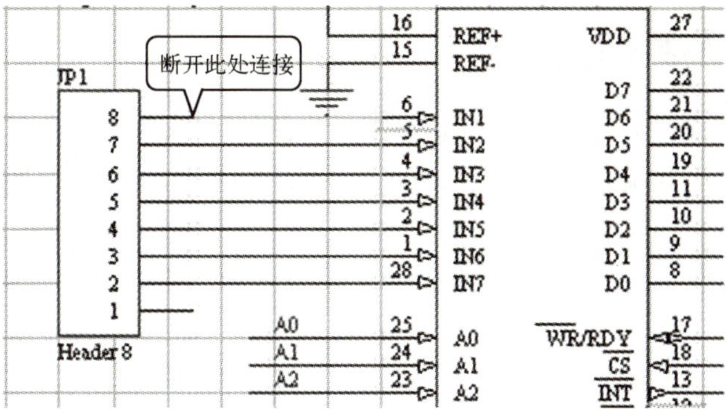

图 5-85　设置一个错误

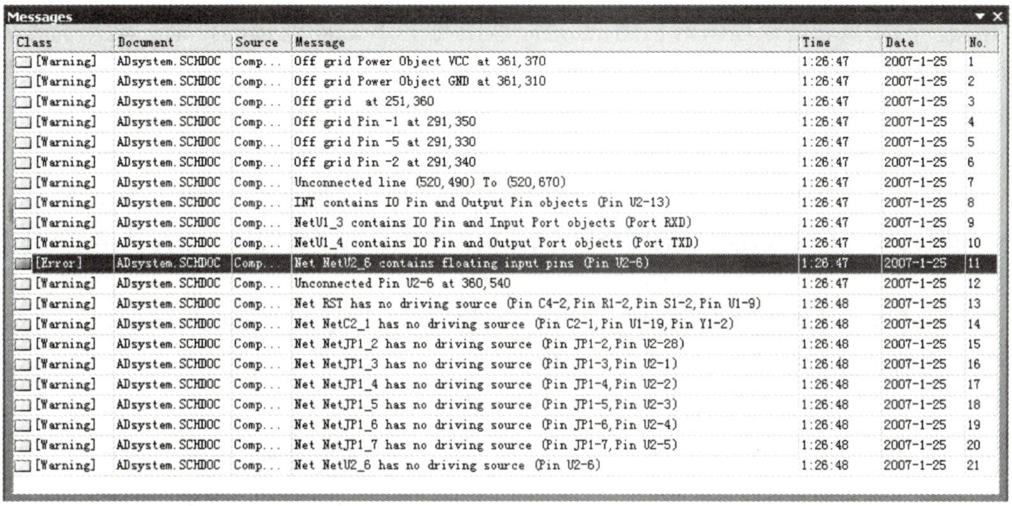

Class	Document	Source	Message	Time	Date	No.
[Warning]	ADsystem.SCHDOC	Comp...	Off grid Power Object VCC at 361,370	1:26:47	2007-1-25	1
[Warning]	ADsystem.SCHDOC	Comp...	Off grid Power Object GND at 361,310	1:26:47	2007-1-25	2
[Warning]	ADsystem.SCHDOC	Comp...	Off grid at 251,360	1:26:47	2007-1-25	3
[Warning]	ADsystem.SCHDOC	Comp...	Off grid Pin -1 at 291,350	1:26:47	2007-1-25	4
[Warning]	ADsystem.SCHDOC	Comp...	Off grid Pin -5 at 291,330	1:26:47	2007-1-25	5
[Warning]	ADsystem.SCHDOC	Comp...	Off grid Pin -2 at 291,340	1:26:47	2007-1-25	6
[Warning]	ADsystem.SCHDOC	Comp...	Unconnected line (520,490) To (520,670)	1:26:47	2007-1-25	7
[Warning]	ADsystem.SCHDOC	Comp...	INT contains IO Pin and Output Pin objects (Pin U2-13)	1:26:47	2007-1-25	8
[Warning]	ADsystem.SCHDOC	Comp...	NetU1_3 contains IO Pin and Input Port objects (Port RXD)	1:26:47	2007-1-25	9
[Warning]	ADsystem.SCHDOC	Comp...	NetU1_4 contains IO Pin and Output Port objects (Port TXD)	1:26:47	2007-1-25	10
[Error]	ADsystem.SCHDOC	Comp...	Net NetU2_6 contains floating input pins (Pin U2-6)	1:26:47	2007-1-25	11
[Warning]	ADsystem.SCHDOC	Comp...	Unconnected Pin U2-6 at 360,540	1:26:47	2007-1-25	12
[Warning]	ADsystem.SCHDOC	Comp...	Net RST has no driving source (Pin C4-2, Pin R1-2, Pin S1-2, Pin U1-9)	1:26:48	2007-1-25	13
[Warning]	ADsystem.SCHDOC	Comp...	Net NetC2_1 has no driving source (Pin C2-1, Pin U1-19, Pin Y1-2)	1:26:48	2007-1-25	14
[Warning]	ADsystem.SCHDOC	Comp...	Net NetJP1_2 has no driving source (Pin JP1-2, Pin U2-28)	1:26:48	2007-1-25	15
[Warning]	ADsystem.SCHDOC	Comp...	Net NetJP1_3 has no driving source (Pin JP1-3, Pin U2-1)	1:26:48	2007-1-25	16
[Warning]	ADsystem.SCHDOC	Comp...	Net NetJP1_4 has no driving source (Pin JP1-4, Pin U2-2)	1:26:48	2007-1-25	17
[Warning]	ADsystem.SCHDOC	Comp...	Net NetJP1_5 has no driving source (Pin JP1-5, Pin U2-3)	1:26:48	2007-1-25	18
[Warning]	ADsystem.SCHDOC	Comp...	Net NetJP1_6 has no driving source (Pin JP1-6, Pin U2-4)	1:26:48	2007-1-25	19
[Warning]	ADsystem.SCHDOC	Comp...	Net NetJP1_7 has no driving source (Pin JP1-7, Pin U2-5)	1:26:48	2007-1-25	20
[Warning]	ADsystem.SCHDOC	Comp...	Net NetU2_6 has no driving source (Pin U2-6)	1:26:48	2007-1-25	21

图 5-86　【Messages】对话框

③ 双击任一个出错信息前面的颜色方块，则会弹出与此错误有关的原理图信息，显示在【Compile Errors】(编译错误)对话框中。如图 5-87 所示。同时相应的原理图被打开，出错位置被处于高亮显示的状态，以便设计人员对此作出适当改正。但要注意编译后的出错信息并不都是准确的，也并不一定都得修改，用户应根据设计思路对系统提示的编译错误进行具体分析。

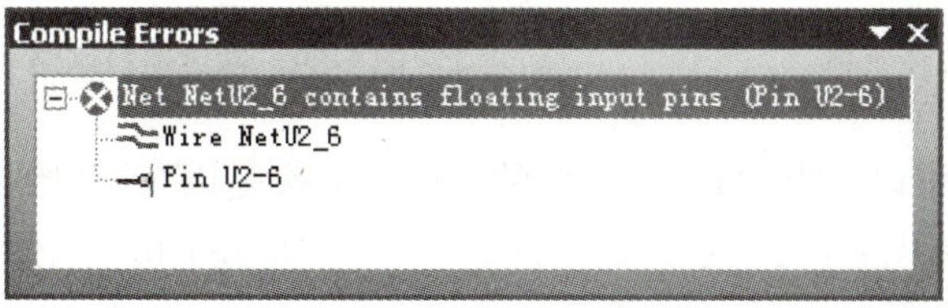

图 5-87　【Compile Errors】对话框

④ 按照步骤③的方法，进行逐次编译，依次排除【Messages】对话框上显示的出错信息，并确认原理图设计的正确性，完成原理图的编译操作。

5.5 生成报表及原理图输出

当原理图设计完成以后，出于存档、电气规则检查、材料采购和交流等目的，总希望能够输出有关整个设计项目的相关信息。DXP 2004 SP2 系统充分考虑了这些需要，提供了用于创建各种报表的专门工具。

本节仍以图 4-1 为例介绍创建各种常用报表的方法，以及如何利用打印机打印输出原理图。

5.5.1 生成网络表

每个电路就是一个由节点、元件和导线组成的网络。因此，可以用网络报表来完整的描述一个电路。网络报表是原理图的精髓，也是原理图与 PCB 之间连接的桥梁。离开了网络报表，现代的 PCB 设计就无法进行。在 DXP 2004 SP2 系统中，网络报表可以通过电路原理图来创建，也可以利用文本输入编辑器直接编辑。当然，也可以在 PCB 编辑器中，由已创建的 PCB 文档产生。

下面以图 4-1 为例创建用于 PCB 设计的网络表，即 Protel 网络表。具体步骤如下。

① 执行【设计】→【设计项目的网络表】则系统弹出项目网络表的格式选择菜单，如图 5-88 所示。

② 选择【Protel】命令，系统自动生成当前项目的网络表文件“DataCollectionSystem.net”，并存放在当前项目下的“Generated”文件夹中。

③ 双击打开该项目网络表文件，结果如图 5-89 所示。

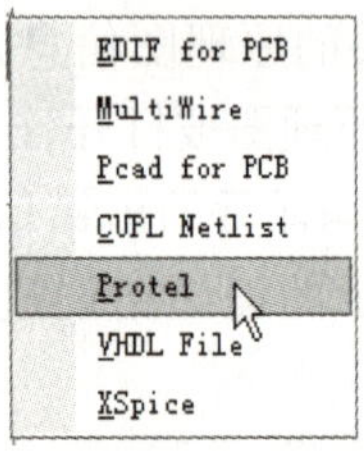

图 5-88 网络表格式选择菜单

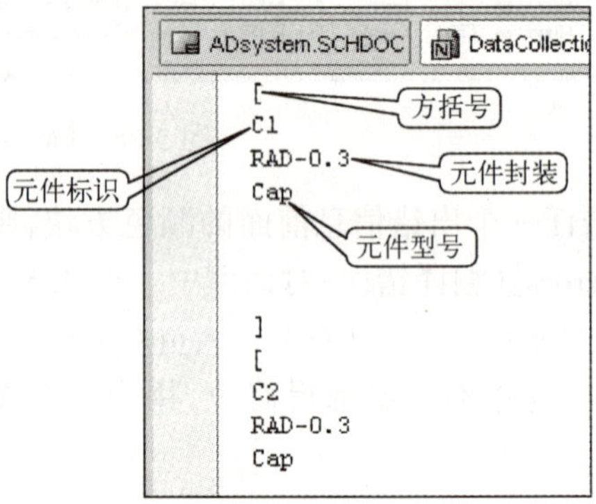

图 5-89 创建项目网络表文件

从图 5-89 网络表可以看出，每一个元件的声明部分都是以“[”开始，以“]”结束的。“[”下面的第一行就是元件标识名称，显示的是元件属性中的 Designator：元件标注下面一行是元件的封装名称。用户在进行 PCB 设计时需要加载网络表，其中元件封装信息就是从这一行得来的。如果用户在原理图中没有定义元件封装，此行为空。再下一行就是元件标注，取自原理图中元件属性框中的 Comment 栏。元件标注下面有三行保留的空行，最后是“]”符号。

每一个连接网络的定义是以“(”开始，以“)”结束的。其中“(”下面第一行是网络名称，这部分直接取自用户在原理图中的网络标签定义，或者系统根据网络连接器件名称及引脚序号自动生成；下面每一行代表当前网络连接的一个引脚，一直到全部列出为止；最后一行是一个“)”符号。

5.5.2　生成其他报表

1. 元件报表

元件报表可以列出当前项目所使用的所有元件，为采购元件提供一份详细的清单。生成元件报表的具体步骤如下。

① 执行【报告】→【Bill of Materials】菜单命令，系统将显示如图 5-90 所示的【Bill of Materials For Project】元件报表对话框。这是一个具有复合功能的对话框，通过改变对话框中左边的列表框中的内容可以改变右边列表的显示内容和显示方式。

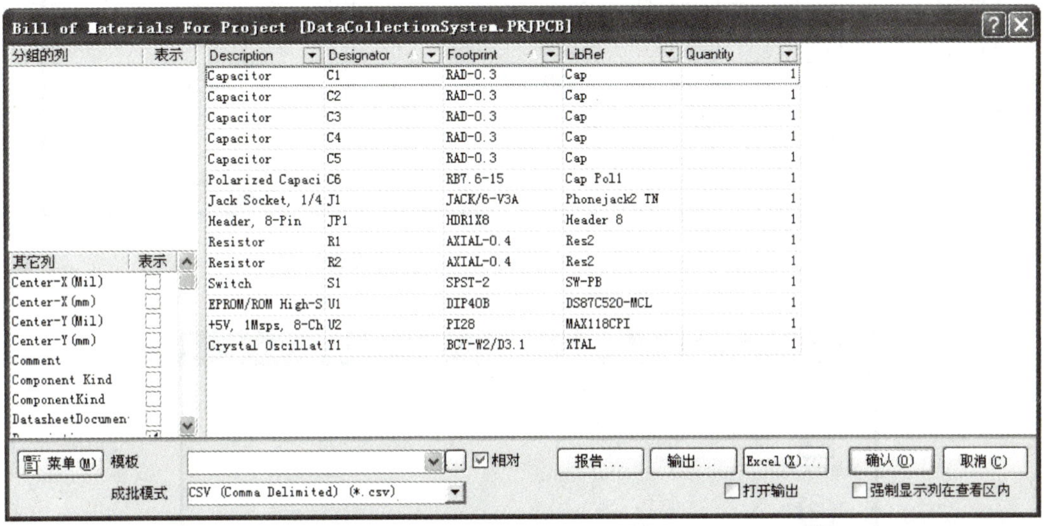

图 5-90　【Bill of Materials For Project】对话框

② 单击【Excel】按钮，可用 Microsoft Excel 程序打开报表，如图 5-91 所示。

③ 单击【输出】按钮，系统将显示如图 5-92 所示的报表存储路径选择对话框，可将报表导出到指定文件夹内，报表的扩展名为“.xls(Excel 文档格式)”。

④ 单击【报告】按钮，可以预览想要打印的报表，如图 5-93 所示。单击【输出】按钮将弹出如图 5-92 所示的对话框；如果想要打印报表，可以单击图 5-93 中的【打印】按钮，系统将打印报表。

⑤ 单击元件报表对话框的【菜单】按钮，系统将会打开执行其他功能的菜单，如图 5-94 所示。

2. 元件引用参考报表

前面介绍的元件采购报表将该项目中用到的所有元件列在一张表中，对于非层次结构的原理图，该报表能非常清楚地显示项目中的各种需求，但对于层次结构的原理图，有些时候会给项目设计带来很大的不便，比如不知道该元件是用在哪张子图中，针对这个问题，接下来介绍交叉引用报表。

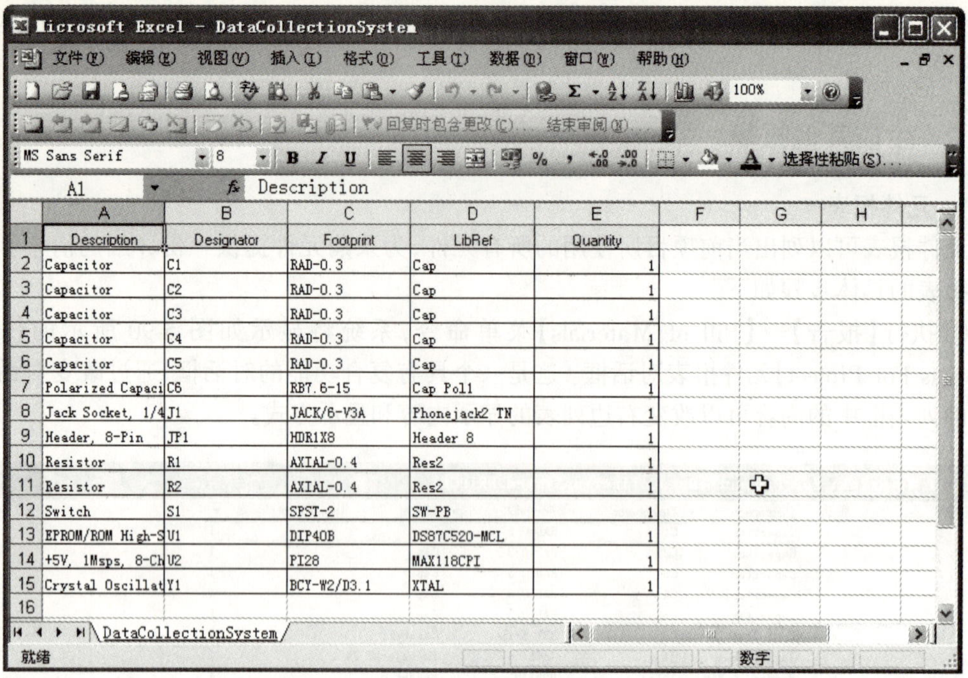

图 5-91　用 Excel 程序打开的元件报表

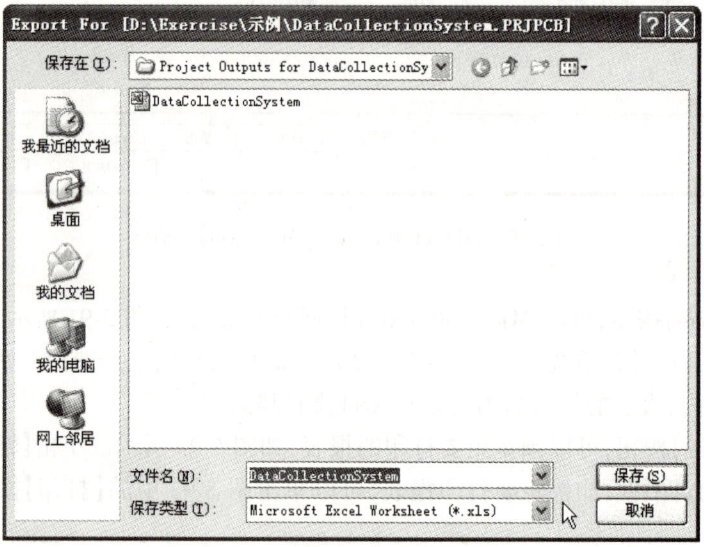

图 5-92　报表存储路径选择对话框

下面以 DXP 2004 SP2 安装目录“Examples \ Reference Designs \ VideoMultiplexer \ PCB_VideoMux.PrjPCB”项目为例，介绍该报表的生成过程，具体操作步骤如下。

① 启动 DXP 2004 SP2，打开项目“PCB_VideoMux.PrjPCB”，打开后的项目如图 5-95 所示。

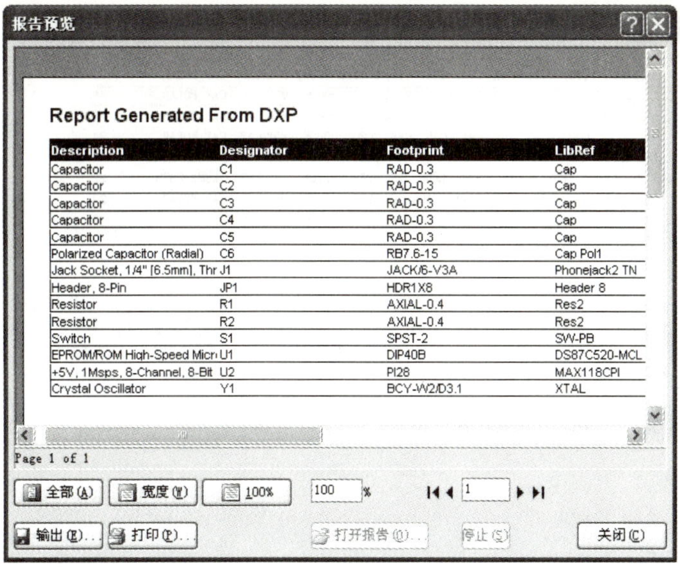

Description	Designator	Footprint	LibRef
Capacitor	C1	RAD-0.3	Cap
Capacitor	C2	RAD-0.3	Cap
Capacitor	C3	RAD-0.3	Cap
Capacitor	C4	RAD-0.3	Cap
Capacitor	C5	RAD-0.3	Cap
Polarized Capacitor (Radial)	C6	RB7.6-15	Cap Pol1
Jack Socket, 1/4" [6.5mm], Thr	J1	JACK/6-V3A	Phonejack2 TN
Header, 8-Pin	JP1	HDR1X8	Header 8
Resistor	R1	AXIAL-0.4	Res2
Resistor	R2	AXIAL-0.4	Res2
Switch	S1	SPST-2	SW-PB
EPROM/ROM High-Speed Micr	U1	DIP40B	DS87C520-MCL
+5V, 1Msps, 8-Channel, 8-Bit	U2	PI28	MAX118CPI
Crystal Oscillator	Y1	BCY-W2/D3.1	XTAL

图 5-93　打印报表预览

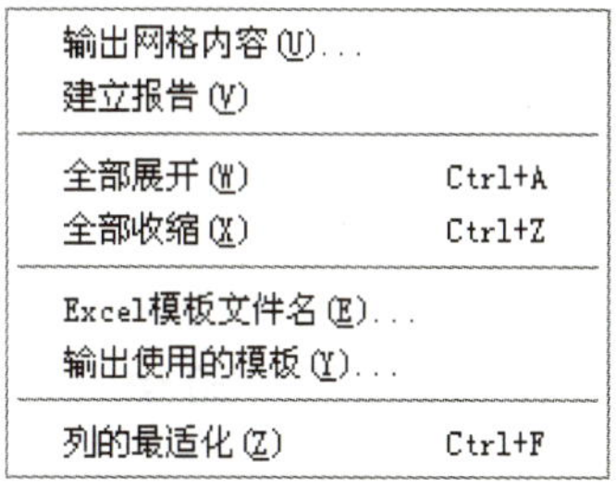

图 5-94　【菜单】内容

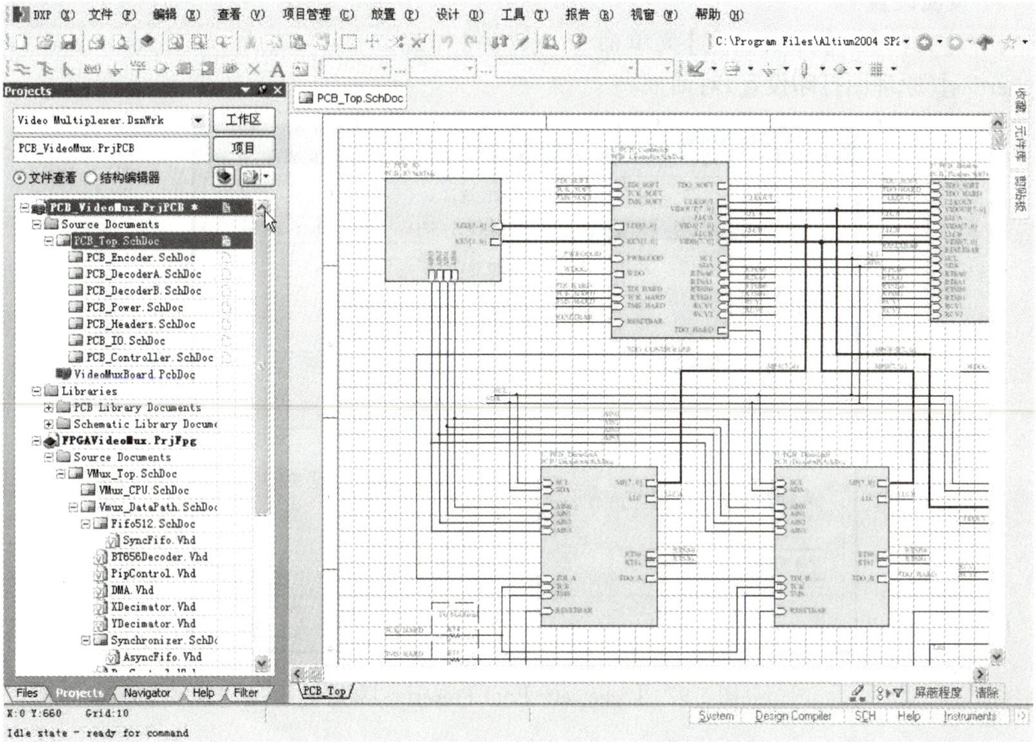

图 5-95　打开项目“PCB_VideoMux.PrjPCB”

② 单击【报告】→【Component Cross Reference】命令，弹出如图 5-96 所示的对话框。它与前面元件报表的不同在于它将整个项目中的所有元件按照所属的原理图进行分组统计。

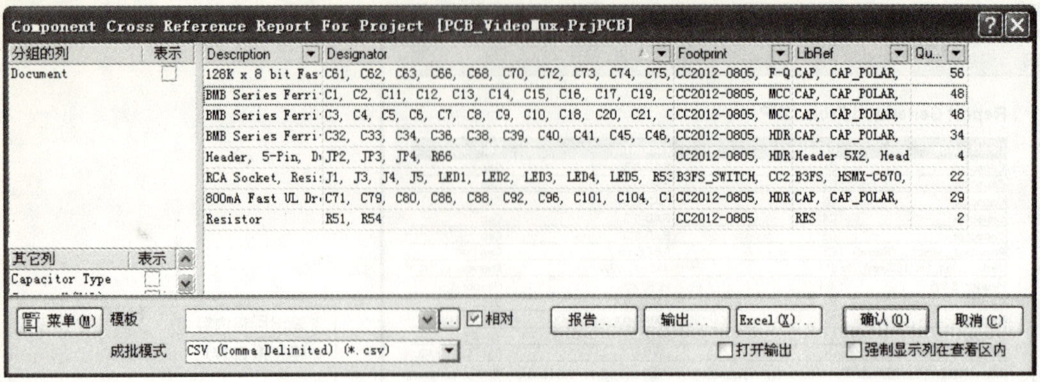

图 5-96 元器件引用参考报表

5.5.3 原理图打印输出

当电路原理图绘制完成以后,可以通过打印机将原理图打印输出,以供设计人员参考查阅和归档。原理图打印输出可按以下具体步骤进行。

1. 页面设置

执行【文件】→【页面设定】菜单命令,系统将弹出如图 5-97 所示的【Schematic Print Properties】(原理图打印设置)对话框。

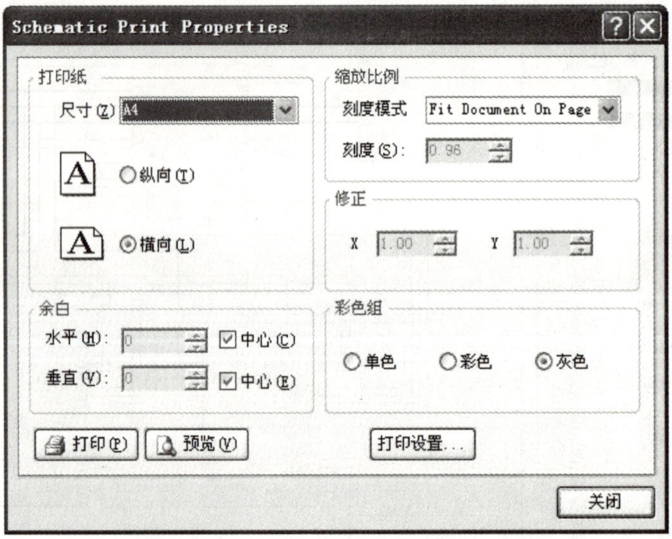

图 5-97 【Schematic Print Properties】对话框

该对话框中相应区域的功能如下。

【打印纸】区域:用于设置打印纸的尺寸和打印方向。单击【尺寸】列表框右侧的下拉按钮,系统将显现可用的图纸列表,从中选取打印机所用图纸尺寸。单击【纵向】或【横向】选钮可以选择打印方向。

【余白】区域:用于设置页边距。若选中【水平】输入框右边的【中心】复选项,可自动按水平居中打印;若选中【垂直】输入框右边的【中心】复选项,则自动按垂直居中打印;若未选中【中心】复选项,则需要在输入框内输入页边距的具体数值打印。

【缩放比例】区域:在本区域可设置文档打印时的缩放比例。单击【刻度模式】列表框右侧的下拉按钮,系统将弹出如图 5-98 所示的下拉列表。如果选中【Fit Document On Page】选项,则文档将按打印纸的大小整页打印;如果选中【Scaled Print】选项,文档将按设定的比例打印。设定缩放比例系数可以通过单击【刻度】选项右边的上下箭头或者直接在输入栏内输入缩放比例系数进行。

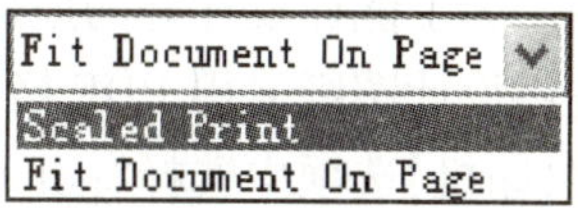

图 5-98 缩放模式下拉列表

【修正】区域:当【刻度模式】的缩放模式设定为“Scaled Print”时,本区域可以分别设定 X 方向及 Y 方向上的缩放比例。通常 X 方向和 Y 方向的缩放比例调整为同一数值,保证纵横比例不变。

【彩色组】:用于设定打印时色彩模式。如果选中【单色】项,则按黑白模式打印;如果选中【彩色】选项,则按彩色模式打印;如果选中【灰色】选项,则按灰度模式打印。

设置完毕以后,单击【关闭】按钮即可自动保存并退出原理图打印设置对话框。

2. 打印预览

原理图打印页面设置完成后,在单击【关闭】前,可单击【预览】按钮预览打印效果,检查设置是否符合要求。若不合要求可再对页面进行设置。另外,在任何时候都可以执行【文件】→【打印预览】菜单命令预览打印效果。

3. 设置打印机

在原理图打印页面设置完成后,还可以通过单击【打印设置】按钮,在【Printer Configuration for】对话框中进行打印机的相关设置,如图 5-99 所示。

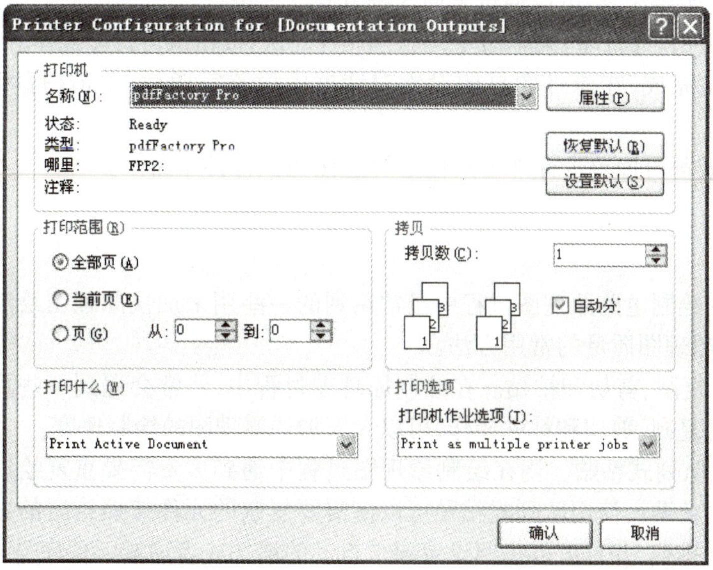

图 5-99 【Printer Configuration for】对话框

该对话框中相应区域的功能如下。

【打印机】区域:可选择打印机、设定打印机尺寸等。单击【名称】列表框右侧的下拉按钮将弹出下拉列表，从中可以选取希望使用的打印机。单击【属性】按钮显示打印机属性窗口（不同的打印机各不相同），从中可设定打印纸的尺寸、放置方向、打印质量等。

为了能让设计好的原理图在没有安装 Protel 软件的计算机上顺利地浏览、输出，可以考虑先将设计图纸采用 PDF 格式输出，例如：安装"PDF Factory"（PDF 制作工厂）软件后，通过在【打印机】选项中选择"pdf Factory"打印机，如图 5-99 所示，将图纸文件直接打印为 PDF 文件，以方便进一步打印输出。

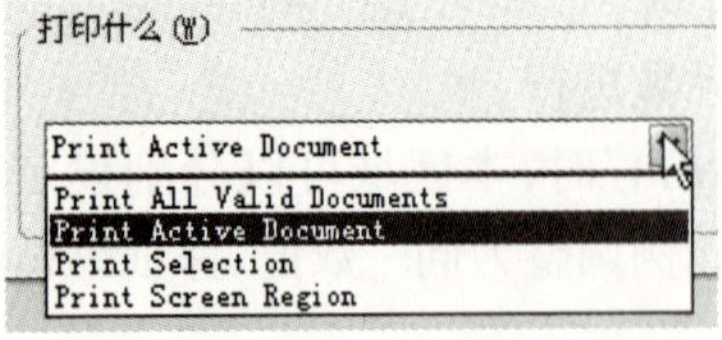

图 5-100　选择打印对象对话框

【打印什么】区域：用于设定打印对象。单击下拉按钮将显示如图 5-100 所示的下拉列表，从中可以选取希望打印的对象。

【打印选项】区域：用于设置是多任务打印（Print as Multiple Printer jobs），还是单任务打印（Print as Single Printer job）。

【打印范围】区域：用于设置打印范围。如果选中【全部页】，则打印所有页；如果选中【当前页】，则只打印当前页；若选中【页】，则可通过【从：】文本框设定打印起始页码，通过【到：】文本框设定打印结束页码。系统默认选项为【全部页】。

【拷贝】区域：用于设置打印份数。用户可根据实际需要设定。

打印机设置完毕后，单击【确认】按钮确认并返回原理图打印页面设置对话框，不执行打印操作。

用户随时都可以通过执行【文件】→【打印】菜单命令进入打印机设置对话框。但是，与前面不同的是，设置完毕单击【确认】按钮将直接执行打印操作。

4. 打印操作

具体执行打印操作时，可以通过下面 3 种方式之一进行。

① 执行【文件】→【打印】菜单命令，然后单击【确认】按钮执行打印操作。

② 页面设定完成，在原理图打印设置对话框中设置完毕后，单击【打印】按钮执行打印操作。

③ 任何时候都可以单击标准工具栏上的按钮执行打印操作。

本章小结

本章介绍在绘制电路原理图过程中经常用到的一些用来加快原理图绘制速度、增加原理图可读性、提高原理图质量的常用方法。

（1）元件的复制、剪切和粘贴。在绘制原理图过程中，经常会遇到一些重复的电路结构，通过采用元件的复制、剪切和粘贴操作，可以大大加快原理图的绘制速度。

（2）元件的队列式粘贴。当在绘制原理图过程中遇到大量需要重复绘制的电路结构时，可以使用队列式粘贴。使用队列式粘贴可以使需要复制的元件按照指定的数量、沿着指定的方向均匀的复制排列，并且可以按照设置要求自动的增加或者递减元件序号。

（3）元件的排列与对齐。在原理图中经常需要放置大量的元件，为了以后布线方便，同时也为了使原理图看上去更加美观，可以利用 DXP 2004 SP2 系统提供的各种用于元件排列与对齐的工具，使得图纸上放置的多个元件按照指定的方式排列整齐。

（4）实用工具栏。为了使原理图的可读性更强，更加便于交流，需要在原理图上绘制一些图形、放置一些图片和文字注释等时，DXP 2004 SP2 系统在实用工具栏上提供了相应的工具可以完成这些任务。这些图形、图片和文字注释本身没有任何电气意义，不会影响整个电路的电气连接。

(5) 层次原理图绘制。将一个大的、复杂的问题划分为若干个容易解决的子问题，然后"分而治之"逐个加以解决，这种结构化的设计方法是项目实践中经常使用的手段。层次原理图的设计方法正是这种思想的体现，是一种模块化的设计思想。具体实现这种思想时分成自上而下设计方法和自下而上设计方法两种实现模式。也就是说，当用户需要设计规模较大的原理图时，可以把整张大的原理图按照具体的实现功能分成几个部分来绘制，这样做既方便了设计人员之间的交流，也使电路变得清晰，有利于将来的维护。

(6) 项目编译及报表输出。对于整个设计项目来说，设计人员可能需要关于整个项目的多种信息，以便随时掌握项目设计的具体情况，方便交流。DXP 2004 SP2 系统提供了多种报表可以为设计人员提供关于项目的相关参考信息。本章介绍了常用的一些报表如网络报表的形式和生成方法。具体介绍了原理图输出所涉及的页面设置、打印预览、打印机设置和具体的打印输出操作方法。

习题

1. 在多个被选元件中，怎样取消其中的一个或少数几个？
2. 元件排列中，有几种对齐方法？
3. 怎样绘制贝塞尔曲线？
4. 层次原理图设计中，图纸符号、图纸入口、子图入口分别指什么？

第 6 章　原理图元件库管理

一张完整的原理图是由导线连接各种元件组成的。在绘制原理图的过程中,首先要考虑的就是选择何种类型的元件。当元件选型完毕后,就需要把所选的元件添加到原理图中。用户在原理图中放置元件的方式主要有两种:一种方法是在 DXP 2004 SP2 内置的集成库中查找到所需的元件,然后放置在原理图中;另一种方法是用户自己创建库元件,绘制所需的元件,然后放置在原理图中。

DXP 2004 SP2 内置的集成库文件很多,所存放的库元件非常丰富,包含世界上众多芯片制造厂商的产品,并且可以从网上随时更新。所以,一般情况下,用户能够在系统提供的库文件中找到所需的元件。系统提供的库文件存放在安装目录 Library 文件夹下,在此目录下可以看到两个最常用的元件库:电子元件杂项库(Miscellaneous Devices.IntLib)和常用的插接件杂项库(Miscellaneous Connectors.IntLib)。

6.1　元件库的管理

6.1.1　元件库的显示

在绘制原理图的过程中,假设已经新建或打开了一个原理图文件,单击窗口右边的【元件库】标签打开元件库面板,如果窗口右边的【元件库】标签不存在,可以单击【查看】→【工作区面板】→【System】→【 元件库】,使【元件库】标签显示在右边工作区面板上。如图 6-1 所示。

6.1.2　元件的查找

DXP 2004 SP2 提供两种元件的查找方式,一种是库内文件的查找,一种是库外文件的查找。

库内文件查找方式是在关键字栏中输入元件的分类名称(例如图 6-2 所示的关键字为 RES)。常用的分立元件有,电阻类为 Res,可调电阻类为 Rpot,电容类为 Cap,二极管类为 Diode,三极管类为 NPN 或 PNP,可控硅类为 PUT,电感类为 Inductor,开关类为 SW,晶振类为 XTAL。这些常用的元件都可以在常用的元件库中找到。

如果不知道所要查找的元件在哪个库当中时,可以采用库外查找的方式。例如,要查找 PIC16F877A-I/P,具体步骤如下。

首先单击如图 6-1 所示的【查找】按钮,弹出如图 6-3 所示的【元件库查找】对话框,在对话框最上面的对话框中输入“PIC16F877A-I/P”进行模糊查找,或者输入精确查找表达式(Names =“PIC16F877A-I/P”)进行精确查找。【元件库查找】对话框的其他选项如图 6-3 所示,单击【查找】按钮开始查找。注意查找需要一定的时间,当找到元件时可以提前单击【停止】按钮结束查找。

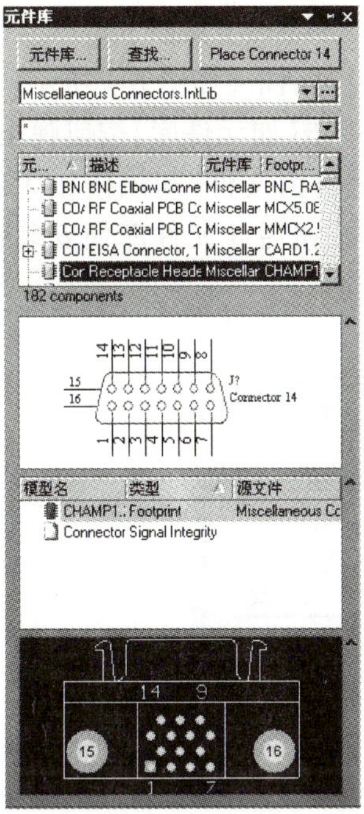

图 6-1　【元件库】面板

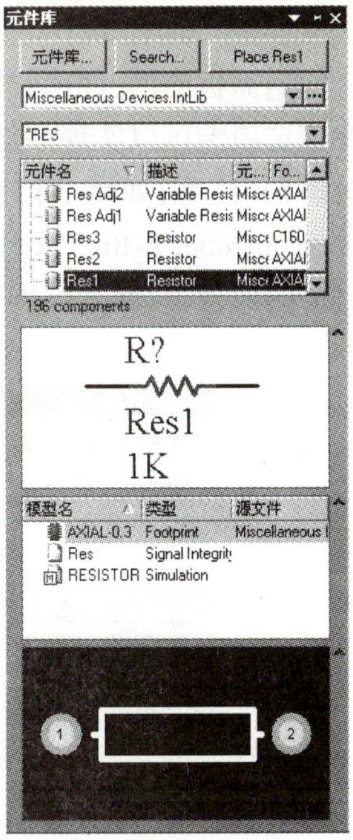

图 6-2　在元件库中查找电阻

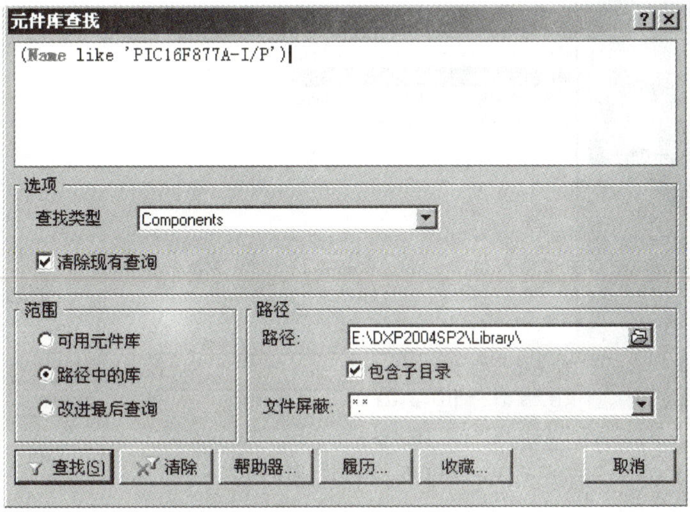

图 6-3　【元件库查找】对话框

6.1.3　元件库的添加

如果在系统默认安装元件库中找不到所需要的元件，就需要手工添加元件库。添加方式有两种：一种是为某个项目添加元件库（当重新打开或新建另一个项目时，需要重新添加）；另一种是安装元件库，安装的元件库对所有项目和自由文件都有效。例如，要添加 Microchip 文件夹子下的 Microchip Microcontroller 8-Bit PIC16F.IntLib 元件库，步骤如下。

单击【元件库】面板的【元件库】按钮，弹出【可用元件库】对话框，如图 6-4 所示。单击【项目】选项卡，在该选项卡可以实现添加元件库第一种方法。单击【加元件库】按钮弹出如图 6-5 所示【打开】对话框（注意：如果当前文件不是项目文件而是自由文件，则该按钮无效），选中 Microchip Microcontroller 8-Bit PIC16F.IntLib，单击【打开】按钮后此元件库便安装在该项目当中。在【元件库】面板上，此元件库即为当前元件库。

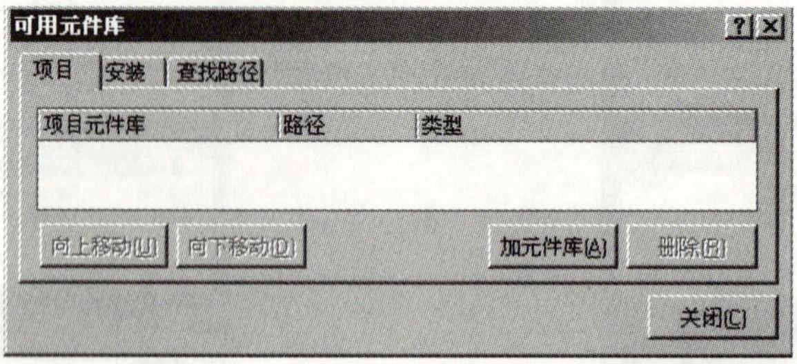

图 6-4 为项目添加元件库

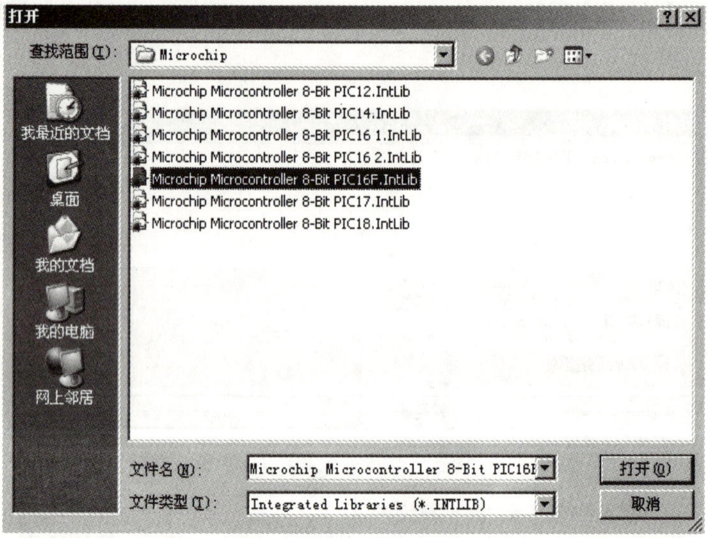

图 6-5 【打开】对话框

如果希望添加的元件库对所有项目和文件都有效，可以采用第二种方法，即安装元件库的模式。只要在弹出【可用元件库】对话框中选中【安装】选项卡，如图 6-6 所示，接下来的步骤与第一种类似。

如果需要删除【项目】或【安装】模式下的元件库，只需选中要删除的元件库文件，然后单击【可用元件库】对话框的【删除】按钮，如图 6-6 所示。

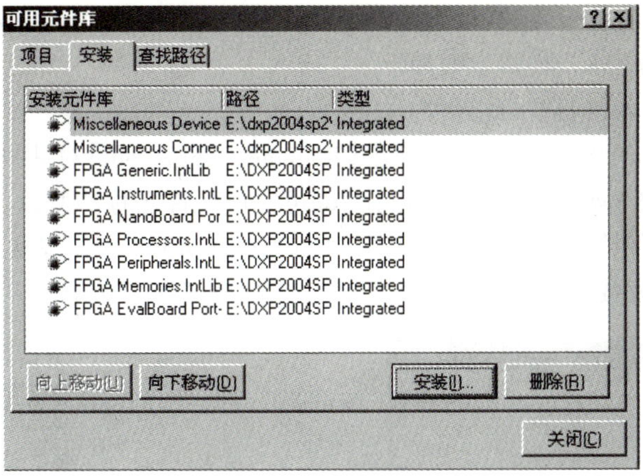

图 6-6　安装元件库

6.2　绘制自己的元件库

在设计原理图时，当所需要放置的元件在 DXP 2004 SP2 所提供的集成库中无法找到时，就需要自己绘制原理图库文件。下面以 LM358 为例讲解元件原理图库的制作过程。

6.2.1　创建原理图符号库

执行【文件】→【创建】→【库】→【原理图库】命令就可生成一个新的原理图库文件，默认名称为 Schlib1.Schlib。在弹出界面的左侧或右侧找到【SCH Library】标签，单击该标签后如图 6-7 所示。

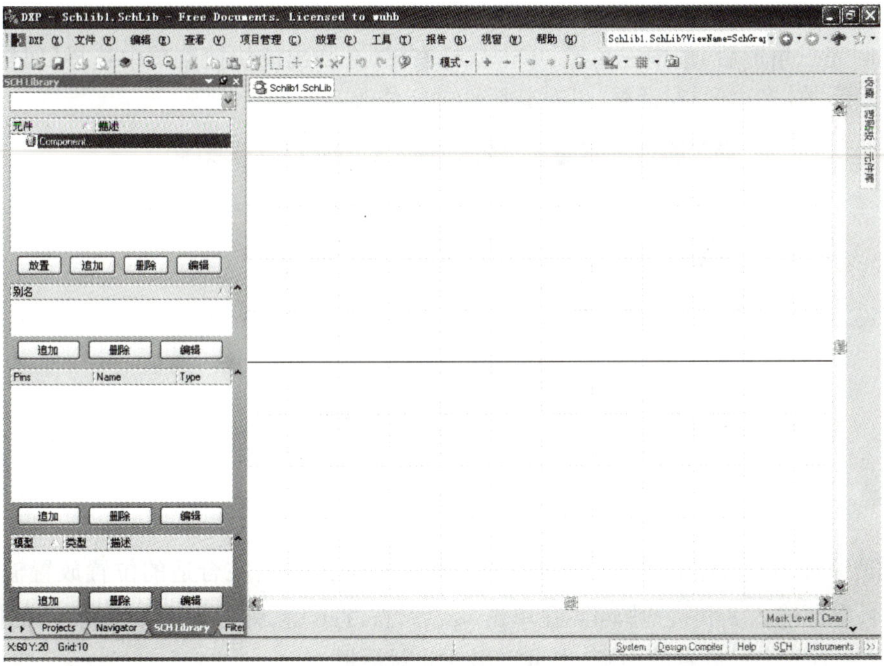

图 6-7　原理图库文件编辑界面

在【SCH Library】面板中，已默认生成一个元件(Component_1)。可以修改此元件的名字，这里改为要绘制的 LM358。具体步骤如下。

① 单击【Component_1】选中此元件；

② 单击【工具】→【重新命名元件】，弹出【Rename Component】对话框，在该对话框中输入新元件名 LM358，如图 6-8 所示。单击【确定】即可完成元件名称的修改。

在绘制原理图元件符号之前，先了解一下 LM358。LM358 内部包含两个独立的、高增益、内部频率补偿的双运算放大器。如图 6-9 所示为 LM358 管脚的功能。

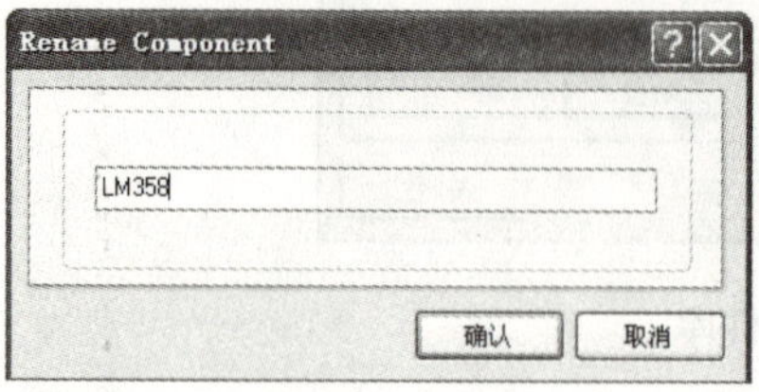

图 6-8 【Rename Component】对话框

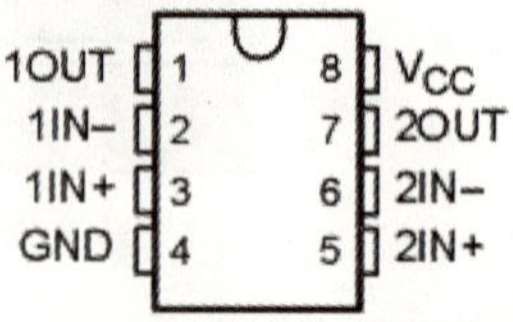

图 6-9 LM358 引脚功能

6.2.2 绘制 LM358 的原理图库符号实例

接下来开始绘制 LM358 的原理图符号。由于 LM358 内部包含两个独立的运算放大器，所以可以分开两部分来绘制。

1. 绘制第一个子部件

首先绘制库元件的第一个子部件，步骤如下。

① 单击原理图符号绘制工具栏中的放置多边形按钮，绘制一个三角形的运算放大器符号。

② 绘制完三角形后，选中三角形，单击鼠标右键，在弹出的快捷菜单中选择【属性】，出现如图 6-10 所示的【多边形】对话框，可对其属性进行修改。

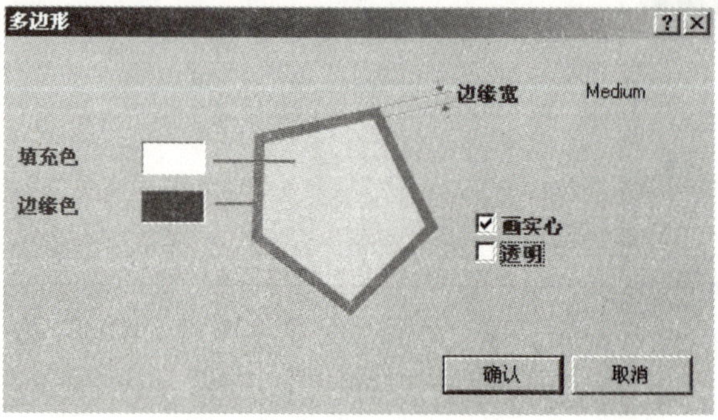

图 6-10 【多边形】对话框

③ 单击原理图符号绘制工具栏中的放置引脚按钮，在合适的位置放置输入脚 2、3，输出脚 1，电源输入 8 和接地脚 4。在单击后，按 Tab 键，弹出如图 6-11 所示的【引脚属性】对话框，或者双击已放置的引脚，也可以出现此对话框。

如图 6-11 所示为引脚 3 的属性设置对话框，在【显示名称】和【标识符】文本框中输入引脚

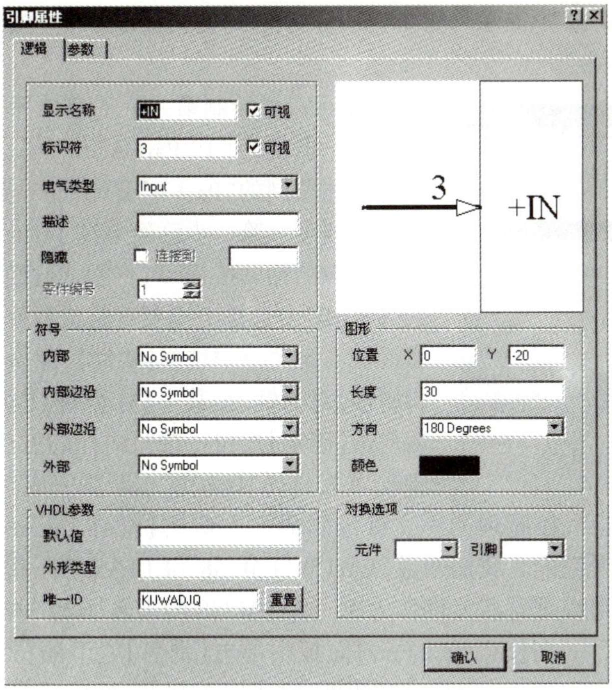

图 6-11　【引脚属性】设置对话框

3 的信息；在【电气类型】下拉列表中选择【Input】，表示此引脚为输入脚，当然也可以选择默认的“Passive”。4、8 脚的属性，取消【显示名称】后的【可视】选项，则 4、8 脚的名称不显示。最终绘制好的运算放大器符号如图 6-12 所示。

注意：放置引脚时，要通过按空格键，使引脚旋转，一定要保证具有电气特征的一端，即带有“X”号的一端朝外。如图 6-13 所示，然后单击鼠标左键，放置引脚。

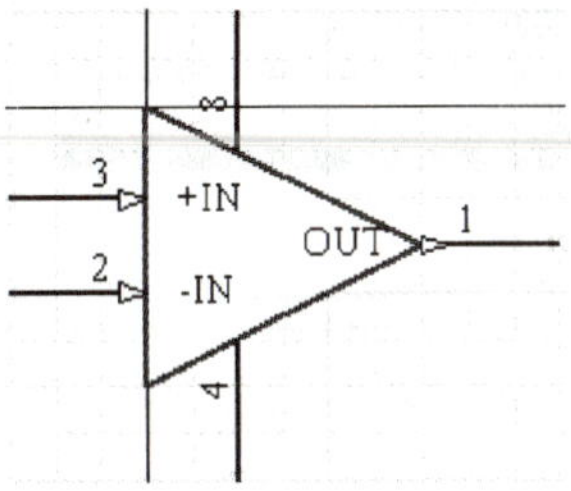

图 6-12　运算放大器符号

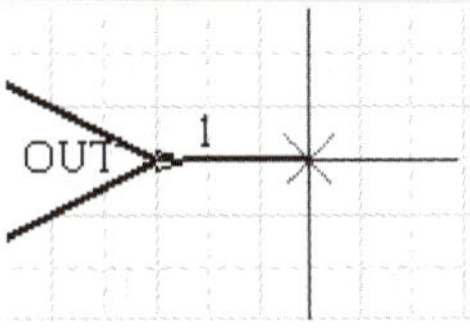

图 6-13　放置引脚

2. 绘制第二个子部件

继续绘制库元件的第二个子部件，即另一个放大器，步骤如下。

① 单击标准工具栏中的区域内对象选择按钮，或者选择【编辑】→【选择】→【区域内对象】菜单命令，将刚才所画运算放大器符号选中，然后单击标准工具栏中的复制按钮，将选中的原理图符号进行复制。

② 选择【工具】→【创建元件】菜单命令，或者单击中的新加元件按钮，执行该命令后，【SCH Library】面板的库元件“LM358”的名称前多了一个⊞号，单击此符号，发现此元件下

有两个子部件“Part A”和“Part B”，如图 6-14 所示。前面已绘制的为“Part A”，现在要绘制的第二个子部件为“Part B”。

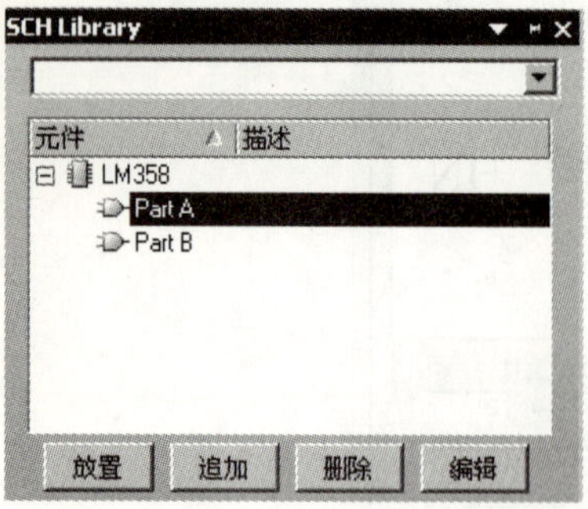

图 6-14 展开 LM358

③ 可以像绘制第一个子部件那样重新绘制“Part B”子部件。但是，由于“Part A”和“Part B”基本相同，所以可以将刚才绘制的“Part A”复制、粘贴到“Part B”中，然后进行修改即可。第一步已经复制了“Part A”，然后单击标准工具栏中的粘贴按钮，将刚才已经复制的“Part A”粘贴到“Part B”中。接下来要对其进行修改，单击选中管脚 3，然后在右键菜单中选择【属性】，弹出如图 6-11 所示的【引脚属性】对话框，把其中【标识符】栏中的“3”改为“5”，然后单击【确定】按钮。按照同样的方法把 2 脚改为 6，把 1 脚改为 7，这样“Part B”也绘制完成。

④ 完成上述步骤后，在原理图库文件编辑界面左侧的【SCH Library】面板中可以看到，【别名】和【模型】两栏是空的。我们知道，LM158、LM258 和 LF353 等，其引脚功能、外形封装等都与 LM358 相同，可以把这些元件作为库元件 LM358 的别名加入，这样就不需要为它们重新绘制原理图库元件了。在【SCH Library】面板中单击【别名】栏下的【追加】按钮，弹出如图 6-15 所示的【Change Component Alias】对话框，输入“LM158”，然后单击【确定】，就为其添加了别名。重复上述步骤可为其添加另外两个别名“LM258”和“LF353”。

⑤ 下面为元件库添加模型。在【SCH Library】面板中单击【模型】栏下的【追加】按钮，弹出如图 6-16 所示的【加新的模型】对话框，可看到模型类型包括：Footprint（封装模型）、Signal Integrity（信号完整性模型）、Simulation（仿真模型）和 PCB3D。如果要制作 PCB 板，则封装模型是必须要添加的。

图 6-15 添加别名

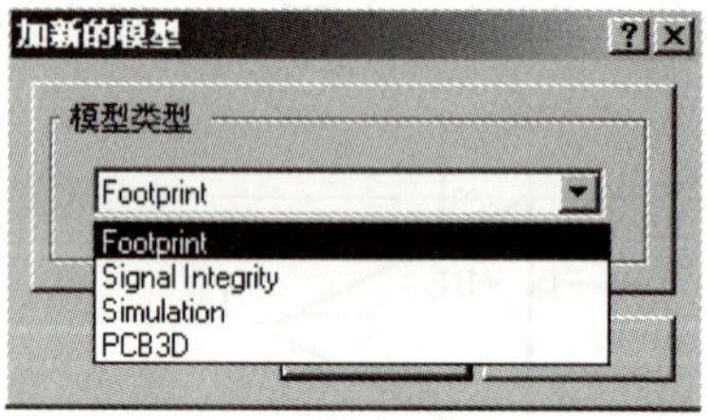

图 6-16 添加新模型

⑥ 在图 6-16 中，选中“Footprint”，然后单击【确定】按钮，弹出【PCB 模型】对话框，可以添加封装模型。关于封装模型的添加和修改在 PCB 库管理部分讲解。

⑦ 选择【文件】→【保存】菜单命令，保存文件，在弹出的对话框中，选择存储路径，并把文件名修改为“hh.CchLib”。

6.3 复制库元件

在创建自己的原理图库文件时，一种方法是像上节所述的那样自己绘制库元件的原理图符号；还有一种方法是在别的库文件中找到类似的元件原理图符号，然后复制到自己所创建的库文件中，进行必要的修改后完成一个新的原理图元件符号。

下面以复制安装目录 Microchip 文件夹的 Microchip Microcontroller 8-Bit PIC16F.IntLib 集成库中的 PIC16F877A-I/P 元件到自己创建的原理图库文件中为例介绍此方法的运用，具体步骤如下。

① 打开刚刚创建的原理图库文件，“hh.SchLib”。

② 打开安装目录 Microchip 文件夹的“Microchip Microcontroller 8-Bit PIC16F.IntLib”文件，如图 6-17 所示。或者先将“Microchip Microcontroller 8-Bit PIC16F.IntLib”拷贝到一个新的文件夹下然后打开，这样做的目的是为了防止误操作而对系统库文件造成破坏或修改。单击【打开】按钮后，弹出如图 6-18 所示的【抽取源码或安装】对话框，根据提示，这里单击【抽取源】按钮。然后，查看【Projects】面板，如图 6-19 所示，原理图库文件“Microchip Microcontroller 8-Bit PIC16F.SchLib”已经添加其中。此时，如果打开该库文件目录，发现其内部自动创建一个新的文件夹，如图 6-20 所示，此文件下包含“Microchip Microcontroller 8-Bit PIC16F.PcbLib”和“Microchip Microcontroller 8-Bit PIC16F. SchLib”两个文件。

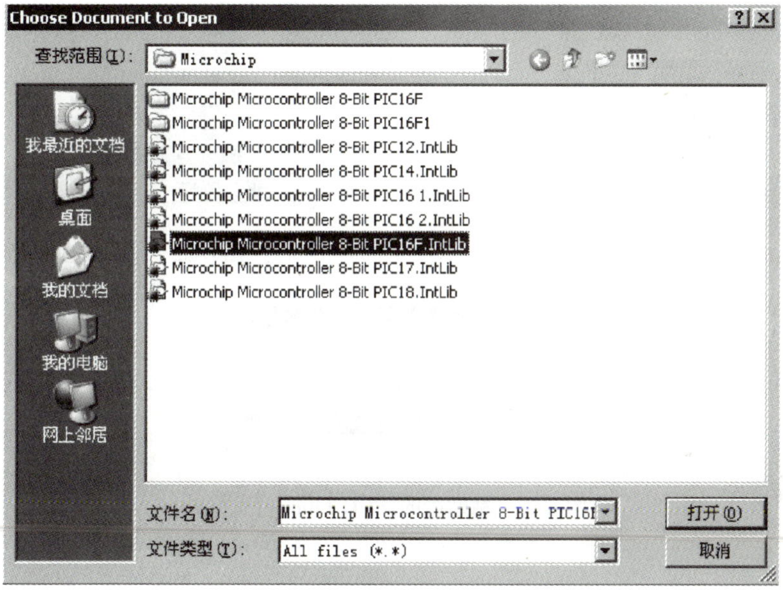

图 6-17 选择待打开的库文件

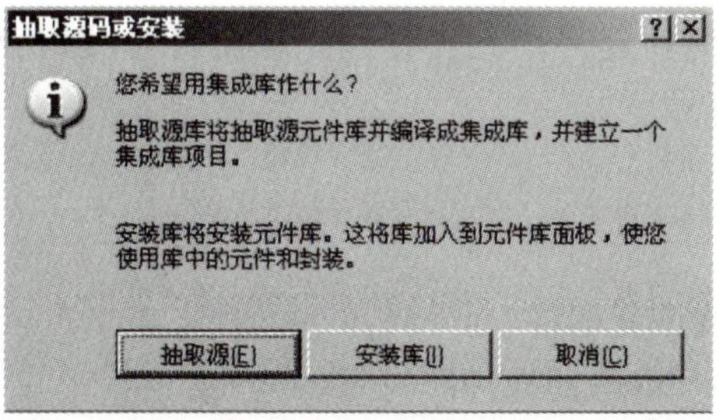

图 6-18 选择库文件处理方式

图 6-19 库文件打开后的【Projects】面板

图 6-20 新建的文件夹

③ 双击【Projects】面板上的“Microchip Microcontroller 8-Bit PIC16F. SchLib”,则此文件被打开;或者执行【文件】→【打开】菜单命令,找到上述新建文件夹下的此文件并打开。

④ 在【SCH Library】面板上找到并选中“PIC16F877A-I/P”元件,单击鼠标右键,在弹出的快捷菜单中选择【复制】,如图 6-21 所示。

⑤ 选中“hh.SchLib”为当前活动窗口,然后在【SCH Library】面板上的【元件】栏空白处单击鼠标右键,在弹出的快捷菜单中选择【粘贴】,如图 6-22 所示。则“PIC16F877A-I/P”添加在此元件库中,如图 6-23 所示。如果需要,可以在此基础上进行修改,形成新的原理图符号。还可以按照同样的步骤重复复制多个元件。最后保存并关闭文件。

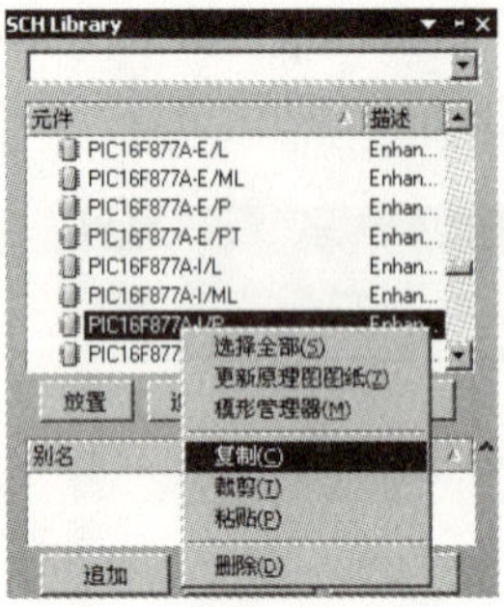

图 6-21 复制原理图符

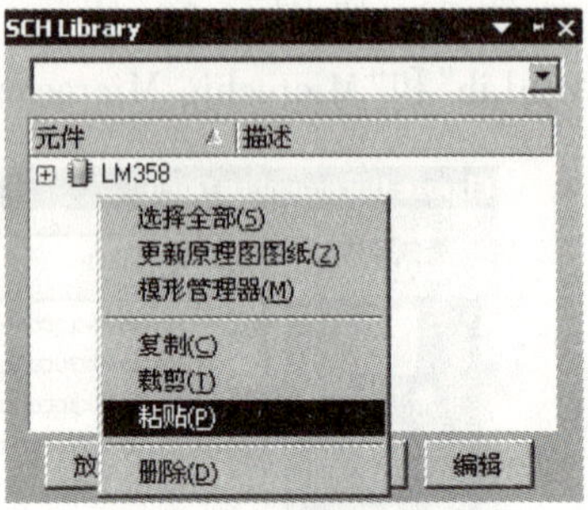

图 6-22 粘贴原理图符

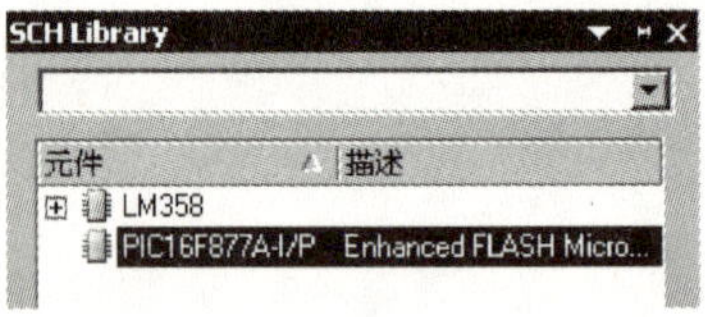

图 6-23 粘贴后的【SCH Library】面板

本章小结

本章主要讲解如何建立用户自己的元件库,主要内容如下。

(1) 原理图元件库的管理。介绍怎样显示元件库面板,怎样在库中查找元件,怎样装载或卸载元件库。

(2) 建立用户自己的元件库。通过实例讲解如何新建一个元件库和原理图符号,以及在现有原理图符号基础上,通过编辑形成新的原理图符号。

习题

1. 当所需元器件不知道在哪个库中时,怎样查找该元器件?

2. 怎样绘制原理图符号库? 请读者自行绘制一个继电器原理图符号。

3. 绘制元件原理图符号时,如果有类似的原理图符号,怎样通过复制再修改的办法完成绘制过程?

第 7 章　PCB 设计基础

印制电路板(PCB)设计是一项比较复杂的工作。在基本理论方面,涉及大量专门化的术语和相应的一些基本概念,以及电子及电气方面相关的基本知识,要求设计人员具备这些方面的基本素养;在基本操作方面,DXP 2004 SP2 提供了较以前版本更为便捷和多样化的设计操作方式,设计人员不仅应当熟悉整个软件各种功能的基本实现方式,更应当要在不同的设计场合下选择最好、最快的方式去实现功能。本章主要是介绍 DXP 2004 SP2 PCB 设计相关的基本理论以及基本操作。读者可通过本章的学习达到掌握 PCB 设计的基础知识,熟悉 DXP 2004 SP2 设计环境与基本操作的目的,为 PCB 制作做好基础准备。

7.1　PCB 制板的相关术语和概念

PCB 制板有大量的专门化术语和概念,如层(Layer)、封装、焊盘(Pad)、导孔(Via)、飞线、覆铜、网格(Grid)等,本节主要介绍 PCB 设计一些最常用的术语和概念。

7.1.1　层

一些图形处理软件如 AutoCAD 为了方便管理和修改,把具有一定共性特征的线或形放置在同一层面上。为了便于区分和管理 PCB 板上各类图元,Protel 也引入"层"的概念,但与图形处理软件不同,Protel 中的"层"不是虚拟的,而是有其物理意义的。也就是说,层不仅可以有厚度,而且层与层之间的位置关系也不能随意变更。PCB 根据"层"的数量有单面、双面和多层板之分。对于多层板,整个电路板将包括顶层(Top)、底层(Bottom)、内层和中间层等。电源层和信号层之间要有绝缘层,绝缘层的材料要求其绝缘性能、可挠性、耐热性等良好。图 7-1 为双面板层的结构图。

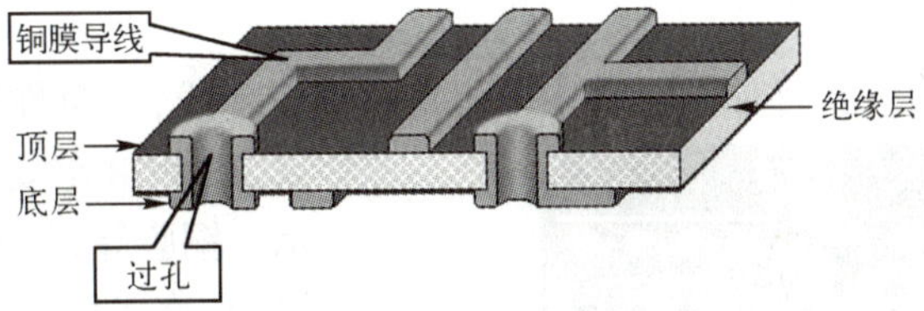

图 7-1　双面板的结构图

7.1.2　焊盘

焊盘的作用是用焊锡连接元件的引脚和铜膜导线,典型的焊盘形状可分为三种,即圆形(Round)、方形(Rectangle)和八角形(Octagonal),如图 7-2 所示。焊盘的选择应当综合考虑元件的形状、大小、布置、震动和受热情况,还有受力大小与方向等因素。在设计过程中,并非仅限于选择图 7-2 所示的三种形式,可根据特定场合把焊盘设计成其他特殊的形状,如对发热且受力较大、电流较大的场合,可以选择普通形状然后对焊盘进行补泪滴处理,也可直接将焊盘设计成“泪滴状”。

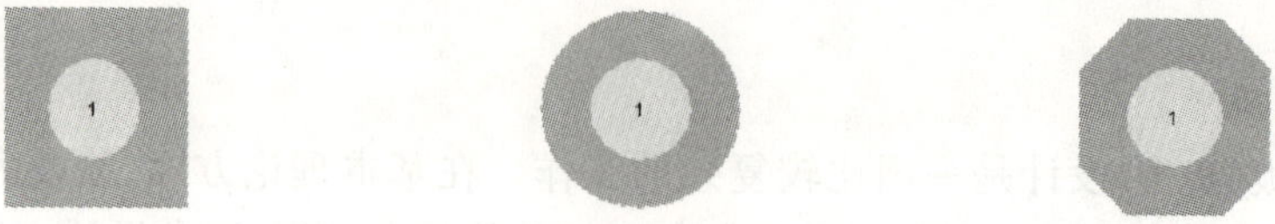

(a) 方形焊盘　　(b) 圆形焊盘　　(c) 八角形焊盘

图 7-2　典型的焊盘形状

7.1.3　导孔

导孔的作用是连接不同板层间的导线。导孔有三种,即从顶层到底层的穿透式导孔(Through)、从顶层通到内层或从内层通到底层的盲孔(Blind)和内层间的屏蔽导孔(Burried),如图 7-3 所示。导孔的数量一般应尽量少,另外,PCB 载流量越大的地方,导孔的尺寸也越大。

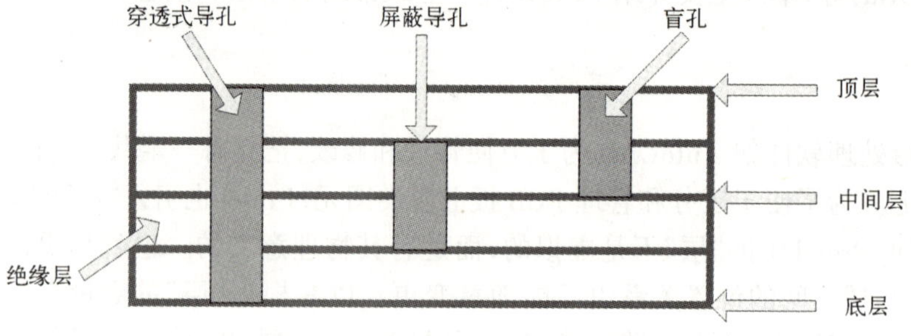

图 7-3　各类导孔

7.1.4　铜膜导线与飞线

铜膜导线是覆铜板经过加工后在PCB上布的铜膜走线,又简称导线,它用于连接各个焊点,是 PCB 重要的组成部分,如图 7-1 所示。铜膜导线与布线过程中出现的欲拉线(又称飞线)完全不同,飞线有两种情况,一种情况是指在布线前的各网络间相互交叉的类似橡皮筋的连线,如图 7-4 所示。在布线开始前,通过不断调整各元件的位置以减少这类飞线之间的交叉,可以提高布线的布通率。另一种情况是指自动布线结束后,由于设计不当或原理图网络的增加等原因导致有些网络未布通,然

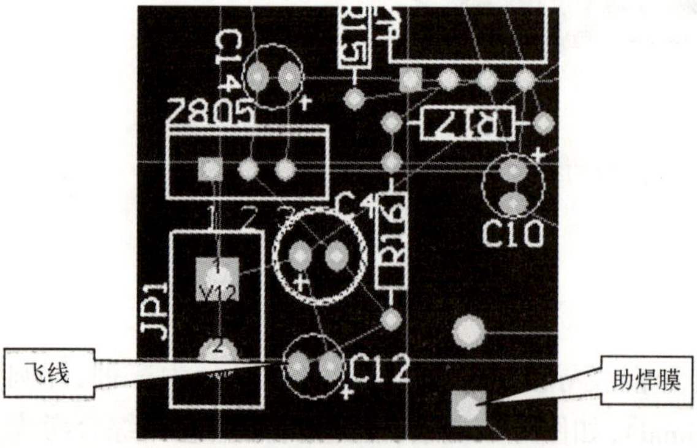

图 7-4　飞线

后用手工补偿,或者在 PCB 出厂后以手工的方式,用导线将需要连接的网络进行连接,这类线也被称为飞线。通常情况下,飞线与铜膜导线有本质的区别,飞线只是形式上表示出网络间的连接关系,没有实际的电气连接意义。

7.1.5　各类膜

PCB 的膜有防焊膜(或层)(Solder Mask)和助焊膜(层)(Paste Mask)两类,助焊膜是涂于 PCB 焊盘上比焊盘稍大的灰色图环,如图 7-4 所示,在需要焊接的地方涂上一层助焊膜以增强焊盘的可焊性,助焊层可分为顶层助焊层(Top Paste Mask)和底层助焊层(Bottom Paste Mask)。助焊膜以外的区域则涂上防焊膜,防焊层留出焊点的位置,而将铜膜导线覆盖住。防焊层不粘焊锡,甚至可以排开焊锡,这样在焊接时,可以防止焊锡溢出造成短路,防焊层也有顶层防焊层(Top Solder Mask)和底层防焊层(Bottom Solder Mask)之分。

7.2　元件与封装

7.2.1　封装的概念

元件封装是一个空间的概念,主要是指实际的电子元器件的整个外形结构尺寸。元件封装既起了安放、固定、密封、保护芯片、分配电源、环境保护等作用,也提供芯片内部与外部电路信号传输的渠道。通常用"封装比"来衡量一个芯片封装的先进程度,"封装比"指芯片面积与芯片封装面积的比值,该值越接近 1,说明该芯片封装越先进。初学者在理解元件封装时,应注意以下几点。

- 不同的元件可以有相同的封装,如所有 40 脚双列直插式芯片都可以采用 DIP40 封装,也就是说,只要元器件的外观结构相同,就可以采用一个封装。
- 同一功能的元件也可以有不同的封装,如稳压芯片 7805,可以是 TO-220 封装,也可以是 TO-92 封装,具体选哪一种封装形式,取决于电路的实际需要,如功率、电流等。
- PCB 设计软件一般会提供封装库供选择,但不可能满足所有用户的需求,因此,对于特殊元器件的封装,要自行设计。
- 在线路板的丝印层上一般有封装的投影图(二维),在实际设计线路板时,由于封装本身是立体的结构,当很多封装放在一块线路板上时,要注意各封装之间不能干涉。

总之在取用元件时,不仅要知道元件的名称,还要知道元件的封装。在 PCB 设计之前可先将整个 PCB 板所需的元器件先购置一套实物,结合器件的实际结构来选择和设计 PCB 封装,这可大大提高 PCB 设计的效率。当需要自行设计元件封装时,可参照元器件对应的规格书内附的外型尺寸图进行元件封装设计,当手头没有对应的规格书时则可对元器件进行测量获得所需尺寸再进行元件封装设计。

元件封装可以分为针脚式封装和表面粘着式(Sarface Mounted Technology,SMT)封装两大类。

(1) 针脚式元件封装

针脚式元件封装是采用插入式封装技术(Through Hole Technology THT)对元件进行封装,它是针对针脚类元件的。针脚类元件焊接时先要将元件针脚插入焊盘孔中,然后再焊锡。

由于焊盘孔贯穿整个电路板，所以在焊盘【属性】对话框中，Layer 板层属性必须为 Multi-Layer，如图 7-5 所示。

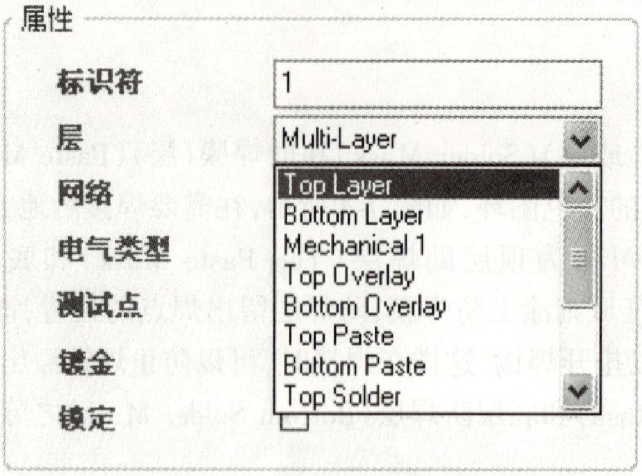

图 7-5 焊盘【属性】对话框

（2）表面粘着式封装

表面粘着式封装的焊盘只限于表面板层，即顶层或底层，其焊盘的【属性】对话框中，Layer 板层属性必须为单一表面，从如图 7-5 所示的下拉列表中选择。

7.2.2 常用的元件封装

常用的分立元件封装有二极管类（DIODE-0.4 ~ DIODE-0.7）、极性电容类（RB5-10.5 ~ RB7.6-15）、非极性电容类（RAD-0.1 ~ RAD-0.4）、电阻类（AXIAL-0.3 ~ AXIAL-1.0）、可变电阻类（VR1 ~ VR5）等，这些封装集中在 Miscellaneous Devices.IntLib 元件库中。部分常用元件的封装图如表 7-1 所示。

表 7-1 常用的封装类型列表

二极管类（DIODE）	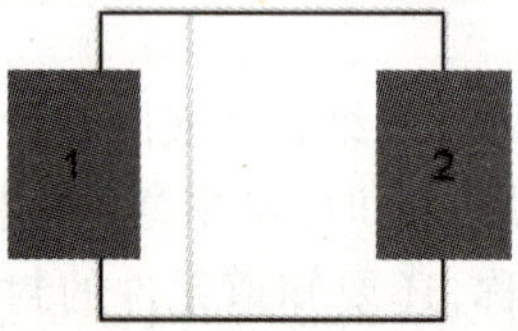 （a）贴片二极管封装	 （b）插脚二极管封装
电容类（RB 或 RAD）	 （a）无极性电容封装	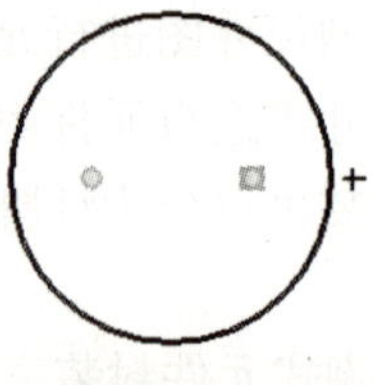 （b）极性电容封装

续表

电阻类(AXIAL)	 (a) 插脚电阻封装 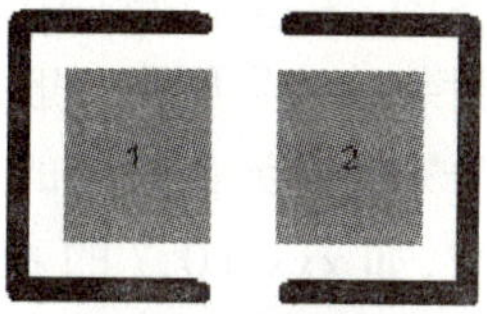 (b) 贴片电阻封装
芯片封装	 (a) 插脚式芯片封装 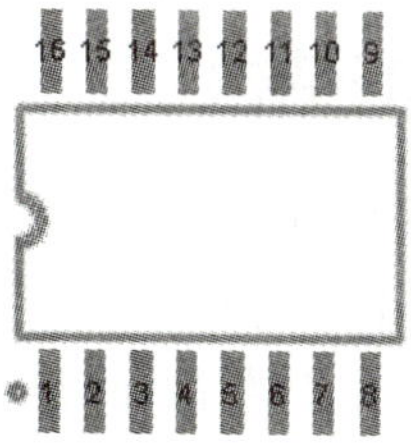 (b) 贴片式芯片封装
晶体管类	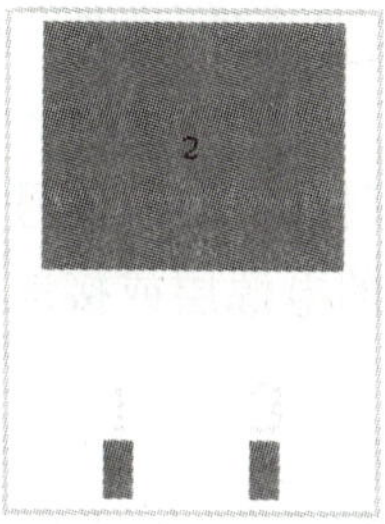 (a) 贴片三极管封装 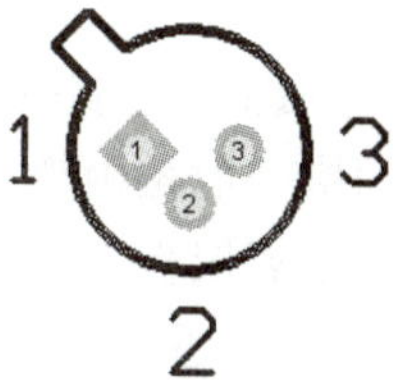 (b) 圆形插脚封装 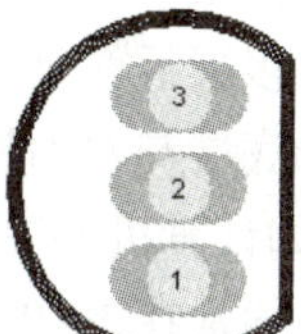 (c) 半圆形插脚封装
电位器(VR)	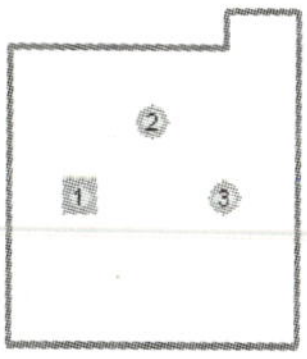 (a) 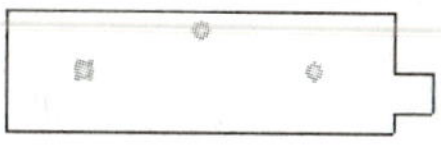 (b) 可变电阻的封装
其他封装 ((a)为直流电源插座的一种封装,(b)也是一种常见封装,如电源芯片 7805、很多三极管等都使用该封装)	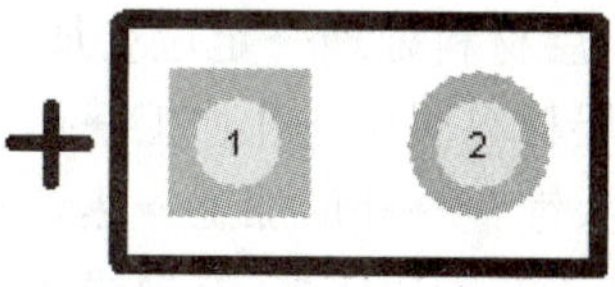 (a) 极性插座封装 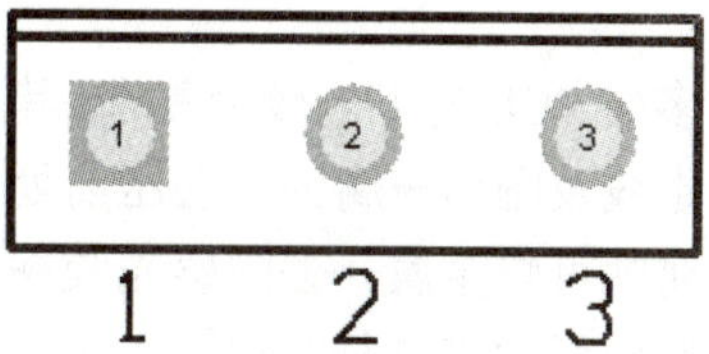 (b) TO-220 封装

集成芯片封装有双列直插式封装(Dual In-line Package,DIP)、小外型封装(Small Outline Package,SOP)、塑料有引线芯片载体封装(Plastic Leaded Chip Carrier,PLCC)、塑料四边引出式扁平封装(Plastic Quad Flat Package,PQFP)、四周扁平封装(Quad Flat Package,QFP),球栅

阵列封装(Ball Grid Array Package,BGAP),芯片尺寸封装(Chip Size Package 或 Chip Scale Package,CSP),多芯片组封装(Multi Chip Model,MCM)等。

元件封装的编号原则一般为:元件类型 + 焊盘距离(焊盘数) + 元件外型尺寸。可以根据元件的编号来判断元件封装的规格。例如插脚二极管封装,名称为 DIODE-xxx,其中 xxx 代表封装尺寸,如 xxx = 0.7 的表示 700 mil(100 mil = 2.54 mm),电阻的封装为 AXIAL-0.4,表示此元件封装为轴状,两焊盘间距为 400 mil,RB7.6-15 表示极性电容类元件封装,引脚间距为 7.6 mm,元件直径为 15 mm,DIP-24 表示双列直插式元件封装,24 个焊盘引脚。

7.3 PCB 的结构

PCB 是由不同的层按照一定顺序组成的。根据 PCB 的结构可以分为单面板(Single Layer)、双面板(Double Layer)和多层板(Multi-Layer)三种。单面板只有一面覆铜,而另一面没有覆铜,即只有一个信号层,因而焊接元器件和布线只能在它覆铜的一面进行,单面板由于结构和制作工艺简单,因而价格便宜,加工时间较短,如很多小电器的电路都采用单面板。

与单面板不同,双面板具有两个信号层,是一种包括顶层和底层的电路板,这两个层都有覆铜,都可以布线。根据实际需要,顶层和底层都可以放置元件,也都可以作为焊接面,双层电路板使用最为广泛。

多层板就是包含多个工作层面的电路板,除了有顶层和底层等信号层外还有中间层,其顶层和底层与双面板一样,中间层一般是由整片铜膜构成的电源层或接地层,但也可以用作信号层,如计算机的主板等很多都是多层板。

通常在 PCB 上布铜膜导线后,还要在上面印一层防焊膜和助焊膜。另外,为了方便元件的安装和电路板的维修,PCB 还要有丝印层(Overlay),用于印制各类标志图案和文字符号,如元件符号、元件外型轮廓、公司名称和生产日期等,丝印层可分为顶层丝印层(Top Overlay)和底层丝印层(Bottom Overlay)。

7.4 PCB 的生产工艺

单面 PCB 的工艺过程通常为:覆箔板→下料→烘板(防止变形)→制模→洗净、烘干→贴膜(或网印)→曝光显影(或抗腐蚀油墨)→蚀刻→去膜→电气通断检测→清洁处理→网印阻焊图形(印绿油)→固化→网印标记符号→固化→钻孔→外形加工→清洗干燥→检验→包装→成品。

多层 PCB 的工艺较为复杂,其过程为:内层材料处理→定位孔加工→表面清洁处理→制内层走线及图形→腐蚀→层压前处理→外内层材料层压→孔加工→孔金属化→制外层图形→镀耐腐蚀可焊金属→去除感光胶→腐蚀→插头镀金→外形加工→热熔→涂焊剂→成品。

双面板的工艺复杂程度介于二者之间,其工艺方法较多,有导线法、堵孔法、掩蔽法和图形电镀—蚀刻法等几种。采用图形电镀—蚀刻法的双面板工艺过程为:覆箔板→下料→冲钻基准孔→数控钻孔→检验→去毛刺→化学镀薄铜→电镀薄铜→检验→刷板→贴膜(或网印)→曝光显影(或固化)→检验修板→图形电镀(Cn 十 Sn/Pb)→去膜→蚀刻→检验修板→插头镀镍镀金→热熔清洗→电气通断检测→清洁处理→网印阻焊图形→固化→网印标记符号→固化→外形加工→清洗干燥→检验→包装→成品。

几个必要的工艺为:光绘(Gerber)、图像转移、蚀刻、丝印。

(1) 光绘

光绘是 PCB 进行生产加工前应做的一道工序,它根据设计者设计的 PCB 设计文件或光绘文件制作一套照相底片。该底片的功用是提供 PCB 上的各种图形的图案和尺寸,分别是:图形转移中的感光掩膜图形,包括线路图形和光致阻焊图形;丝印模版的阻焊图形和字符;机加工(钻孔和外型铣)数控机床编程依据及钻孔参考。PCB 各层导电与非导电图形,如信号层电路图形、电源层图形、阻焊层图形、各种字符等都至少要有一张照相底片。

(2) 图像转移

图像转移指将照相底片上的电路图像转移到覆铜箔层压板(Copper Clad Laminates, CCL)即基板材料上,形成一层抗蚀或抗电镀的掩膜图像。抗蚀图像用于 PCB 工艺过程的"蚀刻工艺"阶段,抗电镀图像则用于 PCB 工艺过程的"图形电镀工艺"阶段。抗蚀图像是用保护性的抗蚀材料在覆铜箔层压板上形成电路正相图像,而未保护的铜箔部分将会在后面蚀刻工序中被腐蚀掉,就得到了 PCB 的裸铜电路图像。抗电镀图像是用保护性的抗蚀材料在覆铜箔层压板上形成电路负相图像,使得非电路部分的铜箔覆盖上一层抗蚀材料,而需要的图像是铜表面,再对无抗蚀材料对应的铜表面即电路图像部分进行表面处理(清洁、粗化等),然后在图像电镀工序对其电镀铜或电镀金属保护层,最后去掉抗蚀材料层进行蚀刻,将未电镀保护的非电路铜箔腐蚀掉得到裸铜电路图像。

(3) 蚀刻

蚀刻是对图像电镀后的覆铜箔层压板进行蚀刻而得到与光绘照相底片相同的电路图形,该电路图形就是在 PCB 上看到的金属线路。蚀刻应要有稳定的速率以得到均匀的印制线。

(4) 丝印

丝印是根据需要印制的图文用丝网材料制成图文模版,模版图文部分可渗漏印料,所需图文可通过这样的方式丝印到 PCB 上。丝印工序可用于印制阻焊膜和元件字符。

7.5 认识 PCB 编辑器

7.5.1 DXP 2004 SP2 PCB 编辑器界面

DXP 2004 SP2 提供了较以前版本更为友好的操作界面,不仅在功能上进一步完善,在操作便捷性上也有了很大的提高。单击【文件】→【打开】,选择一个 PCB 文件打开,即可打开如图 7-6 所示的 PCB 文件编辑界面。

7.5.2 DXP 2004 SP2 PCB 编辑器的面板

DXP 2004 SP2 的面板提供多种对工作区检查和操作的工具,这些面板分别是【Files】、【Projects】、【Navigator】、【Help】、【PCB】、【Filter】。本节将重点介绍【Projects】、【PCB】面板的功能。

1.【Projects】面板

如图 7-7 所示为 DXP 2004 SP2 的【Projects】面板,该面板主要用于对各类文件的控制与管理。

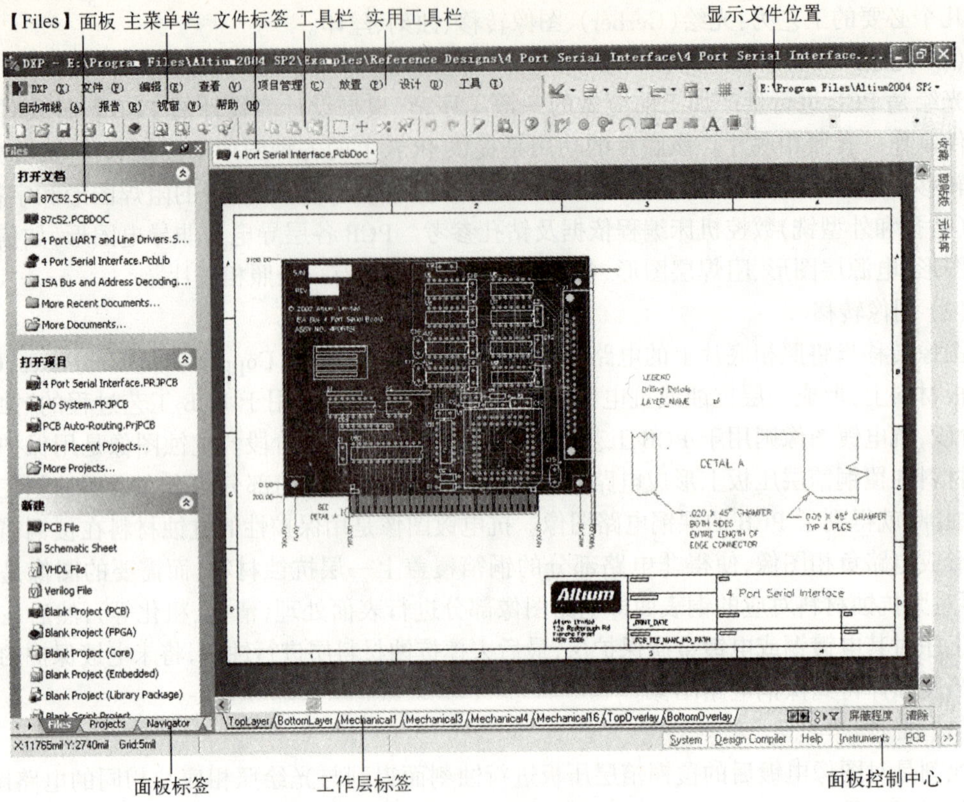

图 7-6　PCB 编辑器界面

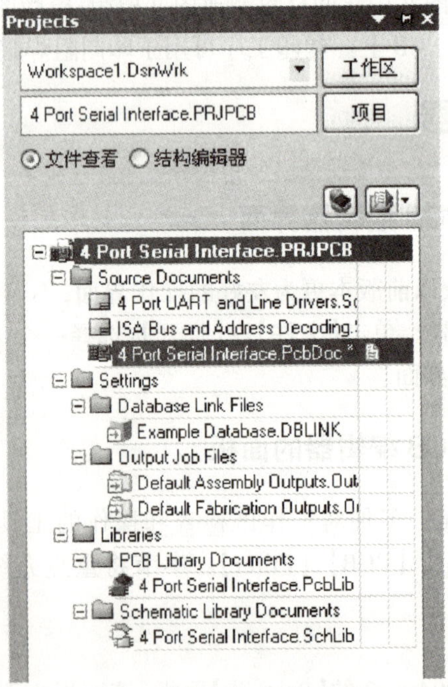

图 7-7　【Projects】面板

(1) 面板工作区

DXP 2004 SP2 软件既可以建立独立的单个文件，也可以按照项目管理，把相关联的文件放在一个项目中。新建文件主要包括新建原理图文件(* .SCHDOC)、印制板文件(* .PCBDOC)、VHDL 文件及其他文件(如文本文件)等；新建项目主要包括新建印制板项目(* .PrjPCB)、FPGA 项目(* .PrjFPG)、嵌入式项目(* .PrjEmb)等，还可以新建各种库文件。各类文件与项目根据其结构类型树型层次显示于面板工作区。

(2) 面板工作区文件显示

如图 7-7 所示为以【文件查看】的方式显示文件。还可以选择【结构编辑器】的方式显示，该方式下各层次文件将以“类总 - 分”的形式层次显示，可清楚看到个文件之间的层次关系以及有效的子项目和配置。单击项目名称前面的 + 、- 符号则可以使项目中文件展开或隐藏，这与 Windows 操作系统里的文件管理一样。还可通过提供的各项功能对目录区文件进行更为详细的显示方式设置，如不分组、按字母降序显示、全收缩等。单击则显示 FPGA 工作区映射图。

(3) 项目管理

项目管理是指项目或项目文件的添加、删除、移动、打开、关闭、隐藏等操作。

① 为工作区添加项目

要添加一个项目到工作区列表，单击【Project】面板【工作区】按钮，在弹出的菜单中选择【追加已存在项目】，如图 7-8 所示，然后在弹出对话框中选择要添加的项目就可给当前工作区添加一个已存项目。

② 为项目添加文件

如果要添加一个文件到列表区已有项目中，可单击面板【项目】按钮或在工作区内该项目名称处单击右键，在弹出如图 7-9 所示的快捷菜单中选择【追加已有文件到项目中】，用与添加项目一样的操作可在当前项目中添加已创建好的文件。

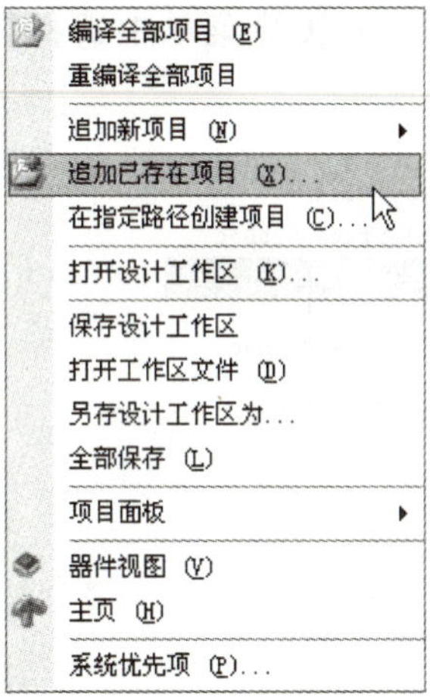

图 7-8　【工作区】按钮菜单

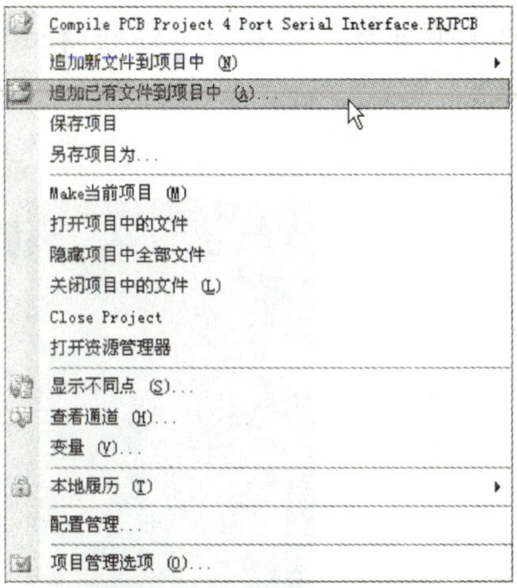

图 7-9　【项目】按钮右键菜单

③ 删除项目中的文件

如果想把项目中的某个文件删除，则可右键单击该文件，在弹出如图 7-10 所示的快捷菜单中选择【从项目中删除】,该文件即被删除。

④ 项目文件移动

在项目面板中还支持直接拖放移动功能,可以把一个文件从一个项目直接按住左键拖到另一个项目中去,如图 7-11 所示。可以看出,在一个 PCB 项目(＊.PrjPCB)中,文件分为不同的类,【Source Documents】中是该项目所有的 PCB 文件和原理图文件,【Generated】下的 Netlist Files 中是产生的网络表文件,【Generated】中还可有其他类型的文件,如 EDIF Files 等。不属于任何项目的文件为自由文件,在项目管理器中,自由文件全部在【Free Documents】中。

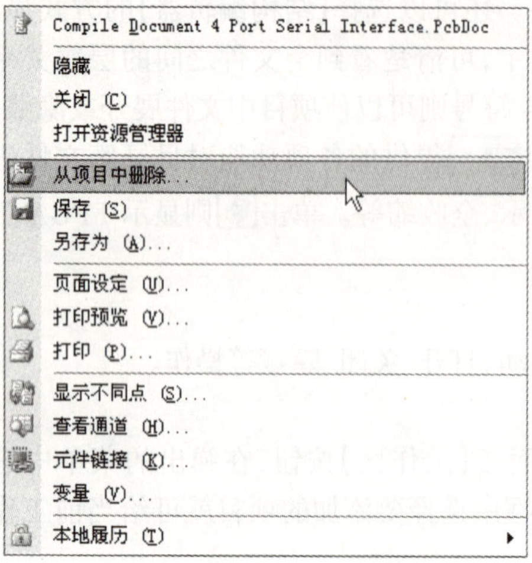

图 7-10 项目文件右键菜单

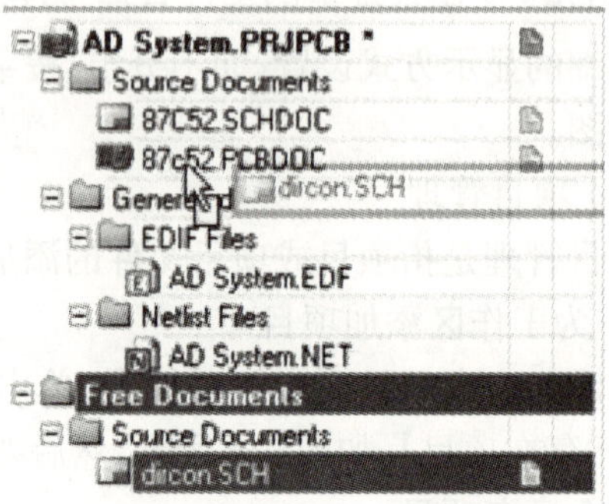

图 7-11 文件拖动移动

⑤ 面板工作区内所有文件打开和关闭

如果要打开面板工作区内所有的项目和文件,可单击面板【工作区】按钮,在弹出的菜单中选择【打开工作区文件】。当需要关闭编辑器界面工作区内所有的文件时,右键单击 PCB 编辑器界面文本标签中任意一个标签,在弹出的如图 7-12 所示的快捷菜单中选择【关闭全部文件】。

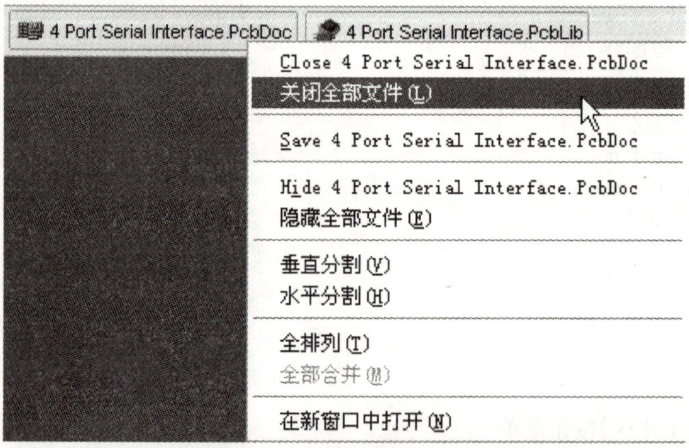

图 7-12 文本标签右键菜单

⑥ 单个项目所有文件的打开和关闭

单击面板【项目】按钮或在工作区内项目名称处单击右键，在弹出的快捷菜单中选择【打开项目中的文件】，可打开该项目下所有文件，选择【关闭项目中的文件】则可关闭编辑器界面工作区内该项目的所有的文件。

⑦ 打开项目内单个文件

如果要打开项目内单个文件，双击该文件即可。想关闭该项目中的某一个文件，可用鼠标右键单击该文件名称，在弹出的快捷菜单中选择【关闭】，也可选择如图 7-12 所示菜单的【Close 文件名】，即可把该文件关闭。

要注意，这些文件的关闭只是把编辑器界面工作区内的工作窗口关闭，在项目管理器中该文件还仍然存在。可单击面板【项目】按钮或在工作区内项目名称处单击右键，在弹出的快捷菜单中选择【Close Project】，在弹出的存储选择对话框中确认保存与否后，即可关闭面板工作区中的项目。

⑧ 隐藏项目文件

要隐藏界面工作区中的全部文件在图 7-12所示的快捷菜单中选择【隐藏全部文件】；要隐藏某项目可右键单击该项目文件名，在如图 7-9 所示的快捷菜单中选择【隐藏项目中全部文件】；要隐藏项目中单个文件，则在如图 7-12 所示的快捷菜单中选择【Hide 文件名】或右键单击该文件名，在如图 7-10 所示的快捷菜单中选择【隐藏】。

关于项目和文件其他相关操作也列在该菜单中，读者可自行学习。

2.【PCB】面板

如图 7-13 所示为 DXP 2004 SP2 的【PCB】面板，该面板是 PCB 设计环境中独有的，主要用于对 PCB 工作区内容的检查。

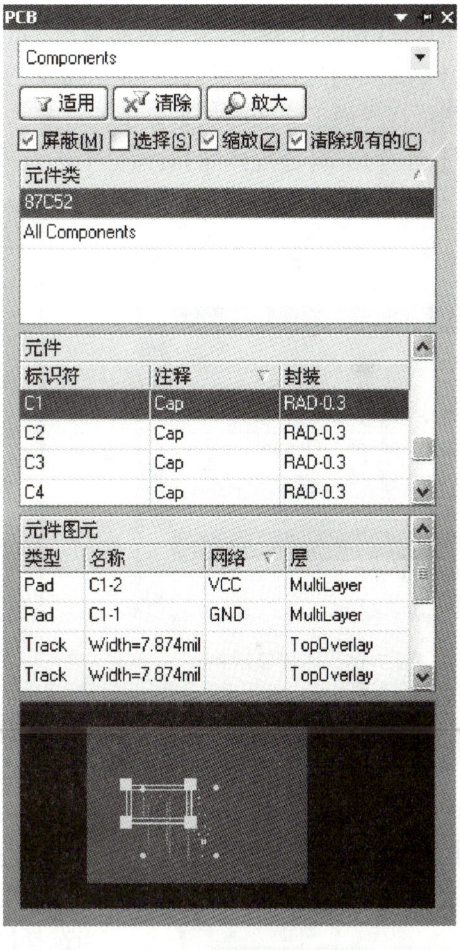

图 7-13　【PCB】面板

(1) 最上端的选择列表框

单击最上端选择列表框可选择要查看或编辑的参数对象，如图 7-14 所示，选择网络（Nets）、元件（Components）、规则（Rules）三项可进入相应的浏览模式，选择连接编辑器（From-To Editor）、内层分割编辑器（Split Plane Editor）则进入编辑模式。选择其中一个参数对象则面板将显示所有该参数对象相应的信息（名称、类型等），单击一个对象名称或对象类型可使该对象在工作区中加亮显示，其他对象将被掩膜处理。如图 7-15 所示为电容 C1 的加亮显示效果。双击面板上的对象名称或对象类型名称则可弹出相应编辑对话框，可对相应对象进行编辑或设置。

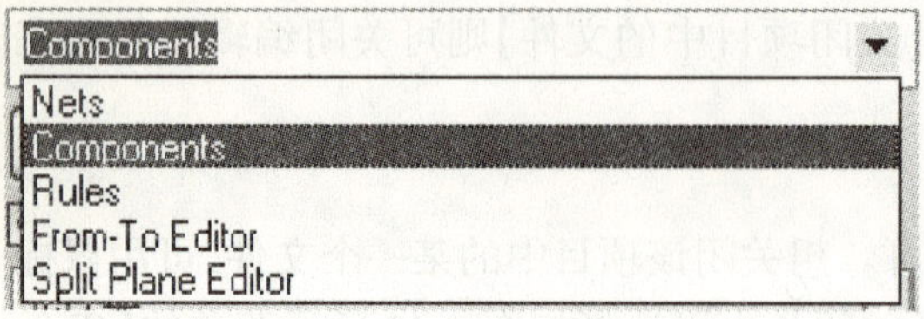

图 7-14 PCB 面板下拉参数选择

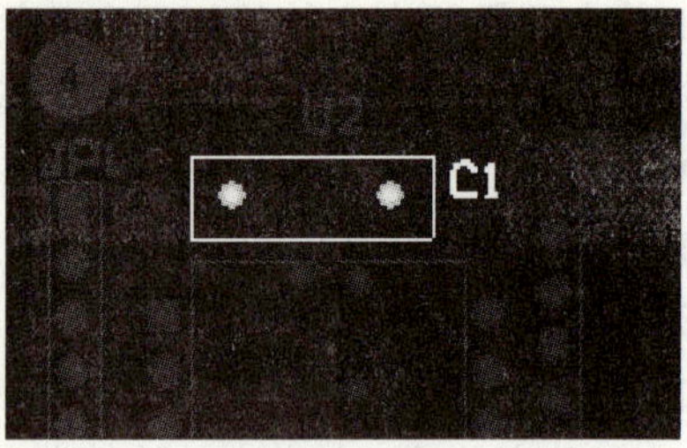

图 7-15 电容 C1 加亮显示效果

当选择【Rules】(规则)为参数对象时,如果相应对象中有违反规则的情况,可在【PCB】面板的【Violations】(违规数量)栏中显示违反的对象和对象类型,如图 7-16 所示,单击其中一个条目则可在界面工作区内加亮显示该对象,如果要查看对象违反的规则和原因等细节,可双击该条目,在弹出的【违规详细】对话框中进行查看,如图 7-17 所示。

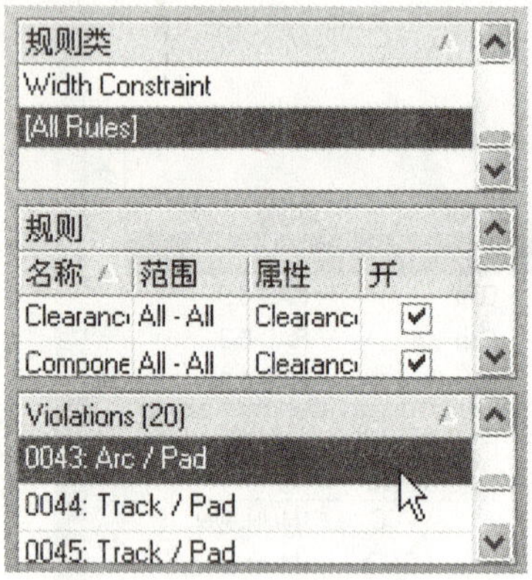

图 7-16 违规显示栏

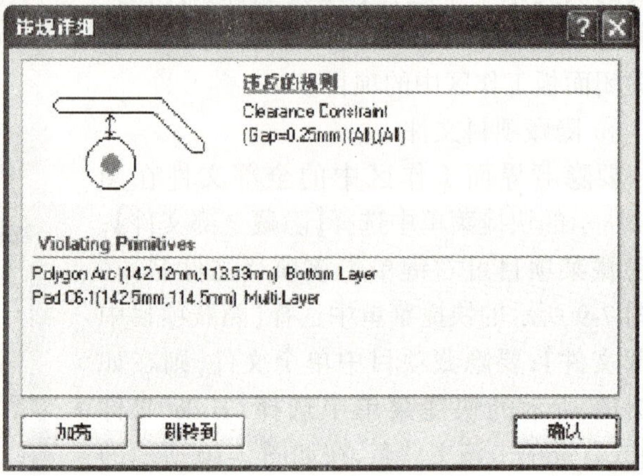

图 7-17 【违规详细】对话框

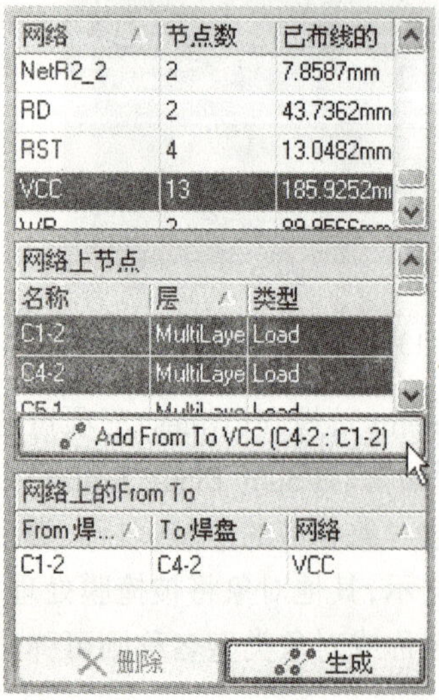

图 7-18 添加一个 From To

若要选择查看面板的连续多个对象,可按住 Shift 键不放,然后用鼠标左键单击连续多个对象中的首个(或末尾)对象,接着再单击多个对象的末尾(或首个)对象,即可将多个对象全部选择,如果要选择不连续的多个对象,可按住 Ctrl 键不放,然后逐个单击要选择的对象,即可将各个对象选择。

当选择【From To Editor】(连接编辑器)为参数对象时,要对一个网络上的两个节点增加一个新布线规则的 From To,可先在网络上的节点栏内选择起始(From)节点,然后选择结束(To)节点,则可看到【网络上节点】栏下的【Add From To 网络名(起始节点名:结束节点名)】按钮处于激活状态,单击该按钮可看到【网络上的 From To】栏内添加了一个 From To 对象,如图 7-18 所示,此时可看到界面工作区内两个加亮显示的节点间用飞线连接。

单击【生成】按钮选择要采用的拓扑结构(如图 7-19 所示)后,就可在两节点间建立相应的拓扑结构连接。要删除建立的 From To,可在栏内先单击选择要删除的 From To,然后单击删除按钮即可,如图 7-20 所示。可见,通过连接编辑器读者可以预先建立或者修改特定的网络拓扑结构。

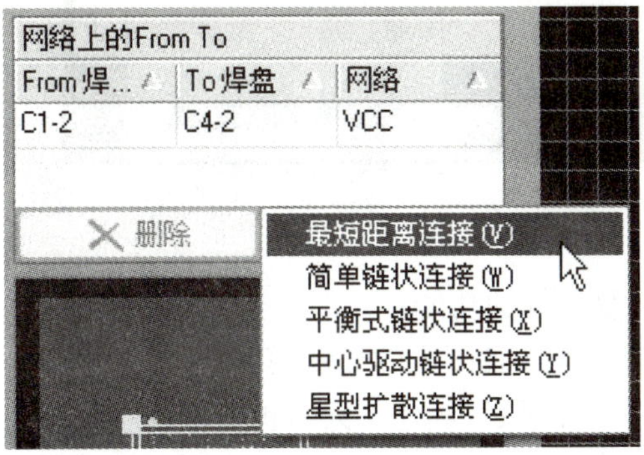

图 7-19　添加一个 From To 类型

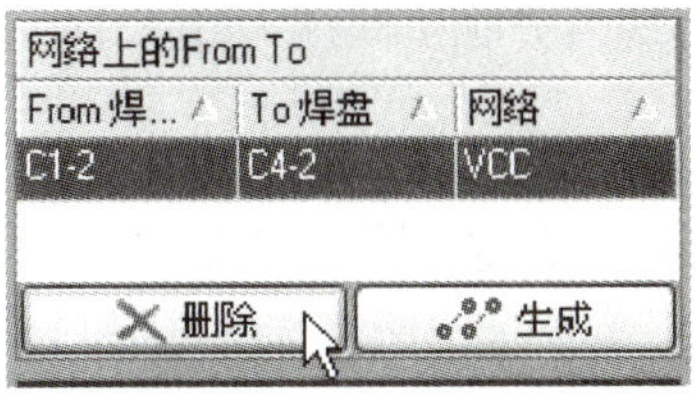

图 7-20　删除一个 From To 类型

【Split Plane Editor】(内层分割编辑器)用于 PCB 内层分割的查看和编辑,如图 7-21 所示,当 PCB 有内层时,可看到内层分割编辑器各栏可显示相关的信息,单击其中的一个对象可在界面工作区内加亮该对象。如果要修改内层连接的网络对象,可在【分割平面和网络】栏内双击当前要修改的网络名称或右键单击该网络名称,然后在弹出的快捷菜单(如图 7-22 所示)中选择【属性】,则可弹出如图 7-23 所示的【分割内部电源/接地层】对话框,再选择要连接的网络即可,如图 7-24 所示。

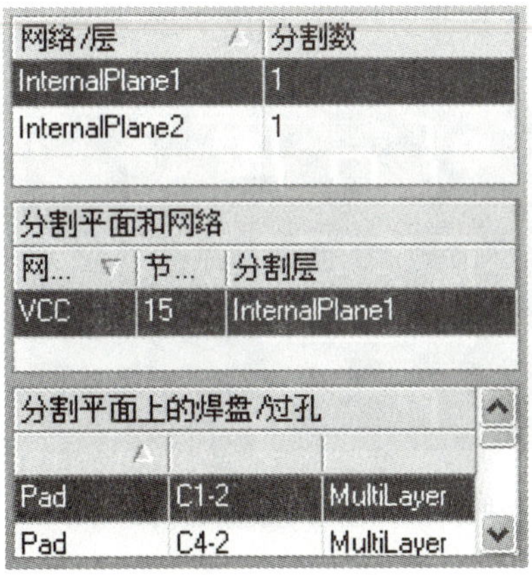

图 7-21　内层分割编辑器显示栏

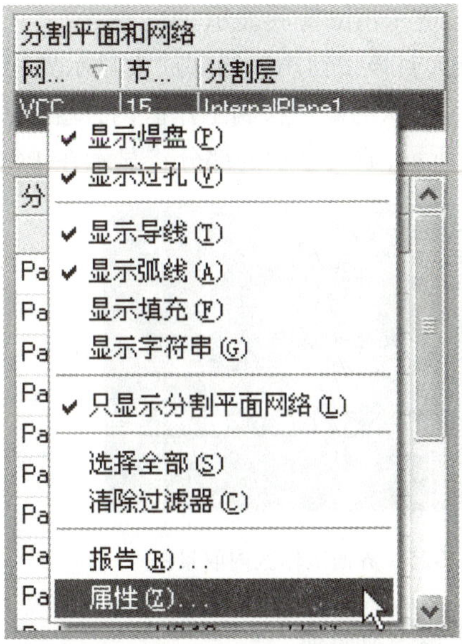

图 7-22　网络名称右键快捷菜单

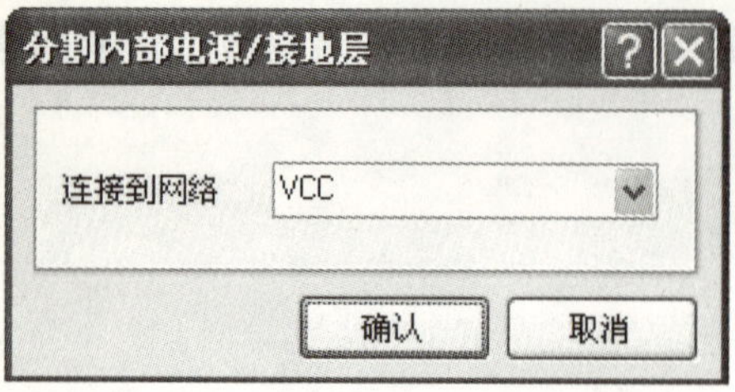

图 7-23 【分割内部电源/接地层】对话框

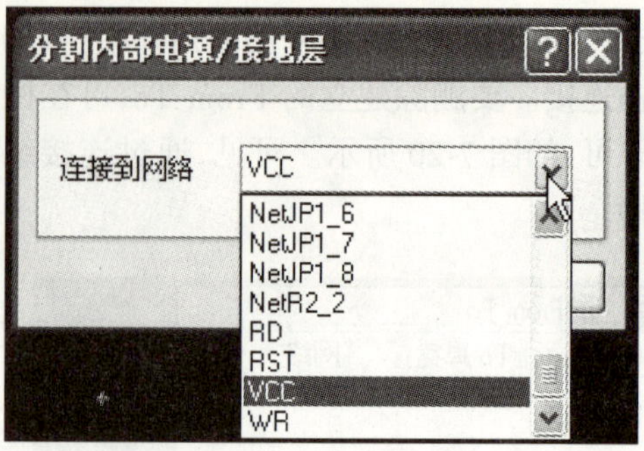

图 7-24 选择连接网络对象

(2)【屏蔽】、【选择】、【缩放】和【清除现有的】复选框的功能

该栏各复选框的功能是设置图元过滤后编辑器界面各图元的显示模式。

【屏蔽】:选中该复选框,则符合条件的图元将加亮显示,其他图元将被掩膜而不得编辑。

【选择】:选中该复选框,则符合条件的图元将会处于被选择状态,跟单击图元的效果相同。

【缩放】:选中该复选框,则符合条件的图元将充满整个界面显示。

【清除现有的】:选中该复选框,当有新的符合条件的图元出现时,上次符合条件的图元将不再加亮显示而被掩膜。未选中时,则各次符合条件的图元都将保持加亮状态。

(3)【适用】、【清除】和【放大】按钮的功能

【适用】:在其下面的【屏蔽】复选框被选中的情况下,该按钮用于刷新过滤显示功能。选择一个对象后,单击该按钮,就可看到该对象在界面内加亮显示,其他对象被掩膜,如图 7-15 所示。

【清除】:该按钮与【适用】按钮相对应,单击它可使编辑界面退出掩膜显示状态,也可按 Shift + C 键来清除掩膜显示。

【放大】:该按钮用来局部放大显示界面工作区内某一小区域的图形。单击该按钮后,把变成放大镜形状的鼠标移到工作区内,就出现一个取景框,移动取景框到欲放大显示的区域,如图 7-25 所示,放大显示的部分将显示在 PCB 面板的微型观察器窗口内,如图 7-26 所示。

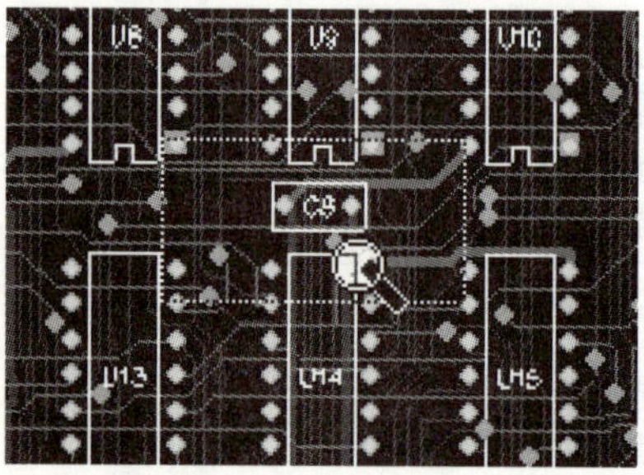

图 7-25 界面工作区内取景框

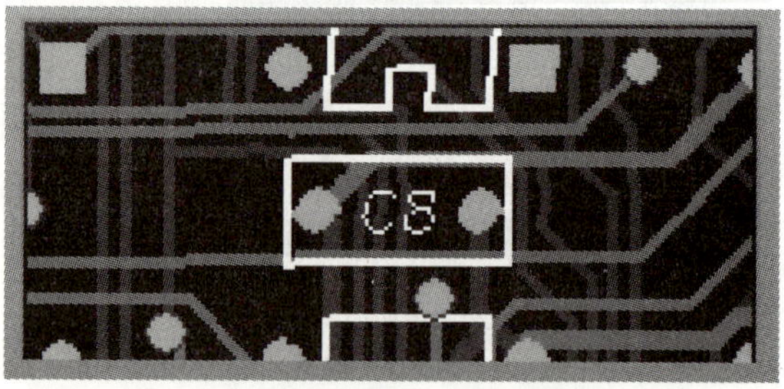

图 7-26 取景框内图元在微型观察器内的显示

(4) 微型观察器

【PCB】面板的最下端为微型观察器,观察器内有个大小可以拉伸的双虚线取景方框,方框越小,则取景范围越小。在观察器内拖动该方框可调整界面工作区内要显示的部分,如图 7-27 和图 7-28 所示。

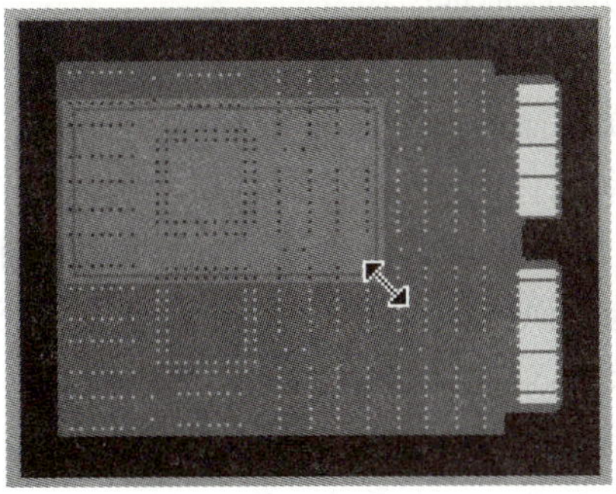

图 7-27　微型观察器界面

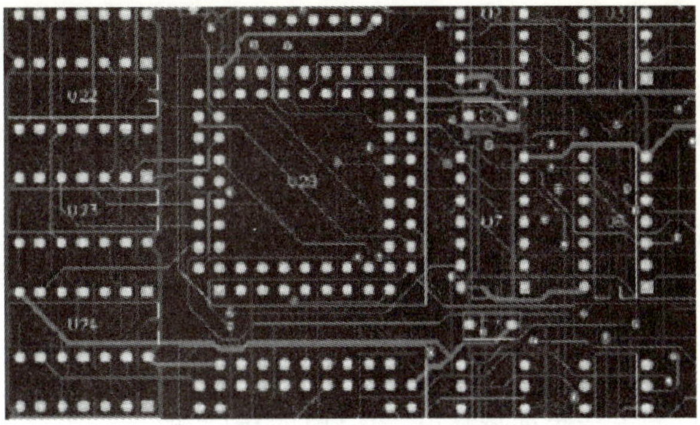

图 7-28　观察器内取景框图元在编辑界面的显示

7.5.3　DXP 2004 SP2 PCB 环境参数设置

在对 PCB 进行布线之前,应先对 PCB 整个编辑环境的相关参数进行设置,以使 PCB 设计工作更加便捷和高效。本节将对 DXP 2004 SP2 的各种相关环境参数的功能和设置方法进行介绍,这些参数主要集中在主菜单下的【优先设定】、【PCB 板选择项】里面。

1. 优先设定

执行【DXP】→【优先设定】菜单命令,如图 7-29 所示,弹出【优先设定】对话框,在对话框内可进行多个选项的设置。对于 PCB 设计,重点是【Protel PCB】选项下的相关参数的设置。

下面将分别介绍 Protel PCB 目录下的五个设置页。

(1)【General】设置页

如图 7-30 所示为【General】设置页界面,该页包括如下五个部分。

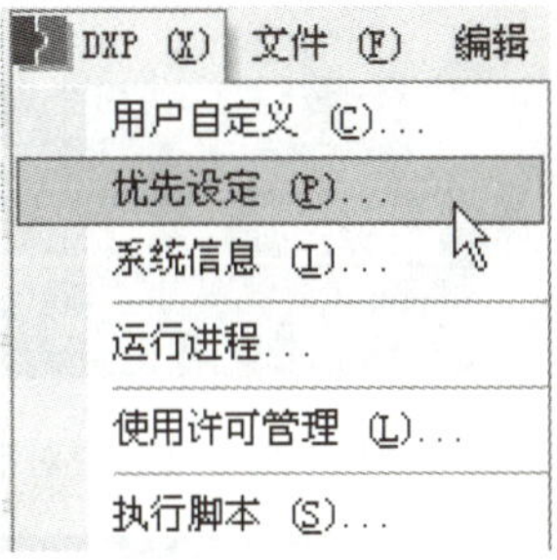

图 7-29　【DXP】/【优先设定】

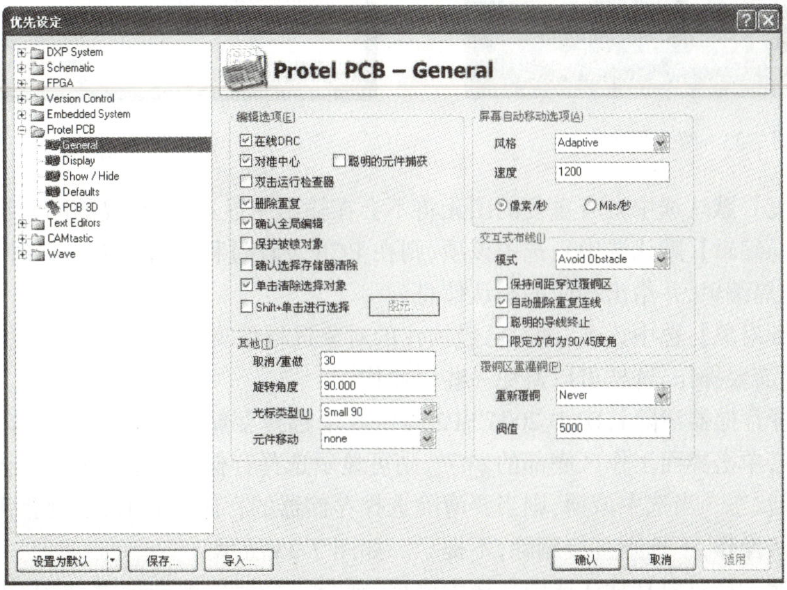

图 7-30　【优先设定】对话框的【General】设置页

①【编辑选项】区域:该区域为一些与各种编辑相关的复选框选项。

【在线 DRC】(默认选中):选中该项,则在手工进行 PCB 布线时,系统将实时进行设计规则检查,一旦出现违规,系统会立即做出提示或禁止致命错误的操作。

【对准中心】(默认选中):未选中该项时,单击鼠标拖动元件时,光标将停留在单击时所在元件位置,如图 7-31 所示。选中该项而未选中【聪明的元件捕获】(默认未选中)时,则光标将会自动被吸到元件的参考点或定点上,如图 7-32 所示。选中该项而又选中【聪明的元件捕获】时,光标将会自动吸引到较近图元(焊盘)的中心点上,如图 7-33 所示。

【双击运行检查器】:选中该项,则双击元件将会运行检查器,如图 7-34 所示。未选中该项时,双击该元件将弹出元件【属性】对话框。

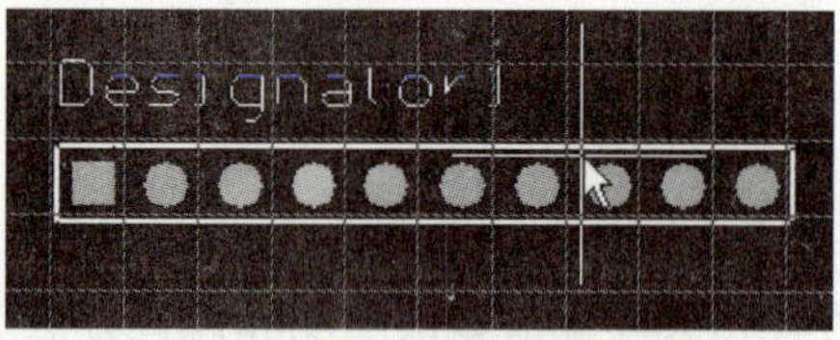

图 7-31 两个都未选时

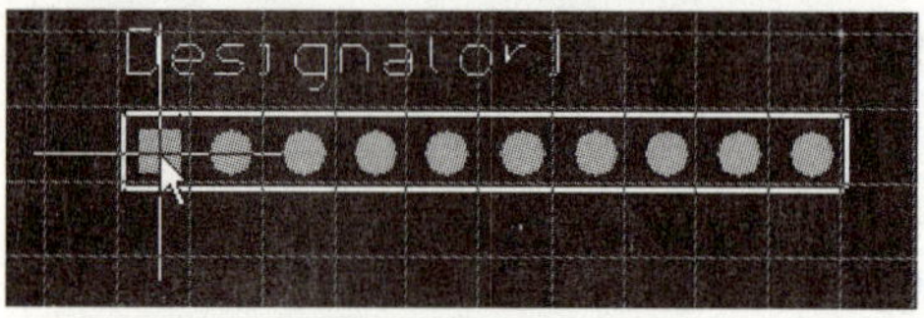

图 7-32 只选中对准中心时

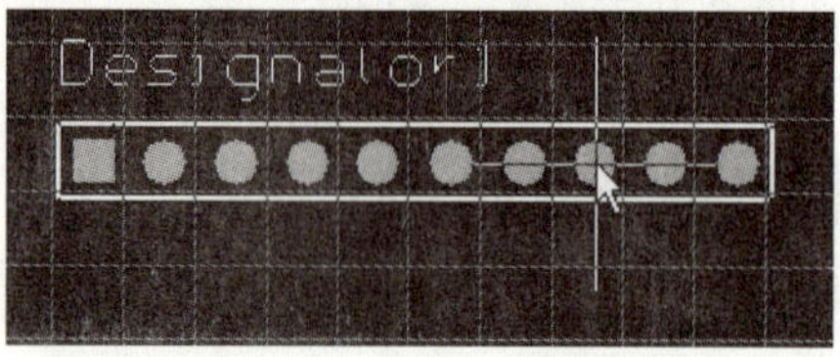

图 7-33 两个都选中时

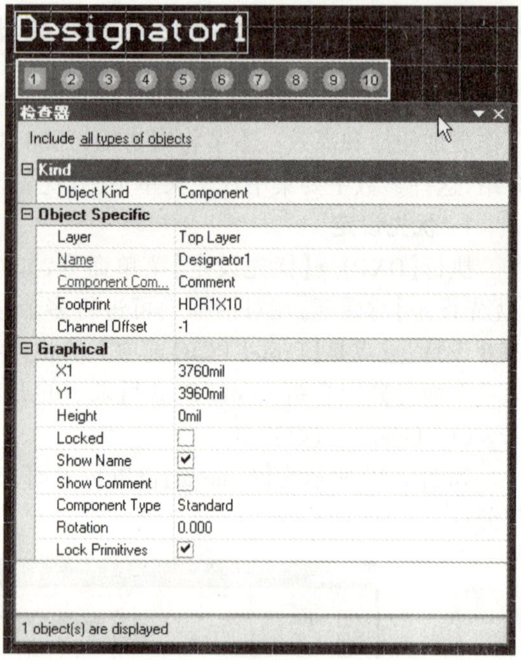

图 7-34 检查器

【删除重复】(默认选中):有重复的图元将不会在输出中显示,即重复的图元将被移走。

【确认全局编辑】(默认选中):选中该项,则在 PCB 设计过程进行全局编辑时,系统将会提示该编辑为全局编辑,并给出相应的确认信息。

【保护被锁对象】:选中该项,则对已经锁住的对象进行编辑时,系统会弹出【警告】对话框,等待确认是否需要操作,这样可以避免一些误操作。

【确认选择存储器清除】:DXP 2004 SP2 提供 8 个选择存储器,用于存储编辑器界面内元件选择的状态,单击界面工作区底部的,则可显示选择存储器,通过选择存储器来恢复存储的原有选择状态。当选中该项,则当要清除选择存储器的存储内容时,系统会弹出【警告】对话框,等待确认操作,不选则直接删除,不提示。如图 7-35 所示。

【单击清除选择对象】(默认选中):选中该项,则当一个元件被选择时,单击其他元件或工作区内其他空白位置时,该元件将退出选择状态。

【Shift + 单击进行选择】:选中该项时,需要用 Shift + 单击元件才能选择该对象,此时该项后的【图元】按钮将处于激活状态,单击该【图元】按钮可在弹出的对话框中设置使用该方式用来选择图元的对象类型,如图 7-36 所示。

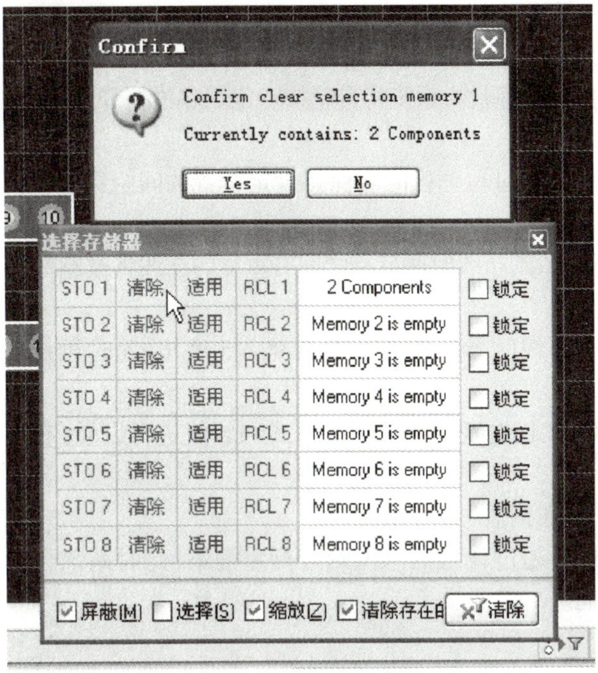

图 7-35　选择存储器清除警告对话框

图 7-36　图元按钮弹出对话框

②【屏幕自动移动选项】区域:该区域主要用于当选择图元进行移动时,对屏幕自动移动的风格和速度进行设置。如图 7-37 所示,单击【风格】下拉列表可选择屏幕自动移动的风格。总共有以下 7 种可选风格。

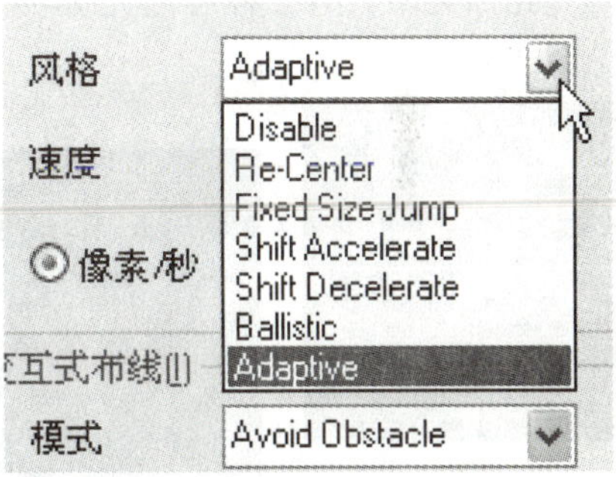

图 7-37　风格下拉列表

【Adaptive】(系统默认):自适应方式,选择此方式后,便可设置光标移动到编辑器界面边界时整个画面移动的速度和移动单位,单位有两种,分别为:像素/秒、Mils/秒。

【Disable】:禁止方式,该方式下,光标移动到界面工作区边界时整个画面将不会移动。

【Re-Center】:该方式下,光标移动到界面工作区边界时整个画面将以光标为中心重构整个画面。

【Fixed Size Jump】: 选择此方式后,便可设置光标移动到界面边界时整个画面移动的步长和移步两项参数,此时画面的固定移动速度跟步长和移步数量有关。

【Shift Accelerate】:该方式下,按住 Shift 键可加快画面移动速度。

【Shift Decelerate】:该方式下,按住 Shift 键可减小画面移动速度。

【Ballistic】:该方式下,光标移动到界面边界时整个画面的移动速度由光标偏离画面边界来决定，偏离越远，移动速度越快。

③【交互式布线】区域：该区域用于对 PCB 的布线方式进行设置。在【模式】下拉菜单中可看到以下三种模式。

【Avoid Obstacle】(系统默认)：布线时避开障碍物。

【Ignore Obstacle】：布线时忽略障碍物。

【Push Obstacle】：推挤式布线。即布线时遇到障碍物，系统将自动按一定顺序推挤开障碍物。

该区域还有以下 4 个复选框来选择走线规则。

【保持间距穿过覆铜区】：选中该项，则导线经过覆铜区时会保持规定设置的间距穿过覆铜区，该选择项仅在【Avoid Obstacle】模式下可选。

【自动删除重复连线】(默认选中)：选中该项，则布线时两节点之间有重复的连线将被删除。

【聪明的导线终止】。

【限定方向为 90/45 度角】：选中该项，则布线时导线拐弯只能是 90/45 度角，此时再设置其他拐弯角度将无效。

④【覆铜区重灌铜】区域：该区域内可对 PCB 重灌铜时采用的方式和数值进行设置，有以下三种方式。

【Never】(系统默认)：修改覆铜后，禁止重灌铜。

【Threshold】：该方式下，修改覆铜后，只要超过设定的阀值则进行重灌铜，此时系统会弹出【提示】对话框等待用户确认后进行重灌铜。

【Always】：修改覆铜后，总是重灌铜。

⑤【其他】区域：该区域有如下四个可填项。

【取消/重做】：可在该项设置“取消/重做”可操作的次数，默认为 30 次。

【旋转角度】：可在该项设置元件旋转时，一次操作转过的角度，默认值为 90 度。

【光标类型】：有三种可选光标类型：Small 90(见图 7-38)，Small 45(见图 7-39)，Large 90(见图 7-40)。

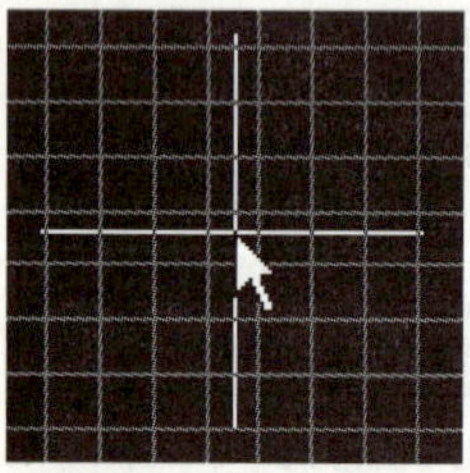

图 7-38　Small 90

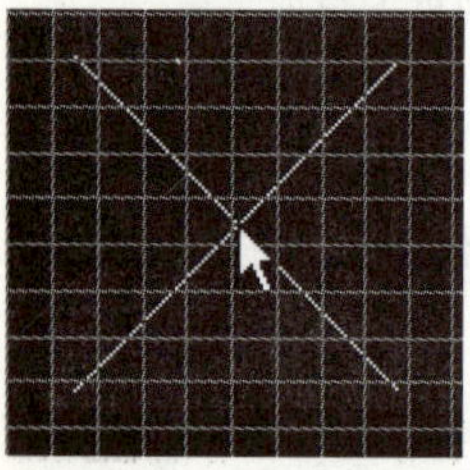

图 7-39　Small 45

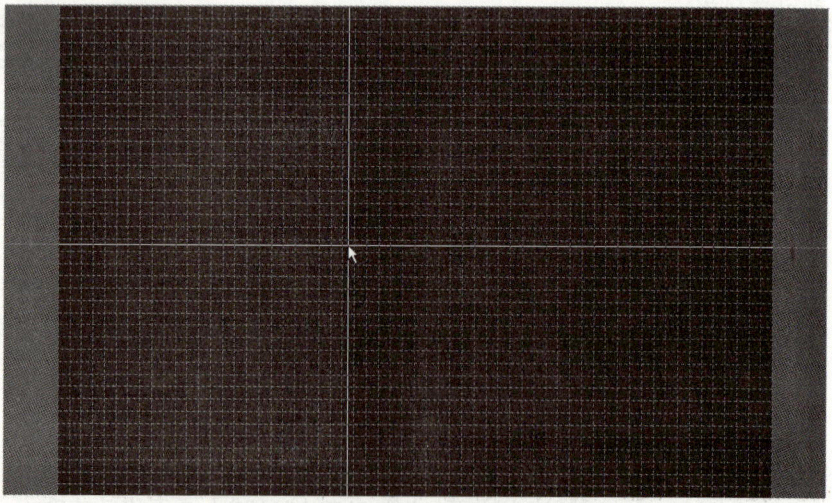

图 7-40　Large 90

【元件移动】:该项用于设置元件移动的方式,"Connected Tracks"方式下,元件移动时,跟元件连接的所有导线将保持与元件的连接一起移动,"none"方式下,则跟元件连接的导线将不随元件移动。

(2) Display 设置页

如图 7-41 所示为【Display】设置页界面,该页包括如下四个部分。

①【显示选项】区域:用于可设置系统显示方式。

【转换特殊字符串】:选中该项后,系统会自动将一些特殊字符转换成为具体文字。

【全部加亮】(默认选中):选中该项后,被选中的对象全部加亮。否则只加亮外形轮廓。

【用网络颜色加亮】:选中该项,则当选定特定网络时,网络内图元将以指定颜色进行加亮显示,否则用默认颜色加亮。

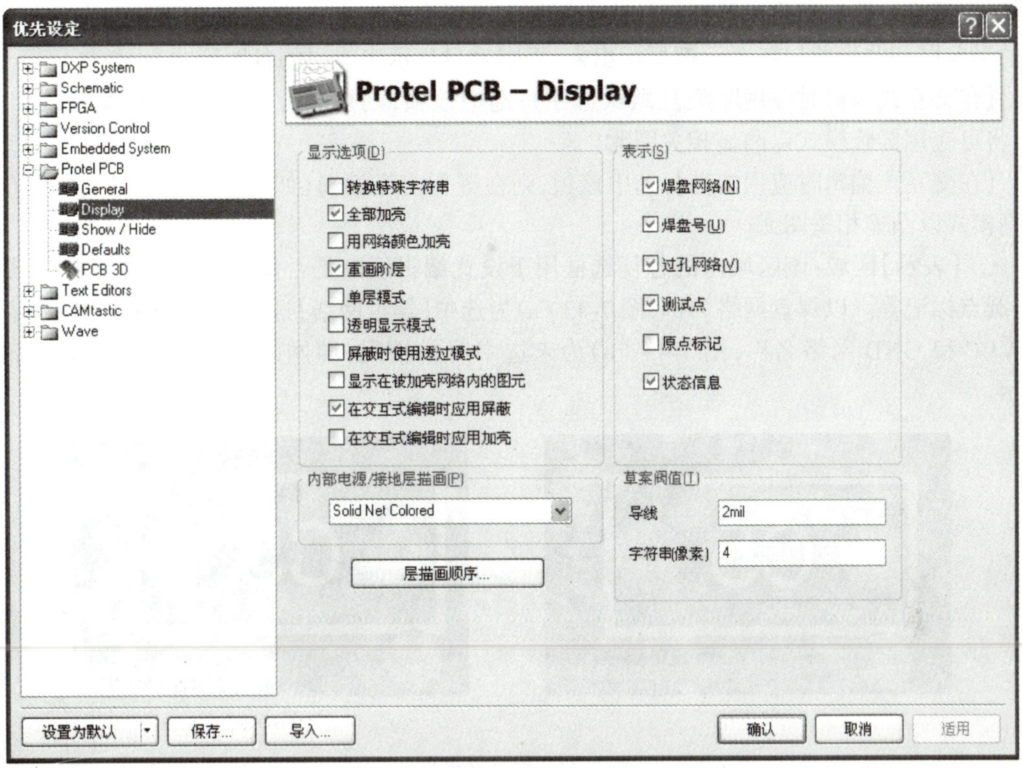

图 7-41　Display 设置页

【重画阶层】(默认选中):选中该项,则当读者进行更换层面操作时,系统将自动更新显示当前层面,否则,需要通过手动或画面缩放等方式来更新显示,手动可按 End 键或按 Alt + End 键来刷新显示当前层。

【单层模式】:选中该项则系统只显示当前层内所有图元而将其他层的图元隐藏,当该项未选中时,可按 Shift + S 键来显示当前层。

【透明显示模式】:选中该项,则当上层图元挡住下层图元时,下层图元将以透明模式来显示,否则将为上层图元覆盖而不显示,如图 7-42 所示,注意其走线交叉部分。

【屏蔽时使用透过模式】:选中该项,则当界面内处于掩膜状态时,被屏蔽的对象将以透明模式显示。

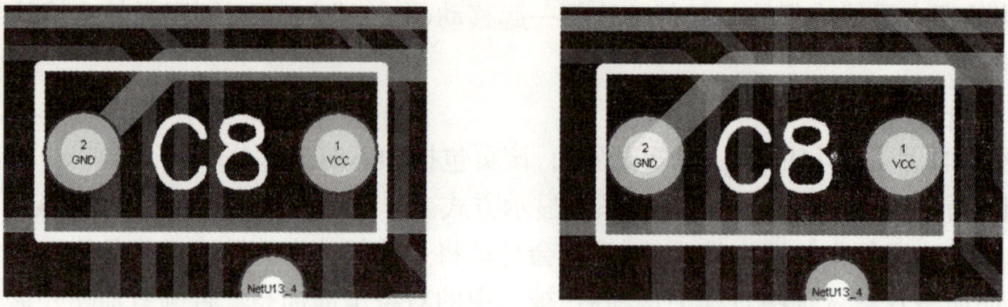

(a) 未选中时　　(b) 选中时

图 7-42　透明显示模式

【显示在被加亮网络内的图元】:该选项仅在单层模式下有效,选中该项则被加亮的网络对应的当前层和非当前层各图元都显示出来,否则就只显示当前层的各图元。

【在交互式编辑时应用屏蔽】(默认选中):选中该项,则在进行交互编辑(如交互式布线)时,将可应用屏蔽模式以凸显相关图元。

【在交互式编辑时应用加亮】:选中该项,则在进行交互编辑(如交互式布线)时,将可应用加亮模式以凸显相关图元。

②【表示】区域:该区域内的各复选框用于设置编辑区内是否显示图元相关信息,如焊盘号、圆点标记等。以焊盘网络为例,图 7-43 (a)为选中【焊盘网络】选项时,C5 的焊盘 1、2 显示有 VCC 和 GND 网络名称,图 7-43 (b)为未选中时的情况,即网络名称 VCC 和 GND 没有显示。

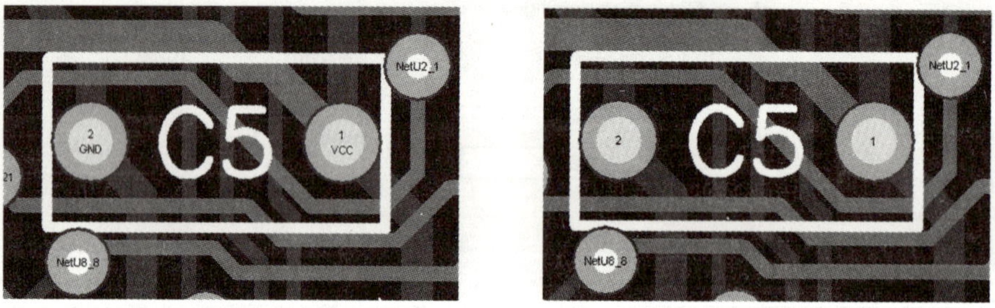

(a) 选中时　　(b) 未选中时

图 7-43　焊盘网络显示

③【内部电源/接地层描画】区域:如图 7-44 所示为【内部电源/接地层描画】下拉菜单选项,该选项应用于多层板设计,一般不需要修改。该区域的【层描画顺序】按钮用于设置界面内各图层的显示顺序,单击该按钮将弹出如图 7-45 所示的【图描画顺序】对话框,默认“Multi Layer”为最顶层显示,如果读者要调整层显示的优先顺序,可先选择要调整显示顺序的层,然后单击【上升】按钮或【下降】按钮来上拉或下拉调整该层位置。单击【默认】按钮可恢复默认各层显示顺序。

④【草案阀值】区域:该区域内用于设置在草案(Draft)显示模式下,导线和字符串变更显示模式的临界阀值。当导线的宽度大于或等于其阀值时,导线将以空心轮廓线模式显示,否则将以实心导线模式显示。当字符串的像素小于或等于其阀值时,字符串将只显示与其大小对

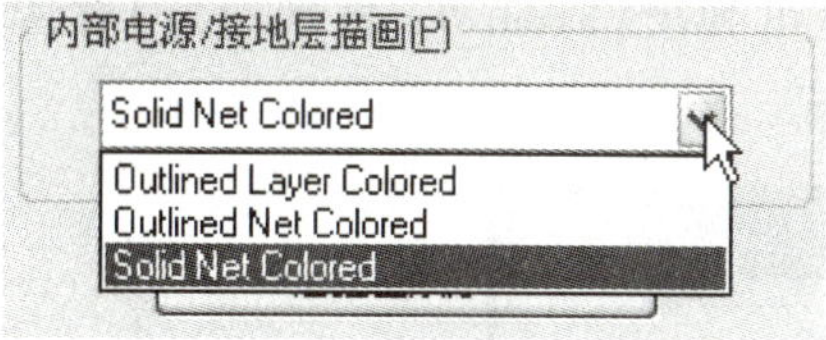

图 7-44　【内部电源/接地层描画】下拉菜单

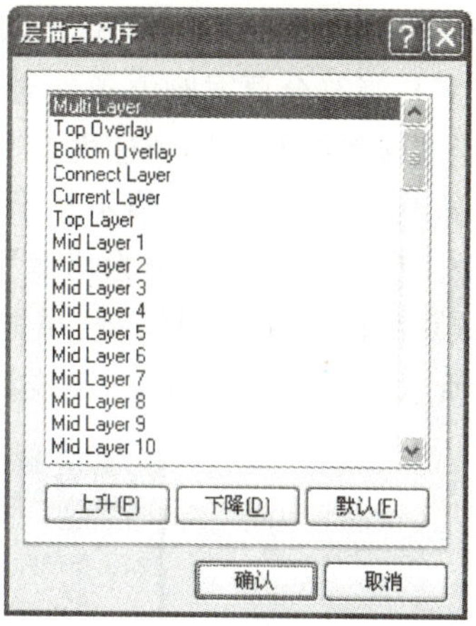

图 7-45　【层描画顺序】对话框

应的方框轮廓，否则显示完整字符串，如图 7-46 所示为当将画面缩小到阀值以下前后，字符串的显示。

(a) 缩小前　　(b) 缩小后

图 7-46　字符串草案显示模式

(3)【Show/Hide】设置页

如图 7-47 所示为【Show/Hide】设置页，用于设置各类图元对象在编辑区内的显示/隐藏状态及其显示模式。该页有三种可选显示模式。

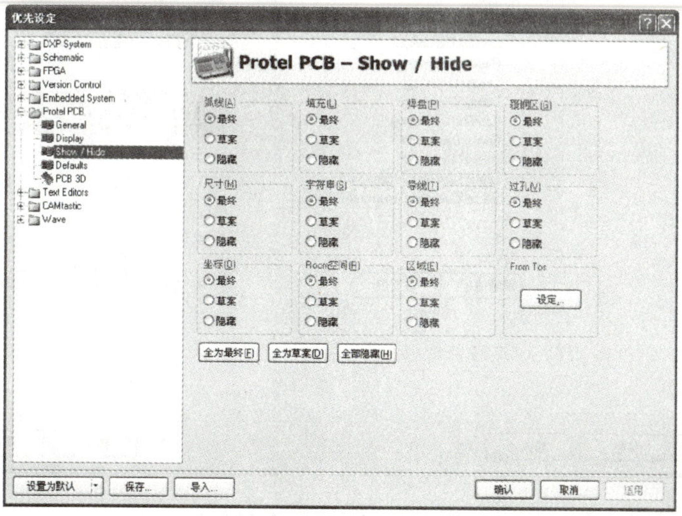

图 7-47　【Show/Hide】设置页

【最终】(默认选中):该模式下系统将完整显示各类图元。

【草案】:当符合草案阀值条件时,系统将仅显示与图元相当的轮廓,如图 7-46 所示,该模式有利于加快系统画面刷新速度。

【隐藏】:该模式下系统将不显示该类图元。

可单击【全为最终】,【全为草案】,【全为隐藏】进行显示模式全部选择。

在该页的【From Tos】区域,单击【设定...】按钮可弹出【From To 显示设定】对话框,如图 7-48 所示,可设置 From To 飞线和焊盘的显示模式。

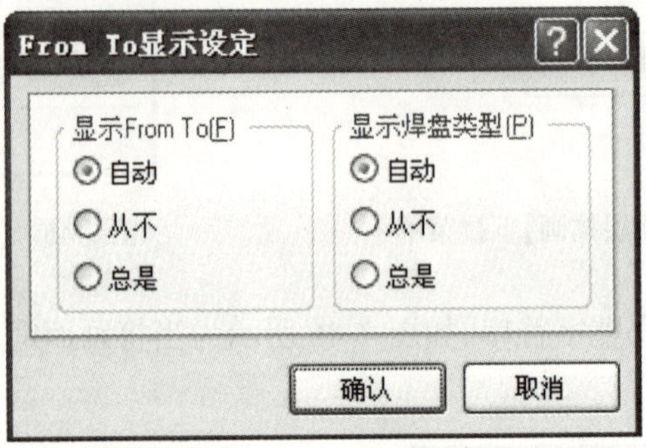

图 7-48 【From To 显示设定】对话框

(4)【Defaults】设置页

如图 7-49 所示为【Defaults】设置页界面,该页内可设定各类对象及其参数的默认值。

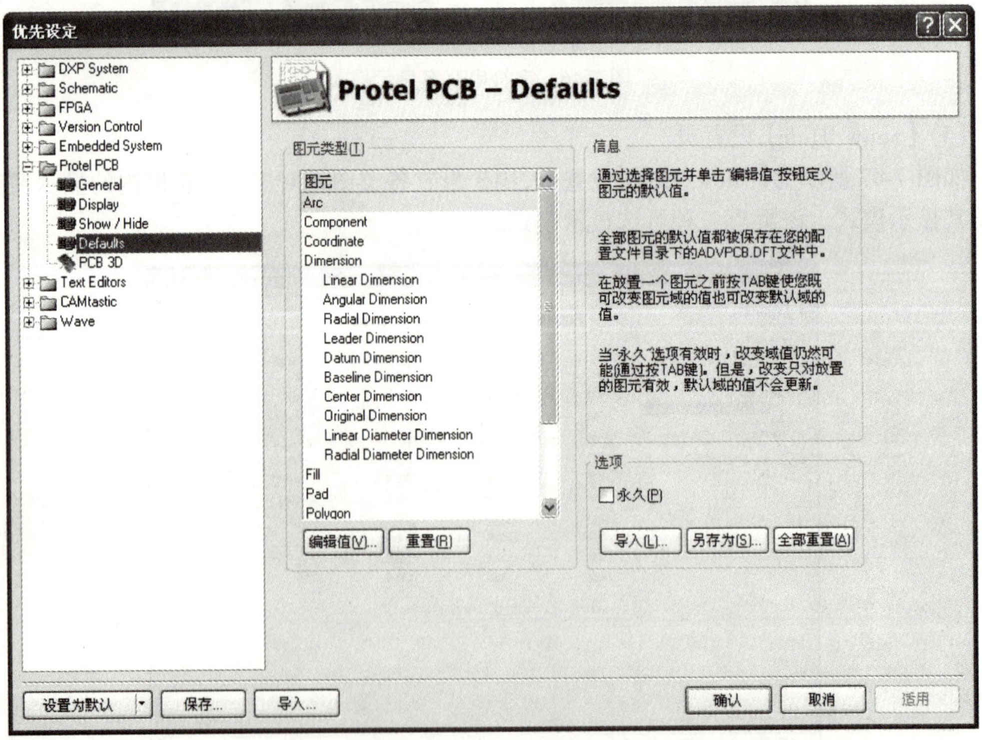

图 7-49 【Defaults】设置页

该页内有【图元类型】、【信息】、【选项】3 个区域。

①【图元类型】区域:该区域内的图元选择栏内选择一个图元名称,则在【信息】中将显示该图元相关的设置信息。再单击其下【编辑值】按钮或双击该图元名称可弹出该图元的【属性】对话框,可对其属性进行设置。如图 7-50 所示为双击本区域内“Embedded Board”时弹出的【属性】对话框。而单击【重置】按钮可将【图元类型】中选择的图元的参数恢复到默认值。

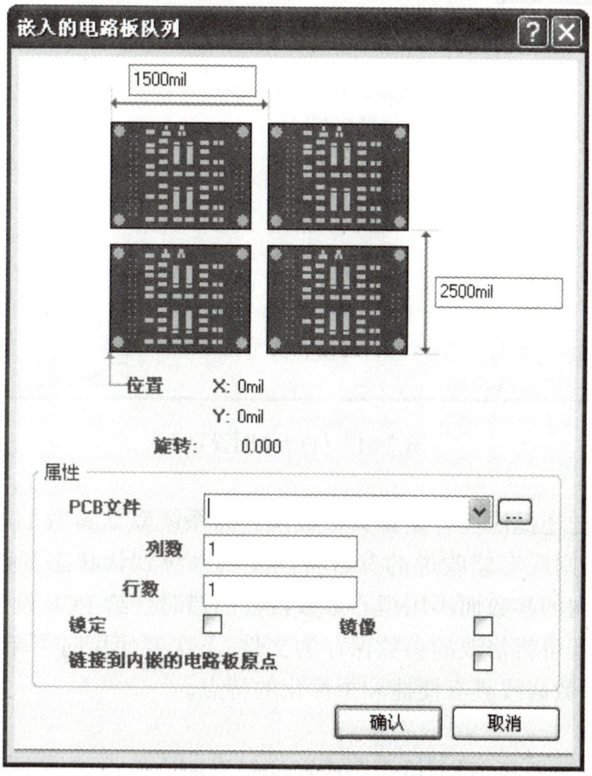

图 7-50　双击显示【属性】对话框

②【选项】区域:该区域中的选项如下。

【永久】复选框:选中该项则默认参数将具有永久性,在 PCB 设计过程中对相关图元参数的修改将不影响到默认参数,未选中则下次使用该图元时系统将已修改后的参数作为默认值使用。

【导入】按钮:单击可导入以前已设置好的配置文件,系统将以配置文件的参数作为参数默认值。

【另存为】按钮:单击可将当前各项设置存为配置文件便于下回导入使用该参数配置方式。

【全部重置】:单击将各参数恢复为系统默认值。

(5)【PCB 3D】设置页

如图 7-51 所示为【PCB 3D】设置页界面,用于设置 PCB 设计 3D 效果图相关的参数,有 PCB 3D 显示高亮色和背景色选择,打印效果设置,PCB 3D 文档生成设置和 PCB 3D 所需库路径设置等。

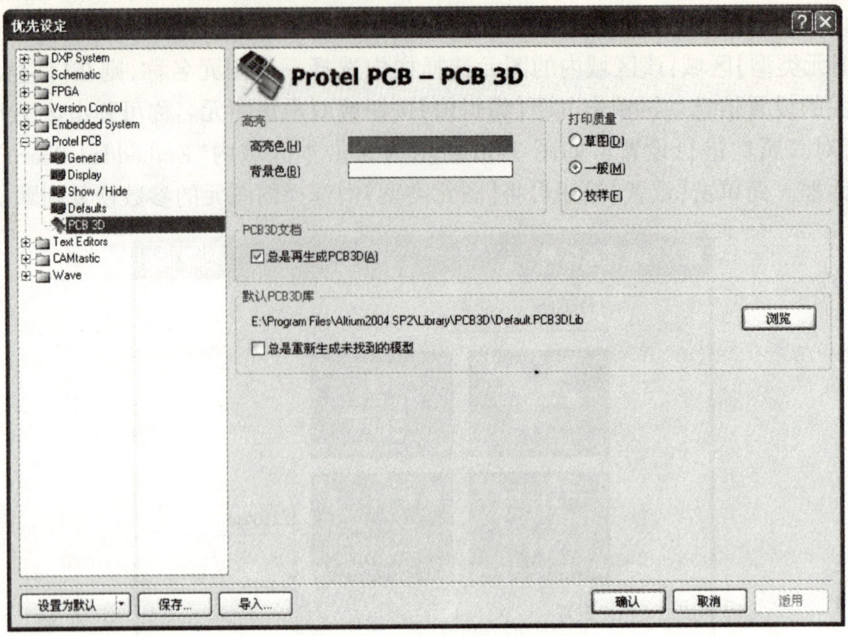

图 7-51 【PCB 3D】设置页

【优先设定】对话框还提供所有设置页参数恢复为系统默认参数的功能，只要单击其左下角【设置为默认】按钮，则所有修改过的参数将恢复到系统默认状态，所以用户可以大胆修改【优先设定】各设置页内的参数而不用担心参数设置出错时会给 PCB 设计带来的阻碍。此外，只要单击【保存】按钮还可将修改的参数保存为文件，下次要使用时可单击【导入】按钮将该文件导入使用，这使得参数修改具有便捷和个性化的特点。

2. PCB 板选择项

执行【设计】→【PCB 选择项】菜单命令或在编辑界面内空白区单击鼠标右键，在弹出的快捷菜单中选择【选择项】→【PCB 选择项】，如图 7-52 所示，可弹出【PCB 板选择项】对话框，如图 7-53 所示。

该对话框中各栏参数可在下拉列表中选择或直接输入相应数值，其各部分功能分述如下。

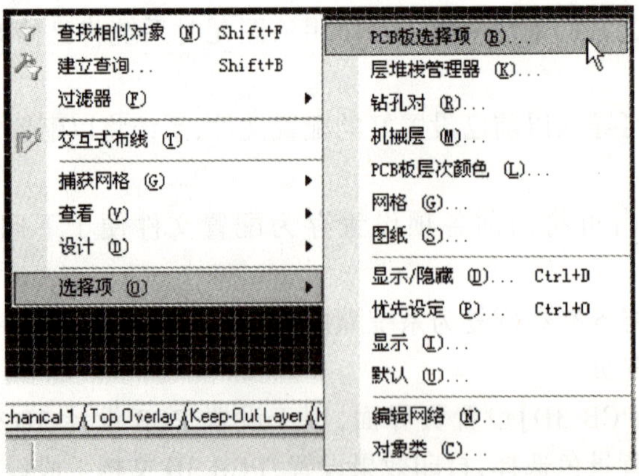

图 7-52 工作区右键菜单

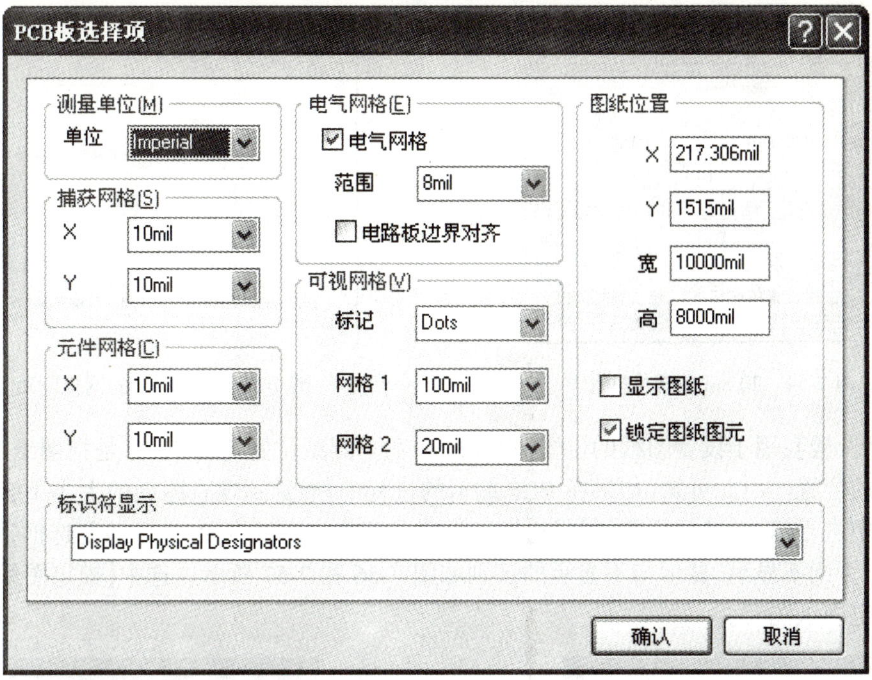

图 7-53　【PCB 板选择项】对话框

【测量单位】:系统提供公制(Metric)和英制(Imperial)两种单位。对于 PCB 板,通常公制单位为 mm,英制单位为 mil,系统默认为英制。

【捕获网格】:用于设置鼠标在命令状态时,光标在编辑界面区内移动一格所经过的长度,可在 X 和 Y 方向分别设置数值,通常设置为 10 mil(系统默认)或 5 mil。本项设置不影响元件网格的参数。

【元件网格】:用于设置对元件进行移动等操作时,元件在界面内移动一格所经过的长度,该项也可在 X 和 Y 方向上分别设置数值,通常设置为 20 mil(系统默认)。本项设置不影响捕捉网格的参数。

【电气网格】:用于设置各图元(导线或元件)进行电气连接时自动搜索并捕捉电气节点的最小范围,该区域有允许电气网格捕获、捕获的范围以及允许电路板边界对齐三项设置。应当正确设置电气网格捕捉的范围,否则将给 PCB 设计工作带来很大的不便,如设置的数据过大,则在布线密度比较高的地方就无法手工布线,相对而言,捕捉范围数据设置的小一些倒是无妨,因为 PCB 布线不同于画原理图,需要捕捉电气结点,在 PCB 布线时只要放大足够大的倍数,就完全可以使布线做到任意连接。系统默认捕捉范围为 8 mil,电气网格优先于捕捉网格被使用。

【可视网格】:【标记】用于设置网格显示类型,该项有两种选择:Line(线状)和 Dots(点状)。【网格 1】和【网格 2】分别设置不同画面放大倍数下的网格参考,可将它们设置为不同大小,例如将【网格 1】设置为 20 mil(0.508 mm),【网格 2】设置为 1000 mil(25.4 mm),单击下拉按钮对其设置或直接输入。【网格 1】一般在高放大倍数下显示,而【网格 2】是在低放大倍数下显示出来。如图 7-54 和 7-55 所示,分别是 PCB 图以不同放大倍数放大的效果,前者每个栅格是

20 mil,后者每个栅格是 1000 mil。

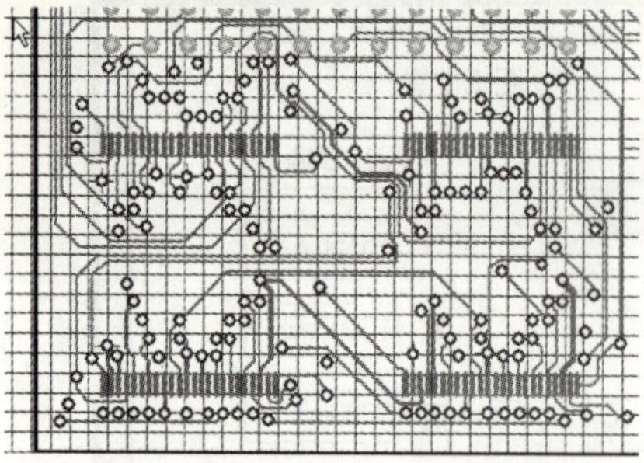

图 7-54　20 mil 的网格间距

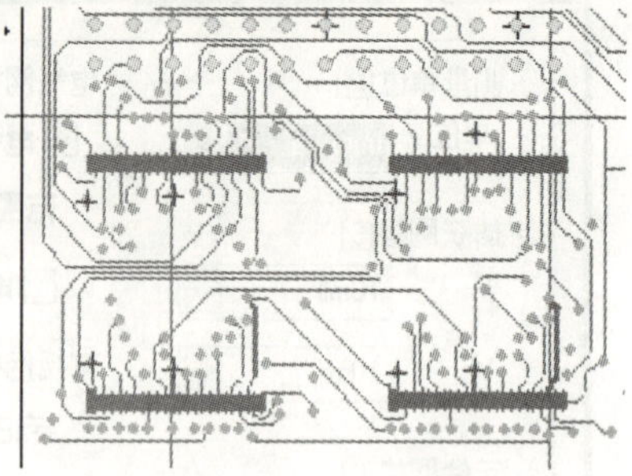

图 7-55　1000 mil 的网格间距

【图纸位置】:用于设置图纸的位置,以及长和宽。图纸位置坐标 X、Y 是指图纸的左下角在坐标系的位置。由此可知,如果在 PCB 编辑的过程中,感觉到现有图纸的大小不合适,可以在该选项中进行修改。【显示图纸】复选框可设置是否显示图纸页面,选中该复选框,则表示要显示页面,否则不显示,显示与不显示的区别如图 7-56 和 7-57 所示。选中【锁定图纸图元】复选框可锁定图纸图元。

图 7-56　显示图纸页面

图 7-57　不显示图纸页面

【标识符显示】:在多通道电路设计过程中,单击该区域内的下拉按钮,可用于选择设置在文件中是显示物理标识符(Display Physical Designators)还是逻辑标识符(Display Logical Designators)。

3. PCB 坐标系统

PCB 坐标系统是 PCB 上各图元布局、元件放置和 PCB 布线位置坐标的参照依据,空闲鼠标光标在编辑区内移动,在界面左下角的状态栏内会显示当前坐标值,如图 7-58 所示,该值就是相对于 PCB 坐标系统原点的数值。系统默认显示单位为英制 mil,可执行【查看】→【切换单位】菜单命令或直接按快捷键 Q 即可将显示单位切换为公制 mm,再次操作则又恢复为英制。

PCB 坐标系统原点可根据需要进行重新设定,设定过程如下。

① 执行【编辑】→【原点】→【设定】菜单命令或单击实用工具栏内选择设定原点图标,如图 7-59 所示,此时,可看到光标变成十字形待设定状态。

② 将光标移动到界面工作区内准备作坐标原点的位置,然后单击鼠标或直接按回车键即可看到界面上出现坐标原点图标,如图 7-60 所示。系统默认该图标不显示,如果要显示该图标,可在【优先设定】对话框中选择【Protel PCB】项,然后在【Display】设置页中选中复选框【原点标记】。

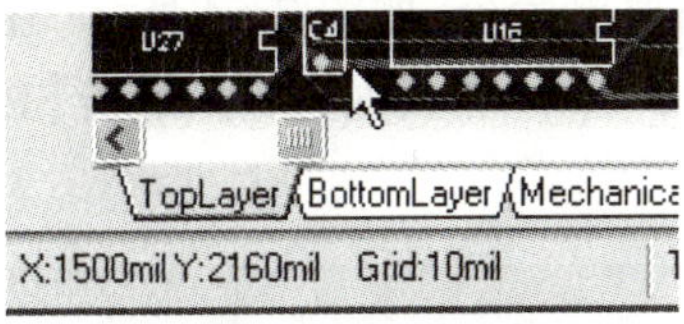

图 7-58 坐标显示状态栏

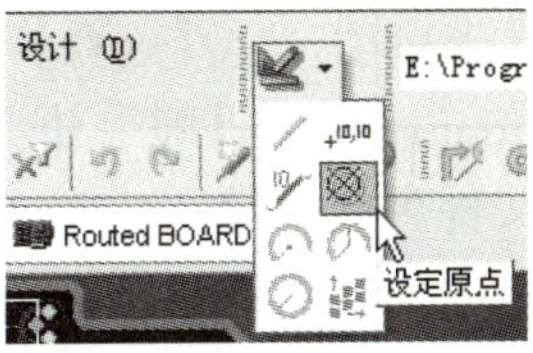

图 7-59 实用工具栏设定原点

图 7-60 原点标记

当要取消设定的新参考坐标原点时，可执行【编辑】→【原点】→【重置】菜单命令，则参考坐标原点将恢复到系统默认状态。

7.5.4 DXP 2004 SP2 PCB 文件的生成

利用 DXP 2004 SP2 进行 PCB 设计之前，必须建立一个 PCB 文件或项目。在 DXP 2004 SP2 中新建一个 PCB 文件，可以有以下 4 种方法。

① 执行【文件】→【创建】→【PCB 文件】菜单命令，如图 7-61 所示，即可启动 PCB 编辑器，同时在 PCB 编辑区出现一个带有栅格的空白图纸；

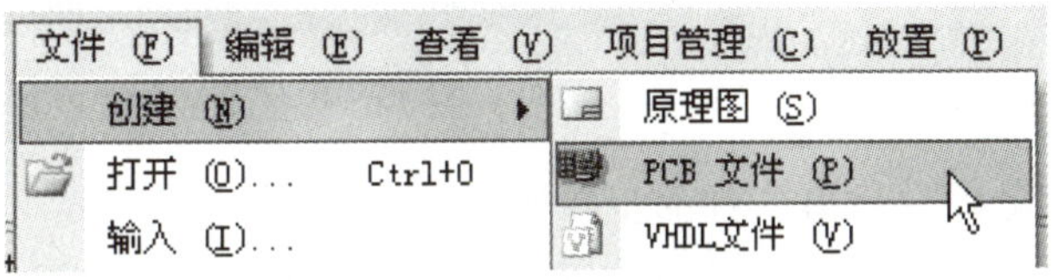

图 7-61 菜单创建 PCB 文件

② 在【Files】面板的【新建】列表选项中单击【PCB File】启动 PCB 编辑器，如图 7-62 所示。

③ 在【Projects】面板中单击【项目】按钮，或用鼠标右键单击面板工作区内项目文件名弹出菜单→【追加新文件到项目中】→【PCB】，也可启动 PCB 编辑器。

④ 使用 PCB 向导创建新的文档，这种方法既有助于选择各种工业标准板的设计模式，又可以按照自己的需要定义电路板的尺寸。有两种方法可以打开 PCB 向导，一种是在【Files】面板内【根据模板新建】栏内单击【PCB Board Wizard】启动PCB文件生成向导，如图7-63所示；

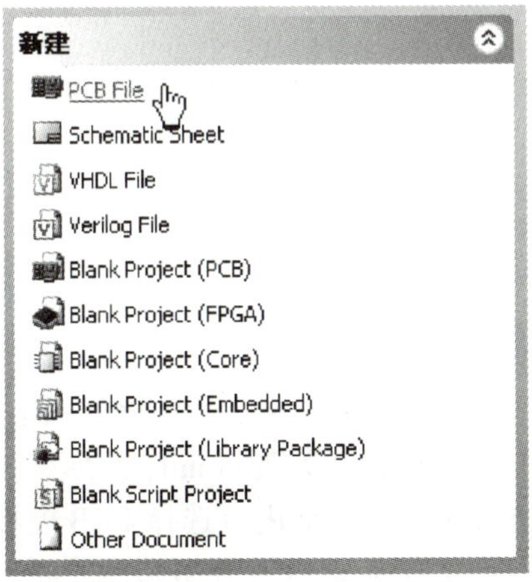

图 7-62 【Files】面板创建 PCB 文件

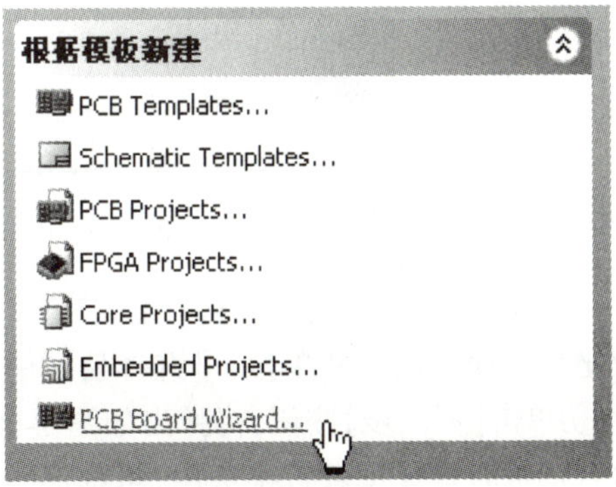

图 7-63 【Files】面板启动 PCB 向导

另外一种是通过系统的主页面来启动，执行【查看】→【主页面】菜单命令，如图 7-64 所示，在主页面上单击【Printed Board Circuit Design】即可进入如图 7-65 所示主页面，然后单击【PCB Document Wizard】启动 PCB 文件生成向导。

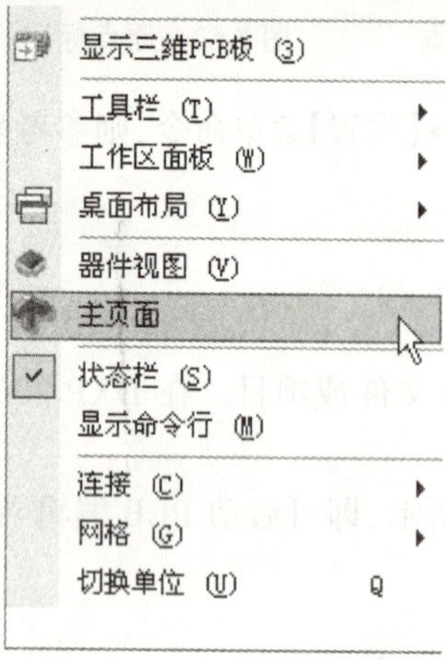

图 7-64 查看菜单打开主页面

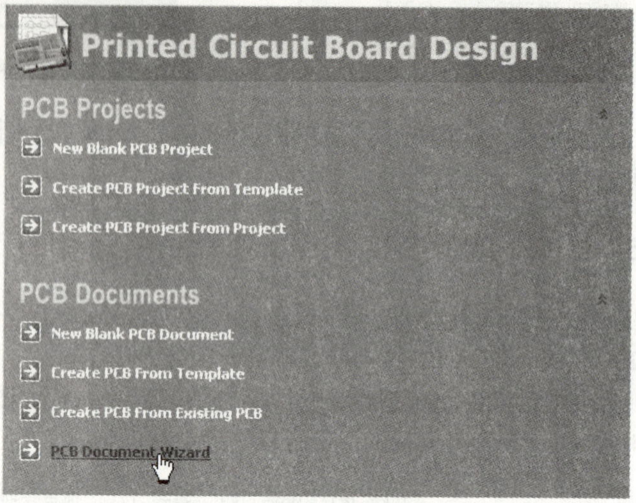

图 7-65 主页面启动 PCB 向导

使用 PCB 向导创建新的 PCB 文件的步骤如下。

① 根据上面介绍的方法启动 PCB 文件生成向导，如图 7-66 所示为 PCB 板向导首页欢迎画面。

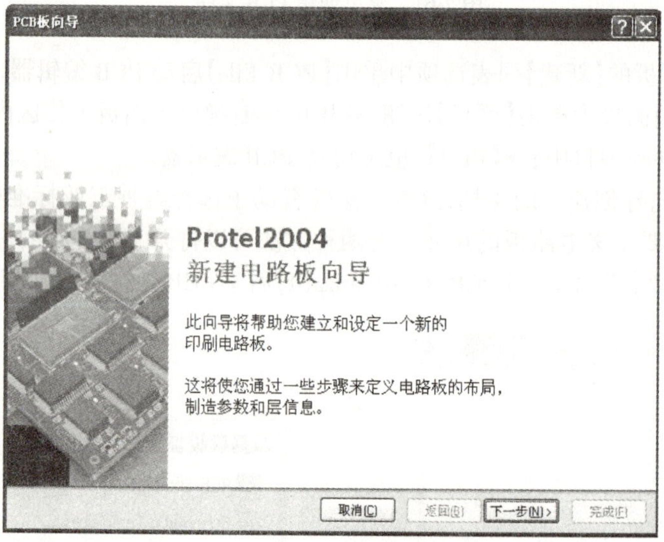

图 7-66 PCB 板向导首页欢迎画面

② 单击【下一步】按钮，将弹出如图 7-67 所示对话框，在该对话框内可设置 PCB 板上各图元或坐标所使用的尺寸单位，可选择公制单位或英制单位，单位默认为英制 mil。

③ 单击【下一步】按钮，将弹出如图 7-68 所示对话框，在该对话框内可选择 PCB 模板，当有适合模板时建议读者直接选用，可提高设计效率。当需要自定义 PCB 外型和尺寸时，可选择[Custom]。

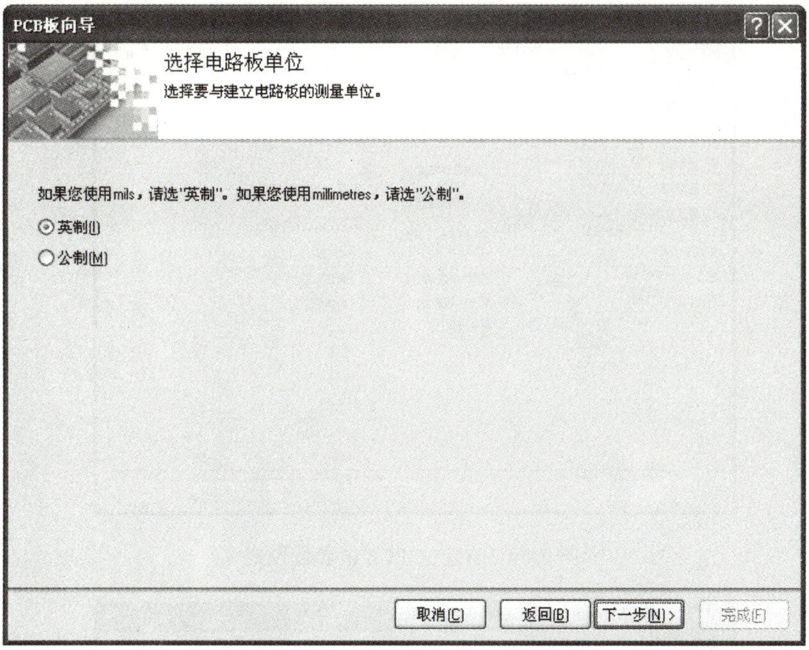

图 7-67　设置 PCB 板尺寸单位

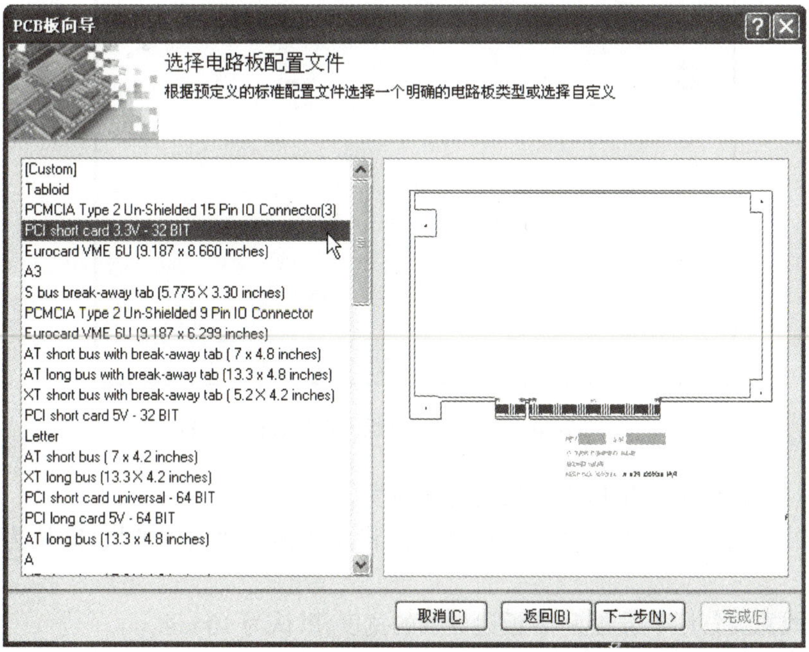

图 7-68　选择 PCB 模板

④ 单击【下一步】按钮，将弹出如图 7-69 所示对话框，在该对话框内可设置与 PCB 外形相关的各参数。下面将分别介绍各区域内参数的具体含义。

【轮廓形状】：系统提供：【矩形】、【圆形】和【自定义】三种 PCB 可选外型，当选择【自定义】时，单击【下一步】后将弹出设置 PCB 外形的对话框，如图 7-70 所示。

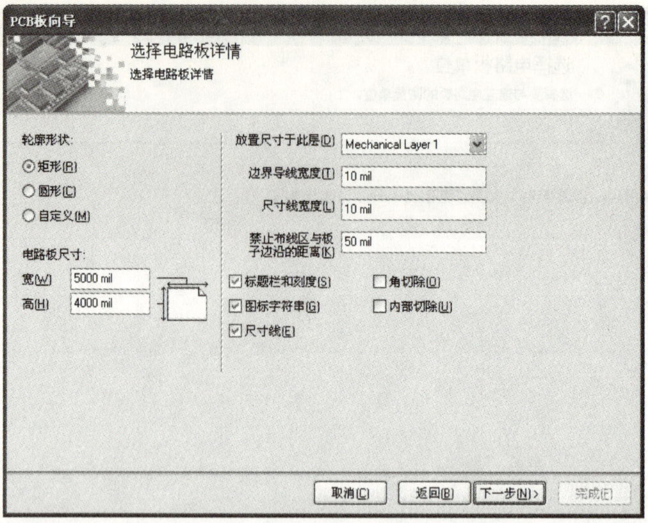

图 7-69　自定义 PCB 板参数设置

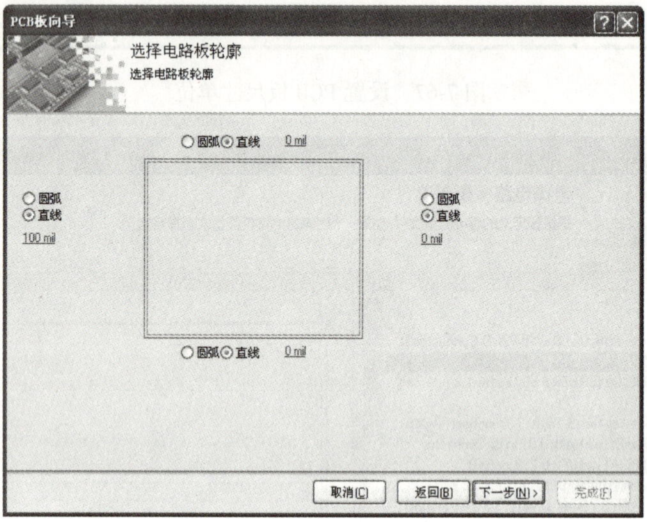

图 7-70　自定义 PCB 板外形参数设置

【电路板尺寸】:用于设置 PCB 板的宽度和高度。

【放置尺寸于此层】:在下拉列表中选择需要将尺寸标注要放置的层,默认为 Mechanical Layer 1。

【边界导线宽度】:用于设置 PCB 板边界线的宽度,默认为 10 mil。

【尺寸线宽度】:用于设置 PCB 板标注尺寸线的宽度,默认为 10 mil。

【禁止布线区与板子边沿的距离】:用于设置 PCB 板电气边界到物理边界之间距离,两者之间的区域是禁止布线的,默认距离为 50 mil。

【标题栏和刻度】复选框:选中该项则生成的 PCB 文件中将显示标题栏和图纸比例。

【图标字符串】复选框:选中该项则生成的 PCB 文件中将显示图标字符串。

【尺寸线】复选框:选中该项则生成的 PCB 文件中将显示尺寸线。

【角切除】:该项仅对选择 PCB 板外形为矩形时有效,选中该项则矩形 PCB 板的四个直角将被截去,截去的长度可在单击【下一步】后弹出的对话框内进行设置,如图 7-71 所示。默认不选该项。

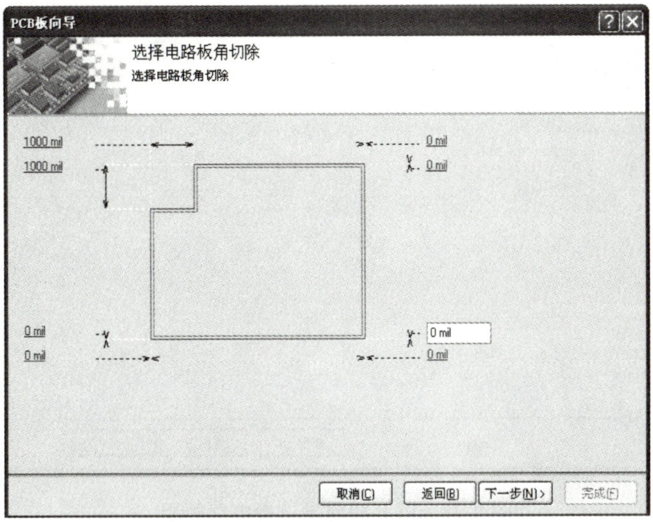

图 7-71　PCB 板角切除参数设置

【内部切除】:该项仅对选择 PCB 板外形为矩形时有效,选中该项则矩形 PCB 板内部将挖去一个小矩形,挖去小矩形的大小可在下一步进行设置,如图 7-72 所示。默认不选该项。

⑤ 步骤④都按系统默认参数,再单击【下一步】按钮,将弹出如图 7-73 所示对话框,在该对话框内可设置电路板层,对于双面板有两层信号层,没有内电层。

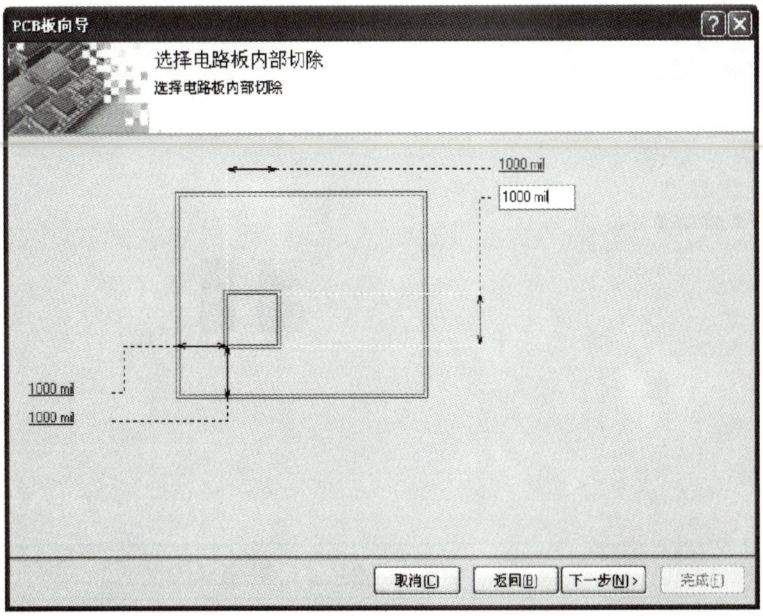

图 7-72　PCB 板内部切除参数设置

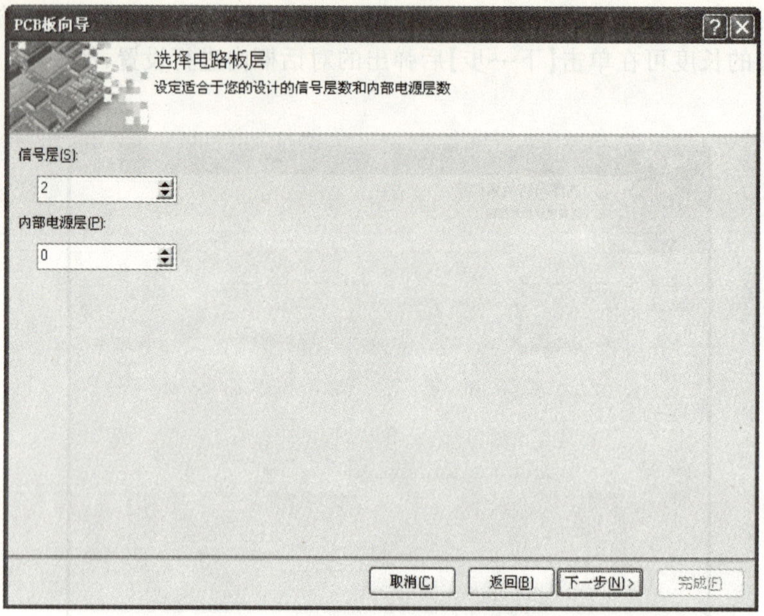

图 7-73　PCB 板向导选择电路板层

⑥ 单击【下一步】按钮，将弹出如图 7-74 所示对话框，在该对话框内可设置 PCB 板上过孔式样，默认选中【只显示盲孔或埋过孔】复选框，如图 7-75 所示，此处选择【只显示通孔】式样。

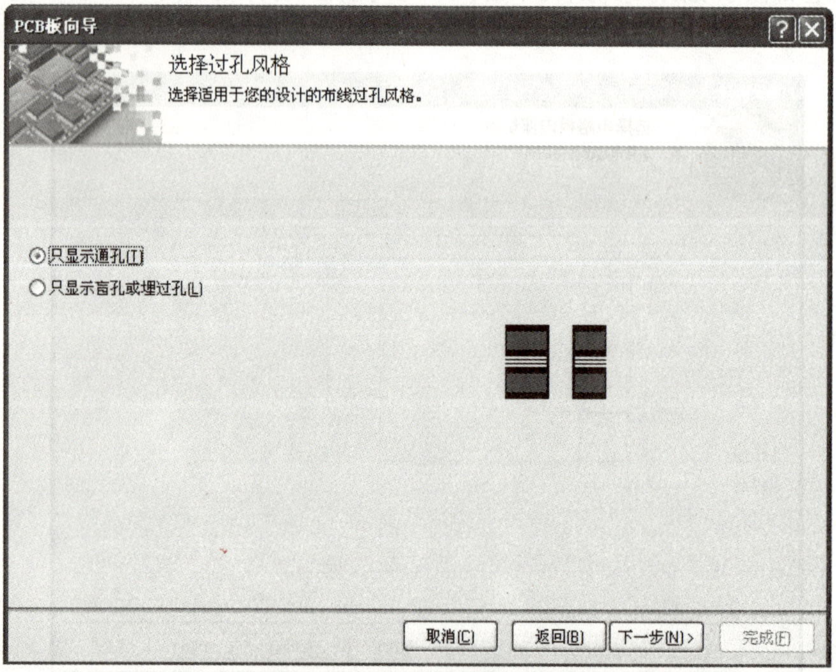

图 7-74　PCB 板向导选择通孔风格

图 7-75　PCB 板向导选择盲孔风格

⑦ 单击【下一步】按钮，将弹出如图 7-76 所示对话框，在该对话框内可选择电路板上采用的元件类型，有两种可选类型：表面贴装元件(S)和通孔元件(H)。另外，此处选中【是】表示允许双面放置元件，再选中【通孔元件】，对话框将变成如图 7-77 所示画面，此处选中【一条导线】表示允许仅一条导线通过邻近两焊盘间。

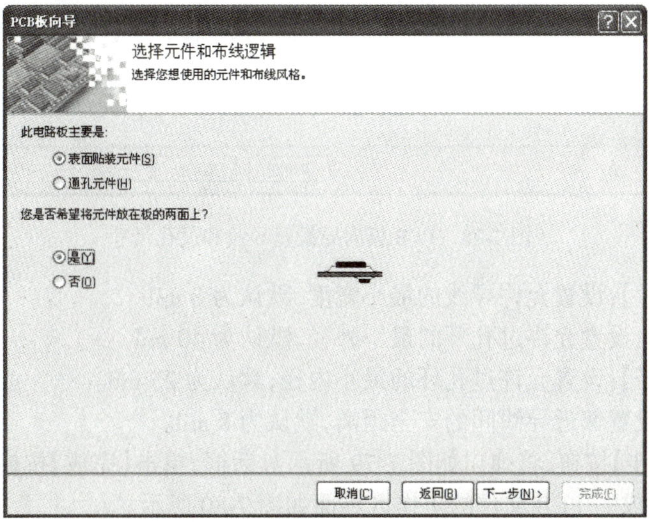

图 7-76　PCB 板向导选择表贴式元件和布线逻辑

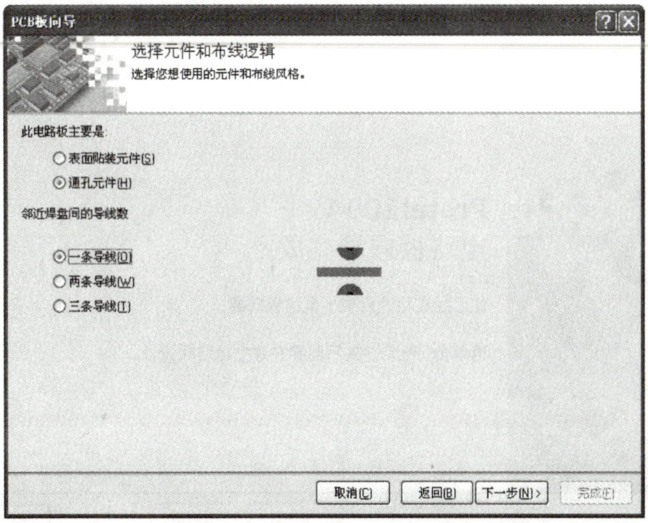

图 7-77　PCB 板向导选择通孔元件和布线逻辑

⑧ 单击【下一步】按钮，将弹出如图 7-78 所示对话框，在该对话框内可对如下参数进行设置。

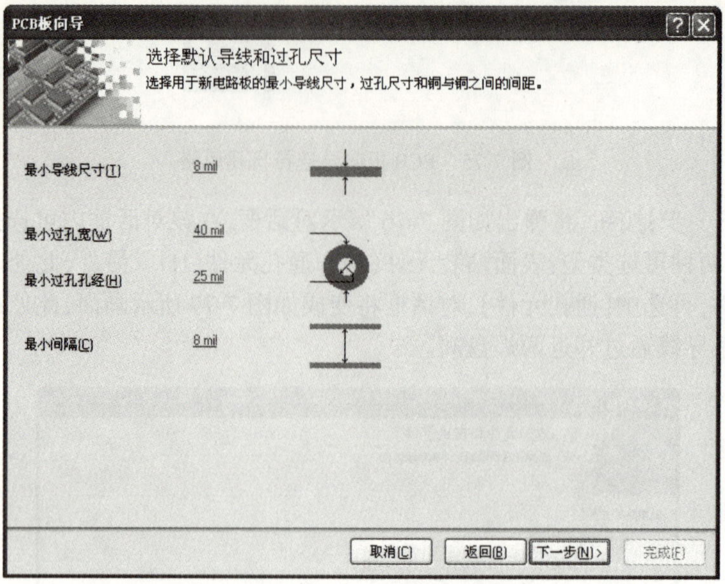

图 7-78 PCB 板向导设置导线和过孔尺寸

【最小导线尺寸】：设置允许导线的最小宽度，默认为 8 mil。

【最小过孔宽】：设置允许过孔环的最小外径，默认为 40 mil。

【最小过孔孔径】：设置允许过孔环的最小内径，默认为 25 mil。

【最小间隔】：设置邻近导线间的安全距离，默认为 8 mil。

⑨ 单击【下一步】按钮，将弹出如图 7-79 所示对话框，单击【完成】按钮，完成 PCB 文件生成向导的设置。生成的 PCB 文件的工作区界面如图 7-80 所示。

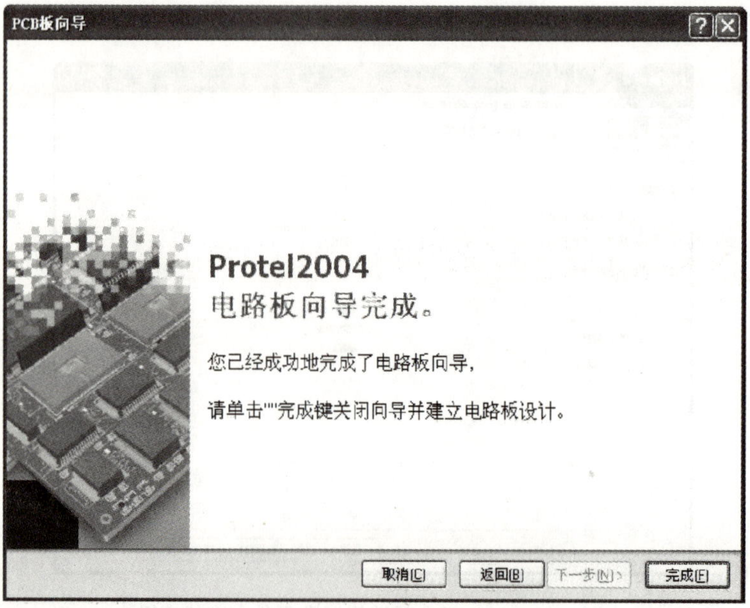

图 7-79 PCB 板向导设置完成画面

图 7-80　PCB 板向导生成的 PCB 文件

⑩ 利用 PCB 板向导生成的 PCB 文件将自动保存为 PCB1.PCBDOC，也可执行【文件】→【另存为】菜单命令，自行更改文件名，再选择存储路径保存。

7.6　DXP 2004 SP2 PCB 编辑器界面管理

DXP 2004 SP2 提供了丰富的窗口管理功能，主要包括 PCB 板图的放大、缩小、移动以及刷新等。这些功能与原理图编辑器的窗口管理有些类似，其主要功能集中在如图 7-81 所示的【查看】菜单中。下面以如图 7-82 所示系统自带 4 Port Serial Inerface 为例来说明窗口管理的具体实现方法。

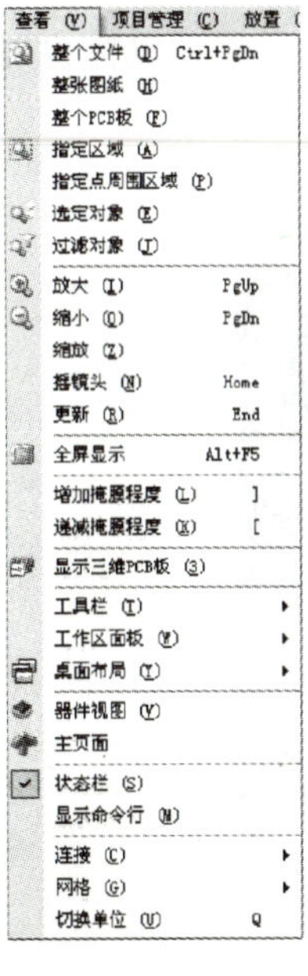

图 7-81　【查看】菜单图

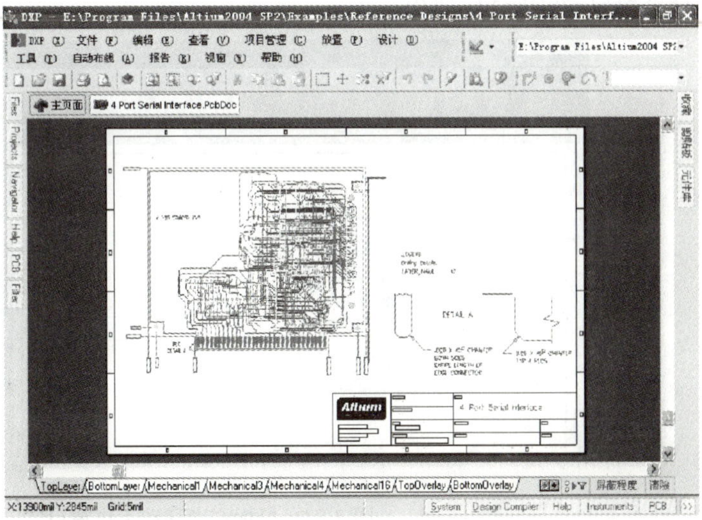

图 7-82　PCB 板例子

7.6.1 窗口的移动、放大和缩小

1. 窗口的移动

在设计 PCB 图的过程中，常常需要移动工作窗口中的画面以便能够观察图纸的各个部分，常用的移动画面的方法主要有以下几种。

① 利用滚动条移动工作窗口。将鼠标箭头放在水平滚动条或垂直滚动条带箭头按钮上，按住鼠标左键不放，这时工作窗口中的画面就会随着滚动条左右或上下移动，移动到想要的位置，松开鼠标左键，移动即停止，如图 7-83 所示。这与很多其他应用软件类似。

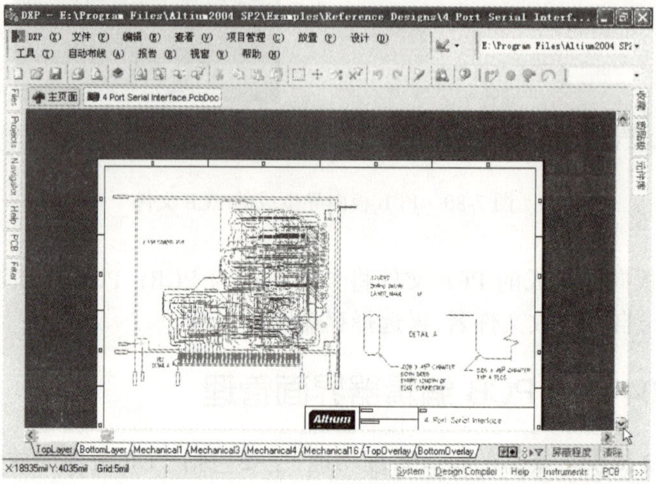

图 7-83 利用滚动条移动工作窗口

② 利用键盘上水平和垂直移动按键(↑,↓,←,→)来移动界面工作区窗口。

③ 在 PCB 编辑区内按住鼠标右键不放，鼠标光标将变成手掌形状，然后移动鼠标也可移动工作区窗口，如图 7-84 所示。

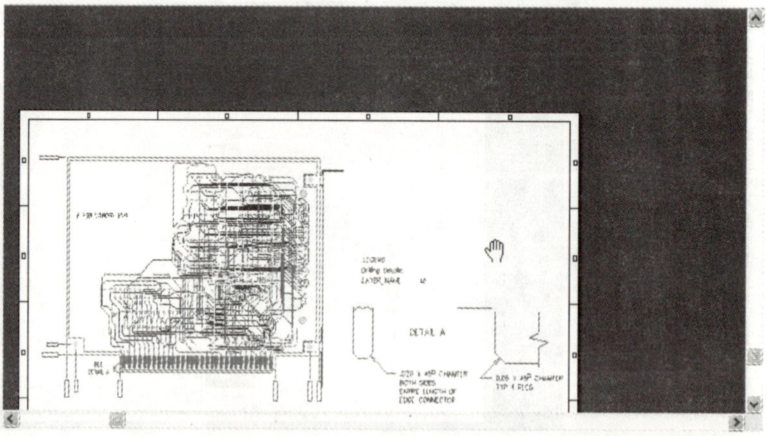

图 7-84 鼠标右键移动工作窗口

④ 利用鼠标滚轮来移动工作窗口。上下滚动鼠标滚轮可上下移动工作窗口，Shift键+上下滚动鼠标滚轮可左右移动工作窗口。

⑤ 利用导航器的微型观察器实现画面的移动，用鼠标拖动微型观察器内的双虚线方框，可以看到编辑窗口将随着该方框的移动而移动。

⑥ 执行【查看】→【摇镜头】菜单命令或直接按Home键，窗口将以鼠标光标位置为中心刷新显示窗口。

2. 窗口的放大

如果需要仔细观察图纸中某一小部分，如某一焊盘，以便对线路作进一步的调整、修改，可以通过以下几种方法实现。

① 执行【查看】→【放大】菜单命令，即放大一次。

② 按Page Up键，也可实现同样的功能。

③ Ctrl键+鼠标滚轮上滚可连续放大图纸。

④ 单击工具栏的按钮，画面也放大一次。

上述几种放大功能，再配合窗口画面的移动功能就可以轻松实现对画面任一位置方便快捷地观察。

3. 窗口的缩小

如果想观察整幅画面，而目前的窗口又处于局部放大状态，此时，可以应用画面缩小功能。画面缩小与放大一样，也可以用4种方法来实现。

① 执行【查看】→【缩小】菜单命令，即缩小一次。

② 按Page Down键，也可实现同样的功能。

③ Ctrl键+鼠标滚轮下滚可连续缩小图纸。

④ 单击工具栏的按钮，画面也缩小一次。

在进行放大和缩小时，请注意以下两点。

- 如果鼠标光标在工作窗口内，则在利用Page Up和Page Down键进行放大和缩小时，鼠标光标所在的位置在窗口中一般保持不变。利用这一特点，使用者可以预先把鼠标光标放在合适位置，这样在放大或缩小后，就不用再移动窗口。
- 用Page Up和Page Down键对窗口进行放大和缩小，既可以在空闲状态下进行，也可以在命令正在执行的过程中进行，这一点非常重要，为编辑工作提供了很大方便。

7.6.2 指定区域放大

选定区域放大有以下两种方法。

① 执行【查看】→【指定区域】菜单命令或单击PCB标准工具栏按钮，光标变成十字形状后，将光标移到工作窗口上，然后确定选定矩形区域的一个角，按住鼠标左键拖动，直到拖动到对角线的另一个角为止，松开鼠标左键，此时该选定区域就被放大显示。

② 执行【查看】→【指定点周围区域】菜单命令，光标变成十字形状后，确定要进行画面放大的中心位置，然后按住鼠标左键拖动，此时也出现矩形区域，这个矩形区域与上一种方法的区别在于，该矩形区域是以鼠标开始拖动的点为中心，也就是鼠标开始拖动的点是矩形区域的两对角线的交点。两者可以选定同样的区域，只是鼠标光标的起始位置不同而已。

7.6.3　指定对象放大

对于选定对象的放大,可执行【查看】→【选定对象】菜单命令或单击 PCB 标准工具栏按钮即可放大所选中的对象。

系统还提供过滤对象放大功能,利用 PCB 面板选定过滤对象后,有下面几种方式可放大显示过滤对象。

① 执行【查看】→【选定对象】菜单命令。

② 单击 PCB 标准工具栏按钮。

③ 利用如图 7-85 所示的过滤器工具栏来放大显示过滤对象,可在工具栏上选择需要放大的网络和元器件对象。

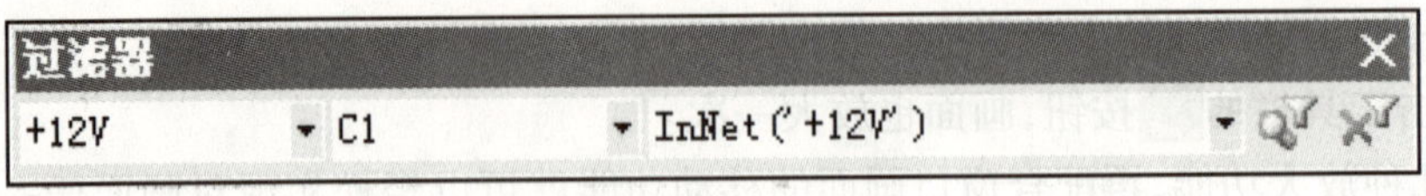

图 7-85　过滤器工具栏

7.6.4　显示整张图纸

执行【查看】→【整张图纸】菜单命令,即可把 PCB 文件整张图纸都显示在工作窗口,且图纸的上、下边框到界面工作区边界留有一定的空白区域,如图 7-86 所示。

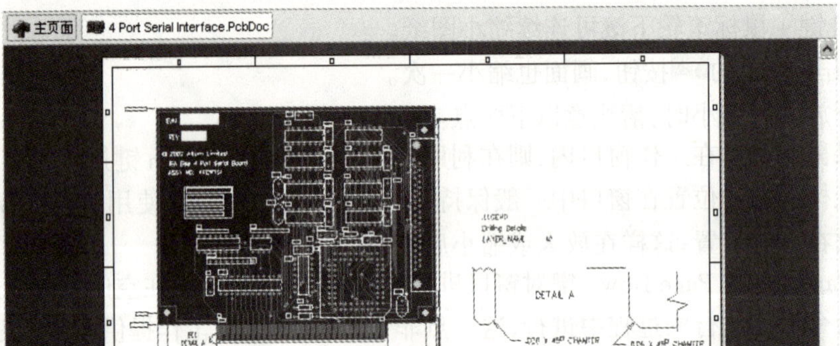

图 7-86　显示整张图纸

7.6.5　显示整个文件

执行【查看】→【整个文件】菜单命令或单击 PCB 标准工具栏按钮,即可把 PCB 文件所有图元都显示在工作窗口,如图 7-87 所示,包括图形的边框和标题栏等都会显示出来。

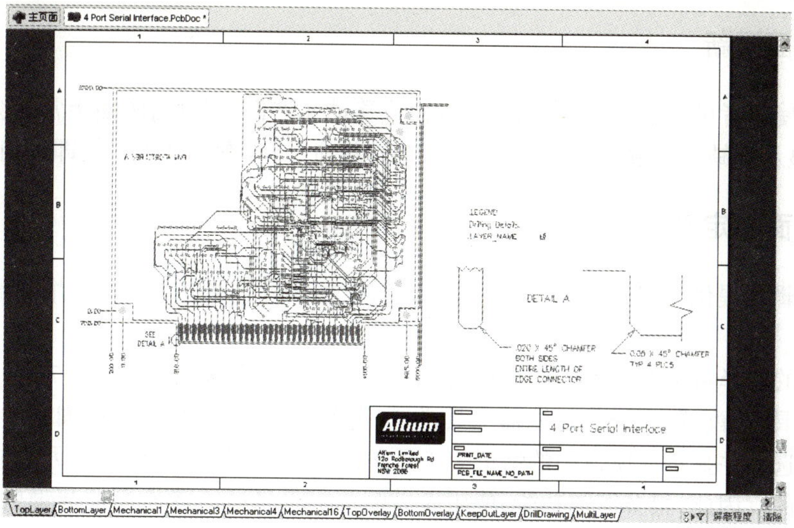

图 7-87　显示整个文件

7.6.6　显示整个 PCB 板

执行【查看】→【整个 PCB 板】菜单命令或按快捷键 V→F，即可在工作窗口中显示整个 PCB 图，如图 7-88 所示。

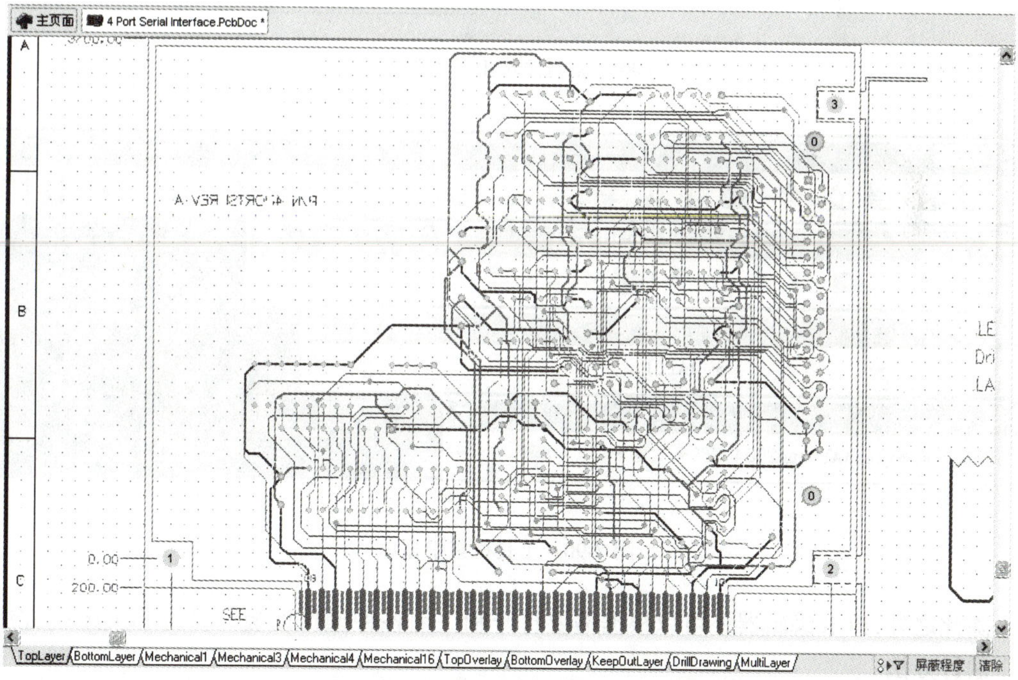

图 7-88　显示整个 PCB 板

7.6.7 画面更新

设计时使用者可能会发现，当在滚动画面或移动元器件的时候，画面上常常会出现一些斑点、线段或显示残缺的现象，这时只要执行菜单刷新命令【查看】→【更新】，即可消除该现象。

7.6.8 界面的定制

PCB 编辑器提供了多种工具栏，使用者可以根据实际需要进行选择，并放置在窗口的适当位置。

工具栏的选择可通过执行【查看】→【工具栏】菜单命令来实现，如图 7-89 所示，主要有 PCB 标准工具栏、配线工具栏、过滤器工具栏、实用工具栏、导航工具栏等，如图 7-90 所示为所有工具条都选中并显示在窗口中的情形。工具条的位置可以放在上面，也可以放在窗口的一侧或是浮动的。因此，很多编辑功能，使用者只要单击工具栏或者使用快捷键就可以实现，大大提高了图形编辑的速度。

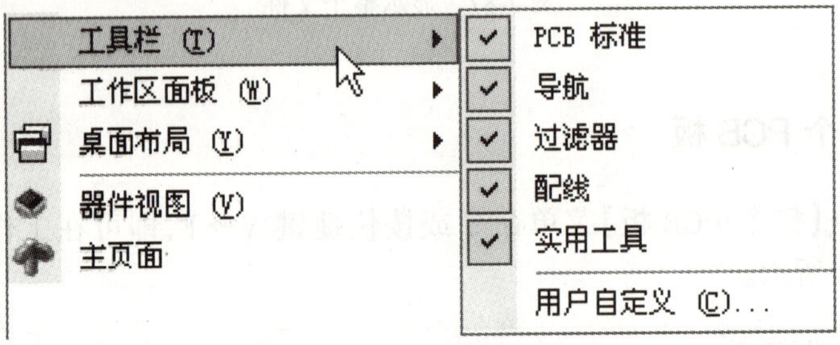

图 7-89 查看菜单工具栏弹出菜单

图 7-90 工具栏集中显示

除此之外，PCB 编辑器还可以根据需要打开和关闭各种操作面板。打开和关闭的方法有如下两种方法。

① 直接单击窗口右下角的面板控制中心按钮，如图 7-6 所示。

② 执行【查看】→【工作区面板】菜单命令，如图 7-91 所示。

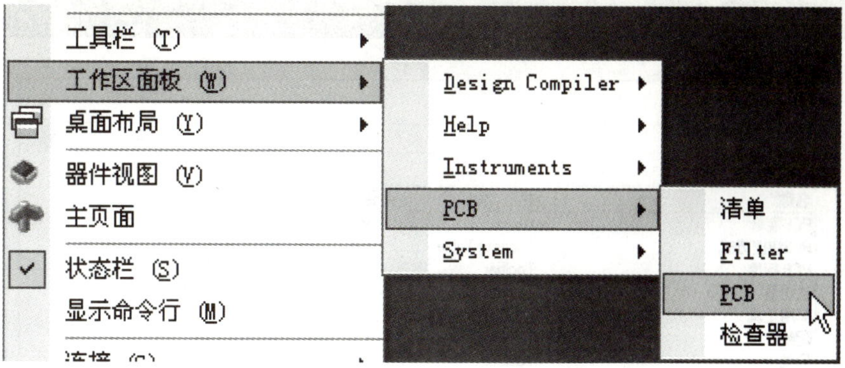

图 7-91 查看菜单工作区面板弹出菜单

在使用 PCB 编辑器时，完全可以根据实际情况定制窗口界面，包括工具栏的位置、操作面板的位置，以及后面要讲到的多个打开文件在窗口中的摆放等，甚至可以更自由地定制自己的界面。执行【DXP】→【用户自定义】菜单命令或执行【查看】→【工具栏】→【用户自定义】菜单命令将弹出如图 7-92 所示对话框，单击【工具栏】标签可切换到如图 7-93 所示工具栏设置界面。通过【Customizing PCB Editor】对话框可以修改菜单命令和工具条名字，新建或编辑菜单功能等，给用户留有很大的自由空间。

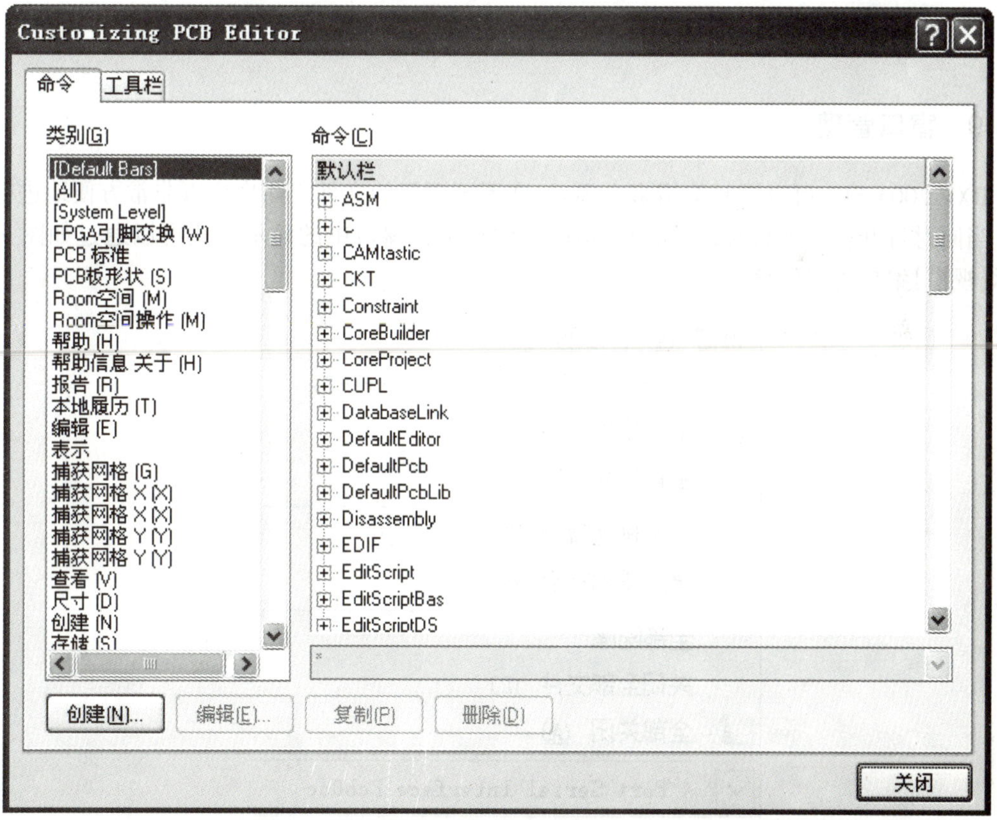

图 7-92 【Customizing PCB Editor】对话框

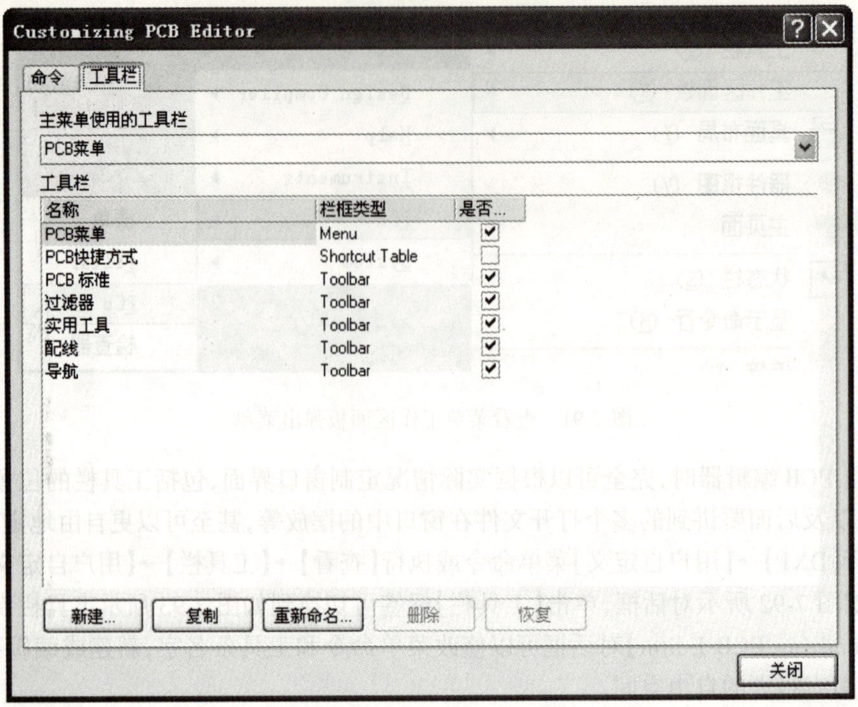

图 7-93 【工具栏】设置项

7.6.9 窗口管理

DXP 2004 SP2 可以同时编辑多个项目,在不同项目的文件之间也可以非常方便地进行切换。当同时打开多个项目时,不同项目里的文件在工作窗口中的显示方式可以通过如图 7-94 所示【视窗】菜单进行管理。

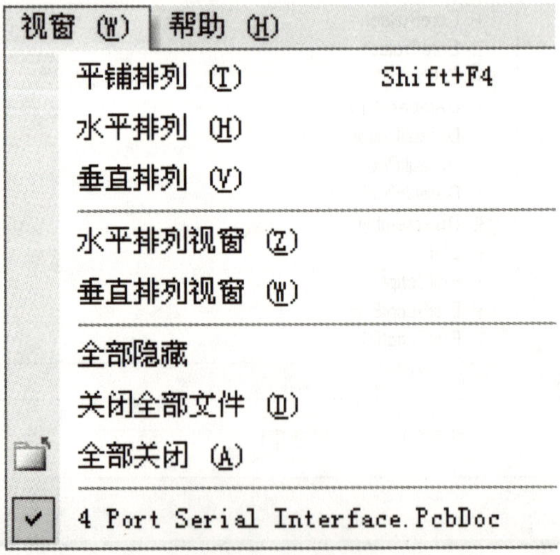

图 7-94 【视窗】菜单

【平铺排列】:设置不同项目文件之间进行平铺排列,如图 7-95 所示。

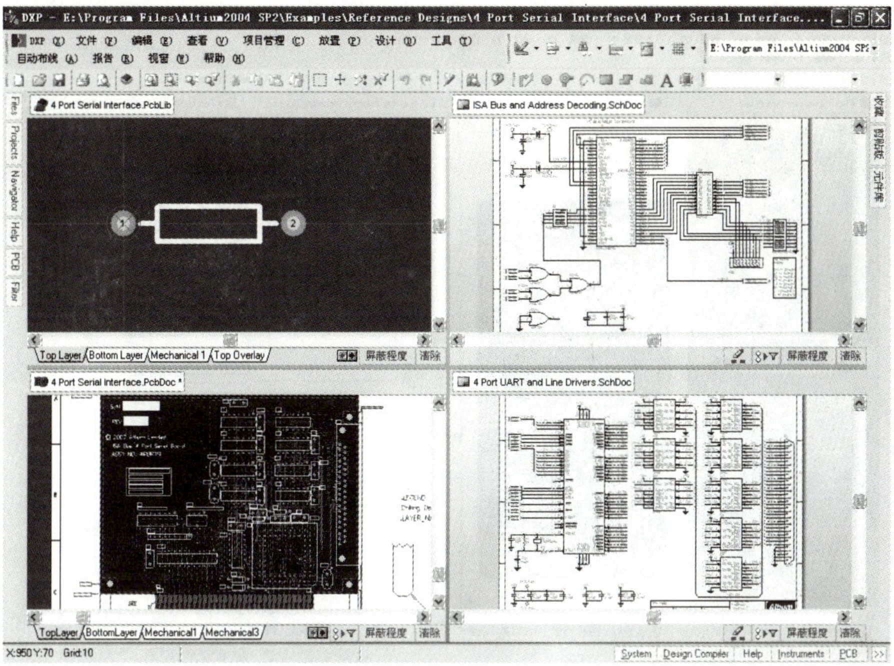

图 7-95　不同项目文件平铺排列

【水平排列】:设置不同项目文件之间进行水平层叠排列,如图 7-96 所示。

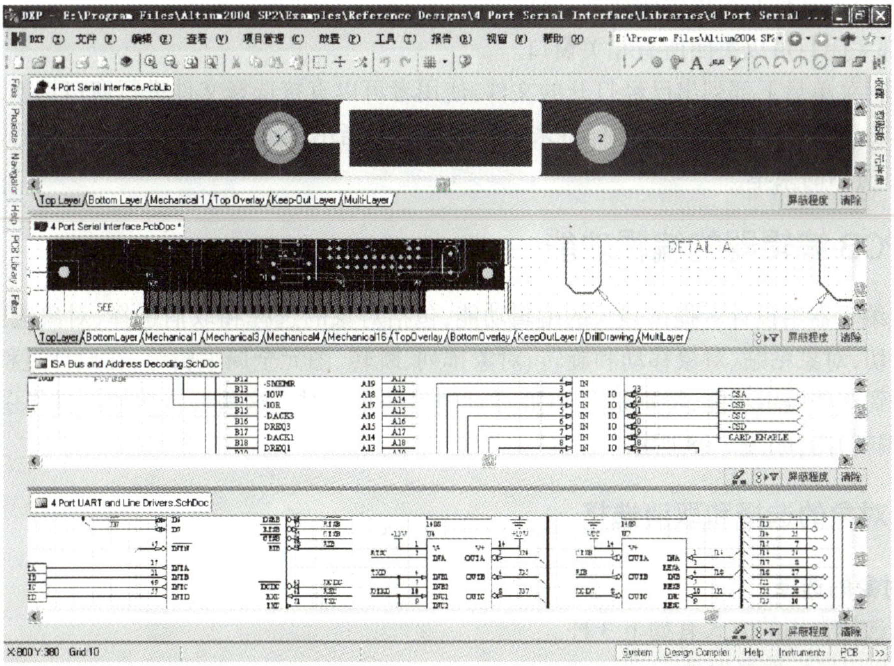

图 7-96　多个项目文件水平排列

【垂直排列】:设置不同项目文件之间进行垂直层叠排列,如图 7-97 所示。

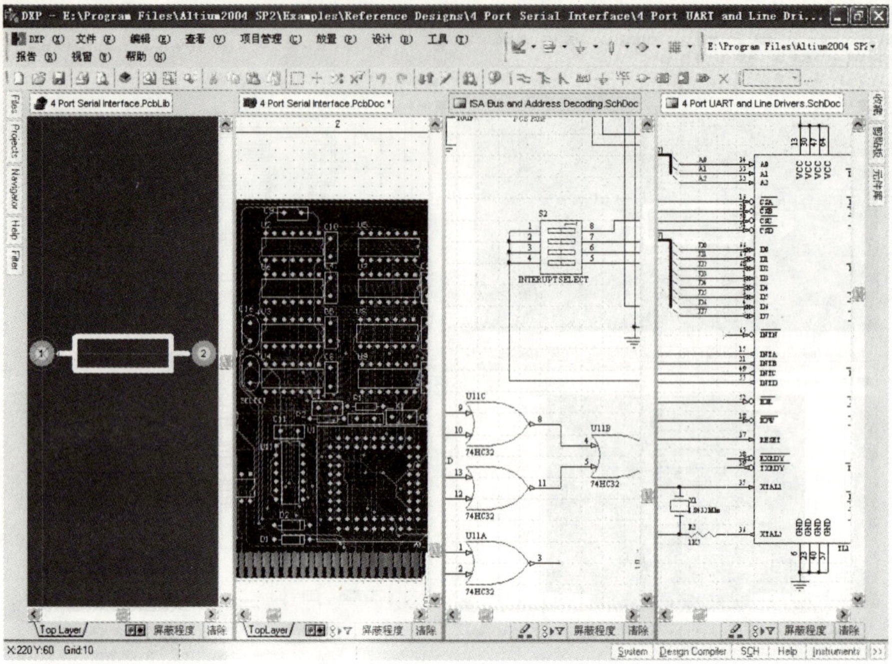

图 7-97　多个项目文件垂直排列

【全部隐藏】:可以隐藏全部文件。

【关闭全部文件】:可以关闭所有文件。

【全部关闭】:可以关闭所有相关窗口。

【视窗】菜单最下部列出已经打开的文件,使用者可以直接选择文件进行窗口切换。此外,还可以单击 PCB 编辑器界面文件标签来切换各窗口。当用鼠标右键单击文件标签后,将弹出如图 7-12 所示的菜单。

7.7 PCB 编辑器的编辑功能

PCB 编辑器给设计者提供强大的编辑功能,包括对象的选择和取消选择、对象删除、对象复制和剪切,对象粘贴、对象移动和旋转、对象排列、跳转、图元全局编辑等,在设计过程中将会经常使用到这些编辑功能,特别是在 PCB 设计的手动布局时。这些编辑功能的操作主要集中在菜单【编辑】内,如图 7-98 所示。

7.7.1 对象的选择和取消选择

1. 对象的选择

对象选择常用的方式有如下 3 种。

(1) 利用鼠标选择对象

① 用鼠标单击一个对象即可选中该对象。

② 用鼠标框住要选择的对象可选择多个对象。

③ 按住 Shift 键不放，用鼠标逐个单击要选择的对象也可选择多个对象。

(2) 利用菜单命令

PCB 中有关组件的选取命令集中在【编辑】→【选择】菜单命令下，如图 7-99 所示。相关各项含义如下。

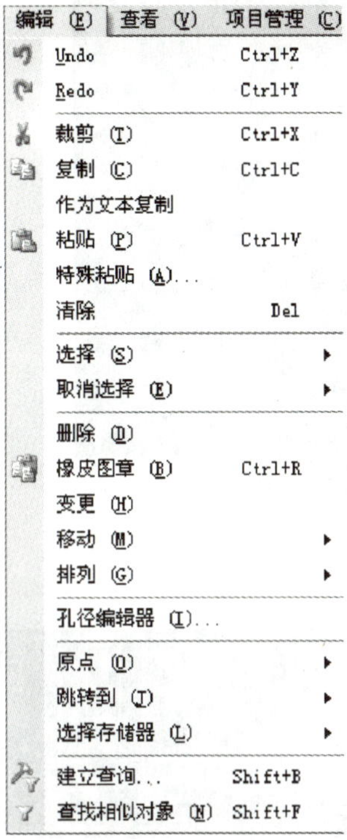

图 7-98　【编辑】菜单

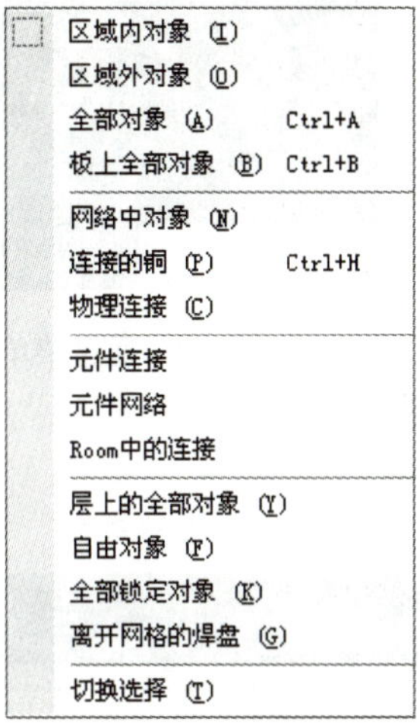

图 7-99　【选择】子菜单

【区域内对象】：执行该命令则鼠标光标变成十字形，用户可将要选择的对象选入矩形框即可。该矩形框通过鼠标连续单击对角线两点的方式画出，大小可控，能很方便地选择单个或多个对象。

【区域外对象】：操作方式与【区域内对象】命令相似，只不过选择的是方框外的对象。

【全部对象】：执行该命令将选择工作区内所有可选对象，包括图形的边框及标题栏等。

【板上全部对象】：执行该命令将选择 PCB 板物理边界内的全部对象。

【网络中对象】：执行该命令则鼠标光标变成十字形，然后用鼠标左键单击要选择网络的一个网络对象(焊盘或连接导线)，则该网络的所有对象将被选择。如图 7-100 所示。当单击图中 C17 的焊盘 2 即 GND 网络标号时，GND 网络的所有对象将被选择并加亮显示。在鼠标变成十字形后，也可单击 PCB 板上空白处，将弹出如图 7-101 所示的对话框，在对话框内输入网络名 GND，单击【确定】后效果将同图 7-100 所示。

【连接的铜】：执行该命令鼠标光标变成十字形，然后用鼠标单击选择连接导线上的任意一个图元(导线或焊盘)，则与该图元实际连接的所有导线和焊盘将被选择。本命令即可选择网络，也可用来选择覆铜，如图 7-102 所示。

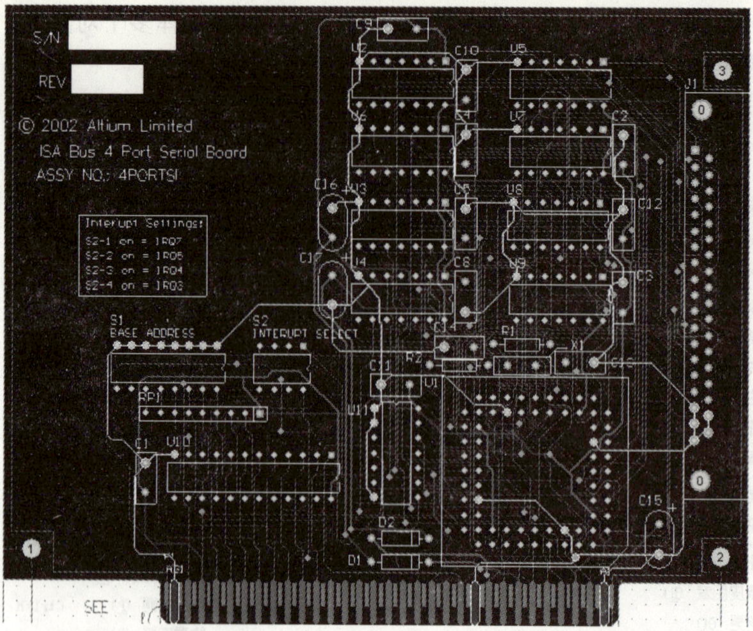

图 7-100 通过菜单命令【网络中的对象】选择特定网络所有对象

图 7-101 网络名输入对话框

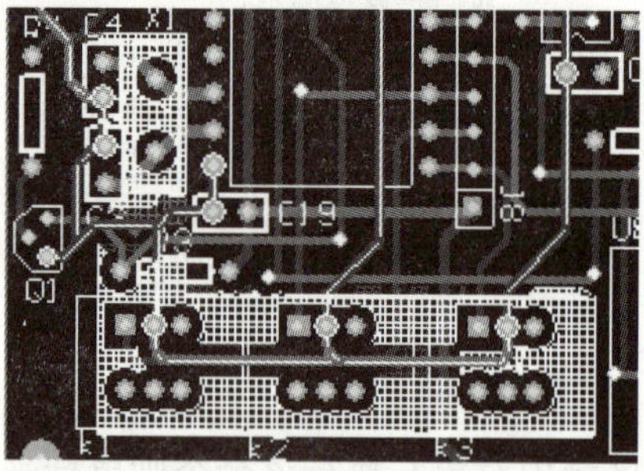

图 7-102 【连接的铜】命令

【物理连接】:用来选择焊盘之间的物理连接。

【元件连接】:用于选择元件的所有连接对象。执行该命令则鼠标光标变成十字形,然后在一个元件封装区域内单击鼠标左键,则该元件的所有连接导线将被选择。

【元件网络】:用于选择与元件焊盘相连的所有网络的各个对象。

【Room 中的连接】:用于选择 Room 空间内的所有连接导线和焊盘。执行该命令则鼠标光标变成十字形,然后用鼠标左键单击要选择 Room 空间,即可选择空间内所有的连接导线和焊盘,如图 7-103 所示。

【层上的全部对象】:用于选择当前层内所有对象。

【自由对象】:执行该命令,则 PCB 板上除了元件封装,其他所有对象将被选择。

【全部锁定对象】:用于选择 PCB 板上所有锁定的对象,在 PCB 布线时该命令便于用户寻找锁定对象。

【离开网格的焊盘】:用于选择没处在网格点的焊盘。

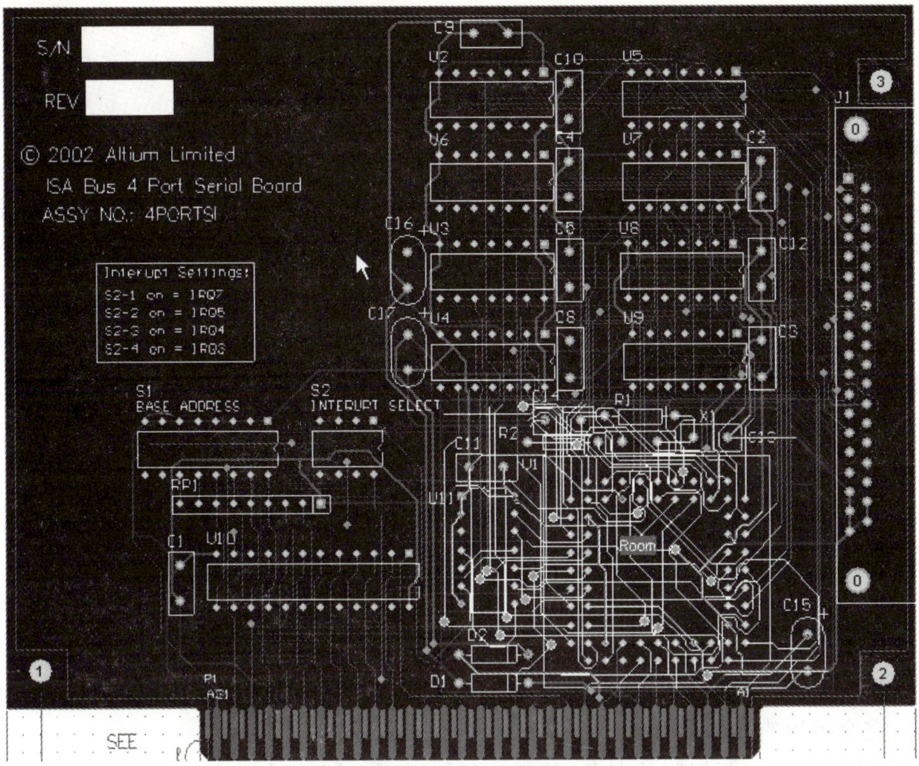

图 7-103　选择 Room 中的连接

【切换选择】:用于切换对象的选择状态。执行该命令则鼠标光标变成十字形,然后用鼠标左键单击一个对象,如果该对象未被选择则选择该对象,若已被选择则清除选择状态。

(3) 使用工具按钮

单击 PCB 标准工具栏内[按钮图标]按钮可选择区域内的对象,它的功能同选择子菜单命令【区域内的对象】完全相同。

2. 被选对象的取消

对象选择的取消常用的方式有如下几种。

(1) 利用鼠标

在编辑区空白处单击鼠标左键,则工作区内所有被选择的对象将退出选择状态。

(2) 利用菜单命令

PCB 中有关组件选择的取消命令集中在【编辑】→【取消选择】菜单命令下,如图 7-104 所示。

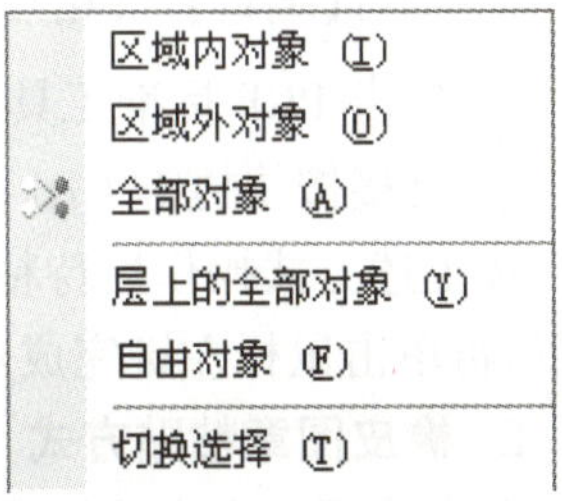

图 7-104　【取消选择】子菜单

相关各项含义如下。

【区域内对象】:用于取消一个矩形区域内对象的选择状态,具体操作过程与选择子菜单命令【区域内对象】相似。

【区域外对象】:用于取消一个矩形区域外对象的选择状态。

【全部对象】:用于取消所有对象的选择状态。

【层上的全部对象】:用于取消当前层所有对象的选择状态,

而其他层上对象的选择状态不变。

【自由对象】:用于取消除元件封装外所有对象的选择状态。

【切换选择】:功能与选择子菜单命令【切换选择】完全相同。

(3) 使用工具按钮

单击 PCB 标准工具栏按钮取消全部对象的选择。功能同取消选择子菜单命令【全部对象】完全相同。

7.7.2 对象的删除

系统提供 3 种方式删除对象。

① 执行【编辑】→【删除】菜单命令可看到鼠标变成十字形,然后移动光标到要删除对象的位置,左键单击该对象即可删除该对象。

② 先选择要删除的对象,然后执行【编辑】→【清除】菜单命令。

③ 先选择要删除的对象,然后按 Delete 键。

7.7.3 对象的复制和剪切

应用对象的复制和剪切功能,可帮助设计者减少大量重复性的工作,如相同的字符串,相同的封装,完全可以直接复制使用,提高设计效率。

复制对象可先选择要复制的对象,然后执行【编辑】→【复制】菜单命令或单击 PCB 标准工具栏上按钮,也可直接按快捷键 Ctrl + C,即可看到鼠标光标变成十字形,此时可选择该对象用于粘贴时的参考点,一般选择对象边缘附近处,再单击鼠标左键,完成该对象的复制。

剪切对象同复制对象基本相同,先选择要剪切的对象,然后执行【编辑】→【剪切】菜单命令或单击 PCB 标准工具栏上按钮,也可直接按快捷键 Ctrl + X,然后同复制一样的操作即可剪切该对象。

7.7.4 对象的粘贴

PCB 编辑器提供灵活多样的对象粘贴方式,有基本方式、橡皮图章粘贴方式、特殊粘贴方式以及队列粘贴方式等。

1. 基本方式

要先按 7.7.3 节介绍的方法复制对象,然后通过如下三种操作方法均可进入粘贴状态。

① 执行【编辑】→【粘贴】菜单命令。

② 单击 PCB 标准工具栏上按钮。

③ 直接按快捷键 Crtl + V。

按上述方式操作后待粘贴的对象将会在它的参考点处粘住鼠标光标,拖动鼠标移到目标位置,再单击鼠标左键完成对象的粘贴。

2. 橡皮图章粘贴方式

此方式用于多次连续重复粘贴对象。先选择要粘贴的对象(注意:这里不执行复制命令),按如下方式之一即可进入橡皮图章粘贴状态。

① 执行【编辑】→【橡皮图章】菜单命令。

② 单击 PCB 标准工具栏上按钮。

③ 直接按快捷键 Crtl + R。

执行上述操作后可看到鼠标光标变成十字形，然后跟复制操作一样选择待粘贴对象的参考点，选择完毕后可以看到待粘贴对象在参考点位置粘住鼠标光标，此时，每单击一次鼠标就粘贴一次对象，如图 7-105 所示。可单击鼠标右键或按 Esc 键退出粘贴状态。

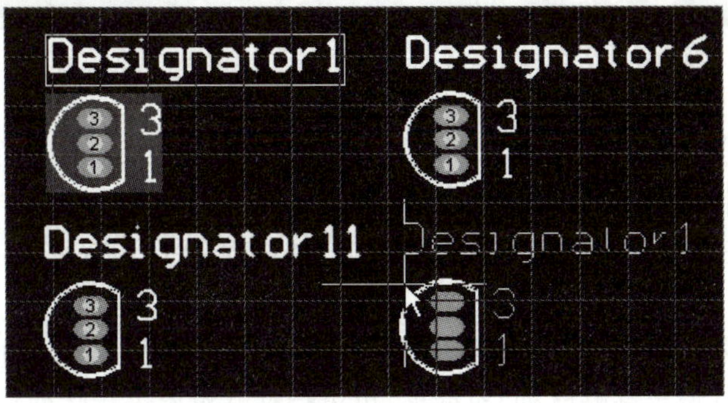

图 7-105　橡皮图章粘贴对象

3. 特殊粘贴方式

有些场合，对象粘贴既要像前面两种粘贴方式一样保持对象原有的层属性，又要保持对象的其他属性，如网络连接属性、元件类属性等，此时可采用特殊粘贴方式。先复制待粘贴的对象，并将待粘贴对象的层设置为当前层，然后执行【编辑】→【特殊粘贴】菜单命令或按快捷键 E→A，将弹出如图 7-106 所示【特殊粘贴】对话框，如果未先复制对象而直接执行特殊粘贴方式，则鼠标光标将变成十字形，然后选择粘贴参考点后才能弹出该对话框。

对话框各复选框含义如下。

【粘贴到当前层】：选中该项则把对象粘贴到当前层。

【保持网络名】：选中该项则被粘贴对象将保持该对象所有的网络名称，并保持网络连接，如图 7-107 所示，粘贴对象 C21 保持了原有网络名称和网络连接。

图 7-106　【特殊粘贴】粘贴属性选择对话框

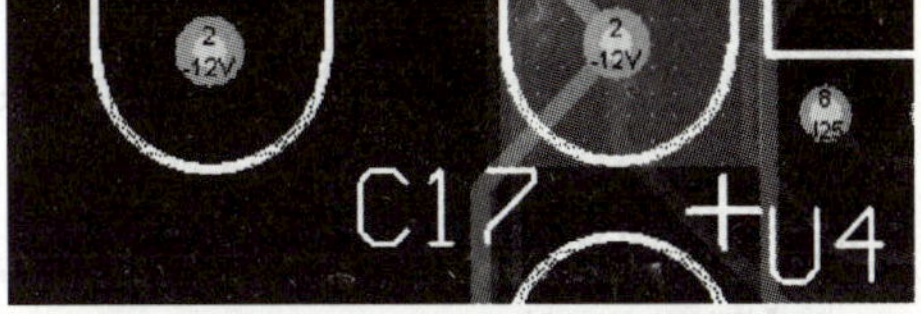

图 7-107　保持网络名称的特殊粘贴

【复制标识符】:选中该项则粘贴对象将保持其标识符,如图 7-108 所示。否则将如图 7-105 所示系统将自动按固定增量修改标识符的编号。

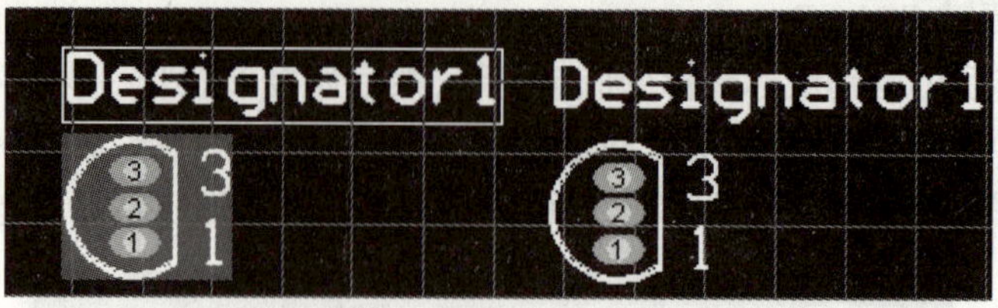

图 7-108　复制标识符的特殊粘贴

【加入到元件类】:本项在【复制标识符】选项未选中时有效,选中该项时,将把粘贴元件加入到元件类中去,如图 7-107 所示,C16 在选中【加入到元件类】后进行特殊粘贴,其标识符变为 C21 后,可在 PCB 面板中观察到该标识符已加入到【ALL Components】元件类中,如图 7-109 所示。

完成上述操作设置后,若单击【粘贴】按钮,则直接进行粘贴,若是单击按钮【粘贴队列】,将弹出如图 7-110 所示【设定粘贴队列】对话框,可对待粘贴对象进行队列粘贴设置。

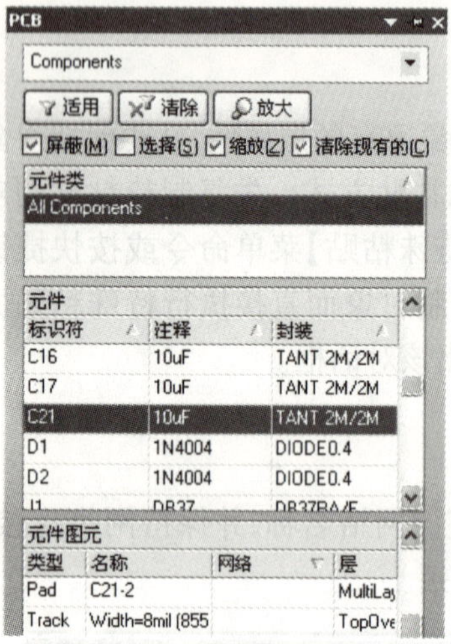

图 7-109　已添加标识符

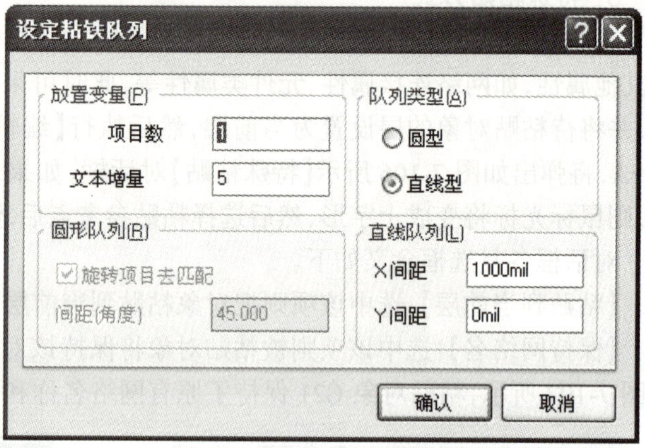

图 7-110　【设定粘贴队列】对话框

也可直接对待粘贴对象进行队列粘贴,具体操作为:先复制待粘贴对象,然后单击实用工具栏下拉菜单中的按钮也将会弹出【设定粘贴队列】对话框。

对话框各区域参数含义如下。

(1)【放置变量】

【项目数】可设置对象的队列粘贴数量;【文本增量】可设置对象标识符文本的增量。

(2)【队列类型】

该区域可以选择对象队列粘贴的类型,有【圆型】和【直线型】两种。

(3)【圆形队列】

该区域在选择圆型队列类型时有效,可以设置粘贴队列中相邻两个粘贴对象位置在圆上构成的夹角。设置完【项目数】和【间距(角度)】后,单击【确定】则鼠标光标变成十字形,然后用

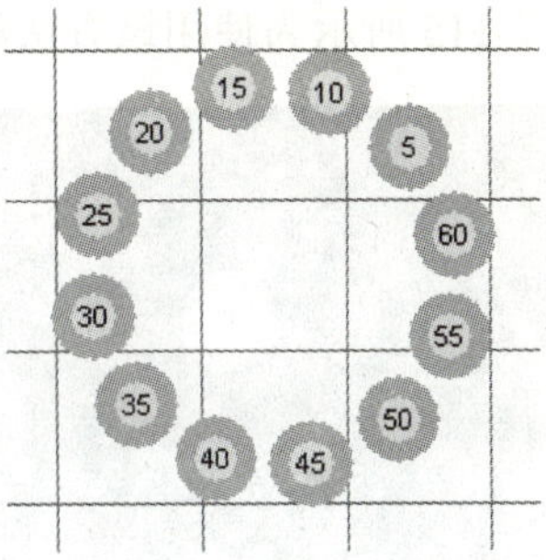

图 7-111　圆形队列粘贴

鼠标左键单击选择圆形队列的圆心，再次单击【确定】圆形队列的半径以及初始标识符对象的位置即可完成圆形队列粘贴，如图 7-111所示为焊盘 2 进行圆形队列粘贴后的效果，【项目数】为 12，【文本增量】为 5，【间距(角度)】为 30 度。

(4)【直线队列】

该区域在选择直线型队列时有效，可在该区域设置 X 方向和 Y 方向两个粘贴对象位置的间距。如果 X 方向上两元素距离为零，则元素纵向排列，如果 Y 方向两元素之间的距离为零，则阵列横向排列，如果两者都不为零，则阵列斜向排列。如图 7-112 所示为一焊盘直线队列粘贴的效果，【项目数】为 8，【文本增量】为 5，【X 间距】为 100 mil，【Y 间距】为 0 mli。

图 7-112　直线队列粘贴

7.7.5　对象的移动和旋(翻)转

元器件载入到 PCB 图中以后，其摆放位置和方向要根据板子的大小和形状等实际情况来合理安排和设计。实现这一功能的最基本方法就是元器件的移动和翻(旋)转。移动或旋(翻)转对象是最常用的编辑功能，这些功能都集中在【编辑】→【移动】菜单命令下，如图 7-113 所示。

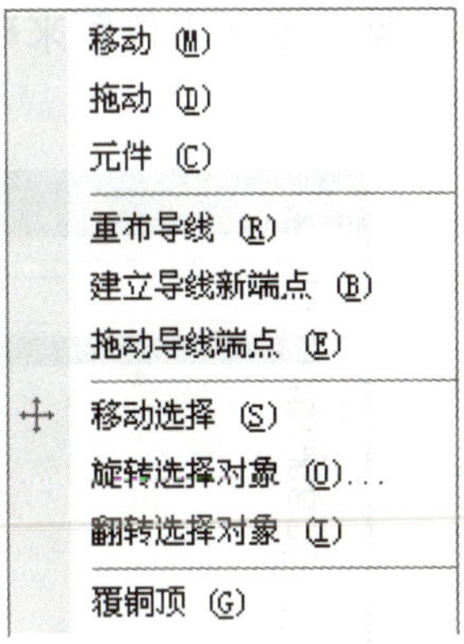

图 7-113　【移动】子菜单

1. 对象的移动

移动对象可有如下几种操作方式。

(1) 利用鼠标

先选择待移动的单个或多个对象，然后在对象任意处单击鼠标左键，并按住不放则对象将粘在鼠标光标上，此时移动鼠标光标则对象就会跟着移动，移动到需要的位置后放开鼠标左键完成对象的移动。这是 PCB 移动对象最常用和最简便的方法。

(2) 利用菜单命令

① 执行【编辑】→【移动】→【移动】菜单命令，鼠标光标变成十字形，再用鼠标左键单击待移动的对象，则该对象会粘在鼠标光标上，移动到需要的位置后再次单击鼠标完成对象的移动，此时鼠标光标仍处于十字形状态，此时可继续移动其他对象，也可单击鼠标右键退出。本方法仅移动单个对象，且与对象相连的其他对象不跟着移动，在布线时容易改变各对象间的电气连接特性。如图 7-114 所示为使用本方法移动一段导线的效果。

② 执行【编辑】→【移动】→【拖动】菜单命令，本方法操作方式与命令【移动】完全相同，但在移动对象时，与该对象相连的其他对象也都会跟着移动，对象保持原有的电气连接特性。如

图 7-115 所示为使用该方法移动一段导线的效果。

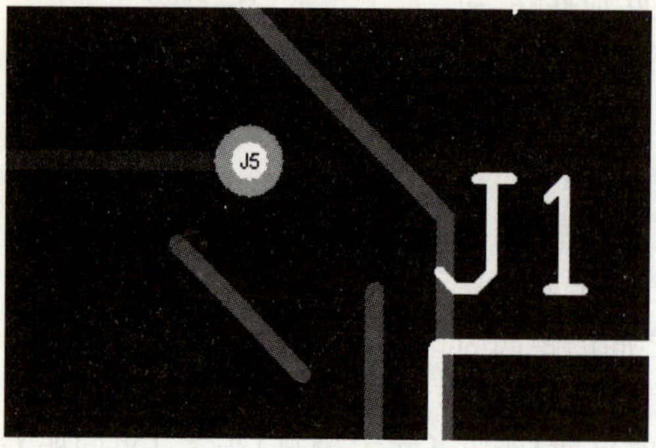

图 7-114　执行【移动】命令

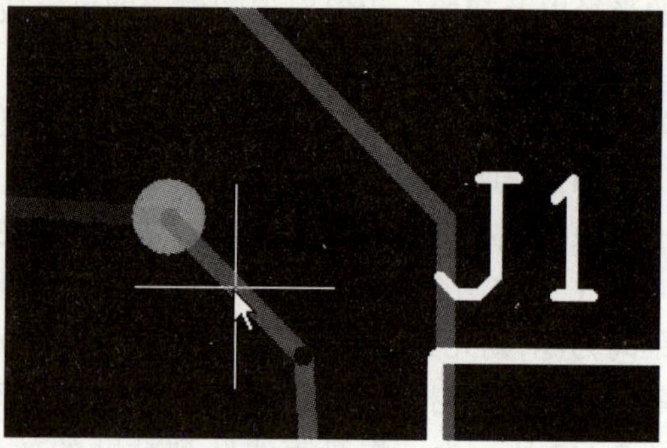

图 7-115　执行【拖动】命令

③ 执行【编辑】→【移动】→【元件】菜单命令。该命令只移动元器件，而不移动其他对象，如导线等。如果没把鼠标的十字光标放在元器件上，而是放在其他对象（如导线）或空白处单击鼠标左键，则会弹出【选择元件】对话框，如图 7-116 所示。可以从中选择元器件，并选择要采取的相应动作。

④ 执行【编辑】→【移动】→【重布导线】菜单命令，鼠标光标处于命令状态下，用光标选中一条导线，移动鼠标，可以看到，导线的两个端点不变，而导线的中间段随着光标移动，拖动导线到适当位置后，单击鼠标左键，可以放置导线的一边，而另一边仍处于拖动状态，可以继续用鼠标左键单击适当位置来确定导线的具体位置，直到最后单击鼠标右键结束。如图 7-117 所示。

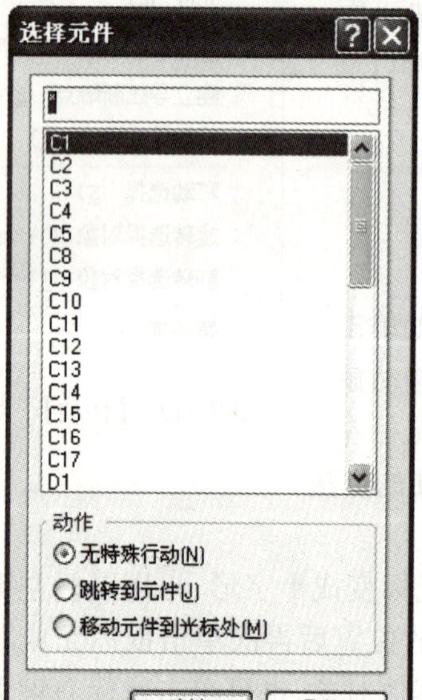

图 7-116　【选择元件】对话框

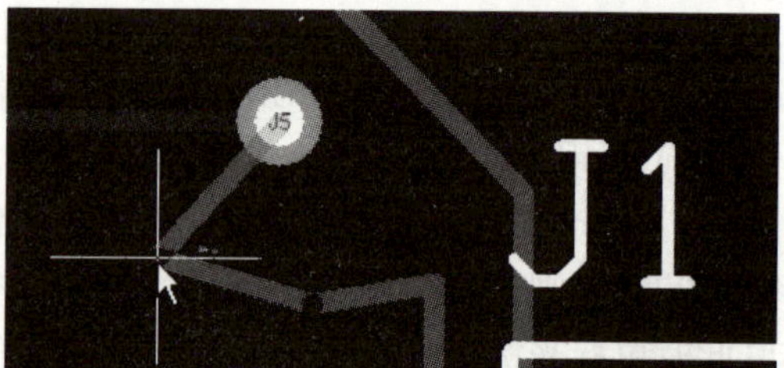

图 7-117　执行【重布导线】命令

⑤ 执行【编辑】→【移动】→【建立导线新端点】菜单命令。该命令与【重布导线】类似，都可

以拖动导线进行重新布线，不同之处在于，该命令只能拖动一次，而不像【重布导线】那样可以连续拖动。

⑥ 执行【编辑】→【移动】→【拖动导线端点】菜单命令。该命令的功能是使导线的一个端点固定，而另外一个端点随鼠标光标的移动而移动，单击鼠标左键后，导线的位置就确定了。

⑦ 执行【编辑】→【移动】→【移动选择】菜单命令，可移动已经选中的对象。

⑧ 执行【编辑】→【移动】→【覆铜项】菜单命令，可移动多边形填充。

在移动元器件的时候，与其相连的导线是否随着一起移动，这取决于【优先设定】对话框中【General】选项卡中【元件移动】选项是否已经设置成为【Connected Tracks】，如图 7-118 所示。

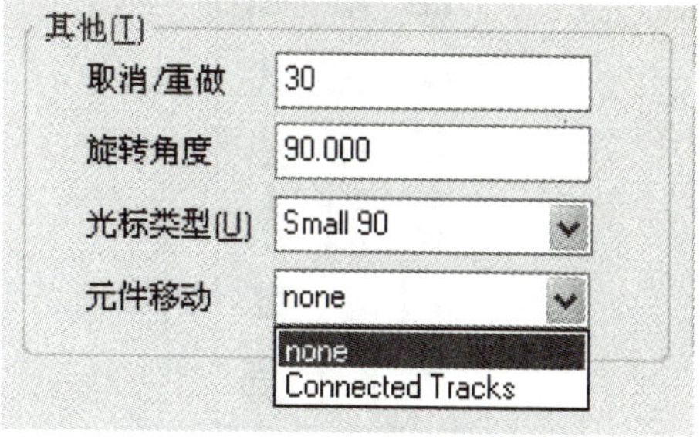

图 7-118 【元件移动】选项下拉菜单

(3) 利用工具栏按钮

单击 PCB 标准工具栏内可移动处于选中状态的对象。

2. 对象的旋(翻)转

对象旋(翻)转可有如下两种操作方式。

(1) 鼠标 + 键盘操作方式

用鼠标左键按住要进行旋转的对象，此时该对象处于浮动状态，然后按空格键，则该对象将按逆时针转动 90°，若按 Shift + 空格键，则该对象将按顺时针转动 90°，接着重复操作，对象继续旋转，直到满意为止。

该旋转角度可通过【优先设定】对话框中【General】选项卡中【旋转角度】选项进行修改，默认为 90°，如图 7-118 所示。

同样，按住鼠标左键使对象对于浮动状态，然后按 X 键，使对象水平翻转，按 Y 键使对象垂直翻转。

图 7-119 旋转角度设置对话框

(2) 利用菜单命令

① 执行【编辑】→【移动】→【旋转选择对象】菜单命令，可旋转已选中的对象，执行该命令后，会弹出如图 7-119 所示的对话框，要求输入要旋转的角度值。

② 执行【编辑】→【移动】→【翻转选择对象】菜单命令，可水平翻转已选中的对象。

7.7.6 对象的排列

为了使设计的电路板比较整齐美观，有时也是电路板设计的需要，在元件的布局中常常需要对元件进行对齐。在 DXP 2004 SP2 中具有强大而灵活的元件对齐放置工具。如图 7-120 所示为实用工具栏，用户也可以通过执行【编辑】→【排列】菜单命令，在弹出如图 7-121 所示的菜单中，选择相应的排列方式进行排列。

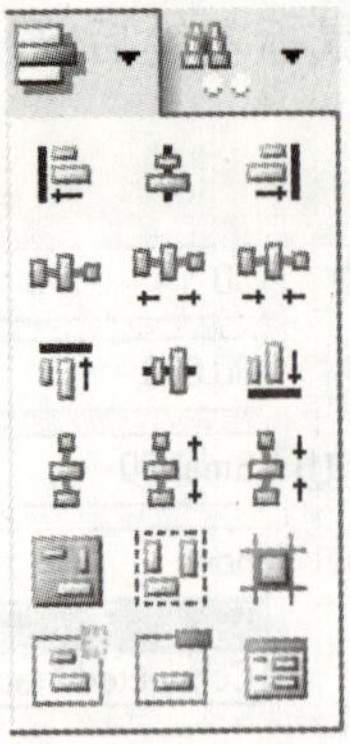

图 7-120 排列工具栏

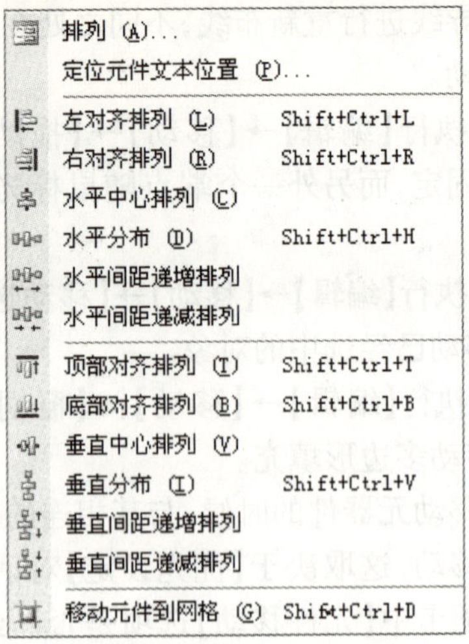

图 7-121 【排列】子菜单

各命令的功能和操作方法如下。

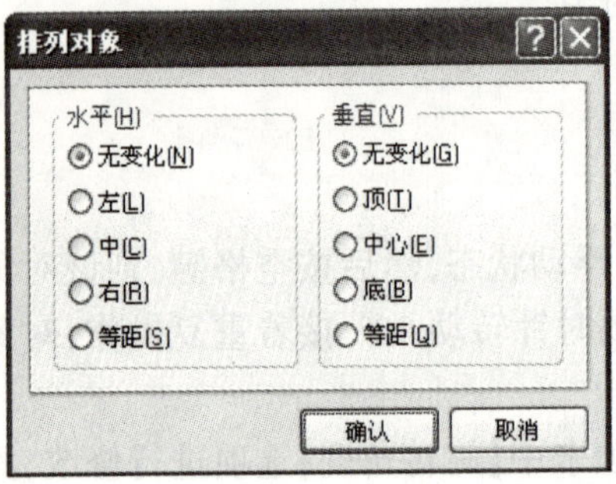

图 7-122 【排列】命令弹出对话框

【排列】:执行该命令则弹出如图 7-122 所示的【排列对象】对话框,该对话框内可设置对象排列对齐的方式,排列元件的方式分为水平和垂直两种方式,即水平方向上的对齐和垂直方向上的对齐,两种方式可以单独使用,也可以复合使用。对话框内包括左对齐、水平中心对齐、右对齐、水平等距对齐、顶对齐、垂直中心对齐、底对齐以及垂直等距等对齐方式。这些对齐方式与后面要介绍的菜单命令有相同的功能,这里就不多作介绍了。

【左对齐排列】:将已选择的对象进行左对齐排列。

【右对齐排列】:将已选择的对象进行右对齐排列。

【水平中心排列】:该命令仅对有相互交叉的元件组有效,使得所选取的元件向中间靠齐成队列,基准线是所选最左端和最右端元件的中线。

【水平分布】:所选元件组的最左和最右两个元件距离保持不变,然后将中间各元件水平等距排列。

【水平间距递增排列】:所选元件组水平方向上以固定增加量依次加大元件组内各元件间的间距。

【水平间距递减排列】:所选元件组水平方向上以固定减小量依次减小元件组内各元件间的间距。

【顶部对齐排列】:所选元件组进行顶部对齐排列。

【底部对齐排列】:所选元件组进行底部对齐排列。

【垂直中心排列】:该命令仅对有相互交叉的元件组有效,使得所选取的元件向中间靠齐,基准线是所选最上端和最下端元件的中线。

【垂直分布】:所选元件组的最上和最下两个元件距离保持不变,然后将中间各元件水平等距排列。

【垂直间距递增排列】:所选元件组垂直方向上以固定增加量依次加大元件组内各元件间的间距。

【垂直间距递减排列】:所选元件组垂直方向上以固定减小量依次减小元件组内各元件间的间距。

【移动元件到网格】:执行该命令可将选中的对象移动到就近的网格上。直接按工具栏按钮也可实现该功能。

工具栏按钮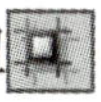:用于将所选元件组排列于 Room 空间内部。

工具栏按钮:用于将所选元件组排列到特定矩形区域内。选择需要排列的元件组,然后用鼠标框出要排列放置所选元件组的矩形区域,就可将所选元件组排列到该矩形区域内。排列的原则是:顶对齐排列优先,当水平宽度不够时按左对齐排列到下一行。

7.7.7　跳转功能

在 PCB 板设计过程中,往往需要快速定位某个特定位置或查找某个对象,这时可以利用 DXP 2004 SP2 提供的跳转功能来实现。跳转功能工具栏集中在如图 7-123 所示实用工具栏中,此外执行【编辑】→【跳转到】菜单命令即可在弹出如图 7-124 所示的菜单中选择的适合的跳转方式。

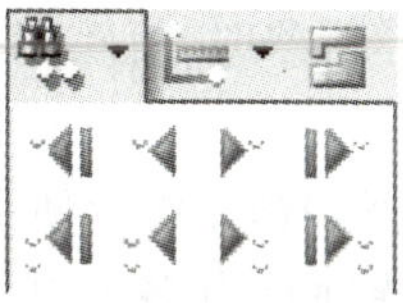

图 7-123　跳转工具栏按钮

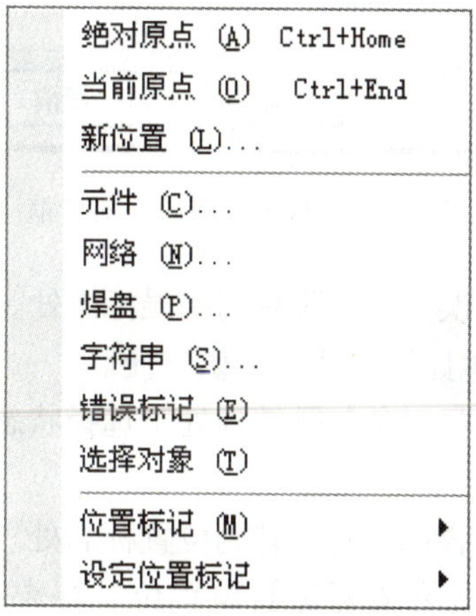

图 7-124　【跳转到】子菜单

各命令的功能和操作方法如下。

【绝对原点】:跳转到绝对原点,绝对原点就是系统坐标系的原点。

【当前原点】:跳转到当前原点,当前原点即用户自定义的坐标系原点,其设置方法可参见 7.5.4 节。

【新位置】:跳转到指定的坐标位置,执行该菜单命令后,会出现如图 7-125 所示的对话框,要求输入所要跳转到的新位置坐标值。

【元件】:跳转到指定的元器件。执行该命令后,出现如图 7-126 所示的对话框,要求输入所要跳转到的元器件标号。

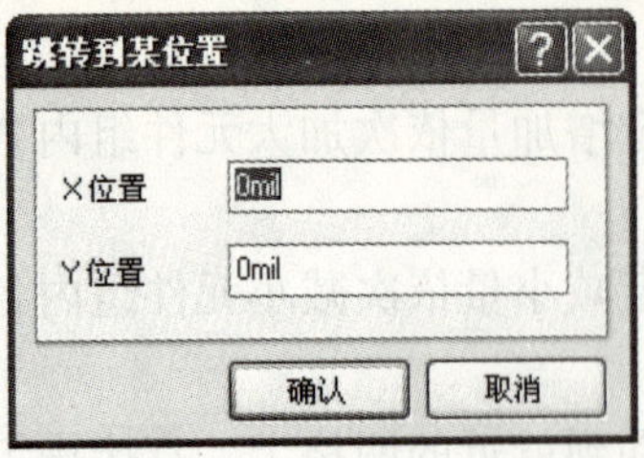

图 7-125　跳转位置输入对话框

图 7-126　元件名称输入对话框

【网络】:跳转到指定的网络,执行该命令后,出现如图 7-127 所示的对话框,要求输入所要跳转到的网络名称。

图 7-127　输入跳转网络名称

【焊盘】:跳转到指定的焊盘,执行该命令后出现如图 7-128 所示的对话框,要求输入所要跳转到的焊盘引脚号。由于电路中,可能有多个元件具有相同焊盘引脚号,所以,用该方法定位特定元器件的焊盘并不是最好的办法。

【字符串】:跳转到指定的字符串。执行该命令后,会出现如图 7-129 所示的对话框,要求输入所要跳转到的字符串。

图 7-128　输入焊盘编号对话框

图 7-129　输入字符串对话框

【错误标记】:跳转到错误标志处。该功能可以跳转到由 DRC 检查而产生错误的标志处,为修改电路图中错误提供方便。

【选择对象】:跳转到处于选择状态的对象,当有多个已选择对象时,将跳转到最先选择的对象。

【位置标记】:跳转到位置标志处。该命令须与【设定位置标记】命令配合使用。

【设定位置标记】:设置位置标志。对于大型的 PCB 图,特别是由多个页面组成的 PCB 图,在不同图之间查找某一位置往往很费时。使用该命令,可以在不同的页面或同一页面的不同位置设置多个位置标志(最多 10 个),这样就可以使用【位置标记】命令跳转到指定的位置标志处,为 PCB 图的编辑工作提供了很大方便。

利用【PCB】面板来进行跳转比用菜单命令更为便捷和直观,其操作方式可参见 7.5.2 节内容,在此不再赘述。

7.7.8　对象属性的全局编辑

PCB 对象包含了许多方面的属性,在 PCB 设计过程中需要频繁地修改一些对象的属性,对于单个对象,有如下 3 种方式来对其属性进行修改设置。

① 直接双击对象，在弹出的【属性】对话框内修改该对象属性。

② 利用【PCB】面板来修改对象属性，操作方法见 7.5.2 节。

③ 执行【编辑】→【变更】菜单命令，然后在要修改属性的对象上单击也将弹出对象【属性】对话框，再进行对象属性修改。

DXP 2004 SP2 还可对一类相似对象的属性进行修改，这就是 DXP 2004 SP2 的全局编辑功能，下面以将排阻 D3 所有的焊盘孔径修改为 28 mil 作为例子来说明对象属性全局编辑的操作过程。

① 选择待修改属性的对象 D3 的一个焊盘。

② 执行【编辑】→【查找相似对象】菜单命令或在右键菜单中选择【查找相似对象】，将弹出如图 7-130 所示的【查找相似对象】对话框，该对话框内列出了对象所有与焊盘属性相关的匹配项。

③ 将【Hole Size】项的“Any”通过下拉菜单修改为“Same”，表示查找此项属性相同的所有对象(注意：请根据实际情况确定查找相似对象的约束条件，以便于筛选需要的对象)。

④ 单击【确定】按钮，则系统开始搜索所有孔径为 35.433 mil 的焊盘，结束后自动弹出系统【检查器】对话框，如图 7-131 所示。此时所有匹配对象将加亮显示，工作区处于屏蔽状态。

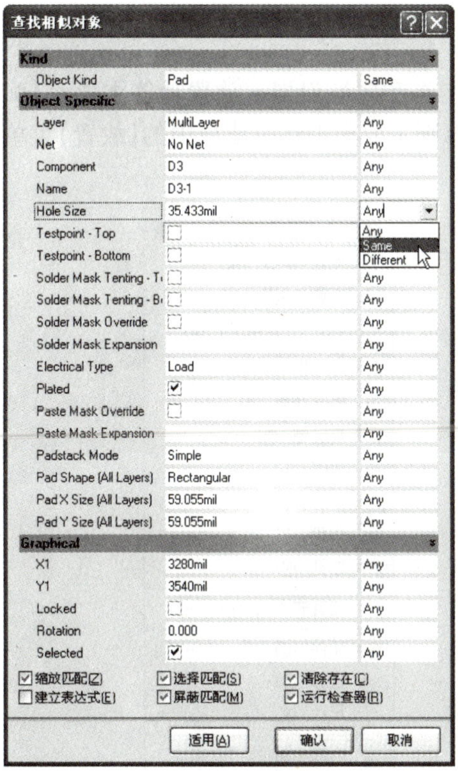

图 7-130　【查找相似对象】对话框

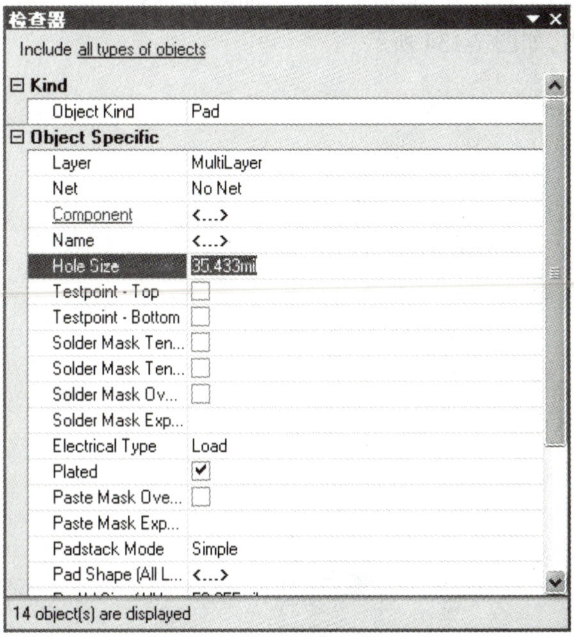

图 7-131　【检查器】对话框

⑤ 将【检查器】对话框内的【Hole Size】选项值修改为 28 mil，然后按回车键确定修改。

⑥ 关闭检查器，单击工具栏上 按钮退出屏蔽状态。此时双击 D3 任意一个焊盘，在弹出的【属性】对话框内可看到其孔径已修改为 28 mil，如图 7-132 所示。

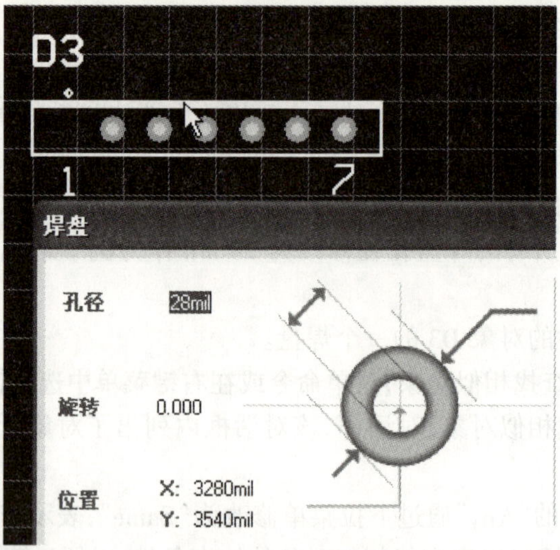

图 7-132 修改的孔径

7.8 对象的放置和编辑

本节将详细介绍 DXP 2004 SP2 各种对象的放置工具和属性设置。放置功能主要有【配线】工具栏和【实用工具】栏，如图 7-133 所示。功能菜单则主要集中在主菜单中的【放置】菜单内，如图 7-134 所示。

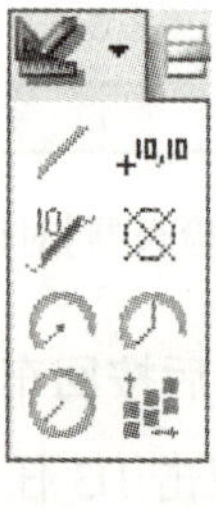

图 7-133 组件放置工具栏

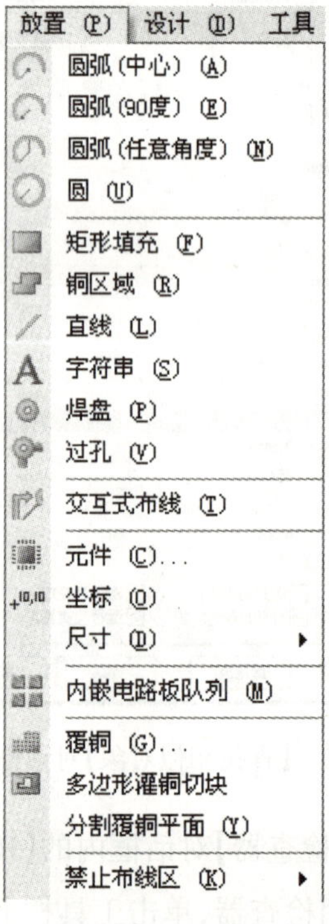

图 7-134 【放置】菜单

7.8.1　导线的放置与编辑

1．导线的放置

启动放置导线命令有 4 种方法。

① 在主菜单中选择【放置】→【交互式布线】命令。

② 在编辑界面空白处单击鼠标右键，从弹出的快捷菜单中选择【交互式布线】命令。

③ 单击配线工具栏中 按钮。

④ 按快捷键 P→T 也可启动。

下面以布置如图 7-135 所示的 DIP16-13 焊盘和 D5-5 焊盘间的导线为例来介绍布线操作，步骤如下。

① 在编辑器界面工作层标签内选择要布线的层面，然后启动放置导线命令后，光标变成十字形。将光标移到导线的起点 DIP16-13 焊盘上，此时焊盘上会出现一个八角形边框，表示光标和焊盘中心重合，如图 7-135 所示。

② 在焊盘中心单击鼠标左键，此时除该导线外其他图元将处于屏蔽状态。将光标向 D5-5 移动，此时导线产生一个 45°转角(不同的导线模式产生不同的转角)，如图 7-136 所示。第一段导线为实心线，表示导线位置已经在当前板层确定，但长度还没有定；第二段为空心线。

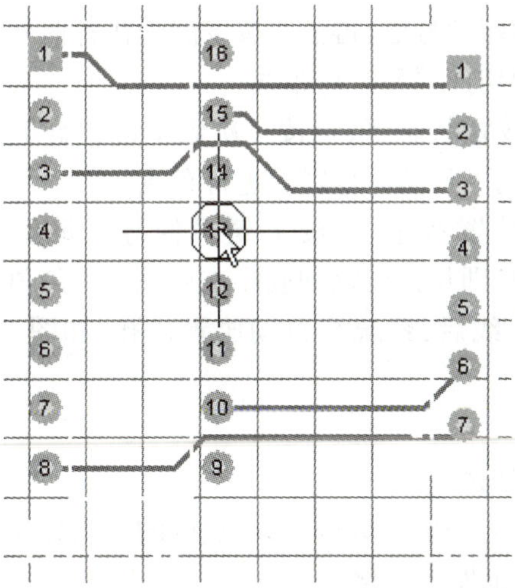

图 7-135　选取焊盘起始点

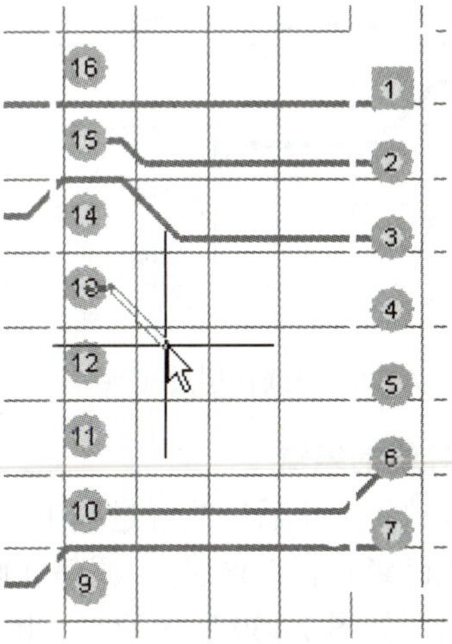

图 7-136　确定导线长度

③ 单击鼠标左键，确定第一导线的位置和长度；同时确定了空心线的方向和位置。再用同样的方式确定第二段导线。

④ 继续移动光标到 D5-5 的焊盘上，焊盘上出现一个八角形框如图 7-137 所示。再单击鼠标左键，确定导线的终点。

⑤ 单击鼠标右键完成 DIP16-13 和 D5-5 焊盘间的导线布置，此时光标为十字形状，系统仍处于布线状态，可以在其他位置上开始一条新的布线，或者单击鼠标右键，光标由十字状变回箭头，系统退出布线状态。

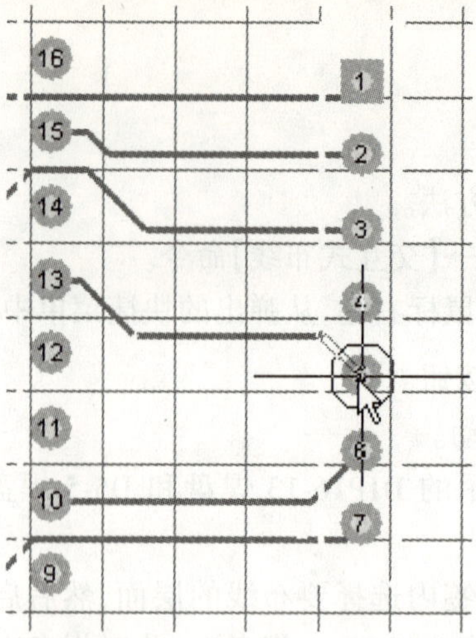

图 7-137 确定导线终点

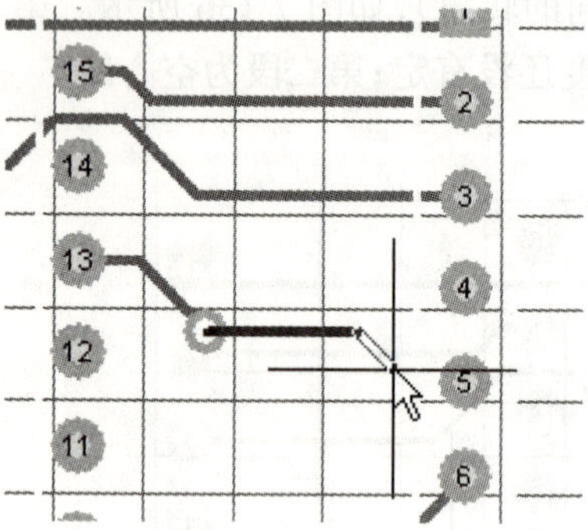

图 7-138 导线换层过孔

在布线的过程中，可以切换布线的层面，切换层面布线有如下 3 种操作方式。

① 在导线放置状态下，按数字键盘上“ * ”键可从非信号层切换到顶端信号层，再依次按该键则在各信号层从上到下循环移动切换层面进行布线。

② 在导线放置状态下，每按一次数字键键盘上 + 或 - 键，可向上或向下移动一个层面进行布线。

③ 在导线放置状态下，按 L 键可使导线镜像跳到 PCB 板的另一面，即从顶层跳到底层或从底层跳到顶层。

切换层面布线后，系统会自动放置过孔，如图 7-138 所示。

2. 导线的编辑

导线放置完毕后或放置过程中经常需要调整和修改。

假如导线已经布置在顶层上，调整和修改导线之前首先需要点取该导线，点取的导线会在两端和中间出现如图 7-139 所示的三个操控点，同时颜色也发生变化。

然后可对导线进行如下操作。

① 拖动导线端部操控点可拉伸导线，如图 7-140 所示。

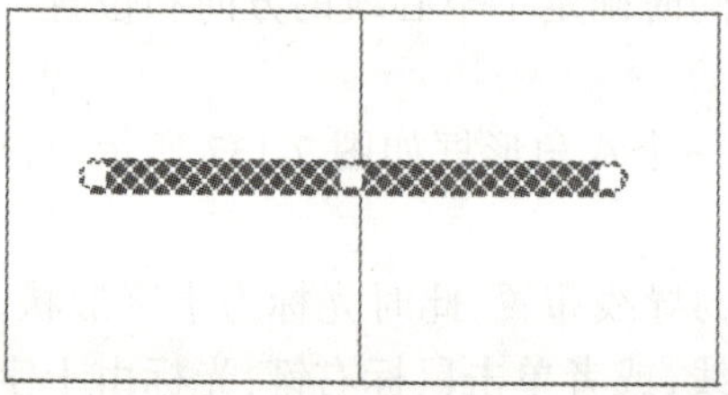

图 7-139 导线的控制点

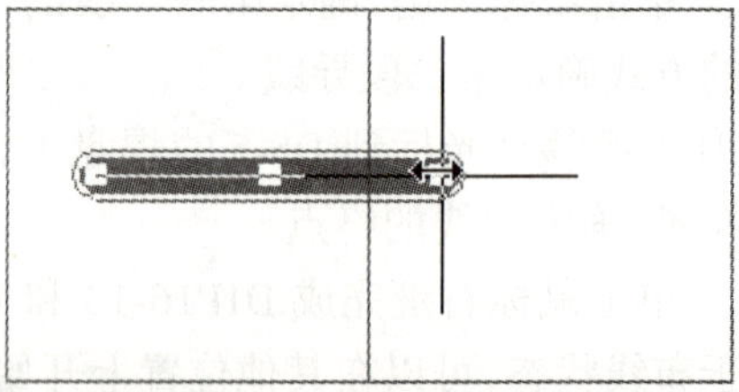

图 7-140 拉伸导线

② 拖动中间操控点可增加导线的段数和拐向，如图 7-141 所示。

③ 不拖动操控点而拖动导线其他部分则可整体移动导线，移动过程中按空格键可旋转该导线段，按 X 键或 Y 键可以 X 轴或 Y 轴则进行镜像翻转。

④ 双击导线可弹出【导线】属性设置对话框，如图 7-142 所示。

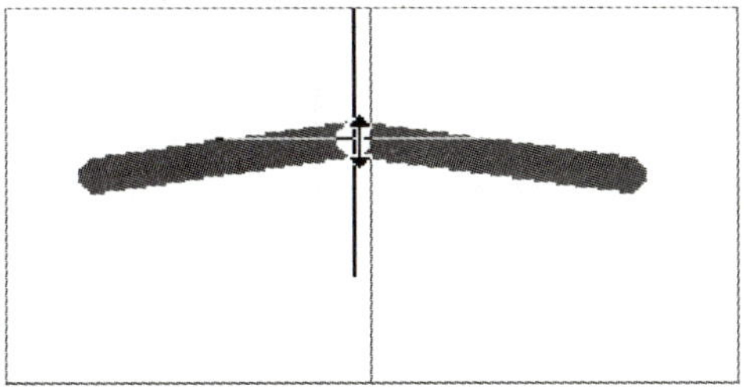

图 7-141　导线的中间控制点拖动

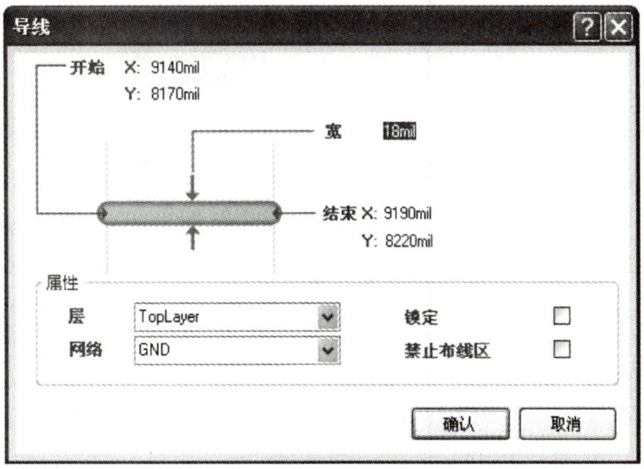

图 7-142　【导线】属性对话框

在该对话框内可设置导线的以下项目。

- 导线开始起点坐标；
- 导线结束终点坐标；
- 导线的线宽；
- 导线所属的层面；
- 导线所属的网络；
- 是否锁定该导线，锁定后将不能移动该导线，预布线时经常用到此功能；
- 导线是否具有禁止布线区属性。

在导线放置过程中，可对导线进行如下操作。

① 按 BackSpace 键来取消前段放置的导线。

② 按空格键可切换导线是否进行拐角。

③ 按 Shift + 空格键可改变画线模式，画线模式有三种：圆弧拐角、45°角直线拐角，90°角直线拐角，如图 7-143 所示。

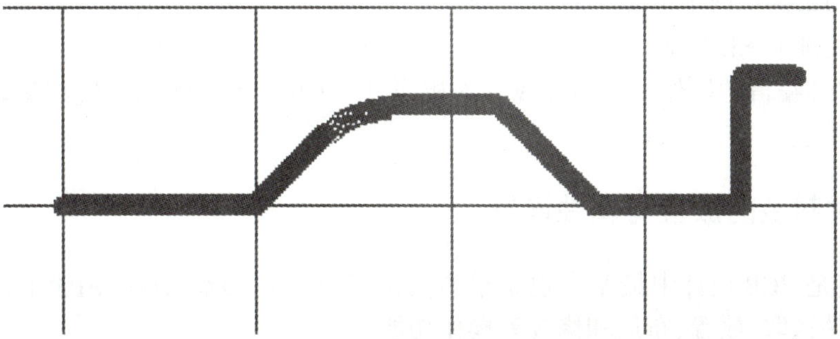

图 7-143　导线的拐角画线模式

④ 按 Tab 键将弹出如图 7-144 所示的【交互式布线】属性对话框，该对话框内可设置如下的布线属性。

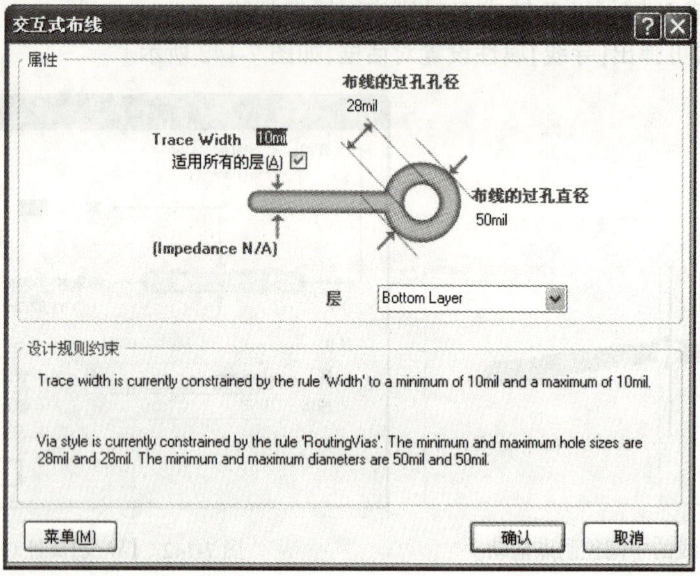

图 7-144 【交互式布线】属性对话框

- 布线线宽；
- 布线过孔孔径；
- 布线过孔直径；
- 布线所属层面。

该对话框除了显示了当前布线的属性外，还显示了布线设计规则约束，当用户设置的导线宽度、过孔孔径等参数违反显示规则时，则该参数将不被采纳而采用原有参数。

7.8.2 直线的放置与编辑

直线跟导线不同，它是一些与电气网络无关的线，如标题栏、各种说明图案等。启动放置直线命令有如下 3 种方法。

① 执行【放置】→【直线】菜单命令。

② 在实用工具栏内单击按钮。

③ 按快捷键 P→L 启动。

直线放置和编辑的操作过程与导线基本相同，用户可参考导线的放置与编辑部分进行操作，这里不再赘述。

7.8.3 元件封装的放置与属性设置

元件封装是 PCB 设计中最基本也是最重要的组件。在 DXP 2004 SP2 中提供了更为方便、快捷的元件选取、放置、布局和修改等操作功能。

1. 元件封装的放置

通常元件封装不需要手动放置，除非是对整个 PCB 板直接手工设计，而对于元件封装，更为常用的方法是通过元件封装库加载元件封装，有关封装库的加载方法将在第 8 章详细介绍。有 4 种方法可启动放置元件的命令。

① 在主菜单中选择【放置】→【元件】命令。

② 单击配线工具栏中 按钮。

③ 按快捷键 P→C 启动。

④ 在【元件库】面板中，首先在元件封装列表中选择所需的元件封装，然后用鼠标左键双击元件封装，或者单击面板上方的放置按钮【Place AXIAL-0.4】，如图 7-145 所示。

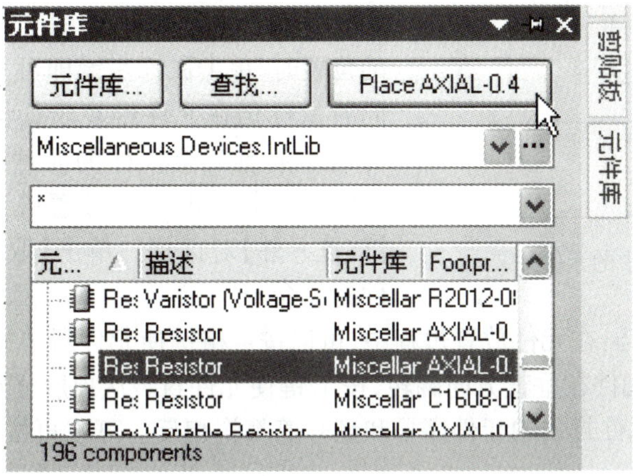

图 7-145　【元件库】面板

按照前述 4 种方法启动命令后，系统将会弹出如图 7-146 所示的【放置元件】对话框。该框中上部区域设置放置的类型是元件封装还是元件，默认是元件封装；下部区域显示或设置元件封装的资料。

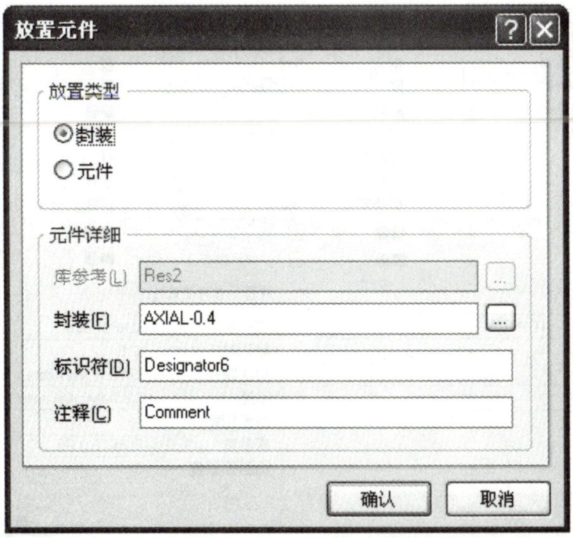

图 7-146　【放置元件】对话框

该对话框【元件详细】内各项的功能如下。

【封装】:如果知道库元件封装的名称,则可以直接在编辑框中输入元件封装的名称,如DIP-8。此外,还可单击 ... 按钮将进入封装库浏览对话框,再选择或搜索相应的元件封装。选取后,单击【确定】按钮返回到【放置元件】对话框。

【标识符】:用来输入此封装在本 PCB 中的元件标号,如 R6。

【注释】:用来输入此封装对应的元件的标称值或型号等提示数据,如 10K。

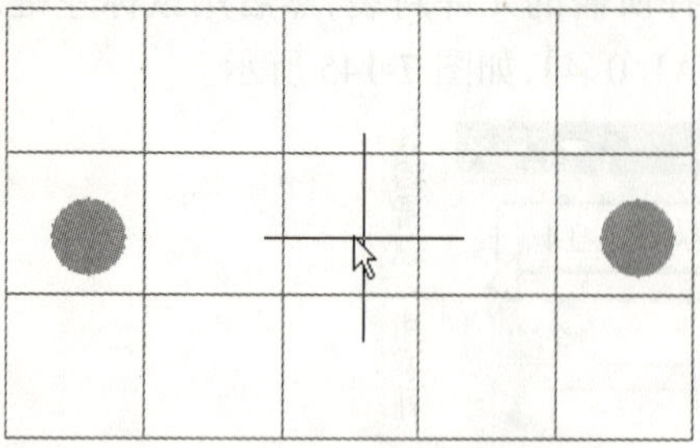

图 7-147 移动中的元件封装

选取元件封装后,单击【确认】按钮,进入元件封装放置状态。此时光标变成十字形,并且带着选择的元件封装一起移动,如图 7-147 所示。移动到合适的位置时,单击鼠标左键即可完成元件封装的放置,同时鼠标仍在元件封装放置状态,并且仍带着一个与刚才放置完全一样的元件封装,可以继续放置。否则可单击右键,结束放置该元件封装,系统又弹出【放置元件】对话框。单击【取消】按钮,结束放置元件封装命令。

操作过程中的技巧:在元件放置过程中,可以按空格键使元件封装旋转,按 X 键在水平方向上翻转,按 Y 键使元件在垂直方向翻转,按 L 键使元件封装从顶层移到底层,同时由于元件封装切换到了底层,元件封装的元件序号和型号等都将相反。可以再按 X 键使元件封装在水平方向上翻转。

2. 元件封装的属性设置

在元件封装放置过程按下 Tab 键将弹出类似图 7-148 所示的【元件】对话框。

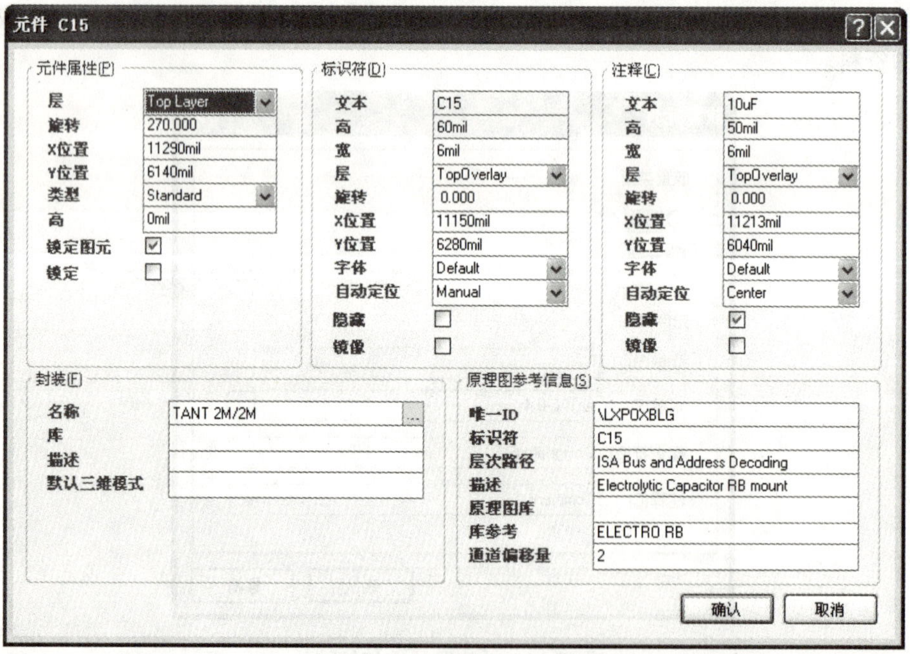

图 7-148 【元件】封装属性对话框

该对话框中分为 5 个区域。

(1)【元件属性】区域

【层】:下拉菜单中可以选择放置元件封装的层,一般为 Top Layer 或 Bottom Layer。

【旋转】:可输入元件封装旋转的角度。

【X 位置】:可输入元件封装放置后的 X 位置坐标。

【Y 位置】:可输入元件封装放置后的 Y 位置坐标。

【类型】:下拉菜单中可以选择元件封装的具体类型。主要类型如下。

- 【Standard】:元件具有标准的电气属性,选择 Standard(NO in BOM)项时该元件将不出现在 BOM 表中,选 Standard 项则会出现。
- 【Mechanical】:元件不具有电气属性,但在 BOM 表中可生成该元件列表,如散热片、支架等。

【高】:用于设置元件 PCB 3D 仿真时的参考高度。

【锁定图元】:默认选中该复选框,表示锁定该元件的结构。

【锁定】:表示是否锁定该元件于当前位置。

(2)【标识符】区域

本区域主要用于设置元件名称的文本内容和形式。包括文本名称,文本高度、宽度,文本所属的工作层面,文本旋转角度,文本的 X 和 Y 坐标,文本字体,自动定位还是手动定位,是否隐藏或镜像等。

(3)【注释】区域

该区域中所有的选项都是设置元件封装的注释信息属性,每项的含义与标识符区域中的设置完全相同,设置内容也完全相同,就不再重述。

(4)【封装】区域

该区域列出元件封装的名称,如果封装是采用库调用的方式则在【库】选项内将显示该封装所属的封装库,在【描述】内给出的是元件封装的描述信息。

(5)【原理图参考信息】区域

该区域包含元件封装对应的原理图元件的相关信息,一般不要去修改。

7.8.4　焊盘的放置与属性设置

1. 焊盘的放置

启动放置焊盘的命令有 3 种方法。

① 选择【放置】→【焊盘】菜单命令。

② 单击配线工具栏中按钮。

③ 从键盘上依次按快捷键 P→P 即可启动。

按以上方法启动命令后,光标变成十字状,并且光标上带着一个焊盘,单击鼠标左键即可完成焊盘的放置。单击鼠标右键结束命令。

2. 焊盘的属性设置

在放置焊盘的状态下按 Tab 键,或在已放置的焊盘上双击鼠标左键,或者将鼠标放在已放置的焊盘上,单击鼠标右键,从弹出的快捷菜单中选择【属性】命令,都可以打开如图 7-149

所示的【焊盘】属性对话框。

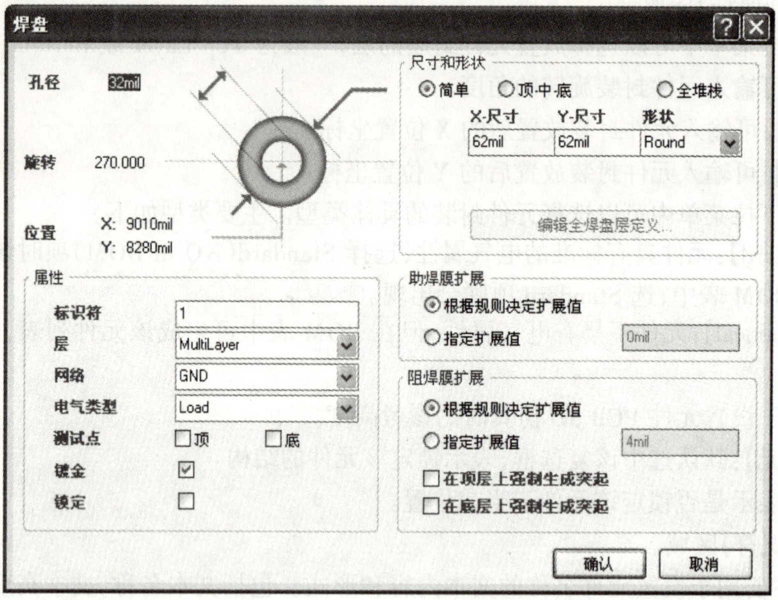

图 7-149 【焊盘】属性对话框

在该对话框中,包括以下几方面的设置。

(1) 左上角图形区域

【孔径】:设置焊盘通孔直径。

【旋转】:设置焊盘旋转角度。

【位置 X/Y】:设置焊盘的 X 轴和 Y 轴坐标。

(2)【属性】区域

【标识符】:设置焊盘的序号。

【层】:设置焊盘所在的板层。

【网络】:设置焊盘所在的网络。

【电气类型】:设置焊盘在网络中的属性,包括 Load(中间点)、Source(起点)和 Terminator(终点)三个类型。

【测试点】:设置测试点所在的板层,可选择顶层或底层。

【镀金】:设置是否将焊盘的孔壁加以电镀。

【锁定】:设置是否将焊盘的位置锁定。

(3)【尺寸和形状】区域

【简单】:此模式下所有层面都采用相同的焊盘形状。并可对如下参数进行设置。

【X-尺寸】/【Y-尺寸】:分别设置焊盘的 X 轴和 Y 轴的尺寸。

【形状】:设置焊盘的形状。单击右侧的下拉式按钮,即可选择焊盘的形状,即 Round(圆形)、Rectangle(正方形)和 Octagonal(八角形)。

【顶-中-底】:该模式下可分别设置顶层、中间层和底层的焊盘形状,此时该设置区域如图 7-150 所示。各项设置同【简单】模式。这在实际布线时很有用。

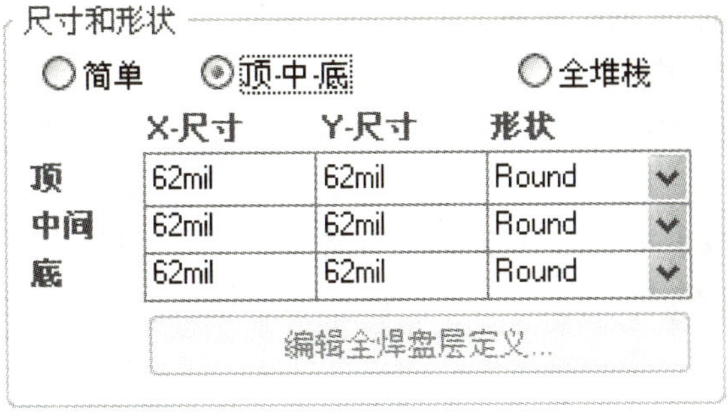

图 7-150　焊盘【顶-中-底】模式设置

【全堆栈】:该模式下,单击【编辑全焊盘层定义】按钮可弹出如图 7-151 所示的【焊盘层编辑器】对话框,可在该对话框内逐层修改焊盘的形状和尺寸。

7.8.5　过孔的放置与属性设置

1. 过孔的放置

启动放置过孔的命令有 4 种方法。

① 选择【放置】→【过孔】菜单命令。

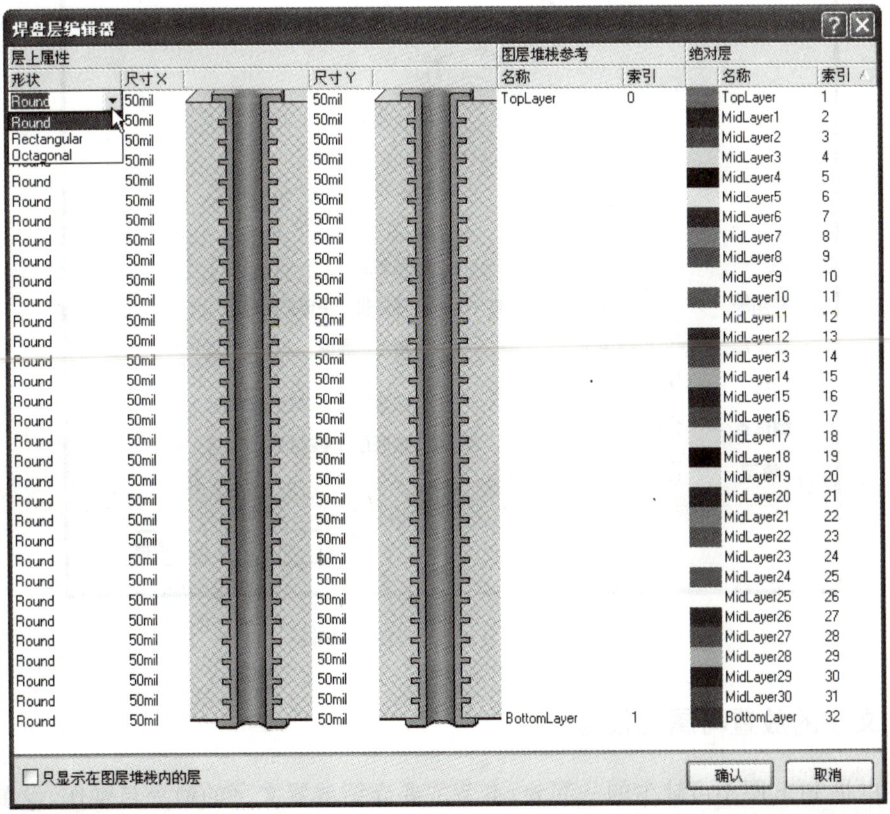

图 7-151　【焊盘层编辑器】对话框

② 单击配线工具栏中图标按钮。

③ 从键盘上依次按快捷键 P→V 即可启动。

④ 在布线状态下，按数字键盘上的 * 键，则进行层面切换布线，系统会自动产生一个过孔。

启动命令后，光标变成十字状，并且光标上带着一个导孔。将光标移到合适位置，单击鼠标左键即可完成过孔的放置。

2. 过孔的属性设置

用启动【焊盘】属性对话框一样的方式可启动如图 7-152 所示的【过孔】属性对话框。

该对话框包括如下两个方面的设置。

(1) 上方图形区域

该区域内可以设置过孔的通孔孔径和外直径，以及过孔的 X 轴和 Y 轴坐标。

(2)【属性】区域和【阻焊层扩展】区域

这两个区域各项设置内容跟焊盘属性相对应内容设置完全相同。

设置完成后，单击【确认】按钮，即可放置导孔。

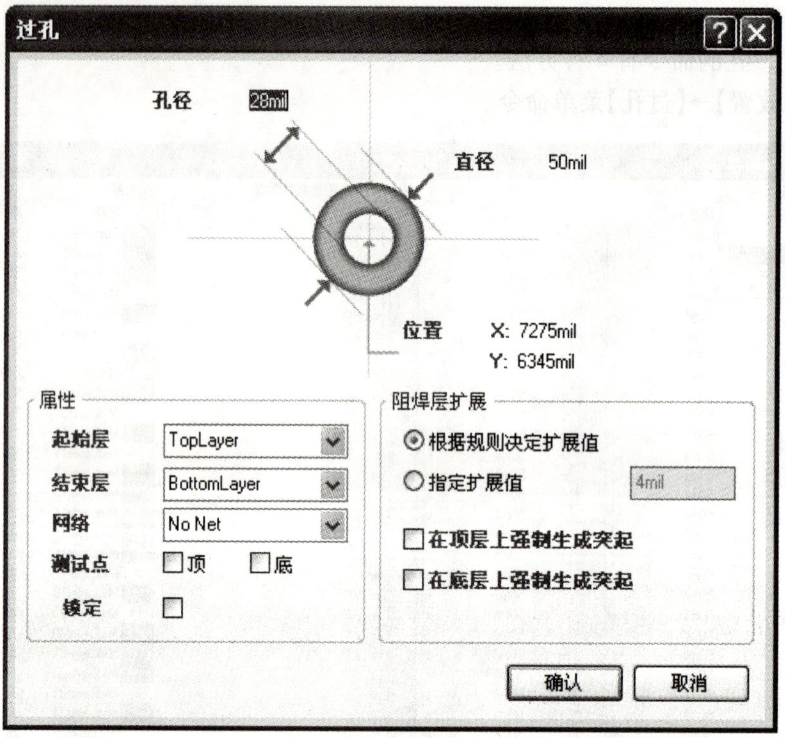

图 7-152 【过孔】属性对话框

7.8.6 文字的放置与属性设置

文字也是 PCB 图不可缺少的一部分，本节主要介绍放置文字的命令与操作、设置文字的属性和文字的修改等。

启动放置文字的命令有 3 种方法。

① 选择【放置】→【字符串】菜单命令。

② 单击配线工具栏中 图标按钮。

③ 从键盘上依次按快捷键 P→S 即可启动。

所有的文字都应该在丝印层，即顶层丝印层(Top Overlay)或底层丝印层(Bottom Overlay)。启动命令后，光标变成十字状，并且光标上带着一个系统默认的文字“String”。将光标移到合适位置，单击鼠标左键即可放置文字“String”。该文字可以通过下面的方法对其进行编辑。

在放置文字时按 Tab 键，或者用鼠标左键双击 PCB 上的文字，或者将鼠标放在已放置的文字上，单击鼠标右键，从弹出的快捷菜单中选取【属性】命令，都可以打开如图 7-153 所示的【字符串】属性对话框。

该对话框包括以下几方面设置。

(1) 上方图形区域

【高】：设置文字高度。

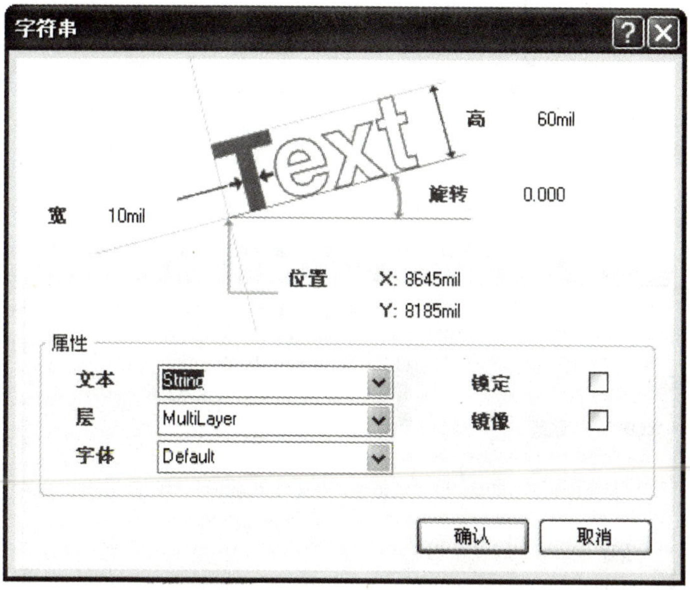

图 7-153 【字符串】属性对话框

【宽】：设置文字线型宽度。

【旋转】：设置文字旋转角度。

【位置 X/Y】：设置文字的 X 轴和 Y 轴坐标位置。

(2)【属性】区域

【文本】：设置文字的内容，可以自己输入需要的文字，或指定字符串变量。如果要字符串起作用，则在【优先设定】对话框的【Display】设置页内选中【转换特殊字符串】复选框。单击【文本】右边的下拉式按钮可以选择字符串变量。

【层】：设置文字所在的板层，可以通过右边的下拉按钮设置。

【字体】:设置文字的字体。

【锁定】:设置是否将文字的位置锁定。

【镜像】:设置是否将文字水平翻转。

7.8.7　坐标值的放置与属性设置

坐标指示的功能是指示编辑区中任何一点的坐标值,启动方法有如下 3 种。

① 选择【放置】→【坐标】菜单命令。

② 单击实用工具栏中按钮。

③ 从键盘上依次按快捷键 P→O 即可启动。

启动命令后,光标变成十字状,并且光标上带着坐标指示,如图 7-154 所示。单击鼠标左键,即可将坐标值放在指定的位置。

坐标值也可以设置属性,其方法与设置文字属性相同,启动后的【坐标】属性对话框,如图 7-155 所示。

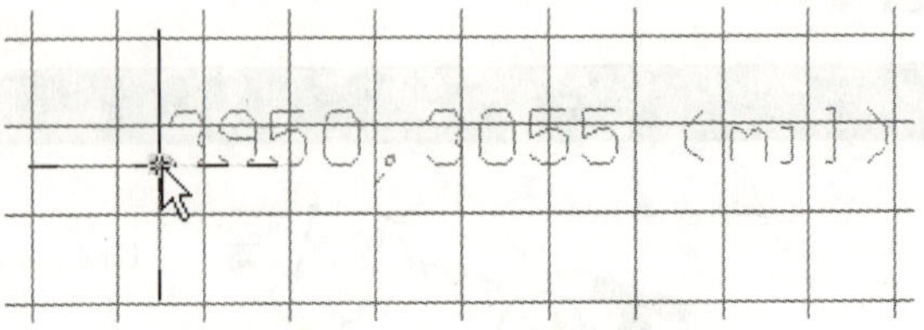

图 7-154　放置坐标指示

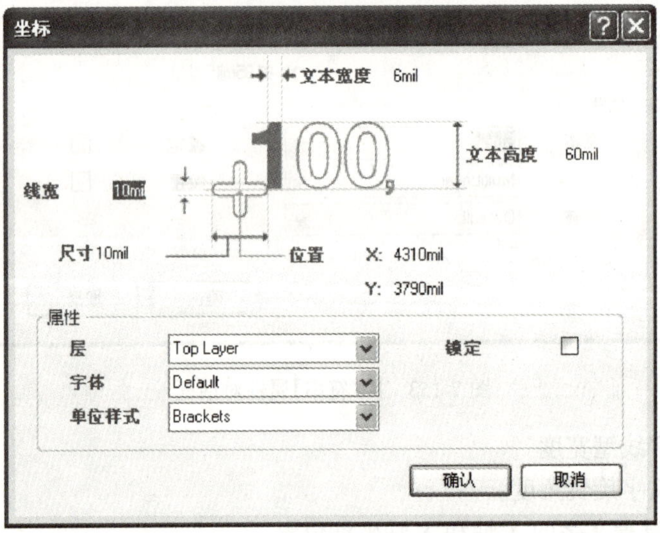

图 7-155　【坐标】属性对话框

该对话框中各项设置如下。

(1) 上方图形区域

【文本高度】:设置坐标文字高度。

【文本宽度】:设置坐标文字线型宽度。

【线宽】:设置坐标“十”字符号的线宽。

【尺寸】: 设置坐标“十”字符号的宽度。

【位置 X/Y】:设置坐标“十”字符号 X 轴和 Y 轴坐标位置。

(2)【属性】区域

【层】: 设置坐标文字所在的板层,可以通过右边的下拉列表选择。

【字体】: 设置坐标文字的字体,有 3 种字体可供选择。

【锁定】:设置是否锁定坐标的位置。

【单位样式】:设置坐标值的单位显示形式。共有 3 种,即“None”、“Normal”和“Brackets”,其中“Brackets”的显示形式参见图 7-154,“None”和“Normal”的显示形式如图 7-156 所示。

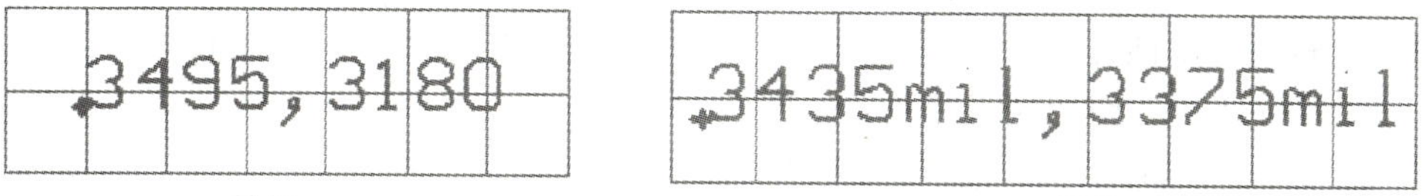

(a) None (b) Normal

图 7-156 单位模式

7.8.8 尺寸标注的放置与属性设置

设计电路板时,经常需要标注尺寸,以方便后继设计或制造。启动该命令的方法有 3 种。

① 选择【放置】→【尺寸】菜单命令,弹出如图 7-157(a)所示的菜单,从中选择。该菜单内命令对应的工具栏按钮在实用工具栏的下拉栏中,如图 7-157(b)所示。

② 单击实用工具栏中按钮。

③ 从键盘上依次按快捷键 P→D→D 即可启动。

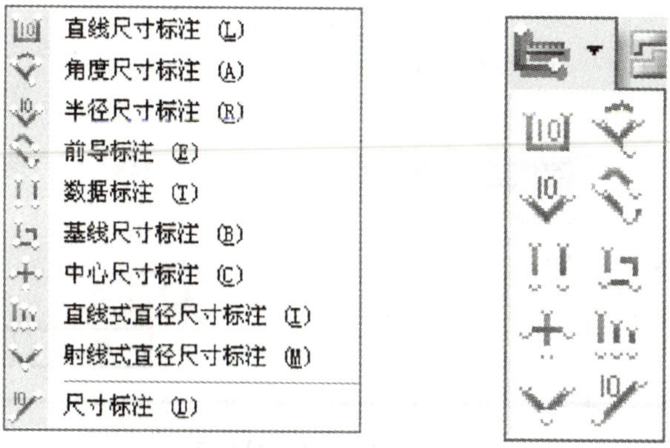

(a)【放置】/【尺寸】子菜单 (b) 工具栏按钮

图 7-157 尺寸标注菜单选项和按钮

在放置尺寸标注前,先把当前层切换到机械层。启动命令后,光标变成十字形,并且光标上带着两个相对的箭头,如图 7-158 所示。将鼠标移到合适的位置,单击鼠标左键确定标注的起点。然后再移动光标,此时尺寸标注拉开。移到合适位置后,单击鼠标左键,确定标注的终点,如图 7-159 所示。

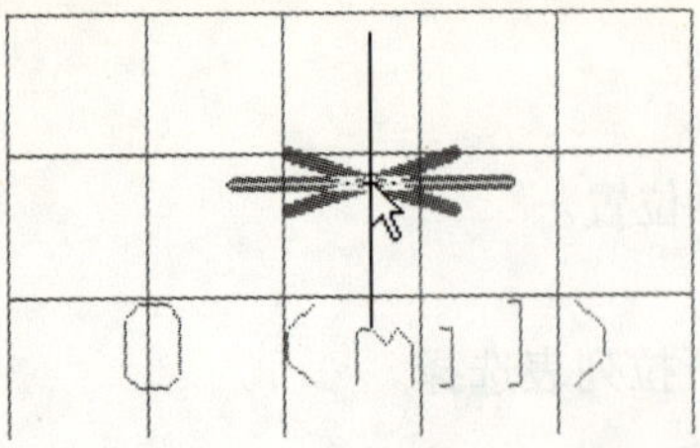

图 7-158 放置尺寸标注

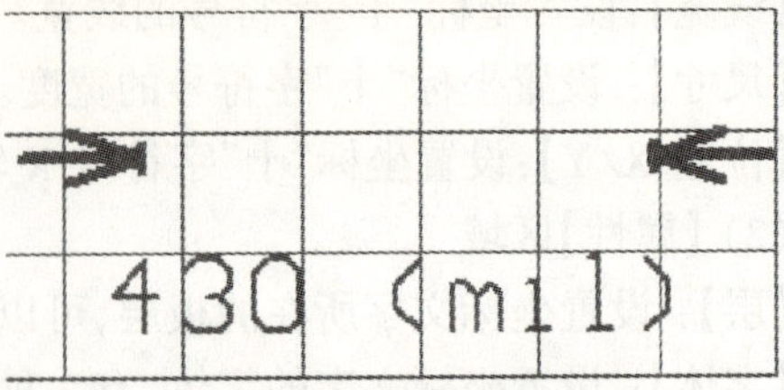

图 7-159 放置尺寸实例

在放置尺寸标注时按 Tab 键，或者在电路板上双击尺寸标注，都可启动如图 7-160 所示的【尺寸标注】对话框。

该对话框中，【属性】区域的内容和设置与前面介绍的相同，这里不再重述。

下面介绍一下上方图示区域的几个选项。

【开始 X/Y】：设置尺寸标注开始点的 X 轴和 Y 轴坐标。

【结束 X/Y】：设置尺寸标注结束点的 X 轴和 Y 轴坐标。

【线宽】：设置尺寸标注线的宽度。

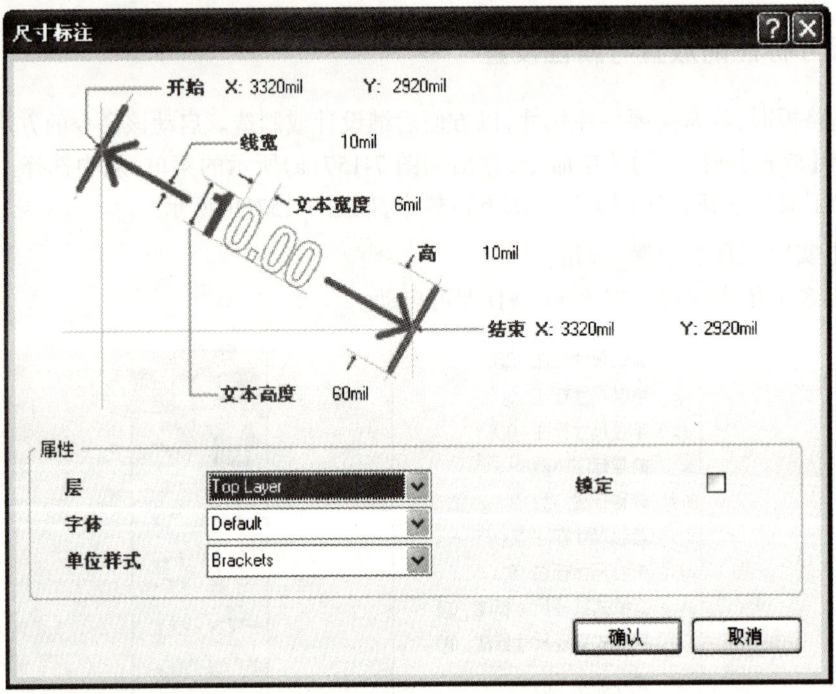

图 7-160 【尺寸标注】对话框

【文本宽度】：设置尺寸标注中每个字符的宽度。

【文本高度】：设置尺寸标注字符的高度。

【高】：设置尺寸标注界线的高度。

上面讲述的是“标准尺寸”的放置，PCB 编辑器还提供了其他的尺寸标注方法以满足不同场合的要求，其命令启动方式都集中在如图 7-157(a)所示的菜单和如图 7-157(b)所示的工具栏内，包括：直线尺寸标注、角度尺寸标注、半径尺寸标注、前导标注、数据尺寸标注、基线尺寸标注、中心尺寸标注、直线式半径尺寸标注和射线式直径尺寸标注等，这里不再赘述。

7.8.9　圆和圆弧的放置与属性设置

1. 圆的放置

启动圆放置命令的方法有 3 种。

① 执行【放置】→【圆】菜单命令。

② 单击实用工具栏按钮。

③ 直接按快捷键 P→U。

启动命令后，光标变成十字形，移动到目标位置，单击鼠标左键确定圆的圆心，然后拖动光标可看到圆跟着大小变化，拖动到需要大小再次单击鼠标完成圆的放置，如图 7-161 所示。此时，光标仍为十字形，可继续放置圆。单击鼠标右键或按 Esc 键可退出命令状态。

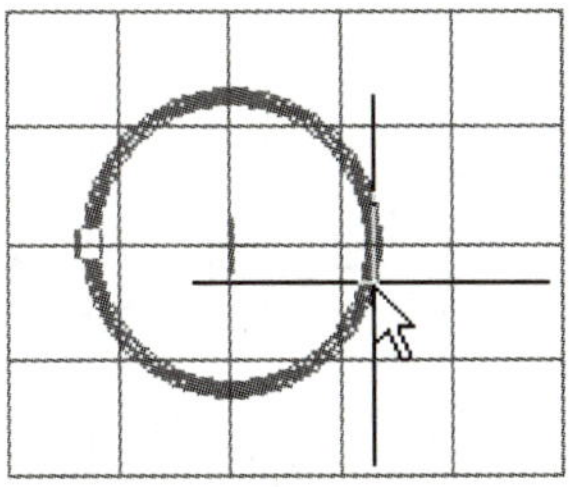

图 7-161　圆的放置

2. 圆弧的放置

DXP 2004 SP2 提供了 3 种放置圆弧导线的方法，下面分别介绍。

(1) 中心法放置圆弧导线

该方法通过确定圆弧中心、圆弧的起点和终点来放置圆弧导线，具体操作过程如下。

① 先启动中心法放置圆弧命令，有以下 3 种方式。

➢ 选择【放置】→【圆弧(中心)】菜单命令。

➢ 单击实用工具栏中按钮。

➢ 从键盘上依次按快捷键 P→A 即可。

启动后鼠标光标变成十字形，进入放置状态。

② 移动光标到需要位置，单击鼠标左键确定圆弧中心。

③ 拖动鼠标，即可拉出一个圆。到合适大小时，单击左键确定圆弧半径，同时十字状光标自动移到该圆的右侧水平半径处，如图 7-162(a)所示。

④ 移动鼠标，在圆弧导线的开始位置单击鼠标左键，确定起始位置，如图 7-162(b)所示。

⑤ 将光标移动到圆弧导线的终点处，单击鼠标左键，确定终点位置，如图 7-162(c)所示。

⑥ 完成一个圆弧导线的放置。可单击右键取消放置圆弧导线命令，也可继续放置。

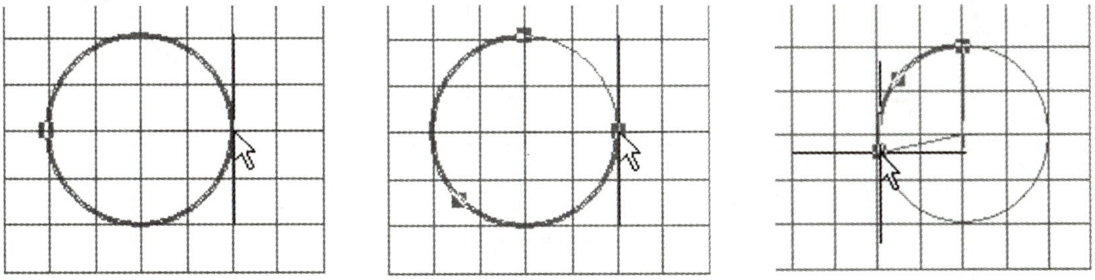

(a) 确定圆弧半径　(b) 确定起始点　(c) 完成

图 7-162　中心法圆弧放置

(2) 边缘法放置圆弧导线

该方法通过以圆弧边界(起点和终点)为基准来绘制和放置圆弧导线,具体操作过程如下。

① 先启动边缘法放置圆弧命令,有以下 3 种方式。

➘ 选择【放置】→【圆弧(90°)】菜单命令。

➘ 单击标准工具栏中按钮。

➘ 从键盘上依次按快捷键 P→E 即可。

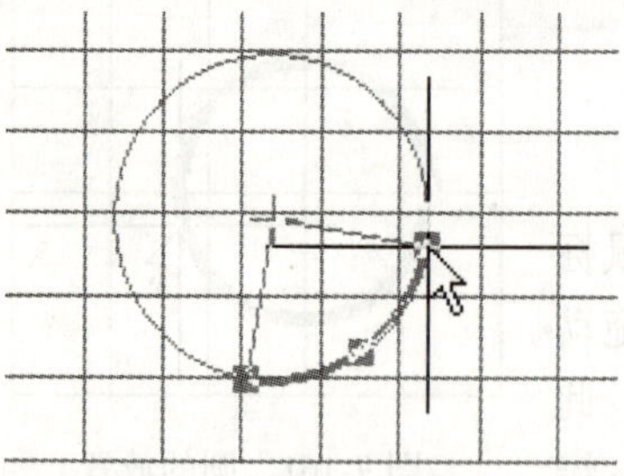

图 7-163 边缘法完成圆弧放置

② 启动放置圆弧导线命令后,光标变成十字形,将光标移到合适的位置,单击鼠标左键确定圆弧的起点。

③ 移动鼠标,在圆弧导线结束位置单击左键即可确定圆弧终点位置。

④ 单击鼠标右键完成放置圆弧导线,如图 7-163 所示。

(3) 角度旋转法放置圆弧导线

该方法也是通过确定圆弧中心、圆弧的起点和终点来放置圆弧导线的,与中心法的不同在于先后的顺序,中心法的顺序是圆心→圆弧半径→起点→终点,而本方法的顺序是起点→圆心→终点。具体操作过程如下。

① 先启动角度旋转法放置圆弧命令,有以下 3 种方式。

➘ 选择【放置】→【圆弧(任意角度)】菜单命令。

➘ 单击实用工具栏中按钮。

➘ 从键盘上依次按快捷键 P→N 即可。

② 启动放置圆弧导线命令后,光标变成十字形,将光标移到合适的位置,单击鼠标左键确定圆弧的起点,如图 7-164(a)所示。

③ 拖动鼠标,拉出一个半径随鼠标移动而变化的圆。在大小合适的位置单击鼠标左键确定圆弧的圆心。此时,十字光标自动回到右侧水平半径处,如图 7-164(b)所示。

④ 将光标移动到圆弧导线的终点处,单击鼠标左键,确定终点位置。

⑤ 单击鼠标右键完成放置圆弧导线,如图 7-164(c)所示。

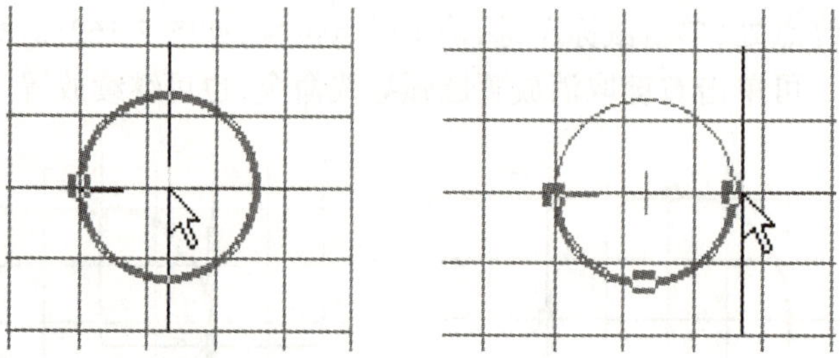

(a) 确定起点　(b) 确定圆心　(c) 完成

图 7-164 角度旋转法圆弧放置

3. 圆弧的属性设置

在放置圆弧导线时按 Tab 键,或者在电路板上双击已经放置好的圆弧导线,都可以启动如图 7-165 所示的【圆弧】属性设置对话框。

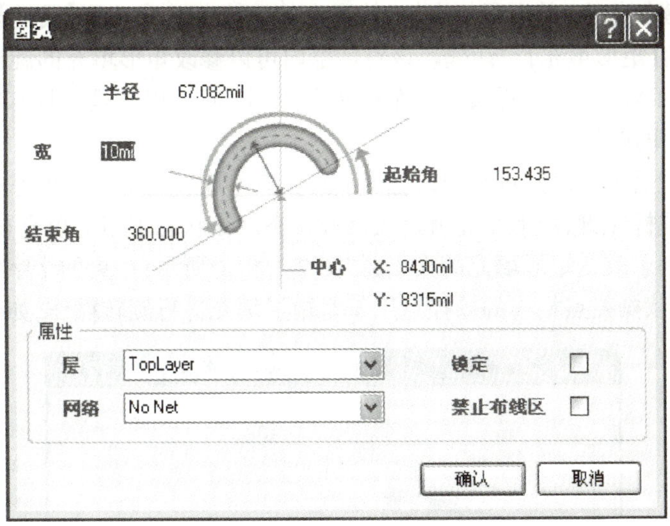

图 7-165　【圆弧】属性对话框

该对话框内各项参数意义明确，且大部分与前面其他对象的属性相似，这里就不再重述。另外，要对放置的圆弧进行调整，可先选择该圆弧，和导线一样，会形成一些控制点，拖动起点或末点可调整圆弧的弧长，拖动中间点可以调整圆弧的半径。

7.8.10　矩形填充的放置与编辑

矩形填充具有导线的功能，也可以用来连接焊盘，并且它可以放置到任何工作层面。放置到信号层时，可以用矩形填充增加通过的电流，同时也起着增加焊盘的牢固性的作用。对于元器件发热量大的线路板，还起到加速散热的作用；放置到非信号层，可以用矩形填充作为禁止布线层的禁止布线区域，也可以作为电源层、助焊层、阻焊层的空白区域，还可以作为丝印层的图形标记。

1. 放置矩形填充

启动放置矩形填充的方法有以下 3 种。

① 执行【放置】→【矩形填充】菜单命令。

② 单击标准工具栏中 按钮。

③ 从键盘上依次按快捷键 P→F。

启动放置矩形填充命令后，光标变成十字形，将光标移到合适的位置，单击鼠标左键确定矩形填充的左上角位置，移动鼠标，此矩形填充以浮动状态随光标移动，到合适位置时，单击鼠标左键，确定右下角位置，如图 7-166 所示。单击鼠标右键完成放置矩形填充。

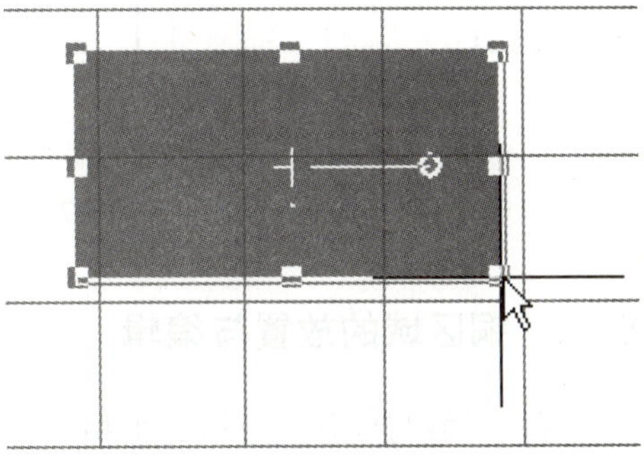

图 7-166　放置矩形区域

2. 矩形填充的编辑

(1) 属性的编辑

在放置矩形铜膜填充时按 Tab 键，或放置结束后在电路板上双击矩形铜膜填充，或者在已放置的矩形铜膜填充上，单击鼠标右键，从弹出的快捷菜单中选取【属性】命令，都可以打开如图 7-167 所示的【矩形填充】对话框。该对话框内可以修改矩形填充的旋转角度，拐角 1 和 2（对角线两端点）的 X/Y 坐标，所属的层面和网络，锁定与否，以及是否具有禁止布线区属性。

（2）矩形填充的调整

矩形填充放置后可以对其进行修改，如移动、旋转、删除和改变大小等操作。在待修改的矩形填充上单击鼠标左键，矩形填充就进入修改状态。该状态下矩形填充有十个操控点，其中周边八个操控点用于改变矩形填充的大小，如图 7-168(a)所示；中央的十字状操控点用于移动矩形填充，与十字状操控点相连的操控点用于对矩形填充进行旋转操作，如图 7-168(b)所示。

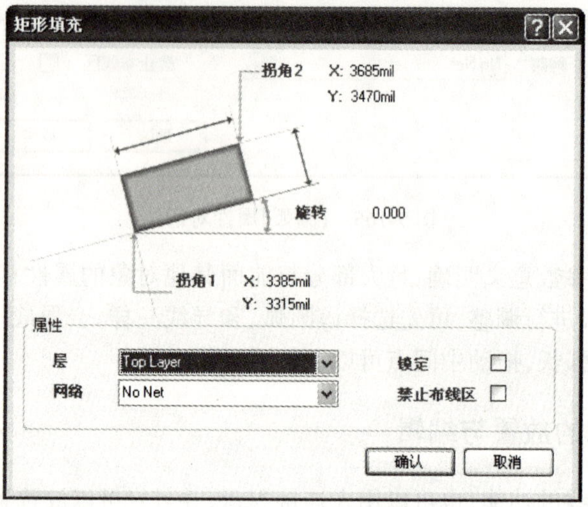

图 7-167 放置矩形区域

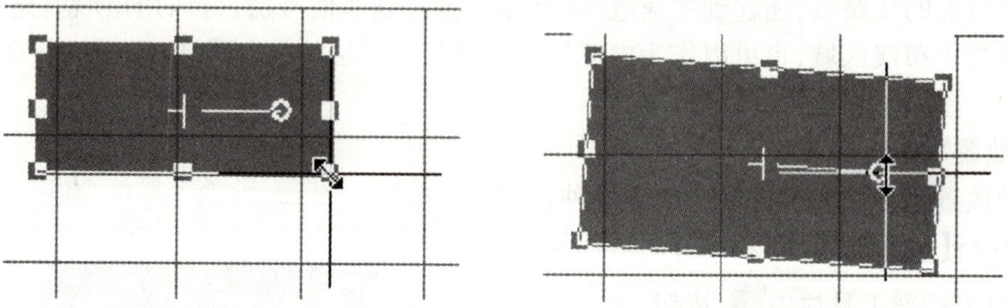

(a) (b)

图 7-168 矩形区域的调整

7.8.11 铜区域的放置与编辑

放置铜区域与放置矩形填充很相似，只不过放置铜区域形状可以为多边形，外形调整较矩形填充丰富且更加灵活。

1. 放置铜区域

（1）启动放置铜区域的方法有以下 3 种。

① 执行【放置】→【铜区域】菜单命令。

② 单击标准工具栏中按钮。

③ 从键盘上依次按快捷键 P→R。

(2) 启动放置铜区域命令后，光标变成十字形，将光标移到合适的位置，单击鼠标左键确定铜区域的起始点。

(3) 移动鼠标到合适位置单击鼠标左键确定第一条边的终点，如图 7-169(a)所示。同时该点也是第二条边的起点。

(4) 以同样的方法确定多边形的其他边界，如图 7-169(b)所示。

(5) 放置完最后一条边后可单击鼠标右键或直接按 Esc 键退出放置状态。

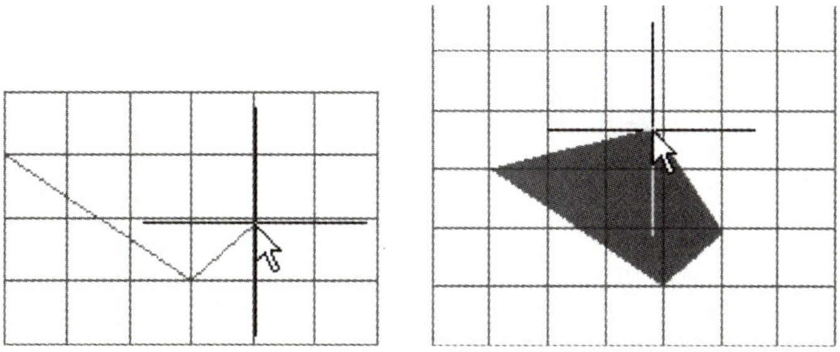

(a)　(b)

图 7-169　铜区域的放置

2. 铜区域的编辑

(1) 铜区域的属性编辑

与启动【矩形填充】对话框一样的方法，可启动铜【区域】对话框，如图 7-170 所示。该对话框内各项含义和功能与矩形填充很相似，可参考上一节内容。

(2) 铜区域的调整

铜区域放置后可对其形状和位置进行调整。要修改形状可先选择待修改的铜区域，跟矩形填充一样会出现一些操控点，用鼠标左键单击一个操控点，按住鼠标不放，拖动鼠标可以拉伸铜区域，如图 7-171 所示。要移动铜区域则可以用鼠标左键单击区域内操控点外其他地方，同样按住鼠标不放，然后拖动到合适位置再放开鼠标即可。

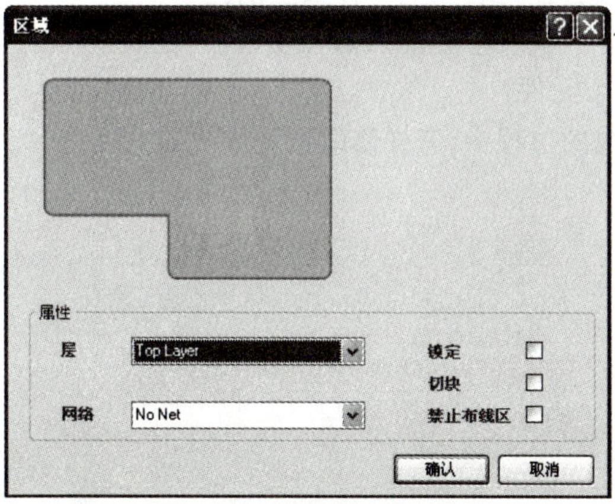

图 7-170　【区域】属性对话框

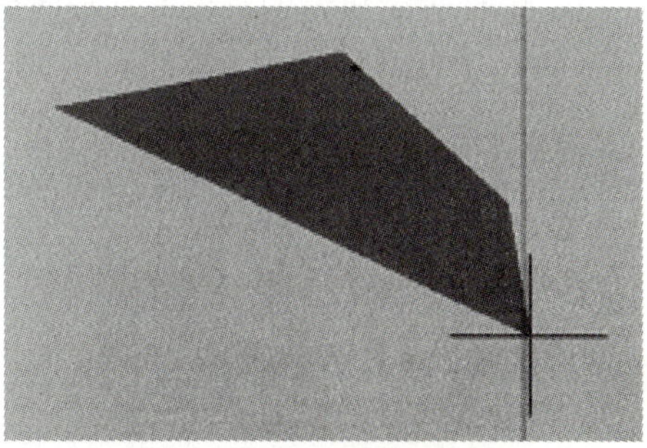

图 7-171　调整铜区域的大小

本章小结

本章主要讲解 DXP 2004 SP2 软件的一些基本操作,主要包括以下内容。

(1) PCB 制板的相关术语和概念。这里主要介绍了层、焊盘、导孔、铜膜导线、飞线等有关 PCB 的基本概念。这些都是构成 PCB 的基本元素,理解这些基本概念很重要。

(2) 元件与封装。这里主要讲解元件封装的基本概念,以及常见元件的封装结构,包括电阻、电容、三极管、二极管、可调电位器、集成电路等。这对于还未接触过电子元器件实物的读者来说,尤其要认真学习。

(3) PCB 的结构。主要介绍单层板、双层板和多层板 PCB 的结构组成及特点,选择 PCB 板层的原则。

(4) PCB 的生产工艺。主要介绍 PCB 制板的工艺过程,可以帮助读者更好的理解 PCB。

(5) 认识 PCB 编辑器。这里主要讲解在利用 PCB 编辑器编辑 PCB 图之前必须做的一些准备工作,主要包括认识 PCB 编辑器界面,PCB 编辑器的主要工作面板,PCB 编辑器的环境参数设置和怎样新建或打开一个 PCB 文件或项目。

(6) PCB 编辑器的界面管理。这部分主要讲解在 PCB 编辑器中怎样实现窗口的移动、放大或缩小,怎样对指定区域、指定对象进行放大,怎样显示整个文件、整张图纸或整个 PCB 图。还对编辑窗口的刷新、界面的个性化定做等作了一一介绍。

(7) PCB 编辑器的编辑功能。PCB 编辑器的主要编辑功能包括:对象的选择与取消选择,对象复制、剪切和粘贴,对象的删除,对象的旋转和翻转,对象的排列、全局编辑及跳转功能。

(8) 对象的放置与编辑。这部分主要讲解元件、导线、焊盘、过孔、文字、直线、坐标值、尺寸标注、圆弧、矩形填充、铜区域等对象的放置方法和相应的属性设置过程,是 PCB 图编辑过程中最基本的操作。

习题

1. 简单了解 PCB 制板的工艺过程。
2. 焊盘和导孔有什么区别? 飞线是否具有电气性质?
3. 电阻通常有几种封装结构? 电阻和二极管在封装图上有什么区别?
4. 请建立一个 PCB 项目,并在项目中新建一个原理图和 PCB 图文件。
5. 怎样在一个复杂的 PCB 图中找到某一个元件?
6. 怎样锁定放置的对象? 在放置铜膜导线的过程中,怎样修改铜膜导线的宽度?

第 8 章 DXP 2004 SP2 PCB 设计

第 7 章主要讲述了 PCB 设计的一些基础知识，还详细介绍 PCB 编辑器的编辑环境和基本操作。本章将结合具体实例来说明 PCB 的设计过程。

8.1 PCB 设计流程

利用 DXP 2004 SP2 设计 PCB 分为以下几个步骤。

1. 准备原理图

电路板设计的前期工作主要是利用原理图设计工具绘制原理图，并且可以生成网络表。当然，有些特殊情况下，例如比较简单的电路，可以不进行原理图设计而直接进入 PCB 设计系统，在 PCB 系统中或者手工布线或者利用网络管理器创建网络表以后，进行半自动布线。

2. 设置 PCB 设计环境

这是 PCB 设计中非常重要的一步。主要内容有：规定电路板的结构及其尺寸、板层参数、格点的大小和形状等。大多数参数可以用系统的默认值。

3. 载入网络表，并纠正网络表的宏错误

网络表是 PCB 自动布线的灵魂，也是原理图和 PCB 设计的接口，只有将网络表引入 PCB 后，DXP 2004 SP2 才能进行电路板的自动布线。

在原理图设计的过程中，相关检查不会涉及元件的封装问题。因此，原理图设计时，元件的封装可能被遗忘或使用不正确，在引入网络表时可以根据实际情况来修改或补充元件的封装。正确装入网络表后，系统自动载入元件封装，并根据规则对元件自动布局并产生飞线。如果自动布局不够理想，还需要手工调整元件布局(通常都需要手工调整)。

4. 布线规则设置

布线规则是设置布线时的各个规范，如安全距离、导线宽度等，这是手工和自动布线的依据。布线规则设置也是 PCB 设计的关键之一，需要一定的实践经验。

5. 布线

DXP 2004 SP2 自动布线的功能比较完善，也比较强大，它采用最先进的无网格设计，如果参数设置合理，布局妥当，一般都会很成功地完成自动布线。

很多情况下，自动布线后会发现布线不尽合理，如拐弯太多等问题，这时必须进行手工调整布线。

6. PCB 的优化

为了提高 PCB 的抗干扰能力，需要对 PCB 图进行进一步的优化处理，包括覆铜、补泪滴、包地处理等。

7. DRC 检查

DRC 检查的主要任务是对先前的设计规则进行检查，查看是否有违反规则的地方，如实际线宽是否比规则设置中的最大值和最小值还大或小，是否还存在没有彻底布通的网络等。

8. 保存文件与输出

保存设计的各种文件,并打印输出,包括 PCB 文档、元件清单等。设计工作结束。

在一个项目中,往往包含很多文件,这些文件当中,可能有很多是中间文件,如 DRC 文件、不同阶段的 PCB 文件等,而最终的文件只有一个或很少的几个。这时可以把最终文件单独输出,另存为一个单独的文件。操作方法是:在界面工作区中显示该文件,然后执行【文件】→【另存为】菜单命令,在弹出的【另存为】对话框中输入文件名,并回车,该文件就从项目中分离出来形成一个独立的文件了。

8.2 PCB 设计的基本原则

PCB 设计既是一门科学也是一门“艺术”,一个设计良好的 PCB 是一个完美的“工艺品”。良好的 PCB 不仅美观,而且应具有良好的电磁兼容性。设计人员可从 PCB 布局、PCB 布线及 PCB 的抗干扰能力等几个基本方面入手来提高 PCB 设计效果。下面将介绍 PCB 设计在布局、布线和 PCB 抗干扰方面应当遵循的基本原则。

8.2.1 PCB 布局

布局是 PCB 设计中的一个极为重要的环节,其布局的好坏将直接影响到 PCB 板的使用效果。因此,合理布局,这是设计良好的 PCB 的第一步。PCB 布局常用原则如下。

元件布局应当均衡,排列疏密有序,不要头重脚轻。大部分同类型元件一般可靠近放置,也可以以每个功能电路的核心元件为中心,其他相关元件围绕它来进行布局。通过 DXP 2004 SP2 PCB 密度分析功能可观察 PCB 布局的疏密。此外,还可利用 DXP 2004 SP2 PCB 3D 仿真功能观察 PCB 各元件在空间上是否有冲突。

PCB 尺寸设计应当合理,PCB 尺寸过大时,印制导线较长,阻抗增加,抗噪能力下降,同时,增加了制板成本。电路板尺寸大于 200 mm × 150 mm 时,布局要考虑电路板所受的机械强度;PCB 尺寸过小时,PCB 散热条件变差,相邻导线也易受干扰。

为了提高布通率,移动元件过程中应当注意他们飞线的连接,将有连接关系的元器件放置在一起,并尽量缩短各元件之间的引线和连接。

易受干扰的元件不能靠得太近,输入元件和输出元件应尽量远离。易产生噪声的元件、小电流电路及大电流电路等都应当尽量远离逻辑电路。

由于各类电路抗干扰和抑制干扰的能力有所差异,应当将数字电路、模拟电路和电源电路分别放置,高频电路与低频电路要分开,有条件应当让它们各自隔离或各自单独制作成电路板。

对于一些特殊元件,布局时应当作以下特殊处理。

高频场合下的电路,各元件尽量要平行排列。对于高频元件,要尽可能地缩短它们之间的连线以减少电磁干扰。

某些元件或导线之间可能有较高的电位差,为了避免放电引起意外短路,应当加大它们之间的距离。

时钟发生器、晶振和 CPU 的时钟输入端容易产生噪声,要相互靠近些。

旁路滤波电容要尽量靠近芯片引脚放置,且最好芯片的每个电源引脚都放置一个旁路滤波电容。

重量超过 15 g 的元件，要用支架加以固定再焊接。一些大而重，发热量大的元件，不宜装在 PCB 上，可以安装到整机的机箱底板上。

对热敏感的元件，如热敏电阻、测温芯片等，应当远离与测试无关的发热元件。

对于电位器、可调电感线圈、可变电容器、微动开关等可调元件，布局时应当考虑整机的结构要求。若为机内调节，则应放置到方便调节的地方；若为机外调节，则要注意调节旋钮跟机箱面板位置上的配合。

位于电路板边缘的元件，离电路板边缘一般不小于 2 mm。

8.2.2　PCB 布线

良好的布线是 PCB 板具有电磁兼容性的一个十分重要的因素。而且 PCB 布线不会给产品的最终完成带来任何的附加费用，可见，良好的 PCB 布线也是 PCB 设计很关键的一个环节。PCB 布线常用原则如下。

复杂 PCB 设计在成本允许的情况下，优先考虑用多层板形式，内层分别作为电源层和地线层，这样可以减少辐射干扰，降低供电线路阻抗，抑制公共阻抗噪声，并抑制其向空间辐射的能力。

为了减少高频信号对外的发射与耦合，布线尽量使用 45°折线而不要采用 90°折线，且走线要尽量减少使用过孔连接。

各种 PCB 板走线要短而粗，同时线条要均匀。关键的信号线要尽量粗，并在两边加上保护地，高速线要短而直。所有信号走线远离晶振电路。

为了避免反馈耦合，输入端和输出端的导线应尽量避免相互平行。

数字信号和模拟信号尽量要在各自独立的区域内布线，两类信号交叉时应相互垂直走线以减少交叉耦合。

一般情况下，导线的宽度为 1.5 mm 左右时，即可完全满足要求，对于集成电路，印制线宽度可在 0.2 ~ 1.0 mm 之间选择。数字电路，通常选 0.2 ~ 0.3 mm 导线宽度，并行总线接口信号和模拟信号走线线宽大于 10 mil(通常为 12 ~ 15 mil)。其他信号走线要尽量宽。

导线的最小间距主要由最坏情况下的线间绝缘电阻、击穿电压及制作工艺技术决定。对于集成电路，特别是数字电路，在工艺允许的条件下，可使间距在 0.5 ~ 0.8 mm 内。为了减少线间串扰或布线密度较低时，可适当加大信号线间距，对于高低电平悬殊的信号线应尽可能短且间距大。

焊盘中心孔的直径要比元件引脚直径稍大些，且内孔一般不小于 0.6 mm。焊盘太大容易形成虚焊，焊盘外径一般不小于(d + 1.2)mm，其中 d 为引脚直径。对于高密度的数字电路，焊盘的最小直径可取(d + 1.0)mm。

石英晶振外壳要接地，石英晶振和噪声敏感的元件下面不要走线。时钟发生器尽量靠近使用该时钟的元件，可用地线将时钟区圈起来以提高抗干扰能力，时钟线要尽量短。

发热元件的周围或大电流通过的引线应尽量避免使用大面积覆铜，以免受热时易发生铜箔膨胀和脱落现象。需要大面积覆铜时，优先考虑用栅格状，这样有利于铜箔与基板间粘合剂受热产生挥发性气体的排出。

8.2.3 PCB 抗干扰技术

抗干扰是 PCB 的电磁兼容性的一个核心指标，因为它决定了 PCB 上各功能模块抵制外来干扰性能的优劣。下面将介绍几种常用的抗干扰技术。

1. 电源线设计

根据 PCB 电流的大小，尽量加粗电源线宽度，减少环路电阻。同时使电源线、地线的走向和数据传递的方向一致，这样有助于增强 PCB 的抗噪声干扰能力。对于专用零伏线，电源线的走线宽度大于等于 1 mm。

2. 地线设计

数字电路和模拟电路要各自分开接地，同时要尽量加大模拟电路的接地面积。

尽可能地加粗地线，使它能通过 3 倍于 PCB 的工作电流，工艺允许的话，接地线的宽度应大于 3 mm。

工作频率小于 1 MHz 的低频电路应采用单点接地，且地线长度不应超过信号波长的 1/20；当工作频率大于 10 MHz 时则应采用就近多点接地；工作频率更高时，则采用多点串联接地，地线必须短而粗，高频元件周围尽量布置栅格状的接地铜箔。

将接地线构成闭环路，特别是只由数字电路组成的 PCB 地线系统，接地线构成闭环路能使其明显地提高抗干扰能力。

在某些模拟电路中，电路板上的空白区域可用一个大的接地面来覆盖，即对该区域地线进行铜填充，以提供屏蔽和增强去耦能力。

为了避免电源之间的噪声耦合，当电路需要不止一个电源供给时，可采用接地将每个电源分离开。

3. 去耦电容的配置

配置去耦电容可以抑制因负载变化而产生的噪声，这是 PCB 设计提高可靠性最常用的方法。其配置的基本原则如下。

- 电源和地线之间可用 10 ~ 100 μF 的电解电容或钽电容与 0.1 μF 瓷片电容并联后进行跨接。
- 原则上每个集成电路芯片都应布置一个 0.01 μF 的瓷片电容，若空间有限则可以每 4 ~ 8个芯片布置一个 1 ~ 10 μF 的钽电容。
- 去耦电容值选取不是十分严格，通常按照 $C = 1/f$ 计算，对于微控制器构成的系统，取 0.1 ~ 0.01 μF 之间都可以。此外电容引线不能太长，高频旁路电容不能有引线。

4. 其他注意事项

PCB 上有接触器、继电器、按钮等元件时，操作时将产生较大火花放电，因此必须采用 RC 电路来吸收放电电流，一般 R 取 1 ~ 2 kΩ，C 取 2.2 ~ 4.7 μF。

CMOS 电路的输入阻抗很高，而且易受感应。因此在使用时，对未使用的引脚要通过电阻接地或接电源。

使用排阻作为上拉或下拉电阻时，选取阻值要慎重，多选用常用经验值，此外注意排阻公共端的接线。

8.3 PCB 制板的准备

在具体编辑一个 PCB 图之前，首先要对 PCB 板进行规划，规划的内容主要有以下几点。

1．工作层面

根据 PCB 板的复杂程度、结构尺寸要求及成本要求，具体考虑确定板子的层数，对于简单的电路或是空间比较宽裕的产品，可以考虑采用单面板，因为单面板的成本无疑是最低的。但是一些电路较复杂的印制板，采用单层板布线往往很困难，跳线较多，这时可以考虑采用双面板甚至多层板。

2．结构尺寸

PCB 板往往是整个产品的一部分，所以印制板的结构尺寸一定要服从整体结构与造型设计的要求。因此，印制板的外形尺寸应该多样化，根据实际情况，可以是矩形、圆形、椭圆形，也可以是任意不规则形状。

3．器件选择与布局

要根据实际情况，选择印制板上的元器件封装形式及尺寸，并合理布局。一般的产品内腔空间有限，有些元器件可能不容易摆放，这时应该考虑把器件卧倒放置、移动到空间较大的地方或是更换更小的封装。

4．散热

印制板一般置于产品的内部，如果印制板上元器件的发热量较大，热量在内部长时间聚集而散不出来，就会发生着火的危险。这时应该考虑把发热量大的器件放在靠边的一侧，并考虑开设散热孔。

5．环境参数的设置

PCB 编辑环境的设置包括很多内容，如栅格的大小、颜色设置等。

8.3.1　PCB 工作层面的设置和管理

DXP 2004 SP2 提供了若干不同类型的工作层，且不同层面具有不同的用途，也要进行不同的操作，在设计 PCB 板时，通常不需要用到所有的电路板层，因此用户应当首先规划该 PCB 图需要的层面。

1．PCB 工作层面的设置

DXP 2004 SP2 给用户提供了 72 个工作层面，其中主要类型如下。

(1) 信号层

在 DXP 2004 SP2 中，最多可以提供 32 个信号层，分别是 Top Layer、Bottom Layer、Mid-Layer1 到 Mid-Layer30，如图 8-1 所示。信号层主要用来布线，对于单面板，只有一个信号层，双面板有两个信号层，多层板除了有顶信号层和底信号层外，还有内部信号层。顶信号层和底信号层都可以放置元器件。在图 8-1 中，可以通过设置每一层的【表示】复选框来加载或取消该层，还可以单击对应的【颜色】，来设置每一层的颜色。要注意：该颜色是指 PCB 编辑器窗口中该层所显示的颜色，而不是实际加工线路板时的各层颜色。

(2) 内部电源/接地层

在 DXP 2004 SP2 中，最多可以提供 16 个内部电源/接地层（简称内电层），以 Internal Plane1 到 Internal Plane16，如图 8-2 所示。对于较复杂的电路，可以设置内电层，主要用于布置电源线和地线。每个内电层都可以设置一个网络名称，然后系统将以预拉线的形式连接到信号层上具有相同网络名称的焊盘和过孔。用户还可以对内电层进行区域分割，不同的区域可安排不同的电源和接地，如 +5 V、+3.3 V 等不同电源，电源地、数字地、模拟地等不同接地。内电层的选择和颜色设置与信号层的操作方法一样。

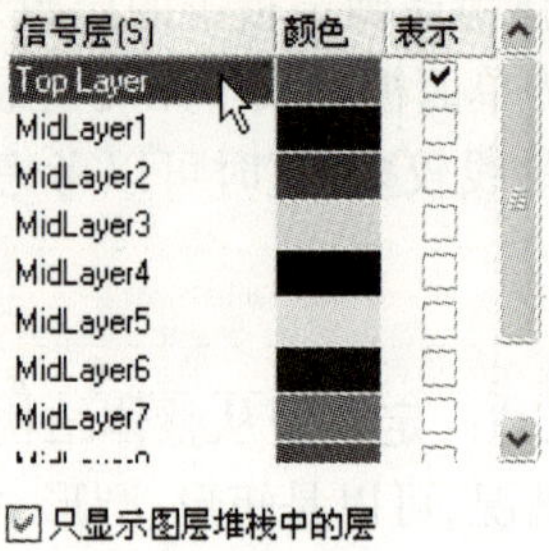

图 8-1 【信号层】选择

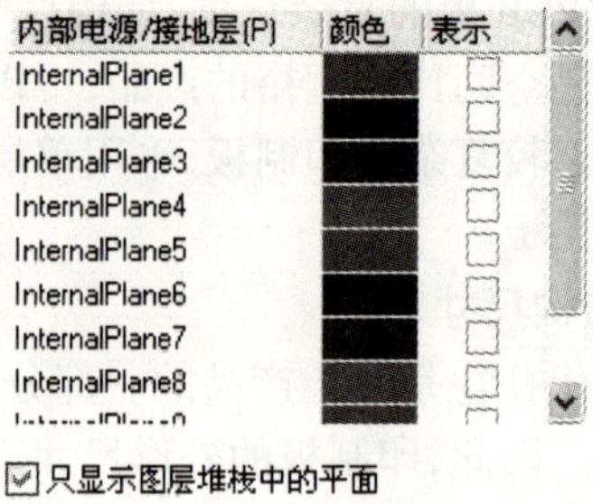

图 8-2 【内部电源/接地层】选择

(3) 机械层

在 DXP 2004 SP2 中,最多可以提供 16 个机械层,从 Mechanical Layer1 到 Mechanical Layer16,如图 8-3 所示。机械层主要用来设置 PCB 板的物理边界、标注 PCB 板的尺寸、标题栏等,类似 AutoCAD 里层的概念,可以在不同的机械层放置不同的内容,如 Mechanical Layer1 用来放置物理边界,Mechanical Layer16 用来放置标题栏。

(4) 屏蔽层

在 DXP 2004 SP2 中提供了两种屏蔽层,一是阻焊层(Solder Mask),二是助焊层(Paste Mask),每一种防护层分别分为顶层防护层和底层防护层,如图 8-4 所示。阻焊层的作用是防止焊锡滴落在上面,甚至具有排除焊锡的作用,一般情况下是在布线的表面涂一层绿油。助焊层用于帮助焊锡与覆铜焊接在一起,如焊盘上就需要助焊层,两者的作用正好相反。

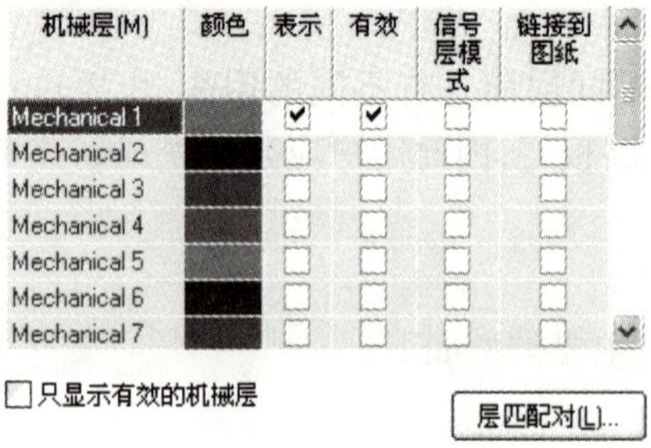

图 8-3 【机械层】选择

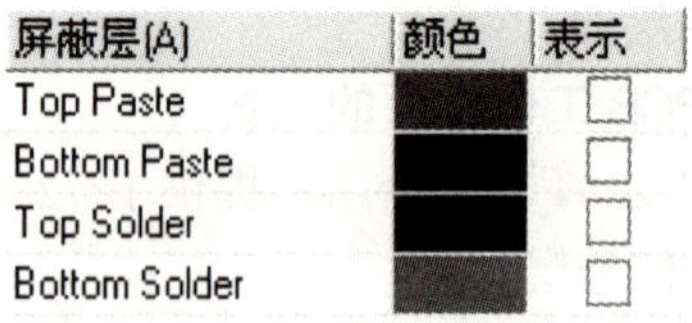

图 8-4 【屏蔽层】选择

(5) 丝印层

在 DXP 2004 SP2 中提供了两个丝印层,分别为顶层丝印层和底层丝印层,如图 8-5 所示,丝印层主要用来绘制元件的外形轮廓、名称(Designator)及参数值(Comment)等标识。

(6) 其他工作层

在 DXP 2004 SP2 中还提供了以下几个工作层,如图 8-6 所示。

图 8-5 【丝印层】选择

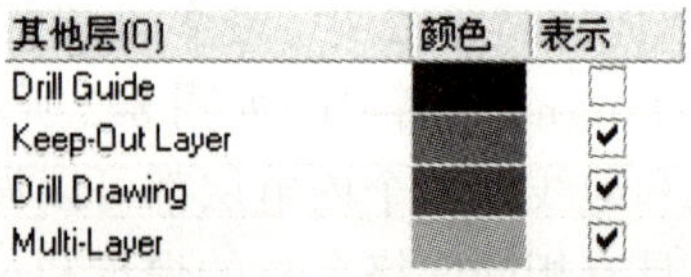

图 8-6 【其他层】选择

【Keep-Out Layer】:禁止布线层。该层用于限定 PCB 板元件和导线可放置的范围,即定义了 PCB 图的电气边界,在 PCB 设计前一定要先定义好禁止布线层。

【Drill Guide】:钻孔引导层。绘制钻孔引导层,主要与 PCB 板生产厂商有关。

【Drill Drawing】:钻孔层。绘制钻孔分布位置,也主要与 PCB 板生产厂商有关。

【Multi Layer】:多层。在多层上放置元件,表示放置该元件到所有层中。在多层上主要是放置穿透式焊盘或过孔。

对工作层面的设置包括对工作层面颜色和显示的设置,执行【设计】→【PCB 板层次颜色】菜单命令或用鼠标右键单击工作区,在弹出的快捷菜单中选择【选择项】→【PCB 板层次颜色】,弹出如图 8-7 所示的【板层和颜色】对话框。双击颜色矩形框将弹出如图 8-8 所示的【选择颜色】对话框,选择合适的颜色后,单击【确认】按钮完成颜色的选择。

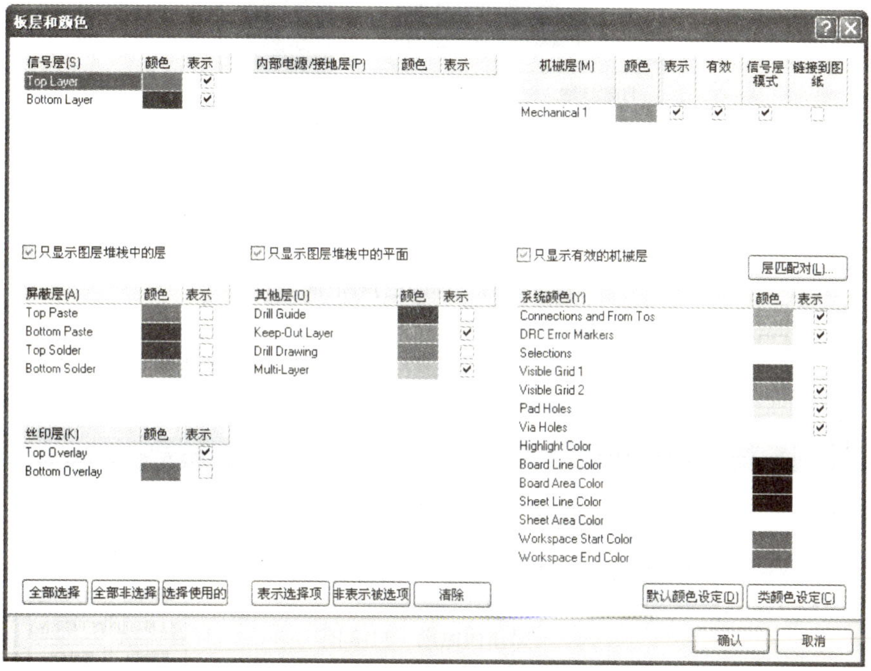

图 8-7 【板层和颜色】对话框

2. 层堆栈管理器

在层堆栈管理器中可对 PCB 的工作层面进行添加、删除和移动等设置。有三种方法启动层堆栈管理器,启动后可得到如图 8-9 所示的【层堆栈管理器】对话框。

① 选择【设计】→【层堆栈管理器】菜单命令。

② 在工作区空白处单击鼠标右键,选择【选择项】→【层堆栈管理器】菜单命令。

③ 直接按快捷键 D→K。

图 8-9 所示为双面板的层堆栈管理器显示界面。

下面将分别介绍层堆栈管理器的各个功能。

(1) 图层堆栈范例

单击【图层堆栈管理器】→【图层堆栈范例】→【图层堆栈范例】,选择合适的范例即可方便设置。在【网络名】下拉列表中选择 VCC(在原理图导入到 PCB 以后将会出现相关网络)。设置结束后单击【确认】按钮即可定义电源层 VCC。以同样的方式设置 Internal Plane2 的【网络名】为 GND,即可定义地线层 GND。

③ 设置完毕后,单击【确认】按钮完成两个内电层的添加。

(3) 内部信号层的手动添加

内部信号层的手动添加同内电层的手动添加很相似,先选择【TopLayer】或【BottomLayer】,单击【追加层】或在如图 8-10 所示的菜单中选择【增加信号层】即可添加内部信号层 MidLayer1,如图 8-13 所示。

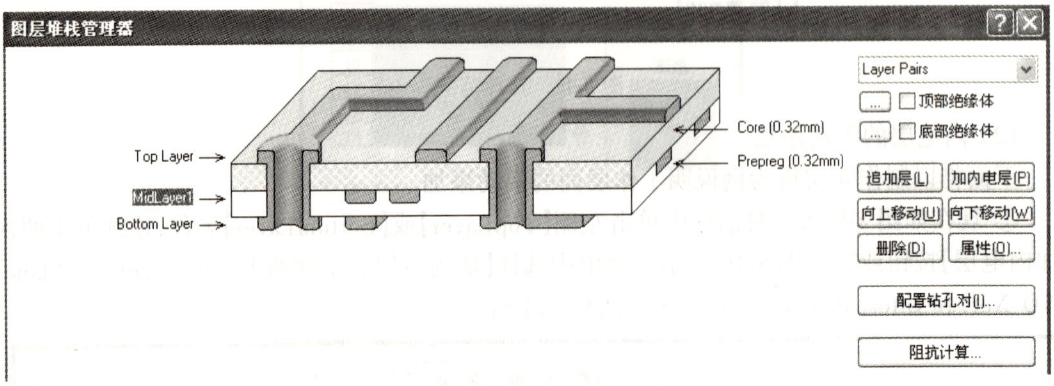

图 8-13 完成内电层的属性设置

用鼠标双击 MidLayer1 或选择该层后单击【属性】按钮,或直接在如图 8-10 所示的菜单中选择【属性】,将弹出如图 8-14 所示的【编辑层】属性设置对话框,可进行信号层名称和铜厚度设置。

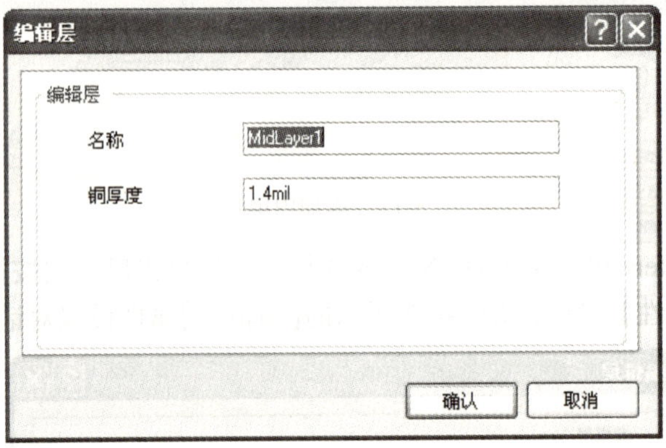

图 8-14 设置内部信号层属性

(4) 层的删除

要删除已添加的层须先选择待删除的层,然后单击如图 8-9 所示的【删除】按钮或在如图 8-10 所示的菜单中选择【删除】命令即可。

(5) 层的调整

要将某一图层进行上移或下移,先选择该图层,然后单击如图 8-9 所示的【向上移动】或【向下移动】按钮即可,也可在如图 8-10 所示的菜单中选择相同的菜单命令进行操作。

(6) 其他按钮功能

在图 8-9 所示的图层推栈管理器中,单击【配置钻孔对】按钮,弹出如图 8-15 所示的对话框,通过该对话框可以设置过孔的起始层和终止层,即配置多层板的各类过孔(穿透式、屏蔽孔或盲孔)。

单击【阻抗计算】按钮,则可在弹出的对话框中查看当前类型的 PCB 板阻抗计算方法。

选中【顶部绝缘体】和【底部绝缘体】复选框,则在图 8-9 所示的图层推栈管理器中可显示顶部绝缘体和底部绝缘体。

单击复选框前面的按钮将弹出顶部绝缘体和底部绝缘体的【介线性能】对话框,如图 8-16 所示。

图 8-15　【钻孔对管理器】对话框

图 8-16　【介电性能】设置对话框

8.3.2　PCB 物理边界设定

电路板尺寸可以根据实际需要设计成任何结构形状。DXP 2004 SP2 提供了强大的电路板边界设置功能,可以进行复杂的边界曲面设计。电路板有两个边界,是物理边界和电气边界。物理边界是指电路板的实际外形边界,而电气边界是电路板上能够布线的区域,因此电气边界肯定小于物理边界。

根据电路板的工作条件和环境要求,首先要设定电路板的物理边界。电路板的物理边界设计可以在 PCB 文件生成向导内调用模板,也可以在 PCB 编辑器内执行【设计】→【PCB 板形状】菜单命令进行编辑。执行该命令后,弹出编辑 PCB 板外形的菜单选项,如图 8-17 所示。该菜单给出了各种设定 PCB 板物理边界的方法。下面将分别介绍它们的操作过程:

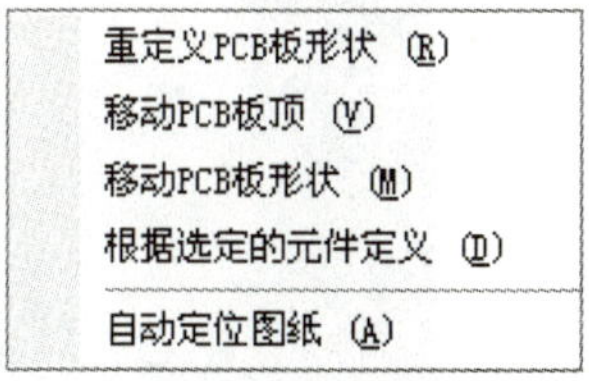

图 8-17　【设计】→【PCB 板形状】弹出子菜单

1. 重定义 PCB 板形状

通过执行【文件】→【创建】→【PCB 文件】菜单命令新建一个 PCB 文件后，会产生一个默认的带有网格的区域，如图 8-18 所示，这就是初始的 PCB 板物理边界，是一个矩形。

图 8-18 PCB 板的物理边界

如果设计者对这个边界形状不满意，可以通过执行图 8-17 所示菜单的第一项来重新定义，具体操作步骤如下。

① 选择如图 8-17 所示的菜单命令【重定义 PCB 板形状】，鼠标光标会变成十字形状，工作窗口的背景变成黑色，而初始的印制板物理边界变成绿色。

② 单击鼠标左键，确定印制板物理边界的一个顶点，按空格键可以改变边界拐点的连接形式，即可以在直线和圆弧之间切换，如图 8-19 所示。窗口底部左下角的显示坐标值可以确定印制板的定位与结构尺寸。

图 8-19 【重定义 PCB 板形状】设定物理边界

③ 当印制板物理边界各点确定以后，按鼠标右键或 Esc 键结束。没有必要一定要把物理边界做成闭合多边形，因为 DXP 2004 SP2 会自动把所画的起始点和最终点连接在一起，从而形成印制板的物理边界。可视栅格会自动填充物理边界区域。

2. 移动 PCB 板顶

如果通过改变物理边界顶点位置的方法能达到重新定义印制板物理边界的目的，则可以通过以下步骤实现。

① 选择如图 8-17 所示的菜单命令【移动 PCB 板顶】，光标变成十字形状。

② 用鼠标单击要移动的顶点，并拖动到预定的位置，如图 8-20 所示，每一条边界线有三个特征点，分别为两个端点和中点。

③ 如果拖动中点到某一新的位置，则增加一个顶点。

④ 单击鼠标右键或按 Esc 键结束。

图 8-20　【移动 PCB 板顶】设定物理边界

3. 移动 PCB 板形状

如果认为边界图的位置在工作窗口中不太合理，则可以通过执行【移动 PCB 板形状】命令来移动，通过执行【移动 PCB 板形状】命令可以重新定位印制板的物理边界，需要注意的是，在移动物理边界的时候，元器件及布线等并不发生移动。

移动印制板物理边界的具体操作过程如下。

① 选择如图 8-17 所示的菜单命令【移动 PCB 板形状】，印制板的物理边界将处于浮动状态，如图 8-21 所示。

② 把浮动的边界形状拖动到新位置后，单击鼠标左键。

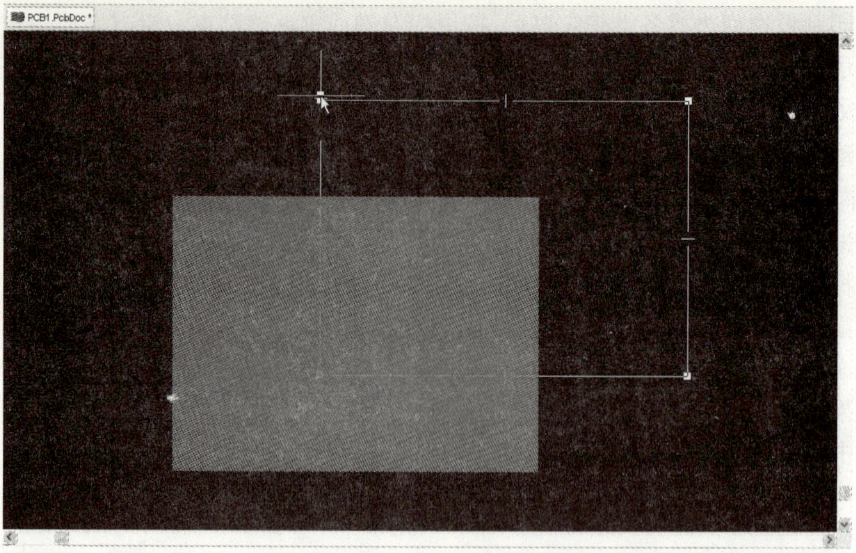

图 8-21　移动 PCB 板形状

4. 根据选定的元件定义

用户可以用【放置】→【直线】或【圆弧】等命令在机械层内画一些线，然后使用这些线确定印制板物理边界，这样做的优点是：可以更加灵活地实现印制板物理边界的设计，如果印制板的边界形状比较复杂，一般情况下要采用此种方法来进行印制板物理边界设计。这样可以充分利用【放置】菜单下的画线和圆弧命令，画出各种形状的边界，而前几种方法就没有这么方便，特别是画圆弧边界。该方法确定印制板的物理边界具体过程如下。

① 根据用户设计，利用【放置】菜单下的【直线】、【圆弧】等命令在机械层直接画一个闭合印制板物理边界形状，或者先放置若干各自独立的直线或圆弧，然后通过它们各自的属性对话框设定直线或圆弧的起点和终点，让连接的直线或圆弧的起点和终点顺接起来构成闭合的印制板物理边界形状。

② 选择构成上述印制板物理边界闭合连接的各条线段和曲线。

③ 执行如图 8-17 所示的菜单命令【根据选定的元件定义】，则以选中的对象所组成的印制板物理边界就形成并显示在工作窗口上了。

如果需要做进一步的修改设定好的边界，则可通过选择【PCB 板形状】下的相关命令来修改。

8.3.3 PCB 页面模板调用

默认情况下，在新建 PCB 文件时，页面被设置为 A4 大小。在如图 8-18 所示的新建 PCB 文件页面中，没有页面的边界线，也没有标题栏等内容，如果想增加这些内容，则可以从 DXP 2004 SP2 软件提供的模板中拷贝过来，这些模板的位置是在：< 盘符 > : \ ... \ Altium \ Templates 文件夹内。具体操作步骤如下。

① 打开想加入新页面尺寸的文件，并确保页面处于显示状态，以放置新的页面模板。

② 打开一个已经存在的 PCB 文件模板，并确保该模板能够容纳 PCB 图中的所有对象。具

体操作是：在【Files】面板中，单击【从模板新建】中分的【PCB Template】，弹出如图 8-22 所示的对话框。在该对话框中选择一个模板文件，如 A3.pcbdoc，然后单击【打开】按钮，打开该文件。该文件是作为一个新的 PCB 设计文件打开的，如图 8-23 所示，其文件名为 PCB1 * .pcbDoc。

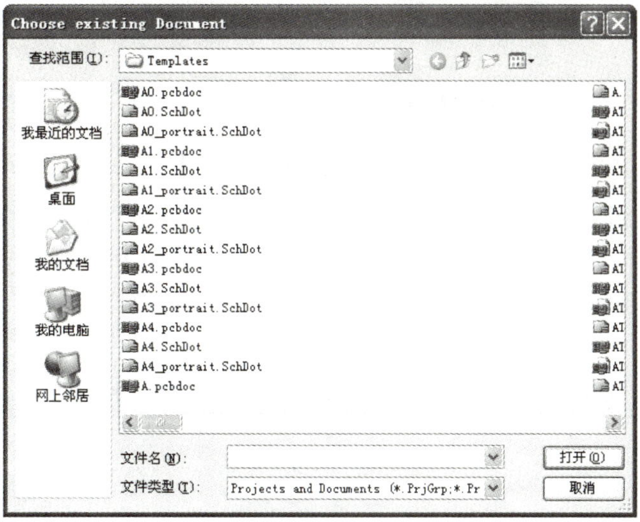

图 8-22　【从模板新建】弹出对话框

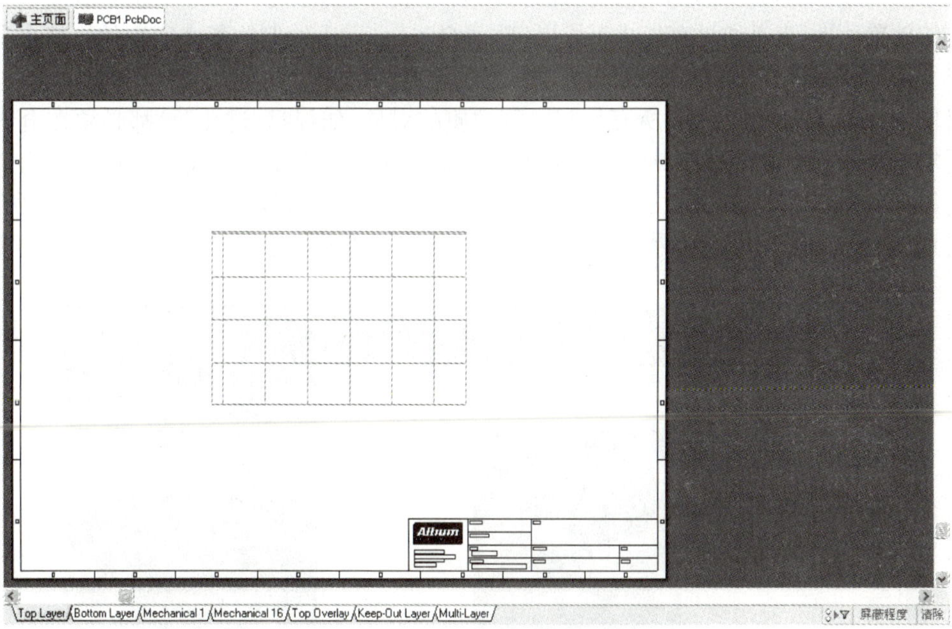

图 8-23　打开 A3.pcbdoc 模板

③ 选择该模板文件中的所有内容(按 Ctrl + A 键)，并拷贝该内容(按 Ctrl + C 键)到剪贴板，再用鼠标左键单击一参考点后，关闭该文件。

④ 单击设计窗口顶部的标签，切换到 PCB 文件，并把上一步拷贝到剪贴板的内容粘贴到文件中(按 Ctrl + V 键)，模板内容被粘贴在该文件的机械层 16(通过放大与缩小工具查看)。

⑤ 现在需要把机械层 16 链接到该页面,可在【板层与颜色设置】对话框内(见图 8-7)的机械层显示控制区域(见图 8-3)【Mechanical16】处选中【表示】、【有效】和【链接到图纸】复选框,如图 8-24 所示。此时即可看到模板框在工作区内显示了。

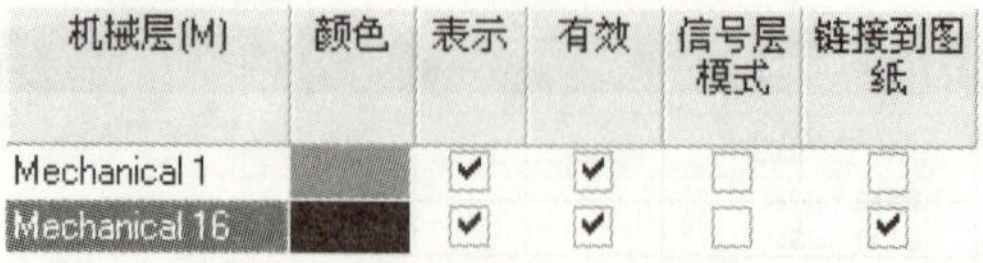

图 8-24 设置【Mechanical16】

⑥ 执行菜单命令【自动定位图纸】(见图 8-17),系统将重新定义页面的大小,使之包含模板边界线,然后再执行该菜单内【移动 PCB 板形状】命令将整个 PCB 板移动到适当位置。

⑦ 这时可以修改标题栏,通过如图 8-25 所示的层标签切换到机械层 16,填写或修改标题栏相关内容。

图 8-25 层切换标签

8.3.4 PCB 电气边界设定

规划完电路板的物理边界后,还要确定电路板的电气边界。电气边界是用来限定布线及各元器件的放置范围,它是通过在禁止布线层(Keep-Out Layer)上绘制边界来实现的。禁止布线层是 PCB 编辑器中用来确定有效的放置元件和布线区域的特殊工作层,一般情况下,应将电气边界和物理边界规划成相同大小,所有具有电气性质的对象(如焊盘、过孔等)都必须在电气边界内。规划电路板电气边界的方法与规划物理边界基本相同,不同的是要把当前层设置为禁止布线层。只有规划好电气边界后,才能继续后面的元器件放置与布线等工作。如图 8-26 所示,紫色闭合直线为 PCB 图的电气边界,其具体绘制方法与物理边界的绘制方法相同,这里不再赘述。

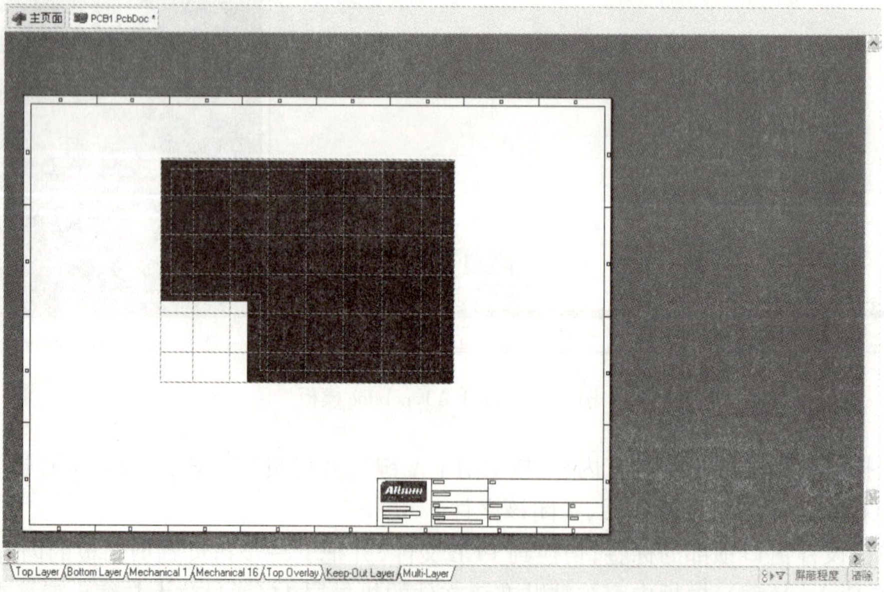

图 8-26 PCB 电气边界

值得注意的是，一般情况下，PCB 板都要根据实际需要放置若干定位孔，用于安装螺钉。在放置定位孔的时候，可以使用【放置】→【过孔】命令，通过放置过孔来实现。可以把过孔的内径和外径设置成同样大小，对于 3 mm 的螺钉，可以设置过孔的内径和外径为 140 mil 左右。定位孔的具体位置需要预先规划好，并根据工作窗口左下角的鼠标光标的坐标值提示进行放置，也可以直接双击该定位孔，在弹出的属性对话框中输入过孔的位置 X 和 Y 的值，并修改过孔的孔径和直径值，然后确定完成设置(这种方法简便实用)。为了确保在 PCB 图编辑过程中意外移动定位孔，可以把过孔设为锁定状态，其方法是，在过孔【属性】对话框中，选中【锁定】复选框即可。

另外，一般要在 PCB 布线之前就把定位孔放置好，以免布线之后没有空闲位置留给定位孔；同理，对于 PCB 板中不允许布线的地方，也要在布线之前进行保护，例如：可以预先放置覆铜，等布线完之后，再把覆铜删除，就可以实现保护区域不被布线。

需要注意的是，对于较复杂或不规则形状的电路板，设置物理边界较方便的方法是：先在机械层使用【放置】命令顺序放置物理边界的各段元素，如直线或圆弧，然后再通过【设计】→【PCB 板形状】→【根据选定的元件定义】命令把各段元素设置成 PCB 板的物理边界。而设置电气边界就可以通过选择【放置】→【禁止布线区】子菜单下的各个命令来直接绘制，如图 8-27 所示，这样相对而言更为简便。

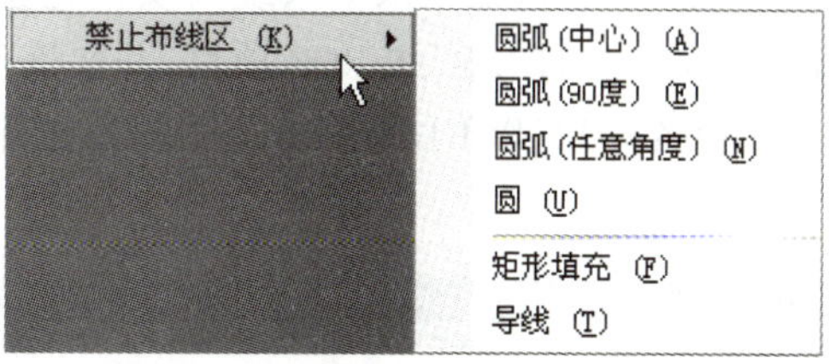

图 8-27　【禁止布线区】子菜单

8.3.5　环境参数设置

环境参数对整个 PCB 图的设计都会产生影响，所以，在进行 PCB 图编辑开始前先要设置环境参数。环境参数设置分两个方面，一个是有关 PCB 编辑器的长度单位及栅格间距等，这些设置项目都集中在如图 8-28 所示的【PCB 板选择项】对话框内；还有一个是一些相关选项设置，这些相关选项都集中在【优先设定】对话框的【Protel PCB】部分。这两个方面各个参数的具体设置过程可参考第一章，此处不再赘述。

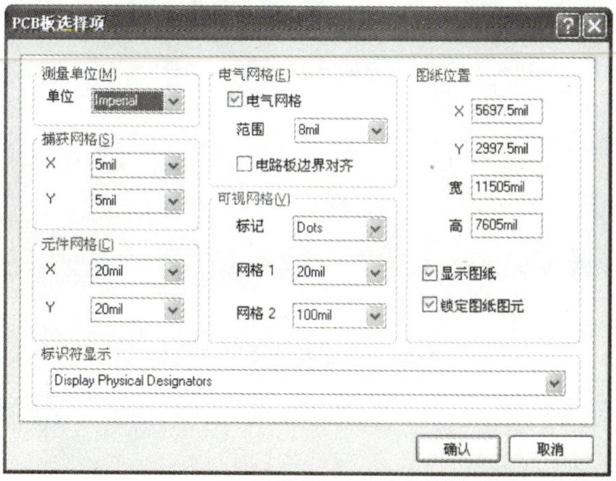

图 8-28　【PCB 板选择项】对话框

8.4　双面 PCB 图设计

通常在项目的 PCB 文件中按照本章前面几节的内容做好准备后,就可以载入网络表,并进行 PCB 图的设计了。实际上,PCB 图设计涉及很深的理论与技术问题,不仅包括电磁兼容性问题,还要考虑系统的结构、散热等,特别是对于高频电路的 PCB 布线,电路板分布参数的影响很大,要求 PCB 设计者具有扎实的理论知识和丰富的实践经验。

DXP 2004 SP2 较以前的版本, 增加了许多新特性,如 PCB 编辑器内有了多重剪贴板支持;布局方面增加了排列全部 PCB 对象的工具,并允许围绕电路板布置元件;布线方面追加了 Situs 拓扑逻辑自动布线模式等。

本节不涉及很深的理论知识,仅以 DXP 2004 SP2 作为软件工具为出发点,并以基于 PIC16F627 单片机数据采集系统为实例讨论双面印制板图的设计过程。先创建一个名称为“PIC16F627.PRJPCB”的 PCB 项目,并在该项目下建立名称为“PIC16F627.SCHDOC”的原理图文件和名称为“PCB1.PcbDoc”的 PCB 文件,然后保存到 E:\Examples 目录下,如图 8-29 所示。

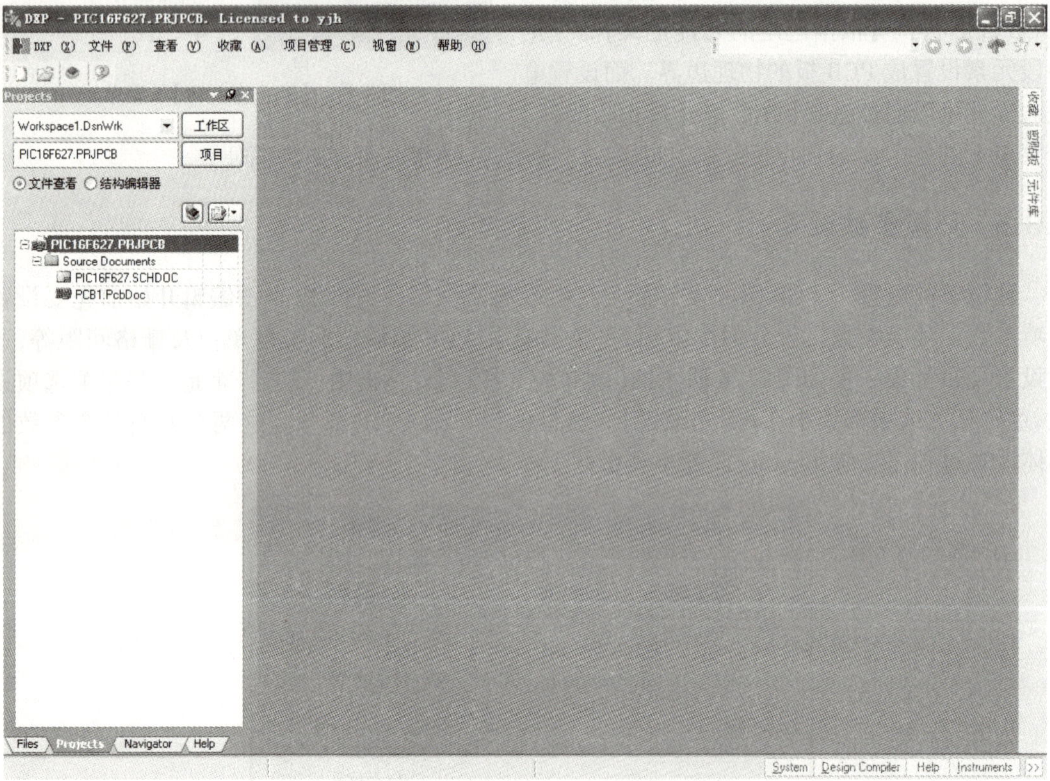

图 8-29　创建好的 PCB 项目

8.4.1　准备原理图

在进行 PCB 设计之前,通常需先有原理图。当采用全手工布线时,可以不生成网络表,直接在 PCB 编辑器中放置元器件的封装并手工布线，但是这样做往往效率较低，对于复杂的 PCB 图，一般采用自动与手工布线相结合的方法。对于一般的 PCB 布线，直接在 PCB 编辑器中就可以进行网络标号的定义，然后自动布线，大大降低了对网络表的依赖程度。但是，由于原理图是分析电路原理和性能的基本依据，所以，更多的情况下，还是先画原理图，再进行 PCB 布线。这里也是按照该步骤进行介绍。双击前面创建的项目下的原理图文件，然后绘制原理图。如图 8-30 所示为绘制完毕后的基于 PIC16F627 数据采集系统原理图。

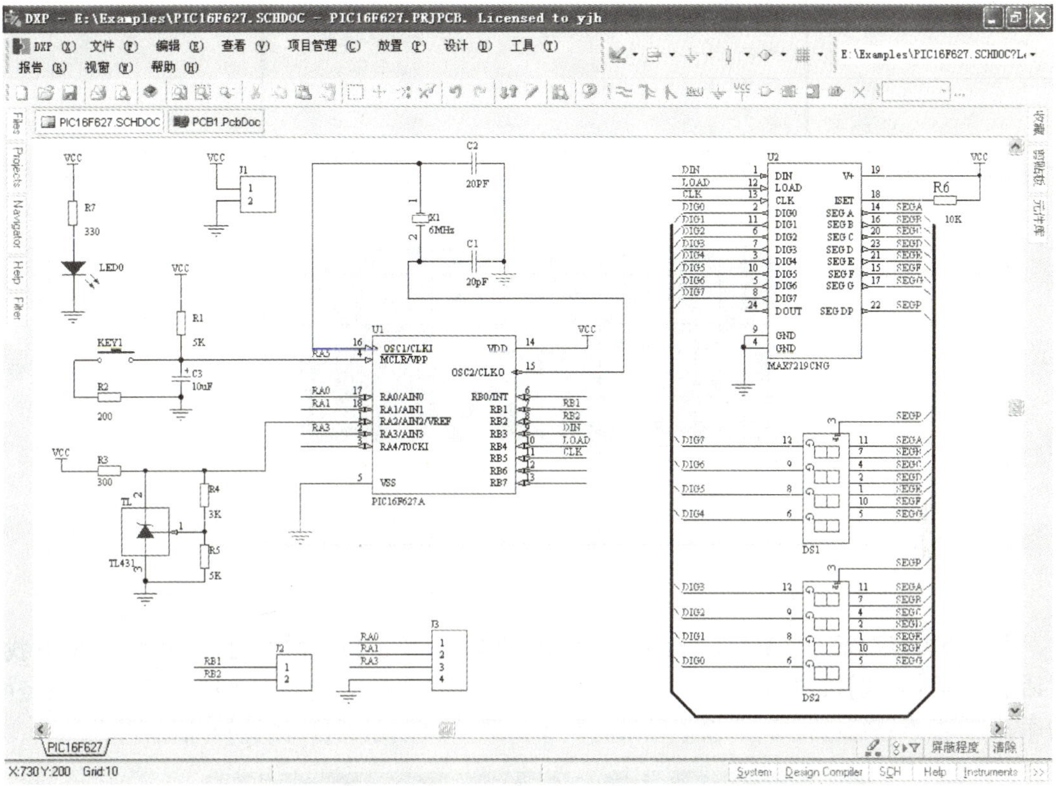

图 8-30　基于 PIC16F627 数据采集系统原理图

8.4.2　修改元器件的封装

当在集成库中提取一元器件时，其相应的封装型式也确定了，如果要修改或添加元件的封装型式，可在原理图上双击该元件，将弹出【元件属性】对话框（见图 4-18，即为双击电阻 R1 的属性对话框）。

该对话框的左侧和右上侧是元件的常规属性，原理图编辑部分已经介绍，修改元件封装的方法在 4.4 节有详细介绍，请读者参考。

如果在【库浏览】对话框中不能找到所需的封装，可以单击【库】下拉列表选择其他库文件。如果仍然找不到，可以单击后面的…按钮，弹出【可用文件库】对话框。该对话框可以安装和删除库，还可以移动库的顺序。单击该对话框的【安装】按钮可以添加新的库文件，具体操作见 4.3 节，这里不再赘述。

如果要使用自己制作的元件封装，可在【PCB 模型】对话框的【PCB 库】区域内选中【库的路径】复选框，然后单击【选择】按钮，在弹出的对话框内选择自己制作的 PCB 封装文件后确认返回。再将【封装模型】区域的【名称】编辑框内写入该 PCB 封装名称后，即可在【选择的封装】区域内看到该封装的图形，如图 8-31 所示，单击【确认】完成添加自制元件封装。

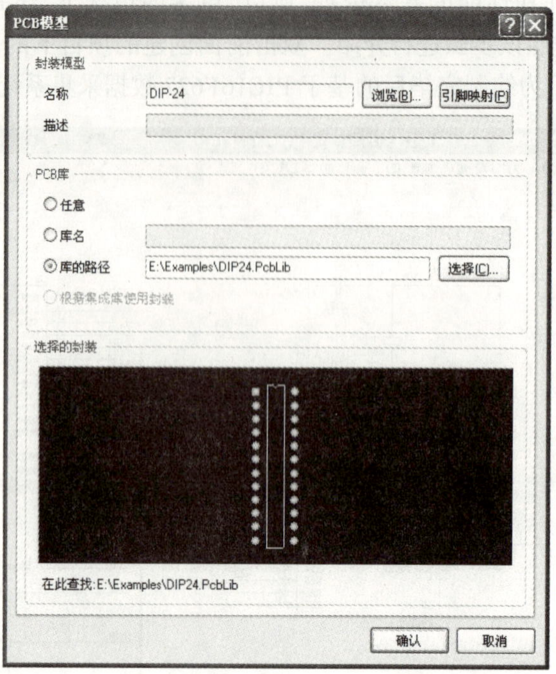

图 8-31　添加自制元件封装

用户还可以搜索元件封装，方法是：在【元件库】面板单击【查找】按钮，弹出【元件库查找】对话框，然后【查找】按钮，输入元件特征检索表达式，如数字 18，然后直接搜索或选中【路径中的库】选择搜索路径进行搜索，搜索结果将列于如图 8-33 所示的【库浏览】对话框内。

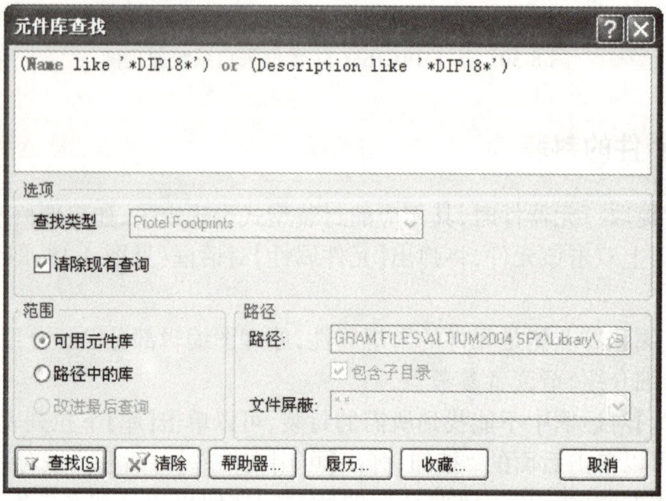

图 8-32　【元件库查找】对话框

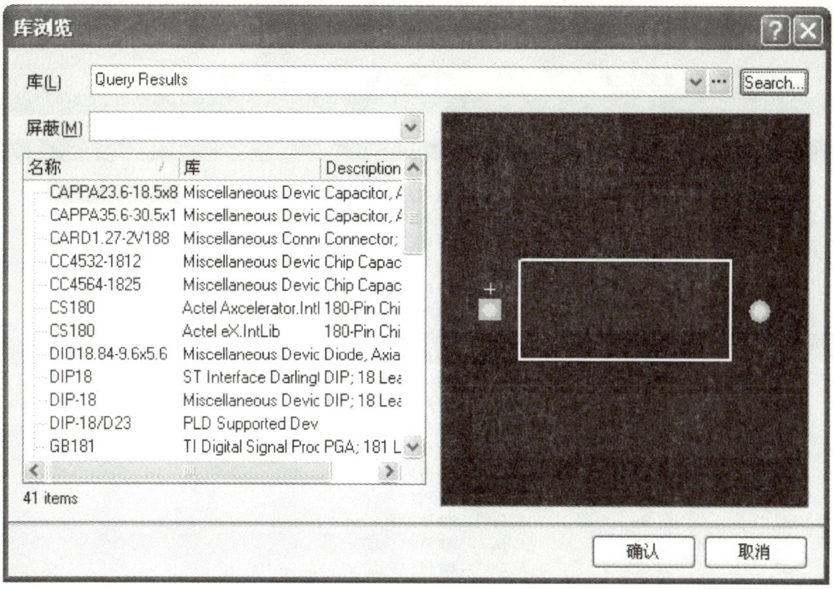

图 8-33　【库浏览】对话框

8.4.3　PCB 和原理图的双向更新

在 DXP 2004 SP2 原理图编辑器中编辑完原理图以后，就可以进行相应 PCB 文件编辑。

1. 从原理图生成网络表

在原理图编辑环境下执行【设计】→【文档网络表】→【Protel】菜单命令，将自动生成 Protel 格式的网络表，并将依照原理图命名为“PIC16F627.net”，生成结束后该文档即为当前项目文件。

网络表文件内容分为两部分，第一部分定义原理图中每个元器件的属性，以中括号表示；第二部分定义网络连接关系，以小括号表示。这在 5.5 节有详细阐述，这里从略。

执行【项目管理】→【Compile Document PIC16F627.SCHDOC】菜单命令可编译该原理图，修正编译器提示的原理图存在的错误，编译通过后就可进行网络表的载入。

2. 载入网络表更新 PCB

(1) 生成工程变化订单

DXP 2004 SP2 提供多种方式生成工程变化订单(ECO)。

在原理图编辑环境下执行【设计】→【Update PCB Document PCB1.PCBDOC】菜单命令或者在 PCB 编辑环境下执行【设计】→【Import Changes From PIC16F627.SCHDOC】菜单命令，将弹出如图 8-34 所示的【工程变化订单】对话框。

如利用 DXP 2004 SP2“文件差别比较器”来生成，则操作过程如下。

① 在 PCB 或原理图编辑环境下执行【项目管理】→【显示不同点】菜单命令，然后在弹出的【选择文件进行比较】对话框内选中【高级模式】复选框，如图 8-35 所示。

② 在对话框左边列表栏内选择网络表文件，注意，该网络表必须已经打开或者包含在该项目中。

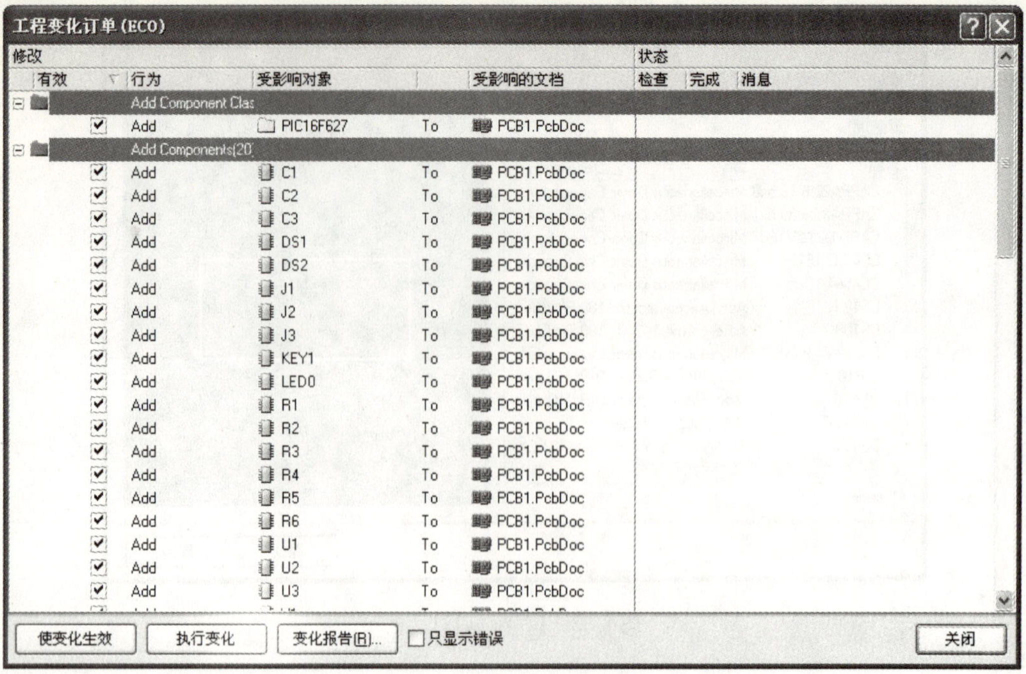

图 8-34 【工程变化订单】对话框

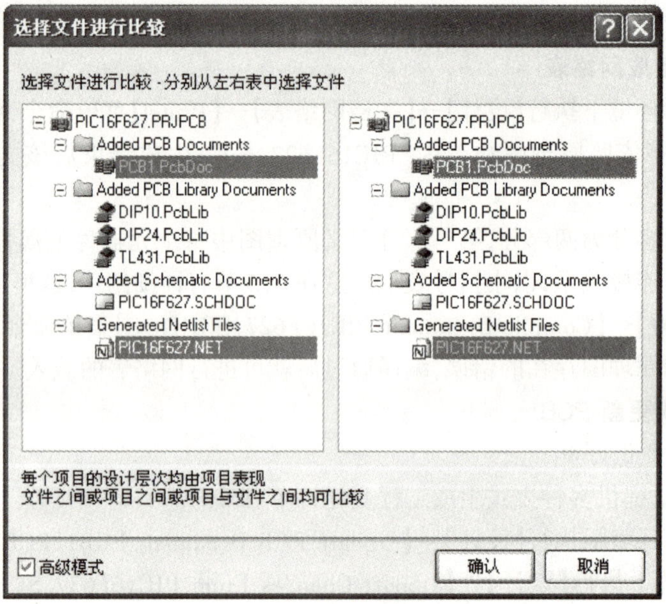

图 8-35 【选择文件进行比较】对话框

③ 单击【确认】按钮,将弹出如图 8-36 所示的网络表文件差别对话框,在对话框列表栏内单击鼠标右键,将弹出如图 8-37 所示的菜单,在菜单栏内选择【Update All in > > PCB Document[PCB1.PCBDOC]】即可弹出【工程变化订单】对话框。

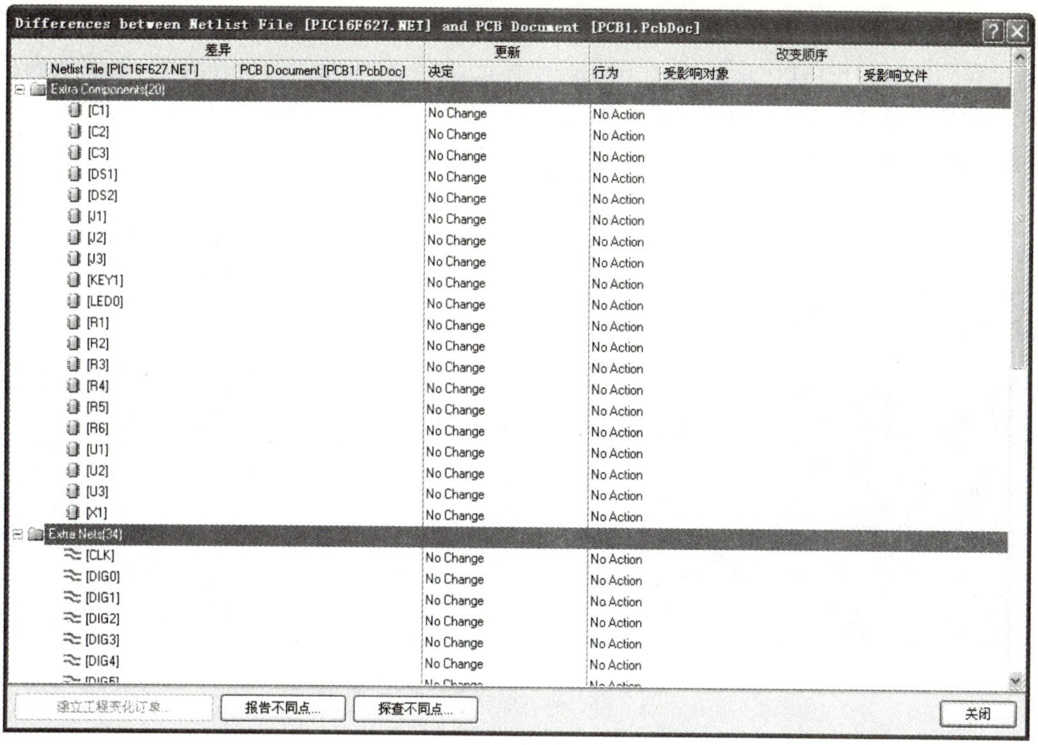

图 8-36　网络表文件差别对话框

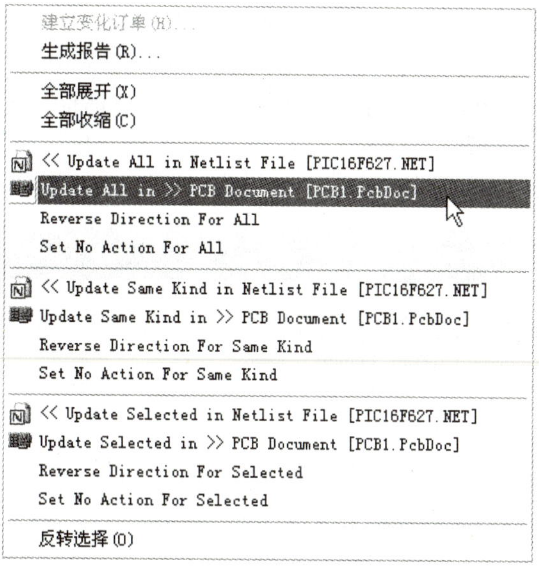

图 8-37　网络表文件差别对话框内右键弹出菜单

值得一提的是，不论是在新建 PCB 文件中导入网络表还是把原理图中的局部修改信息传递到 PCB 文件中，都可以使用上述方式。

(2)【工程变化订单】的检查

【工程变化订单】对话框内列出了各个对象的变化情况，各个对象是否执行更新是可以配置的。要取消更新,可在对话框【有效】栏下单击√,取消即可。单击对话框内【使变化生效】按钮,可看到【状态】栏内【检查】项将会出现一个标记,如果对应左侧的动作有效,则该项表示为 ,如果该动作无法执行,则该项表示为 。如果出现无法执行的动作,则要回到原理图中查看相应的元器件,是否有错误,并修正,直到全部通过为止。

(3)【执行变化】按钮的执行

当全部动作都有效后,单击该按钮,则元器件和网络表都载入到 PCB 文件中,如图 8-38 所示,其中网络表以飞线的形式连接起来,所有的元器件放置在一个默认的容器(Room)中,该容器的名称与原理图名称一样。

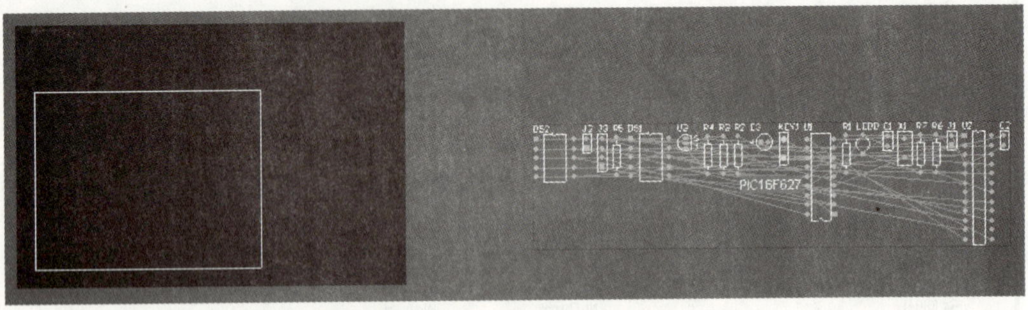

图 8-38 载入网络表后的 PCB

3. 从 PCB 更新原理图

有时候需要在 PCB 内对元器件进行修改,如变更元件名称或封装,修改连接网络等,这时可以在 PCB 环境下直接更新原理图。更新有如下两种方式。

一是在 PCB 编辑环境下执行【设计】→【Update Schematics in PIC16F627.PRJPCB】菜单命令,弹出如图 8-39 所示的【Confirm】对话框确认更新。对话框内提示了总共变化了的对象个数及可以被执行变化的个数。单击【Yes】后将弹出【工程变化订单】对话框,后面用与原理图更新 PCB 一样的操作即可更新原理图。

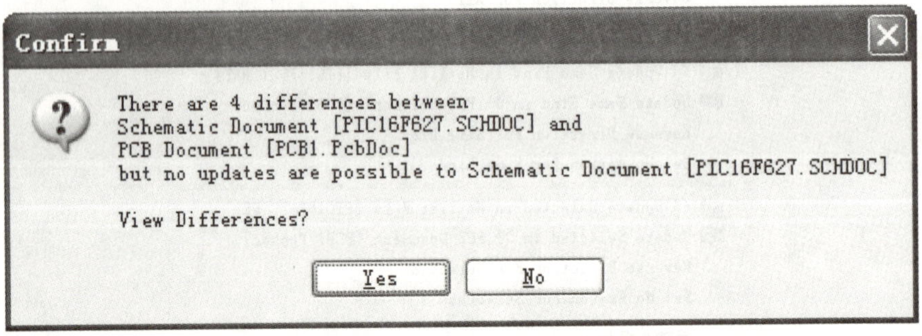

图 8-39 【确认】对话框

二是利用 DXP 2004 SP2"文件差别比较器"来更新。执行【项目管理】→【显示不同点】菜单命令,然后直接单击【确认】按钮,将弹出如图 8-36 所示的网络表文件差别对话框,该对话框内列出了变化了的对象,单击鼠标右键,在如图 8-37 所示快捷菜单内选择【Update All in Schematics Document[PIC16F627.PCBDOC]】命令,或者用鼠标左键单击【决定】栏下的【No Change】项,可弹出如图 8-40 所示的对话框,再单击对话框内相关按钮即可选择更新的方向。

然后单击【建立工程变化订单】按钮即可弹出【工程变化订单】对话框，后面用于原理图更新PCB一样的操作即可更新原理图。

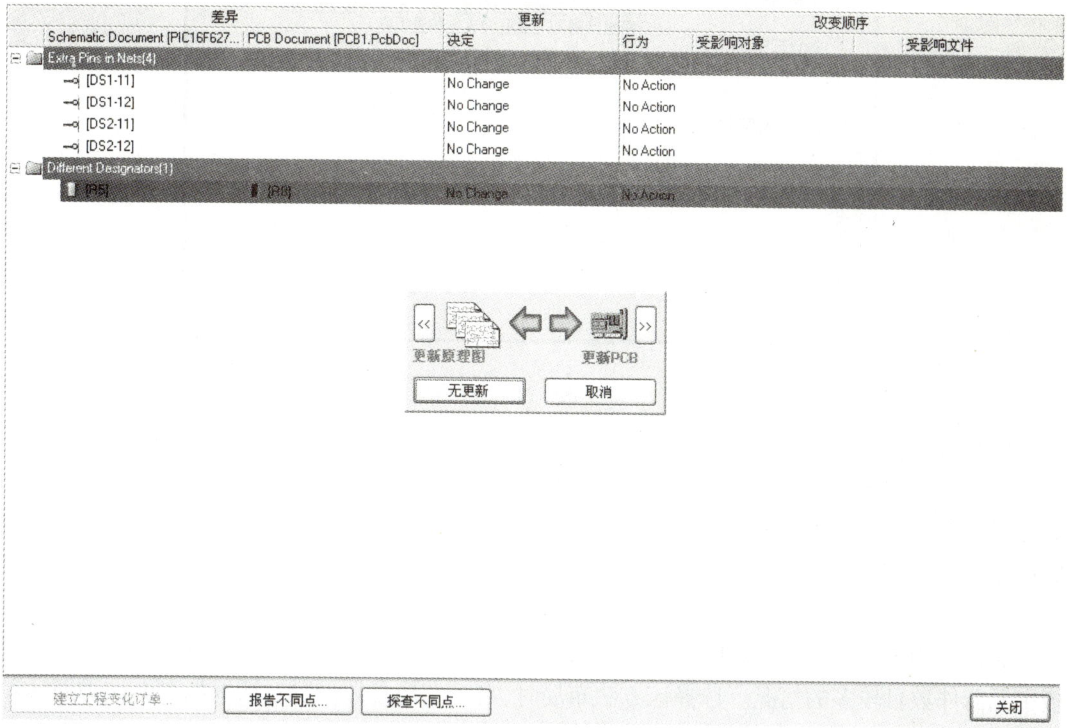

图 8-40　PCB 和原理图双向更新选择

8.4.4　PCB 元件布局

元器件的布局就是实现把元件的封装合理布置在 PCB 图上。在 DXP 2004 SP2 中，布局有两种方法：一是自动布局，二是手工布局。实际操作过程中往往是将两者结合起来，先手动定位并锁定需要在特定位置的元件，然后自动布局，最后再手动进行布局调整。

1. 自动布局

DXP 2004 SP2 提供了强大的自动布局功能，只要定义合理的规则，系统就会按照规则将元件自动地布局在 PCB 图上。采用自动布局，将大大提高工作效率。自动布局前，先将前面载入网络表后的 Room 空间（见图 8-38）移到 PCB 图的禁止布线区内，然后调整 Room 空间大小直到与禁止布线区的大小相当，可以提高自动布局效果。执行【工具】→【放置元件】→【自动布局】菜单命令，如图 8-41 所示。之后会弹出如图 8-42 所示自动布局对话框。

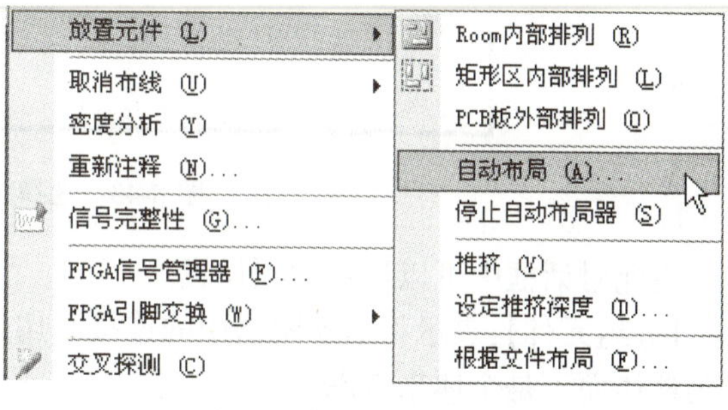

图 8-41　【放置元件】子菜单

通过此对话框可以设置两种自动布局方法：

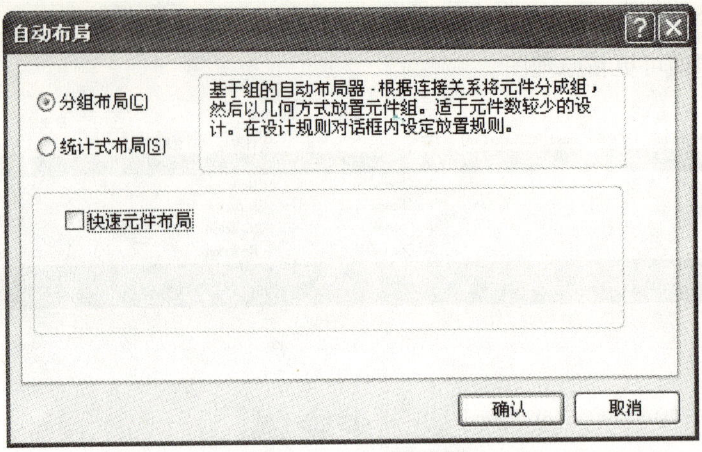

图 8-42 【自动布局】对话框

(1) 分组布局

它是把连接关系紧密的元器件分成组，并在几何位置上合理布局这些元器件。该方法较适合于元器件较少的线路板。采用本方法布局还可选中【快速元件布局】选项来加快系统的布局速度。

(2) 统计式布局

它是应用统计学算法，以使得布线长度最短为目标进行自动布局。该方法比较适合于线路板中元器件数目较多的情况。选择该方法布局时，自动布局参数设置对话框如图 8-43 所示。

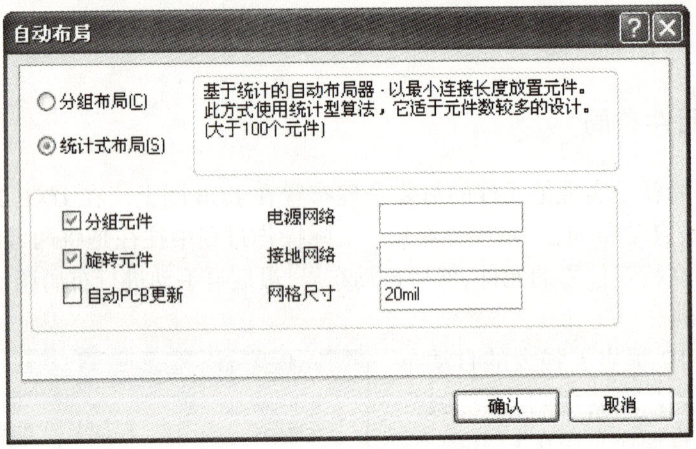

图 8-43 选择统计式布局

在此对话框中可以进行六项设置。

【分组元件】：表示将当前网络中的连接密切的元件作为一组，在布局排列时将该组的元件作为群体而不是个体来考虑。

【旋转元件】：表示将根据网络连接和排列的需要，适当旋转和移动元件或封装。

【自动 PCB 更新】：表示在布局过程中自动地将 PCB 更新。

【电源网络】：用于定义电源网络名称，例如 VCC。

【接地网络】：用于定义接地网络名称，例如 GND。

【网格尺寸】:设置元件自动布局时的栅格大小,默认为 20 mil。

本实例元器件较少可采用分组布局的方法,单击【确认】按钮,系统进入自动布局状态,布局过程中可以执行如图 8-41 所示的【停止自动布局器】菜单命令来终止自动布局。若采用统计式布局,布局结束后,系统将弹出【DXP Information】(自动布局结束确认提示)对话框,如图 8-44 所示,单击【OK】按钮,系统完成自动布局。但自动布局后飞线往往很乱。为使飞线反映元件之间真实的连接情况,执行【设计】→【网络表】→【清理全部网络】菜单命令,将弹出如图 8-45 所示【Confirm】(确认)对话框,单击【Yes】按钮,系统开始自动整理网络,在 PCB 上将显示飞线,如图 8-46 所示。

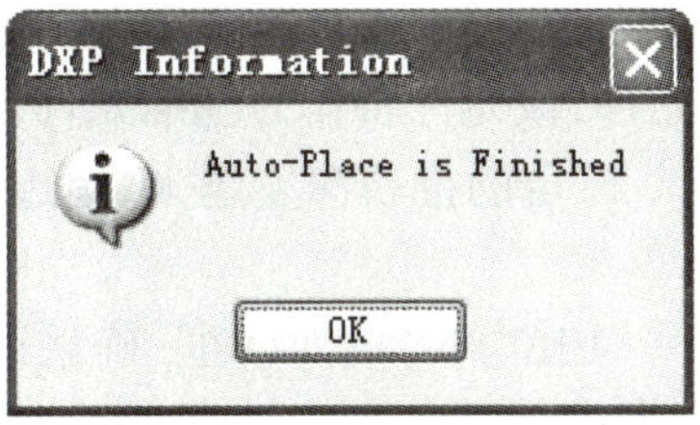

图 8-44　统计式布局结束确认对话框

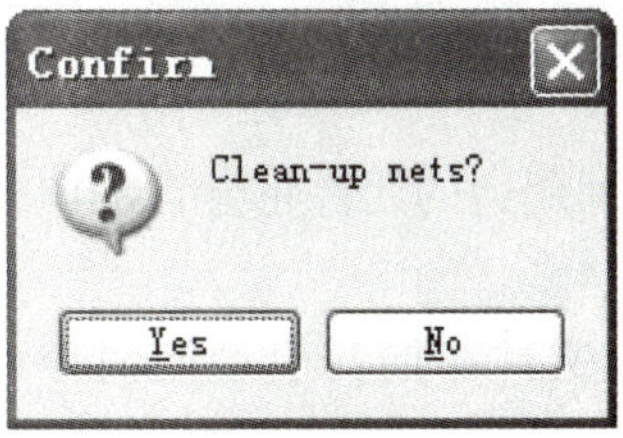

图 8-45　清理网络命令弹出警示对话框

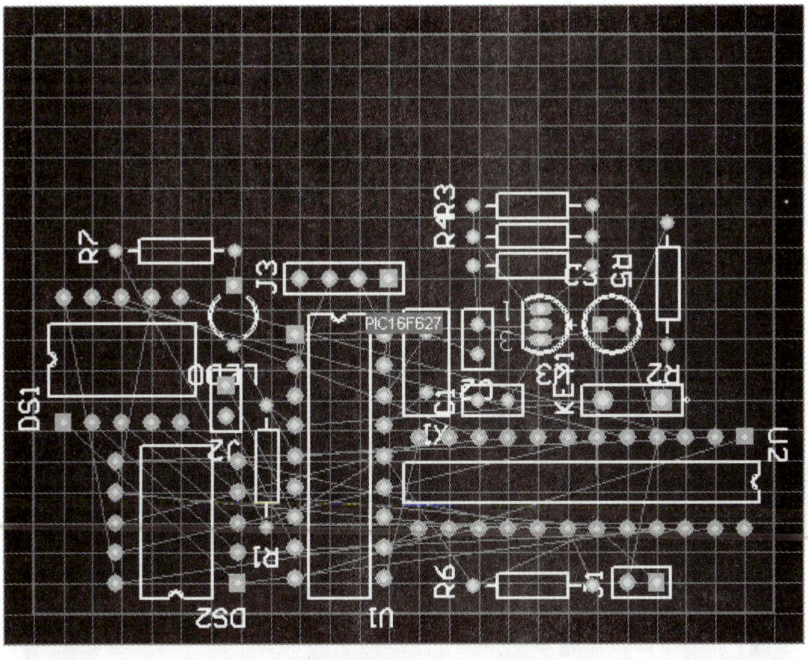

图 8-46　网络清理后的自动布局效果

【设计】→【放置元件】子菜单除了启动【自动布局】命令外,还提供其他元件放置命令。各命令的操作及功能如下。

【Room 内部排列】:执行该命令后,鼠标光标变成十字形,然后移动光标到 Room 空间内部再左键单击鼠标,系统将自动排列 Room 空间内部所有的元件。

【矩形区内部排列】:用于将已选择的元件排列到用户设定的矩形区域内。先选择要排列的元件,然后执行该命令,光标变为十字形,将光标移到待放置元件的区域,单击鼠标左键确认矩形区域的一个角,拖动鼠标,将光标移到矩形区域另外一角,再次单击鼠标确认矩形区域,同时选择的元件也同时排列到该矩形区域内。

【PCB 板外部排列】:用于将元件排列到 PCB 板禁止布线区外,并集中排列在禁止布线区的左上角或右下角区域内,先选择待排列元件,然后选择该命令即可。通过该命令可以方便地集中元件或在布线区内移走还不排列的元件。

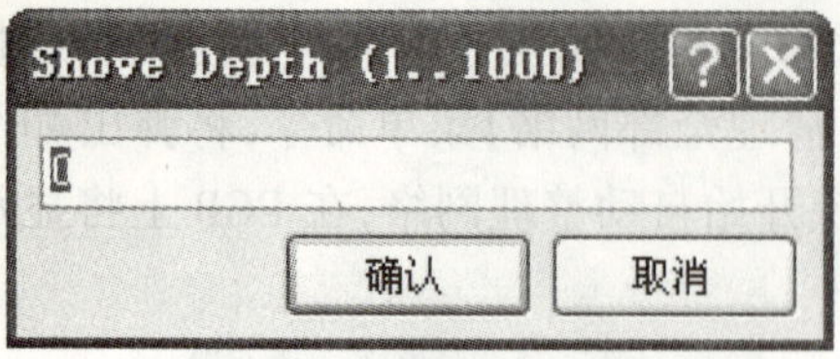

图 8-47 设置推挤深度

【推挤】和【设定推挤深度】:执行【推挤】命令前要先设置推挤深度,执行【设定推挤深度】命令可弹出如图 8-47 所示的对话框,在对话框编辑栏内输入推挤深度值,设置数值范围为 0 ~ 1000,单击【确认】按钮。然后执行【推挤】命令,光标变成十字形,单击 PCB 板上某个元件,该元件将作为基准元件,单击的同时可看到周边的元件将会自动向外推挤移动一定距离。设定的推挤深度越大,周边受到影响的元件越多。

【根据文件布局】:启动该命令后,系统将弹出选择 * .PIK 文件的对话框,确认返回后,PCB 上的元件将根据载入的 * .PIK 文件提供的元件定位信息来布局。

2. 手动调整布局

很显然,自动布局的结果通常不能令人十分满意,甚至违反布局的基本原则,例如,存在元件与四周的距离、元件之间的相对位置关系,以及元件整体布局等不合理现象。所以,必须对自动布局结果进行手动调整。手工调整的时候可充分应用 DXP 2004 SP2 提供的元件移动,旋(翻)转和对齐等工具。操作过程中元件上的飞线不会断开。

手动调整布局以后可对 PCB 板放置安装孔(放置过孔,再使过孔孔径和焊盘直径相等即可),并对大小做进一步的调整,使其大小适中。另外,若将数码显示管和按键放置在电路板的另一面,可双击相应元件,在弹出的属性对话框内将【层】项通过下拉菜单由顶层(Top Layer)设置为底层(Bottom Layer),调整后的 PCB 如图 8-48 所示。

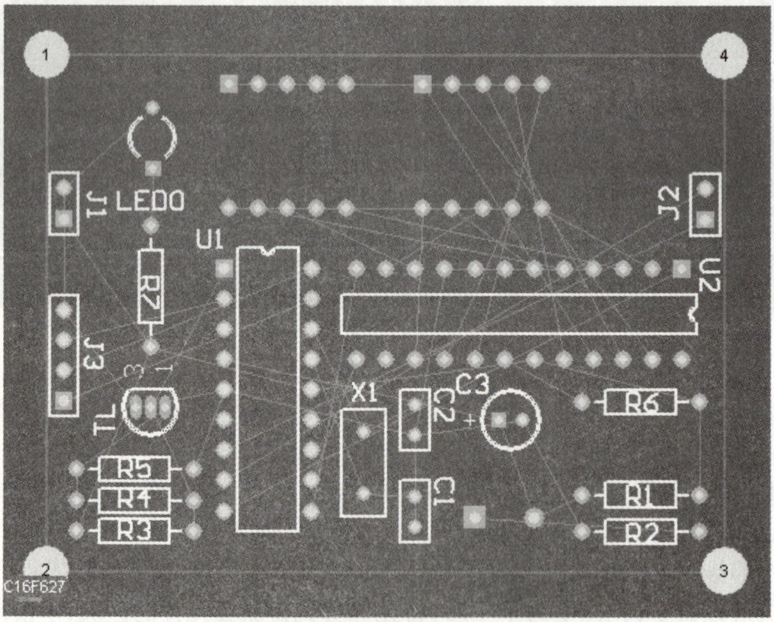

图 8-48 手动调整布局后的 PCB

当然也可以采用完全的手工布局，即将元件从容器中全部手工布局在 PCB 板上。利用 PCB 编辑器提供的各类元件操作，并结合 8.2 节介绍的 PCB 布局原则对 PCB 进行手工布局。手工布局较适合于 PCB 板元器件不多的时候，当元器件较多时通常要采用自动布局和手工布局结合的方法。

8.4.5　PCB 3D 效果图

布局或布线结束后，执行【查看】→【显示三维 PCB】菜单命令来查看 PCB 的 3D 仿真图，通过 3D 仿真图可以直观地检查制作的 PCB 的布局和布线的合理性，以及整个 PCB 的美观性。布局后，前述实例生成的 3D 仿真图如图 8-49 所示。

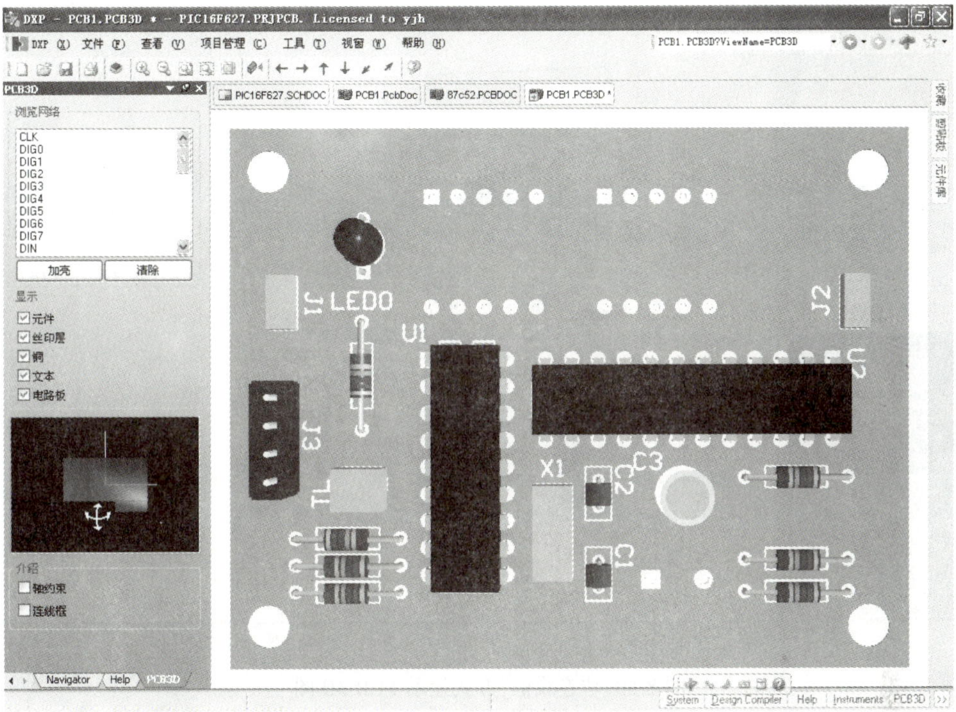

图 8-49　PCB 3D 仿真图

并不是所有的元器件都能找到相匹配的 3D 模型，特别是使用用户自己制作的封装库的元器件，不过这并不影响整个 PCB 的设计。图 8-49 的左侧为 PCB 3D 面板，该面板内有如下几个选项区域。

（1）【浏览网络】区域

在网络列表选择一个或多个网络，然后单击【加亮】按钮可在 3D 图上加亮显示选择的网络对象，再单击【清除】按钮可取消对象的加亮显示。

（2）【显示】区域

通过选择相应的复选框来控制 3D 仿真图内各对象显示与否，可控制的对象有：元件、丝印层、铜、文本及电路板。

(3)【微型观察器】

可以控制3D仿真图显示的方向和位置。

(4)【介绍】区域

该区域内有两个复选框,用来设置3D仿真图旋转的轴约束和3D仿真图显示效果。选中【轴约束】复选框,则三维方向调整PCB板3D仿真图时,方向可设置只能沿X轴或Y轴旋转;选中【连线框】复选框,则PCB板3D图将不做渲染而仅用线条来表示,显示效果如图8-50所示。

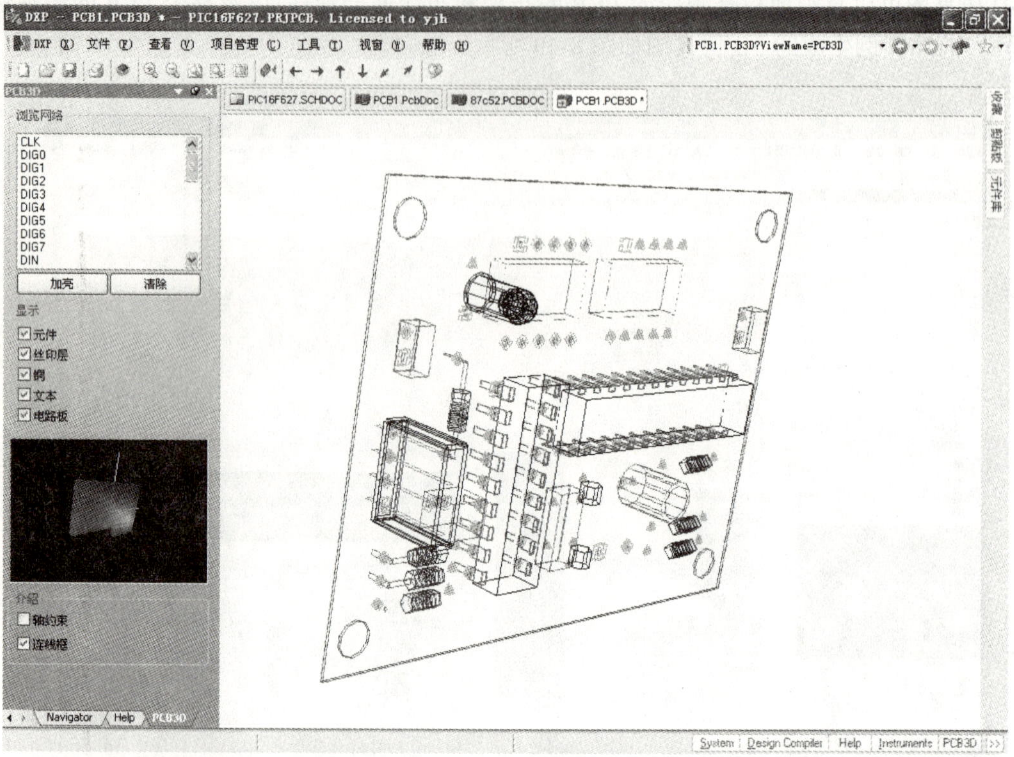

图8-50 “连线框”方式显示PCB 3D图

8.4.6 PCB密度分析

通过DXP 2004 SP2的PCB密度分析功能可以直观地观察整个PCB板内元器件的分布疏密情况,执行此功能后,将在PCB板上显示密度分析图。在密度分析图上,绿色则表示该区域元件密度正常,元件分布越密集的区域,颜色越深,黄色表示密度稍大,呈现红色则说明该区域元件密度很高。合理的布局应当是疏密有序的,布局过疏浪费PCB板空间,过密又会降低布线的布通率。因此,通过密度分析调整元器件的分布密度,有利于充分利用PCB板空间,并提高自动布线的布通率,提高设计效率。

执行【工具】→【密度分析】菜单命令可查看该实例的密度分析图,如图8-51所示。按End键或移动工作窗口即可恢复到普通PCB板显示模式。

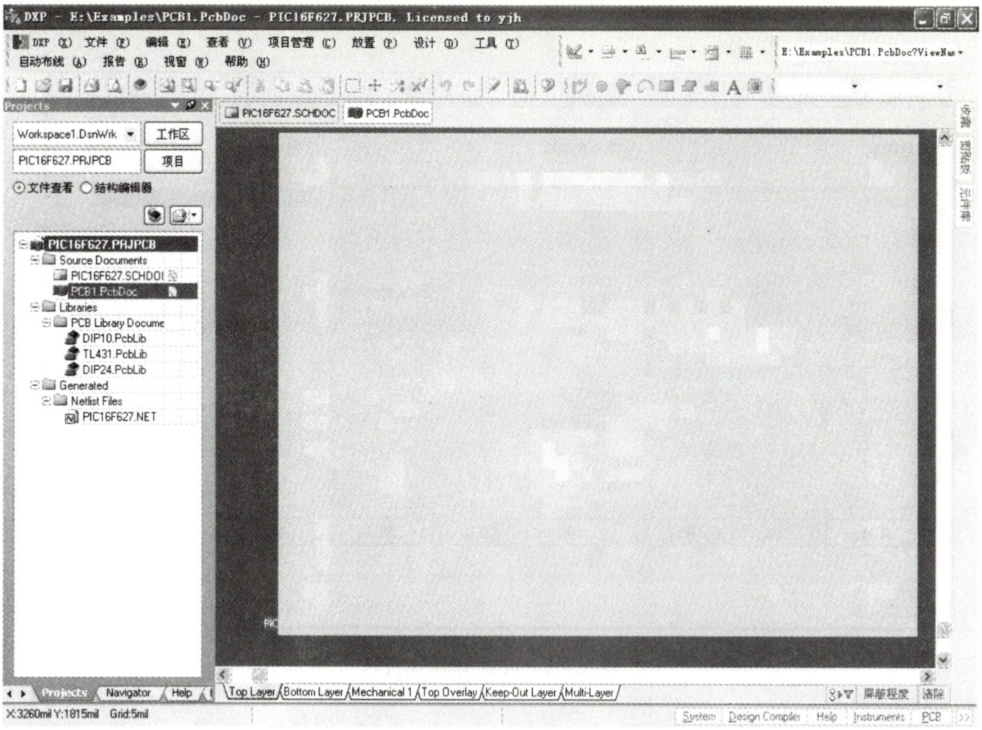

图 8-51 PCB 板密度分析图

8.4.7 网络表的管理与优化

在 PCB 设计过程中,网络表占据了非常重要的地位,它指示了各个组件之间的连接关系,是系统进行自动布线的依据。另外,手工调整导线时必不可少的飞线也是根据网络表提供连接的。所有与网络表管理和优化有关的操作命令都集中在菜单【设计】→【网络表】子菜单内,如图 8-52 所示。

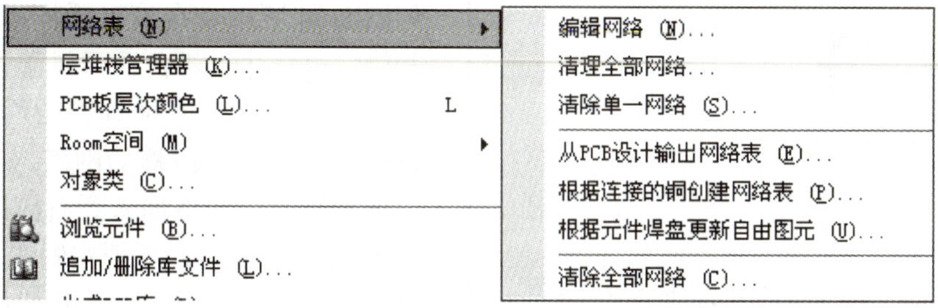

图 8-52 【网络表】子菜单

下面将分别介绍各个命令的功能和操作方法。

1. 编辑网络

执行该命令或在工作区单击鼠标右键选择【选择项】→【编辑网络】菜单命令,将弹出如图 8-53 所示的【网络表管理器】对话框,所有网络表的管理都是通过网络表管理器来实现的,通过网络表管理器可以对网络表进行编辑、添加和删除等操作。

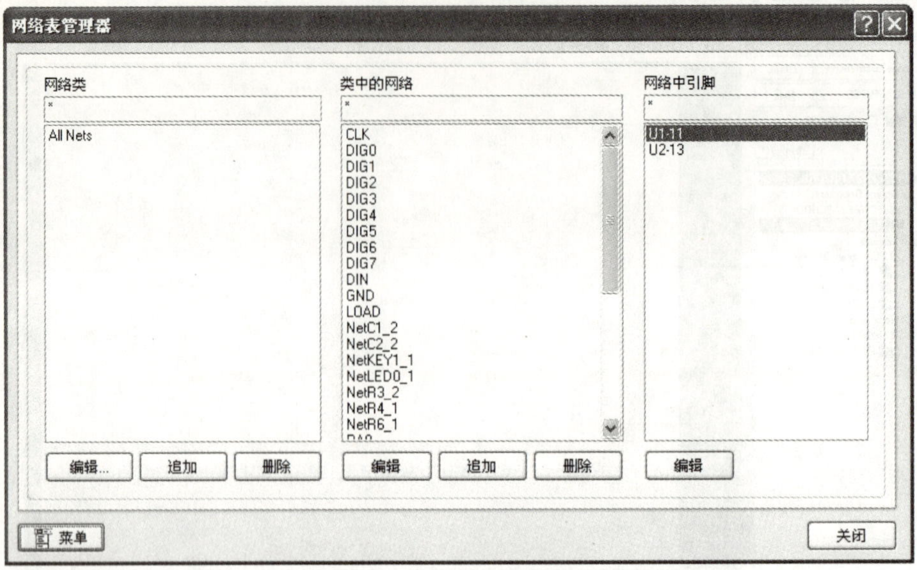

图 8-53　网络表管理器

网络表管理器分成 3 个选项区域。

(1)【网络类】区域

该区域内列出网络表的网络分类。所谓网络分类，就是把一些网络组成一个集合，并给定名称，以利于将它们方便地放入某个电路板层或赋予它们某些新规则等。如果列表栏内有多个网络类，可以设置一定的优先次序分批进行自动布线，也可以对单个网络类进行局部自动布线。

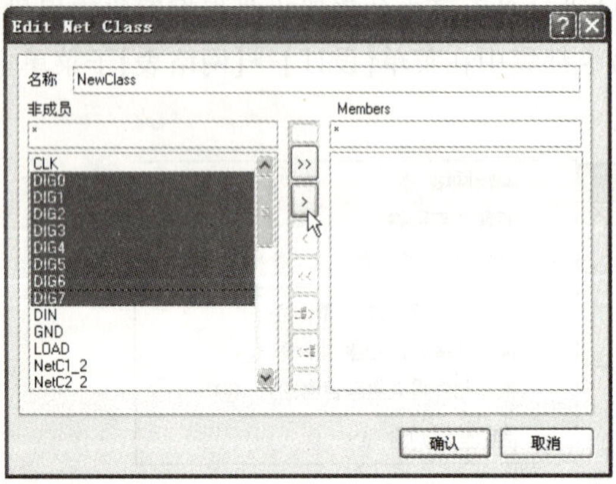

图 8-54　添加新网络类的【Edit Net Class】对话框

系统默认的“All Nets”网络类不可编辑，可以单击下面的【追加】按钮打开【Edit Net Class】对话框来添加一个新的网络类，如图 8-54 所示。在该对话框中，【非成员】和【Members】分别表示不属于该网络分类的网络和属于该网络分类的网络，可以通过单击中间的按钮移动网络，如单击»，可以把左侧所有网络加入到右侧的该网络分类中，单击按钮›即可把左侧选定的一个网络加入到该网络分类中，相反，单击«和‹，可以把右侧属于该网络分类的网络移到左边。

在该对话框内【名称】栏中输入新建类的名称，例如设置为 MyNewClass，然后在“非成员”栏内选择要加入到“MyNewClass”类的网络名称，选择完毕后单击›按钮即可将选定网络添加为“MyNewClass”的类成员，如图 8-55 所示。

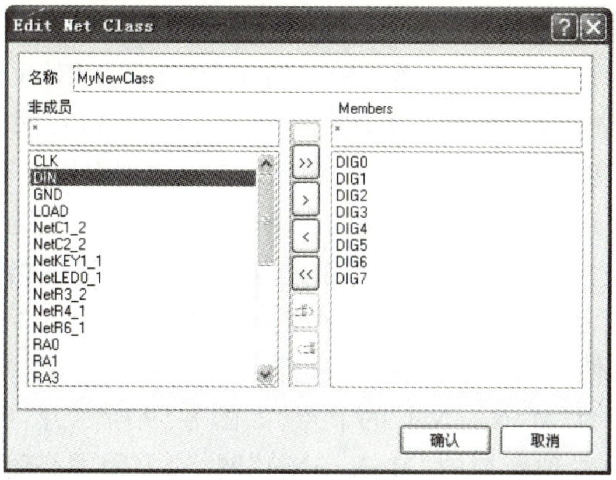

图 8-55　已添加完网络类成员并更名网络类

然后确认返回后，可在网络编辑器内看到添加的类，如图 8-56 所示。

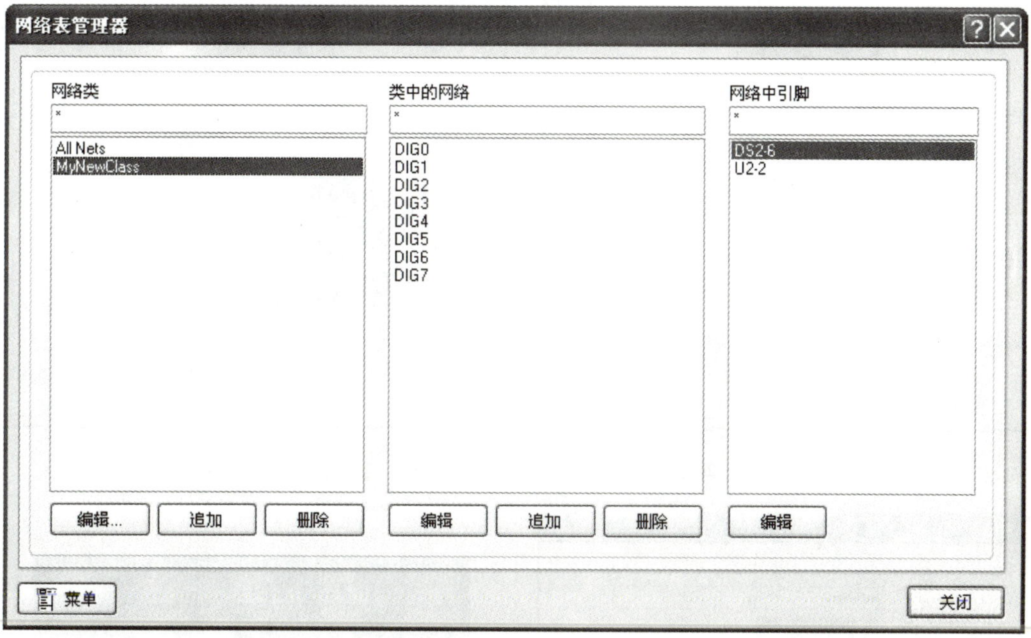

图 8-56　新的网络类在编辑管理器内的显示

要删除前面新加的“MyNewClass”类，可先选择该网络类，然后单击该区域内【删除】按钮即可。

(2)【类中的网络】区域

该区域显示选中的网络类内的所有网络，通过该区域内下面三个按钮可对已存在的单个网络进行编辑、删除，也可添加。

对已存在的网络进行编辑，如可以把原属于某一网络的节点加入到另一网络中，也可以从该网络中取消等操作。选择单片机数据采集系统实例网络表内的 VCC 网络，然后单击下面的【编辑】按钮，将弹出如图 8-57 所示的【编辑网络】对话框。在该对话框内可以设置 VCC 网络的连接颜色和是否隐藏。

另外在该对话框内有两个列表栏,左边列表栏显示当前网络类的所有其他网络的所有节点,右边列表栏显示当前网络所有的节点。通过中间的 4 个按钮可以对 VCC 网络添加或移出网络节点,操作方法与对“网络类”成员的操作方法完全相同。如给 VCC 网络添加一个 DS1-1 节点,可先在左边列表栏内选择 DS1-1,然后单击 > 按钮即可在右边列表栏内看到添加了的 DS1-1 引脚节点,确认返回后,可看到 PCB 上 DS1-1 焊盘的网络名称由“SEGE”变为“VCC”,如图 8-57 所示。

要添加一个新的网络,可单击区域内【追加】按钮,弹出【编辑网络】对话框,默认网络名为“NewNet”,如图 8-58 所示。在【网络名】栏可以输入新建网络的名称,例如设置为“MyNewNet”,然后在【其他网络的引脚】栏内选择要加入到“MyNewNet”网络的引脚,选择完毕后单击 > 按钮即可添加为“MyNewNet”的节点,如图 8-59 所示,然后确认返回,可在网络管理器的【类中的网络】栏内看到新加的“MyNewNet”网络,关闭网络管理器,则可在 PCB 板上看到选择的所有节点都命名为 MyNewNet,并用飞线连接了起来。如图 8-60 所示。

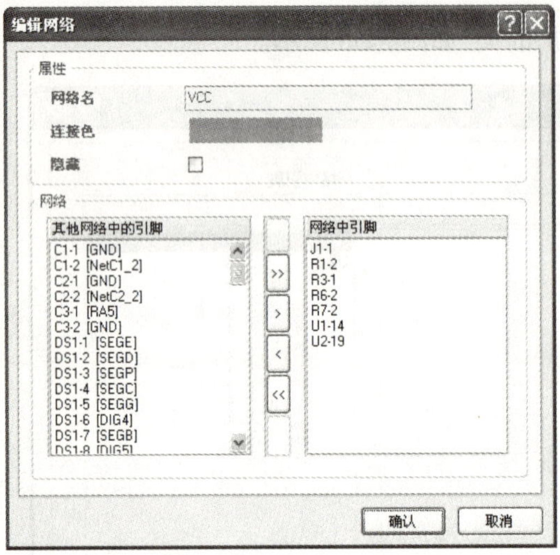

图 8-57 编辑 VCC 网络

图 8-58 单击【追加】网络按钮弹出的对话框

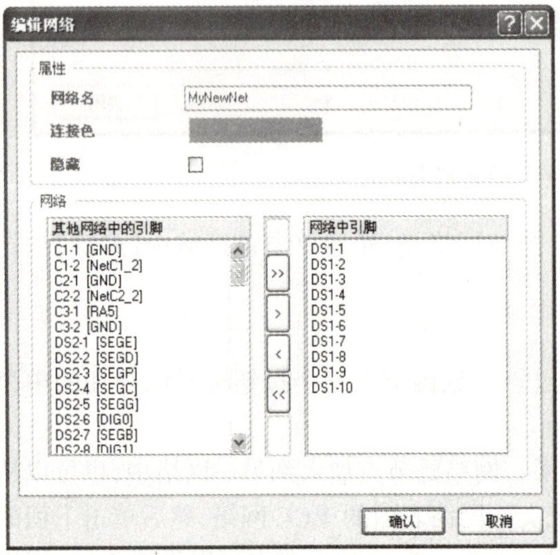

图 8-59 添加 MyNewNet 新网络

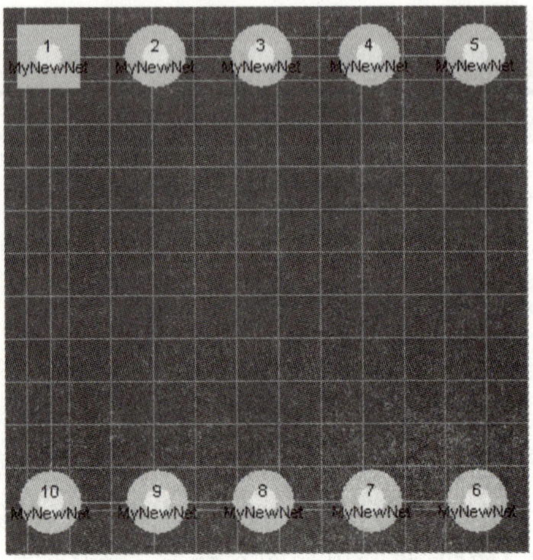

图 8-60 MyNewNet 网络的飞线连接

要删除新加的“MyNewNet”网络，只要在【网络表管理器】中选择该网络，然后单击【删除】按钮即可。

(3) 网络中的引脚区域

该区域内可显示选中网络所连接的引脚。选择一个引脚，然后单击【编辑】按钮将弹出该引脚焊盘的属性对话框，可在该对话框内方便地修改焊盘所在图层和焊盘连接网络的名称。

由此可以想到，如果电路的复杂程度不大，就可以不画原理图，而是在 PCB 的网络管理器中直接建立各个网络，然后再自动或手工布线，可以加速 PCB 设计的工作进程。

2. 清理全部网络

执行该命令则系统自动分析 PCB 板上所有网络连接线，然后清理 PCB 板上飞线或铜线重叠冗余的线段，自动布线器在布线结束后也会自动执行与此命令一样的操作。

3. 清理单一网络

执行该命令后，鼠标光标变成十字形，然后选择一个网络连接，可清理该网络连接的飞线或铜线重叠冗余的线段。

4. 从 PCB 设计输出网络表

执行该命令后，系统将弹出如图 8-61 所示的【Confirm】对话框，用于确认输出网络表。确认后，系统将根据当前 PCB 板生成命名为“Exported PCB 文件名 .Net”的网络表文件，并自动在 PCB 编辑器工作区内打开，生成后如图 8-62 所示。

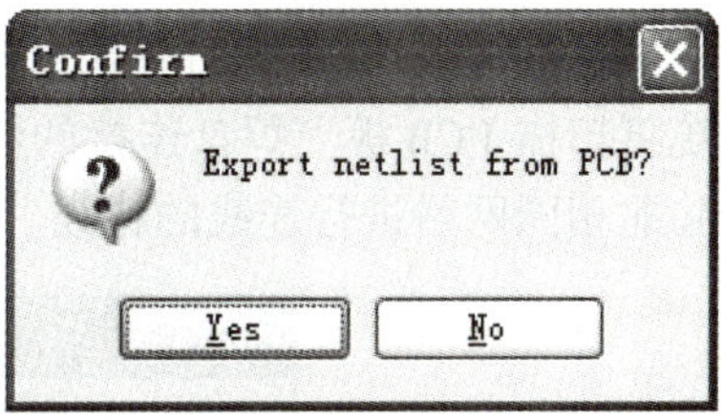

图 8-61　确认网络表输出对话框

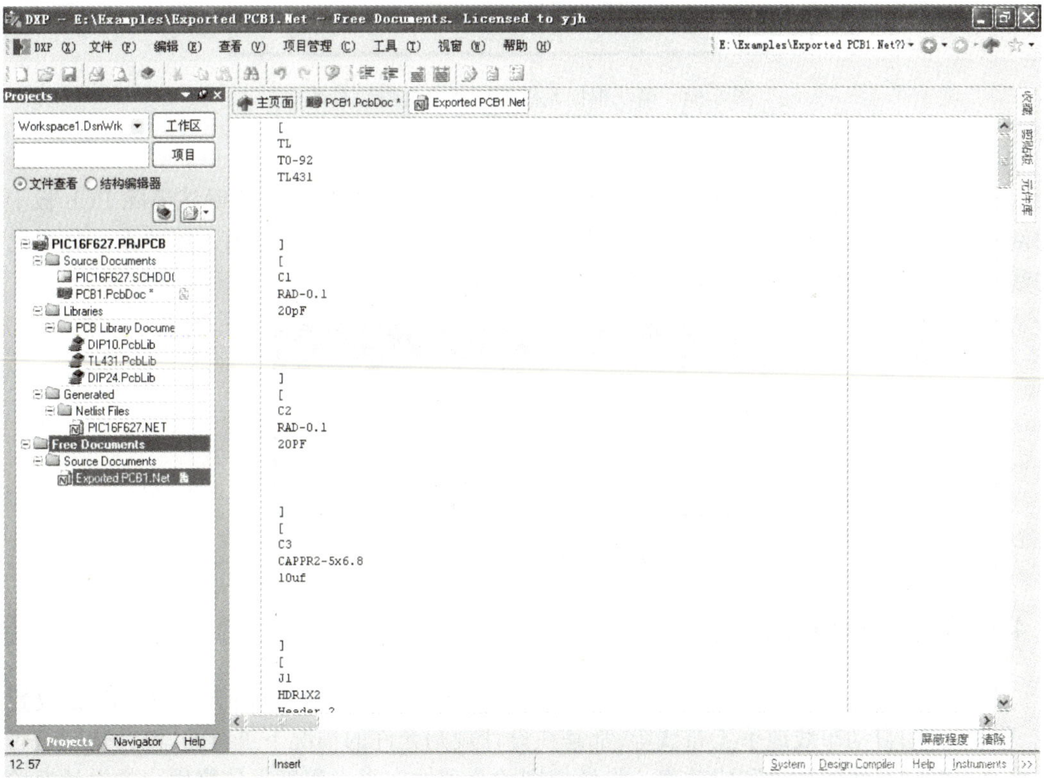

图 8-62　输出的网络表

5. **根据连接的铜创建网络表**

执行该命令后,系统将弹出如图 8-63 所示的【Confirm】对话框,用于确认创建网络表。确认后,系统将根据 PCB 板上各网络的铜连接导线创建命名为“Generated 文件名 .net”的网络表,该网络表为自由文档,并自动在 PCB 编辑器工作区内打开,生成后的格式与图 8-62 一样。

图 8-63 确认创建网络表对话框

6. **根据元件焊盘更新自由图元**

执行该命令后,系统将弹出如图 8-64 所示的【Confirm】对话框,用于确认更新。确认后,系统将扫描 PCB 板上焊盘连接的所有网络,然后将相同网络名的焊盘刷新连线。该命令可以清除非相同网络进行连线的错误。

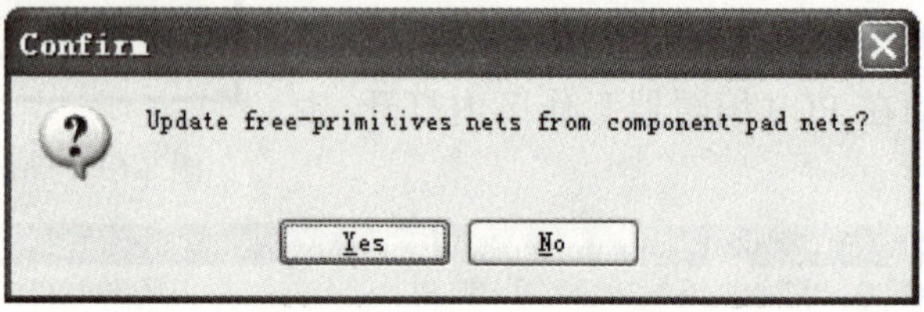

图 8-64 确认根据元件焊更新自由图元对话框

7. **清除全部网络**

执行该命令后,系统将弹出如图 8-65 所示的【Confirm】对话框,用于确认清除 PCB 板上全部网络。确认后,系统将清除 PCB 板上所有的网络和网络节点间的逻辑连接关系。如果已经布线完毕,执行此命令则系统将会出现 DRC 违规警示。

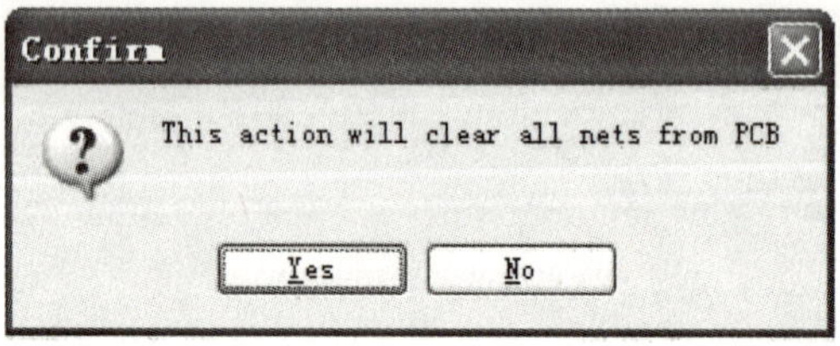

图 8-65 确认清除全部网络对话框

8.4.8 PCB 设计规则设置

PCB 编辑器是一个规则驱动环境,在电路板的设计过程中执行任何一个操作,如放置导线、移动元件、自动布线或手工布线等,都是在设计规则允许的情况下进行的,设计规则是否合理将直接影响布线的质量和成功率。设计规则的合理性在很大程度上依靠用户的设计经验。

DXP 2004 SP2 总共有 10 个类别的设计规则,覆盖了电气、布线、制造、信号完整性要求等，其中有些可以采用系统默认的设置，而有些需要用户设置。至于需要设置哪些设计规则，必须根据具体的电路板的要求而定。

DXP 2004 SP2 给用户提供了多样化的 PCB 设计规则，除了原有的利用 PCB 规则和约束编辑器的方式外，还可使用新规则向导或改进型的 Situs 自动布线器的方式，并结合设计过程中实际需要建立最佳的设计规则。

1. DXP 2004 SP2 PCB 规则和约束编辑器

选择主菜单或在 PCB 编辑器工作区单击鼠标右键，在弹出的快捷菜单中选择【设计】→【规则】，启动如图 8-66 所示的【PCB 规则和约束编辑器】对话框，在该对话框中可以完成所有规则的编辑工作。

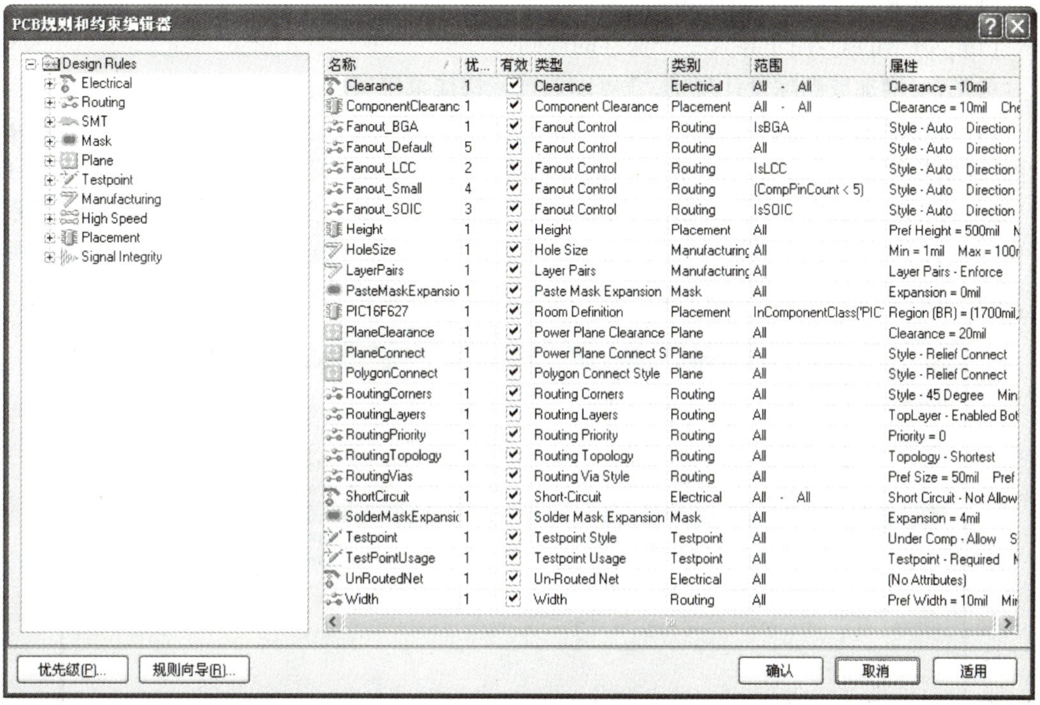

图 8-66 【PCB 规则和约束编辑器】对话框

【PCB 规则和约束编辑器】左边区域以树结构的形式显示了设计规则的类别，分别是：

- 【Electrical】：电气规则。
- 【Routing】：布线规则。
- 【SMT】：表面贴装技术规则。
- 【Mask】：防护层设置规则。
- 【Plane】：内层设置规则。
- 【Testpoint】：测试点规则。
- 【Manufacturing】：电路板制造规则。
- 【High Speed】：高频电路设计规则。
- 【Placement】：元器件放置规则。
- 【Signal Integrity】：信号完整性分析规则。

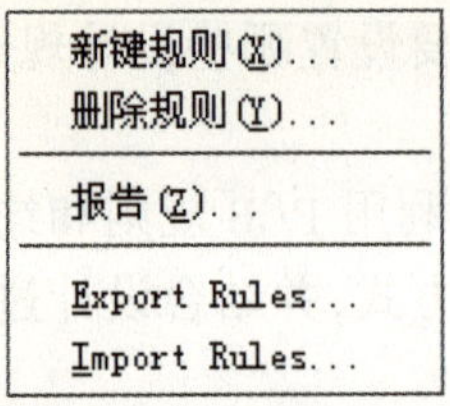

图 8-67 规则类型右键菜单

【PCB 规则和约束编辑器】右侧显示与左侧选项对应的具体规则条款，每一条规则都列出了规则名称(name)、规则优先级(Priority)、规则使能控制(Enable)、规则类型(Type)、规则所属类别(Category)、规则适用范围(Scope)和属性值(Attributes)。

在每类规则上单击鼠标右键都会出现如图 8-67 所示的快捷菜单，菜单各选项如下。

【新建规则】:用于新建一个与被单击对象同类型的新规则。

【删除规则】:选中待删除的规则，然后选择此命令即可删除该规则。

【报告】:执行此命令可以生成当前规则的报表(PCB Rules Report)。

【Export Rules】:用于导出当前规则；

【Import Rules】:用于导入一个保存的规则。

可见，要增加或删除设计规则，就可以通过该快捷菜单实现。

PCB 规则和约束编辑器的左下方有两个按钮，单击其中【优先级】按钮将弹出如图 8-68 所示的【编辑规则优先级】对话框，在该对话框内可以设置各类规则的优先等级。当在一个子类中(如 Clearance)加入一个新的规则后，就存在优先级的问题了，通过单击【增加优先级】或【减少优先级】两个按钮即可增加或减少相应规则类型的优先等级数。在图 8-66 中，单击【规则向导】按钮将启动规则向导，规则向导的使用方法将在后面叙述。

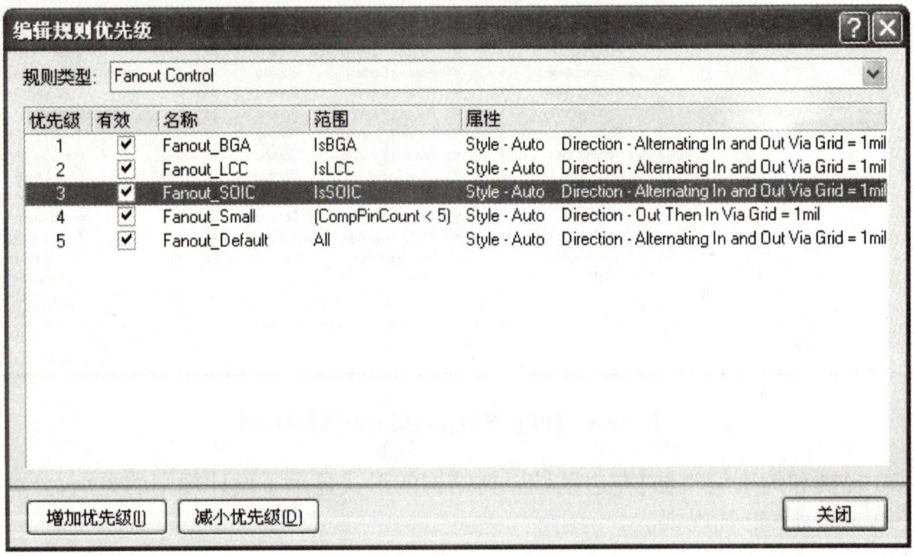

图 8-68 【编辑规则优先级】对话框

2. 电气设计规则和布线规则设置

实际上，用户自行设置的规则依据具体的设计不同而不同，一般不会很多，大多采用系统默认的设置。大部分用户经常增加或修改的设计规则主要集中在电气设计规则和布线规则上，鉴于此，这里着重讲一下这两方面的规则设置。

(1) 与电气有关的设计规则

【Electrical】规则:设置在电路板布线过程中所遵循的电气方面的规则，主要有 4 个，分别为 Clearance(间距)、Short-Circuit(短路)、Un-Routed Net(未布通网络)和 Un-Connected Pin(未连接管脚),这里主要讲述第一个。

【Clearance】设计规则用于设定在 PCB 的设计中,导线、过孔、焊盘、矩形覆铜填充等组件相互之间的安全距离。

单击【Clearance】规则,安全距离的各项规则名称以树结构形式展开。系统默认的只有一个名为"Clearance"的安全距离规则设置,鼠标左键单击这个规则名称,对话框的右边区域将显示这个规则使用的范围和规则的约束特性,如图 8-69 所示。

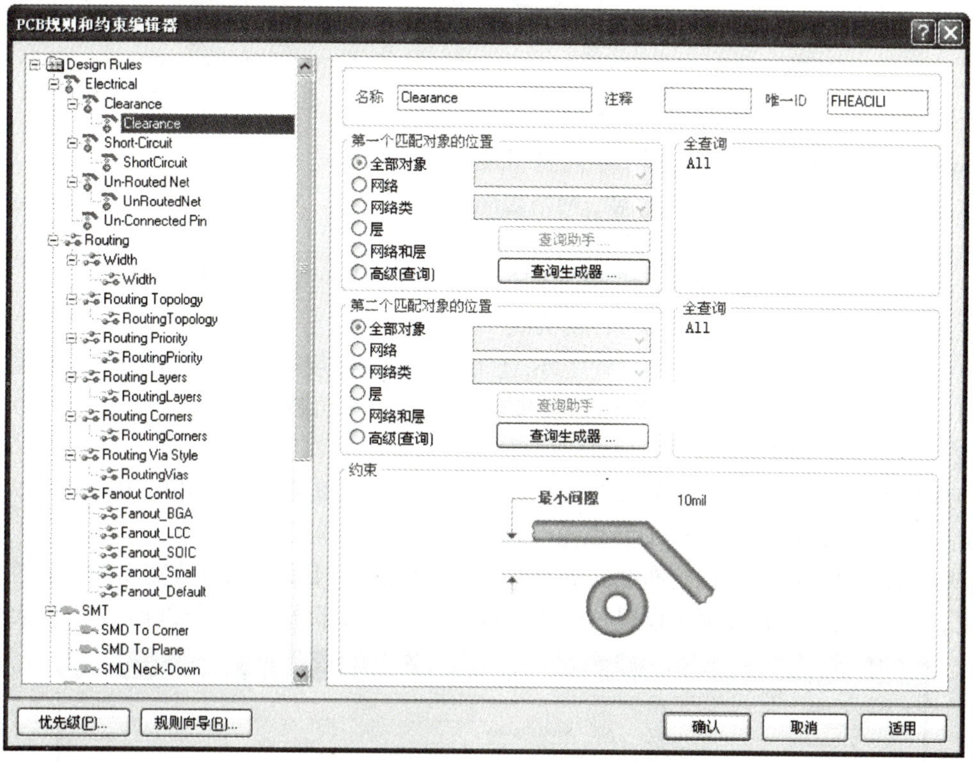

图 8-69 【Clearance】规则设置对话框

在该对话框右侧,最上面是有关本规则的名称、注释和标识等,一般可以取默认值。我们知道,对于间距设置这类的规则,约束的对象肯定有两个,也就是限定两者之间的最小安全距离不能低于设定的值。因此,这类设置规则必须选定两个具体对象,规则设计中,对象一般包括元器件、网络、层等。该对话框的中间部分就用于选择对象,上面部分是选择第一对象,下面部分是选择第二对象,对象的选择范围有多个,可以是以下几种。

【全部对象】:表示所有对象都适用。

【网络】:指定某一网络,可以在右侧的下拉列表中选择。

【网络类】:特定网络类。

【层】:选中该单选框后,右侧的下拉列表中会列出相关的层供选择。

【网络和层】:选中该单选框后,在右侧可以同时选择层和网络。

【高级(查询)】:是一种更高级的方式,选中该单选框后,单击右侧的【查询生成器】按钮,会弹出一对话框,在该对话框中,可以对对象进行各种算术与逻辑等运算,这里不再详述。

最下面是【约束】编辑区,内有一下拉列表,如图 8-70 所示。

【约束】编辑区有以下三个选项。

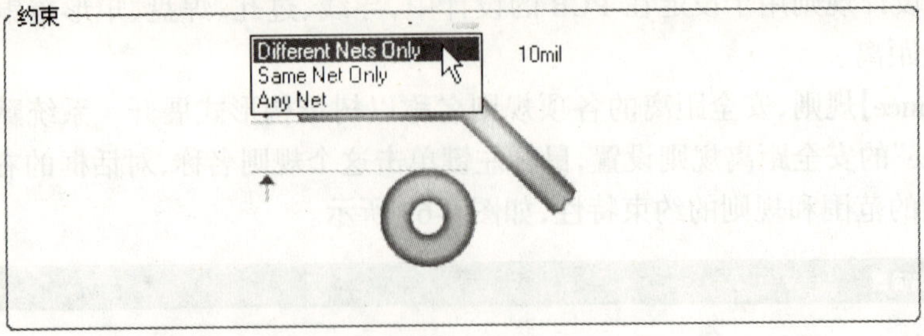

图 8-70 【Clearance】约束编辑区

- 【Different Nets Only】:适用于不同网络之间;
- 【Same Net Only】:只适用于同一网络之间;
- 【Any Net】:可以适用于任何网络。

在约束编辑框中还有一项是设置最小间隙,填入想设置的值并单击【适用】按钮即可,这里需要注意公制和英制之间的换算关系,默认值一般是 10 mil。

电气规则中,除了间距规则的设置之外,还可以进行短路规则(Short Circuit)、未布通网络规则(Unrouted Net)等的设置,其操作方法基本类似,这里不再赘述。

(2) 与布线有关的设计规则

布线规则一共有七种,分别为 Width、Routing Topology、Routing Priority、Routing Layers、Routing Corners、Routing Via Style、Fanout Control。

【Width】设计规则用于设定布线时的导线宽度。如图 8-71 所示为导线宽度约束特性设置对话框,图中右侧上部有关选项设置与前述内容一样。下面部分标出了导线的三个宽度约束,

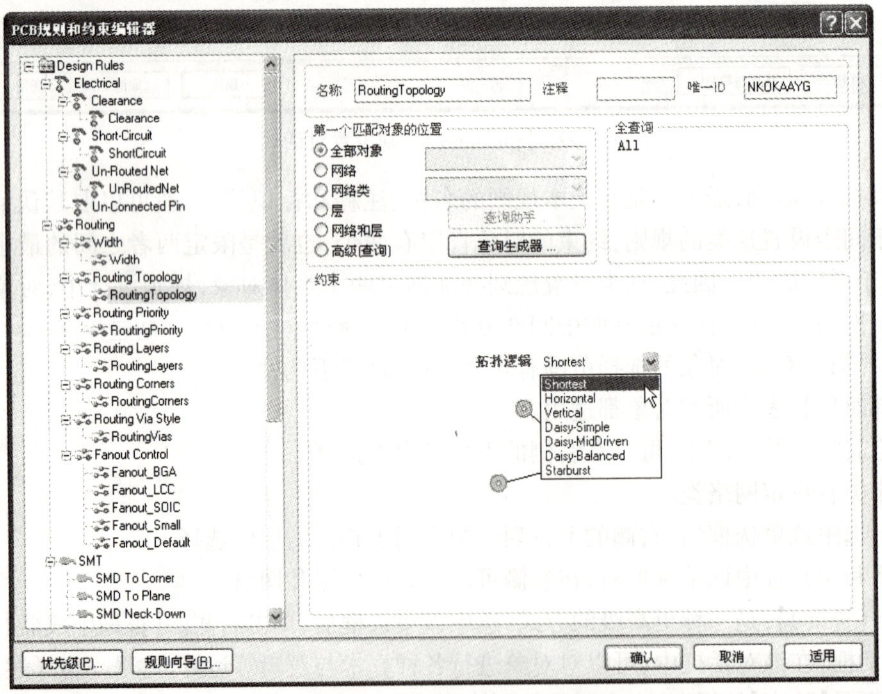

图 8-71 Width 布线规则设置

即最大宽度(Max Width)、优选宽度(Preferred Width)和最小宽度(Min Width),单击每个宽度栏并键入数值即可对其进行修改,注意修改“Min Width”值前必须先设置“Max Width”栏。如果在布线过程中导线的实际宽度超出此范围,即被认为是违规。

需要注意的是,用户设定的宽度范围不能超过整个 PCB 板的宽度范围,否则系统将按默认宽度执行。

【Routing Topology】设计规则用于设置布线拓扑规则,拓扑结构决定了网络内各节点间走线的方式。如图 8-72 所示为布线拓扑规则设置对话框。

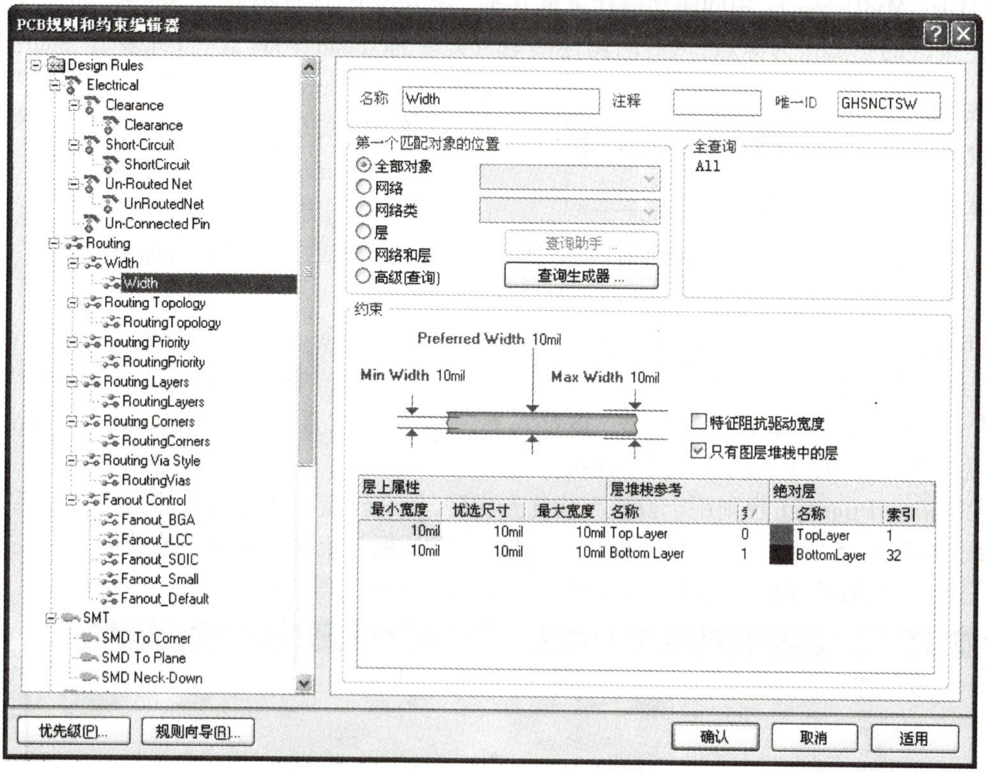

图 8-72 【Routing Topology】规则设置

在该对话框约束区域内单击下拉菜单按钮可以选择 7 种不同的布线拓扑规则,如图 8-73 所示,具体如下。

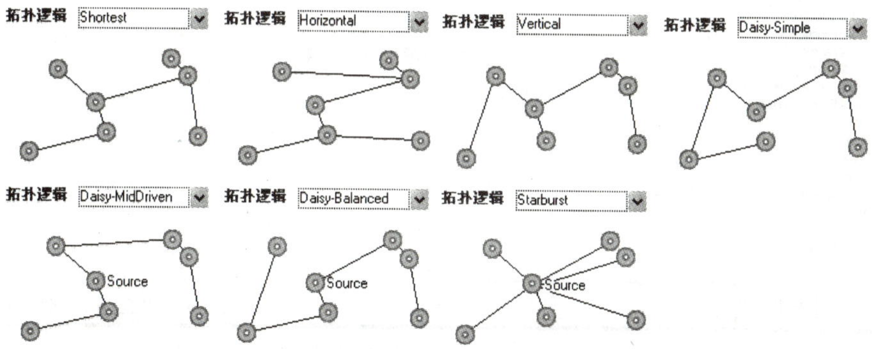

图 8-73 7 种布线拓扑规则

【Shortest】：最短距离连接方式。该方式下，网络内各节点连接的连线总长度最短。

【Horizontal】：该方式下，布线时将尽量水平方向走线，且网络内各节点间连线的水平方向总长度与垂直方向总长度的比值控制在 5:1 左右。

【Vertical】：该方式下，布线时将尽量垂直方向走线，且网络内各节点间连线的垂直方向总长度与水平方向总长度的比值控制在 5:1 左右。

【Daisy-Simple】：简单链状连接逻辑方式。该方式下，网络内各节点将像链子一样，一个接一个地连接起来，并使连线总长度最短。

【Daisy-MidDriven】：中间驱动链状逻辑方式。该方式下，电气类型为"Source"的焊盘将放置在连接链的中部作为源点，然后两侧连接电气类型为"Load"的焊盘。当有多个"Source"焊盘时，这些"Source"焊盘将被连接在一起。值得注意的是，该方式要求网络内要有两个电气类型为"Terminator"的焊盘，否则应采用【Daisy-Simple】方式。焊盘的电气类型可在焊盘属性对话框的【电气类型】选项内查看，如图 8-74 所示。

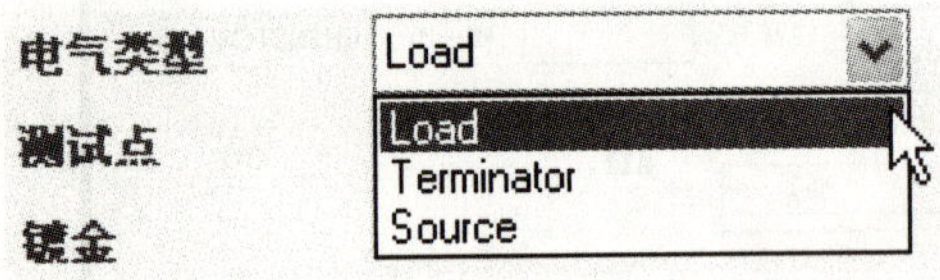

图 8-74　查看焊盘的电气类型

【Daisy-Balanced】：平衡式链状逻辑方式。该方式下，"Source"焊盘到各分支链"Terminator"焊盘所跨过的"Load"焊盘数相等，该方式需要一个"Source"焊盘和多个"Terminator"焊盘。

【Starburst】：星形扩散连接逻辑。该方式下，网络各节点直接连接到"Source"焊盘上，其他焊盘与"Source"焊盘形成放射星形连接。

【Routing Priority】规则用于设置布线优先次序，具有较高布线优先级的网络将被系统优先布线，如图 8-75 所示为布线优先设置对话框，在对话框约束区域内可以修改匹配对象的布线优先数值，该值可以是 0～100 之间的数字，数字越大，优先等级越高。

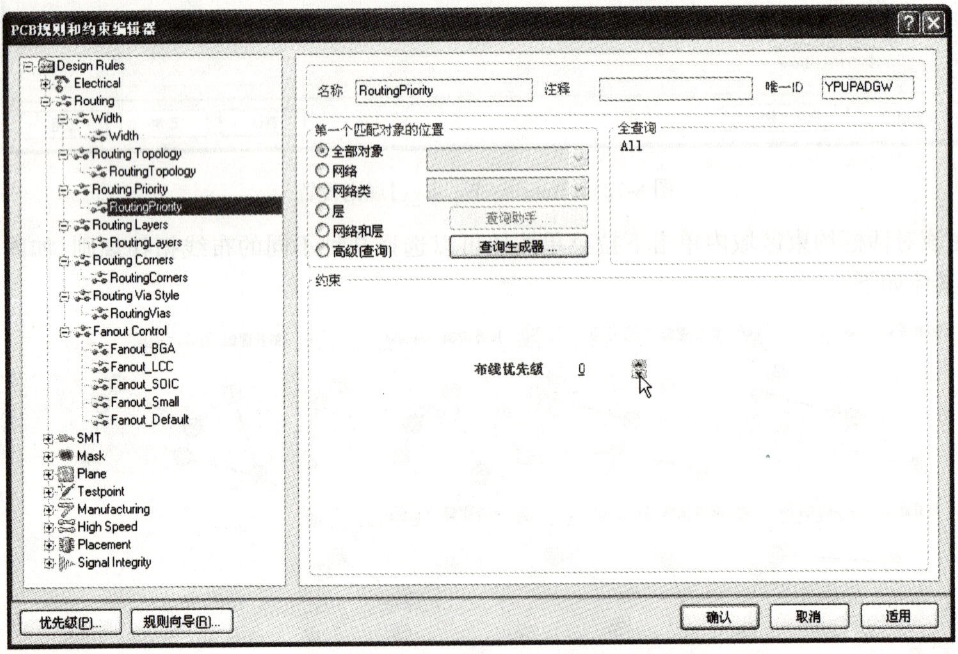

图 8-75　Routing Priority 布线规则设置

【Routing Layers】设计规则用于设置布线板层。选择此规则后,设置规则对话框如图8-76所示。

这里需要注意,该对话框的约束编辑框内,可以设置每一层的布线方式,由该图 8-76 可知,绝大部分中间层(除中间层 MulLayer1 外)都是不可使用状态,不可使用的原因是在该 PCB 文件中没有激活这些中间层,如果想激活某一层,前面已经讲到,必须先在层堆栈管理器(【设计】→【层堆栈管理器】)中加入该层,然后在层管理器(【设计】→【PCB 板层次颜色】)中把相应的层设置为显示状态,则会在该文件的底部显示出该层,最后再次打开【PCB 规则和约束编辑器】,此时刚才激活的层就会在约束编辑框中处于可使用状态。至于每一层是否使用,可以在约束编辑框内【允许布线】项进行设置。

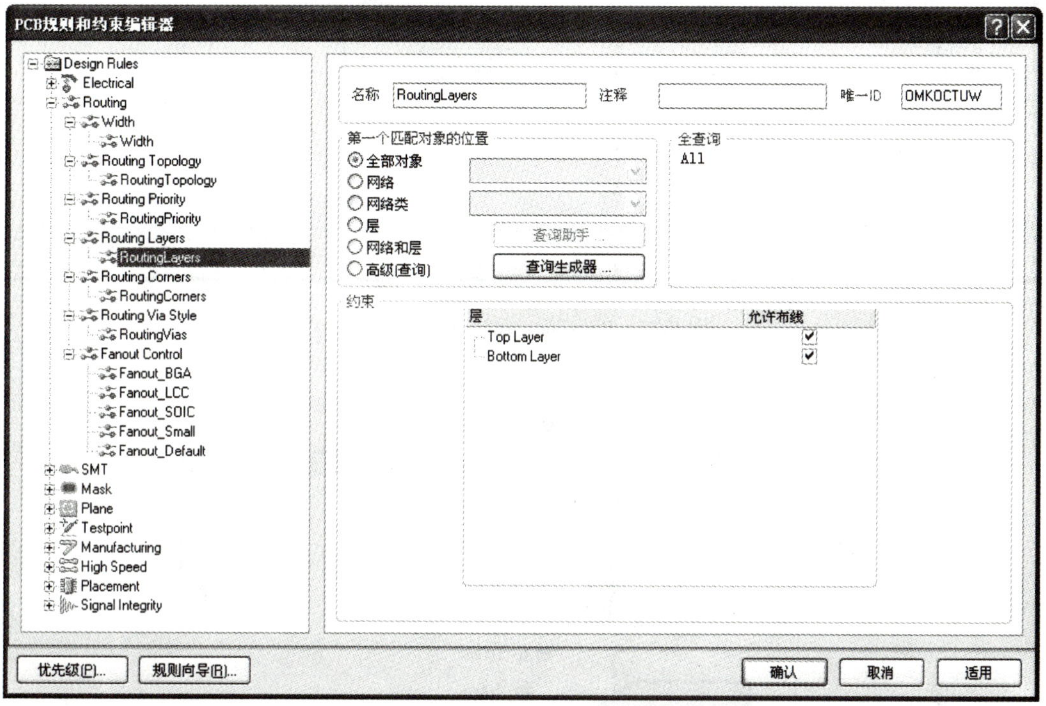

图 8-76 Routing Layers 布线规则设置

【Routing Corners】设计规则用于设置导线的转角方式。选择此规则后,设置对话框如图 8-77 所示。转角方式规则的添加、删除和规则的使用范围等操作方法与前述相同,不再重复,下面重点介绍【约束】编辑框。

【风格】:用于选择导线转角的形式。单击右侧下拉式按钮,系统提供三种转角形式,即:90Degree(90°转角)、45Degree(45°转角)和 Rounded(圆弧转角),如图 8-78 所示。

【缩进】:用于设置导线的最小转角的大小,其设置随转角形式的不同而具有不同的含义,如果是 90°转角,则没有此项;如果是 45°转角,则表示转角的高度;如果是圆弧转角,则表示圆弧的半径。

【到】:用于设置导线的最大转角的大小。

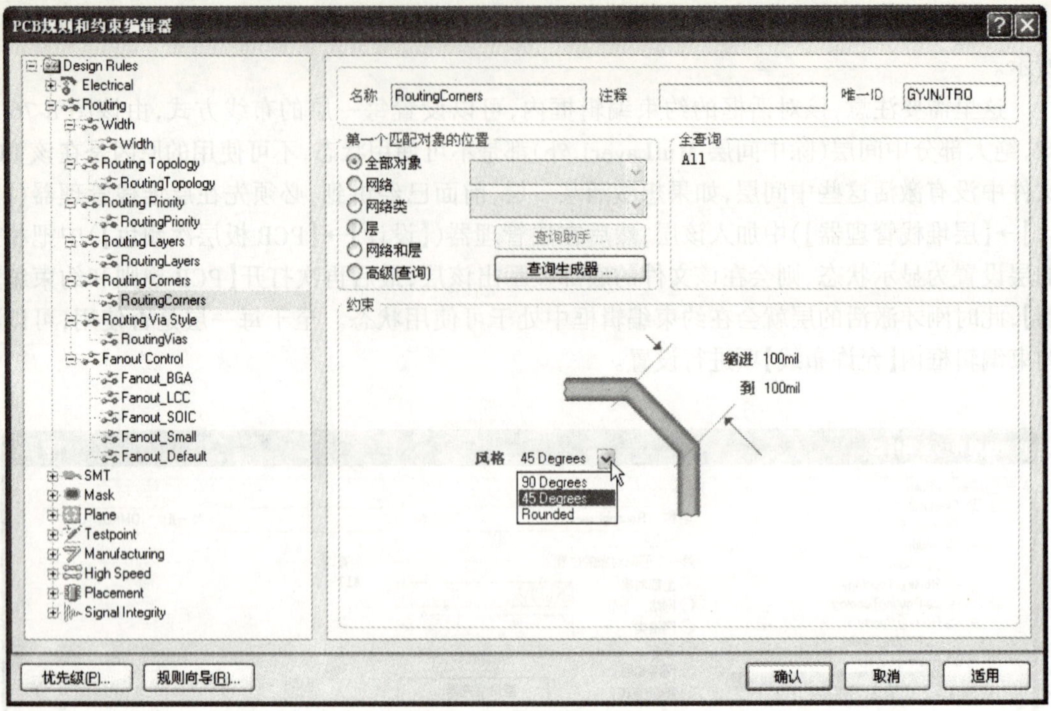

图 8-77 Routing corners 布线规则设置

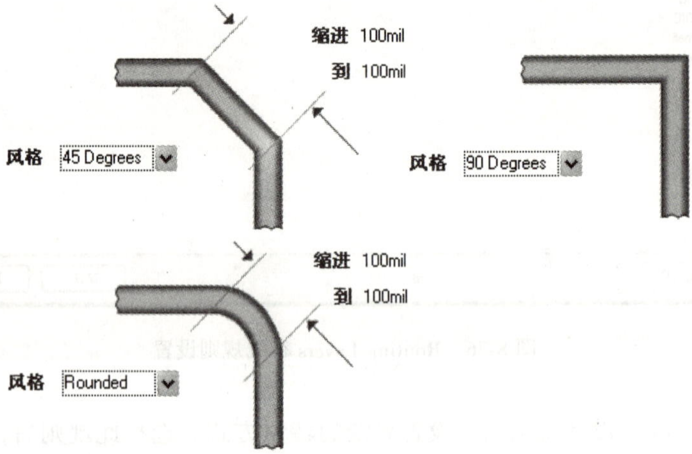

图 8-78 导线转角方式

【Routing Via Style】设计规则用于设置布线中过孔的尺寸。选择此项后,设置对话框如图 8-79 所示。过孔形式规则的添加、删除和规则的使用范围等操作方法与前述相同,不再重复,下面重点介绍规则【约束】特性单元。

该单元有两项需要设置:【过孔直径】和【过孔孔径】。每项有 3 个数值可以设置,其中优先值为系统放置过孔时的默认尺寸,最大值和最小值限定了过孔尺寸的极限值,如果使用过孔超过设置的极限值,DRC 检查时将提示错误。

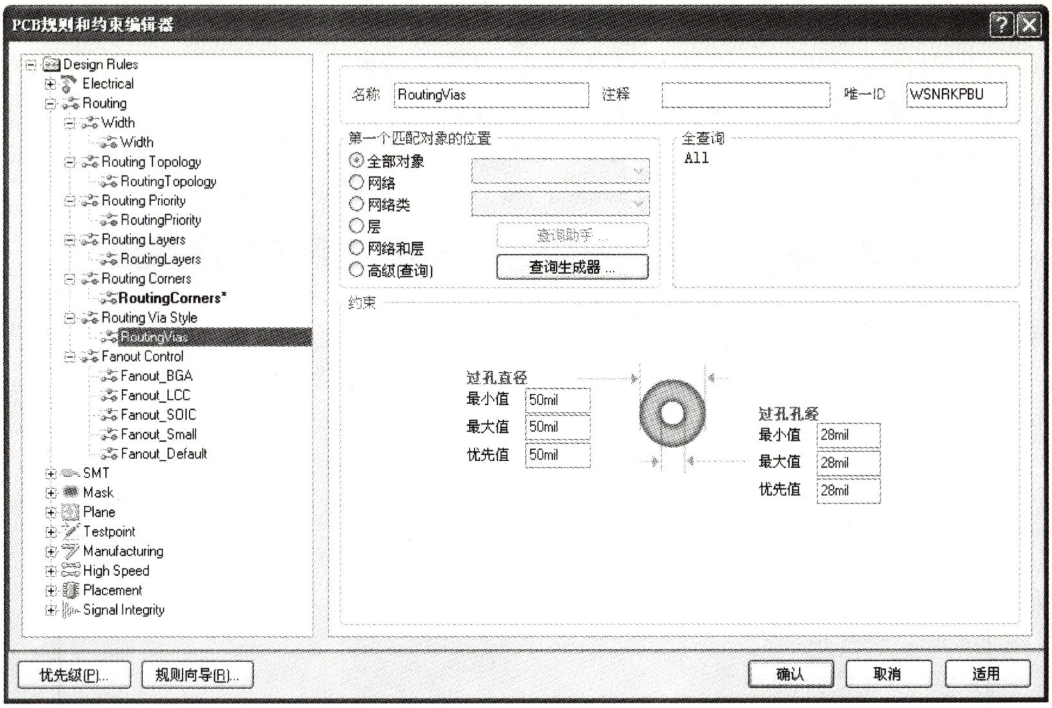

图 8-79　Routing Via Style 布线规则设置

【Fanout Control】设计规则用于设置表贴器件布线的扇出方式,系统提供 5 类表贴器件的扇出方式设置:BGA、LCC、SOIC、Small 和 Default。如图 8-80 所示为扇出方式设置对话框。在对话框的约束编辑框内可以设置布线扇出风格、扇出方向、从焊盘扇出的方向和过孔放置模式等。

图 8-80　Fanout Control 布线规则设置

3. 内电层(Plane)规则

内电层(Plane)规则可对内电层进行如下几个方面的设置。

(1) 电源层连接方式(Power Plane Connect Style)

【PlaneConnect】设计规则用于设置过孔或焊盘与电源层的连接方式。如图 8-81 为电源层的连接方式设置对话框,该对话框的约束区域内可进行如下选项的设置。

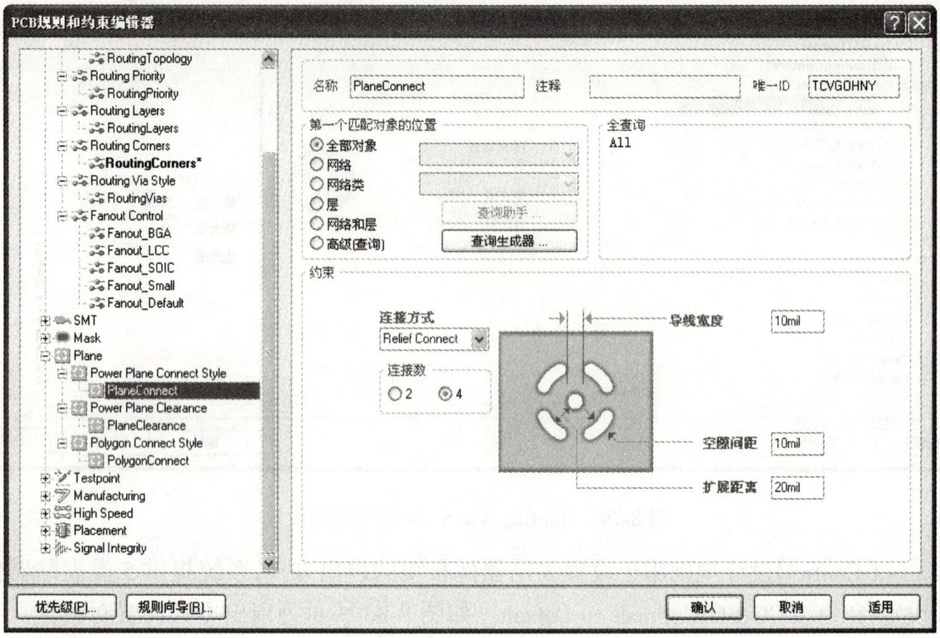

图 8-81　电源层连接方式设置

① 【连接方式】栏:在下列菜单内提供三种可选连接方式,分别为:Relief Connect(放射状连接)、Direct Connect(直接连接)和 No Connect(不连接)。

② 当选择【Relief Connect】时,如图 8-81 所示,可以设置连接覆铜铜膜的连接数,有“2”和“4”两种设置,还可以设置铜膜连接的导线宽度、空隙间距和扩展距离。

(2) 电源层安全间距(Power Plane Clearance)

【PlaneClearance】设计规则用于设置连接电源层焊盘或过孔与电源层之间的安全间距,在【PlaneClearance】设置对话框的【约束】编辑框内输入间距数值即可修改内电层的安全间距,如图 8-82 所示。

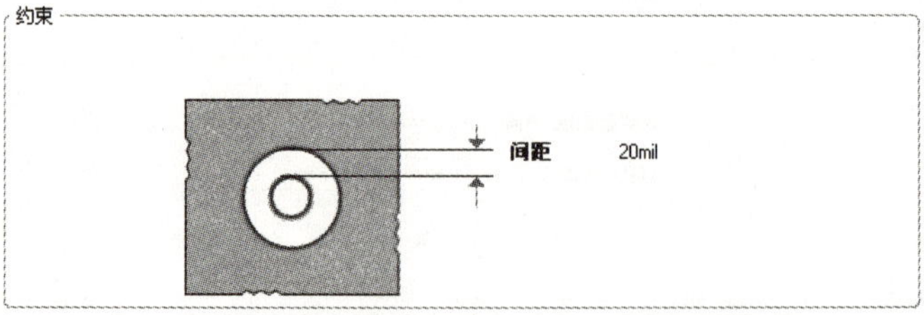

图 8-82　电源层连接安全间距设置

(3) 覆铜连接方式(Polygon Connect Style)

【PolyConnect】规则用于设置焊盘或过孔与覆铜之间的连接方式。单击此项规则后,设置对话框如图 8-83 所示。这也是一个常用的设计规则,线路板在布线前(如为使某一区域不布线,有其他用途)或后(增加抗干扰等)往往要在一些地方覆铜。

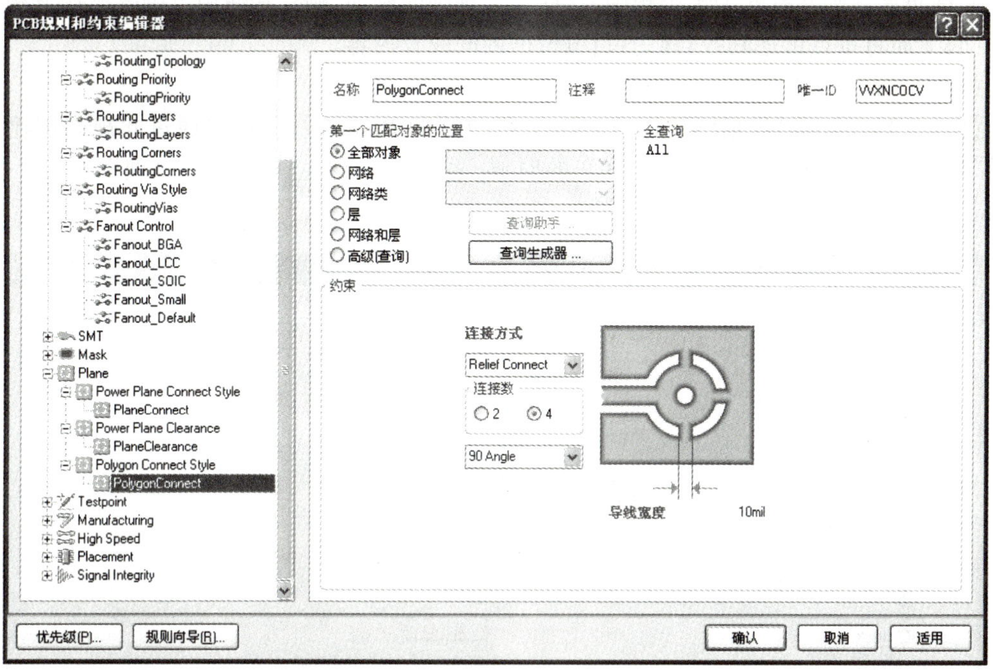

图 8-83　覆铜连接方式设置

该对话框中,【约束】编辑框内【连接方式】栏的覆铜连接方式选择与电源层连接设置基本相同。不同的是,当设置方式选择放射状连接(Relief Connect)时,【约束】编辑框还有一个角度控制下拉按钮,在下拉菜单可选择在放射状连接时覆铜与焊盘的连接角度,有 90°(90 度角)连接和 45°(45 度角)连接两种连接形式,如图 8-84 所示。

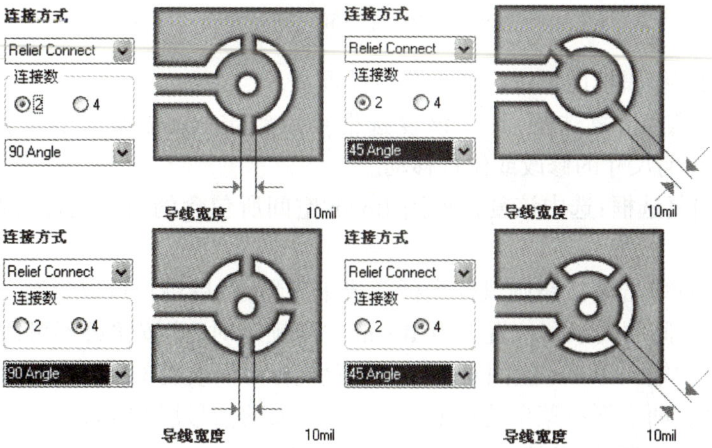

图 8-84　不同角度的放射状连接方式

4. 元件布局规则设置

在元件自动布局之前,除了选择合适的布局方式外,用户还需要结合实际情况预先设置好元件布局规则。合理的元件布局规则设置可以减少自动布局后手工调整的工作量,提高 PCB 设计的工作效率。

元件布局规则共有 6 个子类规则,这些子类规则的添加、删除和使用范围等操作方法与前述相同,下面将重点讲述其各自【约束】编辑框内的设置内容。

(1) Room Definition

【Room Definition】规则用于定义 PCB 元件放置的 Room 空间,可以通过此规则创建一个新的 Room 空间,在网络表导入到 PCB 的时候,系统会自动生成一个与原理图名称一样的 Room,如图 8-85 所示。

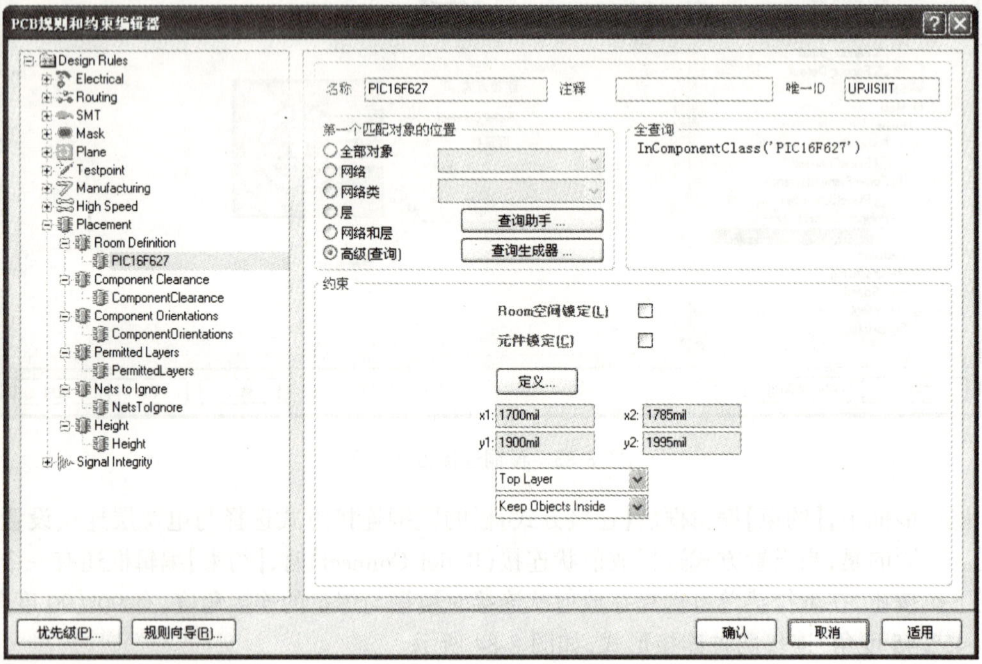

图 8-85 Room 空间规则设置

该对话框的约束编辑框内可进行如下几项设置。

①【Room 空间锁定】复选框:选中该复选框可以锁定 Room 空间的位置,此时不能对 Room 空间再进行任何尺寸的修改或位置移动。

②【元件锁定】复选框:选中该复选框则 Room 空间所包含的所有元件将被锁定,将不能移动或修改。

③【定义】按钮:单击该按钮则鼠标光标变成十字形,然后用户可以绘制一个矩形边界线来重新定义 Room 空间的大小和位置。当 Room 空间锁定时,此按钮将不可用。【定义】按钮下面的 4 个编辑框内输入 Room 空间对角两点位置坐标可以改变 Room 空间的大小。

别外还可以通过两个下拉菜单选择 Room 空间所属的信号层和 Room 空间与其包含的元件的位置关系。关系有两种:元件位于 Room 空间内部(Keep Object Inside)和元件位于 Room 空间外部(Keep Object Outside)。

(2) Component Clearance

【Component Clearance】规则用于设置元件间的安全间距和安全间距检查类型。如图 8-86 所示为【Component Clearance】设置对话框的【约束】编辑框部分。在【间隙】项内可以输入元件间距的最小允许值,默认为 10 mil,在【检查模式】下拉列表可以选择检查类型,系统提供如下 3 种检查类型。

【Quick Check】:该类型下,间距规则将依靠元件的封装矩形框进行元件间距规则的检测。

【Multi Layer Check】:该类型下,将同时使用元件的封装矩形框及底层元件焊盘的通孔进行元件间距规则检测,允许底层表贴型元件放置到顶层通孔元件的下面。

【Full Check】:该类型下,间距规则将精确地按照元件封装的形状来定义。当设计中包含大量的圆形或者不规则形状元件时,可选择此检查类型。

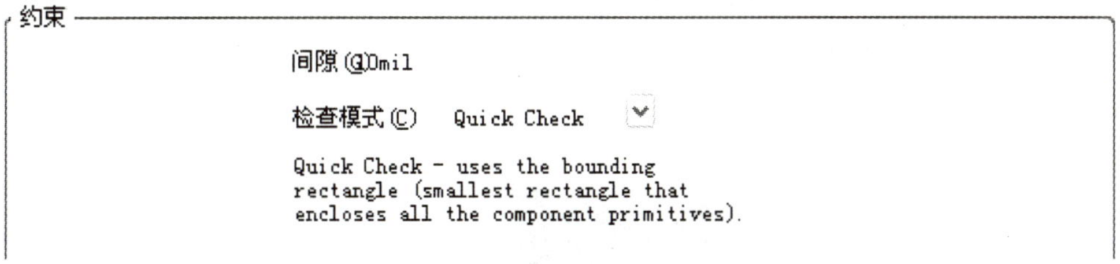

图 8-86　元件间的安全间距和安全间距检查类型规则设置

(3) Component Orientations

【Component Orientations】规则用于设置元件封装的放置方向。【约束】编辑框中【允许的定位】可设置元件封装的放置方向。其中有五个角度可供选择,如图 8-87 所示。

图 8-87　元件封装的放置方向规则设置

(4) Permitted Layers

【Permitted Layers】规则用于设置元件自动布局时允许放置的电路板工作层面,Top Layer 和 Bottom Layer 默认为可放置元件的层面。

(5) Nets To Ignore

【Nets To Ignore】规则用于设置元件自动布局时是否忽略布局的网络,如忽略电源网络(如图 8-88 所示的设置)将大大加快元件自动布局的速度,并提高元件布局质量。因为这样就可以使与电源网络相连接的元件归类到其他网络中进行布局,而不会有大量走线连接到电源网络的两管脚元件。

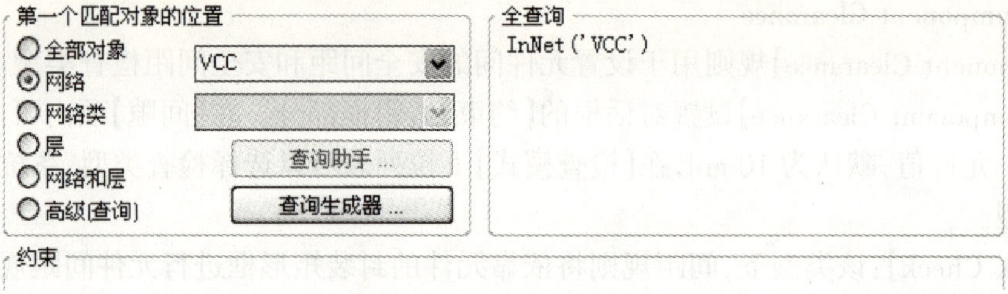

图 8-88 忽略电源网络规则设置

(6) Height

【Height】规则用于设置元件允许高度值,如图 8-89 所示为“Height”设置对话框的【约束】编辑框部分,【约束】编辑框内可以设置元件的最小高度值、最大高度值和优选高度值,优选高度值主要用于 PCB 板 3D 仿真。

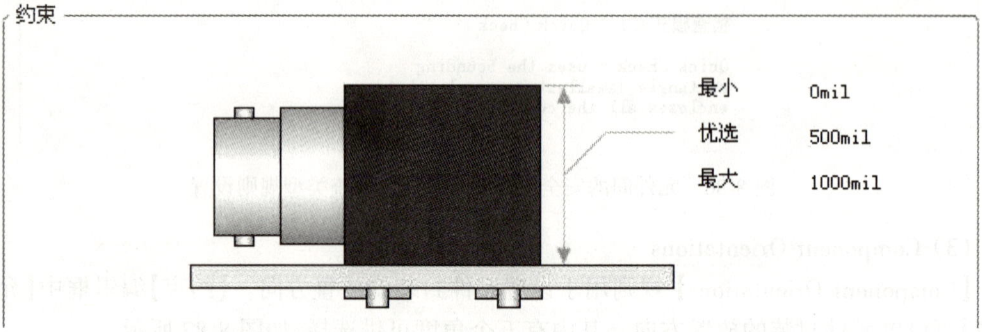

图 8-89 元件允许高度规则设置

设计规则就介绍这些,其他不常用的规则不再说明,由于设置方法类似,读者完全可以自学。另外,不同的设计规则应用于不同的设计需要,用户可以针对自己设计 PCB 的实际情况设计其中需要的规则,其他按照默认设置即可。当然也可一次性对全部规则进行设置,然后再开始应用 PCB 编辑器进行 PCB 设计,这样在某项操作之前就不必再单独地进行有关规则的设置。

6. DXP 2004 SP2 新规则向导

通过 DXP 2004 SP2 新规则向导,可以方便地根据设计实际需要建立自己的设计规则,下面将以单片机数据采集系统实例建立 VCC 和 GND 网络的新导线宽度规则为例,来说明 PCB 编辑器新规则向导的使用方法。

新规则向导欢迎界面可以有如下几种方式来启动。

① 执行【设计】→【规则向导】菜单命令。

② 先启动如图 8-66 所示的【PCB 规则和约束编辑器】对话框,然后单击【规则向导】按钮。

③ 在 PCB 编辑器工作区单击鼠标右键,在快捷菜单中选择【设计】→【规则向导】。

启动后可弹出如图 8-90 所示的【新规则向导】欢迎界面。

单击【下一步】按钮,弹出【选择规则的类型】设置对话框,该对话框内列出了所有的设计规则,如选择【Routing】下的【Width Constraint】规则,然后在【名称】中输入导线宽度新规则名称“MyWidth”,如图 8-91 所示。

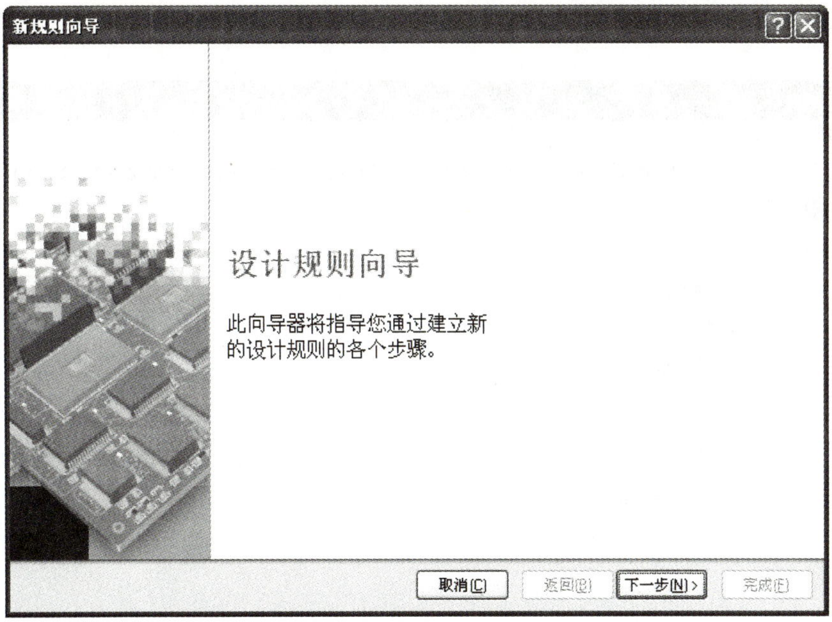

图 8-90 【新规则向导】欢迎界面

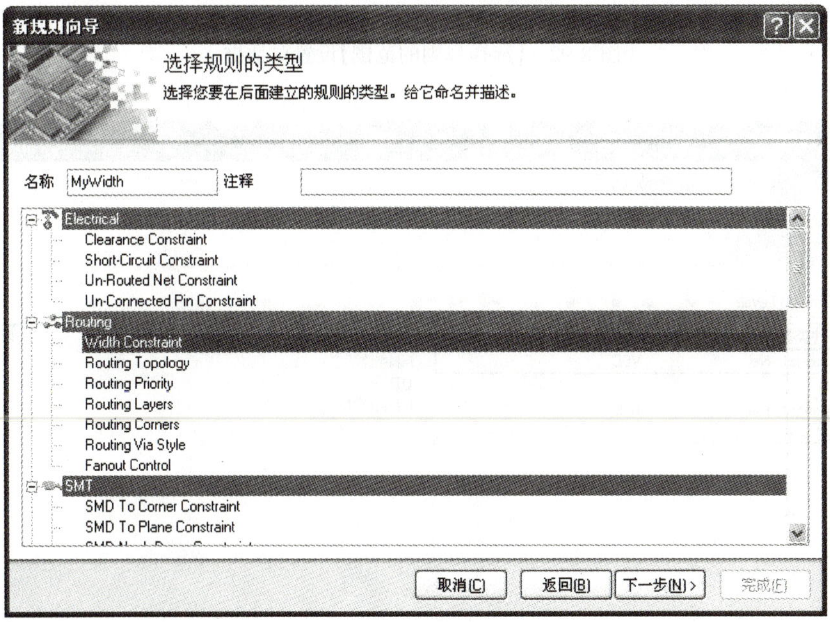

图 8-91 【选择规则的类型】设置对话框

单击【下一步】按钮，弹出【选择规则的范围】设置对话框，选择【几个网络】复选框，如图 8-92所示。

单击【下一步】按钮，弹出【高级规则范围】设置对话框，这里仅需要设置两个网络对象(Belongs to Net)，默认为 4 个，逐个选择其中的两个，单击按钮进行删除。然后将剩下的两个

【条件值】通过下拉菜单分别选择为 VCC 和 GND 网络,【条件类型/算子】项保持不变,设置完毕后如图 8-93 所示。

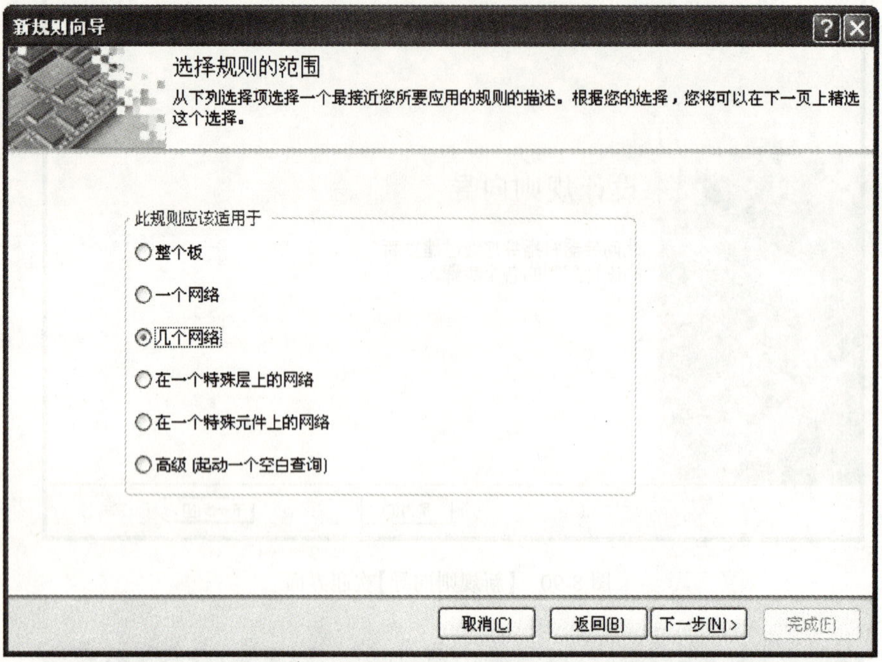

图 8-92 【选择规则的范围】设置对话框

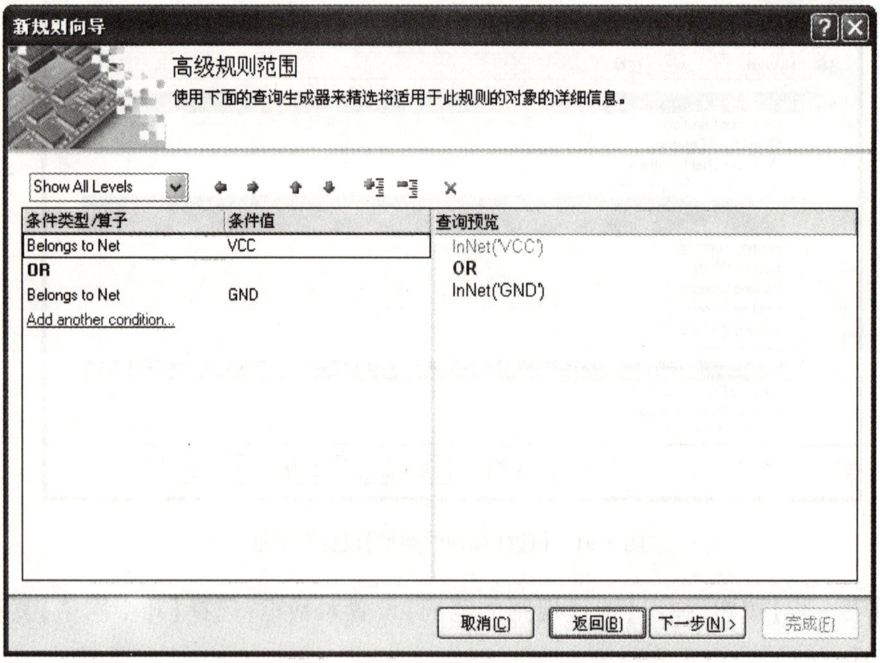

图 8-93 【高级规则范围】设置对话框

单击【下一步】按钮，弹出【选择规则优先级】设置对话框，当前新规则为最高级别，可不用调整，如图 8-94 所示。

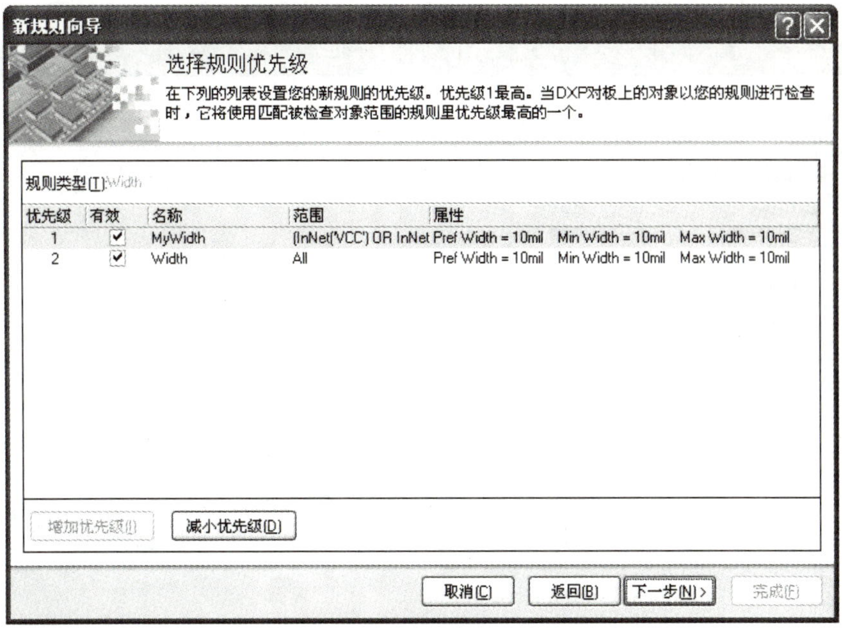

图 8-94　【选择规则优先级】设置对话框

单击【下一步】按钮，将弹出【新规则完成】对话框，如将【Width Constraint】中的【Pref Width】项设置为“35 mil”，【Min Width】项设置为 20 mil，【Max Width】设置为“45 mil”。如图 8-95所示。

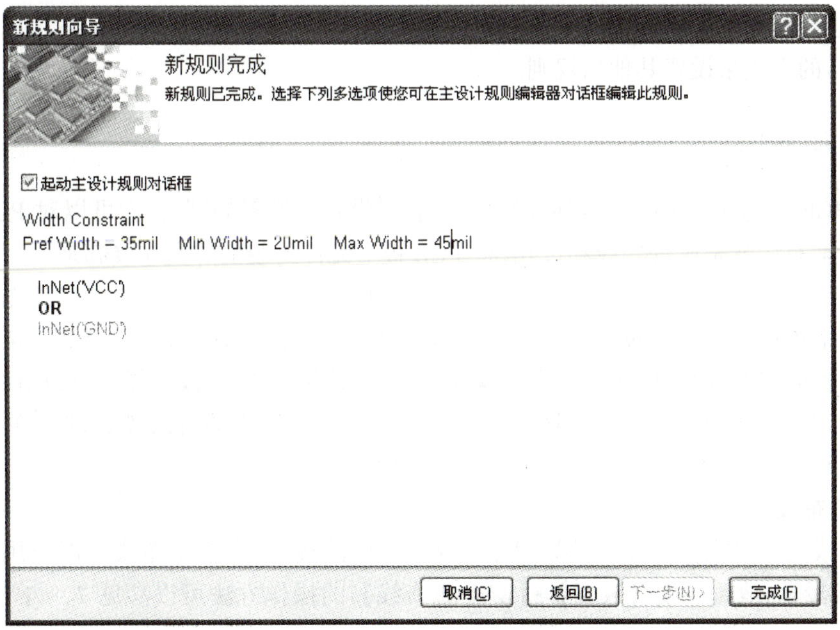

图 8-95　【新规则完成】对话框

单击【完成】按钮，系统退出【新规则向导】，然后自动启动【PCB 规则和约束编辑器】对话框，可在该对话框【Routing】目录下的“Width”规则内可看到新建的 MyWidth 新规则，如图 8-96所示。

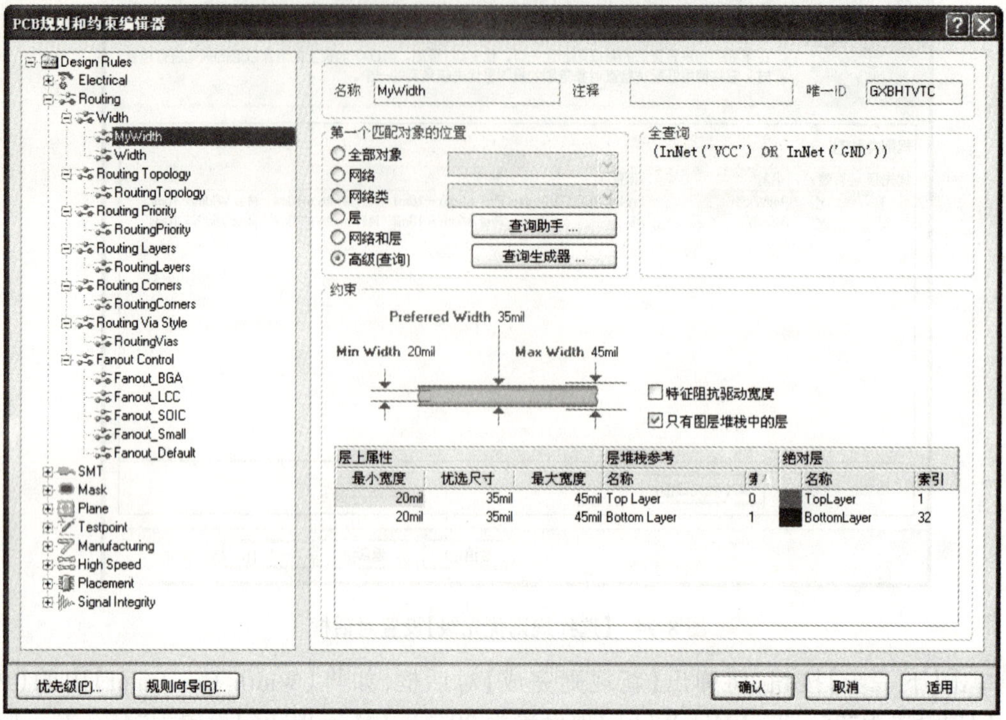

图 8-96 【PCB 规则和约束编辑器】内新建规则 MyWidth

可见，通过新规则向导可以灵活方便地设置个性化的 PCB 设计规则。用户可以根据实际需要，以同样的方式来设置其他新规则。

8.4.9 PCB 布线

通过【PCB 规则和约束编辑器】或【新规则向导】设置完所需规则后，就可以对 PCB 板进行布线了。所谓布线就是放置导线和过孔，将 PCB 板上元件封装的焊盘连接起来。

PCB 布线分为手工布线和自动布线两种方法，它们各有优缺点，且都是在预先设定的设计规则约束下进行的。自动布线效率高，但有时不尽如人意，而手工布线却能根据需要和喜好控制导线放置的状态，但速度较慢。实际操作过程中，特别是 PCB 板较复杂时，往往先手工布好需要在特定位置的导线，或特殊网络（如电源、地线）的导线，并将导线锁定，然后再进行自动布线，自动布线结束后再对部分导线进行手工局部调整。

1. 手工布线

手工布线是通过操作鼠标和键盘把导线放置在电路板上，全手工布线一般只用于不太复杂的 PCB 板设计，放置导线（【放置】→【交互式布线】）的操作方法可以参见 7.8.1 节，这里不再重述。

手工布线的时候要检查当前的布线层是否是想要的层，这可通过观察放置状态的导线的颜色是否与该层已放置的导线颜色一致来判断，如果不是所要的层，则可以进行切换，切换的方法是按数字键盘上的＊键（注意，是数字键盘，也就是一般键盘上右侧的小键盘，而不是按 Shift + 8）切换到另一信号层而不需要退出导线放置模式，这个键仅在可用的信号层之间切换。同样，使用该功能可以在布线的过程中在不同信号层之间进行切换，并能自动加上过孔，使用非常方便！

手工布线时应注意以下几点。

- 单击鼠标左键或按 Enter 键，放置实心颜色的导线段。放置完成的导线段颜色应该与该层设置颜色一致。
- 要删除一段导线，左键单击要删除的导线，该导线出现编辑操控点，按 Delete 键即可删除被选择的导线。
- 可选择如图 8-97 所示的【工具】→【取消布线】子菜单命令来删除已布导线，以便重新布线。
- 需要重新布线时，只管布新的导线即可，在完成新的布线后，原来的多余导线会自动被移除。
- 在任何时候，按 End 键可以刷新板面。

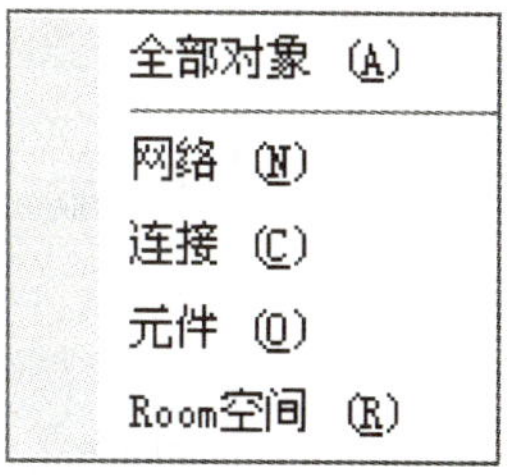

图 8-97　【工具】→【取消布线】子菜单命令

图 8-97 所示的各项命令功能如下。

【全部对象】：执行此命令可以取消 PCB 板上所有已布导线。

【网络】：执行此命令后，鼠标光标变成十字形，此时可以单击网络连接的一个焊盘或一段导线，或者单击工作区空白处，然后在弹出的对话框内输入该网络名称，然后单击【确认】按钮，即可删除该网络下所有已布导线。

【连接】：执行此命令后，鼠标光标变成十字形，然后单击待取消布线的一段导线，即可取消该导线所在两焊盘间已布导线。

【元件】：执行此命令后，鼠标光标变成十字形，然后选择一个元件，则与该元件连接的所有已布导线将被删除。

【Room 空间】：执行此命令后，鼠标光标变成十字形，然后选择一个 Room 空间，则 Room 空间内所有已布导线将被删除。

2. 自动布线

对设计规则设置完成后，就可以对布局结束后的 PCB 图进行自动布线了。一般来说，先是对电路板的布线提出某些要求，设计者按照这些要求设置布线规则。在自动布线前，除了设置规则以外，还需要设置系统进行自动布线时采取的策略。

（1）自动布线策略设置

DXP 2004 SP2 PCB 的布线策略是通过改进型的 Situs 布线器来进行设置的，执行【自动布线】→【设定】菜单命令，可弹出如图 8-98 所示的【Situs 布线策略】对话框。该对话框包括以下两个部分。

①【布线设置报告】选项区域

该选项区域列出了与当前 PCB 相关的所有布线规则，可以在列表框中进行规则的修改。这里以修改“Routing Widths”规则为例，鼠标左键单击“Routing Widths”，则该部分显示出与“Routing Widths”项相关的信息，如图 8-99 所示，然后单击“Rule-Width”可弹出如图 8-100 所示的【Edit PCB Rule】设置对话框，该对话框的设置方法与【PCB 规则和约束编辑器】中【Width】规则设置完全相同，此处不再重述，设置完毕后确认返回即可。

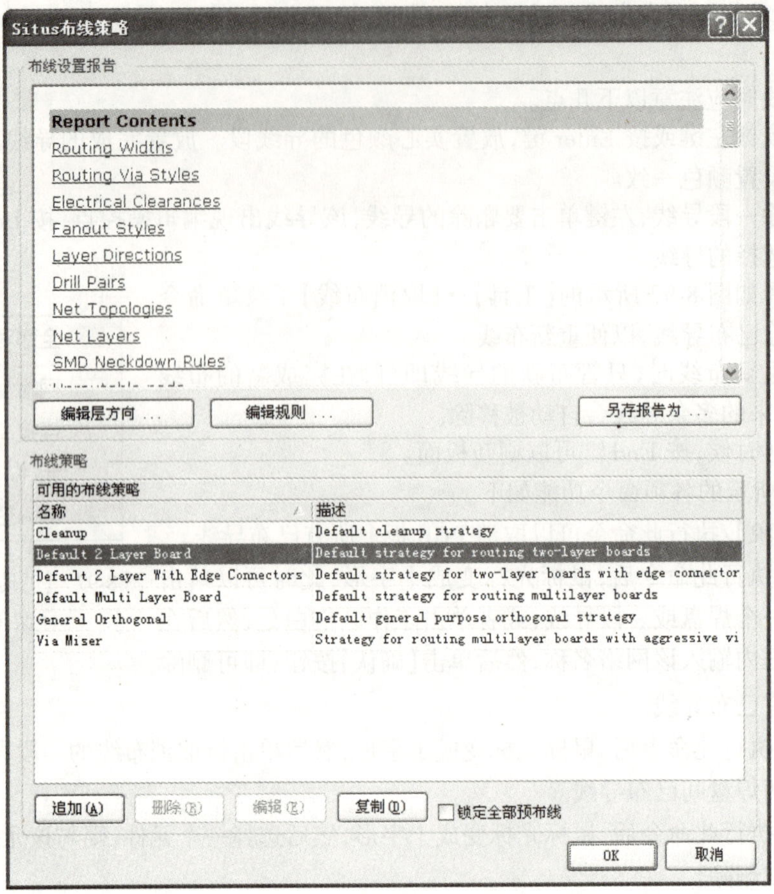

图 8-98 【Situs 布线策略】对话框

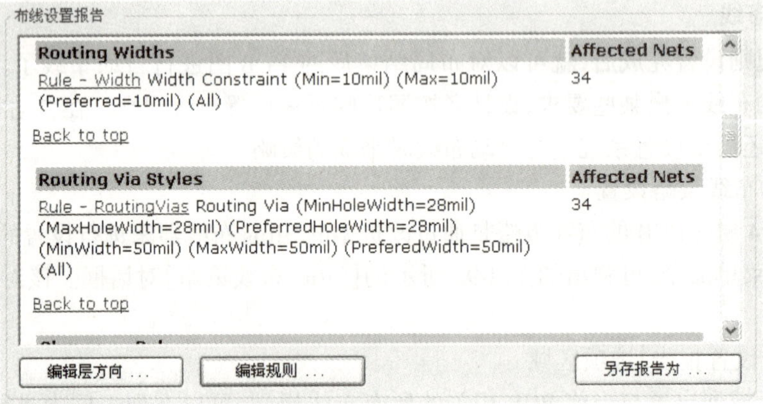

图 8-99 设置“Routing Width”项

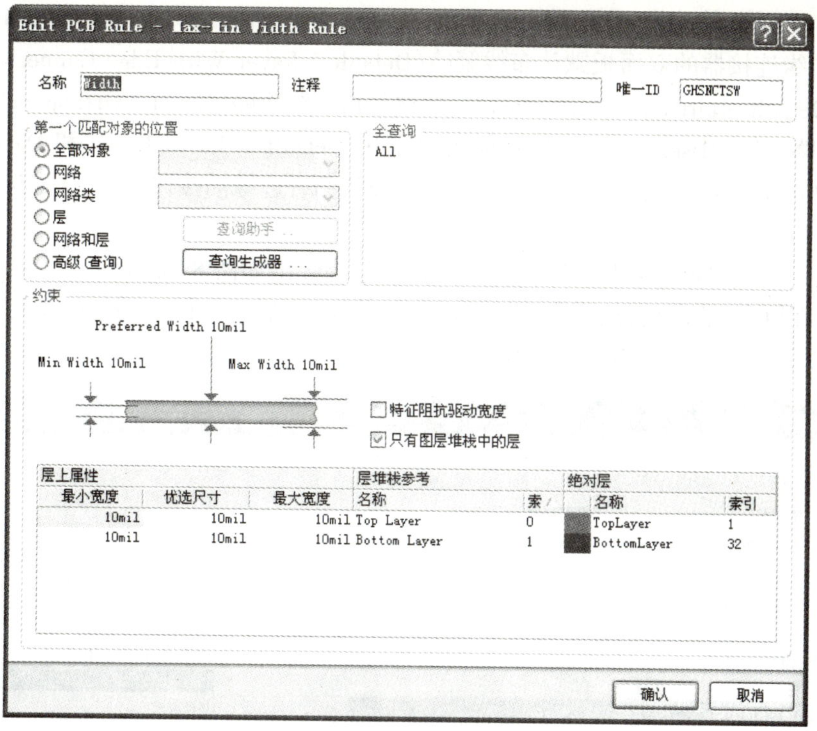

图 8-100　【Edit PCB Rule】设置对话框

在【布线设置报告】选项区域中还有以下 3 个按钮。

【编辑层方向】按钮:单击该按钮可弹出如图 8-101 所示【层方向】设置对话框,在该对话框内可以设置信号层的走线方式:垂直方向(Vetical)或水平方向(Horizontal)。

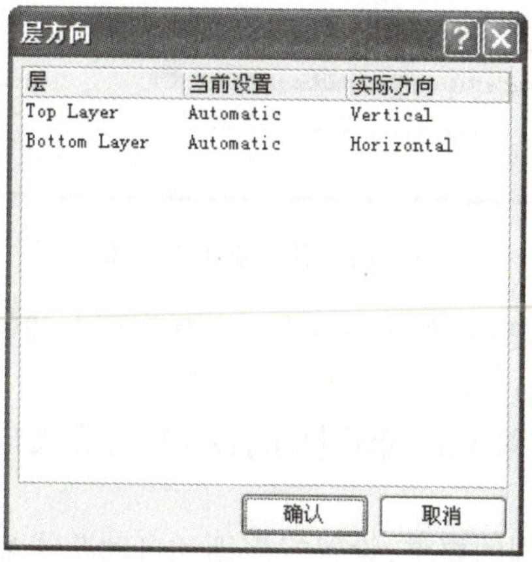

图 8-101　【层方向】设置对话框

【编辑规则】按钮:单击该按钮将进入【PCB 规则和约束编辑器】。

【另存报告为】按钮:单击该按钮可以将当前规则以 .htm 格式文件导出。

②【布线策略】选项区域

该选项区域列出了所有可用的布线策略,即布线的走线模式或方法,这些策略应用于不同的场合需要，默认的策略有：优化的布线策略(Cleanup)、双面板默认布线策略(Default 2 Layer Board)、带边缘连接器的双面板默认布线策略(Default 2 Layer With Edge Connectors)、多层板默认策略(Default MultiLayer Layer Board)、普通直角布线策略(General Orthogonal)、过孔最少多层布线策略(Via Miser)。对于双面板主要采用 Default 2 Layer Board 和 Default 2 Layer With Edge Connectors 策略。单片机数据采集系统实例有边缘插接件，因此这里选择 Default 2 Layer With Edge Connectors 策略。

要添加一个新的布线策略，可单击【追加】按钮，将弹出如图 8-102 所示的【Situs 策略编辑器】对话框，在【可用的布线方法】中选择要添加的策略，然后单击【加入】按钮即可添加一个新策略，也可以类似的方式来删除一个策略。

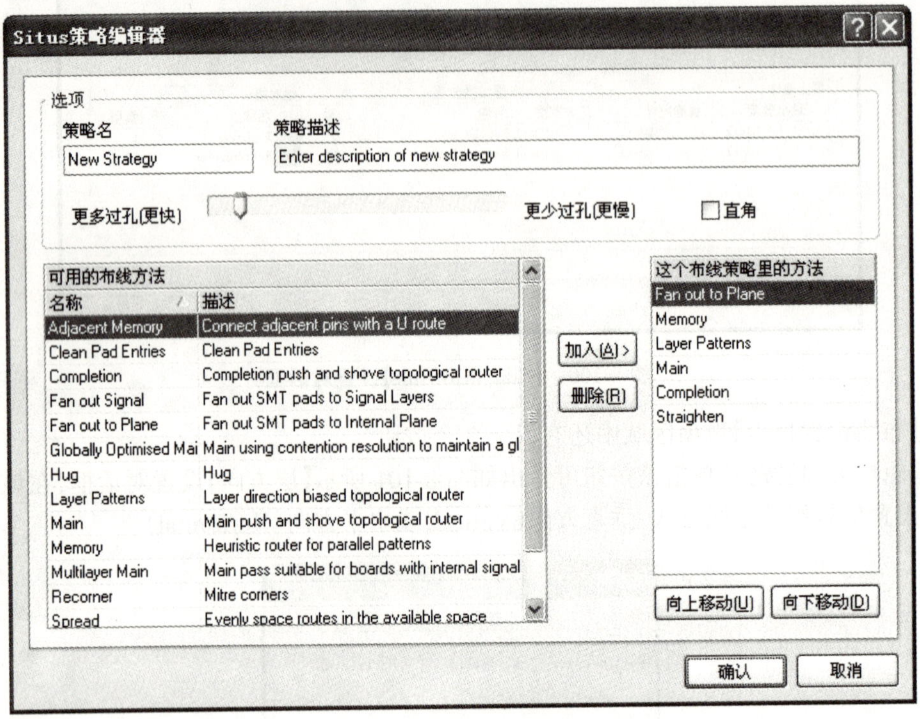

图 8-102 添加新的布线策略

在【Situs 布线策略】对话框中，如果选中【锁定全部预布线】复选框则 PCB 板上原有的预布线将被锁定位置，自动布线过程中将不改变它们的位置。

设置好 Situs 自动布线器策略后，单击【OK】按钮即可完成布线策略设置。

(2) 全局布线

如果双面板没有其他特别的要求，设置好规则和自动布线策略后即可进行全局布线。

执行【自动布线】→【全部对象】菜单命令，将弹出如图 8-103 所示【Situs 布线策略】设置对话框。该图与图 8-98 基本相同，只不过此处有一个【Route All】按钮。

在本例中，通过【PCB 规则和约束管理器】或【规则向导】创建两个"Width"新规则，一个匹配对象为网络 VCC，另一个匹配对象为 GND，然后将它们的导线宽度都设置为 40 mil，将匹配对象为 ALL 的导线宽度设置为 12 mil，并选择 Default 2 Layer With Edge Connectors 策略，然后单击【Route All】按钮，系统将根据设定布线规则和布线策略对 PCB 板进行自动布线。

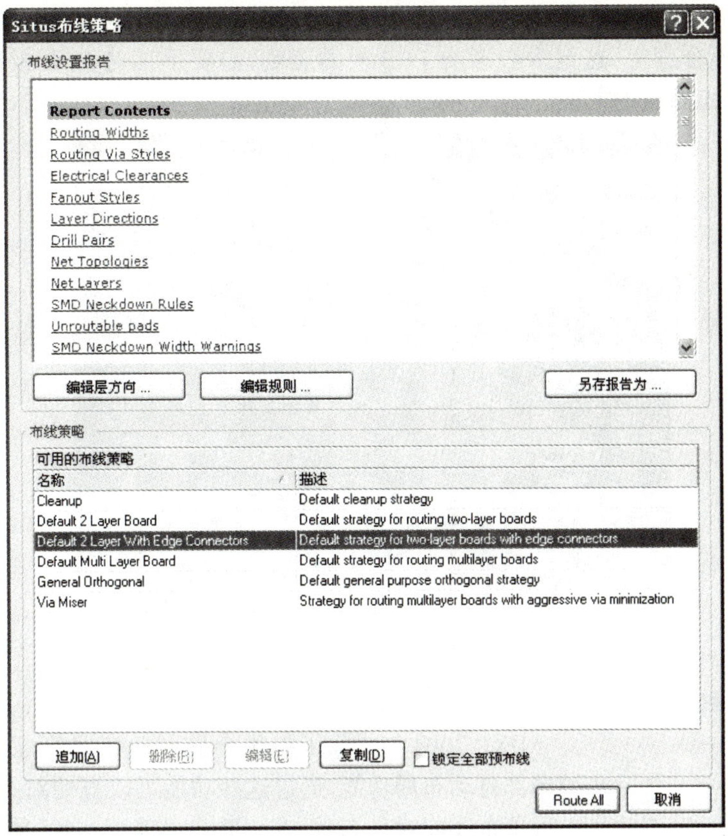

图 8-103 布线前的布线策略选择

在自动布线过程中,系统将在如图 8-104 所示的【Messages】消息对话框内列出布线的进程相关状态信息。

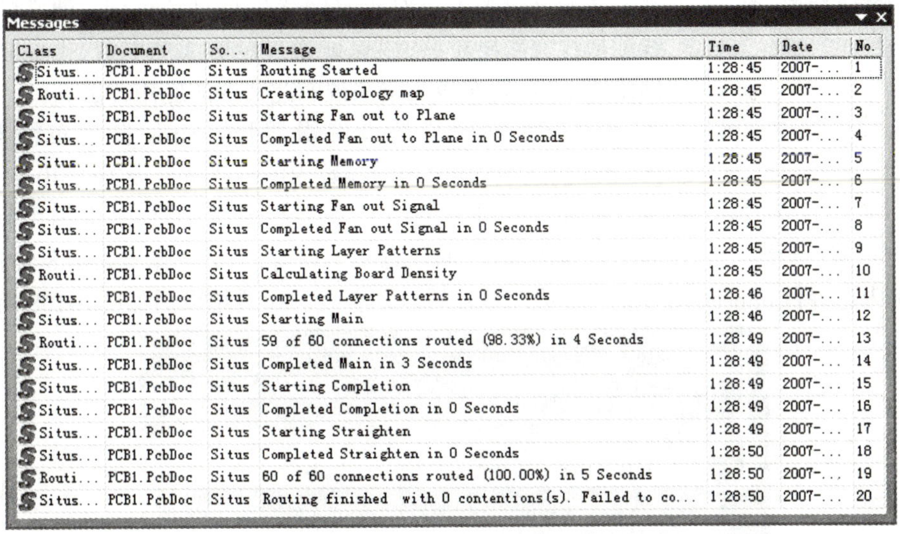

图 8-104 布线进程的状态信息

全局布线结束后,结果如图 8-105 所示。自动布线速度快、效率高,特别对比较复杂的电路板更能体现出 DXP 2004 SP2 的优越性能,但也会有些不合理的地方,比如,连接导线拐弯太多、导线分布不合理等,这至少会影响 PCB 板的美观,需要手工对 PCB 板进行布线调整。调整方法参考手工布线的方法。

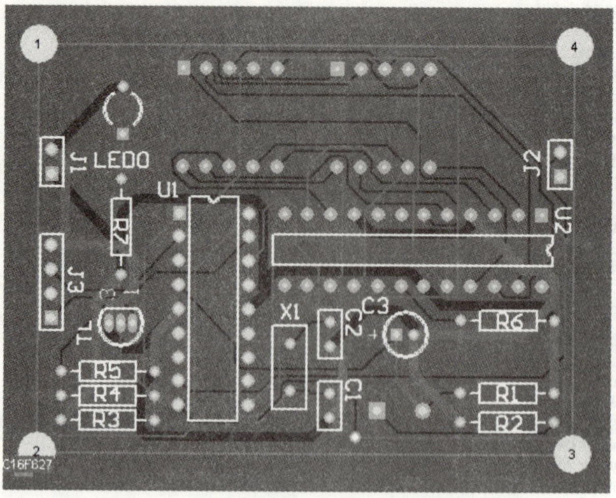

图 8-105 自动全局布线结束后的结果

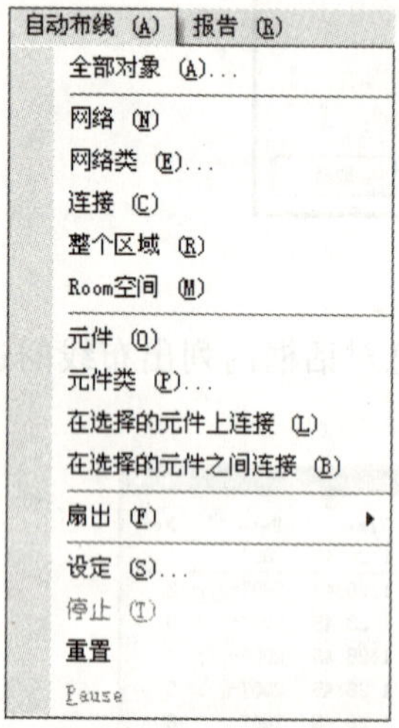

图 8-106 【自动布线】命令弹出菜单

(3) 局部自动布线

DXP 2004 SP2 除了提供全局自动布局外,还提供了多样化的局部自动布局功能,通过这些功能可以方便对一个或一类对象进行预布线或对已布线 PCB 进行局部再布线,使得 PCB 板更加美观且性能优越。局部自动布线的操作命令集中在如图 8-106 所示的【自动布线】菜单内。下面将分别介绍它们的功能。

①【网络】

执行该命令可以对指定网络进行自动布线。通常情况电源线和地线宽度要粗些,以保证通过足够大的电流,下面就以指定网络 VCC 进行布线为例来说明此命令的应用方法。

在【PCB 规则和约束编辑器】或 Situs 自动布线器内,将【Routing】选项的【Width】参数内的导线宽度设置为 40 mil。

选择【网络】,光标变成十字形,然后在 PCB 图内用鼠标左键单击网络为 VCC 的任意一个焊盘,接着在弹出如图 8-107 所示的快捷菜单内选择【Connection(VCC)】,系统就开始自动布线。布线结束后如图 8-108 所示。

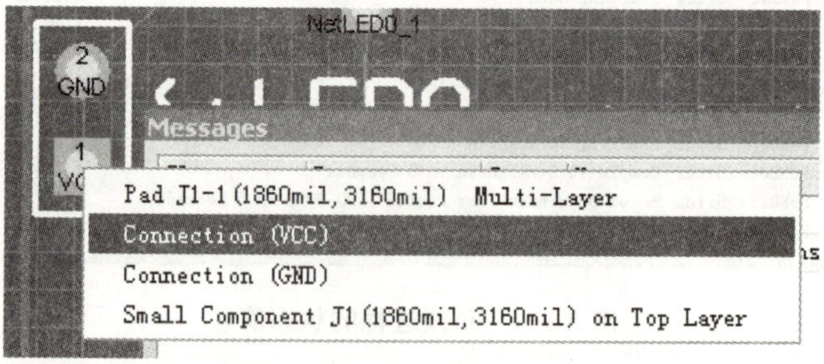

图 8-107 选择布线网络 VCC

②【网络类】

执行该命令可以对指定网络类进行自动布线，网络类的创建方法可参见 8.4.7 节。执行该命令后，如果当前文件有自定义的网络类，将弹出如图 8-109 所示的网络类选择对话框，选择一个类，则系统将对该类内所有的网络进行自动布线。

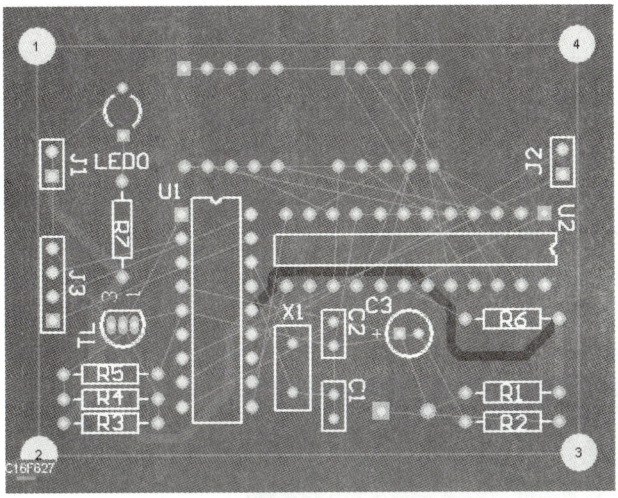

图 8-108　VCC 网络布线结果

图 8-109　自动布线网络类选择对话框

③【连接】

执行该命令可以对指定飞线进行自动布线。该命令可以进一步优化自动布线的结果。如图 8-110(a)所示为全局自动布线后一个局部区域，“NetR3-2”网络连线绕弯太多，先用手工方

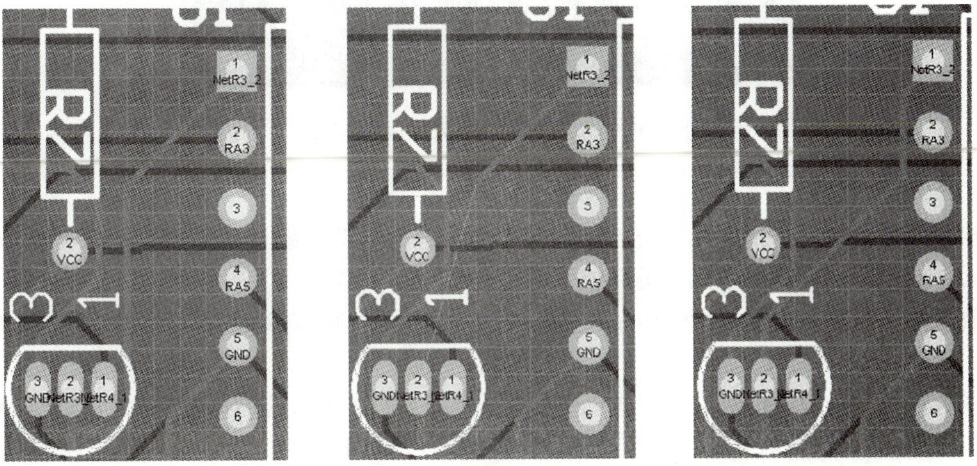

(a)　(b)　(c)

图 8-110　指定“连接”进行自动布线

式将该段连接删除，删除后网络用飞线连接，如图 8-110(b)所示。然后执行此命令，光标变成十字形，再用鼠标左键单击连接飞线，系统将对该段飞线进行重新布线。布线结束后如图 8-110(c)所示，连线效果较先前要好。

④【整个区域】

执行该命令可以对指定矩形区域进行自动布线。执行此命令后，光标变成十字形，然后先后用鼠标左键单击对角线两端点位置来确定矩形区域，绘制完毕后，系统将该矩形区域内所有网络对象进行自动布线。

⑤【Room 空间】

执行该命令可以对指定 Room 空间进行自动布线。执行此命令后，光标变成十字形，然后单击选择一个 Room 空间，系统将对该 Room 空间内所有网络对象进行自动布线。

⑥【元件】

执行该命令可以对指定元件所有的连接网络进行自动布线。执行此命令后，光标变成十字形，然后单击选择一个元件，系统将对与该元件连接的所有网络对象进行自动布线。如图 8-111所示为对元件 J1 进行自动布线后的结果。

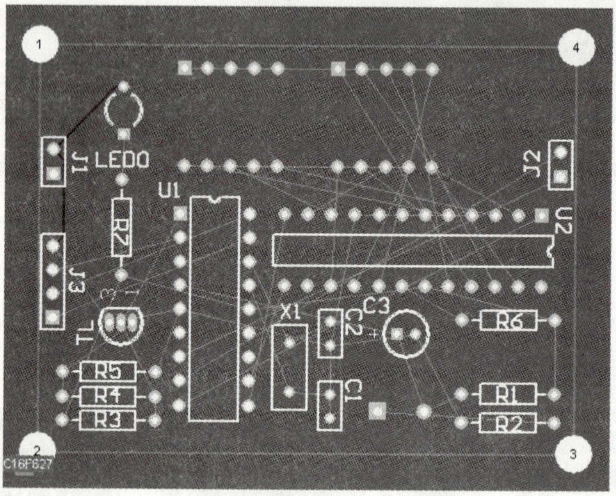

图 8-111 指定“元件”进行自动布线

⑦【元件类】

执行该命令可以对指定元件类的所有连接网络进行自动布线。元件类与网络类相似，是多个元件的集合。创建一个元件类有如下方法。

放置一个 Room 空间，使该 Room 空间包含一组元件，则该 Room 空间可以构成一个元件类。

或者执行【设计】→【元件类】菜单命令，弹出如图 8-112 所示的【对象类资源管理器】对话框，该对话框列出了当前 PCB 文件下所有的类对象，包括网络类(Net Classes)、元件类(Component Classes)、图层对象类(Layer Classes)、焊盘对象类(Pad Classes)、FromTo 对象类(From To Classes)和设计通道类(Design Channel Classes)。通过对象类资源管理器可以对上述 6 个类进行类添加、删除和重命名。

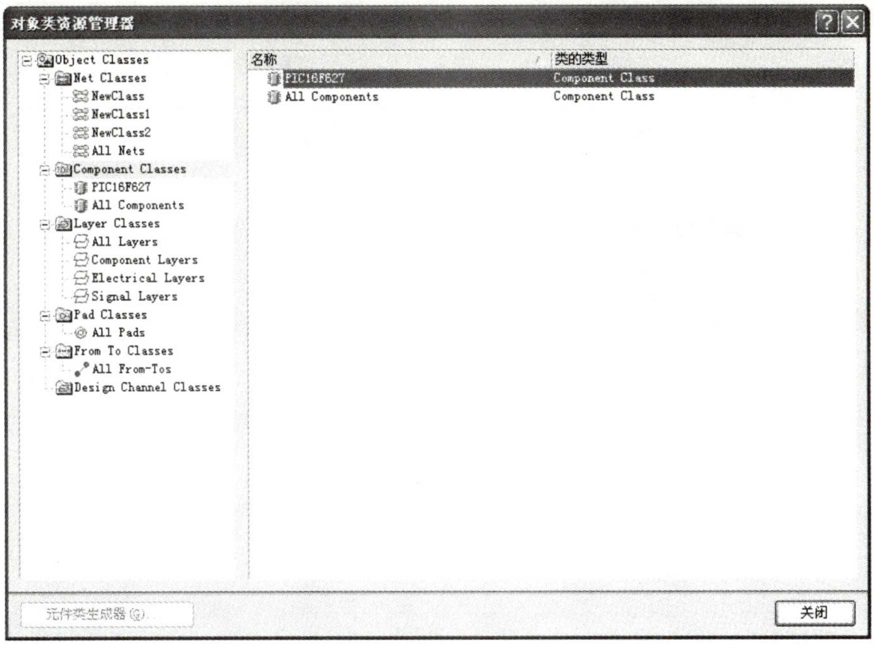

图 8-112　对象类资源管理器

下面以添加一个包含电容 C1、C2 和 C3 元件的 MyNewComponents 类为例进行介绍。

在【Component Classes】处单击鼠标右键，在弹出的快捷菜单内选择【追加类】命令，执行后可看到默认名称为"New Class"新类，如图 8-113 所示。

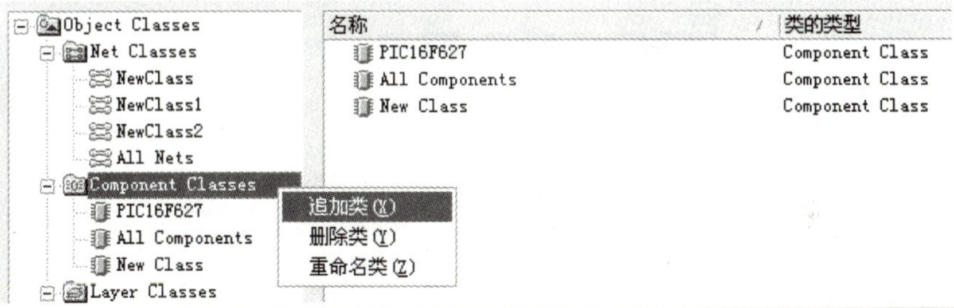

图 8-113　元件类右键菜单及追加的新类

双击"New Class"，则【对象类资源管理器】对话框如图 8-114 所示。

在【非成员】列表内选择 C1、C2 和 C3，然后单击 › 按钮将选择的 3 个元件添加到【成员】列表内，如图 8-115 所示。

右键单击【New Class】，在弹出的快捷菜单内选择【重命名】，然后将重新命名元件类为"MyNewComponents"，然后关闭【对象类资源管理器】完成元件类"MyNewComponents"的添加。

要删除一个元件类，先选择该元件类，然后在单击鼠标右键，在弹出的快捷菜单中选择【删除类】命令即可。

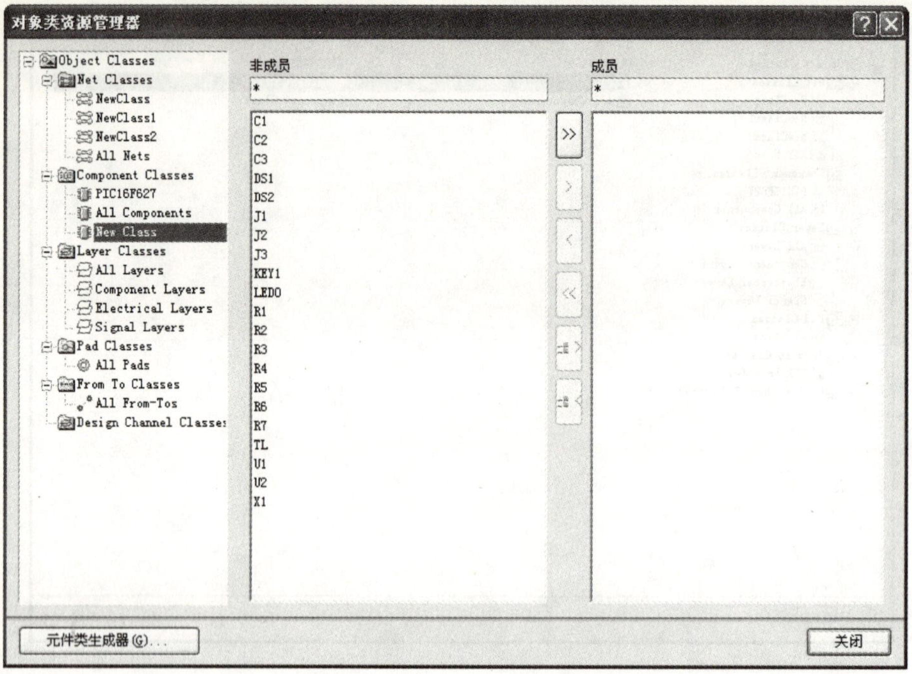

图 8-114 选择一个元件类后的对象类资源管理器界面

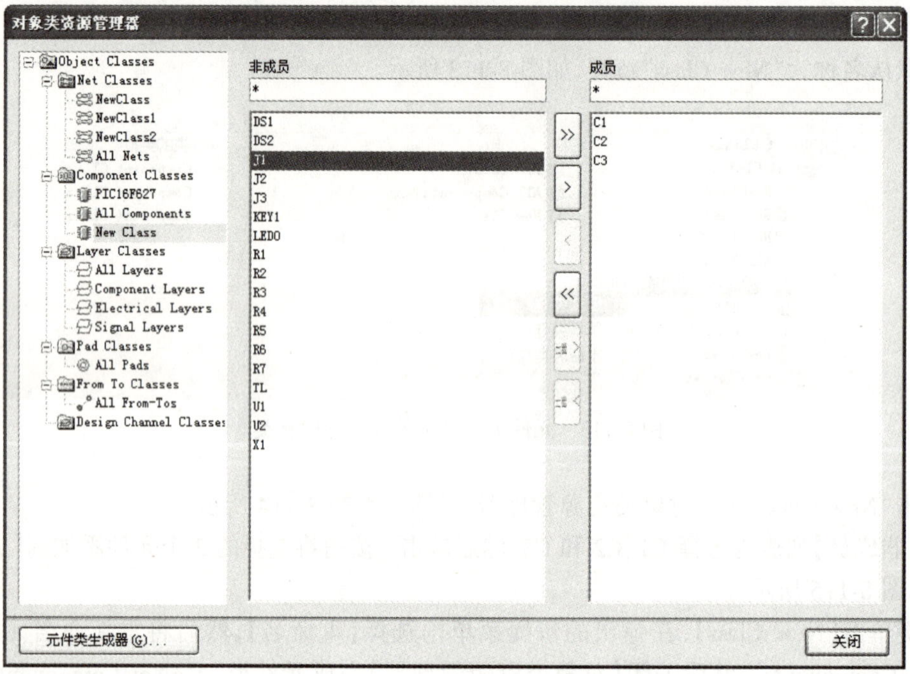

图 8-115 给元件类添加元件组

当 PCB 文件有自定义的元件类后，执行【元件类】命令，将弹出如图 8-116 所示相似的元件类选择对话框，选择新建的元件类“MyNewComponents”，系统将对元件类内 C1、C2、C3 元件所有连接网络对象进行自动布线,布线结束后如图 8-117 所示。注意,如果选中元件类选择对话框内【只对内部连接】复选框,则系统仅对 3 个器件之间的连接进行自动布线。

图 8-116　元件类选择对话框

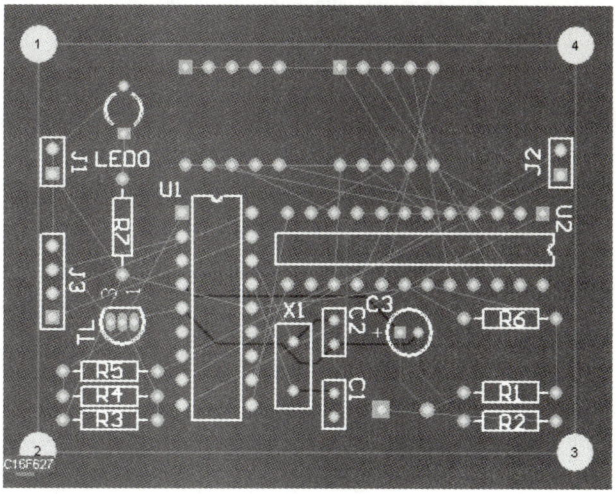

图 8-117　元件类"MyNewComponents"自动布线结果

在自动布线过程中可以执行【自动布线】→【停止】菜单命令停止当前自动布线进程,也可执行【自动布线】→【Pause】菜单命令暂停当前自动布线进程。

8.4.10　PCB 的优化

PCB 文件经过放置元器件、设置规则、布线等操作后,大部分 PCB 设计任务都已经基本完成,还有一些优化工作以进一步提高 PCB 板的各种性能,常用的优化方式有放置覆铜、补泪滴、建立包地、放置测试点和调整元件标注等。

1. 放置覆铜

覆铜是将电路板空白的地方放置铜膜,主要目的是提高电路板的抗干扰能力,有时也可用于散热。根据覆铜的目的,铜膜可以接地线、某一网络或特定器件。

下面以 PIC16F627 单片机数据采集系统为例说明放置覆铜的步骤。

① 执行【放置】→【覆铜】菜单命令,将弹出【覆铜】对话框。

② 在【填充模式】中选择【影线化填充(导线/弧)】单选框,选择【45 度】影线化填充模式,将导线宽度设置为 12 mil,在【网络选项】区域内,在连接到网络中选择【GND】,再选中【删除死铜】复选框,设置后的属性对话框如图 8-118 所示。注意应将对话框内导线宽度设定在地线宽度规则限制范围内,否则会引起 DRC 违规。

③ 单击【确认】按钮,光标变成十字形,即进入了覆铜的放置状态。

④ 可依照本实例的禁止布线区边界线来绘制一个矩形区域(注意:覆铜是放置在信号层,而不是禁止布线层),先将光标移动到禁止布线区边界线的一个顶点,单击鼠标确认,然后依次单击禁止布线区边界线的其他 3 个顶点,即可绘制出覆铜矩形区域。

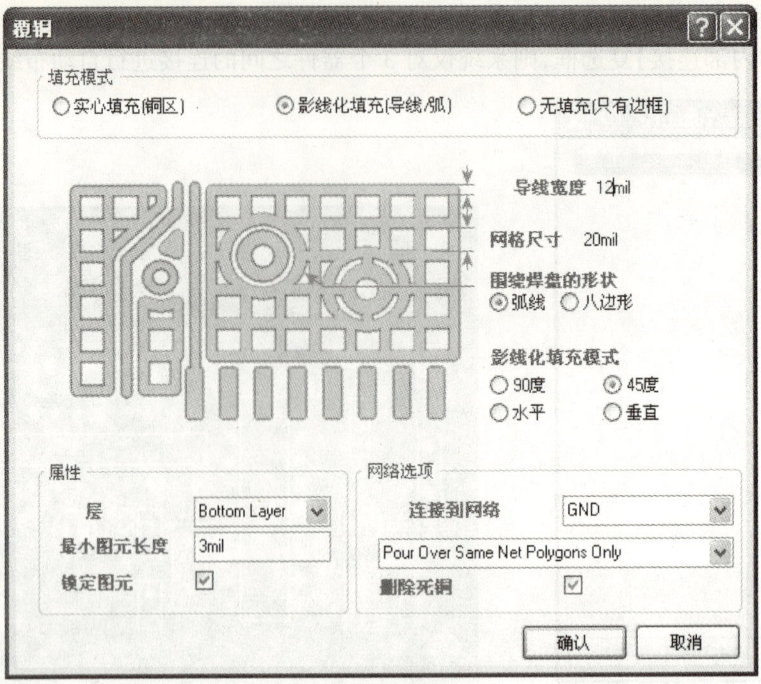

图 8-118 【覆铜】属性设置对话框

⑤ 绘制完毕后,系统将自动在矩形区域内完成 PCB 板顶层覆铜。

⑥ 以同样的方式对实例的 Bottom Layer 进行覆铜,完成后如图 8-119 所示。

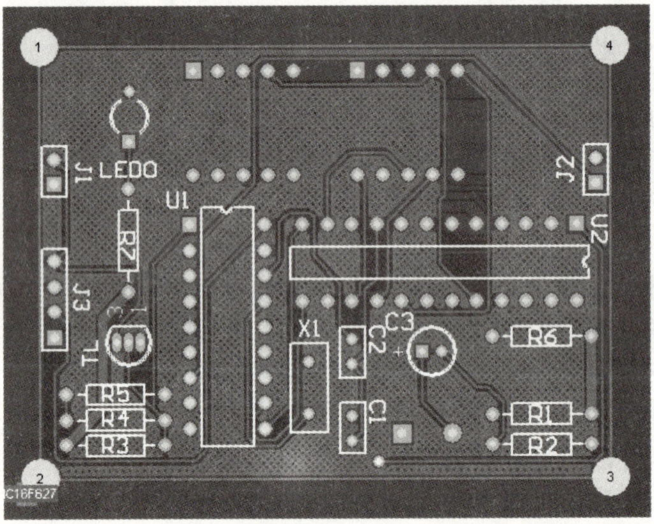

图 8-119 覆铜后的 PCB 板

2. 补泪滴

在导线与焊盘或过孔的连接处有一段过渡,过渡的地方呈泪滴形状,形象地称之为补泪滴。泪滴的主要作用是在钻孔时,避免在导线与焊盘的接触点处出现应力集中而使接触处断裂。如图 8-120(a)所示为补圆弧形泪滴后的 PCB 图,如图 8-120(b)所示为补导线形泪滴后的

PCB 图。

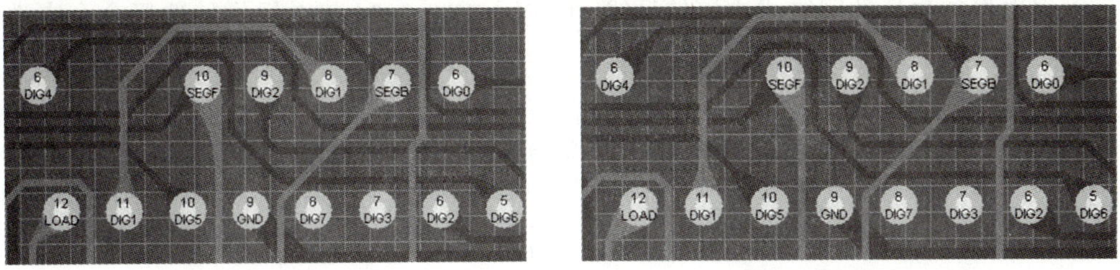

(a) 补圆弧形泪滴后的 PCB　　(b) 补导线形泪滴后的 PCB

图 8-120　补泪滴

启动【工具】→【泪滴焊盘】菜单命令或者通过快捷键 T→E 都可以启动如图 8-121 所示的【泪滴选项】对话框。

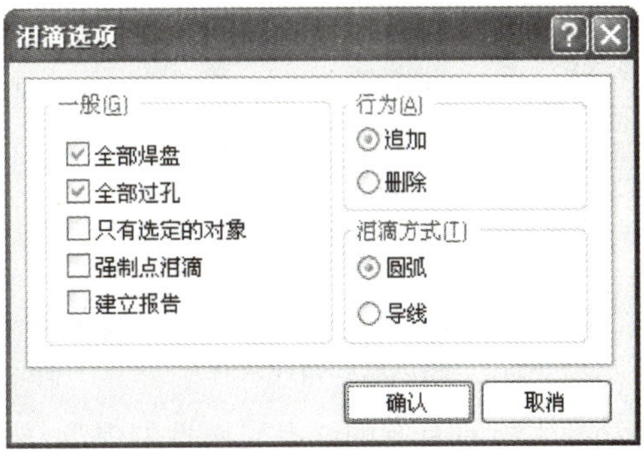

图 8-121　【泪滴选项】对话框

在【泪滴选项】对话框中，有三个选项区域。

(1)【一般】区域

该区域有以下 5 个选项。

①【全部焊盘】、【全部过孔】和【只有选定的对象】：选择补泪滴的对象。

②【强制点泪滴】：确认是否进行强制点泪滴，采样强制方式将不考虑 PCB 的规则约束，很有可能导致 DRC 违规，所以一般此项不选。

③【建立报告】：将补泪滴相关操作建立报告文件。

(2)【行为】区域

该区域有两个单选框，可以设置为追加泪滴或删除相应范围内的泪滴。

(3)【泪滴方式】区域

可以选择泪滴的类型，圆弧形泪滴或导线形泪滴。

设置完成后，单击【确认】按钮，即可进行补泪滴。

3. 建立包地

所谓包地是将信号线用地线包络起来，对 PCB 部分走线实施包地可以提高 PCB 板的抗干扰能力。如图 8-122 所示为包地建立前后的 PCB 对比图。

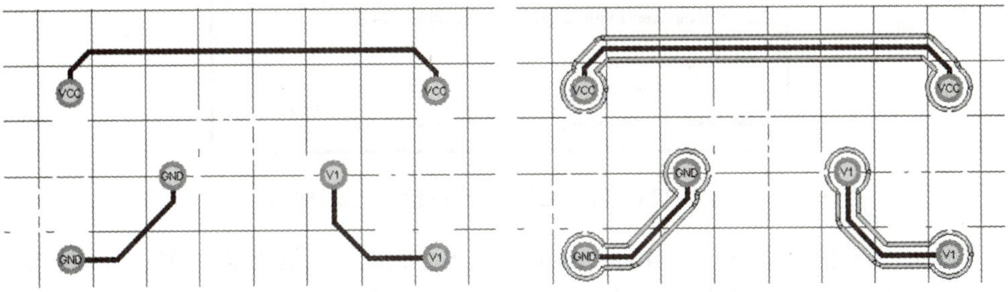

(a) 包地前　　(b) 包地后

图 8-122　包地建立前后的 PCB 对比图

建立包地的操作过程如下。

① 先选择待包地的网络或连接信号线，可使用 DXP 2004 SP2 提供的选择命令来选择特定对象。

② 选择完毕后，执行【工具】→【生成选定对象的包络线】菜单命令，系统将对选择的导线和焊盘进行地线包络处理，包络线的默认宽度为 8 mil，与被包对象的间距为规则设置的安全距离。

③ 要删除一个包络线，可以使用【编辑】→【选择】→【连接的铜】菜单命令，再选择要删除的包络线，然后按 Delete 键即可。

4. 放置测试点

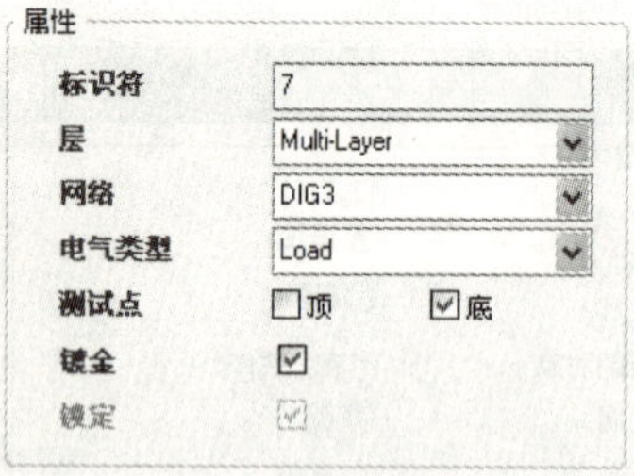

图 8-123　测试点层属性设置

如果要对一个 PCB 板进行信号完整性分析，先要在 PCB 板上某节点焊盘设置测试点属性，在焊盘属性对话框的【属性】区域可以设置测试点的所属层属性，如图 8-123 所示。这里的信号完整性分析是分析一个信号在电路中产生正确的响应的能力。信号具有良好的信号完整性，则其当在需要的时候，将具有所必须达到的电压电平数值。主要的信号完整性问题包括反射、振荡、地弹、串扰等。

执行【工具】→【查找并设置测试点】菜单命令，系统将自动搜索所有具有测试点层属性的焊盘，然后将它们设置为测试点，设置为测试点的焊盘如图 8-124 所示。有了测试点就可以对 PCB 板进行信号的完整性分析。

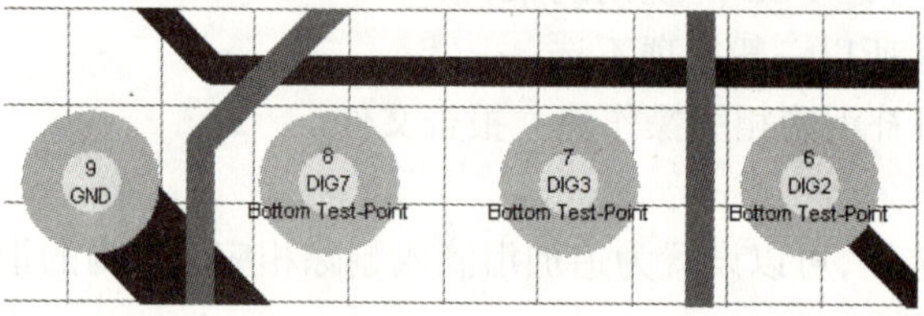

图 8-124　设置好的测试点

执行【工具】→【信号完整性】菜单命令，系统将开始对当前 PCB 所有测试点进行信号完整性分析，分析结束后将弹出分析结果信息对话框，如图 8-125 所示。

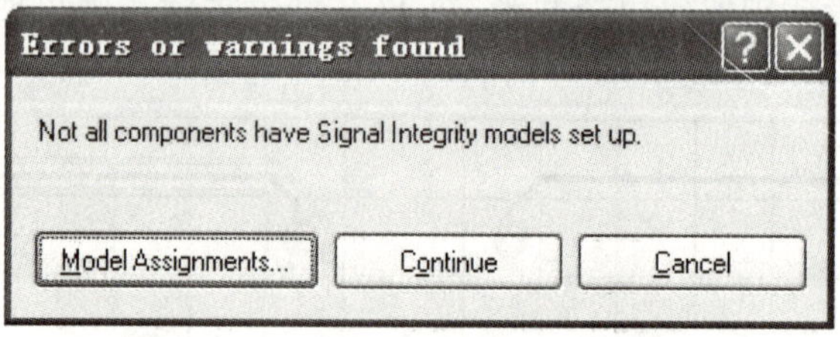

图 8-125　信号完整性分析结果信息对话框

如果有不完整信号，可单击【Model Assignments】按钮，在弹出如图 8-126 所示的信号完整性模式设置对话框内进一步了解不完整的对象和信号不完整的原因，并进行相关的修改和设置。

要清除 PCB 板上的测试点，可在选择【工具】→【清除全部测试点】菜单命令即可。

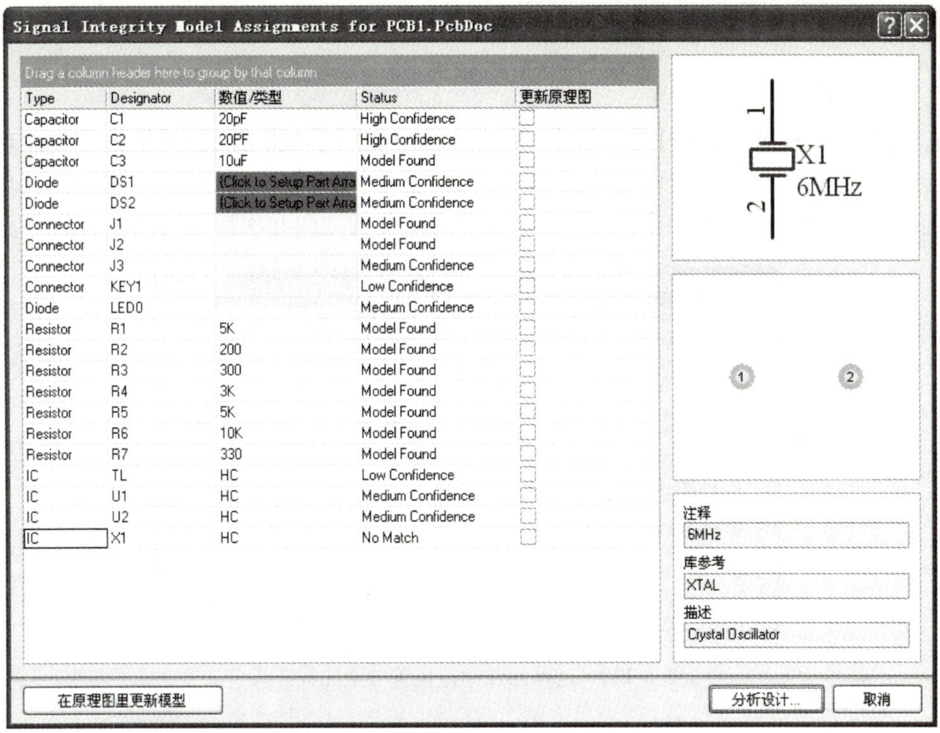

图 8-126 信号完整性模式设置对话框

5. 调整元件标注

PCB 板元器件自动布局后,元件的编号和标注往往会比较杂乱,很影响 PCB 板的美观,可以通过手动或自动的方式来对它们进行调整。

(1) 手动方式

将光标移到元件文字标注处,双击该文字标注或在其右键菜单内选择【属性】命令,将弹出如图 8-127 所示的【标识符】属性设置对话框。

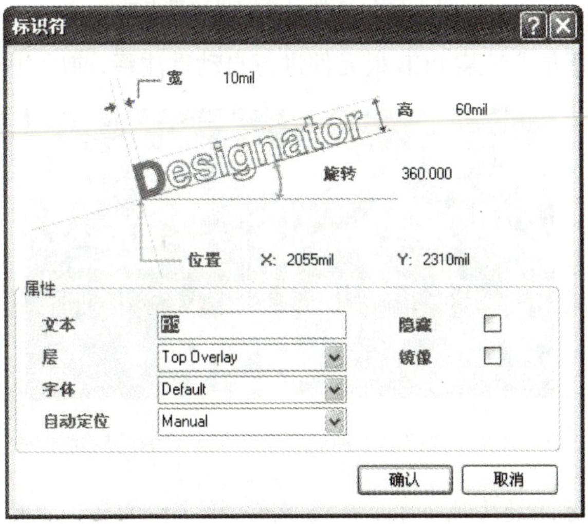

图 8-127 【标识符】属性设置对话框

通过该对话框来手动修改元件标识符的字体、大小和角度、所处位置、文本内容和放置的层等。

(2) 自动方式

执行【工具】→【重新注释】菜单命令，系统将弹出如图 1-128 所示的【位置的重注释】对话框，该对话框提供 5 种元件重注释的编号方式，如图 1-129 所示，选择其中一种方式，单击【确认】按钮，系统就开始对 PCB 板上元件依照该方式定义的方向和次序对元件进行编号。

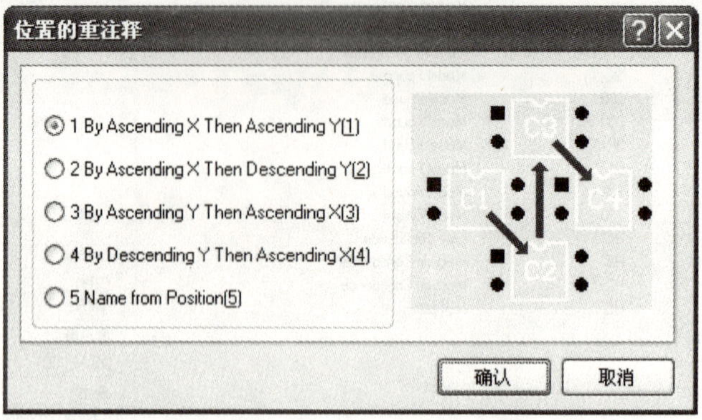

图 8-128 选择元件标注位置的重注释方式

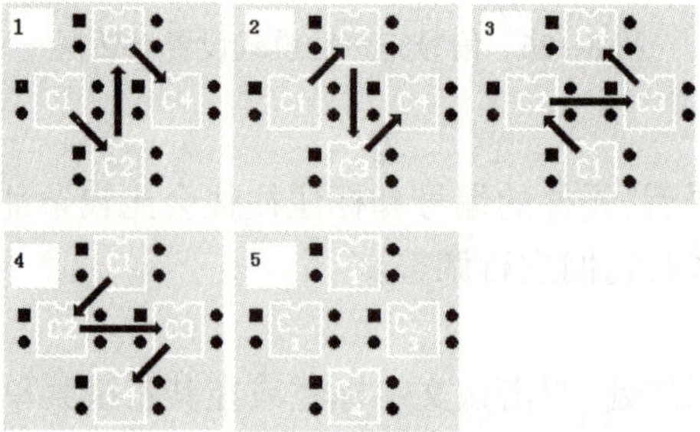

图 8-129 5 种位置的重注释方式

选择第 1 种重注释方式对某 PCB 板元件进行自动重注释，前后对比如图 8-130 所示。

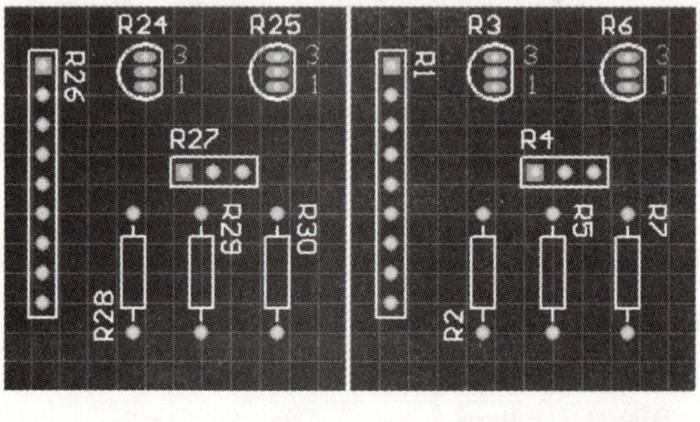

图 8-130 选择第 1 种位置重注释方式的前后对比图

执行完重注释后，系统还生成一个 .WAS 文件，该文件为自由文档，记录了元件编号的变化情况，如图 8-131 所示为该 PCB 元件重注释后生成的 .WAS 文件内容。

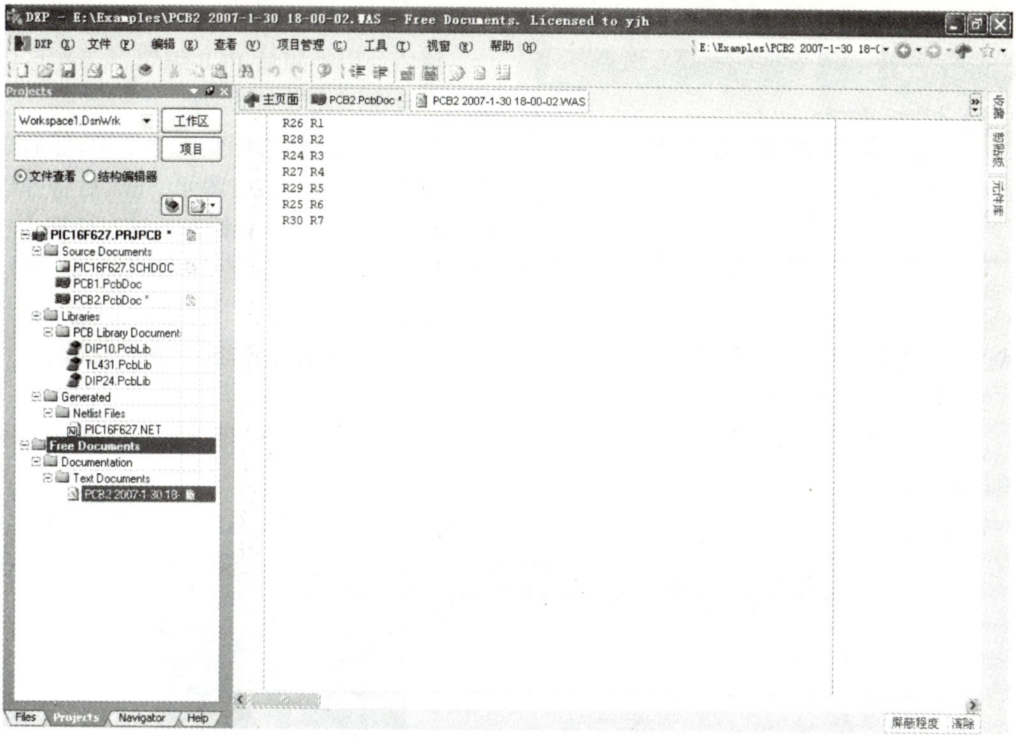

图 8-131　自动重注释后生成的 .WAS 文件

8.4.11　PCB 距离测量

在 PCB 设计过程中，经常需要进行各种距离测量，如测量元件轮廓尺寸，测量两焊盘之间的距离，测量导线的长度，等等，除了以放置尺寸标注的方式来获得距离信息外，DXP 2004 SP2 还提供其他几种测量命令，这些命令都集中在【报告】菜单内，如图 8-132 所示。

1.【测量距离】

该命令用于测量 PCB 编辑器工作区内任意两点之间的距离。

选择该命令后光标变成十字形，然后在工作区内单击待测量距离的两个点，完成后将弹出如图 8-133 所示的提示对话框。该对话框内显示了测量结果。确认返回后光标仍处于命令状态，可继续测量，单击鼠标右键或按 Esc 键可退出命令状态。

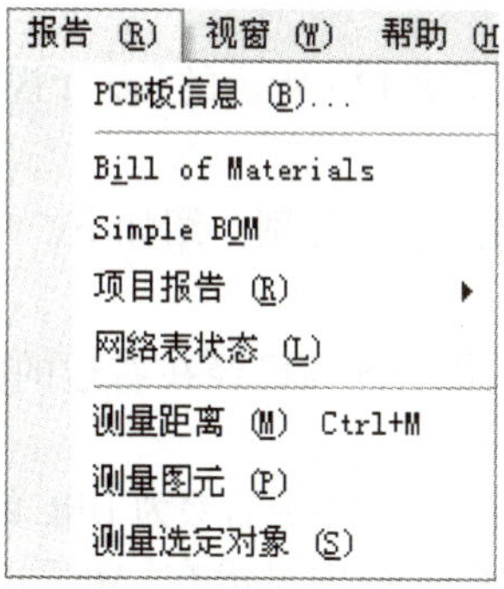

图 8-132　【报告】菜单

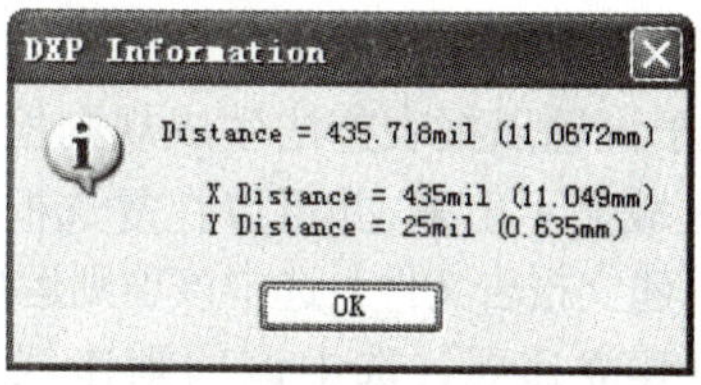

图 8-133　两点距离测量结果

2.【测量图元】

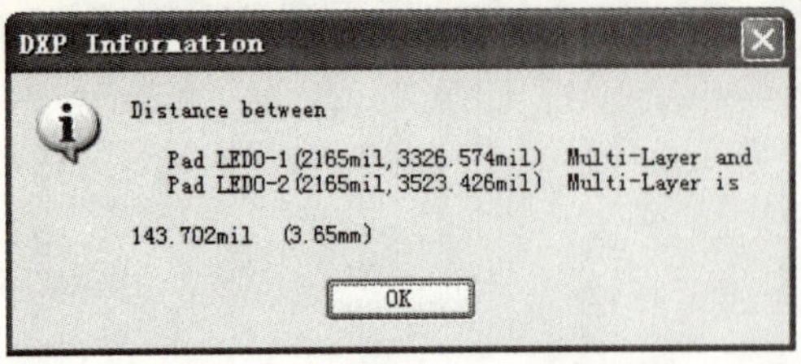

图 8-134 两自由图元距离测量结果

该命令用于测量 PCB 编辑器工作区内任意两个自由图元之间的距离。

选择该命令后光标变成十字形,然后单击选取待测量的两个自由图元,完成后将弹出如图 8-134 所示的提示对话框。该对话框内显示了测量结果,确认返回后光标仍处于命令状态,可继续测量,单击鼠标右键或按 Esc 键可退出命令状态。注意该命令仅适用于测量两个图元之间的距离,对于成组对象之间该命令无效。

3.【测量选定对象】

该命令用于测量 PCB 编辑器工作区内选定导线的总长度,该导线可以是相同或不同网络的单段或多段导线。

先选择待测量的所有导线,然后执行该命令,即可弹出测量结果提示对话框,如图 8-135 所示。

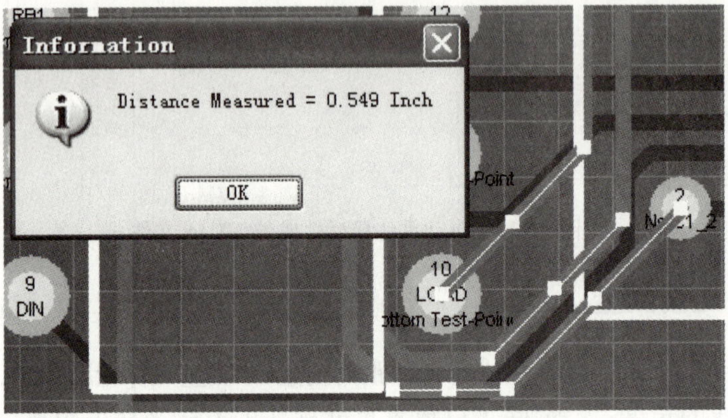

图 8-135 选定导线总长度测量结果

对话框内显示的尺寸单位为英制,可以选择【查看】→【切换单位】菜单命令或按快捷 Q 将显示尺寸单位切换成公制。

8.4.12 PCB 的设计规则检查

布线结束后,可以利用 DXP 2004 SP2 提供的设计规则检查功能进行规则检查,以判断布线结果是否满足所设定的规则要求。

单击【工具】→【设计规则检查】菜单命令,系统出现如图 8-136 所示的【设计规则检查器】对话框。

该对话框左侧为检查规则项目列表,右侧为项目的具体内容,分别介绍如下。

1.【Report Options】

用于设置以报表方法生成规则检查结果的各个选项。各个选项已经在右边的【DRC 报告选项】区域显示出来,并可以在复选框中选择。选项功能如下。

- 【建立报告文件】:选中该项则运行批处理 DRC 后,系统会自动生成后缀为 DRC 的报告文件。
- 【建立违规】:选中该项则违规对象将在批处理 DRC 过程中显示在【Messages】消息框内,用户可以通过该对话框对违规对象进行定位。

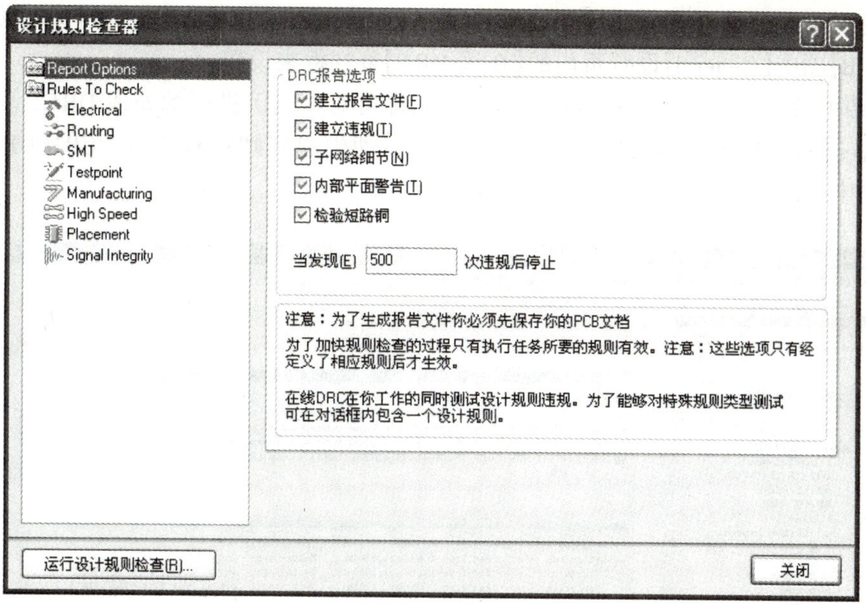

图 8-136　【设计规则检查器】对话框

㇎【子网络细节】:选中该项则可对子网络进行 DRC 检查并生成报告。

㇎【内部平面警告】:选中该项则系统将对多层板内层相关的错误给出警告。

㇎【检验短路铜】:选中该项则系统将对覆铜与其他非网络连接短路与否进行检查。

通过该区域还可以设置当违规错误出现多少次时停止规则检查。

2.【Rules To Check】

设置是在线方法进行设计规则检查还是在设计规则检查时一并检查。在左边区域中列出了要检查的规则项目,右边区域用于设置【在线】DRC 和【批处理】DRC 时所检查的项目,如图 8-137 所示。所谓在线 DRC 是指用户在设计过程中,系统实时地对用户的操作进行 DRC 检

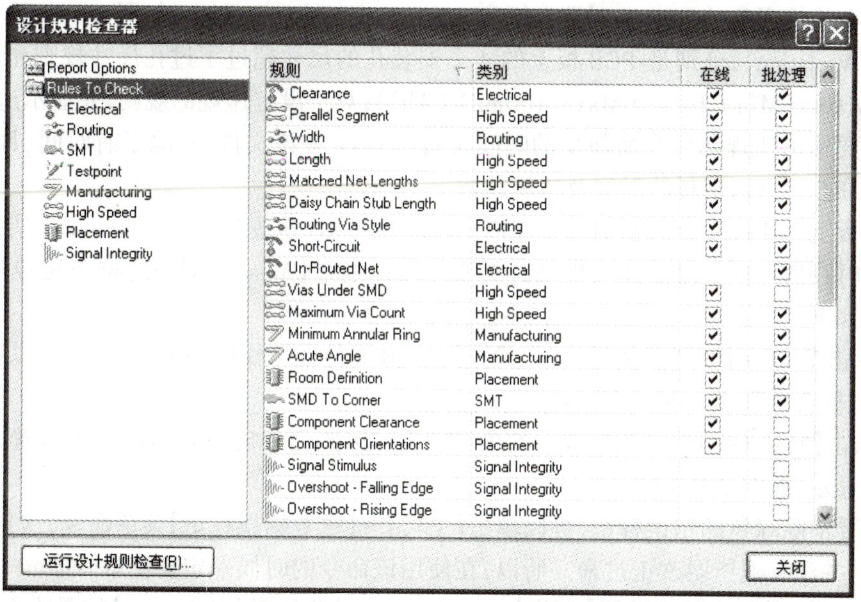

图 8-137　【Rules To Check】项界面

查,一旦发现违规就给予提示。是否进行在线 DRC 检查,可以在【优先设定】对话框,通过【Protel PCB】项中【General】设置页内的【在线 DRC】复选框来设置。

设置结束后,单击【运行设计规则检查】按钮,即可对本实例进行批处理 DRC,运行结果将在【Messages】消息框内显示。DRC 结束后,系统自动生成规则检查报告 PCB1.DRC 自由文档,该文档中列出详细的检查结果,如图 8-138 所示。

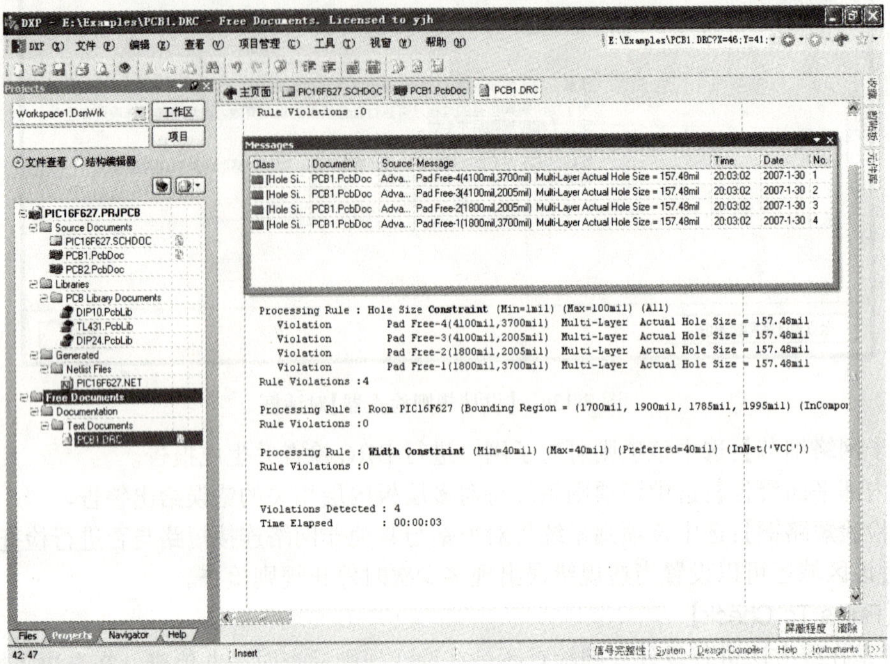

图 8-138 批处理 DRC 结束后的 PCB1.DRC 和【Messages】消息框

如果有违规现象,【Messages】消息框和 *.DRC 文档会一一列出,如图 8-138 所示,列出了 4 个违规(Violation),分别是 PCB 板上的 4 个安装孔的尺寸超过了过孔尺寸规则允许值(Hole Size Constraint (Min = 1mil) (Max = 100mil) (All));对于没有违规的规则,先显示违规条数为 0,最后还要给出违规总数和所使用的时间,一目了然。在该文件中,除了有时间、日期等信息外,还有 DRC 检查所消耗的时间及违规总数等。

电路板上有违反设计规则的地方则以高亮绿色显示(违规显示的颜色可以在层管理器中设置),同时在信息框中给出违反规则的类别。可以通过【Messages】消息框来定位违规对象。具体操作如下。

① 单击 PCB 文件标签,使得 DRC 检查的 PCB 文件在工作区内显示,此时可以看到【Messages】消息框会继续显示在工作区内。

② 双击【Messages】消息框列表中的项目则工作区画面将定位到违规对象位置,该对象为高亮绿色显示,如图 8-139 所示。

如果要清除绿色的错误标记,可以单击【工具】→【重置错误标记】菜单命令,这只是清除了错误标记,并没有把错误改正过来。所以,在使用该命令的时候一定要注意。

在【PCB 规则和约束编辑器】内将【Manufacturing】项子类【Hole Size】的最大孔径设置为

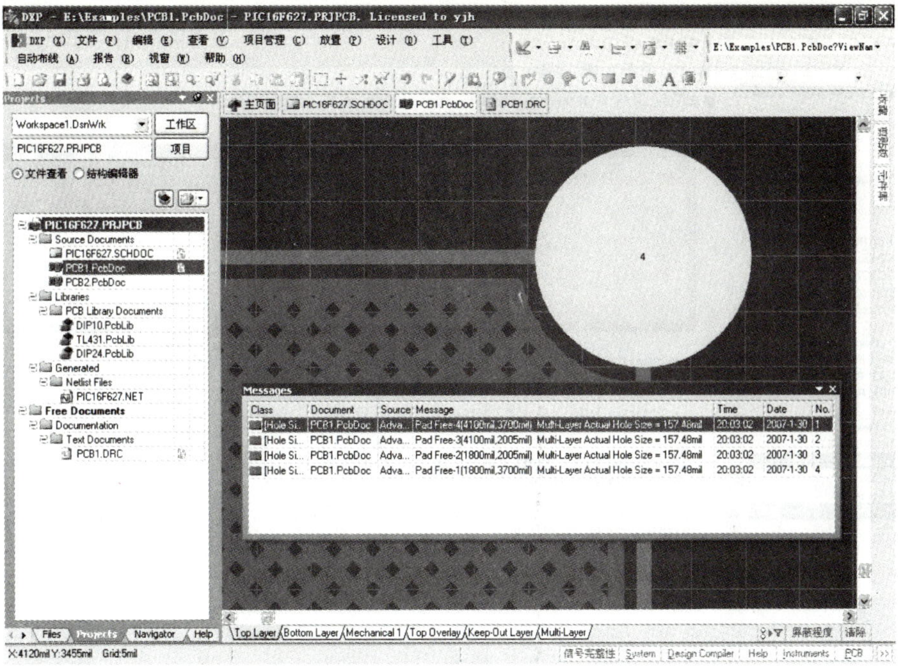

图 8-139　通过【Messages】消息框定位违规对象

180 mil，如图 8-140 所示，使得最大孔径限制在安装孔孔径之上，再次进行批处理 DRC，可看到 PCB1.DRC 文档内显示的违规的数量为 0，如图 1-141 所示。

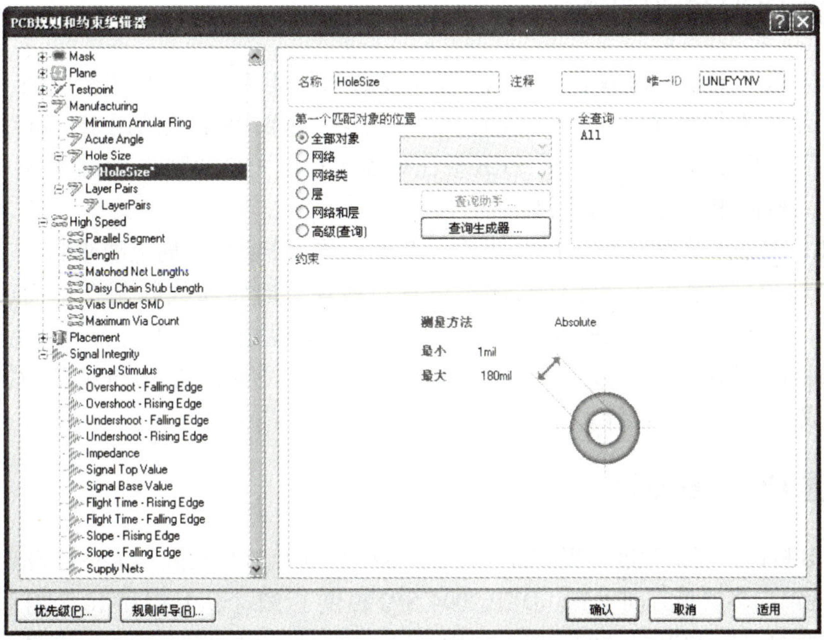

图 8-140　修改最大孔径规则限制

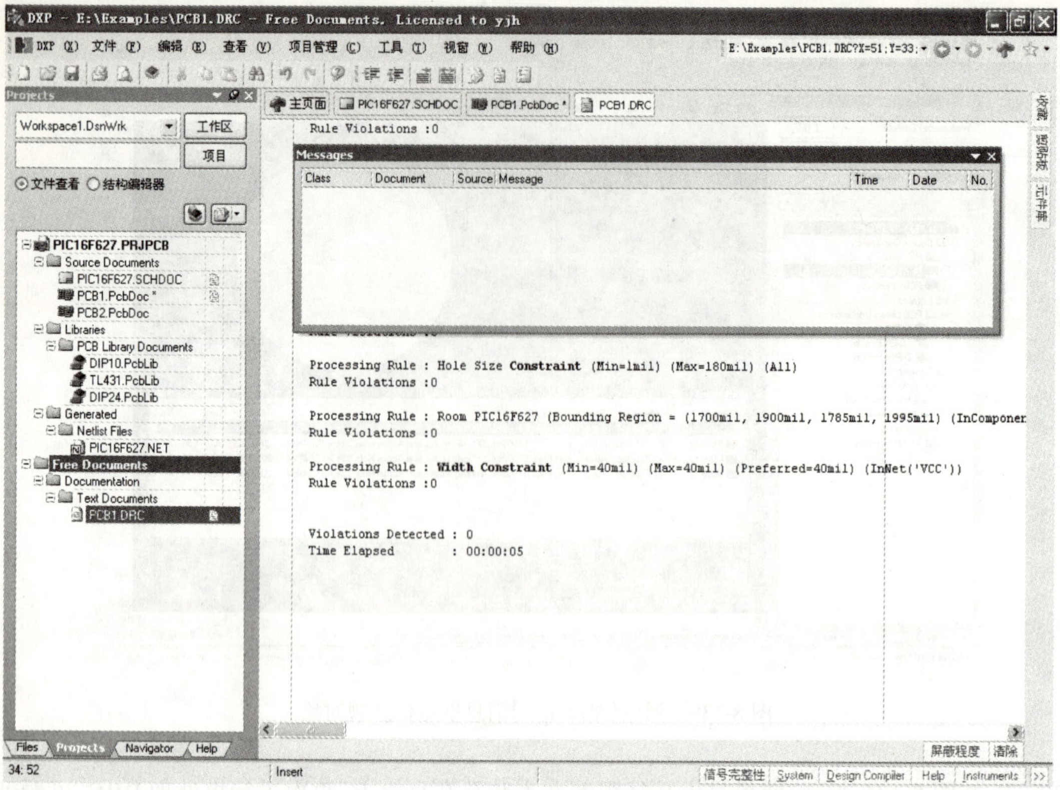

图 8-141　修改“Hole Size”规则后的批处理 DRC 结果

8.5 单面 PCB 图设计

单面 PCB 板的工作层面仅包括元件面、焊接面和丝印面，元件面和丝印面一般设计在 PCB 板的顶层，没有铜膜导线，而将焊接面设计在底层。单面 PCB 板适用于元器件相对较少，布线不太复杂的场合，稍微复杂些的 PCB 板往往需要布置大量的跳线，才能使整个布线布通率达到 100%，所以用的场合受到限制。

单面 PCB 板总体过程与双面 PCB 板设计基本相同，只是在布局上要求将所有的元器件布局在单面(即顶层，除非贴片元件)，还有设置布线规则时将布线限制在单面(底层)布线(【RoutingLayers】规则项)，如图 8-142 所示。并且将布线拓扑模式设置为最短(Shortest)(【RoutingTopology】规则项)以提高布线布通率，如图 8-143 所示。后面与双面 PCB 板一样的操作即可完成单面 PCB 板设计。

8.6 多层 PCB 图设计

随着 PCB 板设计复杂程度的提高，传统的单面和双面 PCB 板已经不大适应设计要求了，电路板的设计逐渐向多层板方向发展。DXP 2004 SP2 提供了 32 个信号层和 16 个内部电源/接地层，完全可以满足多层 PCB 设计的需要。下面将以 4 层板设计为例进行介绍。具体步骤如下。

① 通过【层堆栈管理器】对话框给 PIC16F627 数据采集系统添加两个内电层(参照 8.3.1 节)，并分别连接到网络 VCC 和 GND，设置完毕后如图 8-144 所示。

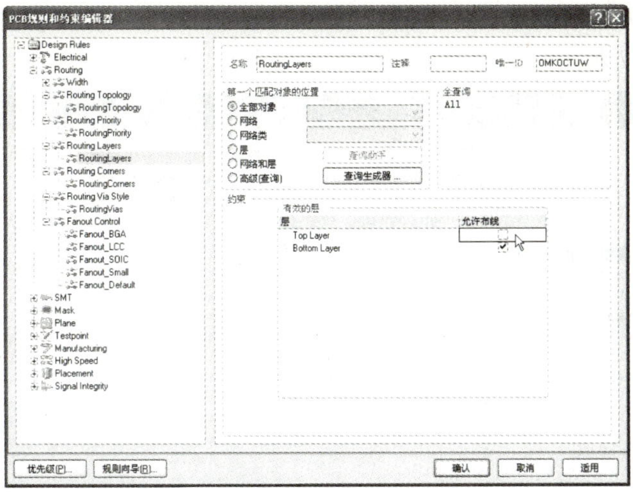

图 8-142　修改【RoutingLayers】规则项

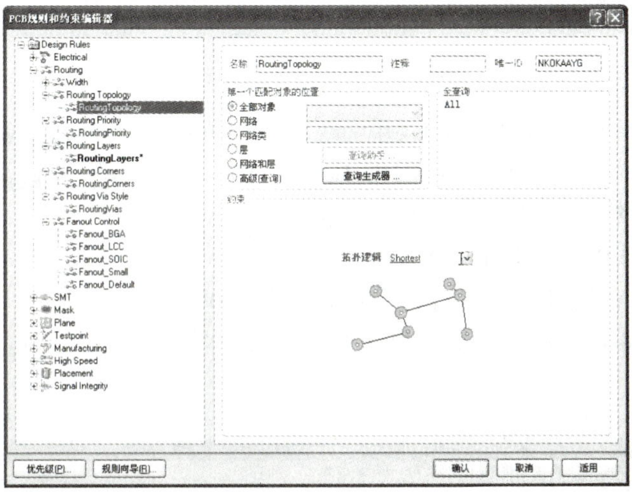

图 8-143　修改【RoutingTopology】规则项

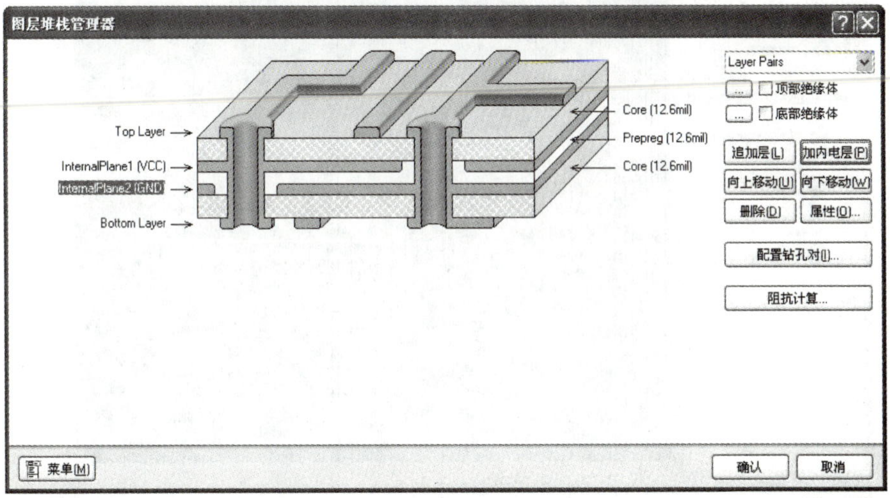

图 8-144　添加内电层 VCC 和 GND

② 如果对内层规则有特殊要求,可以在【PCB 规则和约束编辑器】内对【Plane】规则项进行设置,如图 8-145 所示。

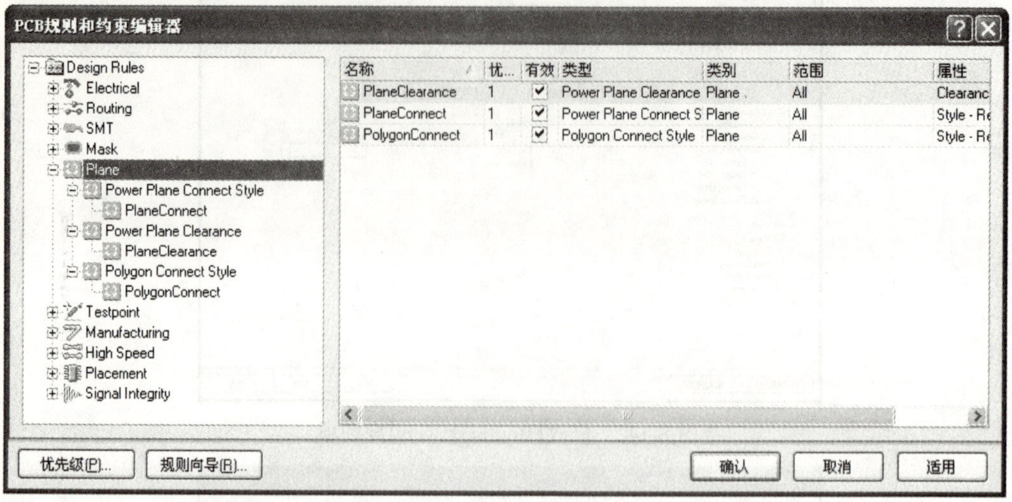

图 8-145 设置【Plane】规则项

③ 执行【自动布线】→【全部对象】菜单命令,在弹出的 Situs自动布线器内选择多层板默认策略(Default Multi-Layer Layer Board),然后单击【Route All】按钮,系统开始对数据采集系统实例 PCB 板重新自动布线。

④ 布线结束后,在【板层与颜色】设置对话框内,将内层设置为显示,如图8-146所示,最终 4 层板的布线图如图 8-147所示。

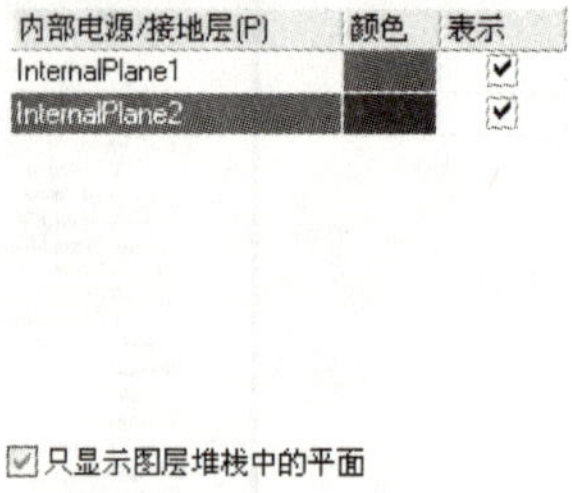

图 8-146 设置内电层显示

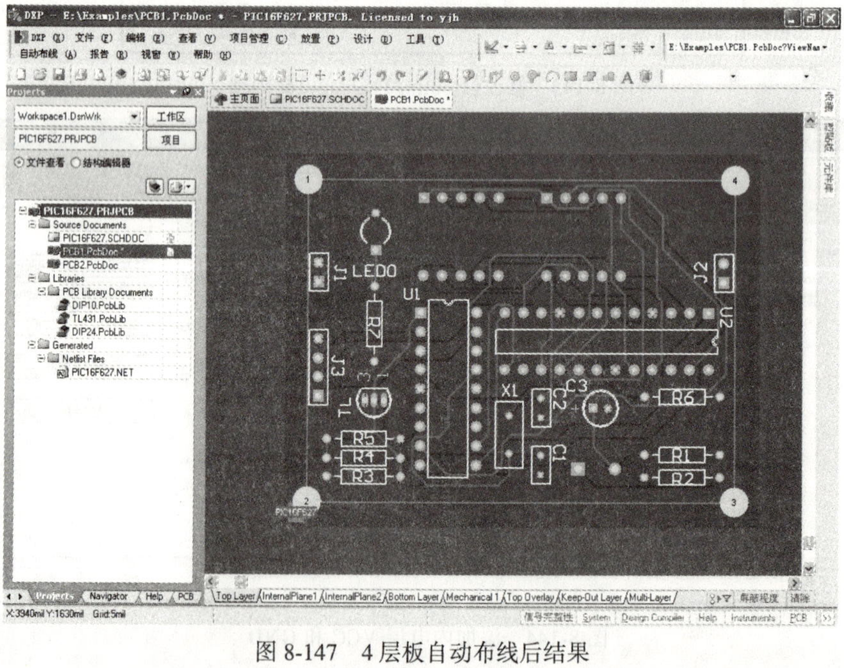

图 8-147 4 层板自动布线后结果

与图 8-105 所示双面板自动布线图相比,图 8-147 所示自动布线图少了两条较粗的电源线和地线,另外 VCC 和 GND 网络焊盘出现了十字形标记,说明该焊盘与内层连接,如图 8-148 所示。

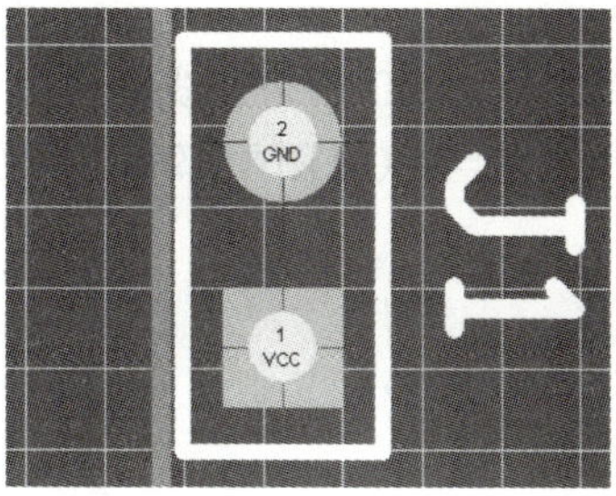

图 8-148 内电层连接焊盘

本章小结

本章主要讲解 PCB 板图的具体设计过程,包含以下主要内容。

(1) PCB 设计流程。主要介绍进行 PCB 图设计的主要步骤,包括准备原理图、载入网络表、设置 PCB 编辑器工作环境、元器件布局、布线等。

(2) PCB 设计的基本原则。为了保证 PCB 板的性能和美观,这里主要从 PCB 布局、布线和抗干扰角度阐述 PCB 设计的基本原则。

(3) PCB 制板的准备。这里主要讲述在进行 PCB 布局、布线之前要做的一些准备工作,主要包括 PCB 工作层面的设置与管理,物理与电气边界的设定,PCB 页面模板的调用和环境参数设置。对于初学者来说,特别要注意理解物理边界与电气边界的区别与联系。

(4) 双面 PCB 图设计。这里详细讲述了双层 PCB 图设计的过程,主要包括准备原理图、修改元件的封装、PCB 和原理图的双向更新等,详细阐述了 PCB 元件布局的方法和步骤,给出了 PCB 3D 图例。还对 PCB 元件密度的分析、网络表的管理等作了细致的说明。重点阐述了 PCB 图布线规则的编辑与设置,包括电气规则、布线规则等,并对重要的子项规则也作了说明。详细讲述了 PCB 布线的过程,包括手工布线和自动布线的操作步骤。本节最后介绍了 PCB 图的优化和设计规则的检查。

(5) 单面 PCB 图设计。这里简要介绍了单层 PCB 图的设计。

(6) 多层 PCB 图设计。这里简要介绍了多层 PCB 图的设计。

本章内容不仅多,而且非常重要,包含了 PCB 图设计的绝大部分工作,必须认真学好本章内容。

习题

1. 简述 PCB 图设计的主要步骤。

2. 怎样设定 PCB 图的物理边界和电气边界?两者有何区别?电气边界应该设置在哪个层?

3. 怎样修改 PCB 图中元件的封装?怎样把原理图的修改更新到 PCB 图中?

4．在选择和确定线路板板层时，通常考虑哪些因素？

5．怎样通过网络表编辑器增加一个新的网络类和一个网络？

6．请读者直接在 PCB 编辑器中设计一个简单的 PCB 图，包括在 PCB 图中直接放置元件封装、直接建立网络表、直接布线。

7．在一 PCB 设计中，要把 VCC 和 GND 网络的线宽设置为 40 mil，怎样设置相应的规则？

8．DRC 检查的主要作用是什么？当 PCB 图中部分内容变绿时，说明什么？怎样处理？

第 9 章　PCB 设计输出

通过前面几章的内容，读者已经可以通过 DXP 2004 SP2 制作自己的 PCB 图了。制作完 PCB 图，还需要生成与 PCB 设计有关的一些文档资料，以便于后期的元件采购、技术交流和交付制造等。从本章开始将介绍 PCB 相关输出文件的生成，包括生成 PCB 各类报表，PCB 打印输出和创建 PCB 交付制造相关文件等，本章最后一节还将介绍交付 PCB 给厂家制作时的一些相关注意事项。

9.1　PCB 报表生成

DXP 2004 SP2 PCB 编辑器给用户提供了丰富的报表功能，通过这些报表，可以很方便地查看整个 PCB 板的元件和布线相关信息，保存这些报表以便于日后工作中查阅。

9.1.1　PCB 板信息报表

执行【报告】→【PCB 板信息】菜单命令可弹出图 9-1 所示的【PCB 信息】对话框。

该对话框内有以下 3 个选项卡。

(1)【一般】选项卡

该选项卡列出了当前 PCB 的一些基本信息，包括：电路板尺寸、各类图元数量。要注意，这里【电路板尺寸】内显示的尺寸大小为 PCB 板上布置现有的元器件的最小尺寸，而不是当前 PCB 板的尺寸大小。

(2)【元件】选项卡

该选项卡内显示了当前 PCB 板上放置的所有元器件，如图 9-2 所示。

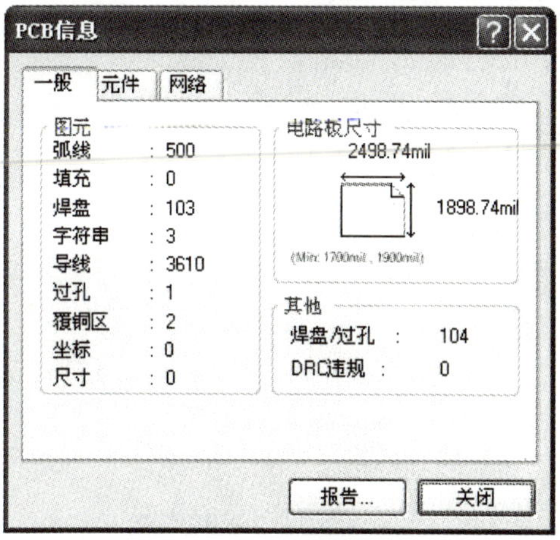

图 9-1　【一般】选项卡

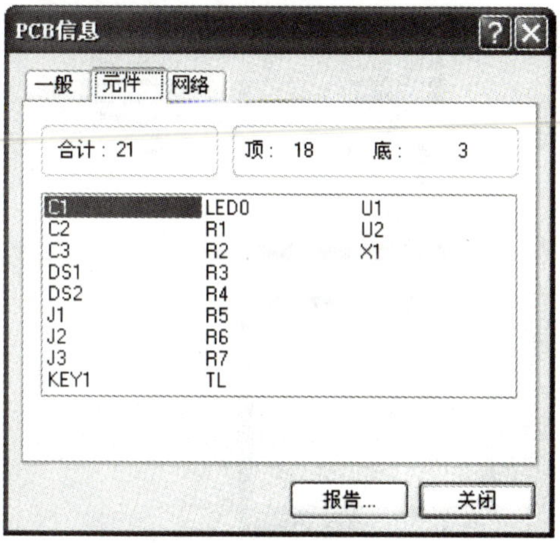

图 9-2　【元件】选项卡

(3)【网络】选项卡

该选项卡内显示当前 PCB 板上所有连接的网络，如图 9-3 所示。

单击【报告】按钮，将弹出如图 9-4 所示的【电路板报告】对话框。

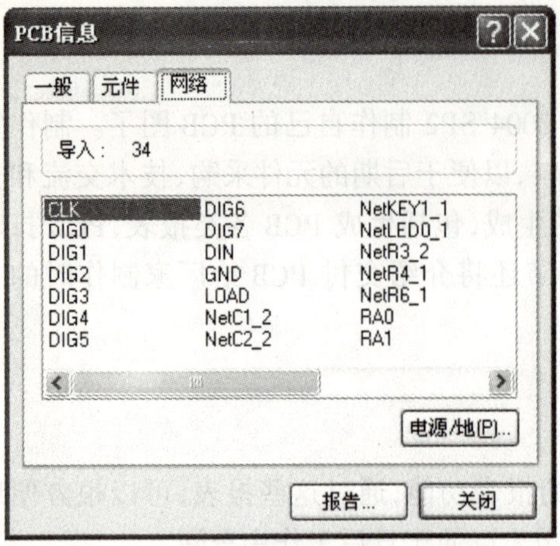

图 9-3 【网络】选项卡

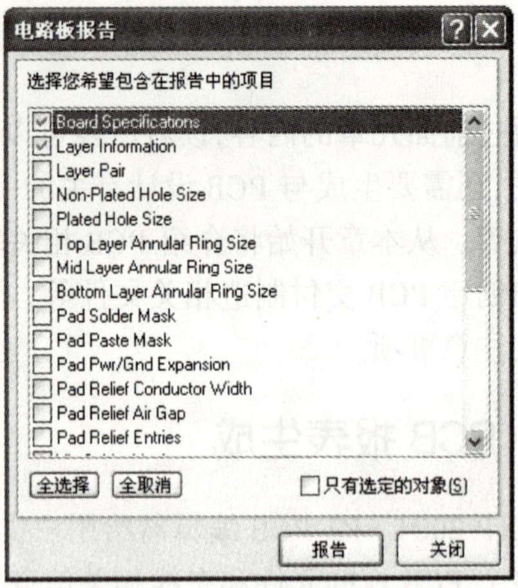

图 9-4 【电路板报告】对话框

该对话框内列出了所有 PCB 信息相关的选项，用户可以选中要输出报告的选项复选框，比如选择 Board Specifications(电路板详细信息)和 Layer Information(电路板层信息)两项，然后单击【报告】按钮，系统将自动生成报表文件 < PCB 板文件名称 > .REP，如图 9-5 所示，该报表列出了两个选项方面 PCB 板的所有信息。

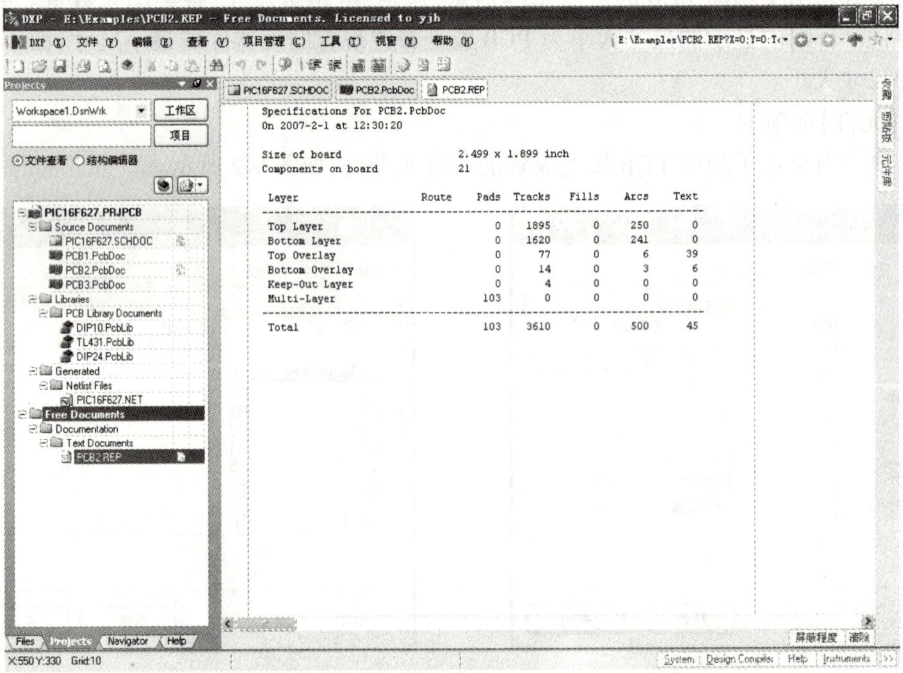

图 9-5 生成的 PCB 板信息报表

9.1.2　PCB 板元器件报表

通过 DXP 2004 SP2 可以生成 PCB 板元件报表,用户通过该报表清单去采购所需的元器件。

执行【报告】→【Bill of Materials】菜单命令,会弹出如图 9-6 所示的元器件报表,该列表栏内列出了元器件的类型、标识符、封装形式等信息。

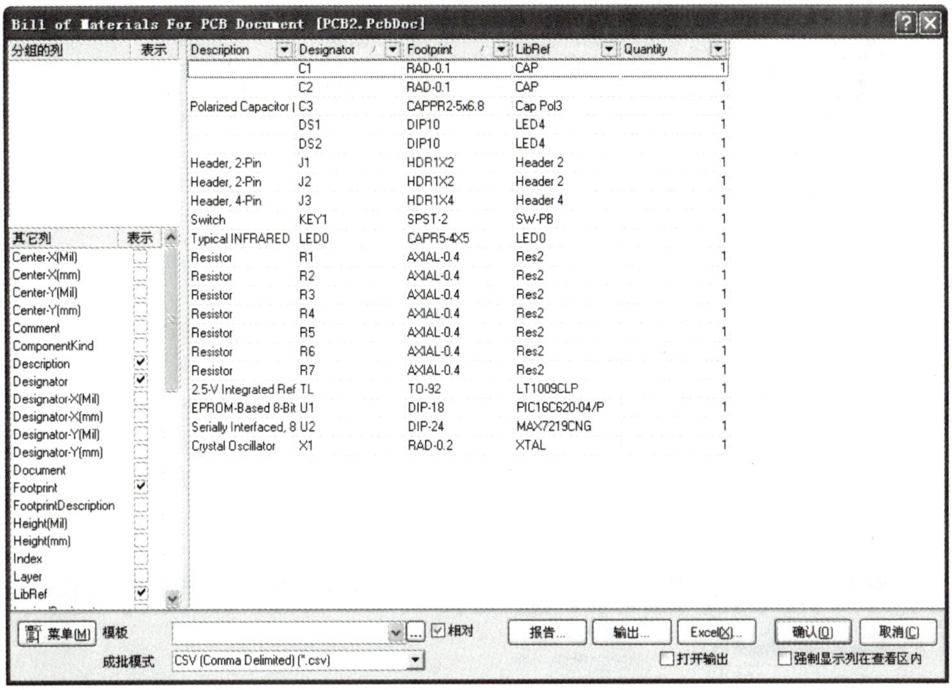

图 9-6　【PCB 元器件报表】对话框

单击【报告】按钮,系统将弹出元器件报表打印预览对话框,用户可以打印该报表。单击【Excel】按钮可保存元器件报表为 Excel 文件。

9.1.3　精简元器件报表

通过 DXP 2004 SP2 可以生成精简的 PCB 板元件报表,该表要比 9.1.2 节介绍的元器件报表要精简得多,一目了然。

执行【报告】→【Simple of BOM】菜单命令,系统将立即生成 * .BOM 和 * .CSV 文件,并在工作区内打开,如图 9-7 所示。

9.1.4　网络表状态信息报表

通过 DXP 2004 SP2 可以生成 PCB 板的网络表状态信息报表,该报表列出了 PCB 板所有网络名称,网络所属信号层,以及连接网络导线总长度。

执行【报告】→【网络表状态】菜单命令,系统立即生成 * .REP 报表文件,并在 PCB 编辑器工作区内打开,如图 9-8 所示。

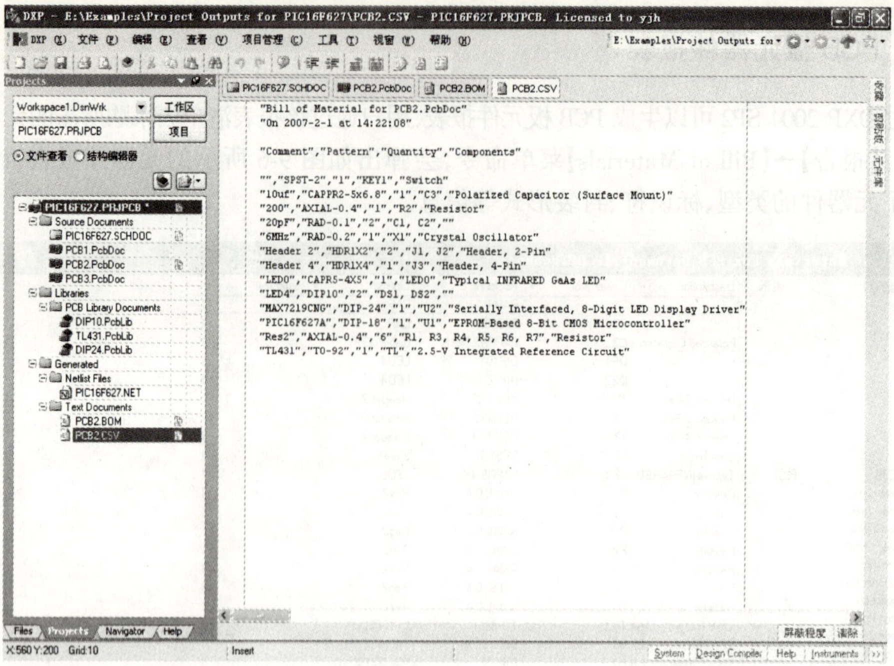

图 9-7　PCB 精简元件报表

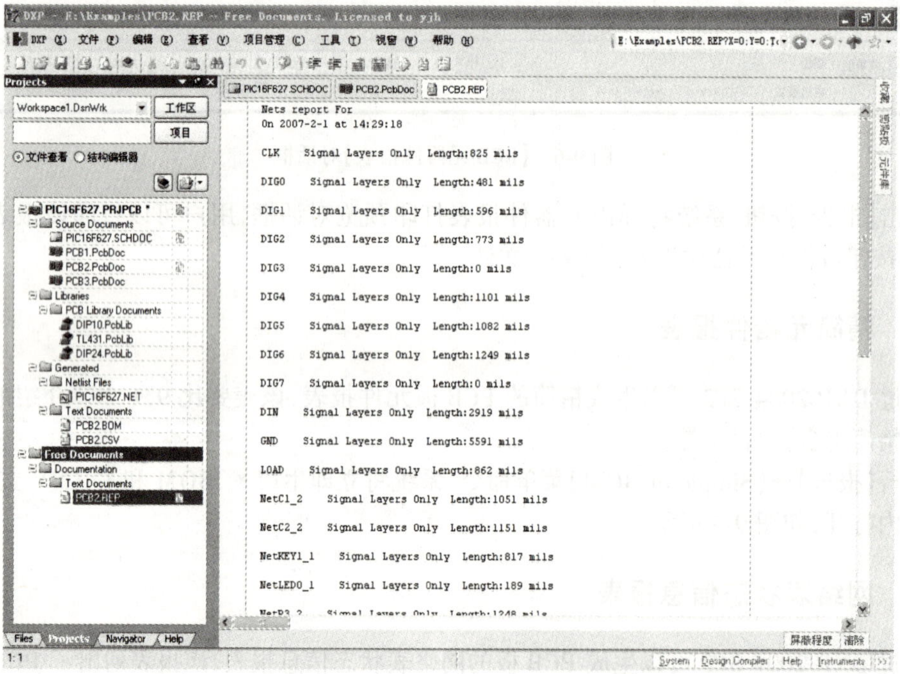

图 9-8　PCB 网络表状态信息报表

9.2　PCB 图打印输出

为了存档 PCB 板设计资料，需要对 PCB 图进行打印输出。下面以 PIC16F627 数据采集系统板图打印输出为例，介绍 PCB 板图打印输出的步骤。

1. 首先设置 PCB 打印页面

执行【文件】→【页面设定】菜单命令，弹出如图 9-9 所示的【Composite Properties】打印页面设置对话框，在该对话框内可以设置打印纸张为默认 A4，默认横向打印，默认刻度模式，此时打印比例为 1:1 不可设置，若通过下拉菜单选择【Scaled Print】模式，则用户可以根据需要改变打印整体比例，也可在【修正】选项中分别修改 X 和 Y 方向比例。在【余白】选项中可以设置打印的页边距，默认为不可设置，打印颜色默认设置为灰色。

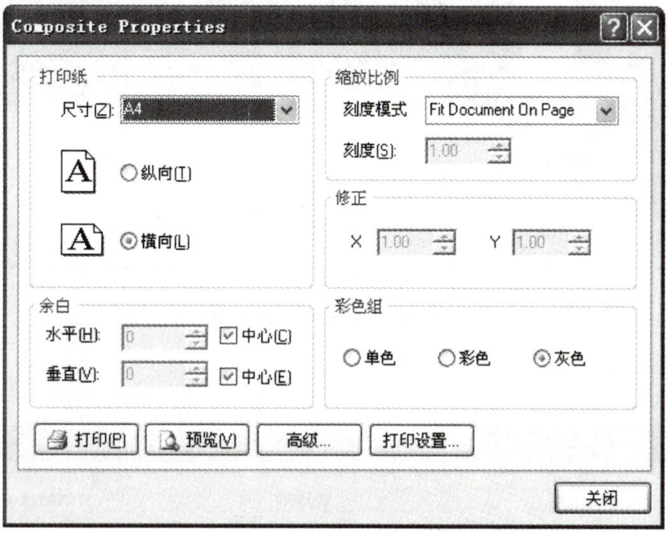

图 9-9　打印页面设置对话框

该对话框内还有以下几个按钮。

【打印】：单击该按钮即可以当前页面设置打印 PCB 图。

【预览】：该按钮功能与执行【文件】→【打印预览】菜单命令功能相同，单击该按钮后可弹出如图 9-10 所示的打印预览画面。然后单击该画面内【打印】按钮即可将当前预览页打印输出。

【高级】：单击该按钮将弹出如图 9-11 所示的【PCB 打印输出属性】设置对话框。在打印预览页面内单击鼠标右键，在弹出的快捷菜单内选择【配置】也可弹出该对话框。

该对话框内可以设置具体要打印的 PCB 层面，如打印 PCB 顶层，具体操作如下。

① 将当前打印任务设置为顶层，删除其他无关层，仅留顶层(TopLayer)和禁止布线层(Keep-OutLayer)。可在对话框内选择要删除的层，在右键菜单内选择【删除】命令，然后确认删除即可。

② 删除完毕后，在对话框中选中【孔】选项，这样可以使得打印结果更接近于真实的 PCB 视图，如图 9-12 所示。

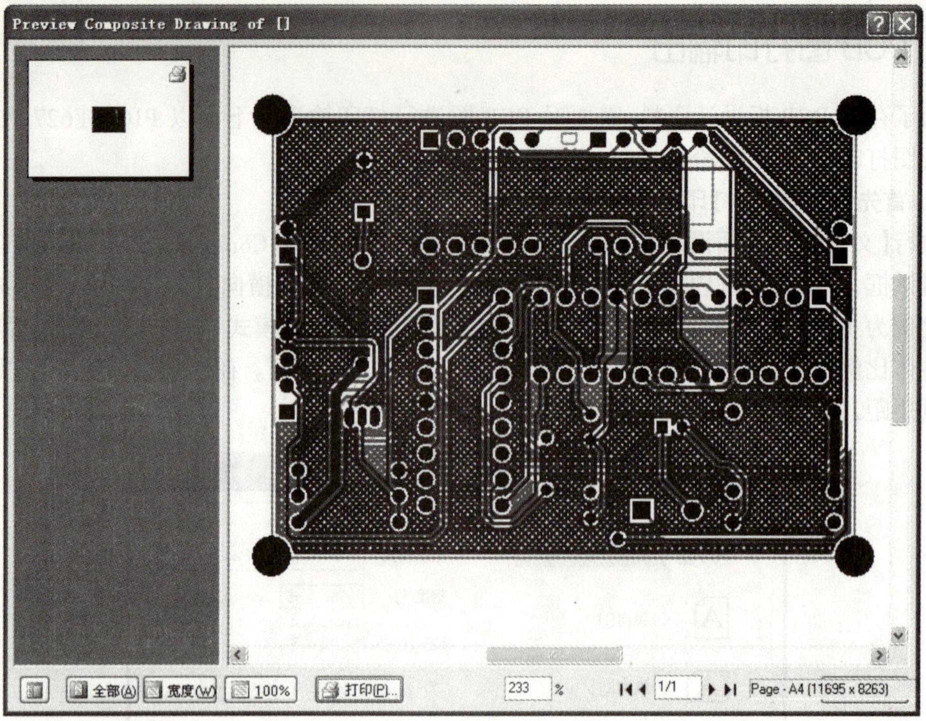

图 9-10 打印预览画面

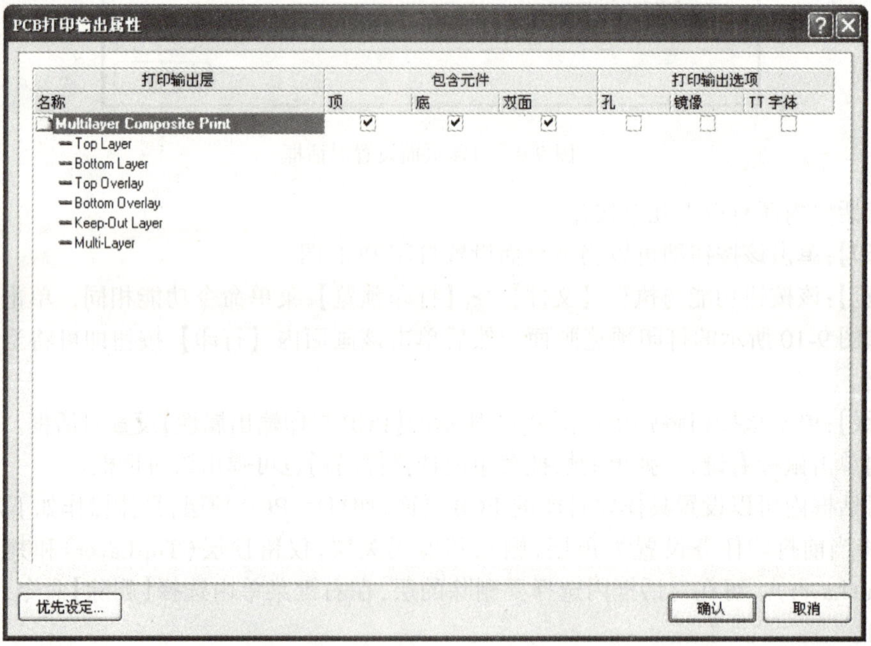

图 9-11 【PCB 打印输出属性】设置对话框

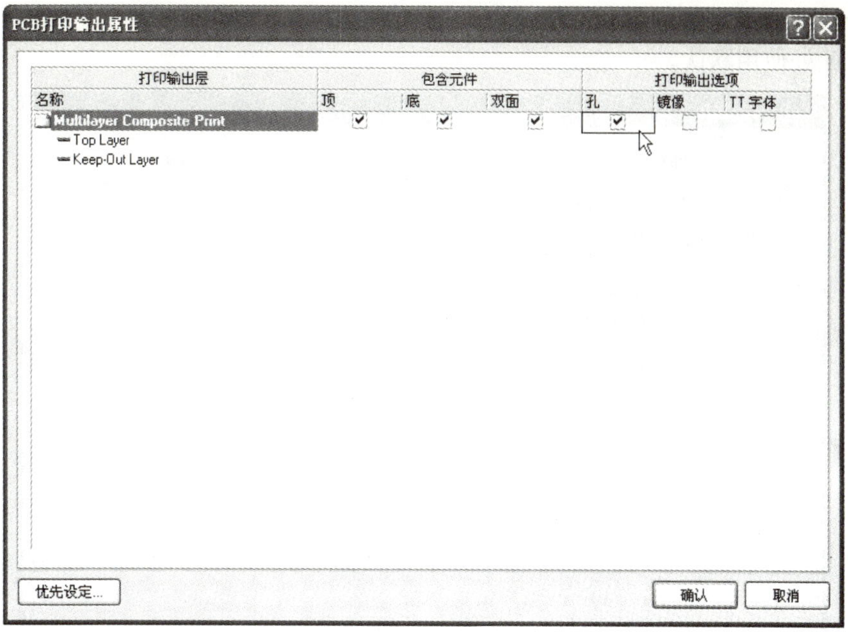

图 9-12　PCB 打印孔设置

③ 设置完打印任务后【确认】返回，此时执行【文件】→【打印预览】菜单命令，可以预览打印效果，如图 9-13 所示。在打印预览对话框中直接单击【打印】按钮，即可打印输出。

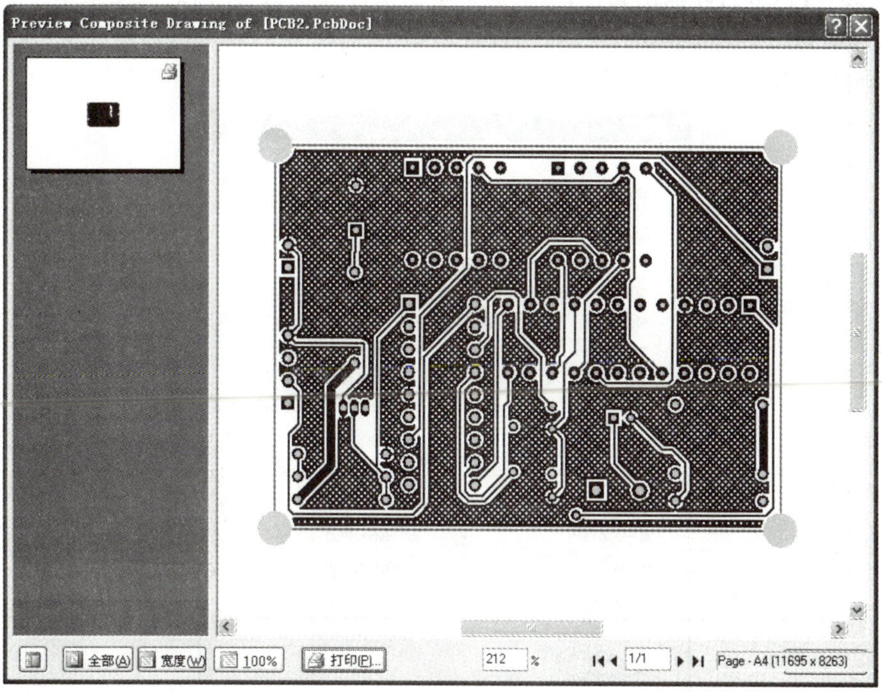

图 9-13　PCB 顶层打印任务预览

如果要添加一个新的打印任务，如添加 PCB 底层打印，具体操作如下。

① 在【PCB 打印输出属性】对话框内单击鼠标右键，在弹出的快捷菜单中选择【插入打印

输出】命令,如图 9-14 所示。系统将新建一个命名为“New PrintOut1”的打印任务,可以修改它的名称,此处使用默认。

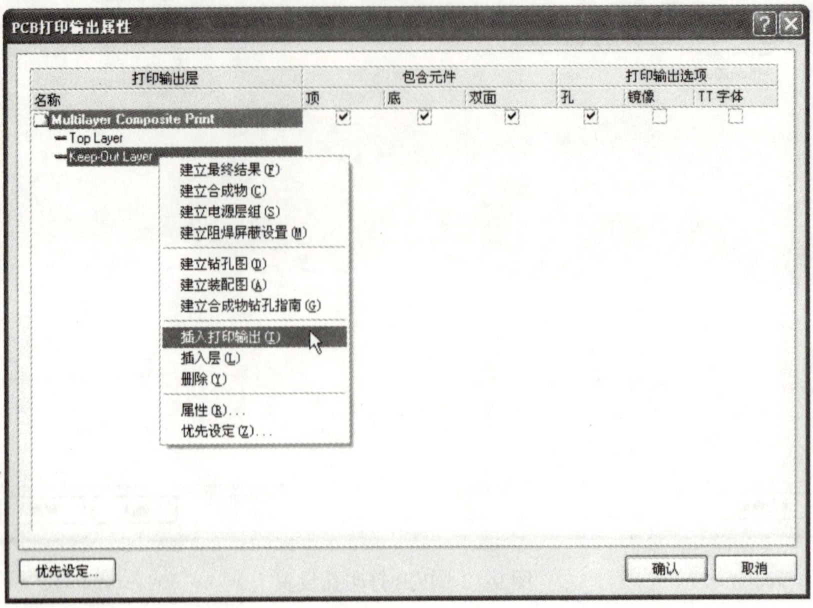

图 9-14　添加一个新的 PCB 打印任务

② 继续在【PCB 打印输出属性】对话框中单击鼠标右键,在弹出的快捷菜单中选择【插入层】命令,弹出如图 9-15 所示的【层属性】设置对话框,在下拉列表中内选择底层(Bottom Layer),然后确认返回。

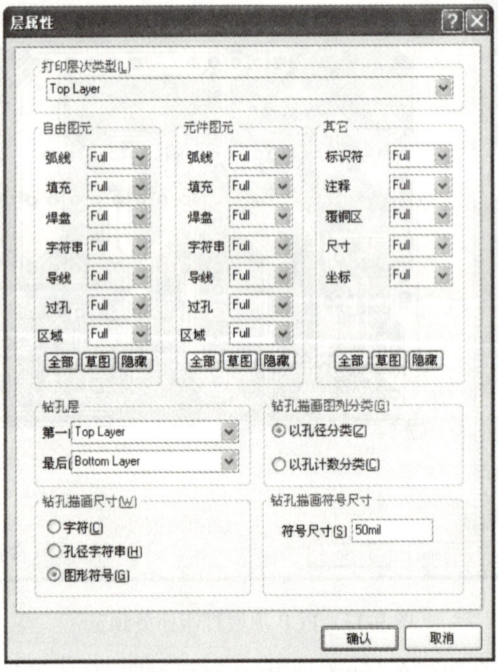

图 9-15　【层属性】设置对话框

③ 以同样方式给该任务添加禁止布线层(Keep-OutLayer),到此为止,底层打印任务设置就完成了。

用户可以以同样的方式添加丝印层打印任务,添加完毕后如图 9-16 所示。此时的打印预览效果如图 9-17 所示。

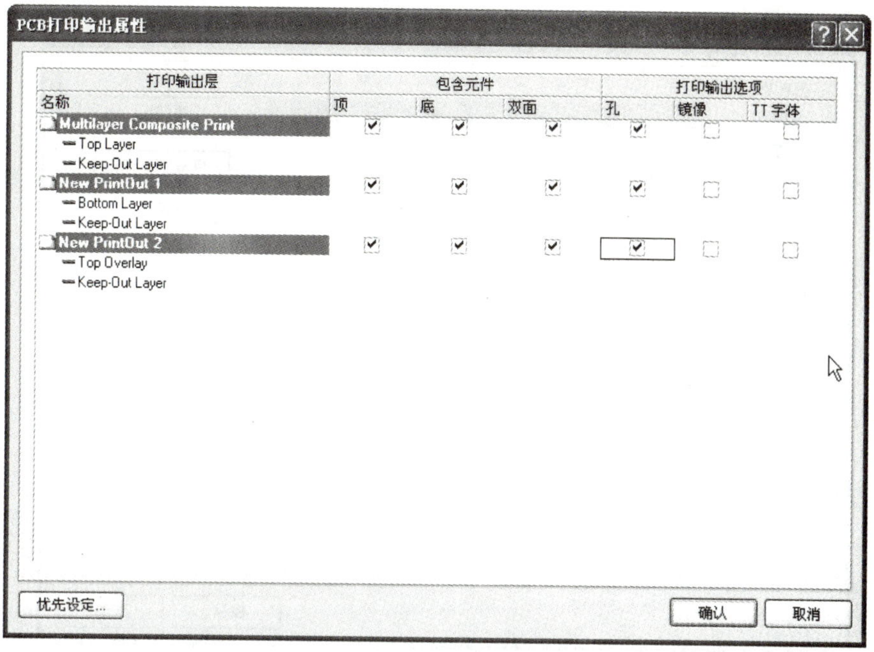

图 9-16　PCB 图打印多任务设置

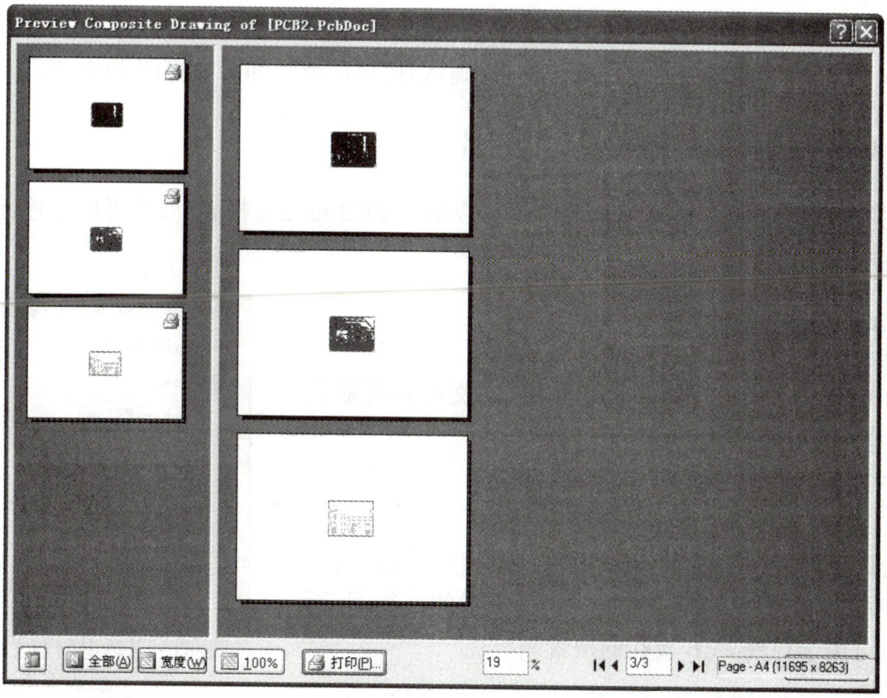

图 9-17　多 PCB 打印任务预览

2. 进行打印机设置

执行【文件】→【打印】菜单命令，或在打印预览窗口内任意处单击鼠标右键，在弹出的快捷菜单中选择【打印设定】，弹出如图 9-18 所示的打印机参数设置对话框，在该对话框内选择合适的打印机名称以及打印范围，其他正常按默认即可。

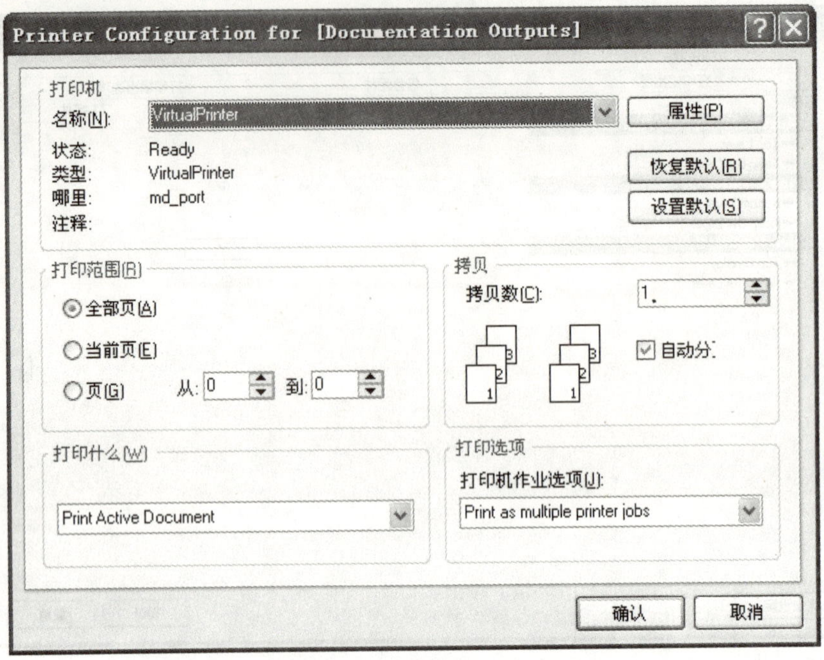

图 9-18　打印机参数设置对话框

如果是右键菜单方式打开的打印机参数对话框，设置结束后为确认返回。如果选择【打印】命令方式，则完成打印机的设置后，单击【确认】按钮后就立即开始打印 PCB 图。

9.3　PCB 制造和装配文件的输出

通过 DXP 2004 SP2 PCB 编辑器除了可以输出 PCB 板相关报表外，还可用于输出 PCB 板制造和装配的相关文件。

9.3.1　PCB 制造文件输出

PCB 制造文件输出的命令主要集中在【文件】→【输出制造文件】子菜单内，如图 9-19 所示。

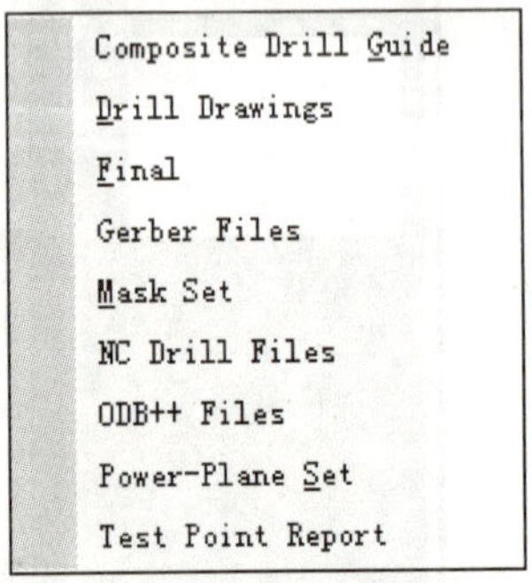

图 9-19　【输出制造文件】子菜单

其中各菜单项意义如下。

(1)【Composite Drill Guide】

执行该命令则弹出如图 9-20 所示预览窗口，窗口内显示的打印页为 PCB 板上顶层和底层的孔位置的叠加图，所以该输出可用于观察 PCB 板孔的位置。

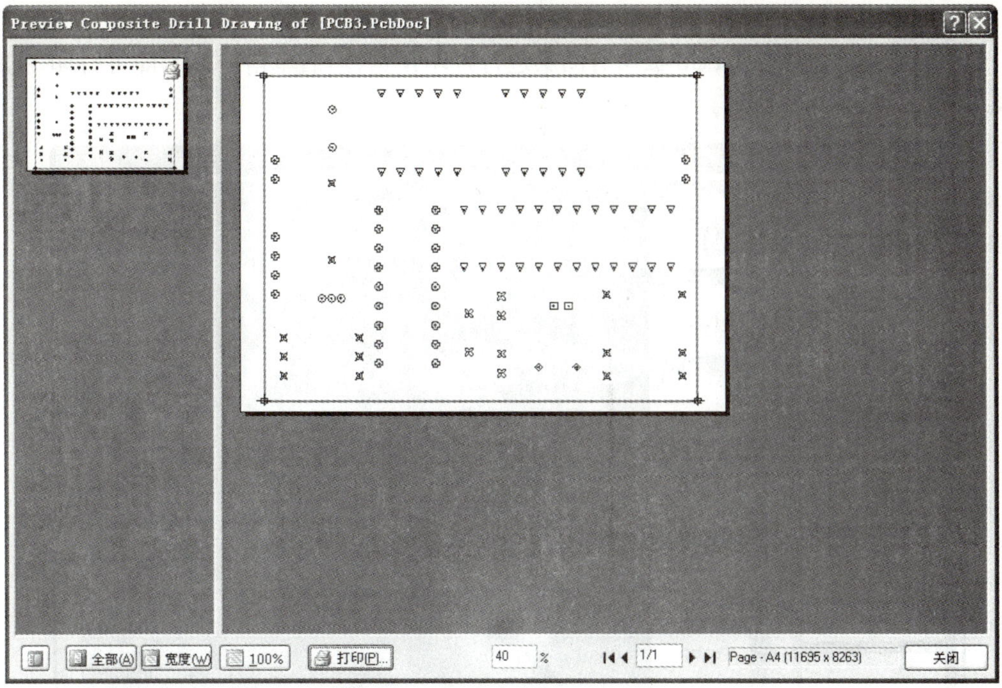

图 9-20　孔位置的叠加图打印预览

(2)【Drill Drawings】

执行该命令也将弹出 PCB 孔位置预览图，与【Composite Drill Guide】不同的是，该命令下的预览图是将顶层和底层的孔位置图分别显示，如图 9-21 所示。

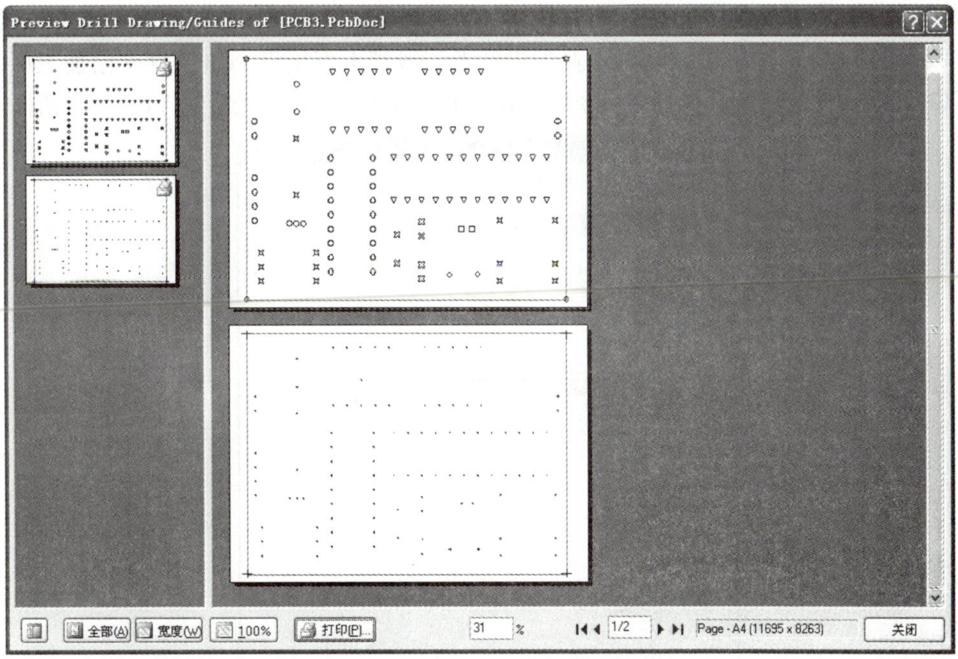

图 9-21　孔位置图分层打印预览

(3)【Final】

执行该命令,系统将对 PCB 板所有图层进行打印预览,然后单击【打印】即可打印 PCB 所有图层板图,如图 9-22 所示。

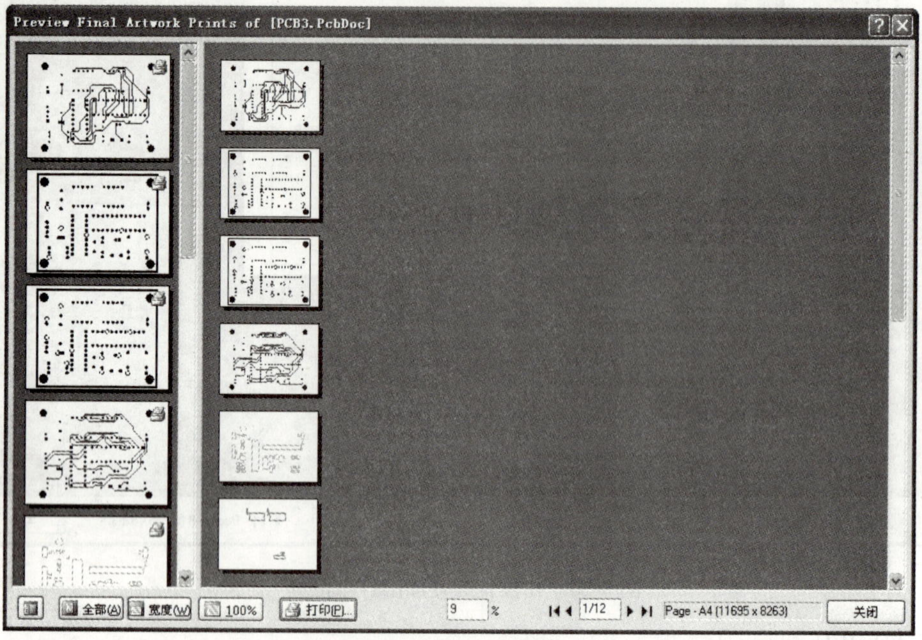

图 9-22　PCB 所有层板图分层预览

(4)【Gerber Files】

该命令用于 PCB 光绘(Gerber)文件输出,光绘文件包含了 PCB 板加工制作的大部分关键信息。当设计的 PCB 板图需要保密时,专业的设计者一般都不直接将 PCB 文件交给加工厂,而直接发 PCB 光绘文件给厂家。执行该命令后将弹出如图 9-23 所示的【光绘文件设定】对话框。

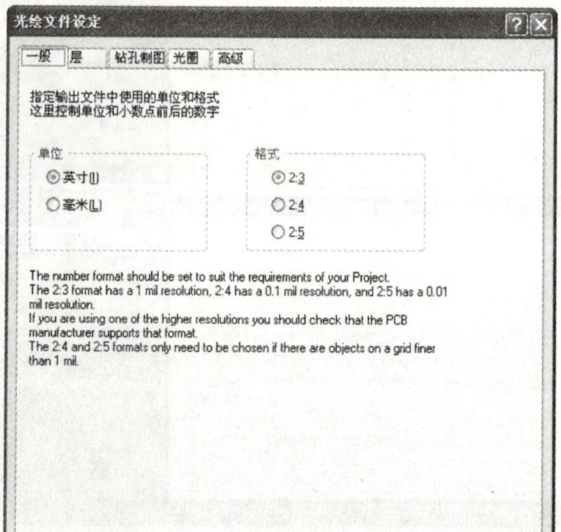

图 9-23　【一般】选项卡

该对话框内有 5 个选项卡。

①【一般】选项卡：如图 9-23 所示，该选项卡内有两栏，左边栏可以设定光绘输出文件的单位是英制或公制，右边栏设定单位的格式，该格式决定了输出数据的精度，英制有 2:3、2:4 和 2:5，公制有 4:2、4:3 和 4:4。以 2:3 为例，它的含义为数据输出为 2 位整数、3 位小数。

②【层】选项卡：用于设置生成的光绘文件对应的工作层，要选中一个层光绘输出，可以选择【绘制】栏下的小方框即可，还可以选择输出是否镜像，选择方法与层选择相同。右侧栏可以设置是否将机械层光绘输出，设置方法与层选择相同。对话框内复选框可选择是否将未连接的中间层焊盘光绘输出，该对话框内还有两个下拉按钮帮助用户来成组选择绘制层和光绘层，如图 9-24 所示。

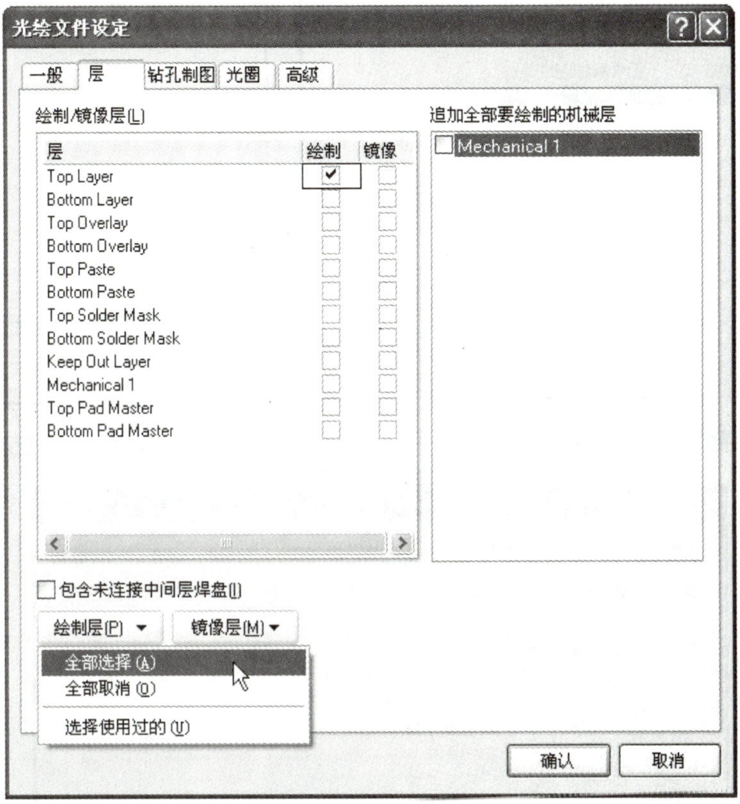

图 9-24　【层】选项卡

③【钻孔制图】选项卡：用于设置钻孔统计图和钻孔导向图的属性，共有两个区域，如图 9-25 所示。【钻孔统计图】区域内可选择要绘制钻孔统计图的层对、绘制时是否镜像、钻孔统计图标注符号类型和符号尺寸。【钻孔导向图】区域内可以选择要绘制钻孔导向图的层对。层的配对可以通过单击【层堆栈管理器】(【设计】→【层堆栈管理器】)内【配置钻孔对】按钮，在弹出的如图 9-26 所示的【钻孔对管理器】对话框内进行设置。

④【光圈】选项卡

如图 9-27 所示，该选项卡可对光绘输出文件建立光圈方案的设定，系统默认为“嵌入的光圈(RS274X)”方案，以此方案输出，则系统将使用 CAM(计算机辅助制造)的设置自动生成光绘底片文件。不选中该项，则可激活其他项的设置状态，此时用户可以设置最大的光圈尺寸(孔径)，可以通过单击选项卡内【新建】按钮新建一个光圈方案，新建的方案将显示在右侧编辑框内，还可以对已建光圈方案进行编辑、重命名和删除等操作，或对已经生成的底片方案文件进行导入再处理，保存或清除当前光圈方案等。

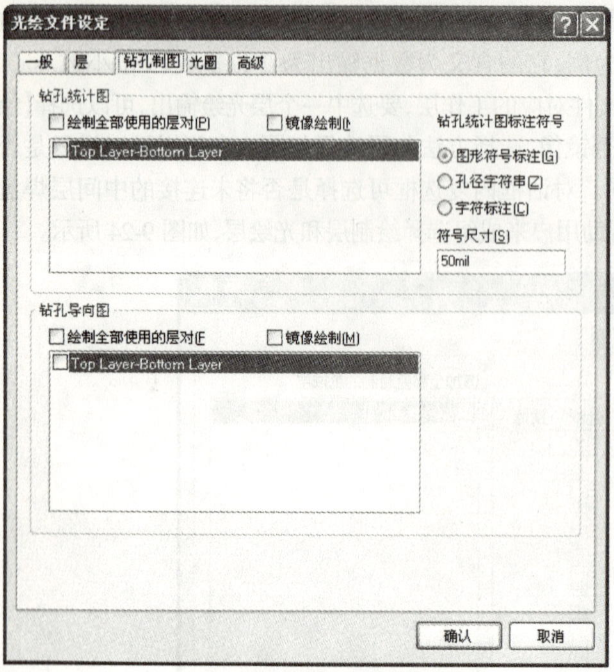

图 9-25 【钻孔制图】选项卡

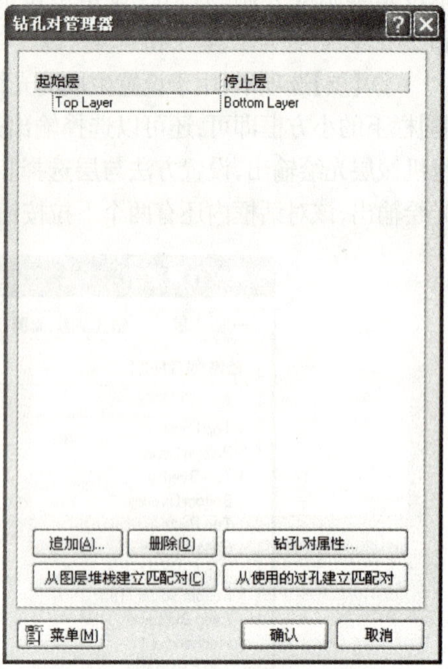

图 9-26 【钻孔对管理器】对话框

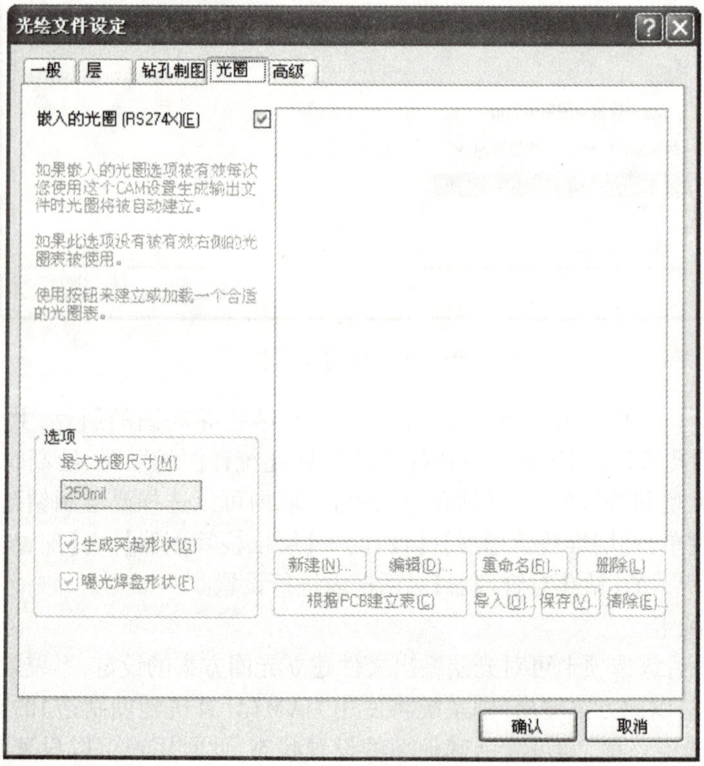

图 9-27 【光圈】选项卡

⑤【高级】选项卡:该选项卡内可对光绘文件输出进行一些高级设置,如图 9-28 所示,通过该选项可以设置胶片的 X/Y 和边界尺寸,光圈匹配的容许误差的正负偏差,每层生成一个光绘文件还是各层合成一个光绘文件输出,数字前后是否带前导零或后导零,PCB 板照相底片的位置,绘图仪的类型(光栅型或向量型),在其他区域内还可进行其他相关方面的设置,如生成 DRC 规则输出文件等。

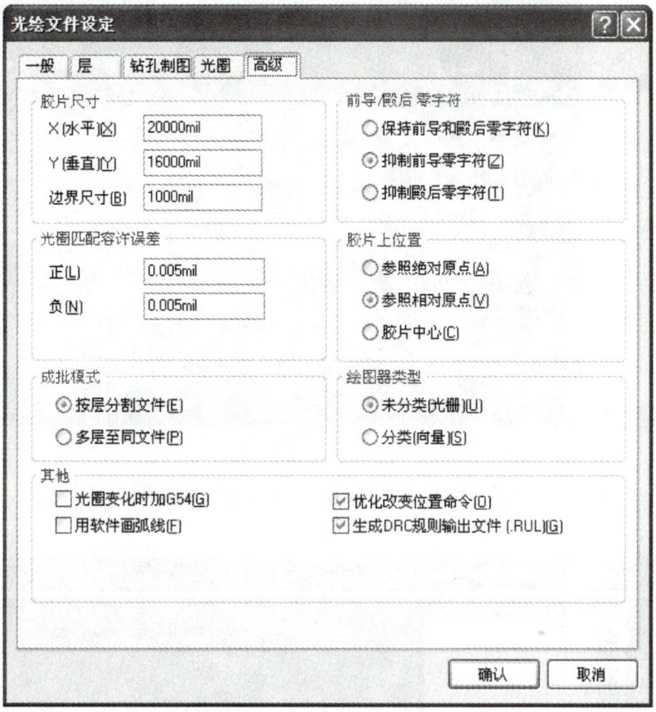

图 9-28　【高级】选项卡

完成光绘输出文件的相关设置后,单击【光绘文件设定】对话框的【确认】按钮,系统将根据设定自动生成需要的光绘文件,同时还启动 CAMtastic 编辑器,如图 9-29 为 PIC16F627 数据采集系统双面板的光绘文件输出。用户可以在【Project】面板内双击一个层光绘文件,可以单层显现该层的光绘文件。

(5)【Mask Set】

执行该菜单命令则弹出如图 9-30 所示的预览窗口,窗口内显示的打印页为顶层和底层阻焊膜、顶层和底层助焊膜的图形。

(6)【NC Drill Files】

执行该命令可弹出如图 9-31 所示【NC 钻孔设定】对话框,通过该对话框可以设定 PCB 板上孔的位置信息,该信息给 NC 钻孔机提供钻孔位置。

下面以 PIC16F627 数据采集系统双面 PCB 板为例,介绍【NC Files】的生成步骤。

① 执行【NC Drill Files】命令,然后在弹出的【NC 钻孔设定】对话框内设定钻孔尺寸的单位和格式,数字前后是否带前导零或后导零,坐标位置是绝对还是相对坐标,是否优化改变位置命令,此处按默认设定即可。

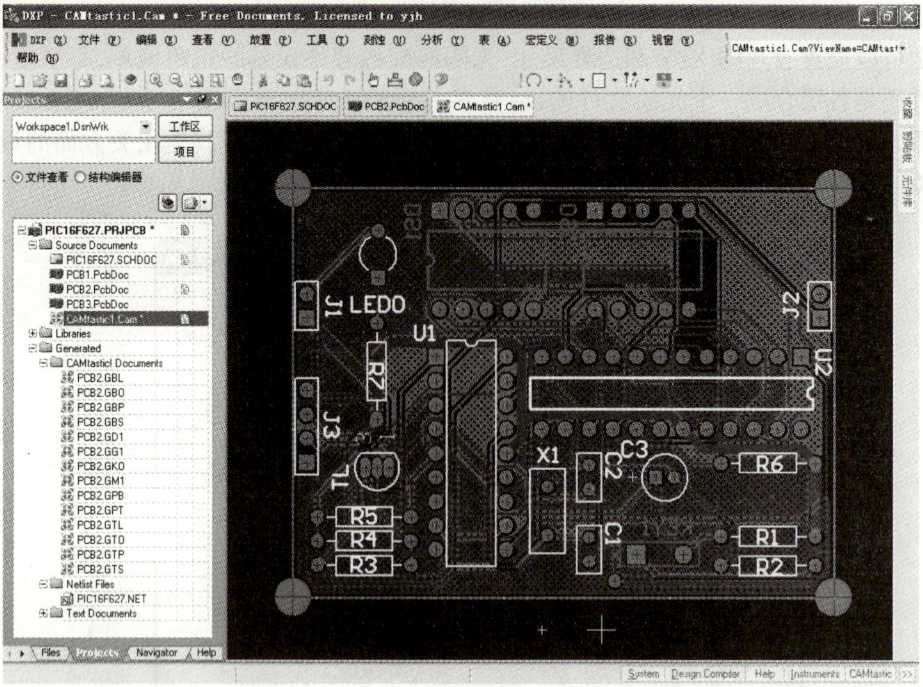

图 9-29 CAMtastic 编辑器内显示的各层光绘输出文件

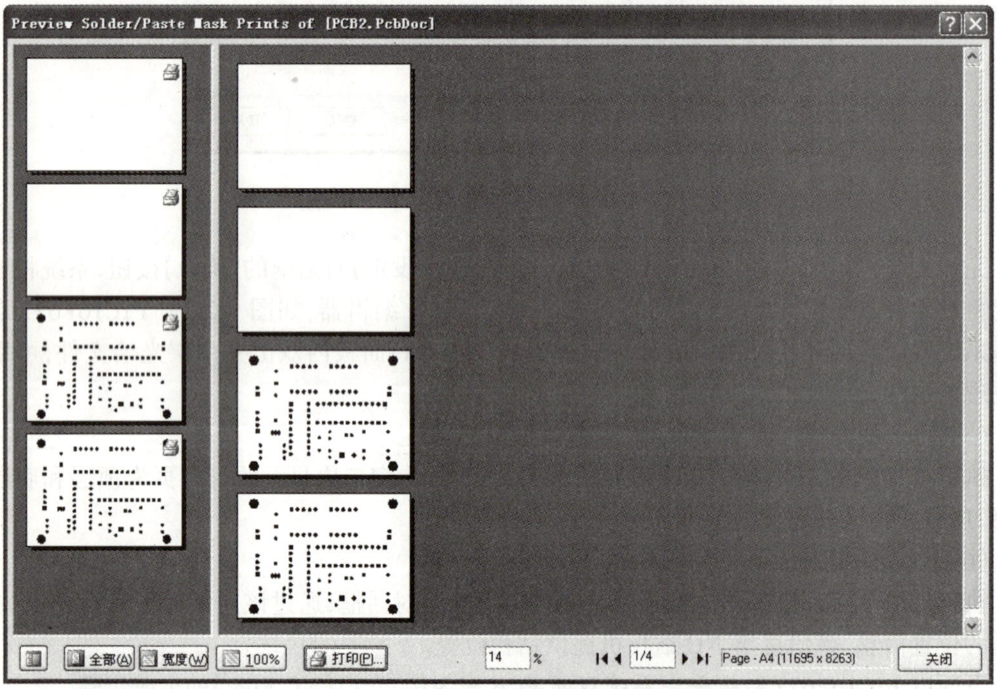

图 9-30 【Mask Set】命令打印预览 PCB 板各类膜

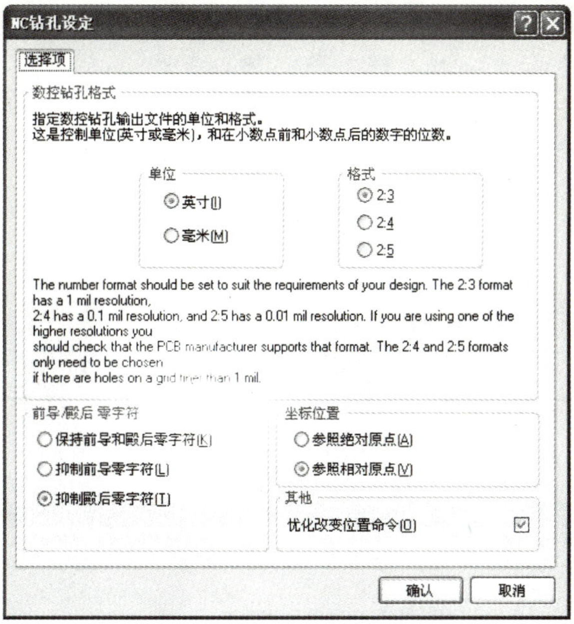

图 9-31　【NC 钻孔设定】对话框

② 单击【确认】按钮，弹出如图 9-32 所示的【输入钻孔数据】对话框。单击【单位】按钮，弹出如图 9-33 所示的 Drill Import Settings 对话框，在该对话框内设置钻孔相关尺寸的单位，再确认返回；然后再单击【输入钻孔数据】对话框中的【工具表】按钮，在弹出的如图 9-34 所示的【工具表】对话框内可以设置 PCB 中每个钻孔的尺寸及钻孔程序代码(也就是参考也就是 D 码)，如工具表第一行表示尺寸为 0.1 inch 的孔使用“9500”的圆形钻头，设置完毕后确认返回。

图 9-32　【输入钻孔数据】对话框

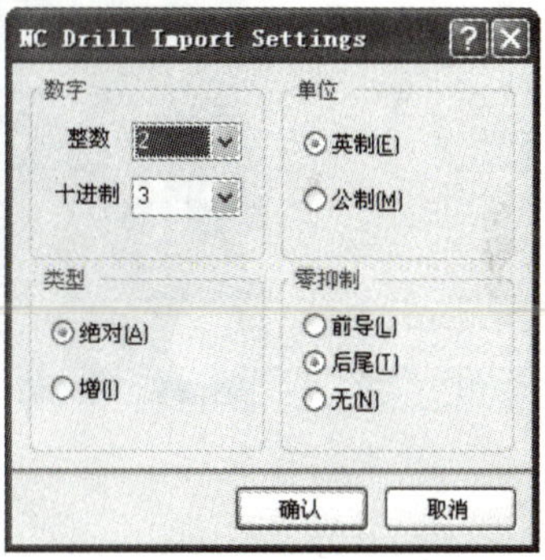

图 9-33　设置 NC 钻孔的尺寸单位

③ 单击【输入钻孔数据】对话框内【确认】按钮，系统将生成命名为 * .DRL 的 NC 钻孔文件，同时系统还启动 CAMtastic 编辑器显示 PCB 板孔图，如图 9-35 所示。

(7)【ODB + + Files】

执行此命令则系统将对当前 PCB 输出生成 ODB + + 文件，通过调用生成的 ODB + + 文件可以调用任何 ODB++兼容的 CAM 工具。

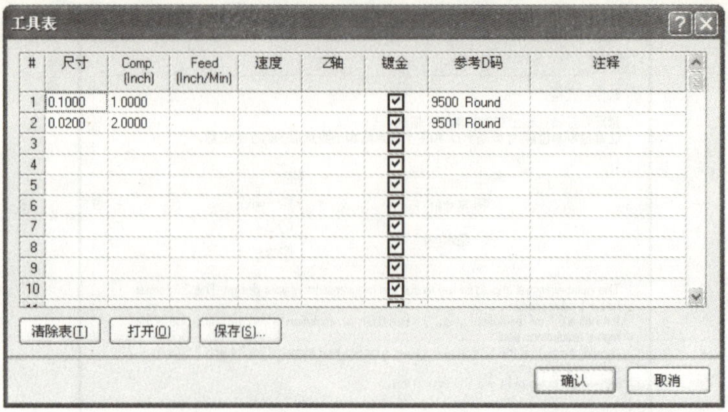

图 9-34 设置 NC 钻孔的【工具表】对话框

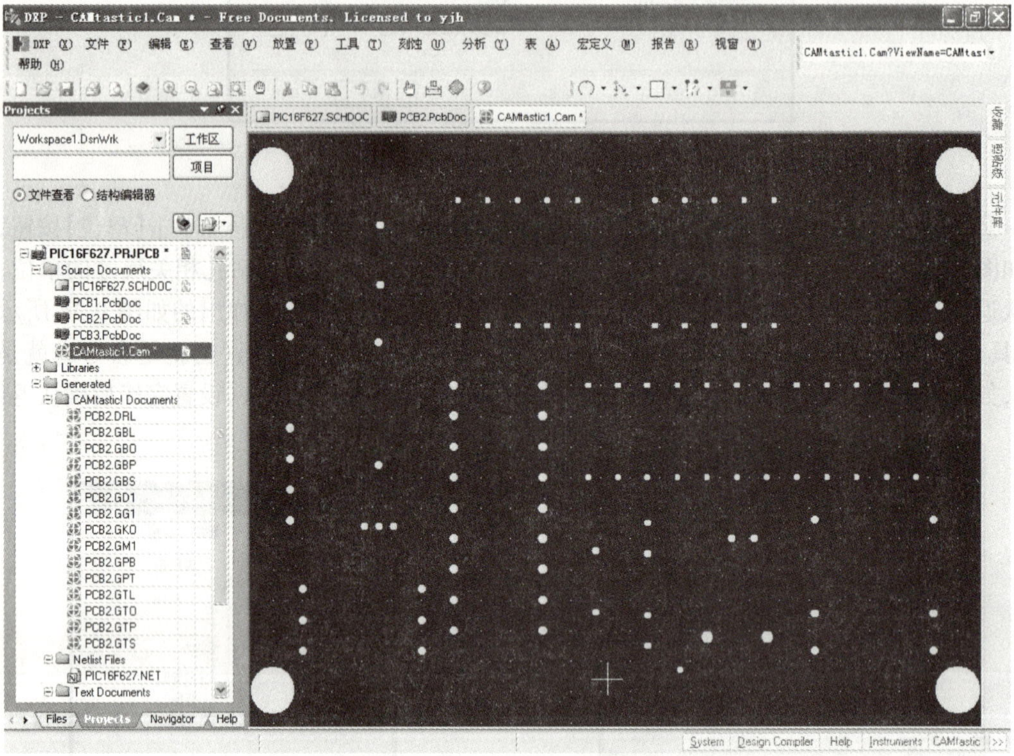

图 9-35 生成 NC 钻孔文件

(8)【Test Point Report】

执行该命令后可形成 PCB 测试点的相关信息,这些信息可用于 PCB 制作测试设备和测试仪编程。

9.3.2 PCB 装配文件输出

PCB 装配文件输出的命令主要集中在【文件】→【装配输出】子菜单内,如图 9-36 所示。

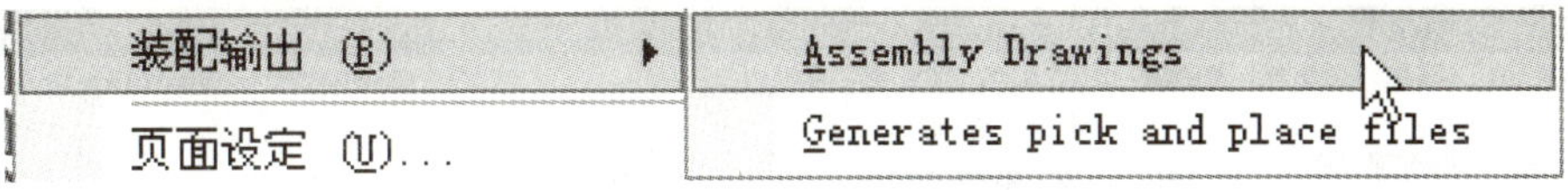

图 9-36 【装配输出】子菜单

(1)【Assembly Drawings】

执行该命令则弹出如图 9-37 所示的预览窗口,该窗口内预览的打印页为 PCB 板上各元器件的安装位置图,该图将作为用户在已经制作好的 PCB 板上放置元器件时的位置参考。

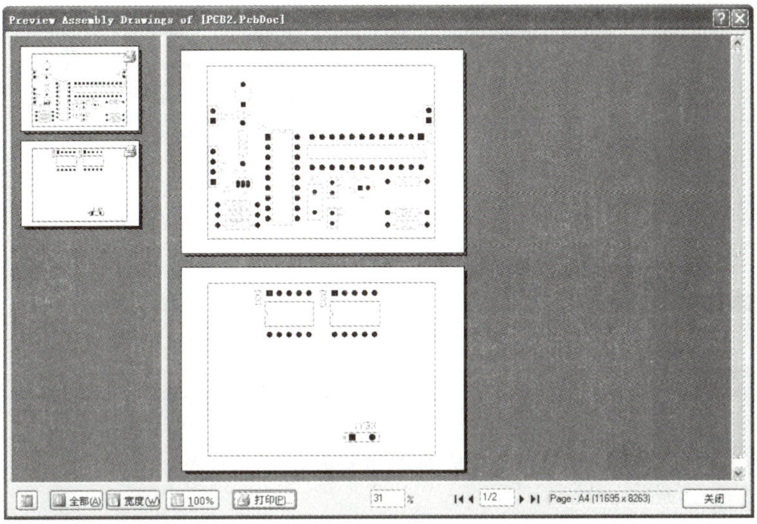

图 9-37 PCB 元器件安装位置图打印页预览图

(2)【Generates pick and place files】

通过该命令生成的数据可用于 PCB 板元件取放设备的编程。执行此命令,系统将弹出如图 9-38 所示的【取放设定】对话框,在该对话框内选择合适的格式和单位,然后单击【确认】按钮,系统将生成一个命名为 Pick Place For < PCB 板文件名称 > 的报表,如图 9-39 所示。

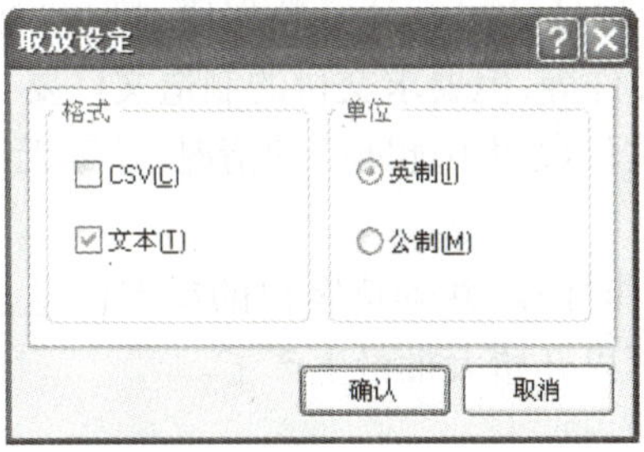

图 9-38 【取放设定】对话框

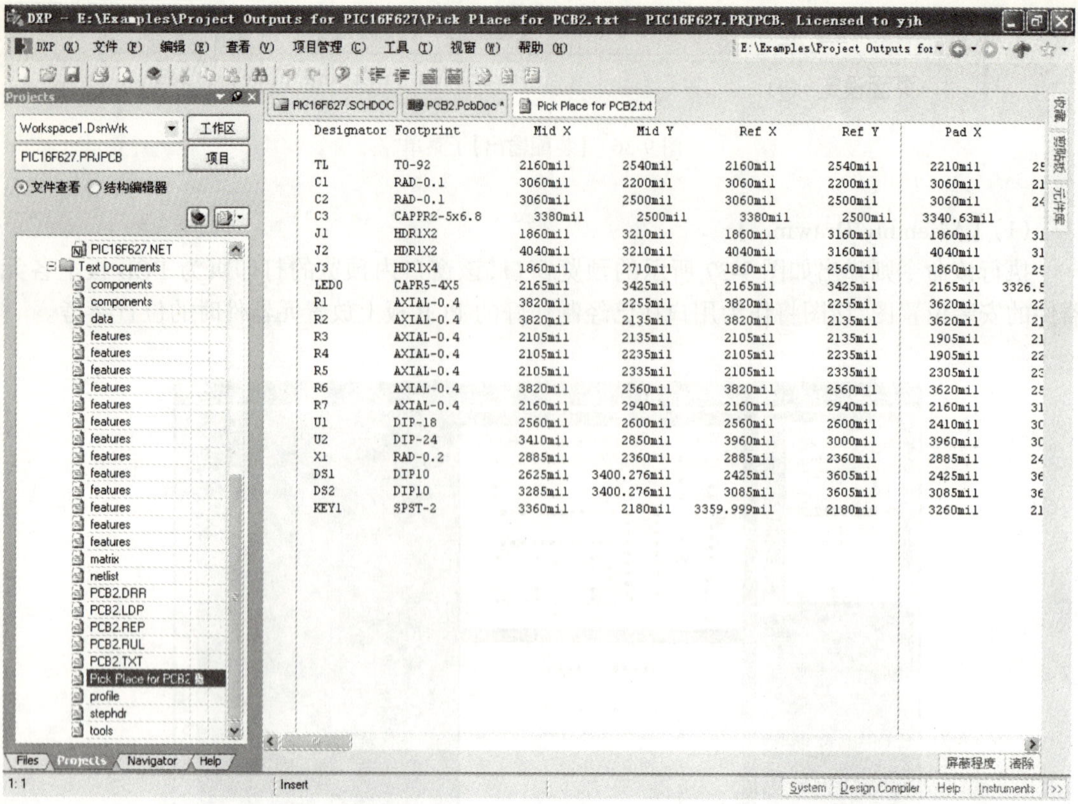

图 9-39 生成的“PCB 板取放”信息报表

9.4 PCB 交付制造

PCB 图设计完毕后就可以交付给生产厂家进行加工制造了。目前市场上能生产 PCB 板的厂家众多，技术水平也参差不齐，用户可先通过互联网了解要交付生产的厂家的相关情况，如加工工艺、加工范围及加工价格等，最好交给一些具有自动制板生产线的专业加工厂加工，虽然加工价格会贵些，但质量相对会比较有保障，各方面服务也比较好。

用户可以直接将自己设计的 PCB 文件通过电子邮件发送给生产厂家，这是大部分设计者使用的方式。但是有时候需要对自己的设计资料保密，则可发送 PCB 生成的制造文件给厂家，包括光绘文件和 NC 钻孔文件等，但要求交付的制造文件要符合加工工厂实际生产设备的要求，很多时候会发生设备与文件说明不能匹配的情况，导致无法进行 PCB 板加工，这是设计者要注意的地方。

生产厂家会首先给客户制作样板，并等待客户的反馈信息，如果 PCB 样板使用没有问题且不用再进行进一步调整，就可以开始大批量生产了。

本章小结

本章主要讲述了 PCB 设计完成后相关文件和报告的生成与打印管理等，具体包含以下内容。

(1) PCB 报表生成。这里主要讲解怎样生成 PCB 图的信息报表、元器件报表、精简元器件报表,以及网络表状态的信息报表等。

(2) PCB 图打印输出。这里主要介绍怎样设置打印机,怎样打印不同的 PCB 图层以及多层打印等。

(3) PCB 制造和装配文件的输出。这里主要讲解与 PCB 制造过程有关的文件输出,如光绘文件、钻孔文件等。

(4) PCB 交付制造。这里简要讲述 PCB 图交付之前的一些注意事项。

习题

1. PCB 图设计完成后,怎样输出元件清单?
2. 怎样输出打印 PCB 图中指定的层?
3. PCB 图交付制造时,通常交付哪些文件?

第 10 章　PCB 元件封装库的管理

如今随着电子产业的发展，电子元件的种类也越来越繁多，相应的，元件的封装种类也五花八门。在设计电子产品的过程中，采用的元件封装是否正确不仅直接反映设计是否科学合理性，也可能决定了设计的成败。元件的封装对于设计如此重要，那什么是元件的封装呢，跟元件有何关系呢，它的作用是什么呢？本章中将对这些内容进行详细的介绍。

10.1　元件封装介绍

10.1.1　封装的概念

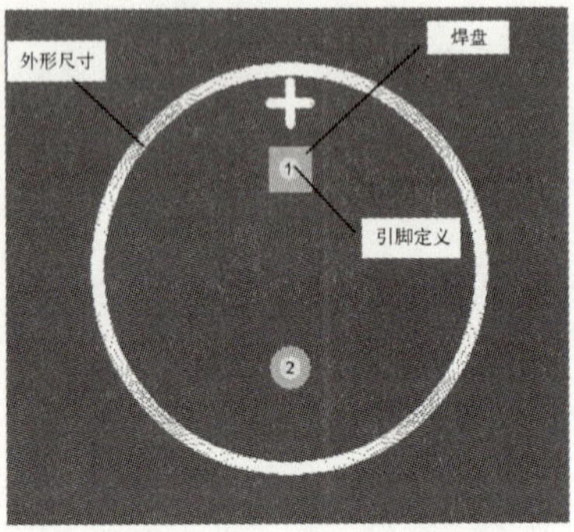

图 10-1　一种电解电容封装

元件封装就是元件在 PCB 设计中采用的、与其物理尺寸相对应的包含了封装名称、外形尺寸、引脚定义、焊盘和钻孔位置等信息的组合图形，其中外形尺寸、引脚定义及焊盘是封装不可缺少的组成元素。图 10-1 所示为一种电解电容的封装。

在 PCB 图中，元件封装的作用就是指示出实际元件焊接到电路板时所处的位置，并提供焊点。元件的封装通常具有多样性并且符合特定的封装标准，元件的封装与元件本身并不是一一对应的，也就是说，不同的元件可以采用同一种封装，而同一种元件也可以采用不同的封装结构。如图 10-2 所示，一种电阻可以有两种不同结构的封装。如图 10-3 所示，无极性电容与晶振可以用使同一种封装。

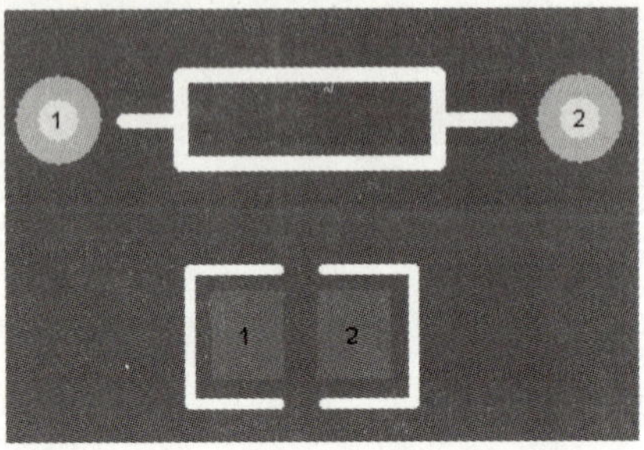

图 10-2　电阻可以采用不同封装

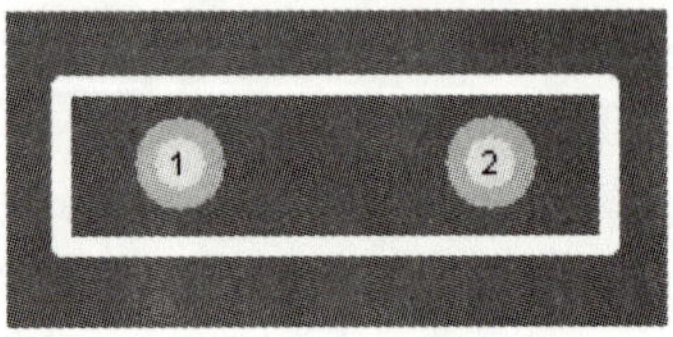

图 10-3　无极性电容与晶振采用同一封装

在电路设计的过程中，不仅要考虑需要哪些元件，还要了解所需的元件都有哪些封装，只有这样，才能设计出合理的成功产品。元件的封装是多样化的，没有统一的分类标准，就算同一种产品，不同的厂家提供的封装也可能不一样。

10.1.2　常见元件的封装

常用的元件主要分为分立元件和集成电路两大类。分立元件出现最早,种类也很多,包括电阻、电容、二极管、三极管,等等,每种元件根据电气参数和物理参数的不同而不同。这里只介绍一下常见的几种分立元件的封装结构。

1. 电阻的封装

电阻有固定电阻与可调电阻之分,其封装上的最大区别就是前者是两引脚,后者是三引脚。对于固定电阻类元件,其封装尺寸主要取决于额定功率及工作电压等级,这两项指标的数值越大,电阻的体积就越大。

(1) 固定电阻的封装

可以分为贴片式、插脚式与引线式等,常见的是前两种。

① 插脚式封装。在确定这种电阻封装时,要注意封装的焊盘中心距、电阻直径、焊盘大小。在软件自带的封装库中,插脚式封装的名字为“AXIAL××”,主要有 AXIAL0.3～AXIAL1.0 几种。它们之间的区别在于焊盘中心距的不同,如图 10-4 所示。例如:AXIAL0.3 的焊盘中心距为 0.3 英寸,即 300 mil;AXIAL1.0 的焊盘中心距为 1 英寸,即 1000 mil。

② 贴片式封装。在确定这种电阻封装时,主要关心焊盘中心距及焊盘的宽度。贴片式封装的名字为“××××”4 个数字,前两个数字表示元件的长度也约为焊盘的中心距,后两个数字表示元件的宽度,通常看作是焊盘的宽度,单位都为 10 mil,如图 10-5 示。例如:“0805”表示焊盘的中心距为 80 mil,焊盘的宽度为 50 mil。固定电阻的贴片封装并不从属于特定的元件类属,也就是说,它不仅适用于电阻的封装,同样还适用于电容、二极管等其他元件。

(2) 可调电阻

对于此类元件,其封装根据被调节对象,性能要求,成本,操作方式及安装方式的不同而不同,如图 10-6 所示,焊盘中心距不是唯一的。

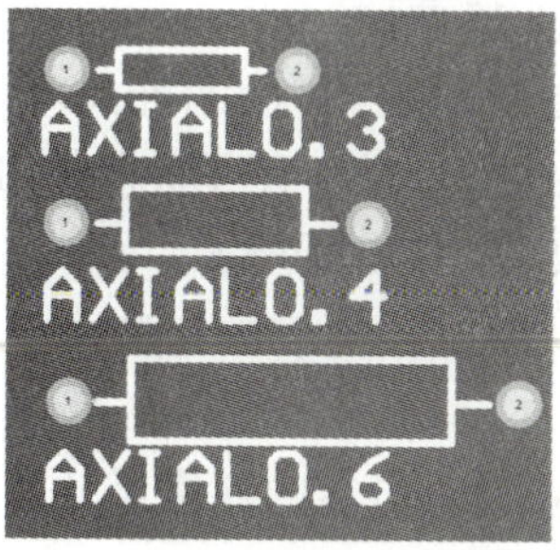

图 10-4　不同封装的电阻

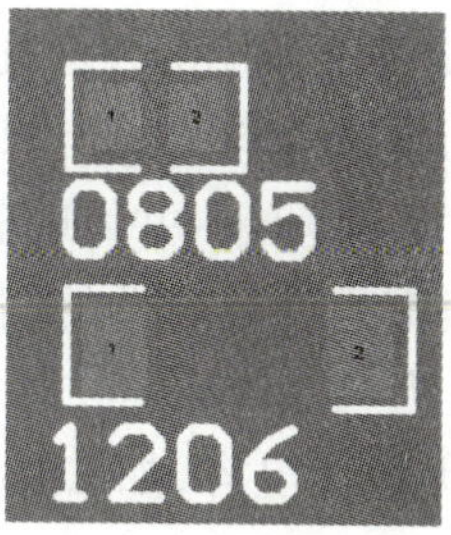

图 10-5　电阻贴片封装

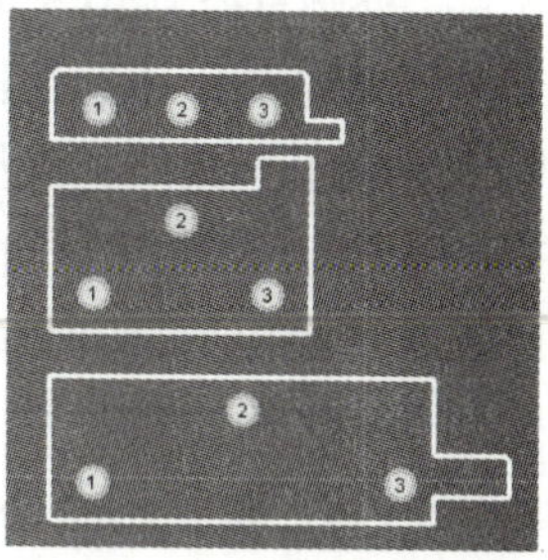

图 10-6　可调电阻封装

2. 二极管的封装

常见的二极管尺寸主要取决于额定电流和额定电压。二极管的封装与电阻封装类似,同样也有插脚式封装、贴片式封装等,不同的地方就是二极管有正负极之分。插脚式的封装如图 10-7 示,以“DIODE××”命名,DIODE0.4 表示焊盘中心距为 0.4 英寸,400 mil。

对于插脚式封装的电阻与二极管均有两种安装方法,即卧式安装与立式安装,所以相应的封装也有两种。如图 10-8 所示,左边的为卧式封装,右边为立式封装。正常情况下采用卧式安装,因为这样抗震性比较好,可靠性比较高。而立式安装有助于减少安装空间,提高元件的散热性能。

二极管的贴片封装类似于电阻的贴片封装,考虑到二极管的极性,可以在相应的正极引脚上加上标志以示区别,如图 10-9 所示。

图 10-7　二极管封装

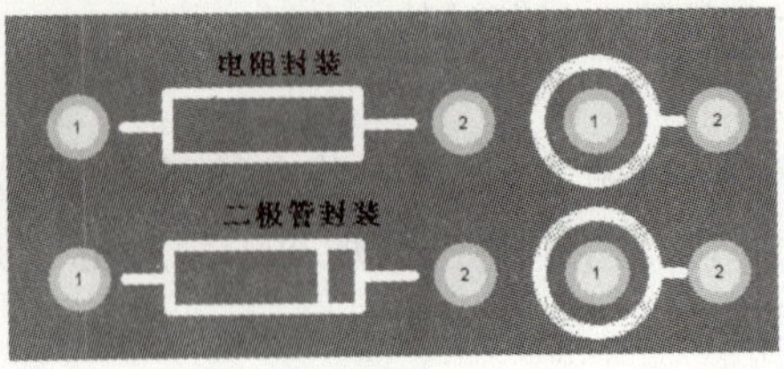

图 10-8　电阻和二极管的两种封装形式

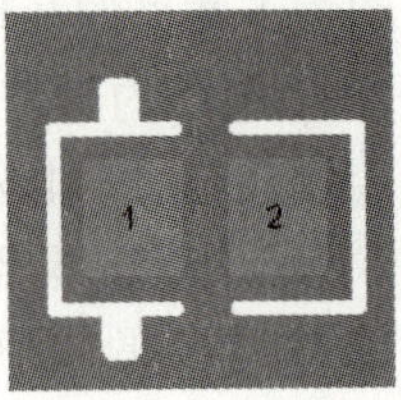

图 10-9　贴片二极管封装

3. 电容的封装

电容大体上可以分为两大类:电解电容和无极性电容,无极性电容又包括瓷片电容、CBB 电容、涤纶电容等。

电容的体积与耐压值和容量有关。一般说来,容量值越大,耐压值越大,相应的体积也就越大。由于电容的种类很多,不能像电阻和二极管一样简单的归类确定,这里只介绍常见的封装。与上面介绍过的电阻和二极管一样,电容的封装也有插脚式封装与贴片式封装两种。

大容量高耐压的电解电容,在目前的工艺下一般做成插脚式封装,如图 10-10(a)所示。电容的封装以“RB××/××”命名,其中“××/××”表示焊盘中心距/外圆直径,单位同样为英寸。例如“RB.2/.4”表示焊盘间距为 200 mil,外圆的直径为 400 mil。DXP 2004 SP2 的封装库提供了 RB.2/.4 和 RB.5/1.0 两种规格。实际使用发现,很多小容量低耐压的电解电容,由于尺寸较小,无法使用这两个封装结构,需要针对实际电容的尺寸自行设计满足需要的封装图。还有一种命名法是“RB××-××”,“××-××”表示焊盘中心距－外圆直径,但单位为 mm。例如“RB5-10.5”表示焊盘间距为 5 mm,外圆直径为 10.5 mm。所提供的库里只有 RB5-10.5 和 RB7.6-15 两种。

软件封装库中,电容的封装图“+”通常在圆圈的外面,这样有时会不方便(因为元件布局时,由于“+”在外面,导致该电容占用空间较大,从而容易导致与其他元器件发生干涉),有可能造成 DRC 检查错误,所以要对其进行修改,把“+”移到圆圈内并靠近正极引脚,如图 10-10(b)所示。

还有一类电容,如瓷片电容,一般都是没有极性的,容量也不大。这类电容的封装可以采用如图 10-11 所示的结构,名称一般为“RAD××”,例如“RAD0.1”表示电容焊盘的间距为 0.1 英寸,100 mil。对于体积较大的无极性电容,如 CBB 电容,需要针对电容的规格尺寸建立专用封装图。

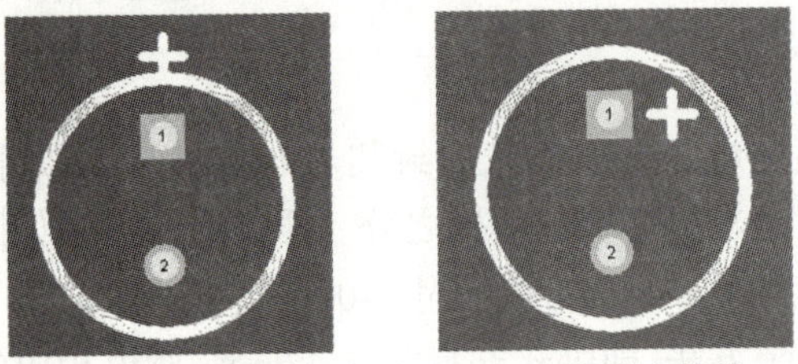

(a) + 号在外面　　(b) + 号在里面

图 10-10　电容的封装

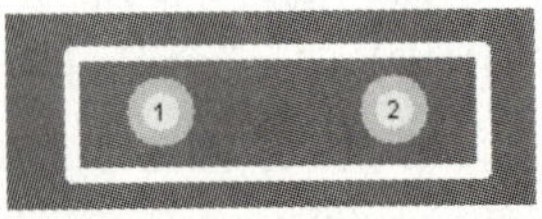

图 10-11　小容量无极性电容封装

4. 三极管、场效应管、晶闸管的封装

三极管、场效应管和晶闸管同属于三引脚器件。外形尺寸主要与额定功率，耐压等级及工作电流有关。一般这三个参数值越高，元件的体积越大，外形相差也比较大。三引脚晶体管的封装属于 TO-xxx 系列，根据功率的不同，封装从 TO-3 到 TO-220，常见的有 TO-92(小功率三极管)，TO-220(中功率三极管)，TO-39(大功率三极管)。如图 10-12 所示列出了几种常见的封装。

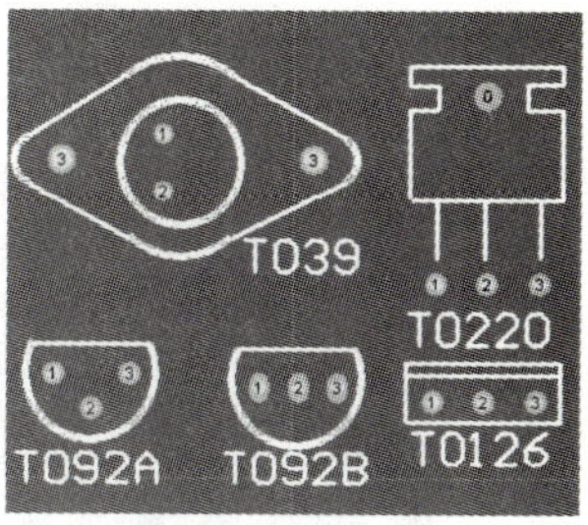

图 10-12　三极管封装

在使用这些封装时，特别要注意引脚的顺序。因为不同型号的晶体管引脚功能排列有可能不一样，在设计封装时，一定要注意元件原理图库的引脚名称与封装库焊盘编号名一致。

5. 集成芯片的封装

集成电路是电子线路中应用最为广泛的一类元件，其品种最为丰富，数不胜数，封装形式也非常多。即便是同一类的封装方法，由于引脚数目的不同，衍生的品种也格外丰富。

(1) DIP(Dual Inline Package)——双列直插式封装

这是一种传统的封装形式，如图 10-13 所示，也是目前最常见的集成电路封装形式，它的特点是体积比较大，操作焊接比较方便，散热条件好。DIP 封装的引脚中心距为 100 mil (2.54 mm)，引脚数为 4 ~ 64 个；封装的宽度通常为 600 mil(15.2 mm)。还有其他的宽度如 300 mil(7.52 mm)，400 mil(10.16 mm)等；焊盘的直径通常为 50 mil(1.27 mm)，孔的直径为 32 mil(0.8 mm)。

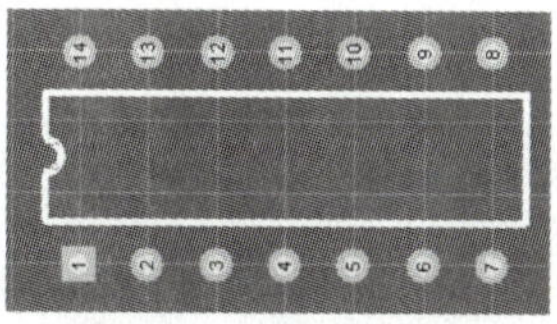
图 10-13　DIP 封装

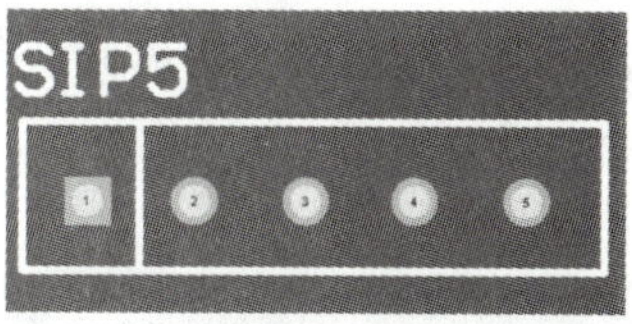

图 10-14　SIP 封装

(2) SIP(Single Inline Package)——单排直插式封装

引脚从封装的一个侧面引出，排成一条直线，如图 10-14 所示。SIP 封装引脚的中心距为 100 mil(2.54 mm)，引脚数不等。有些时候，分立元件也可以采用 SIP 封装。例如无极性电容可以用 SIP2，三极管可以采用 SIP3 等。

(3) SOP(Small Outline Package)——小外形封装

SOP 封装是一种贴片型封装结构，如图 10-15 所示，近年来应用广泛。大多数 DIP 封装的芯片都有对应的 SOP 封装，与 DIP 封装相比，芯片的体积大大减少了。这种封装的引脚从封装的两侧引出呈海鸥翼形(L 形)。SOP 封装引脚的中心距为50 mil(1.27 mm)，引脚数目从 8 ~ 44 个。其实 SOP 封装是 SO 封装中的一种，SO 封装还包括有 SOJ，SOL 和 TSOP 等，它们之间的差别在于外形及引脚间距上的不同。

(4) PLCC(Plastic Leadless Chip Carrier)——带引线的塑料芯片载体。

这也是贴片式封装的一种，芯片的引脚在芯片体的底部向内弯曲成丁字形，如图 10-16 所示。这种封装很节省空前，但焊接时要采用回流焊工艺，手工操作困难。引脚的中心距为

50 mil(1.27 mm),引脚数从 18 个到 84 个。

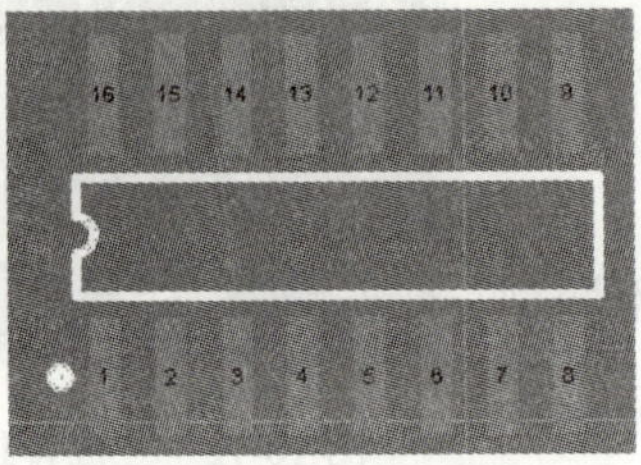

图 10-15 SOP 贴片封装

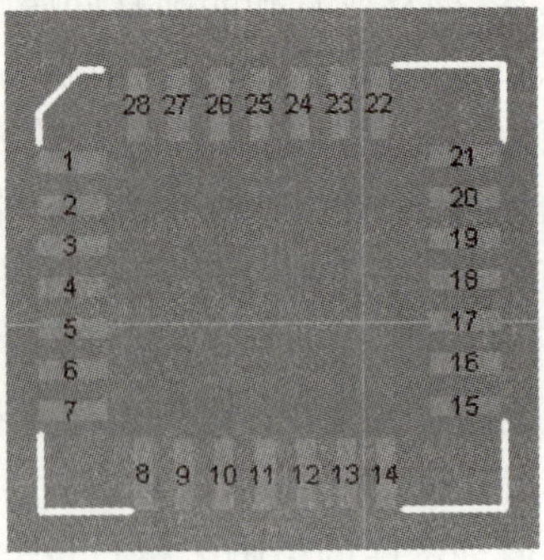

图 10-16 PLCC 封装

(5) QUAD 封装结构

QUAD 为方形贴片式封装,它与 PLCC 封装类似,但引脚并没有向内弯曲而是向外伸展,如图 10-17 所示。与 PLCC 相比,QUAD 封装所占的 PCB 板的面积比较大,但焊接方便,而且很容易拆卸下来。QUAD 封装也是一个大类别的封装,它包括 QFP 系列、TQFP 系列、PQFP 系列、SQFP 系列和 CQFP 系列等。

(6) PGA(Pin Grid Array)——阵列引脚封装

这也是一种传统的封装形式,引脚从芯片底部垂直引出,整齐地分布于芯片的四周,如图 10-18 所示。目前,这种封装使用非常广泛,很多微型计算机的 CPU 都采用了这种封装。PGA 封装引脚的中心距为 100 mil(2.54 mm),引脚数为 64～447 个。对于 PLCC 及 QUAD 两种封装,都可以通过 PGA 引脚的转换插座固定在板上。

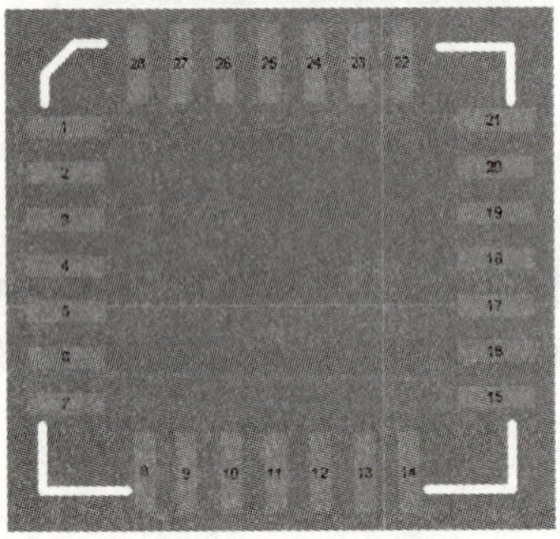

图 10-17 QUAD 封装

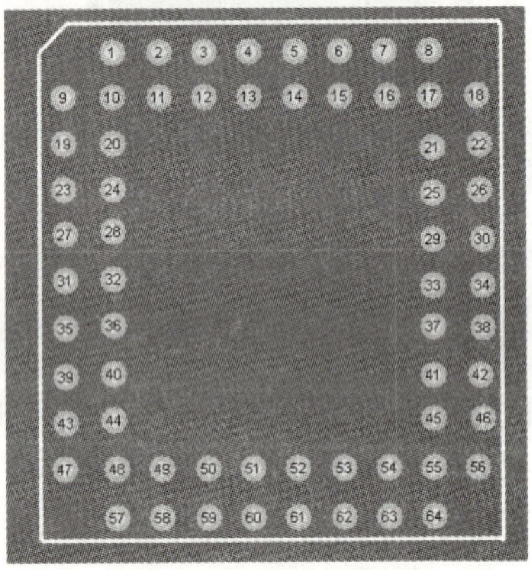

图 10-18 PGA 封装

此外,还有其他类型的封装,这里不一一列举,希望读者通过阅读这方面的资料来掌握更多封装结构。

10.1.3 封装的选择

元件封装的正确与否直接影响到 PCB 板及相关产品的质量高低。如果选择错误的封装,或者封装尺寸不对,都会使得元件安装不上,甚至导致 PCB 板的报废。因此,完成原理图部分的设计之后，还要认真选择恰当的元件封装。

在选择元件封装时，考虑以下几个方面。

1. 利用现有元件库的封装

在设计 PCB 板时，一般多数元件利用软件集成库自带的封装。

2. 创建元件封装

有些元器件封装库没有提供封装，这就需要单独为元件创建封装，也可以“借用”其他种元件的封装。例如发光二极管没有固定的封装，可以通过修改普通二极管的封装来为其创建封装。

3. 机箱的空间

机箱的空间大小决定了 PCB 板的外形与大小，这是很显然的。如果 PCB 的外形尺寸超出了范围，PCB 就不可能安装上去。PCB 板的外形与大小又决定了元件在板上的布置安排。如果 PCB 板上的元件很少，可以考虑元件体积大点的封装，因为这样散热条件会比较好。如果元件很多，就相应地要考虑元件体积小点的封装。

4. 制作成本

制作产品时，成本问题是不可不考虑的问题，因为这跟最后的收益有直接的关系。对于同一种元件，不同的封装结构，价格也不一样。

5. 元件的发热

封装结构不同，元件的散热能力也不一样，对于功耗较大的元器件，传热与散热设计是必须要考虑的问题。

6. 生产条件

生产条件及技术水平影响到要选择什么类型的封装。通常贴片式元件要采用自动化焊接工艺，而传统插脚式元件则手工与自动化工艺均可。

10.2　创建元件封装

10.2.1　相关知识

打开 DXP 2004 SP2 软件后，执行【文件】→【创建】→【库】→【PCB 库】执行命令，即可打开新建 PCB 封装库的软件界面。

1. 首先选择正确的工作层

由于 PCB 板不同的工作层有不同的作用，所以不能随意选择一个 PCB 工作层来绘制元件的外形轮廓。一般情况下选择在 PCB 板丝印层“Top Overlay”上绘制元件的外形轮廓，所以要把“Top Overlay”设置成当前绘图层，如图 10-19 所示。

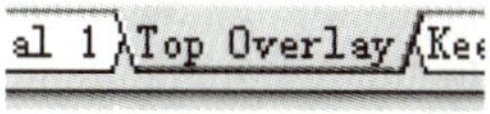

图 10-19　切换层

为了能制作好不同类型的元件封装，还需要设置好 PCB 封装库编辑环境，包括【库选择项】、【层次颜色】、【图层堆栈管理器】及【优先设定】等，其设置方法和内容与 PCB 编辑器相对应的设置一样。执行【工具】菜单下的不同命令就可以进行不同的设置，如图 10-20 所示，这里不再赘述。

2. 关于【PCB Library】面板

执行【查看】→【工作区面板】→【PCB】→【PCB Library】菜单命令，弹出如图 10-21 所示的

【PCB Library】面板。【PCB Library】面板对封装库里不同元件的封装进行统一编辑与管理。该面板主要分成四个部分:【屏蔽】查询栏,【元件】封装列表,【元件图元】区及元件封装预览窗口。

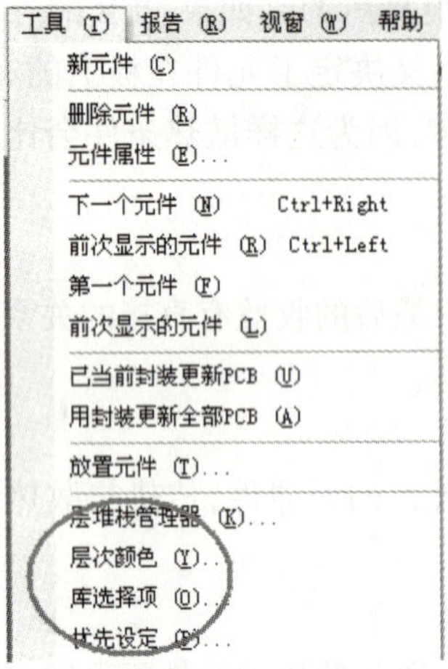

图 10-20 在【工具】菜单进行层设置

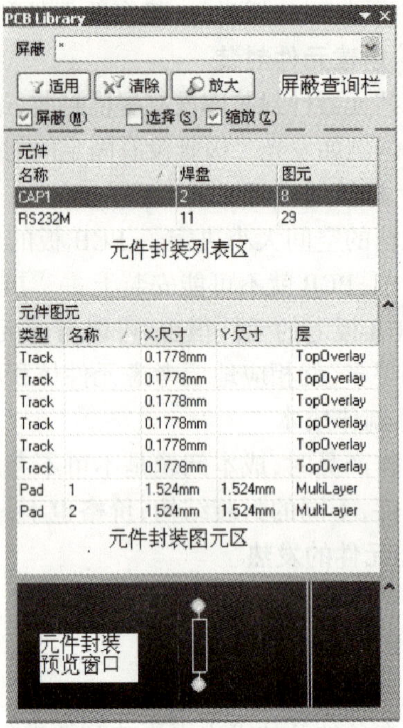

图 10-21 【PCB Library】面板

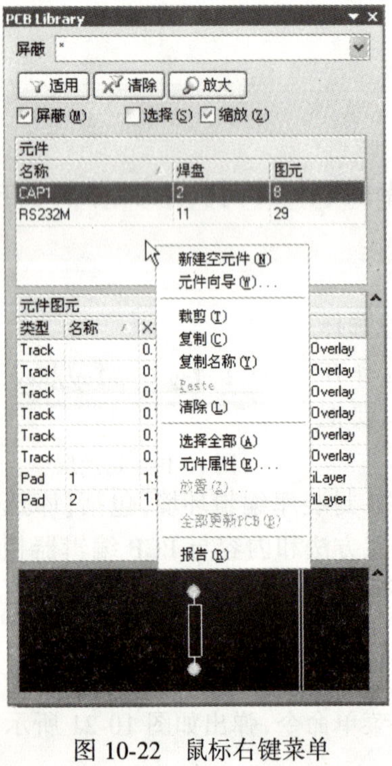

图 10-22 鼠标右键菜单

【屏蔽】查询栏:对符合查询条件的元件封装进行查询。在查询栏里输入“*”,在元件封装列表里列出所有封装库内的元件封装。在查询栏里输入“C*”,在元件封装列表中只列出封装库内的名称以“C”开头的元件封装。

【元件】封装列表:列出封装库里符合查询条件的元件封装名焊盘数及图元数。

【元件图元】区:显示选中元件封装的各图元信息。

【元件封装预览窗口】:预览创建好的元件封装。

在面板的元件封装列表区单击鼠标右键,弹出的快捷菜单如图 10-22 所示,然后就可以对封装库里的元件进行相应的操作。

【新建空元件】:添加一个新的空白封装到当前列表中,并命名为“PCBCOMPONENT-1”,打开一个空的 PCB 封装编辑区。

【元件向导】:使用向导建立一个新的元件封装。

【裁剪】:删除选中的元件,并复制到库编辑器的剪贴板中。执行该命令后,系统会弹出【确认】对话框,以防误操作。

【复制】:复制选中的元件到剪贴板中。

【复制名称】:复制选中元件的名称到剪贴板中。

【Paste】:将库编辑器剪贴板中的元件粘贴到当前库文件中。

【清除】:永久删除选中的元件。执行该命令后,系统会弹出【确认】对话框,以防误操作。

【选择全部】:选中元件列表中的所有元件。

【元件属性】:弹出【PCB 库元件】对话框,可以修改元件封装的名称、高度及描述信息。

【放置】:放置选中元件到目标 PCB 设计文件中,目标文件为最后一次被编辑或当前 PCB 文件。

【全部更新 PCB】:将库里修改过的全部封装更新到所有打开的 PCB 文件中。

【报告】:生成当前选中元件的报告。该报告保存在与源库文件相同的目录下(扩展名为"＊.CMP"),并自动打开为当前文件。在报告中列出了该元件的尺寸,不同类型图元的数目统计和它们所在的层面等信息。

在库文件编辑区或【PCB Library】面板的【元件图元】区,用鼠标左键双击焊盘或焊盘名称,弹出如图 10-23 所示【焊盘】对话框,在中对话框里可以对焊盘的一些参数进行设定,例如焊盘外形、焊盘大小、焊盘内孔大小、焊盘所在的工作层及焊盘是否被选中等。下面详细说明这些参数。

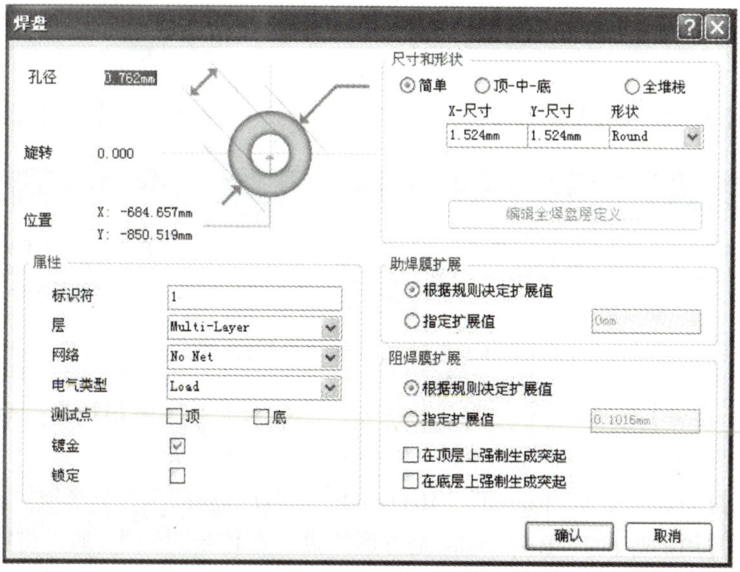

图 10-23　【焊盘】属性对话框

(1) 基本参数组

【孔径】:表示焊盘孔径,其大小根据引脚直径设置,通常比引脚稍粗一些。

【旋转】:旋转角度。

【位置】:孔的坐标位置。

(2)【属性】参数组

【标识符】:焊盘的编号。通常只有元件封装的焊盘才有编号,而且编号应该和原理图引脚编号一致。独立焊盘通常编号为“0”。

【层】:焊盘所在层。单击下拉列表框,可以选择焊盘所在层。对于插脚式封装,一律选择“Multi-Layer”。表贴封装对于双层板,可以选择“Top Layer”,也可以选择“Bottom Layer”。对于单层板,则一般只能选择“Bottom Layer”。

【网络】:表示属于哪一个网络,编辑元件封装时,由于没有具体应用,一般设为“No Net”。

【测试点】:用于设置是否将该焊盘作为测试点,如果是,则必须选择【顶】层或(和)【底】层。如果没有选中【顶】、【底】层复选框的话,就不能作为测试点。

(3)【尺寸和形状】参数组

【简单】、【顶-中-底】及【全堆栈】:三种焊盘类型,无特殊要求时,一般选择【简单】。【顶-中-底】选项常用于多层板中,如图 10-24 所示,由于中间层不需要焊接,因此在中间层,焊盘可以适当设置小一点。【全堆栈】焊盘在各层的大小和形状可以分别设置,选择【全堆栈】单选框后,如图 10-25 所示。单击【编辑全焊盘层定义】按钮,弹出如图 10-26 所示的【焊盘层编辑器】对话框,在该对话框中可以对每一层的焊盘尺寸进行修改。

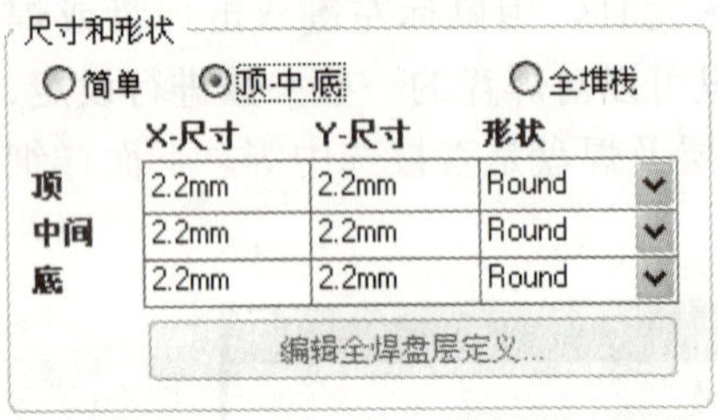

图 10-24 【顶-中-底】焊盘尺寸设置

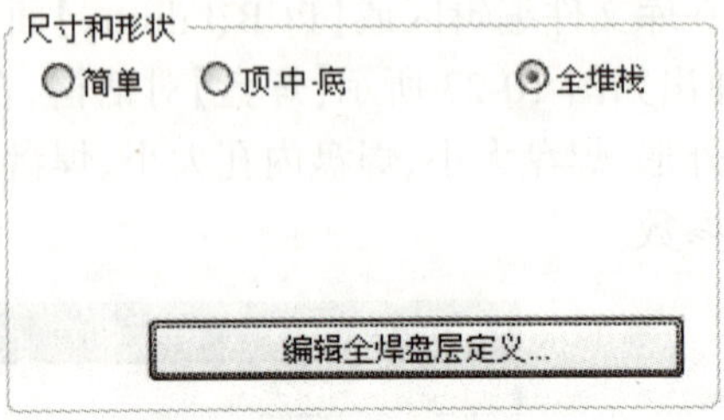

图 10-25 【全堆栈】焊盘

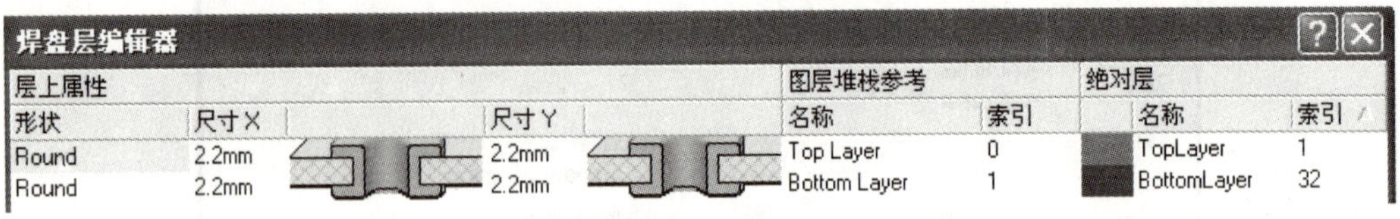

图 10-26 【焊盘层编辑器】对话框

【X-尺寸,Y-尺寸】:设置 X、Y 方向上的尺寸。焊盘的大小一般根据通过焊盘电流大小及元器件受力情况设置,例如电源接插件通常焊盘外径都会做得大一些。

【形状】:下拉列表框里有“Round”,“Rectangle”与“Octagonal”三个选项。其中“Round”为圆形焊盘,是最常用的焊盘。“Rectangle”是方形焊盘。在传统封装中,通常将第 1 引脚所对应的 1 号焊盘设置为方形焊盘,用来标识元件放置的方向。“Octagonal”表示八角形焊盘。与方形焊盘作用一样,不过方形焊盘旁边走 45 度斜线时常常因为存在尖角比较碍事,八角形则不存在这个问题。

焊盘的尺寸和形状,对于 PCB 板的精细设计十分重要。在电子设计的过程中,经常会碰到诸如要求顶层和底层焊盘的大小和形状不一样的情况,DXP 2004 SP2 可以彻底解决这些问题。

但是值得注意的是,焊盘的内孔却只有一种形状,即圆形,而实际设计电路时,经常会遇到需要方形等其他形式内孔的情况,如电极插片插入到电路板时一般就需要方孔。解决的办法是(以方孔为例),在禁止布线层内相应的插孔边缘处绘制电气边界线,然后再在顶层和底层对应位置处放置内孔直径为 0 而尺寸比方孔更大的焊盘。在禁止布线层绘制方形电气边界线的目的是在 PCB 制作时,加工出一个对应的方孔,但这个方孔属于"边界"性质,不属于焊盘性质,因此并没有被金属孔化;而后在对应位置处放置内孔直径为 0 的焊盘的目的是在方孔的顶层和底层形成表面焊盘,以便于上锡。

我们知道,没有孔化的方孔,即使顶层和底层有焊盘,焊接插件时由于焊锡无法渗透到孔的内壁,因此不一定能焊牢,而这类插件往往要承受较大的力,受力过大将导致焊盘脱落。实际上,现在很多 PCB 厂家都能够根据客户的要求,对特定的孔进行孔化,不过这要人为向厂家说明,无法体现在图的设计上。

10.2.2 创建元件封装

创建元件的封装是一相当细致的工作。首先要了解元件实际的外形尺寸,焊盘类型,引脚顺序等,而这些数据必须要通过认真查阅相关元件的数据手册得到。当掌握了元件的这些数据以后,就可以开始绘制元件的封装了。DXP 2004 SP2 同样也提供了两种方式来绘制元件的封装:手工绘制生成与利用封装向导来生成。

利用封装向导生成元件封装,只要通过设定一些参数,系统就会自动生成所需的元件封装。用户可以不需要去绘制元件的外形,去放置焊盘等。封装向导中有许多种封装类型。但一些元件的封装,封装向导里可能没有,可以通过与其相近的类型派生出来。例如,封装向导里没有发光二极的封装,但可以用电容的封装来代替发光二极的封装,再进行适当调整。所以封装向导可以减少很多的绘制工作。

下面举例说明详细步骤。这里以创建"TLC5620CN"封装为例。TLC5620CN 具体的数据参数如图 10-27 所示(单位 mm)。

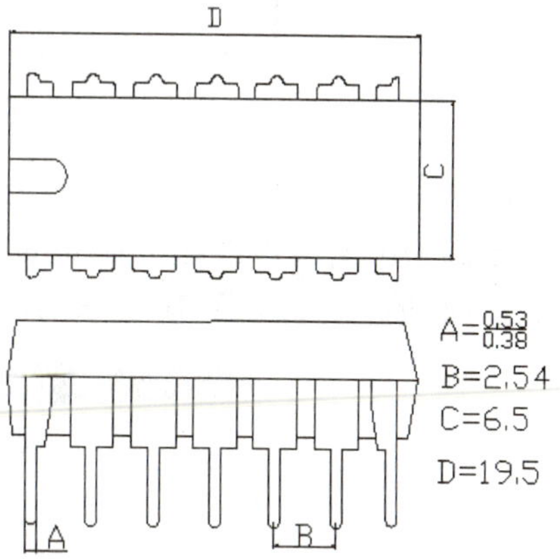

图 10-27　TLC5620CN 实物图

TLC5620CN 是双列直插式封装,是集成电路常见的封装形式,属于 DIP 封装。根据 TLC5620CN 的外形数据资料就可以创建"TLC5620CN"封装了。

① 选择【文件】→【创建】→【库】→【PCB 库】,新建一个 PCB 库文件,自动命名为 PcbLib1.PCBLIB,进入 PCB 库文件编辑器。

② 执行【工具】→【新元件】菜单命令或者在【PCB Library】面板的【元件】区单击鼠标右键,在弹出的快捷菜单中选择【元件向导】,或者使用快捷键 T→C 都能启动向导,这时会弹出如图 10-28 所示的对话框。

③ 单击【下一步】按钮,进入下一个对话框,选择典型封装类型,如图 10-29 所示。对话框列出了所有软件支持的封装模式。这里选择第一项"DIP"。单位选择英制"Imperial(mil)"或者"Metric(mm)"均可,这里选择英制"Imperial(mil)"。

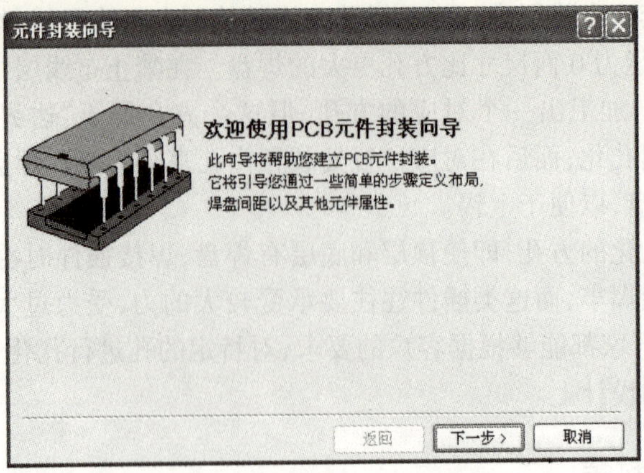

图 10-28 元件封装创建向导启动画面

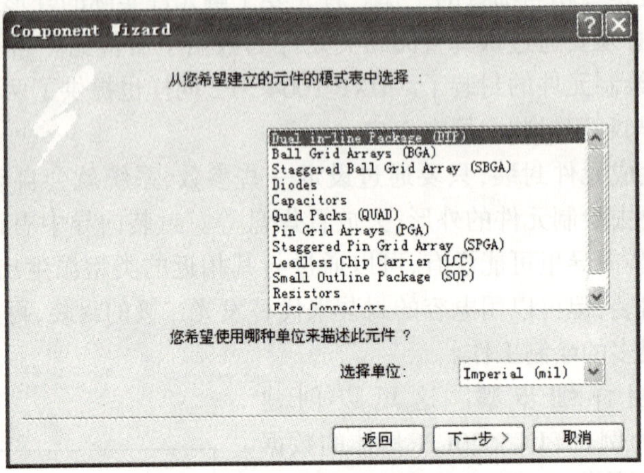

图 10-29 多种典型封装供选择

④ 单击【下一步】按钮，进入下一个对话框。该对话框用来设置引脚焊盘直径与孔的直径，标准的 DIP 封装焊盘直径为 50 mil，孔的直径为 32 mil，满足设计要求，所以这里取标准焊盘直径和孔的直径。如图 10-30 所示。

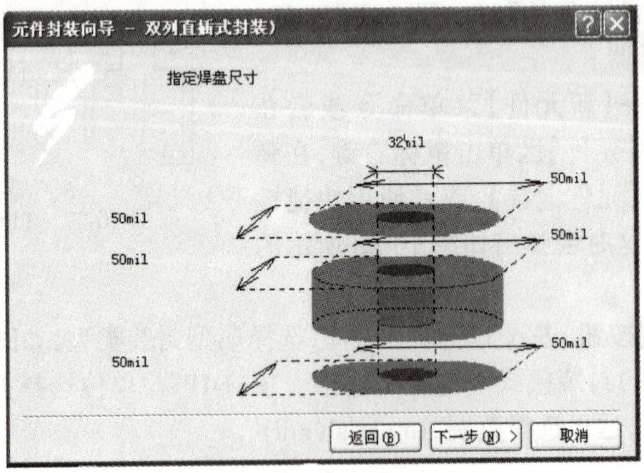

图 10-30 设置焊盘直径和孔径

⑤ 单击【下一步】按钮，进入下一个对话框，该对话框用来设置引脚焊盘的间距。标准的 DIP 封装焊盘中心点间距为 100 mil，满足设计要求。由于 C 尺寸为 6.5 mm，所以这里取焊盘中心点横向间距为 300 mil 满足设计要求。如图 10-31 所示。

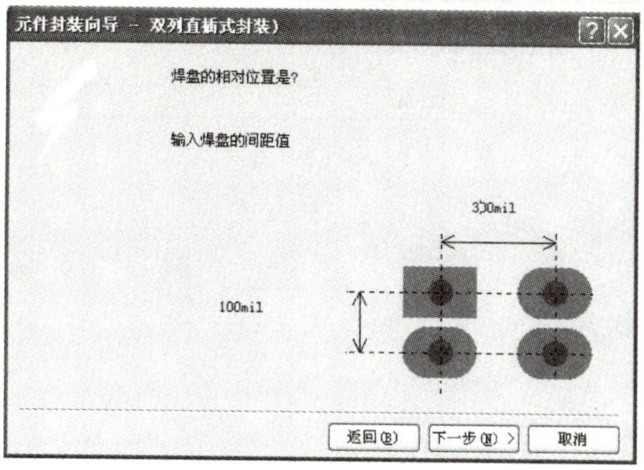

图 10-31　设置焊盘间距

⑥ 单击【下一步】按钮，进入下一个对话框，该对话框用来设置轮廓线宽度值。一般情况下取 5 ~ 10 mil，这里取 10 mil，如图 10-32 所示。

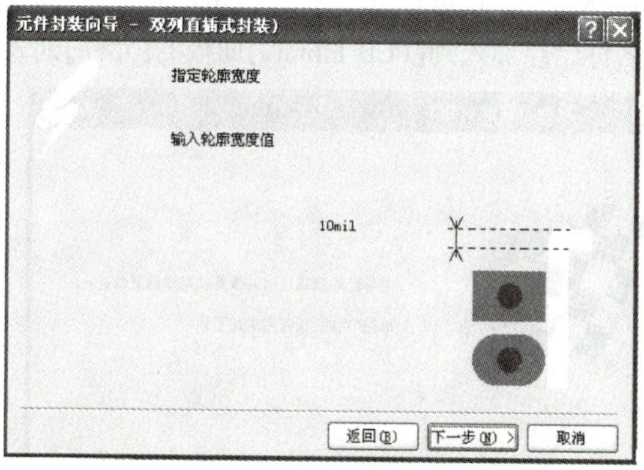

图 10-32　设置轮廓线宽度

⑦ 单击【下一步】按钮，进入下一个对话框，该对话框用来设置焊盘的数量。“TLC5620CN”有 14 根引脚，所以这里取 14。如图 10-33 所示。

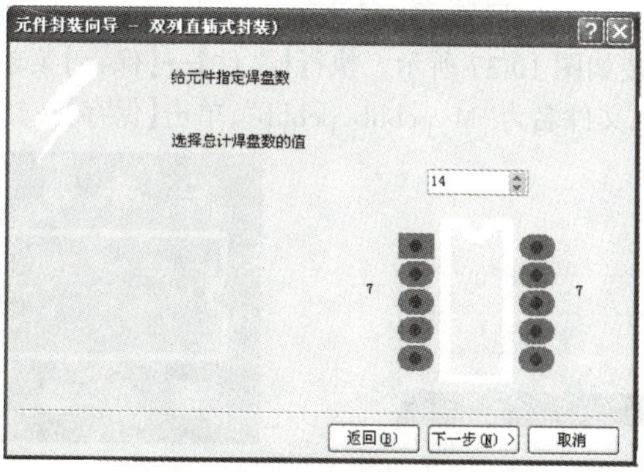

图 10-33　设置焊盘数量

⑧ 单击【下一步】按钮，进入下一个对话框，该对话框用来命名元件封装的名称。这里取DIP14。如图 10-34 所示。

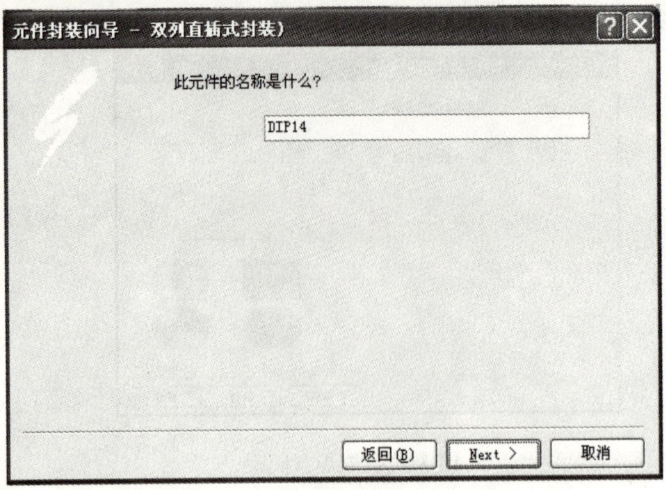

图 10-34　为元件封装起名

⑨ 单击【Next】按钮，进入下一个对话框，单击【Finish】按钮完成封装向导操作。如图 10-35 所示。此时元件封装名称已经加入到【PCB Library】面板的【元件】列表区。如图 10-36 所示。

图 10-35　封装创建向导结束

⑩ 创建好的元件封装如图 10-37 所示。执行【文件】→【保存】菜单命令，在弹出的对话框中，选择保存路径，并输入文件名为"Mypcblib.pcblib"，单击【保存】按钮保存文件。

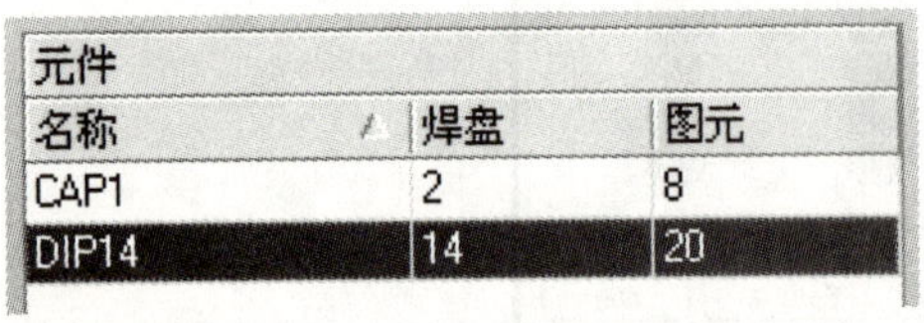

名称	焊盘	图元
CAP1	2	8
DIP14	14	20

图 10-36　新建封装加入元件列表

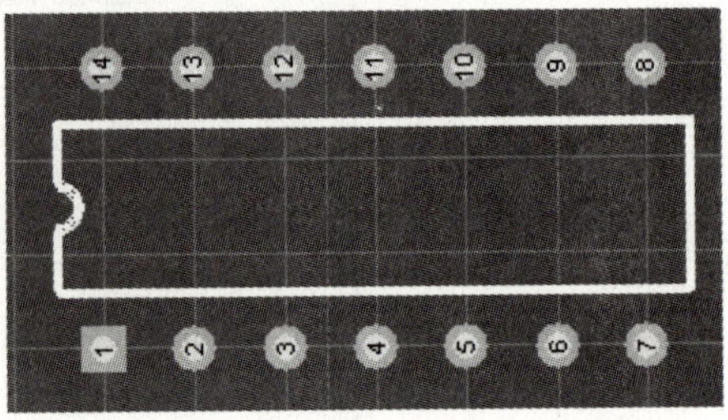

图 10-37　设计完成后的封装图

虽然封装向导包含了大量的封装类型，但有些元件的封装结构在封装向导里还是没有的，例如有些继电器，“串口母头”等这些非标准元件的封装都不能通过封装向导来生成，只能通过手工绘制的方式为其创建封装。手工绘制封装与利用向导生成封装相比，用户要做的工作就多得多，例如绘制外形、放置焊盘、设置基准点，等等。

同样，结合一个例子说明手工绘制的详细工作。这里以创建一个“串口母头”为例。“串口母头”具体外形及数据参数如图 10-38 所示(单位 mm)。

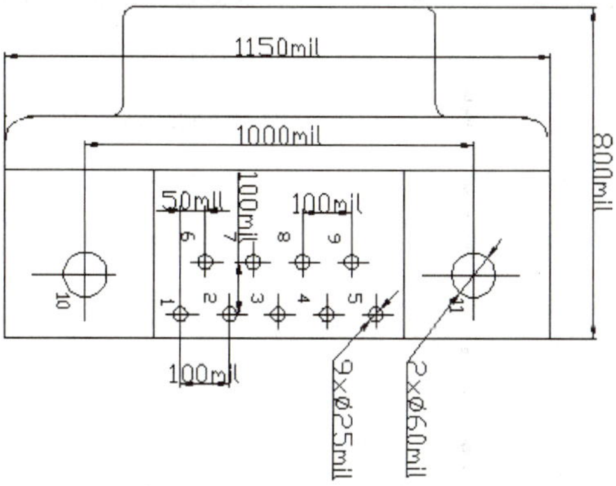

图 10-38　串口母头的结构尺寸

根据“串口母头”的外形及数据参数，就可以创建“串口母头”的封装了。具体步骤如下。

① 打开先前创建好的“MyPcbLib.PCBLIB”库文件，进入 PCB 库文件编辑器。

② 在【PCB Library】面板的元件封装列表区单击鼠标右键，然后在弹出的快捷菜单中选择【新建空元件】，此时新建了一个名为“PCBCOMPONENT-1”的空 PCB 编辑区，再双击元件封装列表区里的“PCBCOMPONENT-1”，弹出【PCB 库元件】对话框，如图 10-39 所示，在【名称】栏里输入“RS232M”，就可以完成对新的元件封装的更名。

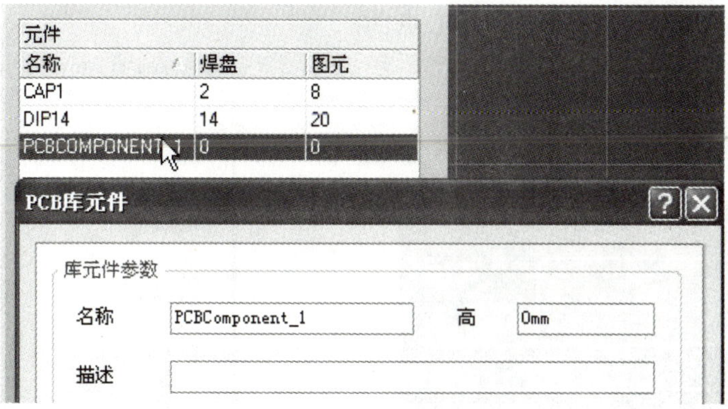

图 10-39　新建并修改元件名称

③ 放置焊盘。单击“PCB 库放置”工具条上的 ◎，或者是执行【放置】→【焊盘】菜单命令，就可以放置焊盘。参考“串口母头”数据参数放置焊盘，如图 10-40 所示。

④ 修改焊盘参数。焊盘正确放置完毕后，进入【焊盘】对话框进行焊盘参数的修改。修改

焊盘参数非常重要，如果设置不恰当，将导致元件安装的麻烦。比如，焊盘与孔的尺寸如果设得太小，则元件很难安装上去或者元件很难焊到板上去；尺寸设得太大，元件也难固定在板上导致焊接的麻烦。

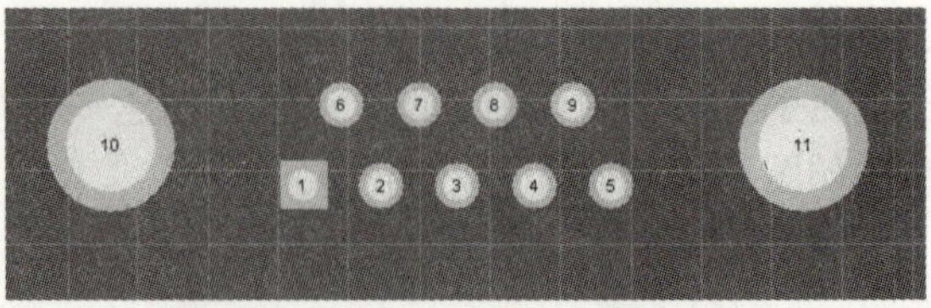

图 10-40　在编辑区放置焊盘

- 修改焊盘的编号：修改焊盘编号时，要注意焊盘的编号必须要与原理图库里元件的引脚编号相一致。如图 10-40 所示，孔 10 与孔 11 并非芯片引脚，而是定位孔，所以可以设定它们的焊盘编号为 10 与 11，孔 1 到孔 9 是封装的引脚，所以设定它们的焊盘编号为 1 到 9。
- 修改焊盘尺寸：10 号焊盘与 11 号焊盘为定位孔，一般情况下取焊盘直径为 100 mil，孔的直径为 70 mil 就可以满足设计要求；1 号焊盘到 9 号焊盘是“串口母头”的引脚，根据“串口母头”的数据参数，取焊盘直径为 50 mil，孔的直径为 32 mil 可以满足设计要求。
- 修改焊盘的形状。除 1 号焊盘外，将所有的引脚焊盘与定位焊盘设置成圆形，然后将 1 号焊盘的外形设为方形，边长为 50 mil。

⑤ 绘制元件的外形轮廓。在 PCB 编辑区选择“TopOverlay”工作层为作为当前层。单击“PCB 库放置”工具条上的  及  按钮，就可以绘制外形轮廓（具体绘制方法与 PCB 编辑器的用法完全相同）。这里绘制完“串口母头”外形轮廓如图 10-41 所示。

⑥ 设置封装参考点。设置参考点主要的目的是放置封装时，能把光标定位在封装的某个位置。如果参考点设置不好，在放置封装时，会出现光标在编辑区里而封装却不见踪影（参考点离封装图距离太远）。可以设置参考点为封装的中心点，或 1 号焊盘，也可以是封装的任意位置。执行【编辑】→【设定参考点】菜单命令，可以设定三种参考点，如图 10-42 所示。一般情况下取中心点或者 1 号焊盘，这里取中心点。

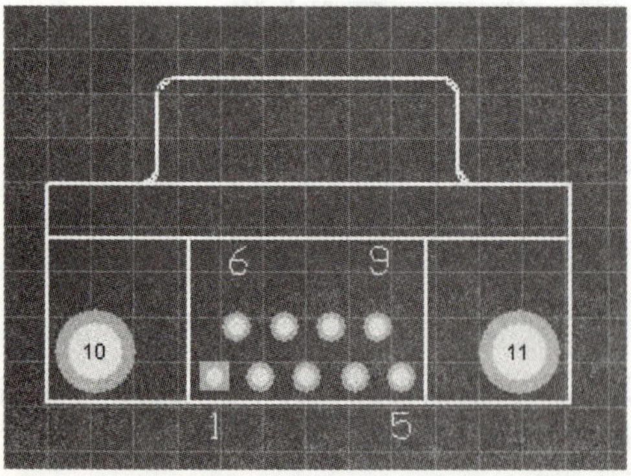

图 10-41　绘制好的串口母头

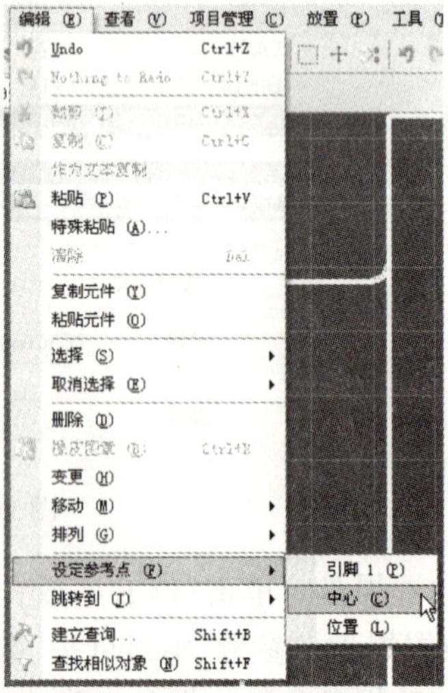

图 10-42　通过菜单选择参考点

⑦ 创建好元件封装后，执行【文件】→【保存】菜单命令，保存文件。

创建一个元件的封装除了采用上述两种方法外，还可以通过复制等方式进行创建，这可以充分利用现有的封装图创建新的封装图。下面介绍用复制的方式进行元件封装的创建，首先利用图形复制粘贴的方法创建，步骤如下。

① 打开 PCB 库文件编辑器，新建一个空的 PCB 封装，如图 10-43 所示。

② 打开要被复制的 PCB 封装库文件，这里为“MyPcbLib2.PCBLIB”，如图 10-44 所示。

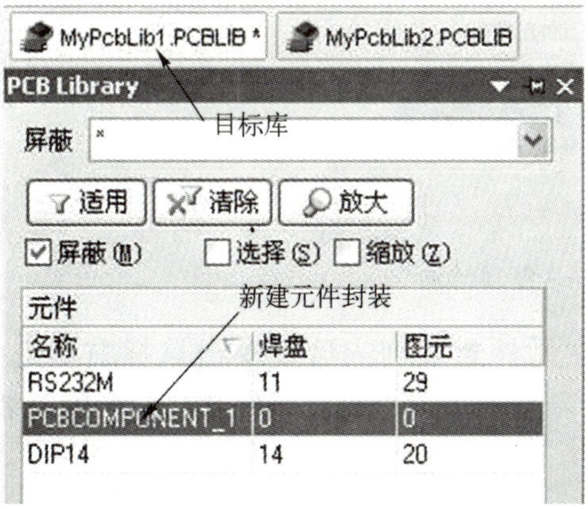

图 10-43　新建封装

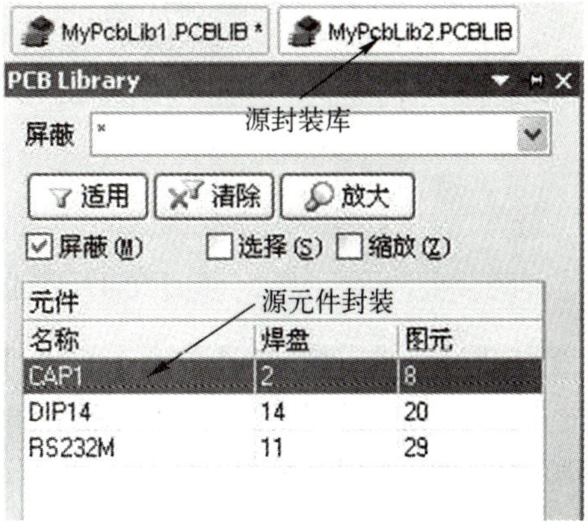

图 10-44　被复制的封装

③ 在“MyPcbLib2.PCBLIB”封装编辑区，选择源元件封装所有图元，然后执行【编辑】→【复制】菜单，并指定参考点，如图 10-45 所示。

④ 在目标文件“MyPcbLib2.PCBLIB”的 PCB 编辑区里执行【编辑】→【粘贴】菜单命令，把源 PCB 封装图形粘贴过来，如图 10-46 所示。

图 10-45　复制选择参考点

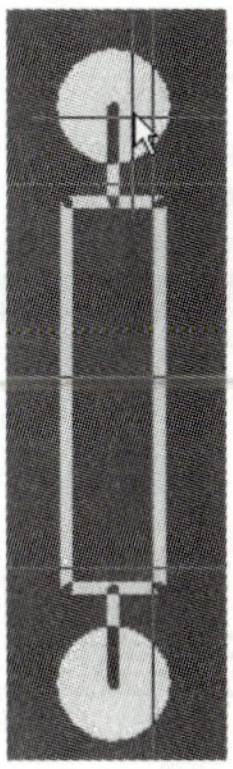

图 10-46　把源 PCB 封装图形复制到编辑区

⑤ 此时在编辑区里可以对它进行修改，最后更改封装名并保存文件。

除了图形复制方法外，还可以在【PCB Library】面板里对封装直接复制，步骤如下。

① 打开要被复制的源封装库文件，再打开【PCB Library】面板，在元件封装列表区里选中要被复制的封装，单击鼠标右键，在弹出的快捷菜单中选择【复制】，如图 10-47 所示。

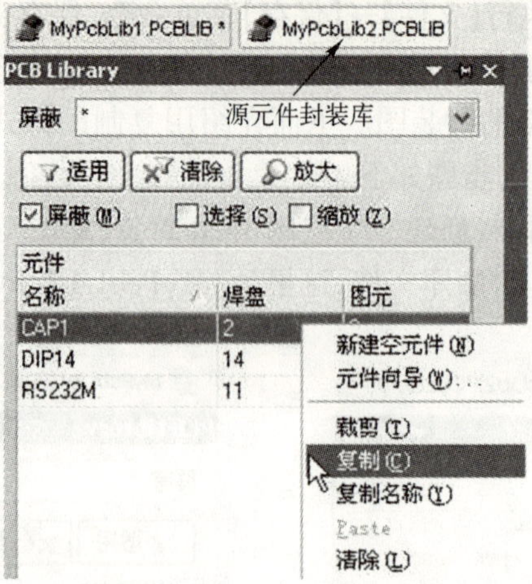

图 10-47　直接在元件列表复制封装

② 打开目标库，再打开【PCB Library】面板，在元件封装列表区里单击鼠标右键选择【Paste 1 Components】，如图 10-48 所示，此时库里会新增一个与被复制元件封装同名的封装，如图 10-49 所示，可以在此基础上进一步修改。

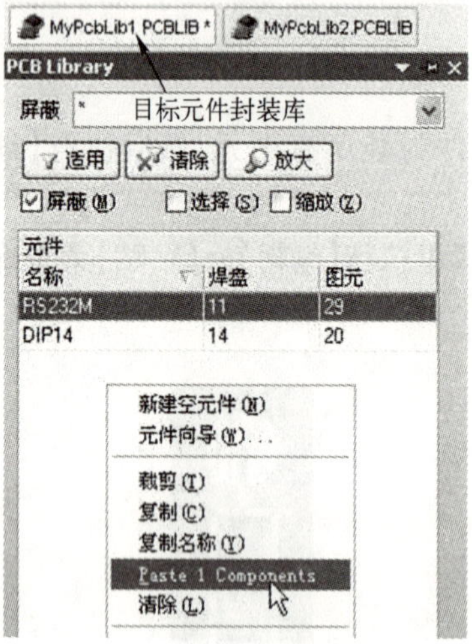

图 10-48　直接粘贴元件封装

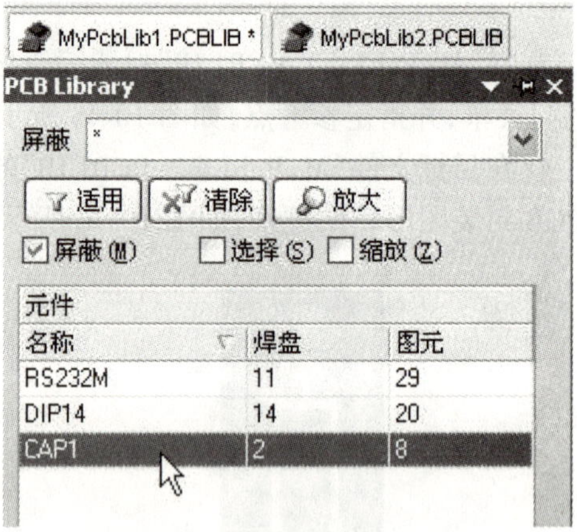

图 10-49　粘贴后的元件列表

10.3　创建元件封装库

创建封装库的主要原因有两点。第一，DXP 2004 SP2 虽然提供了强大的封装库，但并非所有元件的封装都能在库里找到，例如那些非标准的元件。而且随着科学技术水平的进步，新的元件不断涌现，在软件的封装库里就有可能找不到这些元件的封装。因此，对于那些库里没有为其提供封装的元件，要为它们创建封装库，这样在以后的设计工作中就可以调用这些库了。第二，每个项目最好建立一个单独的 PCB 库，所有需要用到的元件封装都存在这个库中，这样做的好处就是在修改库中的元件封装时，不会影响到其他项目里的元件封装。

由于 DXP 2004 SP2 版本对库文件的管理采用集成库管理模式，所以就不能随便打开集成库里的某一个 PCB 库文件了。软件为用户提供了两种方式来创建封装库:新建一个空的 PCB 封装库和利用当前的 PCB 文件生成对应的元件封装库。

新建空的 PCB 封装库文件的步骤在前面已经介绍过,即直接执行【文件】→【创建】→【库】→【PCB 库】菜单命令即可弹出 PCB 封装图库编辑界面,如图 10-50 所示。启动新建命令后,【PCB Library】面板里没有任何的元件封装,PCB 编辑区为空。

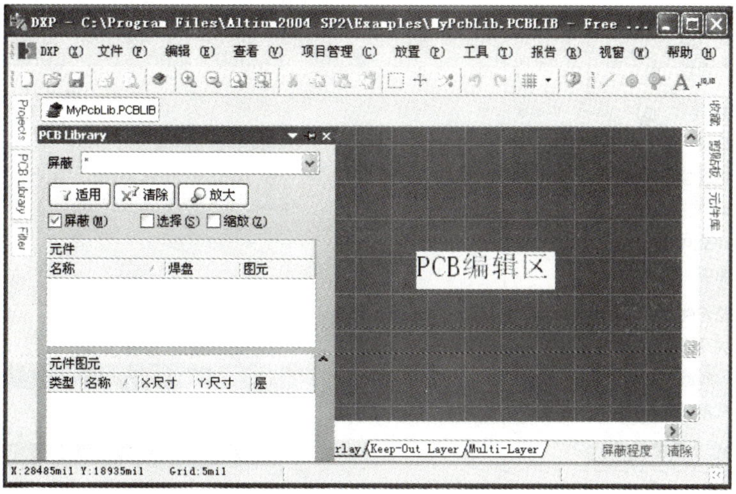

图 10-50　空 PCB 封装库文件

为了查看、编辑等工作方便,常常为 PCB 文件单独建 PCB 封装库。采用这种方式建立 PCB 封装库必须打开一个已经存在的 PCB 文件,然后再由这个 PCB 文件生成一个封装库。所生成的封装库包含了 PCB 文件里所有元件的封装。这里举例说明如何利用当前的 PCB 文件生成对应的元件库。

① 打开 PCB 文件。这里打开的文件是软件安装目录下的 \ Examples \ Reference Designs \ 4 Port Serial Interface \ 4 Port Serial Interface .PcbDoc 文件,如图 10-51 所示。

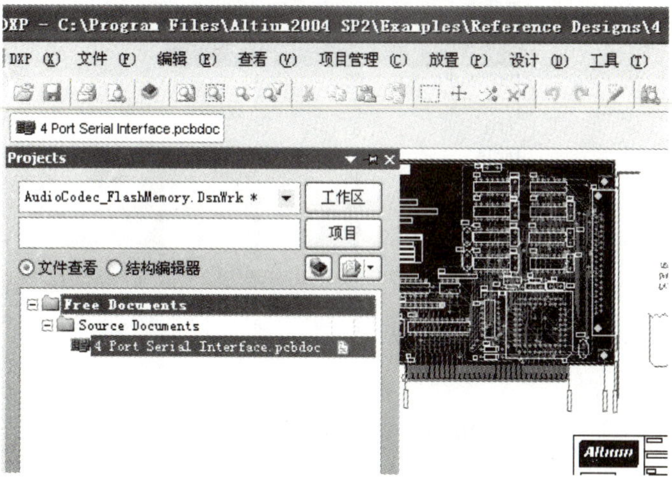

图 10-51　PCB 文件实例

② 执行【设计】→【生成 PCB 库】菜单命令，如图 10-52 所示，就会自动生成一个 PCB 库，默认名为当前 PCB 文件的文件名加上扩展“.PCBLIB”。如图 10-53 所示，生成一个“4 Port Serial Interface . PCBLIB”文件，封装库创建完毕。

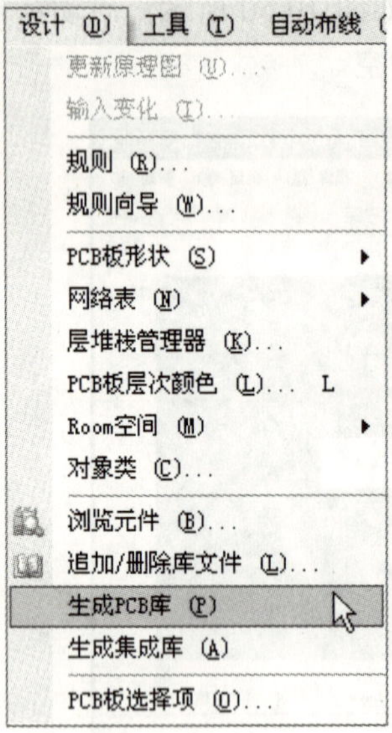

图 10-52 选择【生成 PCB 库】菜单项

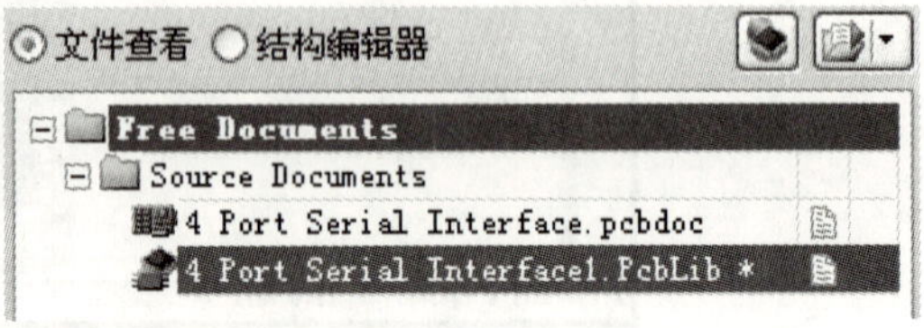

图 10-53 生成的 PCB 封装库文件

在库里包含了 4 Port Serial Interface .PcbDoc 文件所有元件的封装，如图 10-54 所示。在 PCB 库文件编辑区里显示第一个元件的封装。

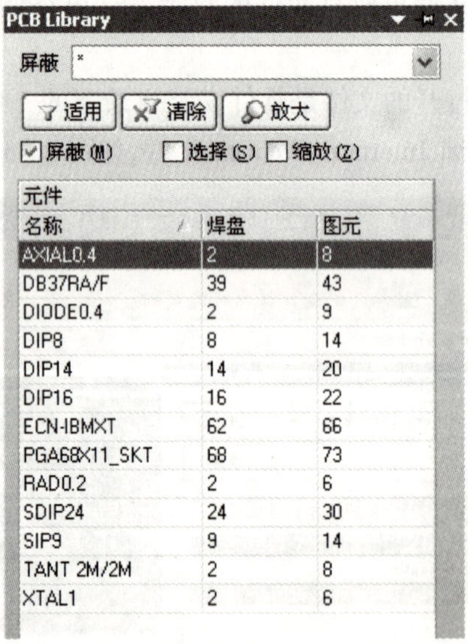

图 10-54 生成的库文件封装列表

封装库创建完毕之后，还可以把它与原理图库一起做成集成库。在设计 PCB 板时，就可以调用了。

10.4 创建集成库

DXP 2004 SP2 与之前版本相比,一个显著的区别就是它不再是向用户提供独立的原理图库与模型库文件,如 PCB 封装库等,而是向用户提供一种集成库形式的库文件。集成库文件集成了原理图库、PCB 封装库、SPICE 和信号完整性模型等库文件。通过向用户提供集成库,可以大大方便用户在设计过程中的操作,如元件调用、信号完整性分析、PCB 3D 模拟等。

在创建原理图库或者 PCB 封装库时,软件为用户提供了专门的编辑区来绘制原理图元件与 PCB 封装等,但没有为用户提供专门的编辑区来创建集成库。集成库也不需要通过编辑产生,只要通过编译集成库文件包(Integrated Library Package)项目就可以产生一个集成库文件。首先向集成库文件包项目添加任意多个的独立的源库文件(Source Library),例如原理图库文件、PCB 封装库文件和模型文件等,然后经过编译,最后生成了一个集成库文件。在集成库文件里就集成了所添加的源库文件和模型文件。

10.4.1 创建集成库

下面通过一个简单的例子来说明创建集成库的详细操作。例中使用两个源库文件分别是之前讲过的“MyPcbLib.PCBLIB”PCB 封装文件及其对应的“MyLib.SCHLIB”原理图库文件。库文件中包含了两种元件 DIP 封装的“TLC5620CN”与“串口母头”,如图 10-55 所示。

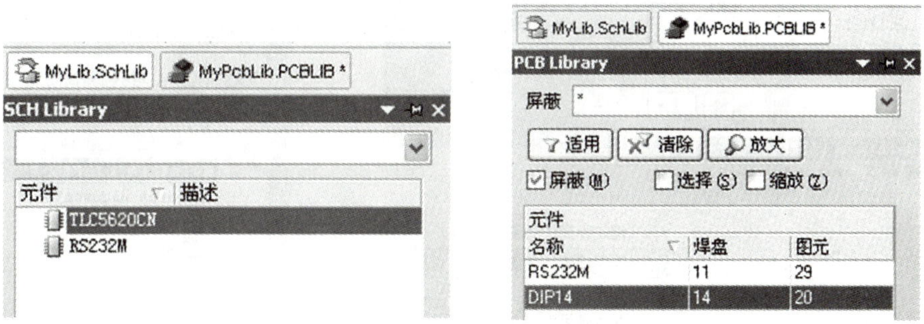

(a) 原理图库　　(b) 封装图库

图 10-55 已经建好的原理图库和封装库文件

① 执行【文件】→【创建】→【项目】→【集成元件库】菜单命令后,就可以新建一个集成库文件了。

② 新建后,保存文件,并更名为“MyIntLib.LIBPKG”。完成后工作界面如图 10-56 所示。此时文件项目包中没有任何源库文件或者模型文件加入,并且不能使用工作界面。

③ 在【Projects】面板中单击鼠标右键,然后在弹出的快捷菜单中选择【追加已有文件到项目中】,如图 10-57 所示,就会弹出【打开】对话框。选中“MyLib.SCHLIB”文件,然后单击【确定】,就添加了一个源库文件。同样的方法就可以添加“MyPcbLib.PCBLIB”源库文件,如图 10-58 所示。

④ 执行【项目管理】→【Compile Integrated Library MyIntLib.LIBPKG】菜单命令,如图 10-59 所示,就开始编译“MyIntLib.LIBPKG”并生成集成库文件“MyIntLib.IntLib”,并自动安装到当前库文件中,在【元件库】面板中就可以看到,如图 10-60 所示。

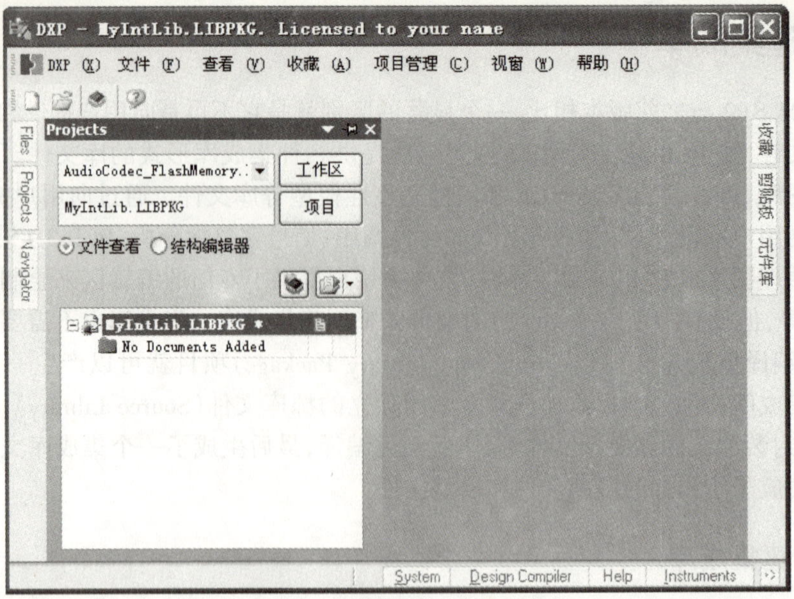

图 10-56 新建集成库后的初始界面

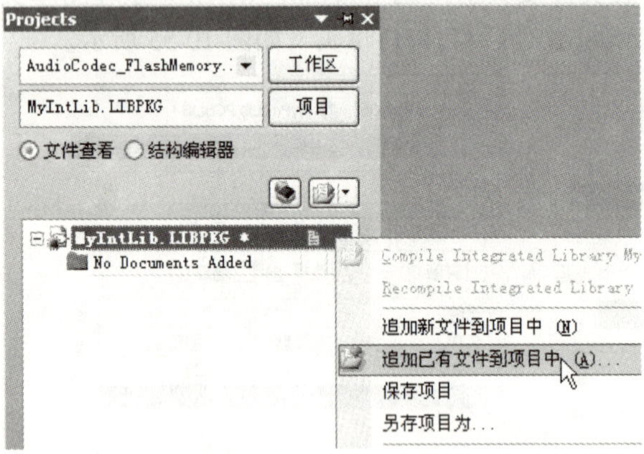

图 10-57 追加库文件

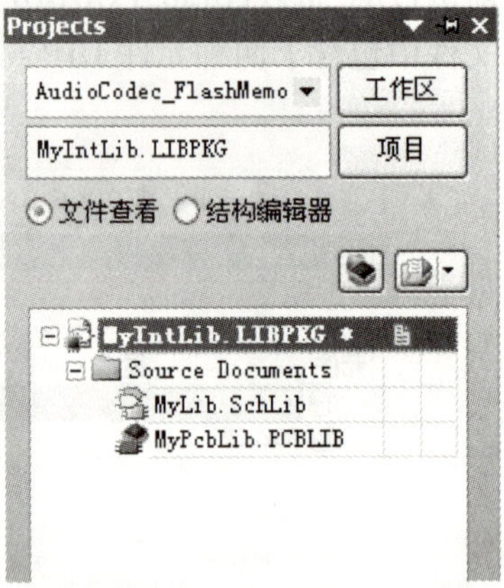

图 10-58 追加之后的【Projects】面板

图 10-59 集成库编译菜单命令

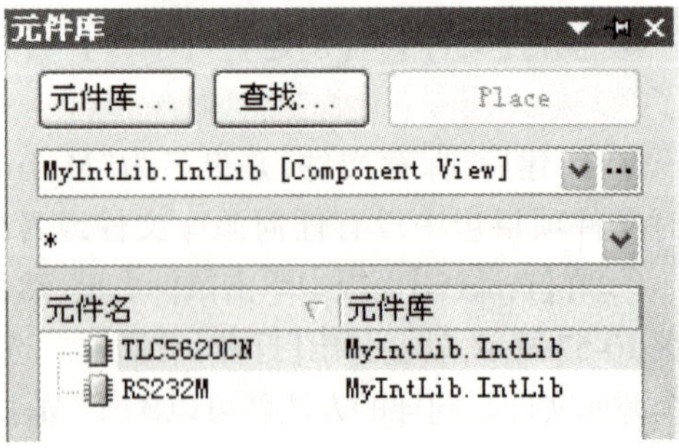

图 10-60 生成的集成库出现在【元件库】面板

⑤ 打开【Message】面板，此时如果面板上有一些错误与警告的提示，表明还有部分原理图元件没有找到匹配的元件封装或者信号完整性等模型元件。这时需要针对错误提示进行相应的修改。如图 10-61 所示，出现“RS232M:could not find ‘RS232’”提示，表明“串口母头”的原理图符号没有找到“RS232m”元件封装而发出警告信息，此时必须为“串口母头”原理图库找一个正确的封装，否则将不能正确调用创建好的了集成库文件里的“RS232M”封装。

图 10-61　【Messages】面板显示编译错误和警告

⑥ 打开【SCH Library】面板找到 RS232m 元件，单击【追加】按钮，如图 10-62 所示，自动弹出【加新的模型】对话框，如图 10-63 所示，可添加的模型包括：封装，信号完整性，仿真，PCB3D 模型。

图 10-62　单击【追加】按钮追加模型

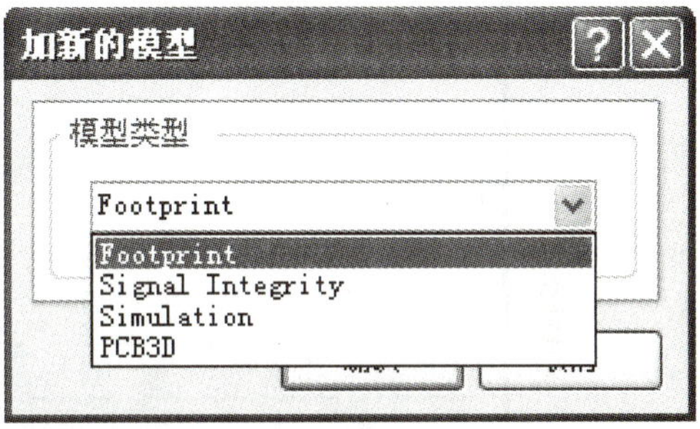

图 10-63　在【加新的模型】对话框中选择“Footprint”

⑦ 因为这时要为“串口母头”原理图库找一个正确的封装，所以这里选择“Footprint”后单击【确定】进入【PCB 模型】对话框，如图 10-64 所示，进行封装查找。

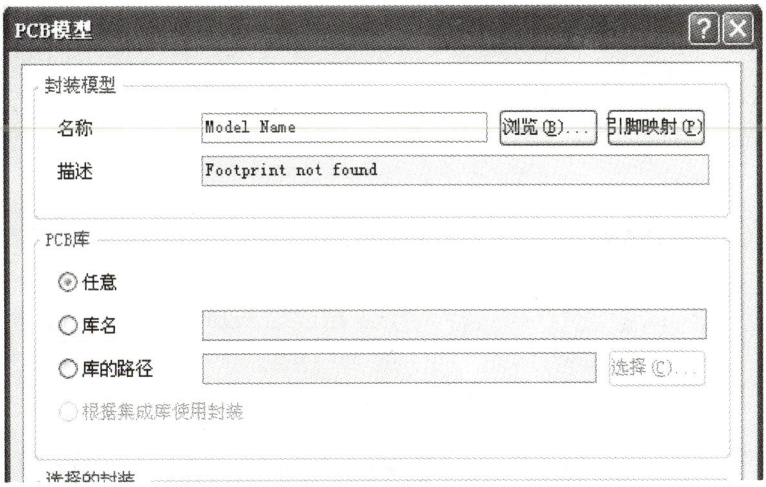

图 10-64　在 PCB 模型对话框中查找元件封装

⑧ 单击【浏览】按钮，弹出【库浏览】对话框，对话框列出了当前 PCB 库里的封装模型，例如此时已经打开"MyPcbLib.PCBLIB"，如图 10-65 所示。如果当前 PCB 库里没有所需要的封装，则单击【查找】按钮弹出【元件库查找】对话框，如图 10-66 所示，然后输入"RS232"条件，按【查找】按钮就开始查找封装，之后对话框返回【库浏览】对话框，在对话框里列出了在指定路径(默认为安装目录下的"Library"文件夹)中的库里查找到的符合条件的封装。

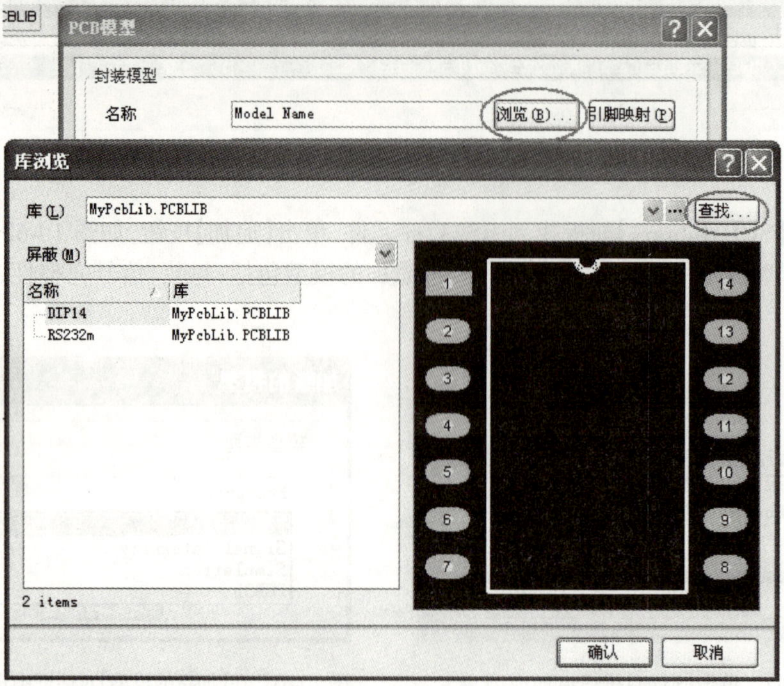

图 10-65　在库浏览对话框中选择合适的库文件和封装名称

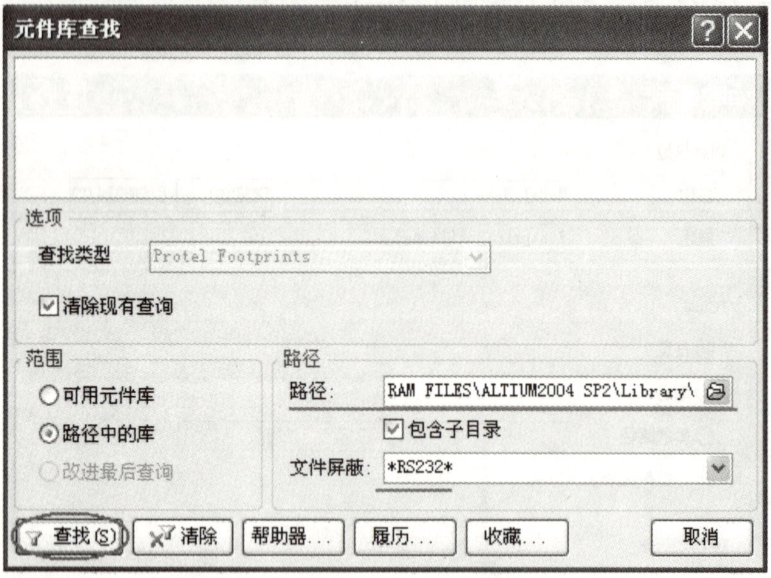

图 10-66　在【元件库查找】对话框中查找元件封装

⑨ 如果找到封装,单击【确认】按钮,回到【PCB 模型】对话框,继续单击【确认】按钮,完成元件的模型添加;如果找不到封装则要重新回到【元件库查找】对话框,改变路径然后再寻找,直到找到封装为止;如果还没有,则要自己制作封装或者找其他相近似的封装来代替。这里,在当前的 PCB 封装库里就能找到封装“RS232m”,所以不需要再查找了。最后在【SCH Library】面板里单击【删除】按钮删掉与元件不匹配的封装“RS232”。

⑩ 查看【Message】面板,看是否还有其他的警告或者错误提示,按上面的操作一一修改各元件的匹配模型。

⑪ 全部修改完后,执行【项目管理】→【Recompile Integrated Library MyIntLib. LIBPKG】菜单命令,再一次对“MyIntLib. IntLib”进行编译,然后再查看【Messages】面板,检查是否有错,如果有错则继续修改再检查,直到没有错误提示,如图 10-67 所示。

图 10-67　【Messages】面板不再有错误提示

⑫ 当【Messages】面板没有错误提示后,集成元件库就创建完毕了。有时候,面板上可能还有部分警告提示,要根据警告的具体内容来决定是否予以处理。

10.4.2　修改集成库

在实际设计过程中常常会遇到这两种情况:一种是实际用到的元件跟设计时使用到的元件有出入,比如尺寸不对、封装不对、元件增加,等等,集成库里面的原理图库文件和封装库文件不能满足实际要求,要对集成库进行修改;另一种是发现两个项目中用到的元件差不多或者元件封装相类似,只要对其中一个已创建好的集成库作小量的修改增删就可以作为另一个项目的集成库。这两种情况都涉及对集成库文件的修改。对于集成库文件,是不能直接进行编辑修改的,但可以通过编辑修改源库文件来修改集成库文件。

下面介绍一下具体的修改步骤。

① 执行【文件】→【打开】菜单命令,打开之前创建好的“MyIntLib. LIBPKC” 集成库文件。

② 双击打开“MyPcbLib. PCBLIB”文件,进入 PCB 编辑区。此时编辑区里显示 PCB 库文件里的第一个元件的封装。

③ 打开【PCB Library】面板,在元件封装列表区里选中要进行修改的元件封装,在右边的编辑区里显示要修改元件的封装图。

④ 修改完毕保存修改。

⑤ 执行【项目管理】→【Compile Integrated Library MyIntLib. LIBPKG】菜单命令,重新编译“MyIntLib. LIBPKG”库文件,新生成文件提示覆盖“MyIntLib. LIBPKG”文件。

至此,对集成库的修改完毕。

本章小结

本章主要介绍 PCB 元件封装的创建方法和封装库的管理功能,具体内容如下。

(1) 元件封装介绍。这里详细阐述元件封装的基本概念，列举了电子、电容、二极管、三极管、可调电位器、集成电路等元件的主要封装结构，并给出了选择元件封装需要考虑的基本要素。

(2)创建元件封装。首先介绍 PCB 库文件编辑器的一些相关操作，如选择工作层、打开【PCB Library】面板等，之后详细介绍利用向导设计元件封装图的步骤。

(3) 创建元件封装库。这里主要讲述针对 PCB 文件生成 PCB 封装库的步骤。

(4) 创建集成封装库。这里主要讲述生成集成封装库的方法。

习题

1. 集成电路主要的封装形式有哪些？
2. 怎么利用向导创建元件封装图？什么时候采用向导创建？什么时候手工创建？
3. 怎样利用现有封装图，通过复制再修改的方法绘制元件封装图？
4. 怎样创建集成封装库？